ARILD STUBHAUG

Ein aufleuchtender Blitz

Springer
Berlin
Heidelberg
New York
Hongkong
London
Mailand
Paris
Tokio

Arild Stubhaug

Ein aufleuchtender Blitz

Niels Henrik Abel und seine Zeit

Aus dem Norwegischen übersetzt
von Lothar Schneider

Mit 51 Abbildungen, 13 in Farbe

 Springer

ARILD STUBHAUG
Department of Mathematics
University of Oslo
PB 1053 Blindern
0316 Oslo
Norway

Übersetzer:
Lothar Schneider
Pfalz 3
17089 Bartow
Deutschland

Norwegische Originalausgabe:
Et foranskutt lyn: Niels Henrik Abel og hans tid, zweite Auflage 1996
© 1996 H. Aschehoug & Co. (W. Nygaard), Oslo
ISBN 82-03-16697-0

Die „Hintergrundillustration" auf dem Vorsatzpapier zeigt einen Teil des Tapetenmusters aus dem Sterbezimmer von Niels Henrik Abel in Froland (nach einem Foto von Dannevig, Arendal). Das zuvor genannte Foto ist als Abb. 51 auf Seite 572 dieses Buches mit einer detaillierten Beschreibung in Farbe aufgenommen.

ISBN 3-540-41879-2 Springer-Verlag Berlin Heidelberg New Nork

Bibliografische Information der Deutschen Bibliothek
Die Deutsche Bibliothek verzeichnet diese Publikation in der Deutschen Nationalbibliografie; detaillierte bibliografische Daten sind im Internet über <http://dnb.ddb.de> abrufbar.

Springer-Verlag Berlin Heidelberg New York
ein Unternehmen der BertelsmannSpringer Science+Business Media GmbH

http://www. springer.de

© Springer-Verlag Berlin Heidelberg 2003
Printed in Germany

Umschlaggestaltung: design & production, 69121 Heidelberg
Satz: Satz & Druckservice, 69181 Leimen
Gedruckt auf säurefreiem Papier   46/3142/db – 5 4 3 2 1 0

Danksagung

Der Springer-Verlag dankt Elisabet Middelthon von MUNIN, Oslo, für die hervorragende Zusammenarbeit und die finanzielle Unterstützung der Übersetzung, die die Veröffentlichung dieser Übesetzung ermöglichte. Unser Dank geht ebenfalls an Cathrine Janicke, Åsta Brenna und Harald Engelstad von H. Aschehoug & Co., Oslo.

Wir danken ebenfalls Professor Falko Lorenz für die mathematische Beratung bei der Publikation dieses Werkes und Georges Mathieu für das sorgfältige Lektorieren der Übersetzung.

Inhalt

Teil IV
Als Schüler in Christiania, 1815–1821 139

Teil V
Studentenleben, 1821–1825 249

Teil VI
Reise durch Europa 321

NAMENVERZEICHNIS

Abbildungsliste

TEIL I
Einführung

Abb. 1. Niels Henrik Abel, Skulptur von Gustav Lærum, 1902. Gipsfigur für den Wettbewerb anlässlich des 100. Geburtstages von Abel im Jahre 1902; steht inzwischen im Haupthaus des Hüttenwerks Froland. Foto: Dannevig, Arendal.

1.

Ein kurzes Leben

Am 6. April 1829 starb Niels Henrik Abel, knapp 27 Jahre alt.Vierzehn Tage später erschien in der Zeitung *Den Norske Rigstidende* eine von Sivert Smith, dem Besitzer des Hüttenwerks von Froland, eingerückte Todesanzeige, dass „der für sein mathematisches Wissen berühmte und geachtete Niels Henrik Abel, Dozent an der *Kongelige Frederiks Universitet*, nach 12 Wochen Krankenlager in meinem Haus verstorben ist ...“ In der Spalte neben der Anzeige war unter „Eingerückt gegen Bezahlung“ ein siebenstrophiges Gedicht mit der Überschrift „Niels Henrik Abel“ abgedruckt.

Abel hatte die letzen Monate zusammen mit seiner Verlobten und mit Freunden aus dem Hüttenwerk im Hause von Sivert Smith verbracht, einer der wohlhabendsten Familien der damaligen Zeit. Man wollte gemeinsam Weihnachten feiern. Abel hatte sich darauf gefreut und die ersten Tages seines Besuchs waren erfüllt von Wiedersehensfreude. Doch als die Krankheit immer schlimmer wurde und er merkte, dass es mit ihm zu Ende ging, wurde aus seinen Gefühlen für die Freunde, für die Mathematik und für eine eheliche Zukunft ein unentwirrbares Knäuel.

Er hatte zwar seit einigen Jahren gewusst, dass er krank war, doch war er von seinen mathematischen Projekten zu sehr in Anspruch genommen, um darauf Rücksicht nehmen zu können. Stattdessen hatte er nur das Arbeitstempo erhöht und bei diesem Wettlauf mit der Krankheit stachelten ihn seine mathematischen Visionen zusätzlich an.

Der junge Kandidat, wie man ihn in Froland nannte, wurde während seiner Krankheit vom besten Arzt des Distrikts betreut, dem Eidsvollmann Alexander Christian Møller aus Arendal. Aber das Krankenlager wurde zum Totenbett. Noch bevor der Frühling kam, erlag Niels Henrik Abel seiner galoppierenden Schwindsucht.

Bereits zu Beginn seines Studiums galt Niels Henrik Abel als einer der vielversprechendsten Wissenschaftler des Landes, aber niemand in Norwegen verfügte über genügend mathematisches Können, um die Bedeutung seiner stringenten Beweise zu verstehen. An der Königlichen Frederiks Universität in Christiania gab es einige Professoren und Freunde, die miterlebt hatten, wie sich Niels Henrik Abel im Laufe von zehn Jahren von einem durchschnittlichen Schüler an der Kathedralschule zu einem Mathematiker von einem Niveau entwickelte, das ihre Fähigkeiten, aber auch ihr Interesse überstieg. Doch sie kannten seinen Ruf, wussten, dass er ein geachteter Wissenschaftler geworden war, der seine Arbeiten in einer der führenden mathematischen Zeitschriften Europas veröffentlichte. Was war mit dem jungen Mann geschehen? Wie haben Freunde und Bekannte die Person Niels Fredrik Abel erlebt, der sich innerhalb weniger Jahre vom gewöhnlichen und unauffälligen Menschen zur außergewöhnlichen und unverständlichen Koryphäe gewandelt hatte? Was hatten sie zu erzählen?

Viele erkannten ganz klar, dass an jenem Apriltag des Jahres 1829 eine einzigartige Person aus dem Leben abberufen worden war, dennoch wurden keine persönlichen Nachrufe veröffentlicht. Das Gedicht neben der Todesanzeige in *Den Norske Rigstidende* stammte von Conrad Nicolai Schwach, dem geachtetesten Lyriker der 1820er Jahre. Er hatte ein Gespür für epochale Ereignisse und wusste geschickt auf den gebildeten Geschmack seiner Zeit zu reagieren, hatte aber keine Ahnung von Mathematik und kannte Niels Henrik Abel nur vom Hörensagen. Die 28 Verszeilen sind demnach auch nichts weiter als ein Bündel von Phrasen, zusammengestellt aus dem Arsenal bewährter Bilder und poetischer Wendungen.

In der Wochenzeitschrift *Den Norske Huusven* stand Anfang Mai ein zwölfstrophiges Gedicht des Theologiestudenten Hans Christian Hammer, er gehörte vermutlich zu denen, die im Herbst 1827 Abels Privatunterricht besucht hatten und den die Nachricht vom Tod des jungen Abel erschüttert hatte. Aber mehr als eine grenzenlose Bewunderung für das Genie Abel, das durch „des Äthers silberblaues Meer den seltsamen Tanz der bleichen Nymphen der Nacht ergründet hatte", bringen diese Verse auch nicht zum Ausdruck.

Der Nachruf und die Gedenkrede des offiziellen Norwegen auf Abel wurden erst ein halbes Jahr nach seinem Tod abgedruckt, verfasst von dem Universitätslektor Bernt Michael Holmboe.

Dieser Holmboe hatte 1818 als junger Lehrer an der Kathedralschule von Christiania Abels mathematisches Genie entdeckt und ihn schnell und pädagogisch in die klassischen Werke der Mathematik eingeführt. Zwischen Abel und Holmboe entstand eine lebenslange Freundschaft. Nicht einmal die Tatsache, dass Holmboe später auf die einzige feste Stelle an der Universität berufen wurde, die für Abel in Frage gekommen wäre, scheint Abels Verehrung seinem tüchtigen Lehrer gegenüber beeinträchtigt zu haben. Doch im November 1829, als Holmboe endlich seinen Nachruf drucken ließ, war das Ergebnis ein ziemlich blasses und gewöhnliches Bild des Freundes und Menschen Niels Henrik Abel.

Viele hatten auf diesen Nachruf gewartet, doch der ranghöchste Wissenschaftler des Landes, Professor Christopher Hansteen, der aus mehreren Gründen vielleicht am ehesten berufen war, Abels Andenken zu ehren, befand sich auf einer längeren Expedition nach Sibirien. Hansteen wurde großzügig gefördert bei der Verfolgung seiner Theorie, der zufolge es vier magnetische Pole geben müsse, und nach jahrelangen genauen Messungen, bei denen viele Studenten, darunter auch Abel, geholfen hatten, war Hansteen zu der Auffassung gelangt, dass der zweite magnetische Nordpol irgendwo in Sibirien liegen müsse. Hansteen hatte St. Petersburg noch nicht erreicht, als er, um seine Reise erfolgreich fortführen zu können, brieflich um weitere Geldmittel ersuchte. Und weil die Expedition zu einer nationalen Angelegenheit erklärt worden war, bewilligte die Regierung den Antrag und König Karl Johan hatte keine andere Möglichkeit, als widerwillig seine Zustimmung zu geben. Hansteen war Professor für angewandte Mathematik und Astronomie und neben der Erforschung der magnetischen Eigenschaften der Erdkugel zuständig für die Erstellung des Almanach, er berechnete die Höhe der Berggipfel und ermittelte die exakten geographischen Positionen einer Reihe von Orten, die auf der Karte der neuen Nation Norwegen eingetragen sein sollten.

In Abwesenheit von Professor Hansteen fiel also die Aufgabe, etwas über Niels Henrik Abel zu schreiben, dem Universitätslektor Holmboe zu. Im *Magazin for Naturvidenskaberne*, der wichtigsten naturwissenschaftlichen Zeitschrift des Landes, die inzwischen im siebten Jahrgang herauskam, hatte man Platz reserviert. Holmboes Nachruf wurde schließlich Ende November gedruckt, erschien aber auch als Sondernummer, herausgegeben von dem Buchdrucker Christopher Grøndal, Preis 16 Schilling: *Kurze Darstellung von Leben und Werk des Niels Henrik Abel*. Aber noch bevor das *Magazinet* und die Sondernummer erschienen, brachte die Zeitung *Patrouillen* am 21. November einen Auszug. Es gab viele, die mehr wissen wollten über diesen Niels Henrik Abel.

Er erblickte am 5. August 1802 das Licht der Welt, sein Vater Søren Georg Abel bekleidete zu dieser Zeit das Amt des Gemeindepfarrers auf der Insel Finnøy bei Stavanger. Die Mutter, Anne Marie Simonsen, war eine Reederstochter aus Risør, aufgewachsen in dem Überfluss und Luxus, den sich das Handelspatriziat in den letzten Jahrzehnten vor der Jahrhundertwende in diesem Teil des Landes leisten konnte. Niels Henrik war der zweite Sohn aus der jungen Pfarrersehe, der Vater war 30 und seine Frau 21 Jahre alt.

Niels Henrik war noch keine zwei Jahre alt, da bekam der Vater die Stelle des Pfarrverwesers von Gjerstad, wo Søren Georg Abel das Amt seines Vaters Hans Mathias Abel übernahm. Und in Gjerstad wuchs Niels Henrik zusammen mit seinen Geschwistern auf, einem älteren und drei jüngeren Brüdern sowie einer Schwester, die er besonders liebte. Er wurde zuerst vom Vater unterrichtet, dann von Lars Thorsen, einem jungen Mann, der später der Lehrer der Pfarrgemeinde wurde. Im Herbst 1815 wechselte Niels Henrik an die Kathedralschule von Christiania. In der ersten Zeit fiel er nicht weiter auf, erst im Sommer 1818, als Holmboe anfing, die geistigen Fähigkeiten der Schüler durch das Lösen kleinerer algebraischer und geometrischer Aufgaben zu üben, zeigte sich Abels mathematische Begabung. Ihm mussten sogleich spezielle Aufgaben gegeben werden und mit einem Eifer und der Sicherheit, die bereits das Genie ahnen ließen, ging er bald über die Elementarmathematik hinaus und eignete sich in kurzer Zeit alles an, was Holmboe wusste, um dann auf eigene Faust fortzufahren.

Im Jahre 1820 starb sein Vater, der neben seiner aktiven und vielfältigen Tätigkeit als Pastor im Herbst 1814 im außerordentlichen Storting, wie auch in dem Storting von 1818, Parlamentsmitglied war. Beide Male hatte sich Pastor Søren Georg Abel auf unterschiedliche Weise hervorgetan, was in der Öffentlichkeit allerdings ein überwiegend negatives Echo fand. 1821 begann Niels Henrik Abel sein Studentendasein und hatte, von der Mathematik abgesehen, eher mittelmäßige Noten. Weil ohne Unterstützung von zu Hause, bekam er sofort ein Zimmer in der Universitätsstiftung *Regentsen* und einige Lehrer der Universität halfen ihm finanziell. Abel galt bereits zu diesem Zeitpunkt als eine seltene mathematische Begabung und machte von sich reden, eine Person, die dazu beitragen konnte, sowohl der Universität wie der jungen Nation Norwegen einen willkommenen Ruf im Ausland zu verschaffen. Im Sommer 1823 erhielt er von dem Mathematikprofessor Søren Rasmussen Geld für einen mehrere Monate währenden Aufenthalt in Kopenhagen, um dort die führenden Mathematiker kennen zu lernen. Es war ein inspirierender Aufenthalt und neben Wissenschaftlern, Verwandten und Bekannten begegnete Abel einer jungen Frau, Christine Kemp, mit der er sich im folgenden Jahr verlobte.

Der Senat der Universität von Christiania war sich darüber im Klaren, dass Niels Henrik Abel zur weiteren Ausbildung und um mehr zu lernen, ins Ausland müsse. Man hoffte und glaubte: „Ein ausgezeichneter Mann für die Wissenschaft, eine Zierde für das Vaterland und ein Staatsbürger, der durch seine ungewöhnliche Tüchtigkeit in seinem Fach einmal reichlich die Hilfe zurückerstatten wird, die man ihm jetzt gewährt." Der Senat wollte Abel die Mittel zur Verfügung stellen, damit er dort studieren könne, wo die hervorragendsten Mathematiker jener Zeit arbeiteten, nämlich in Paris. Aber die für solche Mittel zuständigen Stellen vertraten die Meinung, dass Abel noch einige Jahre an der Universität Christiania bleiben solle, um „die gelehrten Sprachen zu lernen und andere für sein Hauptfach, die Mathematik, wichtige Wissenschaften." Im Frühjahr 1824 erhielt er ein Stipendium über 200 Speziestaler, das für zwei Jahre gedacht war. Das Geld war von der Staatskasse bewilligt worden und bestimmt für Abels Studium und die Vorbereitungen eines Auslandsaufenthalts.

In diesen Jahren beschäftigte er sich vor allem mit der umfangreichen mathematischen Literatur, die es in der neu eingerichteten Universitätsbibliothek von Christiania gab und er begann, selbst mathematische Abhandlungen zu schreiben. Die erste davon veröffentlichte er 1823 im ersten Jahrgang der Zeitschrift *Magazin for Naturvidenskaberne*. An der Universität gab es niemanden, der ihm in seiner Wissenschaft helfen konnte, es gab auch keinen offiziellen Studiengang für höhere Mathematik. Die Mathematik, in der er unterrichtet wurde, war ein eher elementares Pensum und Teil einer vorbereitenden Prüfung, der sich alle Studenten unterziehen mussten, dem sogenannten Zweiten Examen. Zwar unterrichtete nach 1819 der aus Kongsberg gekommene Professor Rasmussen regelmäßig ein etwas größeres Pensum. Dazu gehörten die Funktionenlehre, die Lehre der gekrümmten Linien, also die klassischen Kegelschnitte, arithmetische Reihen, die zur Berechnung der Stapelung von Kanonenkugeln angewandt wurden und das Neue und Spannende: Differential- und Integralrechnung. Doch das waren alles Themen, in denen Rasmussen bereits früher interessierte Studenten unterrichtet hatte, unter ihnen B.M. Holmboe. Und Holmboe hatte sein Wissen weitergegeben an Abel, der also schon als frisch gebackener Student mehr von Mathematik verstanden haben dürfte als irgendjemand sonst in diesem Lande.

Bereits als Schüler an der Kathedralschule hatte er an einem der beliebtesten mathematischen Probleme seiner Zeit gearbeitet: Wie in einer allgemeinen Gleichung fünften Grades mit Hilfe der fünf klassischen Grundrechnungsarten (Addition, Subtraktion, Multiplikation, Division und Wurzelziehen) die Nullstellen finden? Jetzt als Student löste Abel das Problem, das heißt, er bewies, dass es unmöglich ist, die Nullstellen in dem gesteckten Rahmen zu erhalten. Es war dies seine erste große Leistung und ein großer Fortschritt in der Theorie der Gleichungen.

Im Juli 1825, bevor das erste Stipendium auslief, beantragte Abel beim König ein Reisestipendium über 600 Speziestaler in Silber für zwei Jahre. Im Jahr zuvor hatte er auf eigene Rechnung seinen Beweis von der Unmöglichkeit der Auflösung allgemeiner Gleichungen fünften Grades drucken lassen. Um ein internationales Forscherpublikum zu erreichen, hatte er die Schrift in Französisch verfasst. Und um die Ausgaben so niedrig wie möglich zu halten, hatte er den Beweis auf nur sechs Seiten zusammengefasst und hoffte nun, damit einen Zugang zur Gelehrtenwelt Europas zu bekommen.

Mit den besten Empfehlungen der Universität wurde das Reisestipendium sogleich bewilligt und im September 1825 konnte Abel zusammen mit vier anderen hervorragenden Studenten des Landes ins große Ausland reisen. Drei seiner Reisegefährten waren Mineralogen. Der erste, Baltazar Mathias Keilhau, wurde später Professor in Christiania, der zweite, Nicolaj Benjamin Møller, wurde Direktor des Silberbergwerks von Kongsberg und der dritte, Nils Otto Tank, entwickelte sich zum Abenteurer und Missionar der Herrnhuter Brüdergemeine, zuerst in Surinam in Südamerika, später dann in Wisconsin. Der vierte Reisegefährte, Christian Peter Bianco Boeck, wurde Professor für Veterinärmedizin und gründete die Veterinärhochschule von Christiania.

In seinem Gesuch hatte Abel als Plan für seinen Auslandsaufenthalt angegeben, nach Paris zu fahren und auf dem Weg dorthin den glänzendsten Wissenschaftler Europas, Friedrich Gauß, in Göttingen zu besuchen. Für die anderen der Gruppe lagen die interessantesten Studienorte in Süddeutschland und Norditalien. Um der Gemeinschaft willen und weil er mehr von der Welt sehen und nicht allein reisen wollte, blieb Abel lange Zeit bei den andern. Als er endlich, ein Jahr nach Verlassen von Christiania und ohne Gauß besucht zu haben, in Paris ankam, wurde der Aufenthalt in der Metropole der Mathematik zu einer wahren Enttäuschung. Stattdessen war sein Besuch in Berlin zu Beginn der Reise im Herbst 1825 ein Glückstreffer.

In Berlin lernte Abel nämlich den vielseitigen Ingenieur und Naturwissenschaftler August Leopold Crelle kennen und von ihm wurde Abel in die entsprechenden Kreise von hervorragenden Wissenschaftlern und Forschern eingeführt. Nach der Begegnung mit Abel wagte Crelle, sein lange gehegtes Projekt in die Tat umzusetzen, nämlich die Herausgabe der ersten Zeitschrift für Mathematik in Deutschland, dem *Journal für die reine und angewandte Mathematik*. Die erste Nummer erschien im Frühjahr 1826, die Zeitschrift erscheint bis heute. In dieser Zeitschrift sollte Abel die meisten seiner Arbeiten nach Fertigstellung publizieren. Und es waren in erster Linie Abels Beiträge, die Crelles Journal einen Ruf in ganz Europa verschafften. Abel wurde in Berlin bekannt und geschätzt und es fanden sich einige Leute, die ihm zu einer Professorenstellung in der Stadt verhelfen wollten. Den endgültigen Bescheid einer Ernennung konnte Crelle voller Freude am 8. April 1829 brieflich mitteilen, nicht ahnend, dass Abel zwei Tage zuvor gestorben war.

In jenem Frühling und Sommer des Jahres 1826 reiste Abel also weiter nach Süden, nach Dresden, Prag, Wien, Triest und Venedig, um sich dann wieder nach Norden in Richtung Schweiz zu bewegen und schließlich im August in Paris einzutreffen. Dort begann er mit der Ausarbeitung des Werkes, das ihm am wichtigsten erschien und das er aus diesem Grunde für die berühmte Wissenschaftsakademie, das Französische Institut in Paris, aufgespart hatte. Am 30. Oktober 1826 lieferte er die Abhandlung bei den zwei führenden Mathematikern Frankreichs, Adrien Marie Legendre und Augustin Louis Cauchy, ab. Doch diese Arbeit, die später die Paris-Abhandlung genannt wurde und in der mathematischen Literatur als die bedeutendste Abhandlung gilt, die jemals verfasst wurde, blieb ungelesen liegen. Erst kurz vor Abels Tod wurde das Manuskript wieder gefunden und 1830 vergab das Französische Institut seinen großen Preis post mortem an Abel für diese Arbeit.

Obwohl der Aufenthalt in Paris unbefriedigend gewesen war, hatte er einige jüngere Wissenschaftler kennen gelernt und Zugang zu einer großen Bibliothek erhalten. Auch hatte er den norwegischen Künstler und Portraitmaler Johan Gørbitz kennen gelernt. Gørbitz schuf in Paris ein Portrait von Abel, es war das einzige, das zu seinen Lebzeiten entstanden ist.

Die Reise und der Aufenthalt im Ausland, alles in allem 20 Monate, waren das größte äußere Ereignis in Abels kurzem Leben. Er verließ Paris in der Woche nach Weihnachten und kam in den ersten Januartagen 1827 bettelarm und erschöpft bei seinen Freunden in Berlin an. Als er im Mai wieder in Norwegen eintraf, fand er die einzige Stelle, die für ihn an der Universität in Frage gekommen wäre, von seinem Freund und Lehrer B.M. Holmboe besetzt. Er hatte bereits unterwegs davon erfahren. Sein eigentliches Problem bestand nun darin, dass sein Stipendium von 200 Speziestaler, über das er vor seinem Auslandsaufenthalt verfügt hatte, nicht verlängert wurde. Gleich nach Abels Rückkehr bemühte sich der Senat bei der Regierung um eine ausreichende öffentliche Unterstützung Abels, damit dieser seine Studien und seine Arbeit fortsetzen konnte. Doch vergeblich, für so etwas, so hieß es, stünden keine Mittel bereit. Der Senat entschloss sich nun zu dem ungewöhnlichen Schritt, den bereits negativ beschiedenen Antrag noch einmal zu stellen, die 200 Speziestaler mussten doch zu beschaffen sein. Die zuständigen höheren Regierungsstellen lehnten erneut ab, schlugen aber der Universität vor, die Summe als Vorschuss auf ein künftiges Gehalt für den einen oder anderen Posten aus dem eigenen Budget zu bestreiten.

Während Niels Henrik im Ausland gewesen war, hatte einer seiner jüngeren Brüder von einem Aufenthalt in Christiania einige unbezahlte Rechnungen hinterlassen, die zu begleichen Niels Henrik sich nun verpflichtet fühlte. Dazu kamen die finanziellen Verpflichtungen seines verstorbenen Vaters. Als die gewaltige Woge aus Patriotismus und Glauben an die Kräfte des Vaterlandes über das Land schwappte und die „Gesellschaft für das Wohl Norwegens" 1811 eine groß angelegte Spendenaktion für eine Universität in Norwegen startete, hatte Pastor Søren Georg Abel aus Gjerstad seine tatkräftige Hilfe zugesichert. Zusätzlich zu 100 Reichstalern in bar und 10 Reichstalern jährlich hatte er sich zu einem jährlichen Beitrag von einem halben Fass Gerste von dem Hof und Witwensitz Lunde bei Gjerstad verpflichtet. In der Zeit nach 1814 mit Inflation und einer Menge Konkursen sowie der Umstellung des Geldsystems von Reichstaler auf Speziestaler war der Wert des Getreidebeitrags am schwersten einzulösen. Das halbe Fass Gerste, mindestens 70 kg, die Pastor Abel versprochen hatte, wurden zu einer großen Belastung. Die vom Vater hinterlassenen Verpflichtungen an die Universität beliefen sich 1827 auf etwas mehr als 26 Speziestaler. Auf dem Hof Lunde lebte die Mutter in den erbärmlichsten Verhältnissen und konnte keinen Beitrag leisten.

Um ein Einkommen zu haben, gab Abel Privatunterricht in Elementarmathematik, Astronomie und Mechanik, wie man es für das zweite Examen benötigte, aber dabei verdiente er nicht viel.

Im September 1827 bewilligte die Universität aus eigenen Mitteln die von der Regierung abgelehnte Summe von 200 Speziestalern. Trotzdem musste Abel im Oktober bei der *Norges Bank* einen Kredit von 200 Speziestaler aufnehmen, den er nie zurückzahlen sollte.

Während dieser Zeit der ständig zunehmenden Sorgen arbeitete er intensiv an seiner Mathematik und schickte am laufenden Band Abhandlungen nach Berlin. Ermutigend für ihn war, dass seine geliebte Schwester Elisabeth bei dem verehrten Professor und Minister Niels Treschow auf Tøyen eine Stellung erhielt und dass er selbst in „Die Königlich-Norwegische Gesellschaft der Wissenschaften in Trondheim" gewählt wurde. Außerdem brachte ihm die Anfang des Jahres 1828 übernommene Vertretung von Professor Hansteen, der zu seiner Sibirien-Expedition aufgebrochen war, eine enorme finanzielle Erleichterung. War es aber bereits zu spät? Abels Gesundheit war angeschlagen und im Herbst 1828 erkrankte er und musste einige Wochen das Bett hüten. Als Weihnachten vor der Tür stand, wollte er gerne zu seiner Verlobten, die seit anderthalb Jahren als Gouvernante im Hüttenwerk Froland bei Arendal lebte. Er brach zu einer langen, strapaziösen Winterreise auf, kam auch einigermaßen frisch an, feierte ein fröhliches Weihnachten, wurde aber kurz darauf aufs Krankenlager geworfen. Er fing an, Blut zu spucken und nach zwölf Wochen war sein Leben zu Ende.

Lektor Holmboe bedauerte, dass sein Nachruf nicht früher erscheinen konnte, aber er sei auf Reisen gewesen, der Druck habe sich verzögert und er habe mit dem Niederschreiben gewartet, wollte unbedingt die Stimmen ausländischer Mathematiker zu Abels Größe und Leistung erwähnen. Holmboe wollte in seinem Nachruf Abels unvergleichliche Begabung hervorheben wie auch seine Verdienste und die Bewunderung des großen Auslands. Zu diesem Zweck stützte sich Holmboe in erster Linie auf Crelle in Berlin und Legendre in Paris. Letzterer meinte, Abel habe sich in seinem kurzen Leben ein ewiges Denkmal gesetzt und er zitierte zur Illustration von Abels Verdiensten den Spruch von Horaz: „Ein Denkmal habe ich mir gesetzt, bleibender als Erz."

Holmboe war für Abel sowohl Lehrer wie Freund und Seelsorger gewesen. Von Abels großer Auslandsreise erhielt Holmboe die meisten Briefe. Von Holmboe hätte man erwarten können, dass er derjenige war, der am meisten über den Menschen Niels Henrik zu erzählen wusste. Aber entweder wollte er nicht oder er war dazu nicht imstande. Vielleicht auch hielt er es für unpassend, zu sagen, wie er Niels Henrik als Mensch erlebt hatte. Zur Erklärung könnte dienen, dass es damals feste Normen und Verhaltensweisen gab, an die sich der geachtete und gebildete Mann natürlich hielt und lieber schwieg, als zuviel zu sagen. Insofern besteht vielleicht gar kein Grund, sich über Holmboes leidenschaftslosen Nachruf zu wundern, hätten sich nicht noch andere von Abels Freunden zu Wort gemeldet. Einer davon, der das Bild des Verstorbenen ergänzte, war Christian Boeck, der Reisegefährte ins Ausland. Bereits 1829 hatte er eine Stelle als Lehrbeauftragter für Veterinärmedizin angenommen und gab als Redakteur *Magazinet* heraus, damals die einzige wissenschaftliche Zeitschrift Norwegens.

In einem Anhang zu Holmboes Artikel äußerte Boeck seine Auffassung über Abels Leben und Schicksal. Boeck stellt ausdrücklich fest, dass Abels Konstitution schwächlich gewesen sei und er schon früh seine Disposition für die Lungenkrankheit, die ihn das Leben kostete, erkannt habe. Trotzdem sei er während der gemeinsamen Reise kräftig und eigentlich nie krank gewesen, fügt Boeck hinzu.

Abel erschien denen, die ihn nicht von früher kannten, als fröhlich und die, die ihn nur sporadisch trafen, hielten ihn vielleicht sogar für einen leichtsinnigen Charakter. Boeck vertritt jedoch die Ansicht, dass Abel in Wirklichkeit von ernster Natur war, sehr tiefe Empfindungen hatte und oft besonders schwermütig war. Er versank dann in eine sehr düstere Stimmung, auch wenn sein Umfeld aufs Beste und Angenehmste geregelt war, wie z.B. in Berlin, wo er mit Crelle und dessen Bekannten verkehrte. Doch seine Schwermut, so Boeck, habe Abel durch aufgesetzte Fröhlichkeit und Gleichmut nach außen zu verstecken gesucht. Nur wenigen habe er sich wirklich anvertraut. Sogar unter seinen engsten Freunden hätten ihn nur wenige richtig gekannt und eingeschätzt, so Boeck. Über Abels Beziehung zum anderen Geschlecht sagt Boeck, dass Abel seine Verlobte mit größerer Zärtlichkeit geliebt habe, als er die meisten seiner Bekannten merken ließ.

Abel äußerte sich oft besorgt, wenn es um die Zukunft ging. Und Boeck erklärt Abels ständig wiederkehrende Schwermut mit den beschränkten Lebensaussichten, die ihn völlig deprimierten. Er hatte nur einen kleinen Hoffnungsschimmer auf eine sorgenfreie Stelle und manchmal war kein Wort und keine Vorstellung geeignet, um ihn aufzumuntern. Nur an seinem Schreibtisch gelang es ihm, die Gedanken an die Zukunft zu verdrängen. Wenn er dann den einen oder anderen mathematischen Satz formuliert hatte, erschien für Augenblicke alles Äußere unwichtig und er war vollkommen glücklich.

Viele Jahre später, als Boeck bereits Professor und ein anerkannter Wissenschaftler war, erzählte er, dass Abel in Berlin jede Nacht aufgestanden sei und eine Kerze angezündet habe, um sich hinzusetzen und zu schreiben oder zu rechnen. Einmal hatte er im Kopf ein Problem gelöst, aber die Beweiskette vergessen, auf die seine Schlussfolgerung basierte. So sehr er auch grübelte, sie fiel ihm nicht mehr ein. Doch eines Nachts, sie hatten sich gerade hingelegt und waren eingeschlafen, fuhr Abel plötzlich mit einem Freudenschrei aus dem Bett! Auf einmal stand die Lösung wieder klar vor seinem geistigen Auge.

Der alternde Professor Boeck liebte es, seinen Jugendfreund als einen neuen Archimedes hinzustellen. Dieser Mathematiker aus Syrakus soll im 3. Jahrhundert vor Christus aus seiner Badewanne gesprungen sein und splitternackt durch die Straßen hüpfend gerufen haben: „Heureka! Heureka! Ich hab's gefunden! Ich hab's gefunden!" Gemeint war die Entdeckung des Gesetzes vom statischen Auftrieb in Flüssigkeiten. Welchen mathematischen Zusammenhang Abel in jener Nacht in Berlin gefunden hatte, ist nicht bekannt. Vielleicht war ihm klar geworden, welche Voraussetzungen zur Auflösung algebraischer Gleichungen nötig waren? Oder hatte er die Bedingungen für die Konvergenz einer unendlichen Reihe erkannt?

Eine andere Anekdote über Abel erzählt, dass er während des Studiums in einer Griechisch-Vorlesung von Professor Georg Sverdrup zum großen Erstaunen des Auditoriums aufsprang und, während er zur Tür stürzte, ausrief: „Ich hab's! Ich hab's!"

In seinem Zusatz zu Holmboes Nachruf betont Boeck ausdrücklich, Abel sei in seinen letzten Jahren ziemlich entmutigt gewesen. Nicht einmal Crelles Briefe über eine wahrscheinliche und baldige Anstellung an der Universität Berlin munterten ihn so auf, wie man hätte erwarten können. Er empfand es als demütigend, für seine Wissenschaft nicht in Norwegen arbeiten zu können. Ihm erschien es als trostlos, sich selbst aus der Heimat verbannen zu müssen, um sein Leben in der Fremde zu verbringen, vielleicht ohne sein Vaterland je wieder zu sehen. Abel wirkte immer emotional aufgewühlt, wenn er darüber sprach, wie sehr er schwanke, ob er ein Angebot aus dem Ausland annehmen sollte oder nicht! Boeck zufolge erwartete Abel nicht, dass die Universität von Christiania sich noch mehr für ihn einsetzte, schließlich hatte er kein Staatsexamen und nach wie vor den Status eines Studenten! Er wusste, dass er ohne Stelle und ohne Einkünfte dasaß, sobald Hansteen aus Sibirien zurückkehrte. Er wusste, dass es dann wieder schwierig sein würde, sich zu versorgen, und an eine Ehe mit Christine Kemp war nicht zu denken.

Boeck erklärte also unumwunden, was auch der allgemeinen Meinung entsprach, dass nämlich der Grund für Abels Mutlosigkeit und Depression in der letzten Zeit eben darin bestand, dass er mit keiner Anstellung in seiner Heimat rechnen könne. Während berühmte Wissenschaftler im Ausland Abel wegen seiner genialen Arbeiten und Entdeckungen priesen und ein fremder Staat bereit war, für sein irdisches Wohl zu sorgen, erhielt er für seine Leistungen im eigenen Land keine echte Unterstützung und kaum Anerkennung. Trotz seiner Bedenken, so Boeck, habe ihm die Vorstellung einer Professur in Berlin gefallen, und nur durch seine eigene Arbeit konnte Abel die bereits errungene Achtung und Berühmtheit bewahren und vermehren. Doch bei diesen Anstrengungen gönnte sich Abel zu wenig Ruhe und Entspannung. Die übertriebenen und intensiven Studien zerrütteten sein Nervensystem und das ununterbrochene Stillsitzen wirkte sich negativ auf seine Gesundheit aus. Es bedurfte nur eines kleinen letzten Anstoßes, die Winterreise nach Froland – und seine Widerstandskraft war gebrochen.

Und so beendet Boeck die Beschreibung seines Freundes und Reisegefährten: „Sein Wunsch, dass die Heimaterde seinen Staub aufnehmen solle, ging in Erfüllung. Nun haben seine Sorgen ein Ende, auch suchte er nicht das tägliche Brot in fremden Landen, doch Norwegen verlor seinen Sohn."

Dass Abels frühes Ende einen großen Verlust für die junge Nation bedeutete, wurde allen schlagartig bewusst. Dass das offizielle Norwegen dafür die Schuld tragen sollte, führte zu heftigen Reaktionen. Für B.M. Holmboe war dies äußerst peinlich, saß er doch auf der Stelle, die Abel hätte haben können. Der Senat sah sich gezwungen, sich sowohl im *Morgenbladet* wie im *Patrouillen* zu rechtfertigen. Man bezog sich auf Schriftstücke und Verhandlungen, um damit zu beweisen, dass sich die Universität immer *für* Abel eingesetzt hatte, zeitweise sogar gegen das Ministerium. Sowohl bei der Zuteilung der Stipendien wie durch private Unterstützung hätten die Universität und ihre Lehrer uneingeschränkt auf Abels Seite gestanden. Als Grund, warum B.M. Holmboe 1826 den Lehrstuhl erhielt und somit Abel vorgezogen wurde, führte man an, dass Abel damals gerade seine große Auslandsreise angetreten habe und man zudem befürchtete, Abel könnte mit seinem scharfen Verstand und seinem hohen Erkenntnisniveau Schwierigkeiten haben, vor Theologiestudenten, Juristen oder Medizinern, die nur minimale mathematische Kenntnisse brauchten, befriedigende Vorlesungen zu halten. Doch der Senat habe die ganze Zeit, so wurde betont, gehofft, eine Stelle für höhere Mathematik einrichten zu können und hatte bereits im Vorjahr, als es so aussah, als werde Abel nach Berlin berufen, bedauert, dass keine Aussicht für eine feste Anstellung dieses „begabten jungen Mannes" bestehe. Dazu reiche das Budget nicht aus.

Doch die Kritik an der Behandlung Abels durch die offiziellen Stellen wollte nicht verstummen. *Patrouillen* konterte die Ausführungen des Senats und erklärte, dass für Abel und seine Wissenschaft kein Geld im Budget vorhanden war, dass aber auch keinerlei Gelder aus einem öffentlichen Budget für die Summe bewilligt waren, die Hansteen sofort erhielt, als er sie für seine Sibirienreise benötigte. Hansteen habe 9.500 Speziestaler vom Staat erhalten.

Die Diskussion, inwieweit für Abel mehr hätte getan werden können, wurde in der norwegischen Presse ausführlich geführt. Das Ergebnis war, dass man ihn in gutem Angedenken bewahren wolle und sein Leben wurde zu einem Beispiel dafür, was in Norwegen auf keinen Fall nochmals vorkommen dürfe. Wie ernst man es meinte, zeigte sich 1902, als Abels hundertjähriger Geburtstag Gegenstand großer Feierlichkeiten war. König Oscar lud ein zu einem Fest auf dem Schloss, die Bürger feierten in der Loge und die Studenten veranstalteten den größten Fackelzug, den es in den Straßen von Kristiania[1] je gegeben hatte. Die berühmtesten Männer des Landes hielten Reden: Fritjof Nansen als Vorsitzender des Veranstaltungskomitees appellierte an die Jugend; der Dichter Bjørnstjerne Bjørnson hatte eine elfstrophige Kantate zu Abels Ehren verfasst, die nach der Musik von Christian Sinding mit Chor und Orchester in der Loge vorgetragen wurde. Im Schlussvers der Kantate klingen Boecks Worte von 1829 mit: „Ein Westlandjung das war er,/wohl gute zwanzig Jahr./Jetzt gehört der ganzen Welt er/und bleibt doch unser Jung."/ In der Universität hatten sich Mathematiker aus aller Welt zu Vorträgen und Diskussionen über Abels Schriften versammelt und es wurde eine ausführliche Festschrift herausgegeben mit Beiträgen zu Abels Leben und Arbeit, mit Briefen von Abel und mit Dokumenten, die sein Verhältnis zu Staat und Universität zeigten. Einer der Redakteure und Artikelschreiber, der Mathematiker und Kinderbuchautor Elling Holst, hatte ein Gedicht verfasst, das als Prolog von Johanne Dybwad, der besten Schauspielerin des Landes, bei einer Vorstellung des Nationaltheaters von Ibsens *Peer Gynt* vorgetragen wurde.

Auch in Froland und Gjerstad wurden Feiern abgehalten und Denkmäler eingeweiht. Ein öffentlicher Wettbewerb wurde ausgeschrieben für die Gestaltung einer Skulptur von Abel, die ihn sitzend auf dem linken Treppenaufgang des Hauptgebäudes der Universität darstellen sollte. 19 Entwürfe trafen ein und die Jury entschied sich für den des Bildhauers Ingebrigt Vik. Doch nach einigem Hin und Her stellte man schließlich Gustav Vigelands genieverklärendes Abel-Monument im Schlosspark auf, an einer Stelle, die seit 1908 „Abel-Hügel" heißt.

Bei der Beurteilung der Standpunkte darüber, was die norwegische Nation im Falle Abels hätte anders machen sollen, wurden die bereits bekannten Argumente wiederholt. Was Abel für Ruf und Ansehen der Nation hätte bewirken können, spielte natürlich eine größere Rolle als seine mathematische Großtat. Und als Mensch blieb Abel ein glückloser, nach seinem Weg suchender junger Mann, der nicht wusste, wie er sich unter seinen Zeitgenossen zurechtfinden sollte. Nur an seinem Schreibtisch folgte er frei und selbständig seinem Kopf. Dort war er das Genie, dort zeigte sich seine Fähigkeit, Zusammenhänge auf eine Weise zu überblicken wie kaum ein anderer.

---

[1] Schreibweise Christianias von 1877–1924 (Anm.d.Ü.)

Zwar hatte man zu seinen Lebzeiten das Einmalige und Großartige von Abels Denken durchaus erkannt, doch sein mathematisches Engagement lag nicht auf den Gebieten, die damals wissenschaftlichen Glanz und besonderes Prestige verhießen. Dagegen traf dies auf die mathematische Astronomie zu. Im jungen Staat Norwegen hatte das Kartieren des Landes durch genaue Berechnungen der geographischen Lage der Ortschaften, der Höhe der Berge und der Breite der Fjorde absolute Priorität. Magnetisches Kartieren und das Erforschen der nördlichen Gebiete waren selbstverständliche nationale Angelegenheiten. Daher weckte Professor Hansteens Interessengebiet auch weltweit Interesse und sein Ruf als Wissenschaftler stand überall hoch im Kurs. In ganz Europa ernteten diejenigen Geld und Ruhm, die die Bahnen und Konstellationen der Himmelskörper berechneten, die durch immer bessere Fernrohre zu erkennen waren. Dass der Engländer Isaac Newton mit seinen bahnbrechenden Forschungen dazu beigetragen hatte, dass seine Landsleute zu den besten Navigatoren wurden, was wiederum England die Vorherrschaft auf dem Meer ermöglichte, hatte auch den Schwerpunkt des mathematischen Interesses bestimmt. Mathematische Erkenntnisse mündeten ein in praktische Nutzanwendung. So hatte auch Napoleon die besten Mathematiker nur zur Konstruktion von Waffen und Verteidigungsanlagen um sich geschart. In keiner der Fragestellungen, mit denen sich Abel beschäftigte, fand sich eine praktische Bedeutung oder Nutzanwendung für seine Zeit. Welcher unmittelbare Nutzen war etwa mit der Kenntnis der Konvergenzkriterien für unendliche Reihen verbunden? Und warum musste man etwas über die Eigenschaften algebraischer Gleichungen wissen? Niemand hatte Abel beauftragt, in neue mathematische Bereiche vorzustoßen. Doch die Erkenntnisse, zu denen er gelangte und die Methoden, die er entwickelte, sollten später die Grundlage für ein Spektrum weiterer Forschung bilden. Einer Forschung, die wiederum die Grundlage für die Technologie ist, auf der die moderne Gesellschaft gründet.

Ebenso obskur wie die mathematischen Arbeiten Abels seinen Zeitgenossen erschienen waren, dürfte ihnen auch der Mensch Niels Henrik Abel vorgekommen sein.

Doch was konnte man von einem Menschen erwarten, der noch keine 27 Jahre alt war? Welche Prämissen bestimmten die persönliche Entwicklung eines Lebens, das nach außen hin von der Familie, den Lehrern und anderen Autoritäten bestimmt war? Wie jeder norwegische Beamtensohn war er von vornherein durch Verpflichtungen und Erwartungen festgelegt. Als sein Vater starb, wurde ihm die Verantwortung für die Familie übertragen, eine Verantwortung, die finanziell und moralisch schwer auf seinen Schultern lastete. Er hätte gerne dem entsprochen, was von ihm erwartet wurde und wusste nicht, ob er dem genügte und ob er sich so benahm, wie es sich gehörte. Natürlich kann man den Eindruck gewinnen, als würde ihm der Überblick fehlen, als würde er nicht wissen, worauf es in einem Menschenleben ankommt, als würde er immer wieder von Angst und Verunsicherung getrieben und fände keinen Weg, die menschlichen Probleme in den Griff zu bekommen, als habe er keine von einem Glauben oder der Vernunft bestimmte Überzeugung, um das große Ganze zu verstehen. Ganz anders in der Mathematik! Dort erkannte er, dass das in früheren Zeiten Gedachte nachweisbar falsch sein konnte, dass als sicher Angenommenes oft auf völlig irrigen Voraussetzungen beruhte. Sein Bemühen, richtig zu handeln, ohne zu sehen, was richtig war, scheint ihn traurig und depressiv gemacht zu haben.

Abels große Zerstreuung bei alledem war das Theater. So oft er konnte, ging er ins Theater und erlebte, wie sich auf der Bühne Schicksale entfalteten, ohne dass er selbst hätte teilnehmen müssen. Vielleicht ermöglichten ihm die auf der Bühne vorgeführten Prämissen für richtiges Handeln, dass er für einen Augenblick das Fehlen logischer Richtlinien im Leben vergessen konnte? Für die Musik, die vor den Stücken gespielt wurde, hatte er keinen Sinn. Es waren die sonnenklaren Bewegungen der Menschen, die ihn faszinierten.

Er hatte einen starken und dominierenden Vater, der feste Vorstellungen und Erwartungen an seine Kinder hatte. 1807 hatte Pastor Georg Søren Abel einen Katechismus herausgegeben, in dem er Schritt für Schritt erklärt, wie man sowohl in diesem wie im nächsten Leben Glückseligkeit erlangen könne. So sehr Niels Henrik auch den Vater und dessen felsenfesten Glauben verstehen wollte, blieb jener vermutlich ein unlösbares Rätsel für ihn. Möglicherweise galt dies auch für seine Mutter, die wegen ihrer Genusssucht und zunehmenden Alkoholproblemen am täglichen Leben kaum noch teilnahm. So lässt sich vielleicht erklären, warum Niels Henrik den Kontakt zum anderen Geschlecht so früh wie möglich auf das gesellschaftlich Notwendige zu begrenzen suchte. Abel verlobte sich ungewöhnlich früh, für seinen Freundeskreis kam dies überraschend, als er nach den Weihnachtsferien 1824 frisch verlobt ins Studentenheim zurückkehrte. Aber möglicherweise wollte er sich gerade auf diese Weise all das Gerede über Frauen und Erotik, wie es im Studentenleben üblich war, ersparen. Wenig deutet darauf hin, dass hinter der Verlobung eine leidenschaftliche Verliebtheit steckte, trotz der Worte seines Freundes Boeck von der großen Zärtlichkeit. Das Erotische scheint ihm nie ein starkes Bedürfnis gewesen zu sein. Keiner seiner Freunde kannte seine Verlobte, die er in Kopenhagen anlässlich einer Gesellschaft bei der Schwester seiner Mutter kennen gelernt hatte. Was die beiden zusammenführte, war ein Tanz, den keiner von ihnen beherrschte. Walzer war etwas Neumodisches und die beiden jungen Leute blieben verlegen im Hintergrund stehen und blickten einander an.

In den folgenden Jahren war es die finanzielle Lage, die – vielleicht nicht ungelegen – die Heirat verhinderte. Niemand ging eine Ehe ein, ohne einen Hausstand gründen zu können. Trotzdem fühlte er sich für seine Verlobte verantwortlich und es schmerzte ihn, dass sie so lange auf die Heirat warten musste. War auch das einer von diesen diffusen, aber massiven Ansprüchen, die das Leben ständig an ihn zu stellen schien? Oder war es etwas anderes: eine klare Verantwortung, die er aus freien Stücken gerne übernahm?

Als Abel schließlich merkte, dass er sterben würde, vererbte er sozusagen seine Verlobte einem seiner Freunde. Geschah dies aus einem Gefühl der Befreiung heraus oder aus Trauer? „Sie ist nicht schön", soll er gesagt haben, „hat rotes Haar und Sommersprossen, aber sie ist ein wunderbarer Mensch!" Er bat Keilhau, den einstigen Reisegefährten, der bereits einen Lehrauftrag an der Universität hatte, sich um sie zu kümmern. Und im Januar 1830 verlobten sich die beiden tatsächlich in Froland und heirateten im Herbst. Sie blieben das ganze Leben zusammen, hatten aber keine Kinder. In seiner Selbstbiographie, die Professor Keilhau 1857, ein Jahr vor seinem Tod veröffentlichte, schreibt er, dass er immer sehr dankbar gewesen sei, Christine an seiner Seite zu haben. Sie habe ihn auf vielen anstrengenden Reisen begleitet und „mir vor allem mit etwas geholfen, das mir völlig fehlte, nämlich Lebensklugheit."

Wenn es zutrifft, dass sie eine solche Lebensklugheit besaß, dann hätte Niels Henriks Schicksal vielleicht anders ausgesehen, wenn er seine Verlobte trotz der schlechten Zukunftsaussichten mehr an seinem Leben hätte teilnehmen lassen. Und dann hätte auch vielleicht einmal, wie sein Freund Keilhau, zugeben können: Lebensklugheit fehlte mir völlig ...

Am 13. April 1829 fand in der Kirche von Froland das Begräbnis statt. Hüttenbesitzer Smith wollte, dass Niels Henrik Abel in seiner Familiengruft beigesetzt wird und er lud die Leute aus den umliegenden Ortschaften und aus Arendal und Grimstad zur Beisetzung ein. Doch als der Tag der Beerdigung kam, hatte sich der Winter wieder eingestellt. Am Vortag hatte es für diese späte Zeit im Jahr so heftig geschneit wie noch nie. So schafften es nur wenige, rechtzeitig zu erscheinen, die Ortskundigen versuchten es erst gar nicht, über die Straße von Arendal nach Froland zu gelangen. Von denen, die es dennoch wagten, mussten die meisten nach ein paar Kilometern, für die sie Stunden benötigt hatten, wieder umkehren.

Sechs in Schwarz gekleidete Arbeiter des Werks trugen den Sarg aus dem Haus. Der mit einem Blumenkranz und dem Namen des Verstorbenen geschmückte Sarg wurde auf einem Schlitten die fünf Kilometer zur Kirche gefahren und dort durch ein Portal aus Fichtenzweigen zu Ehren von Abel hineingetragen. Pastor Christoffer Natvig hielt eine kurze Ansprache. Dann brachte man den Sarg hinunter zum Friedhof am Fluss und durch den tiefen und nassen Aprilschnee wurde Niels Henrik Abel in die Erde gesenkt.

In Deutschland und Frankreich waren die Nachrufe auf Niels Henrik Abel längst erschienen, da musste man in Norwegen noch darauf warten, etwas über diesen außergewöhnlichen Menschen zu lesen, den so sinnlos früh der Tod ereilte. Den größten Eindruck machte Crelles Nachruf aus Berlin vom 20. Juni, abgedruckt im *Journal*, der Zeitschrift, die in jeder Hinsicht so viel für Abel bedeutet hatte. Crelle war inzwischen durch die Gründung einer polytechnischen Schule ein führender Mann im Kultusministerium, er hatte Alexander von Humboldt kennen gelernt und arbeitete mit dem bekannten Naturforscher gut zusammen, der zu dieser Zeit, nach seinen großen Entdeckungsreisen auf dem amerikanischen Kontinent und einigen Jahren in Paris, nach Berlin gekommen war. Crelle sah, wie sich sein Traum zu erfüllen begann: In Deutschland eine neue Epoche der Mathematik anbrechen zu lassen, die sich in der Geschichte der Naturwissenschaften mit früheren epochalen Errungenschaften vergleichen ließ. Crelle dachte dabei an Friedrich den Großen und an Leibniz, die Berlin zu einem Zentrum der Forschung und der Wissenschaft gemacht hatten. Wie Humboldt, der aus Einzeldaten ein gesammeltes Ganzes erkennen wollte, eine Weltenharmonie, war auch Crelle von dieser Idee erfüllt, wenn er schrieb: „Alle Arbeiten von Abel sind geprägt von ungewöhnlicher Klugheit und Schärfe. Er überwindet sämtliche Hindernisse und geht mit schier unwiderstehlicher Kraft den Dingen auf den Grund. Er packt die Probleme mit einer überwältigenden Energie an, erfasst sie auf sehr hohem Niveau und hebt sie damit über ihre tatsächliche Stellung, sodass die Schwierigkeiten vor der triumphierenden Macht seines Genies zu verschwinden scheinen. Und dabei ist er noch ein junger Mann ...“

Um zu beweisen, dass er mit seiner Bewunderung nicht übertrieb, verwies Crelle auf eine Reihe von Artikeln, die Abel im *Journal* veröffentlicht hatte. Und er betont: „Abels einzigartige Begabung ist in letzter Zeit allgemein anerkannt worden; und wäre er ein Zeitgenosse Newtons gewesen, hätte dieser von ihm sagen können, was er von Cotes sagte: 'Wenn er länger gelebt hätte, dann hätten wir noch viel von ihm gelernt.' “

(Roger Cotes war Professor für Astronomie und Physik in Cambridge und schrieb die Einleitung zu dem von ihm herausgegebenen Hauptwerk Newtons, *Philosophiae naturalis principia mathematica*.)

Crelle berichtete in seinem Nachruf von dem Abschnitt in Abels Leben, den er am besten kannte. Dabei wies er natürlich darauf hin, dass Abel große Schwierigkeiten hatte, in seinem Land eine Stelle zu bekommen, die preußische Regierung dagegen bereit gewesen sei, Abel eine feste Stelle anzubieten. Crelle erwähnte auch noch, dass sich einige französische Mathematiker an König Karl Johan gewandt hätten, um Abel eine feste Stelle zu verschaffen, ein

Ansuchen, von dem in Norwegen nur wenige wussten, vielleicht nicht einmal Abel selbst.

Aber Crelles Hochachtung vor dem jungen Mann und seine tiefe Trauer über den Verlust galt nicht nur Abels großer mathematischer Begabung: „Monsieur Abel zeichnete sich ebenso durch die Klarheit und die Würde seines Charakters aus, durch eine seltene Bescheidenheit, die ihn im selben Maße, wie sein Genie ungewöhnlich war, liebenswert erscheinen ließ. Neid auf die Verdienste anderer war ihm völlig fremd. Er war weit entfernt von jener Gier nach Geld, Titeln oder einem Renommee, was oft dazu führt, dass die Wissenschaft missbraucht und zu einem bloßen Mittel gemacht wird, um sich Vorteile und Ruhm zu verschaffen. Die sublimen Wahrheiten, nach denen Abel suchte, schätzte er zu hoch ein, um sie für einen so niedrigen Preis zu verkaufen. Er fand den Lohn für seine Anstrengungen im Ergebnis. Er freute sich über jede neue Entdeckung, dessen ungeachtet, ob sie von ihm selbst oder von einem anderen gemacht wurde. Die üblichen Methoden, um sich eine glänzende Position zu sichern, waren ihm völlig fremd. Er tat nichts für sich selbst, dafür alles für die geliebte Wissenschaft. Alles, was getan wurde, um sein eigenes Wohl zu verbessern, kam ausschließlich von seinen Freunden."

Und Crelle schloss: „Es mag sein, dass eine solche Selbstlosigkeit in dieser Welt keinen Platz hat. Er opferte sein Leben für die Wissenschaft, ohne an sich selbst zu denken. Aber wer kann sagen, dass ein solches Opfer weniger wert ist als die Opfer, die für andere edle Zwecke gebracht werden und die mit höchsten Ehren zu belohnen man nicht zögert? Geehrt sei deshalb das Andenken dieses Mannes, der sich mit der ungewöhnlichsten Begabung und dem redlichsten Charakter hervortat. Er gehört zu den seltenen Geschöpfen, welche die Natur höchstens einmal in einem Jahrhundert hervorbringt!"

Die Übersetzung von Crelles in französischer Sprache geschriebenem Nachruf erschien im November im norwegischen *Morgenbladet*. In Paris wurde der Text im *Bulletin universel des sciences et de l'industrie* abgedruckt, nach seinem Herausgeber Baron de Ferrusac auch *Ferrusacs Bulletin* genannt. Zu dem Kreis der in dieser Zeitschrift veröffentlichenden Wissenschaftler gehörte auch Jacques Frédéric Saigey, den Abel in Paris kennen gelernt hatte und der für den mathematisch-physikalischen Teil von *Ferrusacs Bulletin* verantwortlich war, ein Magazin, das so breit wie möglich über alles berichten wollte, was sich in der Welt der Naturwissenschaft bewegte. Über Saigey hatte Abel Zutritt erhalten zu der hervorragend ausgestatteten Privatbibliothek des Barons, einem Treffpunkt der Gelehrten von Paris. Später hatte Saigey begonnen, mit seinem Freund Francois-Vincent Raspail seine eigene Zeitschrift, die *Annales des sciences d'observations* herauszugeben und im Mai-Heft von 1829 hat Saigey hier einen eigenen Nachruf auf Abel veröffentlicht. Der Artikel enthielt eine Reihe von ungenauen Angaben über Abels Leben, doch bereits da reagierten junge Wissenschaftler in Paris auf die unwürdige Behandlung Abels durch die Akademie und das französische Institut. Eine Zeit lang, zuletzt 1870 in der flammenden Rede Raspails vor der Abgeordnetenkammer, wurde Abels Leben als Beispiel angeführt, um zu zeigen, wie ältere Wissenschaftler skrupellos große Summen mit ihrem Wissen verdienen und dabei den jungen Nachwuchs blockieren. Doch das Schicksal, das Abel widerfuhr, sei, wie Saigey im Mai 1829 schrieb, das unausweichliche Los eines jungen Mannes, der keine andere Empfehlung mitbringt als seine eigenen Arbeiten: „Ältere Wissenschaftler sagen, man solle die Saat, die sie ausgestreut haben, aufgehen lassen oder sie sagen, man solle naturwissenschaftliche Erkenntnisse anwenden und in praktischen Nutzen umsetzen." Saigey schloss seine Gedenkrede für Abel mit einem Appell: „Junge Wissenschaftler! Hört auf nichts anderes als auf die innere Stimme, die euch sagt, welche Aufgaben am besten eurer Neigung und eurer Begabung entsprechen. Folgt dem natürlichen Impuls, der euch leitet ... Lest die Schriften der genialen Männer und denkt über sie nach, aber werdet nie zu folgsamen Schülern oder engstirnigen Bewunderern. Wahrhaftigkeit den Fakten gegenüber und Freiheit in allen Ansichten, so muss das Motto lauten!"

Ansonsten sagte man von Abel, er sei mittelgroß von zierlicher Gestalt gewesen. Kopf und Gesicht sollen schön geformt, die Haut jedoch fahlgrau gewesen sein. Die Augen waren blau, manche schildern sie als warmherzig und glänzend. Dass er sich mit kindlichem Gemüt schnell freuen konnte, aber auch nie weit entfernt war von Schwermut, war nicht wenigen aufgefallen. Im Freundeskreis war er lebhaft und sang auch mal ein Lied aus seiner Heimat, trank ein Gläschen und rauchte eine Pfeife, aber immer in Maßen. Niemand zweifelte daran, dass er über jede kleinliche Missgunst erhaben war. Und Abel seinerseits ließ sich wahrscheinlich nicht anmerken, was ihn diese Haltung kostete. Saigey schrieb, für ihn sei Abels Gesicht hager und düster gewesen und habe auf ihn den Eindruck von Kummer und Erschöpfung gemacht. Abels sanfter Charakter habe sich in Bescheidenheit und großer Schüchternheit geäußert.

Aus Gjerstad wurde erzählt, dass Niels Henrik als Kind ein guter Schwimmer gewesen war. Beim Wettschwimmen mit den älteren Kameraden gewann Niels Henrik oft deshalb, weil er da, wo die anderen all ihre Kräfte einsetzten, um vorwärts zu kommen, mühelos wie ein Aal dahinglitt. Auch auf Skiern soll er sehr geschickt gewesen sein. Bei verharschtem Schnee, wo andere schon in der Loipe ihre Schwierigkeiten hatten, fuhr er in wildem Gelände. Wenn er später in den Ferien zu Hause war, besuchte er oft die anderen Höfe, wurde überall geschätzt und gern gesehen als ein unkomplizierter und verlässlicher junger Mann. So wurde unter anderem erzählt, dass er das Wetter vorhersagen konnte. An einem klaren Sonnentag, als er zu den Mähern auf Lunde kam, wo seine Mutter wohnte, riet er ihnen, auf die Mittagsruhe zu verzichten, wenn sie ihr Heu trocken einbringen wollten. Und tatsächlich, eine Stunde später regnete es in Strömen.

Abel machte auch gerne mal einen Spaß und konnte dann recht keck sein. Aus Gjerstad wird erzählt, er sei einmal damit beschäftigt gewesen, den Abstand zur Sonne zu messen und da hätten ein paar Buben einen günstigen Augenblick abgepasst, und die Höhe des Stuhles, auf dem seine Instrumente standen, verändert. Als Abel mit seiner Arbeit fortfahren wollte, stimmten seine vorherigen Berechnungen nicht und mit ein paar kräftigen Flüchen soll er scherzhaft erklärt haben, dass sich die Sonne vermutlich um einige Zoll verschoben habe!

In Wirklichkeit dürfte er den Sonnenabstand wohl kaum gemessen haben. Vermutlich war er mit Professor Hansteens selbst gebautem Schwingungsapparat damit beschäftigt gewesen, die Intensität der magnetischen Kraftlinien zu messen. Und dies hatte vermutlich etwas mit dem Mond zu tun. Tatsache ist jedenfalls, dass Abel, während er auf seine Auslandsreise wartete, den Auftrag hatte, die Anziehung des Mondes auf das Pendel, mit dem Hansteens Messapparat ausgestattet war, zu messen. Der Auftrag stammte natürlich von Professor Hansteen selbst, nach dessen Theorie die Pendelausschläge möglicherweise nicht nur vom Erdmagnetismus und der Schwerkraft beeinflusst wurden, sondern auch von der Anziehungskraft des Mondes. Abel rechnete und fand heraus, dass der Mond wirklich eine solche messbare Wirkung haben musste. Wahrscheinlich waren es diese Berechnungen, die er seinerzeit in Gjerstad überprüfte. Und egal, ob nun Sonne oder Mond, Stuhl oder nicht, magnetische Linien bewegen sich nicht, doch Abel hatte sich offenbar auf den Streich der Jungen eingelassen und eine lustige Geschichte daraus gemacht.

Hansteen ermunterte dann Abel, eine Abhandlung über seine mathematischen Berechnungen zu schreiben, und Abel schrieb „Über den Einfluss des Mondes auf die Bewegung des Pendels". Hansteen publizierte diese Schrift im Frühjahr 1824 im *Magazin for Naturvidenskaberne*, das er herausgab. Ihm erschien die Problematik so wichtig, dass er Abels Artikel sofort ins Ausland schickte, um ihn möglicherweise auf Deutsch oder Französisch in der Zeitschrift „Astronomische Nachrichten" unterzubringen, die gerade von dem angesehenen Astronomen Heinrich Christian Schumacher in Altona gegründet worden war. Hansteen hoffte, dass Abels Artikel als Eintrittskarte bei den Gelehrten Europas dienen könne, was für Abel bei seiner kommenden Auslandsreise von Nutzen hätte sein können. Schumacher, der Professor in Kopenhagen gewesen war und genug Sprachkenntnisse besaß, um Abels Arbeit zu lesen, antwortete sogleich, dass er Abels Artikel nicht drucken werde: Der Student Abel habe die Anziehung des Mondes auf das Pendel als 60-mal größer berechnet als sie in Wirklichkeit sei! Dies sei geschehen, weil Abel vergessen habe, dass der Mond auch den Mittelpunkt der Erde anziehe. Es handele sich ja nicht um die absolute Anziehung des Pendels durch den Mond, sondern um die Differenz zwischen dieser Anziehung und der Anziehung des Erdmittelpunktes, was in der Praxis völlig unbedeutend sei. Schumacher schloss: „Nach Abels Formeln müsste die Sonne eine Abweichung der Lotschnur um mehrere Bogenminuten ergeben. Deshalb, um seiner eigenen Ehre willen: Sprechen wir nicht mehr davon."

Hansteens Versuch, Abel die Tür zu den europäischen Wissenschaftskreisen zu öffnen, endete also in einem Fiasko. Und Abel bereut es sicher, dass er sich auf ein Gebiet begeben hatte, das er nicht beherrschte und für das er sich auch nicht interessierte. Er befürchtete, Schumacher könnte seinen Schnitzer bei dessen Freund, dem großen Gauß in Göttingen, zur Sprache bringen. Abel hatte jedenfalls das Gefühl, er müsse die Scharte mit einem neuen Artikel im *Magazin* auswetzen, und das tat er auch. Als er später in Paris als eine Art Referent für *Ferrusacs Bulletin* angeworben wurde, dachte er wieder an seine Mondberechnungen. Abel sollte in der französischen Zeitschrift einen Überblick über die Artikel in Crelles Journal geben, denn es war wichtig, deren Inhalt in Frankreich bekannt zu machen. Obwohl dies kein Auftrag war, der ihn sonderlich freute, hielt er es Crelle gegenüber für seine Pflicht, außerdem war es eine Möglichkeit, mit den Gelehrten von Paris in Kontakt zu kommen. Deshalb lieferte Abel kurze Zusammenfassungen einer Reihe von Artikeln aus dem *Journal*, darunter seiner eigenen, nahm aber auch ein einziges Beispiel aus dem naturwissenschaftlichen *Magazinet* von Christiania auf, nämlich seine eigenen korrigierten Berechnungen über die Anziehungskraft des Mondes auf das Pendel!

Als Abel im Dezember 1828 mit dem Schlitten in Froland eintraf, herrschte ein eiskalter Winter. Er war blass, fühlte sich aber nicht krank. Er trug einen schwarzen Mantel mit langen Schößen, eine Redingote mit besonders weiten Ärmeln. Abel war ein gern gesehener Gast des Hauses und wurde mit offenen Armen empfangen. Es wurde auch erzählt, dass er die Hauskatze gerne mochte und an jenem Dezembertag steckte er sofort zu seinem eigenen Vergnügen und zu dem der anderen die Katze in die Redingote. Als sie aus dem weiten linken Ärmel hervor kam, nahm er sie mit der rechten Hand und steckte sie auf der anderen Seite hinein und sie schlüpfte an seiner Brust wieder heraus.

Hüttenbesitzer Sivert Smith hatte elf Kinder im Alter von 6 bis 22 Jahren. Sicher lebten auch noch einige seiner 16 Geschwister in der Fabrik, deren Räder nicht stillstanden mit der Produktion von Stabeisen, Nägeln und einigen größeren Dingen. Überall war Leben und Bewegung. Abel soll sich hier wie ein Sohn des Hauses gefühlt haben, mit den Jungen rollte er oben auf den Dächern Schneekugeln und gemeinsam tollten sie im Schnee herum. Auch die

Mädchen freuten sich über den netten Kandidaten, der so gut rechnen konnte. Als er im Sommer davor zu Besuch war, hatten sie ihm Geschenke gemacht, u.a. sechs Paar Strümpfe, und sie wollten seine Rechenkünste auf die Probe stellen. Eines der Mädchen soll gefragt haben:

Wenn eineinhalb Heringe eineinhalb Schillinge kosten, was kosten dann elf Heringe? Lächelnd soll Abel darauf geantwortet haben, dass er eine so schwierige Aufgabe nicht lösen könne und die Mädchen waren entzückt, dass sie ihn drangekriegt hatten.

In einer anderen Geschichte ist Niels Treschow der Fragende: Wenn eineinhalb Heringe eineinhalb Schillinge kosten, was kosten dann zwölf? Und als Abel erwiderte, das mache 18, soll sich der alte Treschow die Hände gerieben haben. Der einflussreiche und geachtete Niels Trechow war übrigens eine wichtige und immer wiederkehrende Person im Leben von Niels Henrik Abel. Seit Beginn des 19. Jahrhunderts war Treschow verantwortlich für den Unterricht und die Schulpolitik des Landes gewesen. Ohne Treschows Durchsetzungsvermögen in der Frage: 'Fachlehrer oder Klassenlehrer an den höheren Schulen' hätte Abel 1818 in der Kathedralschule kaum einen so fähigen Mathematiklehrer wie Holmboe bekommen. Als Minister weigerte sich Treschow nämlich, der Mehrheit im Parlament zuzustimmen, die zurück wollte zum alten System der Klassenlehrer, was in der Praxis zur Folge gehabt hätte, dass Theologen und Lateinkundige eine Klasse in allen Fächern unterrichteten. In den 1780er Jahren hatte Treschow als Rektor der Helsingør Kathedralschule Niels Henriks Vater Søren Georg Abel unterrichtet und ihn bis zu einem Abitur mit Auszeichnung geführt. Dann war Treschow Rektor der Kathedralschule von Christiania geworden, danach Professor für Philosophie in Kopenhagen, um dann im Jahre 1813 als einziger Bewerber die erste Professorenstelle an der neuen norwegischen Universität zu besetzen. Im folgenden Jahr war er dem Angebot des Königs gefolgt und Chef des Kirchenministeriums geworden. Einige meinten, dieser Wechsel sei gefährlich schnell vonstatten gegangen und es sei unwürdig, Philosophie durch Politik zu ersetzen. Auf einem außerordentlichen Storting im Herbst 1814 vertraten Søren Georg Abel und Treschow politisch völlig verschiedene Standpunkte. Doch 1818 hielten sie gegen die Parlamentsmehrheit zusammen und verteidigten verbissen die neue pädagogische Errungenschaft des Fachlehrersystems auf höheren Schulen. 1823 wurde Treschow Vize-Kanzler der Universität, was in der Praxis die Leitung der Hochschule bedeutete. In dieser Position setzte er sich 1825 vehement für Abels Auslandsstipendium von 600 Speziestalern für zwei Jahre ein, eine Entscheidung, über die im Übrigen weitgehend Einigkeit herrschte. Im Jahr darauf hatte er Niels Henriks Schwester Elisabeth in sein Haus geholt, eine Regelung, die sowohl für den alten Treschow und seine Familie wie auch für Elisabeth Abel erfreulich war.

Als Abel 1827 aus dem Ausland zurückkehrte, besuchte er seine Schwester bei Treschow, so oft er konnte. In dieser Zeit soll Treschow aus Spaß Abel die Aufgabe mit den 12 Heringen gestellt haben. Rechnen war sonst nicht Treschows Stärke, doch hatte er ein inniges Verhältnis zu einfachen Zahlen. Als Meister vom Stuhl der Freimaurerloge Christianias äußerte es sich jedenfalls mit großem Einfühlungsvermögen über die Zahlen 3, 7 und 9. Bei der Erörterung solcher Probleme sagte man ihm einen merkwürdigen Hang zum Mystischen nach und bei seinen Vorträgen brachte er seine Zuhörer durchaus dazu, die Zusammenhänge der ganzen Welt durch Zahlen zu erahnen. Im Übrigen war es Treschow, der die Freimaurerloge in Christiania wieder eröffnete, nachdem er als Professor zurückgekehrt war. Er tat dies nicht nur aus eigenem Interesse, sondern auch auf Wunsch des schwedischen Königs Karl XIII., der im Herbst 1814 auch König von Norwegen geworden war. Kritische Stimmen behaupteten, das einzige Anliegen des Königs bestünde darin, neue Freimaurerrituale zu erfinden und aufzuschreiben, um sie dann in die große nordische Loge einzubringen. Treschow soll sich denn auch in der ersten Zeit der Union Schweden-Norwegen eifrig um eine Verbindung zwischen dem Thronerben, Karl Johans Sohn, und einer der Töchter des dänischen Königshauses bemüht haben.

Abel war zu der Zeit, als er seine Schwester bei Treschows in Tøyen besuchte, finanziell völlig abgebrannt, hatte aber Treschow nie um eine Unterstützung gebeten. Vielleicht glaubte er, dass Treschow schon genug getan hatte, indem er seiner Schwester eine Stelle verschafft hatte? Treschow, der häufig den Ausdruck „Innerer Sinn" gebrauchte, womit er einen Sinn meinte, der den Menschen mit seinen seelischen „Schrullen" konfrontiere, die mit „mechanischen und physischen Gründen" unmöglich zu erklären seien, stand dem Denken des jungen Abel vermutlich völlig verständnislos gegenüber. Treschow vertrat die Auffassung, dass die Gedanken nach einem Muster oder einer Vorschrift arbeiteten, deren Einhaltung sozusagen von Natur aus erfolgte. Er kannte sich in der abendländischen Philosophie bestens aus und beschäftigte sich leidenschaftlich damit, die Einheit in der Vielfalt zu erkennen, einen Zusammenhang in allem, was geschieht. Für ihn verwirklichte sich eine göttliche Vernunft in der Welt, Abel jedoch scheint er nicht verstanden zu haben.

In Froland galt Abel nicht nur als Kandidat der Mathematik, sondern auch als „Sterngucker". Nun wurde diese Bezeichnung gewöhnlich für die gelehrten Astronomen benutzt, aber vielleicht bezog sich dieser Name auch auf die Tatsache, dass Abel abends häufig den Himmel beobachtete, um zu sehen, wie der kommende Tag werden würde. Außerdem war bekannt, dass er mit Professor Hansteen zusammenarbeitete, der den Almanach erstellte. Einer der

Arbeiter des Hüttenwerks soll gesagt haben, der Almanach würde nicht stimmen, besonders was das Wetter betraf. Abel soll geantwortet haben, für sechs Schillinge könne man wohl nicht mehr erwarten.

In der barocken Gartenanlage von Froland dürfte der Kandidat und „Sterngucker" Abel sicher an den Sommerabenden mit seiner Verlobten, der Gouvernante Christine, auf den Gartenwegen und im Lusthäuschen geschwärmt haben. Er stellte sich ihre gemeinsame Zukunft vor und soll zu ihr gesagt haben: „Wenn wir nach Berlin kommen, wird man dich nicht als Madame oder als meine Frau ansprechen, sondern es wird heißen: der Herr Professor mit seiner Gemahlin."

In einer anderen Geschichte wird erzählt, dass Abel in jenen Weihnachtstagen 1828 viel getanzt und geschwitzt und sich danach draußen im Gang Abkühlung gesucht habe. Am Tag danach sei das Fieber gekommen und er habe mit einer Lungenentzündung im Bett gelegen. Anfang Januar scheint es ihm wieder besser gegangen zu sein, am 6. Januar konnte er jedenfalls arbeiten. Weil aus Paris, wo er seine Arbeit eingereicht hatte, keine Nachricht gekommen war, befürchtete er, die Arbeit könnte verloren gegangen sein. Und um alles in der Welt wollte er den Hauptgedanken seiner Schrift retten. Die Pariser Abhandlung umfasst 65 große Seiten. Auf zwei Seiten fasste er nun, im Bett liegend, den Beweis des ersten Hauptsatzes der großen Abhandlung zusammen. Dies war das Letzte, was er geschrieben hat.

1903 schrieb der schwedische Mathematiker und Redakteur Gösta Mittag-Leffler über Abels Kraftanstrengung in Froland: „Am 6. Januar 1829, einem Datum in der Geschichte der Kultur, das mehr der Erinnerung wert ist als die Gedenktage von Königen, Kaisern und einzelner Nationen, schrieb Abel im Bett für *Crelles Journal* den größten Gedanken seines Lebens nieder." Als dann Mittag-Leffler 1882 mit Unterstützung der nordischen Länder die internationale mathematische Zeitschrift *Acta mathematica* ins Leben rief, bestand der einleitende Artikel in einem Portrait von Abel.

Die Nachricht von Abels Erkrankung in Froland wurde in Christiania mit einer gewissen Besorgnis aufgenommen. Diese Besorgnis galt nicht nur der Lehrverpflichtung, die er für die Zeit von Hansteens Abwesenheit übernommen hatte. Viele wussten, dass er im Herbst einige Wochen bettlägerig gewesen war und auf die, die ihn gesehen hatten, hatte er müde und erschöpft gewirkt. Als nun die Nachricht eintraf, musste man annehmen, dass seine Krankheit im günstigsten Fall langwierig sein werde.

Die Sibirienreise Hansteens hatte zwar Abels akute finanzielle Situation entschärft, doch die Abwesenheit Hansteens hatte auch bewirkt, dass Frau Hansteen im September 1828 mit ihren Kindern zu ihren Verwandten nach Kopenhagen und Sorø gefahren war. Frau Hansteen war seit langer Zeit und in zunehmendem Maße zu einer der wichtigsten Stützen in Abels täglichem Leben geworden. Sie gehörte zu den ganz wenigen, mit denen er offen redete. Er nannte sie seine „zweite Mutter", das Zusammensein mit ihr war wie „bei allen Engeln sein", wie er sich ausgedrückt haben soll. Frau Hansteen kümmerte sich sehr um Abel und half ihm in den praktischen Fragen, soweit es ihr trotz Kindern und Ehemann möglich war.

Bevor sich Abel auf seine Auslandsreise begab, hatte er einen Teil des Reisestipendiums bei Frau Hansteen in Verwahrung gegeben. Sie sollte damit in vernünftigen Portionen seinen Bruder Peder versorgen, der sonst nur alles sinnlos vergeudet und vertrunken hätte. Von dem Stipendium zweigte Abel auch Geld ab, damit seine Schwester Elisabeth von Gjerstad, wo die Mutter lebte, nach Christiania kommen konnte. Und in Christiania war es Frau Hansteen, die Elisabeth für ein halbes Jahr bei sich aufnahm, ehe sie die Stelle bei Treschow erhielt, einem Vetter von Hansteen.

Während seiner Auslandsreise schrieb Abel mehrere Briefe an Frau Hansteen, in denen er von Depressionen und schweren Stunden berichtete, von seiner Abneigung, allein zu sein, von seiner Freude, neue Städte und fremde Landschaften zu sehen. Er berichtete von zwischenzeitlichen Anfällen fanatischer Arbeitswut und wie er sich freue, nach Hause zu kommen, um kontinuierlich alle seine Ideen zu durchdenken, die ihm ständig durch den Kopf gingen. Und Frau Hansteen schickte ihrerseits aufmunternde Worte, oft als Anlage zu den Briefen ihres Mannes an Abel. „Brief von dem lieben Abel" notierte sie zum Beispiel am 17. März 1827 in ihr Tagebuch.

Frau Hansteen scheint sich mit Abels bedrückter Gemütsverfassung seelisch verwandt gefühlt zu haben. Ihrem Tagebuch vertraute sie an, dass sie „traurig" und „melancholisch" werden konnte, nachdem sie mit Abel gesprochen hatte, es seien „Ideenassoziationen in meine eigenen Labyrinthe" gedrungen.

Frau Hansteen war eine geborene Cathrine Andrea Borch aus Sorø in Dänemark, wo ihr Vater, Caspar Abraham Borch aus Trondheim, Professor an der Akademie war. Im Mai 1814 hatte sie Christopher Hansteen geheiratet, der damals Lektor für Mathematik an der Lateinschule in Frederiksborg war. Sie stammte aus einer großen Familie mit fünf Schwestern und drei Brüdern. Der Vater starb bereits 1805, doch die Mutter führte ein gastfreies Haus in Sorø, und als sich Abel 1823 in Kopenhagen aufhielt, hatte ihn Henriette Frederichsen, eine der Schwestern von Frau Hansteen, nach Sorø eingeladen. Dort lernte Abel auch Charité kennen, die jüngste der Schwestern Borch, ein Jahr älter als er selbst. Sie schien einen intensiven Eindruck bei Niels Henrik hinterlassen zu haben. In seinen Briefen an Frau Hansteen bat er jedes Mal darum, sie möge ihre Schwestern von ihm grüßen, besonders „die liebe, herzensgute Charité". Und als Abel im Mai 1827 auf der Heimfahrt, von den

Anstrengungen der Reise erschöpft, Kopenhagen passierte, machte er bei den Hansteen-Schwestern Station. Das Portrait, das Gørbitz von ihm in Paris angefertigt hatte, ließ er wahrscheinlich bei ihnen zurück und gab es nicht seiner Verlobten, die ihn ebenfalls in Kopenhagen traf.

Nachdem Abel Ende Mai 1827 nach Christiania zurückgekehrt war, besuchte er Frau Hansteen häufig. Im Juni notierte sie in ihrem Tagebuch viermal den Besuch von Abel und so auch in den Monaten darauf. Manchmal handelte es sich nur um ein kurzes Gespräch auf der Treppe zu Hansteens Wohnung in der Pilestredet, manchmal um eine Teestunde zusammen mit anderen, manchmal reichte die Zeit, um sich einen Schemel zu holen und in der Wohnstube zu ihren Füßen zu sitzen. Nach einem Besuch am 18. Juni war sie besonders bedrückt bei dem Gedanken an Abels Stellung und Zukunftsaussichten, doch ihr Tagebuch schließt mit den Worten: „Sprach spät abends mit Hansteen, was mir Trost gab, sodass ich leichten Herzens einschlief." Vielleicht war es die Zusicherung des Professors, Abel würde einen Lehrauftrag und ein Gehalt bekommen, wenn er nach Sibirien reise, was sie beruhigte.

Frau Hansteen litt an Migräne und Rheuma, zudem quälte es sie, dass sie, obwohl in so guter Lebenslage, nicht glücklich war. Im Dezember 1824 hatte sie ihre vierte Tochter zur Welt gebacht, sie wurde Aasta genannt. Es war Aasta Hansteen, die zur ersten und engagiertesten Vertreterin der Frauenbewegung Norwegens wurde. Doch Mutter Andrea Hansteen fühlte sich missraten, glaubte, nicht den Erwartungen gerecht zu werden und sich in der Gesellschaft skandalös zu benehmen, indem sie zu offen und heftig ihre Meinung äußerte. Gerne hätte sie das wissenschaftliche Engagement ihres Mannes und Abels verstanden, doch als sie sich zusammen mit ein paar anderen fortschrittlichen Frauen der Hauptstadt in Vorlesungen in Physik und naturwissenschaftlichen Fächern zeigte, erregte dies Aufsehen. Für Abel wurde Frau Hansteen die Mutterfigur, nach der er sich vermutlich immer gesehnt hatte. Auf seinem Krankenlager im spätwinterlichen Froland fabelte er ständig von Frau Hansteen, klagte darüber, sich nicht von ihr verabschiedet zu haben, als sie im Herbst nach Kopenhagen gefahren war. Vielleicht hätte sich alles anders entwickelt, wenn sie in Christiania geblieben wäre?

Nachdem der Distriktsarzt Møller im Februar Abel in Froland untersucht und dem Senat der Universität über seinen Zustand berichtet hatte, wussten auch die Treschows und seine Schwester Elisabeth, dass Abel an einer „starken Lungenentzündung und erheblichem Blutspucken leidet". In ihrem Brief vom 27. Februar 1827 schrieb Frau Treschow an Frau Hansteen in Kopenhagen: „Der arme Niels Abel liegt sehr krank im Hüttenwerk Froland und war schon krank, als er abreiste. Wenn du in der Stadt gewesen wärest, hätte er sich vielleicht überreden lassen, zu bleiben, aber er suchte einen Unterschlupf, so krank er auch war, obwohl ich so deutlich die Schwäche sah, die ihm der Schmerz in den Beinen verursachte."

In Froland lag Abel in einem Zimmer an der Schattenseite des Hauses. Er wäre so gern wieder gesund geworden. Doch das Blut ließ sich nicht verbergen, er hustete immer schlimmer, konnte nicht schlafen und hatte Angst davor, nachts allein zu sein. Wenn er aufstand, sah er draußen das flackernde Mondlicht auf dem Schnee. Als er schließlich erkannte, dass es mit ihm zu Ende ging, warf er mit lauten und heftigen Worten der Wissenschaft seiner Zeit vor, nicht genügend gearbeitet und geforscht zu haben, um seine Krankheit besiegen zu können. „Ich werde um mein Leben kämpfen!", soll er gerufen haben. Manchmal, in ruhigeren Stunden, versuchte er zu arbeiten, doch seine Kraft versiegte rasch, er welkte dahin wie „ein kranker Adler beim Anblick der Sonne".

Auch als er noch gesund war, mochte er das Alleinsein nicht, außer wenn er arbeitete. Ohne Gesellschaft wurde er schwermütig. Neben seiner Leidenschaft, sich Theaterstücke anzusehen, 'in die Komödie zu gehen', wie es damals hieß, liebte er das Kartenspiel und konnte bis tief in die Nacht am Kartentisch sitzen. Er spielte gut, auch wenn kein Gewinn zu holen war. Er rechnete sich seine Gewinnchancen auf eine Weise aus, die manchmal das Missfallen der anderen weckte. Aber vielleicht war es einfach eine Herausforderung für ihn, in dieser Mischung aus Zufall und Gesetzmäßigkeit das bestmögliche Ergebnis zu erzielen, vielleicht ging es ihm nicht nur um den Sieg, sondern um eine Methode, den Zufall zu meistern. Am Spieltisch hielt er seine Karten dicht vor die Brust und wusste meistens, welches Blatt die anderen hatten. Am Spieltisch gelang es ihm jedenfalls, seine Karten souverän auszuspielen.

Doch wie das Leben mit all seinen Aufgaben meistern? Wie aus der Mathematik einen Lebensunterhalt machen? Er musste sich beeilen, eine feste Stelle zu erhalten und in gesicherte Lebensverhältnisse zu kommen. Doch wie sollte er das anstellen? Die junge Nation sparte an allen Ecken und Enden, und Abel hatte keine Argumente, verstand es nicht, seine Trümpfe in diesem wirklichen und entscheidenden Spiel um Positionen richtig auszuspielen. War es dieser Mangel an instinktiver Selbstbehauptung, was die Freunde manchmal Großmut oder Schüchternheit nannten, und was ihn zögern ließ, wenn sich die Möglichkeit bot, einen Stich zu machen?

Abel war nie etwas anderes als der liebenswürdige und bescheidene junge Mann, der in seinem Arbeitszimmer einen Intellekt von Weltformat bewies, doch außerhalb seiner vier Wände unfähig war, sich nicht recht zu drehen und zu wenden wusste.

Abel lebte in einer Zeit, in der sich die Wissenschaft in einem Zustand der Unschuld befand, in einer Zeit, bevor die Naturkräfte ernsthaft gezähmt wurden, bevor das Zusammenwirken von Magnetismus und Elektrizität es möglich machte, die Materie zu steuern, um bestimmte Ziele zu erreichen, bevor Elektromagnetismus und Licht ernsthaft die Welt für den Menschen neu gestalteten. Doch hinter vielen dieser radikalen Neuerungen steckte die mathematische Analyse, welche die neuen Beobachtungen nutzen konnte. Abel starb, bevor deutlich wurde, dass die Ergebnisse der wissenschaftlichen Erkenntnisse die Lebensverhältnisse verändern würden, bevor man begriff, dass die Wissenschaft dem Menschen Sicherheit in seinem Dasein geben würde und Macht über die Natur. Dass diese gewaltigen Fortschritte im Laufe des 19. Jahrhunderts zu einem *Glauben* an die Fähigkeit der Wissenschaft führen würde, das Leben zu beherrschen, ein neues Goldenes Zeitalter einzuläuten, war noch kaum spürbar. Dass die technischen Neuerungen, zum Beispiel die Spinnmaschine, bereits auf dem besten Wege waren, neue Gesellschaftsklassen in England hervorzubringen, scheint in den Kreisen, in denen Abel verkehrte, kein Diskussionsthema gewesen zu sein. Die revolutionierendste Veränderung, die Abel in Bezug auf praktische Ergebnisse der Wissenschaft erlebte, war der Reiseverkehr, der sich im Sommerhalbjahr völlig veränderte, als 1827 auf der Route Christiania-Kopenhagen Dampfschiffe eingesetzt wurden, die auch von der Hauptstadt aus die Küste entlang bis nach Christiansand fuhren.

Wie sah man auf die Mathematik in dieser Zeit?

Im 17. Jahrhundert hatte der große Galileo Galilei gesagt, dass wir das Universum erst verstehen könnten, wenn wir seine Sprache verstünden, und diese Sprache war die Mathematik. Für Galilei war die Mathematik in erster Linie geometrisches Verstehen. Das Zahlensystem als das Positionssystem, wie wir es heute kennen, war zu Galileis Zeit neu in Europa und begann die Grundlage einer neuen Weltanschauung zu werden. Nur was exakt gewogen, gemessen und in Zahlen ausgedrückt werden konnte, war streng genommen wirklich. Es war der Rationalismus mit seinen mechanistischen Erklärungen, der an die Stelle der alten Erklärungen trat, wonach Zweck und Absicht der Dinge ihr Wesen und tiefstes Geheimnis waren.

Seitdem hatte sich vieles ereignet, vor allem die Entwicklung der Infinitesimalrechnung, zu der Newton und Leibniz in der zweiten Hälfte des 17. Jahrhunderts den Anstoß gaben. Indem man in unendlich kleinen Größen dachte und rechnete, waren es Differenzial- und Integralrechnung, die größere Perspektiven und Möglichkeiten eröffneten, als man je zu träumen gewagt hatte. Die Einführung von infinitesimalen Größen hatte ohnehin eine lebhafte Diskussion ausgelöst und in philosophischen Kreisen stieß diese neue Mathematik auf starken Widerstand.

Es war im Frankreich der Revolution, wo man die Mathematik allen Ernstes als unentbehrliches Hilfsmittel ansah und Napoleon legte großen Wert darauf, die besten Mathematiker in seinem Dienst zu haben. Als 1794 die *École polytechnique* zur festen Lehranstalt in Paris wurde, bedeutete dies für das Lehren von Mathematik eine Revolution. Die Mathematik wurde nun nicht nur als Werkzeug benutzt, sondern auch gepflegt als ein selbständiges Teilgebiet der Naturwissenschaft. Begriffe wie Grenzwert, Stetigkeit und Integrabilität wurden analysiert und zu definieren versucht. Paris wurde zum Zentrum von Forschung und Lehre. Die herausragendsten Mathematiker sammelten sich dort. Einer der innovativsten in dieser Tradition war eben jener Augustin Louis Cauchy, der Mann, den Abel 1826 aufsuchte und der die Hauptverantwortung dafür trug, dass Abels große Abhandlung unbeachtet beiseite gelegt wurde.

Bereits in seinen ersten Studienjahren notierte sich Abel Aufgaben und erahnte Lösungen von Problemen, die er später ausarbeitete. In seinem letzten Lebensjahr, als Anerkennung und Ruhm schon in greifbare Nähe gerückt waren, wunderte er sich oft darüber, dass Zusammenhänge, die er schon so lange gesehen und bewiesen hatte, erst jetzt auf Interesse stießen. Wahrscheinlich sah er lange, bevor er die Zeit fand, seine Abhandlungen auszuarbeiten, wo die Lösungen liegen mussten. Das Problem bestand eher darin, die erforderliche Arbeitsruhe zu finden, um den Weg dorthin zu beweisen. Es sieht fast so aus, als sei Abel in seinem mathematischen Erkennen ein Visionär gewesen, als habe er schon von weitem und lange vorher die Lösungen der Probleme gesehen, die auszurechnen und zu beweisen er eines Tages die Zeit zu finden hoffte. Mathematische Ideen überfluteten ihn förmlich und als sich ihm mit *Crelles Journal* in Berlin eine Möglichkeit der Publikation bot, arbeitete er unter Hochdruck.

„Alle göttlichen Gesandten müssen Mathematiker gewesen sein. Die Mathematik ist eine echte Wissenschaft, weil sie gewonnene Kenntnisse enthält, Produkte geistiger Selbsttätigkeit, weil sie methodisch generalisiert", meinte der Dichter Novalis um 1800. Die Mathematik ersetzt für ihn „die Natur durch die Vernunft. Reine Mathematik ist Religion." In Deutschland entfaltete sich ein neues Lebensgefühl, die mechanisch sich drehenden Räder genügten nicht. Philosophen, Dichter und Wissenschaftler hielten die Natur für etwas Beseeltes und den Menschen für das Höchste in einer Welt des Geistes. Und der Mensch sollte noch weiter fortschreiten, die Menschen „sind göttliche Keime", und einst „werden wir sein was unser Vater ist", sagte Novalis, einer der Wegbereiter der deutschen romantischen Philosophie.

Nicht nur in der Mathematik beschäftigte man sich mit Betrachtungen über Kontinuität und Grenzen im Unendlichen. Und dass man in der reinen Mathematik absolute Wahrheiten behandelte, die es bereits vor jeder Schöpfung in der göttlichen Vernunft gegeben hatte, waren Vorstellungen, die nun von Dichtern und Mathematikern wieder aufgenommen wurden.

Aber trotz solcher Lichtblicke in den festgefahrenen Vorstellungen wurde das kulturelle Leben der damaligen Zeit von einem Geschmacksdiktat beherrscht. Die Kunst ließ sich nur allmählich von dem neuen Denken beeinflussen. Die bildende Kunst, überwiegend Kopien aus griechischer und römischer Zeit, musste das absolute Schöne zeigen. Auch in Bildhauerei und Dichtung herrschte der Klassizismus. Die Museen, in klassischem Stil erbaut, waren Kathedralen dieses Glaubens. Man musste *glauben*, dass es die alten Ideale von der ideellen und ewigen Form gab. Nur die Musik konnte nicht klassisch sein, weil man nicht wusste, wie die alte griechische und römische Musik gewesen war. Joseph Haydn gehörte zu den meist gespielten Komponisten. Doch Abel hatte keinen Sinn für Musik. Und er nahm sich kaum Zeit, sich mit der zeitgenössischen Kunst zu befassen, weder in Berlin noch in Paris. Als er im März 1826 Dresden besuchte, lernte er den Maler J.C. Dahl kennen, Professor an der dortigen Kunstakademie, doch auch seine Bilder scheinen auf Abel keinen Eindruck gemacht zu haben.

Einige von denen, die Abel gekannt hatten, behaupteten, er habe sich ein wenig für die Musik interessiert, wie man sie vor Theateraufführungen und in Konzerten spielte. Manche nahmen das als ein Zeichen von Unmusikalität. Aber vielleicht war es mehr eine Frage der Auswahl als eine der Fähigkeit des Hörens? Seine Schwester Elisabeth war sehr musikalisch und aus Niels Henriks erstem Jahr in Christiania wird erzählt, dass er gern Lieder von zu Hause sang. Sein jüngster Bruder Thor Henrik soll schließlich ein Wandermusikant geworden sein, der überall vor begeistertem Publikum Flöte spielte.

Abels Tätigkeit, sein klares und kreatives Erkennen, hat wahrscheinlich keine Verbindung mit äußeren Faktoren wie Erbe, Erziehung und gesellschaftlichen Verhältnissen. Oder vielleicht spielten Erziehung und gesellschaftliche Umstände doch eine Rolle, aber in einer Form und zu einem Zeitpunkt, zum Beispiel in der frühesten Kindheit, in der die Zeichen schwer zu deuten waren? Er schien zwei Gesichter zu haben. Nach außen zu seiner Umgebung: Der schüchterne und schwermütige Mensch, dem die persönliche Ausstrahlung fehlte, wie man sie von großen Geistern erwartet. Bei seiner Arbeit: Für einen Augenblick befreit von allem, mit dem die Umgebung ihn zu überhäufen schien, eins mit seinem Denken, souverän und sicher in seiner Fähigkeit, zu formulieren, das Unbekannte begreiflich, das Dunkle verständlich zu machen.

Ganz sicher durchschaute Abel nicht die Gründe der nach außen so hoffnungslosen Sorge *um* das Alltägliche und *im* Alltäglichen.

Seine Fähigkeit, die passende Sprache für das menschliche Durcheinander zu finden, das ihn seit Kindesbeinen umgab, scheint sehr begrenzt gewesen zu sein. Doch vielleicht waren Belastung, Unfreiheit und Sorgen dennoch von Nutzen für seine Arbeit? Die Sehnsucht weg von allem, was sein privates Leben belastete, wurde vielleicht zur besonderen treibenden Kraft hinter seinem Denken. So gesehen wurde das Ergebnis dieses Denkens, wenigstens für kürzere Zeiten, zum wichtigsten Halt in seinem Leben.

Teil II
Familienhintergrund

Abb. 2. Risør, 1817.

2.

Der Stammbaum Abel

Von 1588 an regierte König Christian IV. sechzig Jahre lang das Königreich Dänemark mit seinen Provinzen und den dazugehörigen Schutzgebieten. Den Vasallenstaat Norwegen besuchte der König ganze siebenundzwanzigmal, um dann zu verkünden, Norwegen sei ein an Naturschätzen und Arbeitskraft reiches Land, ein Land mit vielen Möglichkeiten, um Handelsbeziehungen mit Holz, Fisch und Eisen einzurichten. Im Jahre 1624 hatte der König die Silberhütte von Kongsberg angelegt und auf seine königliche Anordnung hin wurde Oslo neben der Festung Akershus neu angelegt, erhielt mit dem rechtwinkligen Straßennetz seine quadratische Form. Diese neue Stadt erhielt nun nach ihrem Gründer den Namen Christiania und wurde zur Hauptstadt der norwegischen Provinzen.

1641 war der König wieder unterwegs nach Norwegen, um einer weiteren Stadt die quadratische Form zu verordnen. Auch diese Stadt wurde nach dem König benannt und hieß fortan Christiansand.

Ungefähr zur gleichen Zeit reisten zwei Brüder, Mathias und Jacob, aus dem Ort Abild der Propstei Tondern im nordwestlichen Schleswig nach Norden, um in fremden Landen ihr Glück zu suchen. Vermutlich wussten die beiden genau, wohin sie wollten und auch, was sie wollten, nämlich in Trondheim Handel treiben und ein Handwerk ausüben. Es ist anzunehmen, dass sie eine gewisse Bildung mitbrachten sowie finanzielle Mittel. Sie kamen sicher auf dem Seeweg und dürften etwa 20 Jahre alt gewesen sein, als sie zum ersten Mal die norwegische Felsküste auftauchen sahen.

Zu dieser Zeit war Trondheim eine lebhafte Handelsstadt und viele Ausländer hatten wichtige Stellen als einflussreiche Bürger, Kaufleute und Beamte besetzt. Sie kamen aus Schottland, England, den Niederlanden, Deutschland und nicht zuletzt auch aus den südlichen Gebieten des Reiches von Christian IV.

Während des Dreißigjährigen Krieges (1618–1648) mit seinen religiösen Gegensätzen zwischen katholischen und protestantischen Fürsten flammten jeden Frühling und Sommer die Kämpfe auf und neue Söldnertruppen wurden aus dem Boden gestampft, wenn sich nach den Schlachten die Reihen gelichtet hatten. Im südlichen Jütland gab es endlose Kämpfe zwischen den Soldaten von Wallenstein und denen von Christian IV. und viele flohen während der Kampfhandlungen. Vielleicht gehörten zu diesen auch die Brüder Mathias und Jacob aus Abild, vielleicht auch hatten sie einfach den Krieg und das Soldatenleben satt? Norwegen galt als sicheres Land und Trondheim war in mehr als einer Hinsicht besonders günstig, um sich dort anzusiedeln.

Als die Brüder aus Abild in der Stadt eintrafen, war der Aufschwung an allen Ecken und Kanten zu sehen. Das Kupfer aus den Gruben von Røros, Kvikne und Ytterøy wurde über Trondheim exportiert. Auch in den alten Wirtschaftszweigen ging es bergauf. Im Holzhandel war die wasserbetriebene Gattersäge eingeführt worden und die Verarbeitung des Holzes zu Planken und Bretter schuf neue Arbeitsplätze und belebte den Handel; vom Meer kamen auf einmal große Heringsschwärme herein und es gab ansehnliche Fischerträge.

Die Brüder Mathias und Jacob wurden in Trondheim unter den Nachnamen Abild und Abbild geführt. Mathias unterschrieb gewöhnlich mit Abell und nach der Übergangsform Abelboe stand der endgültige Familienname Abel fest. Sie erwarben den Bürgerbrief, erhielten die Privilegien der Stadt, hatten nun das Recht zu eigenem Handel und Handwerk und durften ein Schiff führen.

Mathias Abell zählte rasch zu den einflussreichen Bürgern der Stadt und schon 1651 wurde er, etwa 30 Jahre alt, Amtsrichter in Trondheim. Er heiratete die 17–18 Jahre alte Karen Rasmusdatter und durch diese Heirat stieg er noch ein paar weitere Sprossen auf der sozialen und merkantilen Rangleiter nach oben. Karen war die Tochter von Rasmus Hansen, der um 1600 aus Kolding, nicht weit von Abild entfernt, gekommen war. Und dieser Rasmus Hansen hatte sich nach seinem Dienst bei Axel Urne auf Seeland in Trondheim niedergelassen und Elisabeth Hansdatter geheiratet. Sie hatten vier Kinder, von denen allerdings nur Karen überlebte. Karens Mutter entstammte einem besonders stolzen Geschlecht: Ihr Vater war Verwalter von Reinskloster bei Trondheim und mütterlicherseits gehörte der norwegische Adel mit den Geschlechtern Staur, Benkestok, Skanke und Rustung zum Stammbaum.

Mathias und Karen bekamen sieben Kinder, die Mathias, Elisabeth, Hans, Ester, Henrik, Rasmus und Karen getauft wurden. Vater Mathias Abell starb schon früh, 1664, war da aber bereits fünf Jahre als „Kommissariats- und Munitionsschreiber für Nordnorwegen" tätig gewesen, ein hohes militärisches Amt, in das er vom König in Kopenhagen und dessen Statthalter in Norwegen, Niels Trolle, befördert worden war. Die zwei ältesten Söhne hatte er früh in die Kathedralschule der Stadt geschickt, beide sollten Priester werden. Hans, der eine von ihnen, führte das Geschlecht weiter bis hin zu Niels Henrik Abel.

Hans, geboren 1654, wurde mit 19 Jahren nach Kopenhagen geschickt, um dort zu studieren, er kehrte drei, vier Jahre später mit einem Baccalaureusexamen nach Trondheim zurück und wurde Oberlehrer an der Kathedralschule.

Wegen der schlechten Bezahlung ging Hans Abel 1690 nach Kopenhagen, um sich dort für ein Amt zu bewerben. Um ein frei gewordenes Amt übernehmen zu können, empfahl es sich, in der Stadt des Königs zu sein, damit man sein Gesuch sogleich stellen konnte. Deshalb hielten sich in Kopenhagen ständig Bewerber auf, die höflich und untertänig mit den Kanzleipräsidenten und Geheimräten redeten, die Zugang zum König hatten. Einige der Räte des Königs wollten mehr Aufwartung als andere und manche Bewerber blieben jahrelang in Kopenhagen. Hans Abel hatte Glück. Kurz nach seiner Ankunft in Kopenhagen wurde bekannt, dass der Pastor von Tysnes, Herr Tyge Broch, seines Amtes enthoben worden war, weil er gegen den Einspruch des Bischofs seine Verlobte verlassen und die Witwe seines Vorgängers geheiratet hatte. Hans Abel reichte sein Gesuch ein und zwei Tage später gehörte die Stelle ihm. Von Kopenhagen reiste er nach Trondheim, wo er seine Habseligkeiten zusammenpackte und sich von Familie und Freunden verabschiedete. Doch seine Mutter nahm er mit auf den Pfarrhof von Tysnes.

Im folgenden Jahr heiratete er Claire Hanning, eine Pastorentochter aus Sogndal. Ihr Vater, Peder Olufsen Hanning, wurde durch zwei Ehen der Stammvater eines großen Geschlechts, das im Pfarrbezirk Bergen zahlreiche Pastoren und Pastorenfrauen stellte.

Hans Abel und Claire Hanning scheinen ein gutes Leben auf Tysnes geführt zu haben und sowohl der Pastor wie seine Frau waren bei den Inselbewohnern beliebt und geachtet. Sie bekamen sozusagen am laufenden Band Kinder, das letzte wurde 1702 geboren. Im Jahre 1700 reiste Hans Abel nach Kopenhagen, um das Magisterexamen abzulegen, bei dem er außer der Prüfung in den üblichen Fächern einige von einem Professor vorgelegte Thesen verteidigen musste. Nun konnte sich Hans Abel eigentlich für jedes Amt in Kirche und Schule bewerben. Doch er blieb bis zu seinem Tod 1723 als Pastor in der Pfarrgemeinde Tysnes.

Hans Abel muss seinen Kindern ein guter Lehrer gewesen sein: Mathias, Christine, Peder, Anne, Søren, Ester Marie, Hans und Jørgen Henrik. Vier der fünf Knaben wurden nach Bergen in die Kathedralschule geschickt und brachten offenbar eine gute Vorbildung mit, denn sie begannen in der Prima, der obersten Klasse, und waren nach drei, vier Jahren Schulbesuch so weit, in Kopenhagen das *examen artium* abzulegen. Und einer nach dem anderen begannen sie Theologie zu studieren. Doch der fünfte Pastorensohn aus Tysnes wählte einen anderen Weg. Es war Søren Abel, dieser sollte Niels Henriks Urgroßvater werden. Søren interessierte sich nicht für die öffentliche Schule und begann sogleich, sich eine Existenz als Geschäftsmann in Bergen aufzubauen. Während seine Brüder auf der Kathedralschule büffelten, erwarb Søren das freie Bürgerrecht der Stadt Bergen und war somit berechtigt, Handel zu treiben. Dies geschah während des Großen Nordischen Krieges (1709–1720), als das Geschäftsleben stagnierte. Mit wirtschaftlicher Blüte und aktivem Kulturleben, wie sie Ludvig Holberg erlebt hatte, war es nun vorbei. Die sichere Karriere, die ein kirchliches Amt bot, hatte man wahrscheinlich auch Søren Abel empfohlen. Warum wählte er dennoch ein anderes Leben als seine Brüder?

Søren Abel sah eine neue Friedenszeit kommen, mit Handel und neuen Möglichkeiten. Sorgfältig und gründlich gestaltete er sein Leben und seine Geschäfte liefen so gut, dass er 1732 die Nachfolge von Kommerzienrat Schiøtt als Ratsherr von Bergen antrat. Erst 1737, mit 39 Jahren und als wohlhabender Mann, heiratete er. Um aber mit seiner Erwählten die Ehe eingehen zu dürfen, benötigte er eine spezielle Heiratserlaubnis, „weil sie im zweiten und dritten Glied miteinander verwandt waren". Die Braut des Ratsherrn Abel hieß Margrethe Hanning, war 30 Jahre alt und Pastorentochter aus Førde im Sunnfjord; ihr Vater war der Sohn von Peder Hanning in Sogndal, Søren Abels Großvater mütterlicherseits.

Ein Jahr nach der Heirat kam der Erstgeborene und wurde nach Sørens Vater und Großvater Hans Mathias genannt. Und dieser Hans Mathias Abel sollte sein Leben als Gemeindepastor in Gjerstad beschließen, wenige Jahre, nachdem er von der Geburt seines Enkelkindes Niels Henrik erfahren hatte.

Margrethe Hanning scheint aktiv bei den Geschäften ihres Mannes mitgewirkt zu haben, die er neben seinem Amt als Ratsherr in seinem Haus in unmittelbarer Nähe der Ratsstube betrieb. Eine neue Zeit für Handel und Wandel stand vor der Tür, doch Ratsherr Abel sollte nur den Anfang der großen Veränderungen erleben. Als er 1746 mit erst 48 Jahren starb, hatte die ertragreiche Heringsfischerei an der Westküste Norwegens gerade erst begonnen und die Seefahrt und die Zeit des Aufschwungs sollten Einnahmen und Verdienste explosionsartig steigen lassen. Doch bevor Ratsherr Abel starb, hatte er das nötige Geld für die Ausbildung seines Sohnes Hans Mathias beiseite gelegt. In dem Jahr, in dem der Vater starb, wurde der achtjährige Hans Mathias in die Kathedralschule von Bergen aufgenommen.

Die Mutter saß nun da mit vier Kindern im Alter von zwei bis acht Jahren, drei Knaben und einem Mädchen. Wie es Sitte war, übernahmen die noch lebenden Brüder des Ratsherrn Abel die Vormundschaft für die Kinder. Der eine war Pastor in Ryfylke, der andere Pastor in Setesdalen, und gemeinsam teilten sie sich pflichtschuldigst die Verantwortung. Doch hatten beide selbst große Familien und wollten jede Ausgabe vermeiden. Es scheint, als sei Margrethe Hanning selbst in der Lage gewesen, ihre Kinder zu versorgen. Wahrscheinlich trieb sie als Hökerin weiterhin Handel, was ihr gesetzlich zustand, sie verkaufte zum Beispiel alte Kleidung und selbst gewebtes Leinen. Die Hökerin, die alle möglichen Geschäfte am Rande der Legalität betrieb, gehörte im Übrigen zu einer bekannten Berufsgruppe in der Stadt. Lieder und kleine Schriften wurden umgesetzt, in der Schlachtzeit ging die Hökerin von Haus zu Haus, bot Fleischwaren feil oder erschacherte Waren auf den Handelsschiffen, oder sie braute als Bierweib das Bier zum Verkauf.

Aber nur zwei der Kinder von Ratsherr Abel und Margrethe Hanning erreichten das Erwachsenenalter. Neben Hans Mathias war es Peder, der nach einigen Jahren als Bäckergeselle den Bürgerbrief erwarb und einen Kleinhandel betrieb. Er starb unverheiratet mit über 70 Jahren.

Hans Mathias Abel erhielt eine ungewöhnlich gute Ausbildung an der Kathedralschule in Bergen. Als er dort eingeschult wurde, war Jacob Steensen Rektor, ein pädagogischer Wegbereiter der dänisch-norwegischen Schule. Er erklärte, dass die klassischen Sprachen lediglich ein *Mittel* der Gelehrsamkeit seien und kein Ziel an sich. Er war der Auffassung, man müsse das Pauken und Auswendiglernen einschränken. Zudem sorgte er für ein besseres Auskommen der Lehrer und schlug als Erster eine finanzielle Alterszulage vor. Als der Pietist Erik Pontoppidan voller Energie und Elan 1748 das Bischofsamt von Bergen übernahm, führte er in einigen Bereichen Steensens Pläne weiter. Im Einklang mit dem damals herrschenden Reformeifer, der in Trondheim das Seminarium Lapponicum und in Kongsberg das Bergwerksseminar hervorbrachte, erweiterte Pontoppidan die Kathedralschule von Bergen um das sogenannte Seminarium Fredericianum. Bischof Pontoppidan meinte ebenfalls, dass zum Erreichen von Glück und Erfolg auf dieser Welt mehr nötig sei als Griechisch und Latein. Er wollte, dass die Schüler Geschmack fänden an den mathematischen und astronomischen Wissenschaften, und er legte großen Wert auf die lebenden Sprachen Deutsch und Französisch, einmal für den Verkehr in der bürgerlichen Gesellschaft und zum anderen, um gute Bücher lesen zu können. Zu den neuen Schulplänen gehörte außerdem ein Internat, eine wahrhaft pietistisch-pädagogische Einrichtung. Der Schulunterricht in Mathematik und Physik sollte einer größeren Öffentlichkeit zugänglich sein, den studierten und nichtstudierten Einwohnern der Stadt. In den Jahren 1753–1755, die Zeit von Hans Mathias Abel als Primaner, war das Seminarium Fredericianum von großem Interesse und viel Begeisterung geprägt und Hans Mathias erhielt zweifellos eine bessere Allgemeinbildung als andernorts üblich. 1755 wurde er mit 17 Jahren Student in Kopenhagen, im Jahr darauf absolvierte er das *examen philosophicum* und schlug dann den kürzesten Weg zum Priesterexamen ein. Man konnte sich nämlich zum Examen mit einer vorher vereinbarten Note anmelden, der Umfang des Studiums war dann von der entsprechenden Note abhängig. Hans Mathias Abel entschied sich für das geringste Pensum, *non contemnendus* genannt. Und bereits mit 19 Jahren hatte er sein Examen, das für ein theologisches Amt ausreichte. Seine geistliche Karriere begann er auf der untersten Stufe: als persönlicher Pfarrhelfer beim Pastor einer Gemeinde.

Sechs Jahre lang arbeitete Hans Mathias bei seinem Onkel und früheren Vormund, Propst Jørgen Henrik Abel in Bygland. Als der Onkel starb, führte er das Amt weiter bis zur Ankunft des Nachfolgers, dann wurde H.M. Abel für die nicht besetzte Pfarrstelle Odderness in der Diözese Christiansand gebraucht, bevor er persönlicher Pfarrhelfer bei dem berüchtigten Erik Anker Brun wurde, Pastor in Evje/Setesdalen. Anker Brun wurde vorgeworfen, die Bauern um Geld und Eigentum zu betrügen, er zechte und trank, es hieß, er schwängere seine Dienstmägde. Der junge H.M. Abel erwies sich als ein Mann der Versöhnung und der Toleranz, der es verstand, Kompromisse zu schließen zwischen den Idealen, zu denen sich die Menschen bekannten und der Praxis, die sie lebten. Nach drei Jahren in Evje übertrug ihm der Bischof eine noch schwierigere Aufgabe: Hans Mathias Abel wurde zum Pfarrer der Filialkirche in Fyresdal/ Telemark ernannt, um etwas Ordnung zu schaffen in der Pfarrei des charakterlosen Pastors Henrik Berg, der sich der Unzucht und der Trunkenheit ergeben hatte. Doch bevor Hans Mathias Abel Evje verließ, heiratete er Elisabeth Knuth Normand, er war 28 Jahre alt, sie ein Jahr älter. Und diese Elisabeth soll nach eigenem Bekunden und der Aussage anderer das Beste gewesen sein, was H.M. Abel je widerfuhr. Sie war die Tochter des Kaufmanns Jørgen Petersen Normand und Anne Marie Wendelboe, die wiederum vom altehrwürdigen Amtsgerichtshof Faret herstammte.

Fast 40 Jahre lang lebten Hans Mathias und Elisabeth zusammen, sahen zwei Kinder aufwachsen und erlebten im Privaten ein stetiges Wachsen von Wohlstand und Ansehen. Hans Mathias Abel diente unter fünf Bischöfen, die alle ihren Sitz in der Bischofsstadt Christiansand hatten. Für die Kirche und die Pfarrämter war dies eine schwierige und aufreibende Zeit, alte Bande zerrissen und die Haltung der Menschen zur Obrigkeit und zum religiösen Leben wandelte sich. Hans Mathias übernahm nun eine eigene Pfarrgemeinde und sein geistliches Wirken sollte zu einem Kampf werden gegen das, was er für Auswüchse und Fehler der altvertrauten Form des Kirchen- und Christenlebens hielt. In seiner Gemeinde gelang es ihm, mit Gelassenheit und Verständnis zwischen widerspenstigen Geistlichen und dem Gerechtigkeitssinn des Volkes zu manövrieren. Und als 1781 vom Bischofsamt eine Kommission zur Schlichtung der Streitigkeiten zwischen dem einfachen Mann und den Pastoren in Setesdal und Telemark eingesetzt wurde, berief man neben einem Amtmann als zweites Mitglied Hans Mathias Abel in diese Kommission.

Als die Pfarrleute Abel an Neujahr 1785 nach Gjerstad kamen, hatten sie zwölf Jahre in Skafså/Telemark und sechs Jahre in einer anderen Pfarrei ihr geistliches Amt versehen. Sie hatten zwei Kinder: die sechzehnjährige Margaretha Marine und den dreizehnjährigen Søren Georg. Hans Mathias Abel war 46 Jahre alt und freute sich über seine Versetzung nach Gjerstad. Man erzählte, er habe vor Freude laut gesungen, als er den freundlichen Ort und den etwas abseits gelegenen Pfarrhof erblickte. Pfarrfrau Elisabeth dürfte nicht weniger glücklich über die günstigen Aussichten gewesen sein und die beiden Kinder liefen das letzte Stück voraus.

Sie übernahmen ein großes und gut erhaltenes Pfarrhaus, mit Winterfutter für dreißig Kühe, fünf Pferde und einige Schafe, sie bauten Winterroggen an und hatten genügend Kartoffeln. Abels Vorgänger, Pfarrer Eskildsen, war einer der Ersten in der Pfarrei gewesen, der Kartoffeln anbaute, und die neuen Inhaber der Pfarrstelle wurden sogleich mit dem Brauch vertraut gemacht, bei dem der alte Pfarrer im Herbst, nachdem die Pächtersfrauen ihre Erntearbeit für das Pfarrhaus beendet hatten, große Schüsseln mit gekochten Kartoffeln auf den Tisch brachte, damit sich die Frauen satt essen konnten und den Anbau von Kartoffeln im Distrikt weiter verbreiteten. Als Abel in diese Gegend kam, begann man, die neuen Häuser zu unterkellern zur Einlagerung von Kartoffeln im Winter.

Nachdem sich die neue Pfarrfamilie eingelebt und drei ländliche Pfarrgehöfte wieder instand gesetzt hatte, war man völlig vertraut mit allem, was zu einem landwirtschaftlichen Haushalt gehörte. Ihr Gehöft in Gjerstad bedurfte zu der Zeit keiner Renovierung, das Gesinde war gesund und gewissenhaft.

Die Pfarrei Gjerstad war ein Distrikt mit viel Wald und Bergen, mit Mooren, Seen und Flüssen. Zur Pfarrei gehörte das Gebiet Vegårdshei und die zeitweise ziemlich strapaziösen Besuche in dieser Tochtergemeinde wurden für die seelsorgerische Tätigkeit immer schwieriger, für Hans Mathias und noch mehr für seinen Sohn Søren Georg, als dieser übernehmen sollte. Die Reitwege führten übers Hochland und wollte man nach Risør, der nächsten Stadt, konnte man auch den Wasserweg über den Gjerstadsee nehmen und dann flussabwärts rudern. Allerdings musste man dreimal an Wasserfällen und Landengen das Boot verlassen, bis man zum See bei Søndeled kam, doch war dies der übliche Verkehrsweg nach Risør, besonders im Winter bei zugefrorenem Wasser. Der Wald war reich an Eichen, die zur Küste geflößt und als Schiffsplanken verkauft wurden, früher war auch die Bergforelle eine begehrte Ware. Seitdem 1706 das Hüttenwerk Egeland seinen Betrieb aufgenommen hatte, mussten die Bauern von Gjerstad als Abgabe Holzkohle an das Werk liefern. Dies wurde größtenteils über den Gjerstadsee und dann weiter auf dem Wasserweg herangeschafft. Lange war das Hüttenwerk ein sicheres und gutes Überschussunternehmen.

Pastor Hans Mathias Abel ordnete das Armenwesen in seinem Gebiet: Die wirklich Bedürftigen in seinem Pfarrgebiet erhielten eine regelmäßige Versorgung und das Vagabundendasein und der Müßiggang wurden bekämpft. Der

Pastor wurde zum Verwalter des Armenwesens und er rechnete aus, welchen Beitrag jeder Haushalt zu entrichten hatte. An diesen Berechnungen, die Hans Mathias Abel in seiner korrekten und redlichen Art durchführte, hatte niemand etwas auszusetzen. Auch wurde keine Klage geführt über die Forderungen des Pastors, inwieweit jeder Hofbesitzer in Form von Schultagen und Geld an der Wanderschule beteiligt wurde.

Was Sitte und Moral unter den Jugendlichen der Pfarrei betraf, fand Pastor Hans Mathias Abel schon bald einiges auszusetzen. Zunächst gab es viele junge Männer, die als Pferdehändler herumzogen, was zum Trinken und Zechen und zu Betrügereien führte. Es gab viele Jugendliche, die keine Lust hatten, das Vieh zu hüten, weshalb man Hirten aus anderen Gegenden, zum Beispiel von der Westküste, holte, die dann als Fremde oft in Armut endeten. Des Weiteren hatte der Pastor den Eindruck, dass die Osterwoche auf den Höfen nicht mit der nötigen Frömmigkeit und Andacht begangen wurde. Deshalb traf er eine Absprache mit den Bauern: Am Gründonnerstag und am Karfreitag, an denen die Messe ausfiel, sollten Kinder, Jugendliche und Gesinde in die Wälder gehen, um Zweige und Reisig als Tierfutter zu sammeln. Dieser Brauch wurde „Karfreitagsverschärfung" genannt und sollte dazu beitragen, „die sündige Lust der Jugendlichen zu kasteien".

Den übermäßigen Konsum von Branntwein bei den traditionellen Dreitagehochzeiten hatte Abels Vorgänger im Großen und Ganzen mit dem sogenannten Verschwendungsvertrag abgeschafft, der amtlich bestätigt wurde und die Ausschweifungen deutlich in Grenzen hielt. Abel schaffte in diesem Zusammenhang auch die Verlobungsgelage ab. Doch allmählich verlor Pastor Abel den Glauben an den Nutzen von Verschwendungsvertrag und Karfreitagsverschärfung. Einstellung und Moral der Leute mussten sich ändern, die eingefleischte Lust der Menschen an der Trunkenheit musste ausgerottet werden. Darauf legte er in seinen Predigten das Hauptgewicht, bläute es den Konfirmanden ein und wiederholte es auch im Katechismusunterricht in der Kirche. Die Pflicht zur Enthaltsamkeit wurde zum wichtigsten Anliegen des Hans Mathias Abel, sowohl auf der Kanzel wie auch bei seiner sonstigen seelsorgerischen Arbeit. In seinem Kampf gegen Alkohol und Trunksucht neigte er beinahe zum Fanatismus. Es wird erzählt, wie sich Pastor Abel eines Abends aufmachte, um der Trunksucht von Angesicht zu Angesicht entgegenzutreten: Nachdem sie Holzstämme ins Hüttenwerk Egeland gebracht hatten, suchten die Bauern gewöhnlich auf dem Heimweg so manchen Ausschank auf und dann geschah es, dass sie lärmend über den See am Pfarrhof vorbeifuhren. An besagtem Abend erwartete der Pastor die Bauern am Fuße des Hügels zu seinem Anwesen. Er torkelte ihnen entgegen, grölte und lärmte, so als sei er sturzbetrunken. Die Bauern blieben stehen und erstarrten förmlich vor Entsetzen. „Dem Pastor geht's nich gut", stammelte einer. Da sprach Abel, und jetzt ruhig und deutlich: „Meine Kinder, seht euch im Spiegel, so pflegt ihr euch zu benehmen!"

Ein anderes Mal waren einige betrunkene Personen zu einem Begräbnis erschienen. Abel tadelte sie mit aller Strenge und einer folgte ihm schimpfend, als er den Friedhof verließ. Da drehte sich Hans Mathias Abel um und versetzte dem Mann mit der flachen Hand eine Ohrfeige. Der Mann verstummte, machte kehrt und verschwand. Hans Mathias eilte nach Hause zu seiner Elisabeth, der er erzählte, er habe sich womöglich vergangen und bat sie, einen der Knechte zu jenem Mann zu schicken und ihn zum Pfarrhof zu holen. „Bewirtet ihn, besänftigt ihn wieder, er kann Unheil über mich bringen!"

H.M. Abels unermüdlicher und hartnäckiger Kampf gegen Wein und Schnaps führte natürlich dazu, dass die Bauern möglichst unauffällig den Pfarrhof passierten und Abel musste enttäuscht einsehen, dass sie heimlich weiter tranken. Er selbst genehmigte sich nur ab und zu einen Krug Bier, die Schnapsflasche wollte er nicht auf seinem Tisch sehen und man erzählt, dass er in Augenblicken, in denen er gut gelaunt und glücklich über seine Enthaltsamkeit war, ausrief: „Unsere Mutter war's, die einen Mann aus mir gemacht hat!"

In seiner seelsorgerischen Tätigkeit hielt er sich viel darauf zugute, dass man ihn meistens holte, wenn jemand in der Pfarrei starb. Stolz sagte er: „Niemand stirbt hier ohne den Beistand der Kirche." Er legte Wert darauf, dass jeder an zwei Tagen im Jahr zum Abendmahl ging, nämlich an Ostern und im Herbst an Michaeli.

Der Einsatz und die Aufgaben für das Wohl seiner Gemeinde nahmen Zeit und Kraft des Pastors völlig in Anspruch. Früher hatte er sich für Landwirtschaft und Viehzucht interessiert, doch schließlich überließ er die Aufsicht und Kontrolle der Hofarbeit ganz seiner lieben Elisabeth. Und die Pfarrfrau machte ihre Sache gut. Elisabeth Normand Abel wurde in der Pfarrei allgemein bewundert und geschätzt. Sie las mit ihrem Gesinde das Morgengebet und das Abendgebet, sie kümmerte sich um alle Bediensteten auf dem Hof und um die Tagelöhner und gab ihnen immer genug zu essen, wenn sie mit ihrer Arbeit auf dem Hof fertig waren. Sie war die Güte und Fürsorge in Person, sie brachte den einfachen Menschen bei, ihren Alltag leichter zu gestalten, sie klärte sie über einfache Ernährung auf und zeigte ihnen, wie man Flachs anbaut. Die Menschen der Pfarrei vertrauten ihr und verehrten sie. Noch lange nach ihrem Tod (1817) verneigten sich die Bauersfrauen vor dem Flachsacker in dankbarer Erinnerung an Elisabeth Abel, die Großmutter von Niels Henrik.

Als Gemeindepastor solle man sich, so hatte es Bischof Pontoppidan seinerzeit angeregt, intensiv mit den örtlichen Verhältnissen vertraut machen.

Nicht wenige befolgten diesen Appell, unter ihnen Hans Mathias Abel. Er verfasste eine topographische Beschreibung der Pfarrei Gjerstad sowie eine naturgeschichtliche Abhandlung. So wurde er der erste lokale Geschichtsschreiber von Gjerstad.

Eine spätere Beschreibung von Hans Mathias Abel lautete so: „Das Aussehen des Herrn Abel war altmodisch. Ein Paar schwarze Kniebundhosen, die er schon einige Jahre trug, Wollstrümpfe und Stiefel, deren Schäfte in Falten zu den Knöcheln fielen, und ein Schlafrock, so sah man ihn an Werktagen mit einer Werktagsperücke und, wenn es Sonntag war oder bei hohem Besuch, mit der Sonntagsperücke." Auf einem Perückenständer soll Hans Mathias Abel vier Werktagsperücken und eine Sonntagsperücke, die an einem höheren Haken in der Mitte hing, gehabt haben.

Der Sohn der Pfarrersleute, Søren Georg Abel, war der Stolz seiner Eltern. Er sei geschickt und vielseitig und immer guter Dinge, so erzählte man. Bei der Ankunft in Gjerstad war er, wie gesagt, 13 Jahre alt und sein Vater meinte, er habe nicht die Zeit, ihn zu unterrichten, oder vielleicht meinte er, der Junge brauche einen neuen Lehrer? Jedenfalls kam der Kandidat Jens Sørensen Holst auf den Pfarrhof und trat hier die übliche Karriere an: vom Hauslehrer über den Pfarrhelfer zum Amt des Pastors. Lehrer Holst soll energisch und schlagfertig gewesen sein und dem lernbegierigen Søren Georg bereitwillig sein Wissen und seine Erfahrungen vermittelt haben. Doch schon ein Jahr später wechselte Søren Georg an die Lateinschule in Helsingør. Dass man ihn dorthin schickte und nicht in die näher gelegene Kathedralschule von Christiansand, hing wahrscheinlich mit den Ansprüchen seines Vaters zusammen, was eine Schule bieten solle. In Christiansand war der Schulrektor ein gewisser Søren Monrad, auch Søren Lateiner genannt. Er war bekannt für seine leidenschaftlichen und scharfen Kritiken in der *Norske Selskab* in Kopenhagen, doch für ihn als Rektor war die lateinische Sprache das einzige Mittel, um schulische Bildung zu erlangen. Da es in Christiansand auch keinen Konrektor gab, der die anderen Fächer hätte betreuen können, fiel Vater Abel die Wahl leicht. In Helsingør hatte Niels Treschow den Posten des Rektors inne, ein Mann, von dem bekannt war, dass er sich für eine lebendigere Gestaltung des Unterrichts einsetzte und die Schüler nicht nur mit totem Wissen voll stopfte, sondern auch größten Wert auf die Entwicklung der Denkfähigkeit und des Gefühlslebens legte. „Von bloßen Syllogismen werden die Menschen nie bewegt", erklärte Treschow und sah den wesentlichen Zweck schulischer Bildung in der Erziehung zur „Menschlichkeit im höheren Sinne".

Ebenso wie Vater Hans Mathias Abel in Bergen den besten Unterricht seiner Zeit genossen hatte, schickte er nun im Herbst 1786 seinen Sohn an die Schule von Helsingør, damit diesem das Humanitätsideal der neuen Zeit nahe gebracht werde.

3.

Schul- und Studienjahre des Vaters in Dänemark

Er kam nach Helsingør, jenem Städtchen, wo dereinst Prinz Hamlet regiert haben soll, und das als eines der schönsten in Dänemark galt. Alles, was für die dänische Landschaft typisch ist, war hier vereint: der herrliche Sund, wogende Getreidefelder vor üppigen Buchenwäldern und, als Krönung des Ganzen, die traditionsreiche Festung Kronborg. Kein Ort war schöner als Helsingør, wenn frühmorgens bei Sonnenaufgang über der hohen schwedischen Küste das Meer glitzernd und spiegelblank dalag: Das dänische Patrouillenschiff begrüßte den Sonnenaufgang mit Kanonenschüssen und das morgendliche Glockengeläute hallte auf den vielen Schiffen wider. Helsingør gehörte auch zu den lebendigsten Städten im Reich: Etwa 9.000 Schiffe kamen jährlich und legten in Helsingør an, um den Sundzoll zu entrichten und fremde Kriegsflotten schossen im Wechsel mit der Festung Salut.

Auf dem Sund dominierten die weißen Segel. Seeleute und die Soldaten der Garnison von Kronborg prägten das Stadtbild. Wegen des Sundzolls hatten eine Reihe von europäischen Nationen ihre Vertreter in der Stadt: Englische, niederländische und deutsche Familien waren durch Heirat mit dänischen Familien verbunden. Viele deutsche Handwerker hatten sich in der Stadt niedergelassen, englische Wörter und Ausdrücke für Handel und Seefahrt wurden schnell in die dänische Sprache aufgenommen. Helsingør war in seiner Lebensweise und seinen Gewohnheiten deutlich englisch ausgerichtet. Englische Sauberkeit, Komfort, Verschwendung und Selbstbewusstsein hatten in Helsingør ein sogenanntes Klein-England entstehen lassen, dessen Motto geheißen haben soll: „A short but a merry life".

Doch nicht nur in Helsingør waren die Zeiten gut und vielversprechend. In ganz Dänemark und Norwegen herrschte damals großer Optimismus, begleitet von epochalen Reformen. Søren Georg Abels Aufenthalt in Dänemark fiel in eine „sehr glückliche Periode", wie es in der dänischen Geschichtsschreibung hieß, in einen von Reformen und einem gewaltigen wirtschaftlichen Aufschwung in Landwirtschaft und Handel geprägten Zeitabschnitt. So erlebte der junge intelligente Abel neben den eigenen Fortschritten und Erfolgen überall in seiner Umgebung ein ähnliches Erwachen: Die Ideen der

Humanität und der politischen und wirtschaftlichen Freiheit wurden zur Grundlage für die Entstehung des bürgerlichen Bewusstseins und für die Emanzipation des Bauernstandes. Der Anführer der Bauern aus Nedenes, Christian Lofthus, hatte bereits zweimal beim Kronprinz in Kopenhagen eine Audienz erhalten. Im Herbst 1786, als Søren Georg Abel von Gjerstad nach Dänemark fuhr, war Christian Lofthus zum dritten Mal unterwegs nach Kopenhagen. Ihm hatte man zugesagt, ungehindert alle Klagen des kleinen Mannes in Norwegen vorbringen und darüber informieren zu dürfen. Doch in der Zwischenzeit hatte Stiftsamtmann Adeler aus Christiansand einen Haftbefehl für Lofthus erwirkt.

Die Lateinschule in Helsingør war ein altes einstöckiges Gebäude mit dem Unterrichtsraum im Erdgeschoss, ein großes, kellerartiges Gewölbe, das in der Mitte von einer niedrigen, gemauerten Säule gestützt wurde. Von dieser Säule aus wurde der Raum durch eine zaunartige Absperrung in vier Teile geteilt, drei davon bildeten je eine Klasse und im vierten befand sich ein Kachelofen, der den ganzen Raum heizen musste. In jeder Klasse standen zwei braun gestrichene Tische mit Bänken an jeder Seite, dazwischen hatte der Stuhl des Lehrers seinen Platz. Die Schule begann um neun Uhr und nach einer Stunde trat ein „Jünger" an die Säule und rief laut: „Hora decima sonat!", es ist zehn Uhr, und so Stunde um Stunde den ganzen Tag über. Hinter einer Wand am einen Ende des Raumes wurde die Prima gesondert von den anderen Klassen von Rektor und Konrektor unterrichtet. Der Rektor gab auch das Signal für das Ende der Schulstunden, wenn er, nach dem Vormittag um 12 Uhr, durch die unteren Klassen ging.

Nach seiner Aufnahmeprüfung wurde der Schüler S.G. Abel sogleich in die oberste Klasse, die Prima, gesteckt, wo Niels Treschow das Kommando führte und den Unterricht nach seinen eigenen Grundsätzen und nach den Idealen der neuen Zeit hielt. Konrektor war ein gewisser Hans Christian Hansen, der das philosophische und das theologische Examen an der Universität mit Bestnoten absolviert hatte und 1777 als Erster in Kopenhagen den Magister der Philologie erwarb. In den unteren Klassen scheint der Unterricht in altbekannter Manier abgehalten worden zu sein: Latein, Religion und Prügel. Wurde aber Treschow Zeuge einer körperlichen Bestrafung, ging er der Sache nach und am Ende stand eine andere Strafe für den Schüler und eine Zurechtweisung für den Lehrer. Statt Furcht vor Strafe als Lernmotivation im Unterricht bevorzugte er es, den Ehrgeiz des einzelnen Schülers zu wecken. Dies erfolgte dadurch, dass Fleiß mit Büchern belohnt wurde und Tafeln mit den Namen ehemaliger Schüler und den von ihnen erreichten Ämtern aufgehängt wurden.

Die Grausamkeit unter den Schülern war manchmal schlimm. Ebenso wie andernorts mussten neue Schüler harte Aufnahmerituale durchmachen. Es wird von lang andauernden Prügel- und Tretaktionen berichtet, an deren Ende der neue Schüler an den Ohren von zwei Primanern die Treppe hinaufgezogen wurde, während ein Dritter mit der flachen Hand auf seinen malträtierten Körper einschlug. In der Mittagspause erfolgte dann eine brutale Wassertaufe im Schulhof. Ansonsten waren die Umgangsformen unter den Schülern, wie zu dieser Zeit üblich, ziemlich roh: Bei Zusammenkünften und Festen wurden Kornbranntwein, Bier, Brezeln und Tabak konsumiert, dazu die gewagtesten Lieder von Horaz gesungen. Danach begaben sich die abgebrühtesten Teilnehmer im Dunkel der Nacht in die Kneipen und Weinstuben der Stadt. Ein solches Schülerfest oder Symposion hieß in Helsingør „schwimmen gehen".

Ansonsten genoss die Schule von Helsingør allgemein einen guten Ruf. Treschows Vorgänger als Rektor, Jacob Baden, war im Kulturleben eine bekannte Persönlichkeit und maßgebend für die Bestimmung des guten Geschmacks in Dänemark. Er hatte an der Schule für eine große Bibliothek gesorgt und den Grundstock für eine naturhistorische Sammlung gelegt, sowie Geld gesammelt für Stipendien und die Verpflegung der Schüler. Søren Georg Abel erhielt in den Jahren, in denen er die Schule besuchte, pro Woche vier bis fünf Mark Kostgeld. Und dies war auch nötig: Die Ausgaben für Wohnen und Nahrungsmittel waren in Helsingør landesweit am höchsten.

Mit Jacob Baden hielt die neuhumanistische Art des Lehrens in die Schule Einzug: Die Schüler wurden mit dem Altertum vertraut gemacht, die Klassiker las man des guten Geschmacks und der allgemeinen Bildung willen und nicht, um sie nachzuahmen. Das Volkstümliche und das Nationale mussten neue Formen des Ausdrucks finden. Baden war es auch, der 1780 den 29-jährigen Treschow nach Helsingør holte. Treschow hatte vorher sechs Jahre in Trondheim als Konrektor gewirkt und dort eine 32 Seiten lange Rede veröffentlicht: „Über den Nutzen der wohlgesetzten Rede, besonders im religiösen Vortrag und zur Verbesserung der Sitten". Dieses Debüt als Schriftsteller war auf Jakob Badens uneingeschränkte Begeisterung gestoßen und dieser verfasste eine sehr lobende Besprechung in der Zeitschrift *Nye Critiske Journal*. Als Baden dann in Kopenhagen Professor für Rhetorik wurde, konnte er Treschow für seine Nachfolge in Helsingør gewinnen.

Treschow war schon lange der Meinung, dass es noch andere Bildungsmöglichkeiten gab als nur die alten Sprachen. Den Zwang, sie zu lernen, hielt er für schädlich und die darauf zugeschnittene Schulordnung für unzweckmäßig. Doch erst, als Kronprinz Frederik und seine Leute nach dem Minister Ove Guldberg und dessen Regime in Kopenhagen das Sagen hatten, wagte sich Treschow mit seinen Vorstellungen an die Öffentlichkeit. 1785 erschien aus

seiner Feder: „Über den öffentlichen Unterricht in den Wissenschaften", ein
kluger Beitrag zur Schuldebatte. Freiheit wurde zum durchgängigen Thema,
niemand sollte etwas anderes lernen als das, was ihm in freier Selbstbestim-
mung Freude bereitete und Treschow argumentierte, dass Freiheit, wie er sie
vertrat, keineswegs zu Unruhe und Aufstand führen werde: „Die kühlen und
unparteiischen Untersuchungen der Wahrheit hassen derartige Unbesonnen-
heiten und beugen ihnen vor." Die Auffassung über die Bedeutung der klassischen Sprachen an höheren Schulen, wie sie Treschow hier formulierte,
sollte sein Engagement als Schulreformer und später als erster Kirchenminister Norwegens wie ein roter Faden durchziehen: Die Kenntnis der klassischen
Literatur hat einen „weit verbreiteten Nutzen", doch müsse diese Literatur
nicht in den Originalsprachen gelesen werden, gute Übersetzungen gebe es in
allen bekannteren Gegenwartssprachen. Aus dem gleichen Grund sei es auch
nicht nötig, an Latein als einer gemeinsamen europäischen Wissenschafts-
sprache festzuhalten. Der Unterricht von Griechisch und Latein sei ein enor-
mer pädagogischer Kraftakt und die Verbreitung des guten Geschmacks hänge eher mit der Pflege der Muttersprache zusammen. Derartige Gesichtspunk-
te wurden damals in den verschiedensten Kreisen diskutiert.

Treschow setzte sich für die lebenden Sprachen ein und wollte eine gewisse
Wahlfreiheit innerhalb der Schulfächer erreichen, obwohl Religion und die
Unterweisung in Sitte und Moral die Grundpfeiler der schulischen Bildung
bleiben sollten. Zusätzlich sollten Fächer wie Geschichte, Geographie, Philosophie und Mathematik den ihnen gebührenden Platz im Stundenplan erhalten. In einer Rede, die Treschow 1787 an der Schule hielt, stellte er Überlegungen über den Lohn der echten Tugenden an und kam zu dem Schluss, dass
sich die guten Sitten umgekehrt proportional zur Belohnung verhalten. Steige
die Belohnung, so sei dies ein sicheres Zeichen für sittlichen Verfall. Deshalb
sollten sich die Studenten und nicht zuletzt die Lehrer der Uneigennützigkeit
befleißigen! Es muss die jugendlichen Schüler beeindruckt haben, wie der
Rektor kleinlichen Eigennutz als Grund des Handelns ablehnte. Der Eigennutz, „dieses beim Menschen so verbreitete Trachten nach Reichtum, Macht,
Ansehen und anderen äußerlichen Vorteilen, die allein die unedlen Triebe
unserer Seele befriedigen", ist nur das „Schattenwerk der Hypothesen", und
wird von der inneren Vollkommenheit der „Cultur des Verstandes", die nach
nichts anderem schielt, widerlegt.

Treschow ließ seine Rede in der Monatszeitschrift *Minerva* drucken. Über
die Situation der Studierenden an den gelehrten Schulen schrieb er: Sie sind
„von Kindheit an vertraut mit finanziellen Schwierigkeiten, getrieben von der
Not, manchmal sogar zu Niederträchtigkeit und unanständiger Bettelei genötigt." In einem anderen *Minerva* Artikel entwickelte Treschow einen Gedanken, in dem er, anders als viele der reformatorischen Stimmen seiner Zeit,

ausdrücklich betonte, dass auch das Elternhaus die sittlichen Erfahrungen der Geschlechter zu verwalten imstande sei: Der Mensch der Gegenwart benötige nicht nur neue Schulen und neue Fächer; nichts könne die natürliche Liebe der Eltern ersetzen!

Ein Höhepunkt im Stadtleben von Helsingør während Abels Zeit als Schüler war die im Winter 1787 stattfindende Begegnung zwischen dem schwedischen und dem dänischen Monarchen. Aus Kopenhagen reiste der geisteskranke Christian VII. an, der, unbeeinflusst von den wechselnden Regierungen, formal von 1766 bis zu seinem Tod 1808 König blieb. In Helsingør begrüßte Christian VII. den schwedischen König Gustav III. mit den Worten: „Da haben wir meinen Bruder, König Quixote."

Im Jahr darauf wurde Søren Georg Abel entlassen und bei der Aushändigung des Zeugnisses bedauerte Rektor Treschow, dass die besten Schüler so rasch die Schule verließen, um an die Universität zu gehen. Søren Georg Abel bestand sein Examen, das noch in lateinischer Sprache abgehalten wurde, mit Auszeichnung.

Ungeachtet aller Einwände aus den verschiedenen Lagern dominierte Latein immer noch an Schule und Universität. Dennoch zeichneten sich Søren Georg Abels Jahre in Dänemark aus durch eine partielle Emanzipation von den zwei antiken Kulturen und ihren Auffassungen von Individuum und den Zielen und Zwecken eines Volkes. Lateinische und griechische Kultur waren nicht mehr wie Sonne und Mond am Firmament, sie wurden zu Sternen unter anderen Sternen im Geist der neuen Zeit, der das Menschliche in den Vordergrund zu stellen versuchte. Fast alles, was sich ereignete, wurde als eine Loslösung vom klassischen Kulturerbe gedeutet. Die Ereignisse wurden daran gemessen, in welchem Maße sich neue Formen des Menschlichen verwirklichten. Die Frage lautete: Wie lässt sich die menschliche Kultur weiter entwickeln?

„Das Menschliche" wurde zu einem Lieblingsausdruck jener Zeit, zur humanistischen Aufklärung beizutragen galt in allen Unternehmungen als wertvolles Ziel. Es war ein Aufbegehren gegen die römische Regel, die im Laufe der Zeit zu einem Maßstab für das Menschliche, für Humanität geworden war, in einer ein für alle Mal festgelegten Form. Es war ein Aufbegehren gegen den klassischen Humanismus, für den das Leben erst in historischer Verkleidung sichtbar wurde und „das Menschliche" fast zu einer literarischen Form geronnen war.

Der Ausspruch des römischen Komödiendichters Terenz aus dem 2. Jahrhundert vor Christus, „Ich bin ein Mensch, drum ist nichts, was menschlich ist, mir fremd", bisher bloß ein Zitat, wurde nun zum Motto.

Im Sinne des neuhumanistischen Geistes musste man sich nicht mehr zu einem vorgefertigten Bild des Lebens verhalten, das Leben war förmlich selbst ein Bild: Wo gab es ein ungeschminktes Gesicht unter den klassischen Masken? Und wollte jemand das Leben aus der Nähe erleben, die Menschen ohne Maske als Wesen aus Fleisch und Blut verstehen, wurden auch die menschlichen Gefühle zum selbstverständlichen Ausgangspunkt. Statt von der Nachahmung eines bestehenden Vorbildes war jetzt von menschlicher Selbstentfaltung die Rede, von einem lebendigen Wesen, das sich in einer eigenen Sprache ausdrückte, in einer volkstümlichen Sprache. Und der Sinn für das Menschliche in jeder Form, des unbegrenzten menschlichen Empfindens, wurde beinahe gleichbedeutend mit Ursprünglichkeit. So wie die Humanisten der Antike das klassische Menschenbild ausgegraben hatten, musste nun der ursprüngliche Mensch, der Teil einer mehr oder minder verbildeten Zivilisation geworden war, freigelegt werden. Es entstand ein Gegensatz zwischen klassischer Überlieferung und lebendigem Volkstum. Wie war es möglich, dem Volkstümlichen in seiner Eigenart, das man später das Nationale nannte, einen neuen klassischen Ausdruck zu verleihen?

In Dänemark hatte dies unter anderem zu einer Diskussion über die Lebensbedingungen der Bauern geführt und man bemühte sich, diese zu verbessern. Allgemein bestand das Ziel darin, sich als nützlicher Bürger zu erweisen: die Achtung vor nützlicher Arbeit wurde egozentrischen Grübeleien vorgezogen. Und die neuen Ideen waren nicht im Lateinischen oder Griechische versteckt, das Wahre und Nützliche wurde in einer lebenden Sprache vorgetragen und war damit grundsätzlich allen Ständen und beiden Geschlechtern zugänglich. Ohne klassische Zitate konnte man unmittelbar über Menschlichkeit und Bürgertugenden reden. In gewisser Weise kamen auch die Frauen zu Wort. Jedenfalls war die Rede von einer „Frauenzimmerphilosophie", wenn das Leben nicht nur durch theoretische Grübeleien gesehen wurde, sondern mittels Erfahrung und Beobachtung.

Eine seit einem Jahrhundert keimende Diskussion drängte zwischen 1780 und 1790 überall an die Oberfläche, was viele jetzt mit Optimismus und Selbstvertrauen erfüllte. Bald würde alles für die Menschen besser werden. Die Zukunft erstrahlte in neuem Glanz. Für den jungen Søren Georg Abel sollten diese Haltungen in seinem späteren Wirken als öffentliche und private Person wesentlich werden.

Denker und Wissenschaftler hatten im 18. Jahrhundert die gesellschaftliche und intellektuelle Basis der europäischen Kultur der Kritik unterzogen und Antworten gefunden, die ihrer Meinung nach geeignet waren, gefesselte Kräfte freizusetzen.

Die menschliche Vernunft, die Ratio, wurde als die sicherste Grundlage der Erkenntnis angesehen. Man sprach vom Zeitalter der Aufklärung, ihre Wegbereiter wurden Rationalisten genannt. Isaac Newton hatte alle Erklärungen für die Bewegungen in der materiellen Welt auf drei einfache Gesetze reduziert. Mit mathematischer Genauigkeit wurde bewiesen, dass die gleichen Gesetze im Universum galten wie auf der Erde. Eine solche Einfachheit, wie sie den Idealen der alten Griechen entsprach, musste auch für die menschliche Gesellschaft zu finden sein. Doch der größte Teil der Bevölkerung in den europäischen Gesellschaften lebte und litt unter Gesetzgebungen und Rechtsverhältnissen, die aus einem unbegreiflichen Chaos von mittelalterlichen Paragraphen und Bestimmungen bestand, hervorgegangen aus dieser oder jener zeitlich oder örtlich bestimmten Notwendigkeit. Welche Aufgaben mussten nun gelöst werden, um das gesellschaftliche Leben in Bahnen zu lenken, die Gerechtigkeit und Menschenwürde für alle garantierten?

Newton und viele mit ihm hatten im Weltraum eine von Gott gelenkte, verstehbare Harmonie gesehen: Das Wissen um die Schöpfung wurde zu einem Beweis der Existenz Gottes. Aber der Glaube an die Vernunft und an den Selbstwert des Menschen führte allmählich zu einer Loslösung von der Kirche, ihrer Autorität und ihrer Lehre.

In Dänemark-Norwegen wurden viele Ideen der Aufklärung von Ludvig Holberg eingeführt, eine wichtige Trennung im überlieferten lutherischen Humanismus hatte durch Holbergs rein weltliche Schriften stattgefunden. Neben Schule und Kirche wurde das Theater zu einem selbständigen Kulturorgan. Als Gegenreaktion formierte sich eine neue Form von Frömmigkeit, die pietistische Bewegung.

Trotz der Gegenreaktion hatte die erfahrungswissenschaftliche Methode durch Astronomie, Medizin, Biologie, Chemie und Newtons Mechanik als das fortgeschrittenste Ergebnis mathematischen Denkens und experimentellen Forschens ein schlüssiges Denkmuster hervorgebracht, das wiederum eine neue Auffassung vom Leben hervorbrachte: Im Prinzip ließ sich alles klar und unzweideutig lösen und erklären, alles sollte möglich sein und die menschliche Glückseligkeit für jeden schien durchaus in Reichweite.

Mit dem Glauben an die Begabung und die Natur des Menschen fiel es immer schwerer anzunehmen, dass ein Sündenfall einen dunklen Schatten auf diese Menschennatur geworfen haben sollte. Die Verheimlichung und Verleugnung ursprünglich böser Kräfte im Menschen wurde zum liberalen Moralprinzip der Zeit und verband viele Vertreter der Kirche mit ihren Gegnern. Ein neues Glaubensbekenntnis lag in der Luft: Der Mensch ist von Natur aus gut, bedarf aber dringend einer Anleitung, die allmählich zur Glückseligkeit hier auf Erden führen wird. Die Erde ist kein Jammertal, ganz im Gegenteil. Eine Leiter vom Zeitlichen zum Ewigen und Göttlichen wurde aufgestellt. Und auf dieser Jakobsleiter konnte jeder von seinem endlichen Leben zum Sternenglanz der Unendlichkeit aufsteigen. Der Mensch mit all seinen Eigenschaften und die Natur mit Gottes offenbarter Macht, Weisheit und Güte standen in engem Wechselspiel. Das Bild einer solchen Jakobsleiter war in der damaligen Naturbetrachtung und im damaligen Bewusstsein weit verbreitet. In Kopenhagen bildete man die Jakobsleiter sogar auf den Porzellantassen ab, aus denen die feineren Damen ihren Morgentee tranken. Und dieses sichtbare wie auch unsichtbare Eingreifen Gottes in die Natur war sowohl ein Argument gegen die Freidenker als auch ein Argument für naturwissenschaftlichen Unterricht an den Schulen.

1788 begann Søren Georg Abel als frisch gebackener Student in Kopenhagen. In Helsingør hatte er einen Unterricht genossen, der es ihm trotz der alten Forderungen der klassischen Bildung, wie sie in Schule und Universität noch bestanden, ermöglichte, die neuen Strömungen in sich aufzunehmen. Den naturwissenschaftlichen Fächern und ihrer Methode war man lange mit Misstrauen begegnet, die Lateinschulen und die Universität standen da als Festungen der alten Kultur, umgeben von naturwissenschaftlichen Einrichtungen und Akademien und den neusprachlichen Bürgerschulen und Privatschulen mit ihrer naturwissenschaftlichen Ausrichtung. Aber genau in dem Jahr, in dem Abel sein Studium aufnahm, öffnete sich die Universität ein wenig den neuen Ideen. Durch eine Verordnung wurden außerordentliche Professuren für Ästhetik und Literaturgeschichte, für Staatswissenschaft und Naturgeschichte eingerichtet und, ohne das Gelder bewilligt werden mussten, wurde auch der Unterricht in modernen Sprachen per Dekret eingeführt. Als Vorlesungssprache legte man die Muttersprache fest, Latein blieb als offizielle Sprache bei Examina, Disputationen und feierlichen Anlässen bestehen.

Der Vizekanzler der Universität und Urheber der Neuerungen, Professor Janson, pries im Herbst 1788 die umfassende Bedeutung dieser Verordnung. Von kirchlicher Seite hüllte man sich in kritisches Schweigen.

Der Herzog von Augustenborg, ein Schwager von Kronprinz Frederik, wurde Kanzler der Universität und erhielt die schwierige Aufgabe, den alten Humanismus mit dem neuen Realismus zu versöhnen. Sein Freund Knud Lyhne Rahbek, der als Dramatiker, Kritiker und Herausgeber der Zeitschrift *Minerva* bekannt war, wurde mit der Aufgabe betraut, Ästhetik und Literatur zu unterrichten. Søren Georg Abel gehörte sicher zu denen, die Rahbeks populäre Vorlesungen hörten: In der Spannung zwischen überlieferter Form und der modernen Einstellung zum Leben verkündete Rahbek Vernunft und Maß. Rahbek ergriff nie Partei, weder für die Kirche noch für die Aufklärung, sondern ließ seine Zeitschriftenpseudonyme mit Ironie beide Seiten angreifen.

Ansonsten hatte sich die *Norske Selskab* seit 1772 als eine lebendige und starke Opposition in der Hauptstadt hervorgetan. Doch als der Däne Johannes

Ewald und der Norweger Johan Herman Wessel, die beiden ersten Dichter in Dänemark-Norwegen, die weder ein öffentliches Amt noch ein festes Einkommen hatten, 1781 bzw. 1785 starben und zur gleichen Zeit die politische Führung umschwenkte, waren die Gegensätze nicht mehr die gleichen. Obwohl eine Verordnung dahinter gesteckt haben dürfte, fiel es der *Norske Selskab* nicht schwer, die nationale Begrenzung aufzubrechen. So wurde beispielsweise Rahbek, der ansonsten die Auffassung vertrat, dass mit Ewalds literarischem Werk und der glanzvollen Opposition der *Norske Selskab* das Goldene Zeitalter vorbei sei, nun als Mitglied in die *Norske Selskab* aufgenommen.

Für den Studenten Søren Georg Abel war die *Norske Selskab* nichts weiter als ein Gesellschaftsklub, in dem Rahbek sich mit witzigen Trinkliedern hervortat wie zum Beispiel: „Die Politik ist uns jetzt einerlei, wie trinken lieber eins, zwei, drei". Für die Studenten jedoch gehörte die *Norske Selskab* einer vergangenen Zeit an, die literarisch nichts mehr zu bieten hatte.

Ein Radikaler zeichnete sich zu dieser Zeit durch rastloses, extrovertiertes Verhalten aus, Freiheit und Vernunft hießen die Hausgötter seines philosophischen Optimismus, leidenschaftlich redete er über den amerikanischen Unabhängigkeitskrieg und die Welt entwickelte sich für ihn auf ein immer größeres Glück zu. Entwicklung wurde gleichgesetzt mit Fortschritt! Zweifel und Pessimismus, wie man sie von Voltaire und dessen *Candide* her kannte, die ständigen Diskussionen über die optimistischen und die skeptischen Seiten der Aufklärung spielten in Kopenhagen kaum eine Rolle. Zwar gab es Katastrophen und Rückschläge, aber im Großen und Ganzen war alles gut: Das Problem des Leidens konnte in dieser besten aller möglichen Welten nicht unlösbar sein. Voltaire hielt man in Kopenhagen in erster Linie für einen Tragödienschreiber. Und die Französische Revolution regte das gesellschaftliche Leben an und bewies in ihrer ersten glücklichen Phase, dass sich die Ideen von der Freiheit und Gleichheit aller in der Praxis durchaus verwirklichen ließen.

Der junge Søren Georg Abel nahm später in seinen Reden und Taten diese Ideen selbst auf. 1789 absolvierte er das philosophisch-philologische Examen mit *cum laude* und begann sogleich mit dem Studium der Theologie, wahrscheinlich eher aus praktischen Erwägungen heraus denn aus echtem Interesse. Aus der Sicht seines späteren breiten Interessenspektrums wird man schließen können, dass er sich auch in seiner Studienzeit aktiv an allen Veranstaltungen, die sich boten, beteiligte. In diesen Kopenhagener Jahren lernte er viele der Norweger kennen, die später im Leben der jungen Nation eine wichtige Rolle spielen sollten.

Im April 1792 legte Søren Georg Abel nach der neuen Verordnung mit einem schriftlichen Teil, beurteilt von einem Zensor, das theologische Staatsexamen ab. Abel bestand mit *cum laude*, so auch mit seiner Predigt. Im Sommer 1792 kehrte er zurück nach Norwegen, nach Gjerstad.

Die Vorstellung einer Welt, in der alle Ereignisse und wirkenden Kräfte von einer weisen und verlässlichen Zweckmäßigkeit bestimmt seien, brachte viele Aufklärungsfanatiker hervor, die ein neues und ewiges, auf den Grundfesten von Vernunft und Freiheit gründendes Reich sahen, die Projekte planten und überall Veränderungen forderten. Für die breite Masse dagegen wurde der Rationalismus nie zur Grundlage ihre Handelns. Der Mann von der Straße war eher Fatalist: Für ihn hatten alle Geschöpfe ihren festen Platz auf einer universellen Leiter, die bis hinauf zu Gott reichte. Über allen und allem thronte Gott, unter ihm standen die Engel, dann kamen die Menschen, unter diesen wiederum die Tiere und die leblose Materie, auf einer solchen Skala von oben nach unten waren auch die Werte angeordnet. Auf der gesellschaftlichen Ebene waren Frauen und Kinder der Autorität des Mannes untergeordnet, Männer, die ein Amt verwalteten, standen über dem gemeinen Mann und ganz oben war der König, welcher göttliche Rechte besaß. Für die Mehrheit sah es immer noch so aus, dass der Monarch seine Autorität direkt von Gott erhielt und dass Gott auf diese Weise jedem einzelnen seinen Willen aufzwang. Nur die Freidenker versuchten diesen großen, ewigen Zusammenhang von Seinsweisen und Werten aufzulösen oder zu verneinen, sie verleugneten Gott und die Menschheit.

Kandidat Søren Georg Abel kam nach Norwegen mit der für seine Zeit üblichen Begeisterung für das Nützliche und Vernünftige und mit dem Glauben an die Fähigkeit des Menschen, letztendlich die Geheimnisse des Lebens zu lösen.

4.

Pastor und Vikar

Im Sommer 1792 war Søren Georg Abel wohlbehalten wieder zu Hause in Gjerstad angelangt, wahrscheinlich war er mit einem Küstenfrachter über das Skagerrak von Fladstrand oder Løkken gekommen und zweifellos bereitete man ihn mit einem Fest einen freudigen Empfang. Er war 20 Jahre alt, hatte sein Priesterexamen in der Tasche und war der Stolz und die Hoffnung der Familie. Vermutlich hatte Vater Abel bereits eine Zusage des Bischofs, dass er seinen Sohn als seinen persönlichen Pfarrvikar würde behalten dürfen und gewiss griff Søren Georg sogleich seinem Vater unter die Arme, der schon die Last des Alters spürte. Doch es gab noch einige Formalitäten zu erledigen: Der Kandidat musste vor dem Bischof in Christiansand eine katechetische Prüfung ablegen und er musste ordiniert werden.

Bischof Hans Henrik Tybring war begeistert von dem jungen Abel, gab ihm ein *laudabilis* und kam im März 1794 nach Gjerstad, um Søren Georg Abel feierlich in den Dienst der Kirche einzuführen.

Alle schienen den jungen Abel zu mögen. Er war humorvoll und konnte sich gut darstellen, er hatte Charme, mit dem er seine Mitmenschen für sich einnahm. Und der alte Hans Mathias Abel soll ausgerufen haben: „Dieses Amt zu verwalten dürfte wenig Mühe bereiten, solange ich eine solche Hilfe habe." Er lobte Wissen und Bildung seines Sohnes und ging bereitwillig auf dessen Plan ein, in der Pfarrei eine Lesegesellschaft zu gründen. Es ging darum, die Aufklärung zu verbreiten und mit praktischen Maßnahmen zu helfen. Der Gedanke war, dass die Allgemeinheit über das Ausleihen von Büchern und Schriften lernen sollte, wie sie praktisch ihre Verhältnisse verbessern könne, indem die Qualität des Bodens und die Tierhaltung verbessert, mehr Kartoffeln angebaut und größere Erträge aus den Obst- und Gemüsegärten gewonnen werden könnten. Gleichzeitig sollten Bücher zum Christentum und zu den neuen Gedanken der Zeit zur Verfügung stehen. Das Projekt weckte Begeisterung. Die größten Bauern in der Pfarrei, 38 aus Gjerstad und 18 aus Vegårdshei, machten sofort mit. Der Mitgliederbeitrag betrug eine Mark pro Jahr und die Lesegesellschaft verfügte im ersten Jahr über 14 Reichstaler, um Bücher zu erwerben. Der junge Abel verlieh seine eigenen Bücher, es wurden neue gekauft: die meisten mit praktischen Ratschlägen und Anleitungen. Zur christlichen Verkündigung waren die Schriften des führenden dänischen Theologen Christian Bastholm reichlich vertreten, den Søren Georg Abel von Kopenhagen her kannte. Diese Bücher bildeten den Grundstock für eine der ersten Volksbibliotheken Norwegens. An einer Stelle schreibt Pfarrvikar Abel, dass die Lesegesellschaft 1795 ins Leben gerufen wurde, im Protokoll ist als Gründungstag der 9. April 1796 vermerkt. Ausgeliehen wurde nach der Messe, und zwar wahrscheinlich auf dem Kirchplatz oder in der Kirchenvorhalle. In der Nachbargemeinde entstand etwa gleichzeitig und sicher angeregt durch Pfarrvikar Abel eine ähnliche Lesegesellschaft mit Büchern über „Religion, Kindererziehung und Ackerbau". Hier war der Küster Gregers Hovorsen die treibende Kraft, doch gewann er nur zwölf der Wohlhabendsten im Distrikt als Mitglieder. Die Mehrzahl der Leute hielt die Lesegesellschaft für ketzerisch.

Die langen und anstrengenden Fahrten durch den Wald und über das Hochland in die Tochtergemeinde Vegårdshei, wo er die Konfirmanden unterrichtete und die Messe hielt, fielen dem alten Abel zunehmend schwerer. Der junge Søren Georg sah diese Aufgabe anfangs eher als ein Vergnügen an: Es gefiel ihm, mit seinem Wissen und seiner Schlagfertigkeit bei Jung und Alt zu glänzen und die Fahrten ließen sich mit geselligen Runden bei Freunden in Tvedestrand und bei Pastor Thestrup auf Holt verbinden. Auch der alte Thestrup hatte einen Sohn, Frantz Christian, den Søren Georg von Kopenhagen her kannte. Der junge Thestrup hatte sein Examen ein Jahr nach Søren Georg gemacht, Theologie studiert und die Jungfer Zeyer geheiratet, eine Katholikin, die kurz darauf zum Protestantismus konvertierte. Der junge Thestrup bestand sein Priesterexamen 1795, er galt als guter Redner und umgänglicher Mensch und erhielt Hauslehrerstellen bei einem Admiral und bei einem Professor, bevor er im Herbst 1798 von seinem Vater als Pfarrvikar geholt wurde. Doch bald nahm die Freude des jungen Thestrup an Geselligkeit und am Alkohol überhand und der gleichaltrige Søren Georg Abel folgte seinem Beispiel. Jedenfalls kam es mehr als einmal vor, dass Søren Georg an Vegårdshei und den wartenden Konfirmanden vorbeifuhr, um bei Thestrup zu feiern. Als der alte Abel zum ersten Mal davon hörte, soll er bekümmert und enttäuscht reagiert haben, doch nach außen ließ er sich nichts anmerken und betonte erneut die guten Eigenschaften und die Klugheit seines Sohnes. Als die Konfirmanden ihren Vikar wieder einmal vorbeifahren sahen, kam dies Vater Abel zu Ohren, noch bevor der Sohn übers Gebirge zum Pfarrhof zurückgekehrt war. Am Abend soll er ihn nach den Fortschritten der jungen Konfirmanden in Vegårdshei gefragt haben und der junge Abel soll geantwortet haben: „Sie lernen gut." Daraufhin hatte der Alte den Kopf geschüttelt und seine Frage später am Abend wiederholt, er erhielt dieselbe Antwort. Als er dann mit der Kerze in der Hand an der Treppe zu seiner Studierstube „Gamle-Farrs Kammer" stand, und die Frage ein Drittes Mal stellte: „Stimmt es, was du sagst, Søren, dass die Jungen gut gelernt haben?", antwortete der Sohn ärgerlich: „Ich habe es doch gesagt, ich weiß nicht, warum du mich schon wieder fragst."

Einige Zeit darauf sah sich der alte Abel die Bücher an, die sein Sohn aus Kopenhagen mitgebracht hatte. Als er zwischen den Büchern der Lesegesellschaft einige der Schriften Voltaires fand, soll ihn das so aufgebracht haben, dass er sofort den Kirchenältesten Thomas Eskeland zu sich rief und ihm sein Herz ausschüttete über die Fehltritte seines Sohnes, für die er die Lektüre ketzerischer Bücher verantwortlich machte.

Doch von dieser Episode abgesehen scheint das Verhältnis zwischen Vater und Sohn gut gewesen zu sein, obwohl sie in vielerlei Hinsicht gegensätzlich waren: Orthodoxes, altmodisches Christentum auf der einen und Rationalismus in einer lebendigen und begabten Natur auf der anderen Seite. Sieben Jahre dauerte ihre Zusammenarbeit, der Vater schätzte die Gelehrtheit des Sohnes und der Sohn lernte die praktische Arbeit eines Gemeindepastor. 1797 war ein Gesetz über Schiedsgerichte in Rechtsangelegenheiten verabschiedet worden, das die Rechtsprechung vereinfachen sollte. Auf dem Land wurden diese Schiedsgerichte in der Regel vom Pastor der Gemeinde geleitet und durch die Vermittlung zwischen den Parteien konnten viele kostspielige Gerichtsverhandlungen vermieden werden. Pastor Hans Mathias Abel hatte in diesen Dingen eine lange Erfahrung und es sollte sich bald zeigen, dass der junge Abel die diplomatische Praxis des Vaters gelernt hatte.

Doch sehr viel Zeit und Engagement widmete der Pfarrvikar Abel zweifellos dem aufblühenden gesellschaftlichen Leben in Risør. Ebenso wie die anderen Küstenstädte Südnorwegens erlebte Risør jetzt wegen seines lebhaften Handels mit Export und Frachtverkehr glückliche Zeiten. Mit seiner Redegewandtheit und seinem Witz, mit seinem Charme und seinem Zukunftsoptimismus war der Vikar aus Gjerstad ein willkommener Gast beim Handelspatriziat der Stadt. Unter den Neureichen wurde nun gerätselt, *wer* wohl die Braut des aufgeweckten jungen Abel werden würde?

Wann und wie *das* bekannt wurde, darüber gibt es keine Zeugnisse, doch die Verlobung wurde sicher einige Zeit vor dem 25. März 1800 gefeiert, dem Tag, an dem Søren Georg Abel seine Anne Marie Simonsen heiratete, die älteste Tochter des reichsten Mannes der Stadt, des Kaufmanns Niels Henrik Saxild Simonsen und seiner ersten Frau Magdalene Andrea Kraft.

5.

Abel und die Familie Simonsen in Risør

Den höchsten Rang in der Ständeordnung des Landes hatten lange Zeit die Amtsinhaber und ihre Familien eingenommen. Ihre Söhne fuhren nach Kopenhagen, machten eine Ausbildung und führten zusammen mit ihren dänischen Amtsbrüdern die Vorherrschaft des Standes fort. Seit 1660, als der Reichsadel seine Macht verlor und der Absolutismus und die Gleichstellung in der Union Dänemark-Norwegen mit vier Bistümern und den jeweiligen Unterbistümern proklamiert wurde, war Norwegen von Beamten regiert worden: 40 Amtmänner, 50 Amtsrichter, 450 Pfarrer und rund 800 Offiziere. Verwaltung und Leitung des Landes lagen in den Händen von weniger als 1.500 Beamten.

Doch nun, am Ende des 18. Jahrhunderts und bis 1814, dominierte ein anderer Stand, der Kaufmannsadel aus den blühenden Handelshäusern, ein selbstbewusstes Handelspatriziat setzte neue Maßstäbe für das gesellschaftliche Leben.

Der Freiheitskrieg in Nordamerika und seit 1792 die napoleonischen Kriege benötigten für ihre Kriegshandlungen Schiffsraum und Rohstoffe aus vielen Ländern, und solange Dänemark-Norwegen neutral bleiben konnte, war der Profit ausgezeichnet. Es gab gute Preise für Holz und Eisenerz und lukrative Frachtaufträge. Eine einzige Schiffsfracht genügte, um die Ausgaben für den Bau des Schiffes zu decken. Und in einem Jahr konnte man mit einem Frachtschiff das Vierfache seines Wertes verdienen. Risør gehörte zu den Städten, in denen Schifffahrt und Schiffsbau besonders lebhaft florierten, das Geld floss reichlich.

Die Beamten waren nicht länger in der Lage, dem Reichtum und dem gesellschaftlichen Glanz des Handelsstandes etwas entgegenzusetzen. Sogar die Bischöfe klagten darüber, dass die Einkünfte zu gering seien, um ihnen gegenüber dem Handelspatriziat in den Küstenstädten ein standesgemäßes Auftreten zu ermöglichen.

Mit dem Beginn des 19. Jahrhunderts setzte eine Welle des Wohlstandes ein. Jacob Aall, eine mehr und mehr herausragende Gestalt im Leben des Distrikts und der Nation, Hüttenbesitzer, Geschäftsmann, Politiker und Literat, schrieb in seinen Erinnerungen (1841–1844): „Die letzten Jahre des dahingegangenen und die ersten Jahre des gegenwärtigen Jahrhunderts kann man in der Geschichte unseres Wirtschaftslebens als das Goldene Zeitalter Norwegens betrachten.“

In Risør zählte also Niels Henrik Saxild Simonsen zu den wohlhabendsten Bürgern der Stadt. Er saß im Stadtrat, war Mitglied aller bestehenden Klubs und Gesellschaften, er war ein Grandseigneur mit kostspieligen Gewohnheiten, der rauschende Feste in seinem großen Haus am Hafen von Risør zu geben verstand. Sein zweigeschossiges Haus in der Strandgate wurde 1775 gebaut. Im Erdgeschoss dieses im Blockhausstil errichteten Gebäudes befanden sich ein Kramladen und drei Lager, zwei gemauerte Keller sowie ein Waschhaus mit Schornstein und zwei Öfen mit eingemauertem, eisernen Waschkessel. Im ersten Stock gab es sechs Zimmer und darüber eine Mansarde. Im ganzen Gebäude befanden sich zusammen acht Eisenöfen unterschiedlicher Größe: ein vierstöckiger, sechs zweistöckige und ein einfacher. All dies war ein Zeichen großen Wohlstands. Solche seitlich oft mit Reliefbildern verzierten Gusseisenöfen waren teuer, ein guter Ofen kostete mehr als eine Kuh. In einem Fachwerkhaus nebenan hatte Simonsen Holzschuppen, Hühnerstall und einen Stall für Schweine, Pferde und Kühe untergebracht. An der Südseite des Anwesens stand ein hoher Plankenzaun mit zweiflügligem Tor, an der Nordseite ein ähnlicher Zaun mit einfachem Tor und auf der Rückseite ein hoher Plankenzaun ohne Tor.

Hier lebte der Kaufmann mit seiner Frau, seinen Kindern und den Dienstboten. Von hier aus betrieb er Handel mit den Bürgern der Stadt oder er dirigierte seine Frachtschiffe „Haapet“ (Hoffnung) und „Andrea Elisabeth“, damit sie hohe Profite einbrachten. Er hatte dreimal geheiratet, seine dritte Frau war die Schwester der ersten. Doch für seine sieben Kinder scheint er sich nicht sonderlich interessiert zu haben. Das heißt, Vater Simonsen schenkte seinen Kindern die Zuneigung, die mit Geld zu kaufen war: ein reiches Elternhaus, Diener und Lehrer, die die üblichen Schulfächer Lesen und Schreiben sowie die standesgemäßen Fächer Klavier und Gesang unterrichteten. Man erzählte, Simonsen habe tagsüber genug mit seinen Geschäften zu tun gehabt und die Abende am liebsten im Klub ‘Billarden’ verbracht.

Simonsens älteste Tochter Anne Marie verlor ihre Mutter mit sieben Jahren. Wie hatte ihr Leben in diesem Haus ausgesehen, zusammen mit den Geschwistern, Dienern, Stiefmüttern und einem abwesenden Vater?

Die englische Schriftstellerin und eine der ersten Feministinnen Europas, Mary Wollstonecraft, hatte 1795 eine Reise in den Norden unternommen und sich dabei einige Tage in Risør aufgehalten. Das erste, was *ihr* auffiel, als sie von Tønsberg kommend an der Küste entlang segelte, vorbei an Larvik und

Helgeroa und hinein nach Risør, war das Gefühl, sich in einem Gefängnis zu befinden. Ihr kam es so vor, als sei sie zwischen den nackten, kahlen Klippen eingesperrt: „Ich hatte ein Gefühl von Atemnot, obwohl nichts klarer sein konnte als diese Luft (...) Aber ich zitterte bei dem Gedanken, hier geboren und aufgewachsen zu sein und zu leben ..." Und weiter schrieb sie: „Was macht diese Wesen eigentlich zu Menschen, die sich in ihren Häusern einsperren, denn sie öffnen nur selten ihre Fenster, die rauchen, Brandy trinken und Handel treiben? Ich bin unter diesen Rauchern beinahe erstickt. Sie beginnen am Morgen und sind selten ohne ihre Pfeife, bis sie zu Bett gehen. Nichts kann ekelhafter sein als die Zimmer und Männer gegen Abend: Atem, Zähne, Kleidung und Möbel, alles ist verdorben. Gut, dass die Frauen nicht besonders feinfühlig sind, sonst würden sie ihre Männer nur lieben, weil es ihre Männer sind." An einem Tag war sie bei dem englischen Vizekonsul in Risør zu Gast: „Sein Haus liegt direkt am Meer ... und die Gastfreundschaft bei Tisch gefiel mir, obwohl die Flasche fast etwas zu freigebig herumgegangen ist. Ihre gesellschaftlichen Manieren waren von der Art, wie ich sie häufig beobachtet habe, wenn ich mit Menschen ohne Erziehung zusammengetroffen bin, die mehr Geld haben als Verstand, also nicht wissen, was sie damit anfangen sollen. Die Frauen waren ungekünstelt, hatten aber nicht die natürliche Grazie, die ich in Tønsberg oft beobachtet habe. Auch in ihrer Kleidung bestand ein deutlicher Kontrast; sie haben mit ihrem Putz auf eine Weise übertrieben wie die Mädchen der Matrosen in Hull und Portsmouth. Der Geschmack hat sie noch nicht gelehrt, den Reichtum anders als protzend zur Schau zu stellen ..."

Simonsen unterstrich seinen Wohlstand im Stil der Zeit: In Risørs ehrwürdiger, 150 Jahre alten Kirche mit Querschiff waren Inventar und Schmuck durch all die Jahre von freiwilligen Gaben bezahlt worden, meistens von den reichsten Bürgern der Stadt. Das Altarbild zeigt das heilige Abendmahl und war eine Kopie von Rubens' Kirchengemälden in Antwerpen. Man erzählte, dass das Schiff mit dem Altarbild von den Niederlanden aus unterwegs war zu einer Kirche in Riga, als es vor Risør Schiffbruch erlitt und der große Holzhändler und Gründer der Stadt, Isaach Lauritzen Falch und seine Frau das Altarbild für die Kirche der Stadt erwarben. Das war 1667 und die Familie der Falchs genoss durch Generationen das höchste Ansehen in Risør. Sie besaß ein großes Haus in der Stadt, eine Sägemühle und mehrere Bauerngüter, zu denen auch Randvik gehörte, auf dessen Grund und Boden die Stadt gegründet wurde.

Doch nun war Simonsen an der Reihe. 1794 hatte er zusammen mit seiner Frau einen Rundbogen zum Chorumgang der Kirche gestiftet. Zwischen den reich verzierten und mit dem Namenszug Christians IV. versehenen Säulen des Bogens stand, für jeden sichtbar, die Bank der Simonsens. Als dann die letzte Falch in Risør, die Witwe Margrethe Falch, 1789 einen Großteil des Familienbesitzes veräußerte, erwarb Simonsen die Bucht Buvika mit ihren schönen und begehrten Strandidyllen.

Simonsen war einer der Initiatoren für die Sammlung freiwilliger Gaben für den Bau des imponierenden Glockenturms der Stadt gewesen. Zwei Etagen hoch und mit gewölbtem, von achteckigen Säulen getragenem Dach wurde er zusammen mit dem noch eindrucksvolleren neuen Rathaus, das 1798 fertig gestellt wurde, errichtet. Das Dach des Glockenturms war mit Eisenplatten bedeckt, aus denen eine Eisenspitze mit vergoldeter Kugel und Wetterhahn hoch aufragte. Die Uhr mit Schlagwerk und Ziffernblättern nach allen vier Himmelsrichtungen war in der ganzen Stadt zu sehen. Von nun an würde die Stadt mit der Zeit gehen, drei Tage lief die Uhr, ohne aufgezogen zu werden.

Wie jeder andere in Risør bezahlte Simonsen vier Prozent Steuern, und wie in allen anderen Städten wurde dieses Geld für die Ärmsten der Stadt verwendet. Das Armenwesen von Risør wurde formal 1797 organisiert, verhältnismäßig spät verglichen mit den umliegenden Distrikten. Und in der Armenkommission saß Simonsen und legte fest, wer bedürftig war und welche Summe wöchentlich ausbezahlt wurde, damit der Betreffende nicht auf der Straße betteln musste. Zu den typischen Armen gehörten kranke Witwen oder 50- bis 60-jährige unverheiratete Frauen, die in Dachkammern wohnten und zu abgearbeitet waren, um selbst ihren Lebensunterhalt zu verdienen. Von den 1.295 Menschen, die 1801 in Risør lebten, wurde 38 Personen im Sinne des christlichen Gebots der Nächstenliebe auf diese Weise geholfen. Als für die Kinder der Armen und Minderbemittelten ein neues Schulhaus gebaut werden sollte, mussten wieder freiwillige Spenden von Privatleuten eingesammelt werden. Auch diesmal gehörte Simonsen zu den Initiatoren. Seine eigenen Kinder besuchten die andere Schule der Stadt, in die nur aufgenommen wurde, wer flüssig aus einem Buch vorlesen und das Schulgeld entrichten konnte.

Niels Henrik Saxild Simonsen hatte durch das väterliche Erbe eine solide wirtschaftliche Grundlage, um darauf aufzubauen. Sein Vater war Däne, vermutlich aus Saxild bei Århus, und dürfte sich, nachdem Risør 1723 die königlichen Marktrechte erhalten hatte, dort angesiedelt haben. Wahrscheinlich hatten diesen Simon Nielsen Saxild die zu erwartenden Profite aus dem Holzexport nach Norwegen gelockt. In den alten Listen der Stadt ist er als Holzhändler und Kaufmann verzeichnet sowie als einer der Stifter der Kirche. 1747 heiratete er Elisabeth Marie Henriksdatter Moss. Sie stammte aus Drammen und der dort angesiedelten reichen Moss-Familie, die in der ersten Blütezeit der Stadt durch den Holzhandel im großen Stil zu Wohlstand gekommen war. Sicher hatte Saxild auf Grund ihrer gemeinsamen geschäftlichen Interessen die Moss-Familie kennen gelernt. Ein Jahr nach der Hochzeit wurde ihr Sohn Niels Henrik geboren und am 5. Dezember 1748 in der Kirche zu Risør getauft. Zwei Jahre danach starb Simon Saxild, noch bevor der eigentliche Aufschwung einsetzte. Er hinterließ seinem einzigen Kind 1.000 Reichstaler.

Elisabeth Marie Moss heiratete nun einen der reichsten Männer Risørs, den 56-jährigen Sägemühlenbesitzer und Holzhändler Claus Christophersen Winther. Ihr Sohn, der kleine Niels Henrik Saxild Simonsen, dürfte auch von seinem Stiefvater gelernt haben, wie er die 1.000 Reichstaler in der nun folgenden Zeit des Aufschwungs gut investieren und vermehren konnte. Denn Saxild Simonsen, Großvater mütterlicherseits von Niels Henrik Abel, kannte nur einen Weg, und der führte wirtschaftlich und gesellschaftlich steil nach oben. Mit 15 Jahren wurde er nach England geschickt, um das Handelswesen zu erlernen, und als er nach ein paar Jahren nach Risør zurückkehrte, begann sein Aufstieg.

Dieser Großvater von Niels Henrik Abel soll ein wahrheitsliebender, redlicher und rechtschaffener Mann gewesen sein. Es heißt, dass er nicht von seiner Meinung abzubringen und sehr konservativ war. Er hielt am Althergebrachten fest, erlaubte zum Beispiel nicht, die Zimmer in seinem großen Haus zu streichen oder zu tapezieren, außerdem blieb er bei seiner Perücke mit Zopf. Nur allergnädigst ließ er sich dazu überreden, seine Kleidung der Mode anzupassen. Modisch war nun kurz geschnittenes und nach vorne zu Stirn und Schläfen gebürstetes Haar, dazu lange, enge Hosen, sogenannte Pantalons, die in halbhohe Stiefel gesteckt wurden. Der verehrte Simonsen trug nicht länger Schuhe mit Silberspangen und Kniebundhosen, seinen Sprachgebrauch behielt er jedoch bei und redete die Leute stets mit „Er" an und nie mit „Du" oder „Sie".

Niels Henrik Simonsen heiratete zum ersten Mal 1773, und zwar Magdalene Andrea Kraft aus Kragerø, Niels Henrik Abels Großmutter mütterlicherseits, eine außerordentliche begabte und liebenswürdige Frau. Sie stammte aus Vinje in der Telemark, wo ihr Vater Jens Evensen Kraft Oberstleutnant war. Dieser Oberstleutnant war der Vetter eines gewissen Jens Kraft, geboren in Halden im Oslofjord und seit 1746 Professor an der Akademie von Sorø. Er galt als einer der fähigsten Mathematiker im Königreich Dänemark-Norwegen.

Als Magdalene Andrea starb, hinterließ sie zwei Töchter und zwei Söhne. Simonsen heiratete nun Marichen Elisabeth Barth, die ihm einen Sohn gebar und eine Tochter und dabei das Leben verlor. Nun holte sich Saxil Simonsen eine jüngere Kraft-Schwester, nämlich Christine, ins Haus, oder vielleicht war es auch seine alte Mutter aus Drammen, die die Heirat einfädelte? Durch ihre

Familie in Drammen gehörten sie und die beiden Kraft-Schwestern mütterlicherseits zum gleichen Stammbaum der Familie Moss. Wenn man den Leuten Glauben schenkt, waren die beiden Schwestern, die nacheinander zu Reedersgattinnen in der Strandgate in Risør wurden, sehr verschieden. Christine soll eine gutmütige, aber leichtfertige Person ohne geistige Ambitionen gewesen sein. Man erzählte sich, sie kümmere sich nicht sonderlich um ihr Haus und auch nicht um ihre eigenen zwei Söhne und ihre sechs Stiefkinder.

Als Niels Henrik Saxild Simonsen im März 1800, auf der Höhe seiner Macht und seines Wohlstands, die Hochzeit seiner ältesten Tochter ausrichtete, war er wahrscheinlich fest davon überzeugt, dass er hier für seine Tochter eine gute Partie einging. Sie war 19 Jahre alt, ihr Bräutigam Søren Georg Abel 28 und bereits zum Gemeindepastor bestimmt, wenn auch auf Finnøy in Ryfylke, der kleinsten Pfarrei des Bistums Christiansand. Aber Simonsen war sicher nicht der einzige, der in dem jungen Theologen, der mit seinen rhetorischen Fähigkeiten und seinem scharfen Verstand im Salon und bei Tisch brillierte, einen künftigen Bischof sah. Der junge Theologe mit den besten Examensnoten aus Kopenhagen bekleidete sein Amt gemäß den Anforderungen seiner Zeit, er war bestens orientiert im Weltgeschehen und modern denkend. Trotz des wirtschaftlichen Aufschwungs repräsentierte der Beamtenstand immer noch die herrschenden kulturellen Werte. Wenn Simonsen zufrieden war mit seinem Schwiegersohn, so war dieser nicht weniger zufrieden mit seinem Schwiegervater. Søren Georg Abel hatte die Tochter des reichen Kaufmanns errungen, eine der besten Partien, die Risør zu vergeben hatte. Der Geldaristokrat Simonsen würde schon das Geld herausrücken, das für die Karriere seines Schwiegersohnes nötig war.

Und wie sah es mit der Braut aus? Neben dem begehrten Reichtum des Vaters soll sie gut ausgesehen haben und in Klavierspiel und Gesang ausgebildet gewesen sein.

Unter den Hochzeitsgästen in der Strandgate war die bessere Gesellschaft der Stadt reichlich vertreten, der englische Vizekonsul als Ehrengast, und die Offiziere der Flotte, die sich mehr oder minder zufällig in der Gegend aufhielten, wurden gewöhnlich zu den großen Festlichkeiten der Stadt eingeladen. Der Amtsrichter war ebenso dabei wie der Zollinspektor, der Apotheker und die großen Reeder, doch kaum einer der wohlhabenderen Handwerker der Stadt. An der Festtafel saß sicherlich auch Pastor Christian Sørensen, der das Paar getraut hatte. Auch später sollte er eine Rolle im Zusammenhang mit dem geistlichen Wirken des Bräutigams spielen. 1811 wurde Sørensen Bischof für die Diözese Christiansand und 1823, als Niels Henrik Abel ein armer Student in Christiania war, stieg Christian Sørensen auf bis zur Spitze der geistlichen Hierarchie Norwegens und wurde Bischof der Diözese Akershus.

Eine weitere wichtige Person auf der Hochzeit war Henrik Carstensen. Neben Simonsen war er der reichste Mann in Risør, in diesem Jahr 1800 hatte er vier Frachtschiffe unter Segel und im Vorjahr war er Besitzer des Hüttenwerks Egeland geworden. Später sollte er als Geschäftsmann, als einer der Väter der norwegischen Verfassung sowie als nächster Nachbar zu Gjerstad eine wichtige Rolle im Leben des Bräutigams spielen.

Mit dieser Heirat im März 1800 wurde das neureiche Handelspatriziat des Küstenstädtchens mit dem altehrwürdigen Beamtenstand verbunden und sicher sahen beide Seiten in diesem Bund einen vielversprechenden Anfang verlässlichen Glücks in den goldenen Zeiten, deren Fortbestehen alle erhofften und wünschten. Zweifellos wurde die Hochzeit mit dem Pomp und Prunk gefeiert, der typisch war für das Haus eines Kaufmanns und Reeders: Die Tafel war mit geschliffenen Gläsern und feinem Porzellan mit dem Monogramm des Hauses gedeckt, und vielleicht hatte der Gastgeber das begehrte ostindische Porzellan über die asiatische Handelskompanie in Kopenhagen besorgt. Ein Meer von Blumen und großen Silberkandelabern, die zum Dessert entzündet werden sollten, schmückten den Tisch. Der Mundschenk sorgte dafür, dass der Wein reichlich floss und Entenbrust, Forelle und Kalbssteak wurden mit feierlicher Mine hereingetragen. Spargel, der damals besonders in Mode war, kam dampfend auf großen Silberschalen und wurde zu altem Rheinwein serviert. Die Stimmung war lebhaft, das Licht der brennenden Kandelaber spiegelte sich in den Prismen des Kristalls und es mangelte auch nicht an den unerlässlichen Reden. Beim Steak wird der Gastgeber an sein Glas geklopft und in wohlgesetzten Worten einen Toast auf das Brautpaar und die Gesellschaft ausgebracht haben, man wird auf die Obrigkeit und die Geistlichkeit angestoßen haben, auf das Vaterland und das englische Volk, auf Handel, Schifffahrt und das Hüttenwerk, auf Waldwirtschaft und Ackerbau. Niemand sollte vergessen werden. Thor Carstensen, der Bruder des reichen Henrik Carstensen, rezitierte ganz sicher einen seiner geistreichen gereimten Trinksprüche, für die er in Stadt und Land berühmt war. Vielleicht auch ließ der Gastgeber seine eigenen Kanonen für das Brautpaar Salut schießen und es antworteten die Schiffe im Hafen mit donnerndem Echo, als die Hochzeitsgesellschaft sich zuprostete. Der Vater des Bräutigams, der die Gastgeberin als Tischdame hatte, dankte für das Essen und die Tafel wurde aufgehoben. Die Geladenen verteilten sich in lebhafter Unterhaltung: Die Herren mit Kaffee, und die Damen in ihren Seidenkleidern und feinen Schuhen aus England, mit Bändern und Schmuck, versammelten sich gruppenweise im Salon. Einige der Herren begaben sich ins private Comptoir des Gastgebers, wo die Tonpfeifen und die Fidibusse bereitlagen, wo man den Kartentisch aufbaute und die Punchterrine bereits dampfte. Es wurde politisiert und diskutiert. Wo war Napoleon? Wie standen die Aussichten für den Frachtschiffverkehr? Und wer sah als erstes „Haabet", die Brigg des Gastgebers, die auf dem Boden der großen Punschterrine abgebildet war?

Plötzlich ertönte ein Waldhorn. Geigen und Flöten spielten auf zum Tanz und zusammen mit dem Brautpaar reihte sich Paar um Paar in die Française ein, die in zwei Karrees getanzt wurde. Auf ein Signal hin wurden Fenster und Türen geöffnet und der speziell bestellte Gesang des Wächters erklang zur besonderen Ehre des Hauses, bedachte die erhitzten und feierlich gestimmten Gäste mit allen guten Wünschen. Hätte der Gastgeber gewusst, was kommen würde, er hätte ganz gewiss die Zeit hier und jetzt angehalten, vielleicht hat er es auch mit einem scherzhaften Kniff versucht? Vielleicht hat er den Glockenturm der Stadt dazu gebracht, mit ein paar Extraschlägen ein letztes, gewaltiges Punktum für das Fest zu setzen?

TEIL III
Kindheit in Gjerstad

Abb. 3. Pfarrhof von Gjerstad, gezeichnet von P.M. Tuxen. 1804.

6.

Pastor auf Finnøy, kirchliches Leben in der Diözese Christiansand

Als Søren Georg Abel und seine Anne Marie Simonsen kurz nach der Hochzeit den Pfarrhof von Finnøy übernahmen, führte er seine Arbeit als Pastor aus, wie er es unter seinem Vater in Gjerstad gelernt hatte. Von der ersten Stunde an machte er auf seine neue Umgebung einen guten Eindruck. Auch hier im Distrikt Ryfylke rief er eine Lesegesellschaft und eine allgemeine Bibliothek ins Leben. Mit seinem Wissen und seiner praktischen Erfahrung hob er rasch den Standard der Schulbildung.

Er stand dem Schiedsgericht der Pfarrei Finnøy vor und nach einem Zeitraum von zwei Jahren schrieb der Amtmann von Stavanger, Ulrik Wilhelm Koren, dass es Søren Georg Abel "durch seine vernünftige Vermittlung gelungen ist, alle die vorkommenden Streitfälle zu schlichten bis auf 2, die einem ordentlichen Gericht übergeben wurden."

Søren Georg Abel wollte auch die Gesundheitssituation seiner Pfarrkinder auf Finnøy verbessern, wozu er die neuesten Erkenntnisse in der Medizin zu Hilfe nahm. Pockenepidemien endeten oft tödlich und bei den Überlebenden blieben nicht selten hässliche Entstellungen zurück. Nun hatte die Wissenschaft inzwischen ein wirksames Heilmittel gegen diese Krankheit gefunden. 1798 hatte der englische Arzt Edward Jenner in einem Artikel berichtet, wie das Impfen von Menschen mit Kuhpocken der verheerenden Krankheit Einhalt gebietet. Jenners Entdeckung wurde in kurzer Zeit in ganz Europa übernommen. In vielen Ländern wurde das Impfen zur Pflicht, in Dänemark-Norwegen geschah dies 1810, doch der Gemeindepastor Søren Georg Abel wandte bereits zehn Jahre früher dieses neue Wissen an.

Die wohltuenden Wirkungen von Wissenschaft und Aufklärung fanden zudem einen starken Fürsprecher in dem neuen Bischof der Diözese Christiansand, dem Dänen Peder Hansen. Hansen war 1798 Bischof geworden und hatte sogleich in Abel einen kooperativen Pastor und Gleichgesinnten gefunden. Wahrscheinlich trug auch das Wohlwollen des Bischofs dazu bei, dass Søren Georg Abel verhältnismäßig früh zum Gemeindepastor aufrückte. Es sollte noch weitergehen. Eines der ersten Dinge, die Bischof Hansen seinen Pastoren ans Herz legte, war eben diese Verbreitung jener Erfindung von

Dr. Edward Jenner. Diese Impfung erschien vielen der geistlichen Herren für das allgemeine Glück der Menschen so unerlässlich, dass sie in den Kirchenbüchern neben dem Tag der Taufe und der Konfirmation auch das Datum der Impfung festhielten.

Am 13. November bekamen Søren Georg Abel und Anne Marie ihren ersten Sohn, der am Weihnachtstag 1800 in der Kirche von Finnøy getauft wurde. Das Kind erhielt nach seinem Großvater den Namen Hans Mathias.

Nach der Schlacht von Kopenhagen am 2. April 1801, bei der ein Großteil der dänisch-norwegischen Flotte von den Engländern vernichtet worden war, organisierte man in aller Eile in Norwegen eine Küstenwehr. Aus Dänemark kamen Schiffe und Männer, die diese Aktion leiten sollten. Die Kriegsereignisse draußen in Europa rückten näher und in seinem Distrikt wurde Pastor Abel die treibende Kraft beim Aufbau der Verteidigung. Für ihn und seine Familie sollte dies zwei wichtige Konsequenzen haben: Zum einen brachte ihm sein Engagement zwölf Jahre später das Ritterkreuz des Dannebrogordens ein, eine Auszeichnung, die seiner politischen Aktivität Auftrieb gab. Zum zweiten führte Abels Einsatz für die Verteidigung der Küste in Ryfylke dazu, dass der junge dänische Leutnant zur See, Peder Mandrup Tuxen, in die Familie aufgenommen wurde. P.M. Tuxen gehörte zu denen, die von Kopenhagen nach Stavanger gekommen waren, um die Küstenwehr zu organisieren. Im Laufe des halben Jahres, in dem er sich in Norwegen aufhielt, entstanden ungewöhnlich starke Freundschaftsbande zwischen Tuxen und der Pastorenfamilie auf Finnøy. Zehn Jahre später war Tuxen mit Frau Abels Schwester Marie Elisabeth Simonsen verheiratet, und weitere zehn Jahre später schilderte Tuxen in einem Brief an seine Frau seinen damaligen Besuch auf Finnøy: "Einstmals in meiner grünen Jugend hing ich an Abel und Anne Marie mit einer Art kindlicher Leidenschaft. Nie werde ich die Fahrt vom Pfarrhof zur Anlegestelle vergessen, wo wir alle tränenreich voneinander Abschied nahmen. Ich weinte noch eine Stunde, nachdem ich an Bord war. In diesem Augenblick waren sie zwei segensreiche Menschen, zumindest in meinen Augen."

Mit dieser Bewertung des jungen Pastorenpaares dürften viele übereingestimmt haben. Nach kurzer Zeit waren Søren Georg Abel und seine hübsche, junge Frau in das feinere Gesellschaftsleben der Gegend eingeführt. Im Spätsommer 1802 erwarteten sie ihr zweites Kind, was sie jedoch nicht daran gehindert zu haben scheint, dem Amtsrichterhof in Nedstrand, dem nach Norden über dem Fjord gelegenen Nachbarbezirk, einen Besuch abzustatten. Das Kirchenbuch bezeugt, dass auf Finnøy in diesem Jahr von Ende Juli bis weit in den August keine kirchlichen Aufgaben durchgeführt wurden. Und in Nedstrand wurde später erzählt, einer der Söhne von Pastor Abel sei hier geboren worden. Wahrscheinlich brachte Anne Marie ihren zweiten Sohn während des Aufenthalts beim Amtmann in Nedstrand zur Welt. Es hieß, er sei drei Wochen zu früh gekommen, offenbar leblos, und habe erst ein Lebenszeichen von sich gegeben, nachdem man ihn mit Rotwein eingerieben hatte. Er sei dann sorgsam in Baumwolle gehüllt worden, damit das schwache Lebenslicht nicht ausgeblasen würde. Das Datum war jedenfalls der 5. August und sie nannten ihn nach seinem reichen Großvater Niels Henrik.

Doch mit dem Glück und der Harmonie, die aus der Distanz betrachtet zwischen den frisch verheirateten Pfarrersleuten im Pfarrhof Finnøy zu herrschen schienen, war es wohl doch nicht so weit her. Begann es in ihrem Zusammenleben bereits zu kriseln? Viele Jahre später, als P.M. Tuxen erfuhr, dass Søren Georg Abel gestorben war und sich seine hübsche Anne Marie beim Begräbnis betrunken und, zusammen mit einem Knecht unanständig benommen hatte, schrieb Tuxen an seine Ehefrau: „Oft denke ich an Anne Maries sonderbaren Charakter. Ich habe sie immer für phlegmatisch gehalten und ihr nicht im Geringsten so niedrige Leidenschaften zugetraut. Ich erinnere mich zwar an Findøen, wo es einen netten Bauernburschen gab, der ihr gut gefiel und mit dem sie sich oft angeregt unterhielt, aber sie kam mir so kalt vor, dass ich das für nichts anderes nahm als bloße Freundlichkeit. Ich erinnere mich allerdings dunkel, einiges über eine solche Inklination gehört zu haben."

Das kirchliche Leben in der Diözese Christiansand erfuhr in diesem Jahr tief greifende Veränderungen, die für das religiöse Leben des ganzen Landes Konsequenzen haben sollten. Die treibende Kraft war Bischof Peder Hansen. Praktische Aufklärung auf der Grundlage der naturwissenschaftlichen Erkenntnisse sei, so die Hauptthese vieler Theologen dieser Zeit, eine Bedingung für den Fortschritt der Menschheit und das Glück eines jeden Menschen. Und was diese Aufklärung und den Rationalismus betraf, so war Bischof P. Hansen der Mann, der sich am meisten exponierte.

Bevor Peder Hansen sein Bischofsamt in Christiansand antrat, war er Schlossvikar, Gemeindepastor und Ehrenprofessor in Dänemark gewesen. Er war dreimal verheiratet und hatte dreizehn Kinder, von denen neun noch lebten, als er mit seiner dritten Frau nach Norwegen kam. Mit ihr zeugte Hansen keine Kinder, dennoch war sie als Frau des Bischofs geachtet und auf vielen seiner Reisen in der Diözese an seiner Seite.

Bei einer Besichtigungsreise der im Westen gelegenen Kirchengemeinden seiner Diözese, kurz nach seiner Ankunft in Christiansand, kam Peder Hansen zu der Überzeugung, dass für die Schulmeister der Pfarreien ein richtiges Unterrichtskonzept erforderlich war. In einer Gemeinde hatte er festgestellt, dass 80 Personen im Alter zwischen 17 und 30 nicht lesen konnten und folglich auch nicht konfirmiert waren. Es war eine nicht zu leugnende Tatsache, dass die Schulmeister im Allgemeinen als nutzlos und lästig angesehen wurden, sie mussten verpflegt werden und brauchten überdies Wohnraum und Lohn. Wenn sie auf einen Hof kamen, um die Kinder zu unterrichten, wies man ihnen oft die Tür. Andererseits gab es eine Menge Schulmeister, die nur dem Militärdienst entkommen wollten und viele Pastoren beklagten sich über diese „seltsamen Subjekte", die sich um Lehrerposten bewarben.

Für Bischof Hansen lagen die erforderlichen Maßnahmen zur Verbesserung dieses desolaten Zustandes auf der Hand. Das Wissen der Schulmeister musste erweitert werden, dann würde sich auch die Allgemeinheit ihnen gegenüber anders verhalten! Wenn die Leute erst merkten, wie nützlich praktisches Wissen sein konnte, wenn sie erst das Glück einer klaren Religionsauffassung empfanden, würden sie für die gute Sache gewonnen sein.

Bischof Hansen handelte unverzüglich. Er wies die Pastoren an, geeignete junge Männer auszusuchen, die dann in die Stadt kommen sollten, um dort zum Schulmeister ausgebildet zu werden. Im Nu hatte der Bischof 102 Anwärter, die er in drei Gruppen aufteilte, von denen er jede sechs Wochen unterrichtete. Täglich, auch sonntags unterrichtete sie der Bischof von fünf bis acht Uhr morgens, deutlich und deklamierend zu lesen. Er erklärte ihnen, wie sie den Kindern das Lesen am leichtesten beibringen konnten und wie ein guter Katechismusunterricht auszusehen hatte. Er hielt Vorträge über christliche Ethik und biblische Geschichte. Die armen Schulmeister in spe schrieben und schrieben nach dem Diktat des Bischofs und man erzählte, dass der Bischof selbst mit großem Eifer zu Werke ging und gelegentlich nur halb rasiert und mit Seiferesten im Gesicht zum Unterricht erschien. Doch vielen der künftigen Lehrer fehlte die nötige Vorbildung und später kursierte manch lustige Geschichte über diese Schulmeister, die nach ihrer Ausbildung beim Bischof mit der Überzeugung nach Hause zurückkehrten, nun wirklich über alles Bescheid zu wissen. Besonders die Vorlesungen des Bischofs über die Kunst, sich „hübsch gesittet" zu benehmen, trugen dazu bei, dass manch einer der Schulmeister in den Augen der Leute als verschroben und lächerlich erschien und sich so an ihrem Ruf als „seltsame Subjekte" nichts änderte.

Dennoch erntete Peder Hansens Projekt großes Lob. Vom König in Kopenhagen wurden ihm 100 Reichstaler in drei Jahren zugesagt und in Christiansand plante man ein festes Seminar für zehn von den Pastoren in ihren Gemeinden ausgewählte Lehranwärter, wo diese dann ein halbes Jahr unterrichtet werden sollten. Um die Schulmeister künftig angemessen entlohnen zu können, wurde das Amt des Messners oder Küsters mit dem des Schulmeisters verbunden und es entstand das Amt des Kirchendieners.

Als Peder Hansen im Jahre 1800 den östlichen Teil seiner Diözese seinen bischöflichen Besuch abstattet, fand er in der Pfarrei Gjerstad alles in schönster Ordnung. Der Bischof lobte die aktive Lesegesellschaft, die es der Allge-

meinheit ermöglichte, Bücher über Landwirtschaft und Gesundheitslehre sowie über Geschichte und Naturkunde auszuleihen, und er pries Gjerstad als
Vorbild für andere Pfarreien. Zur Schulmeisterausbildung des Bischofs hatte
die Pfarrei Gjerstad fünf geeignete junge Männer geschickt. Auch ein Pfarramtjournal zu führen, wie es der Bischof den anderen Gemeinden aufgetragen
hatte, war von Hans Mathias Abel in Gjerstad bereits in die Tat umgesetzt
worden. Peder Hansen war so zufrieden mit der Arbeit des Pastors und so
überzeugt von dessen Haltung und Einstellung, dass er beim Mittagstisch im
Pfarrhof im Beisein vieler Gäste dem alten Hans Mathias Abel feierlich zum
künftigen Propst gratulierte! Aber zur großen Überraschung des Bischofs
erhob sich Hans Mathias Abel und antwortete: „Ich bedanke mich. Sollte es
eine Bürde sein, so trage sie besser ein jüngerer Mann als ich es bin. Sollte es
eine Ehre sein, so liegt mir nichts daran."

Drei Jahre später starb Hans Mathias Abel still und unerwartet. Er hatte
den Sonntagsgottesdienst verrichtet, war am Montag krank geworden und am
Dienstag den 2. August 1803 gestorben. Pastor Christian Sørensen kam aus
Risør und hielt eine Grabrede. Wie Bischof Hansen schrieb auch er einen
Nachruf.

Doch der *junge* Pfarrer Abel auf Finnøy hatte nichts dagegen, sich von Peder
Hansen zu einer besseren Position verhelfen zu lassen. Im Juni 1802 hatte der
Bischof die westlichen Propsteien besucht, bei dieser Gelegenheit trafen 11 der
17 Pastoren P. Hansen in Stavanger zu Gesprächen und Vorträgen. Søren
Georg Abel nahm bereitwillig an den Arbeitsgruppen teil, die der Bischof zum
Besten der Pastoren und ihrer Gemeinde einsetzte. Nachdem der Bischof eine
Aufstellung einiger neuer Schriften vorgelegt, kommentiert und seine Mei-
nung dazu geäußert hatte, wurde beschlossen, eine literarische Gesellschaft
einzurichten, die sich bei jedem Besuch des Bischofs in den westlichen Propsteien treffen sollte. Auch an der Arbeitsgruppe, die sich mit dem Unterricht
und der Vorbereitung junger Männer zum Schulmeister befasste, nahm der
Pastor aus Finnøy teil.

Zu dieser Zeit gab es nur vorgeschriebene Bibelabschnitte zum Vorlesen
beim Gottesdienst, jahraus jahrein predigten die Pastoren über die gleichen
Stellen aus der Heiligen Schrift. Nun schlug Bischof Hansen vor, die Pastoren
sollten in Kopenhagen die Erlaubnis einholen, über frei gewählte Textstellen
zu predigen. Die kurz darauf eingereichten Gesuche aus der Diözese Christiansand wurden alle bewilligt. Wo Messgewänder und Messhemden veraltet
waren, regte der Bischof an, die königliche Einwilligung zu erbitten, auf
Neuanschaffungen zu verzichten und in der Praxis „diesen jedem echten
Christentum widersprechenden Zierart" abzuschaffen. In Christiansand
schaffte Bischof P. Hansen eigenhändig die Messgewänder ab, wahrscheinlich

hüllte sich Kopenhagen in dieser Angelegenheit in Schweigen. Ein anderes aktuelles Thema war die Frage des Gesangbuches, Peder Hansen äußerte den dringenden Wunsch, das neue evangelische Gesangbuch überall in der Diözese einzuführen. Er hob ausdrücklich die Vorzüge des Buches hervor und erklärte, es enthalte eine „populäre Dogmatik und eine glühende Begeisterung für ein praktisches Christentum."

In der Wanderschule und im Konfirmationsunterricht wurde die aus dem Jahre 1737 stammende große Auslegung von Luthers Katechismus durch Erik Pontoppidan benutzt, entweder im Original oder in der durch Peder Saxtorp verkürzten Form. Doch diese Auslegung durch Pontoppidan war in der ersten Blütezeit des Pietismus entstanden und Peder Hansen meinte, es sei höchste Zeit, das Buch durch eine neuere und zeitgemäßere Erklärung zu ersetzen. Deshalb ermunterte der Bischof die Pastoren, sich hier verdient zu machen, und Søren Georg Abel fühlte sich besonders angesprochen. Voller Elan setzte er sich an eine neue Katechismus-Auslegung und 1806 erschien in Kopenhagen Abels Buch mit dem Titel *Religions-Spørsmaal med Svar, indrettede efter de Unges Fatte-Evner* (Religions-Fragen mit Antworten, eingerichtet nach der Auffassungsgabe der Jugend). Abel übernahm Pontoppidans Methode und gestaltete das Buch als eine fortlaufende Sammlung von Fragen und Antworten. Wo Pontoppidan 759 Fragen und Antworten zu einer vollständigen Erklärung Luthers benötigt hatte, begnügte sich Abel mit 337. Abels Katechismusauslegung fand ein lebhaftes Echo und wurde viel verwendet, besonders in den östlichen Regionen. In den Jahren bis 1816 erschien es in sechs Auflagen zu je 1.000 Exemplaren, die letzten vier Auflagen wurden in Christiania gedruckt. In dieser Zeit benutzte man Abels Katechismus neben dem von Pontoppidan.

Bischof Peder Hansen blieb nicht lange in Norwegen, 1804 wurde er nach Odense in die Diözese Fünen versetzt. Doch bevor er dem Land den Rücken kehrte, war er an zwei weiteren entscheidenden Ereignissen beteiligt. Das erste ist vielleicht nur ein Beispiel dafür, dass auch ein Bischof nicht verhindern kann, der Intrige und der Kritik ausgesetzt zu sein. Es ging um die Ernennung von Søren Georg Abel zum Pastor der Gemeinde Gjerstad als Nachfolger seines Vaters. Beim zweiten Ereignis spielten tiefe religiöse Überzeugungen eine Rolle, es ging um das Schisma jener Jahre, genauer um die Verfolgung und Festnahme des größten Laienpredigers in Norwegen, um Hans Nielsen Hauge.

Bereits einen Tag nach dem Tod seines Vaters scheint Søren Georg Abel in Risør gewesen zu sein, sein Gesuch bezüglich der durch den Tod des Vaters frei gewordenen Stelle trägt jedenfalls das Datum vom 3. August 1803. In diesem Gesuch weist er auf sein gutes Abschlussexamen hin, er erinnert daran, bereits in der Pfarrei Gjerstad gearbeitet zu haben, seine Familie sei gewachsen und die Einkünfte seiner Stelle auf Finnøy würden nicht ausreichen, er erwähnt sein Engagement für die „Verteidigung des Vaterlandes" und legt Empfehlungsschreiben von Amtmann Koren in Stavanger und von Bischof Hansen bei. Gern hätte Peder Hansen dem jungen Abel einen Dienst erwiesen und er hielt es für selbstverständlich, dass S.G. Abel in der geistlichen Hierarchie aufsteigen sollte. In das Pfarramtjournal von Finnøy hatte der Bischof geschrieben: „Ich habe in dieser Pfarrei, kurz gesagt, das Licht und die Ordnung vorgefunden, die von einer edlen Bevölkerung und der höchst ehrbaren Amtsführung ihres gegenwärtigen Lehrers, Hochwürden Søren Georg Abel, zeugt." Doch für die freie Stelle in Gjerstad konnte der Bischof nicht Svend Aschenberg übergehen, den Propst in der Oberen Telemark, ein verdienter und durchaus qualifizierter Kandidat. Bischof Hansen schrieb denn auch pflichtschuldigst nach Kopenhagen, erinnerte aber daran, dass Propst Aschenberg kränklich sei und ein besseres und leichteres Amt verdiene. Doch in der Empfehlung für den jungen Abel stand: „Wie es mir eine außerordentliche Freude sein musste, den aufgeklärten und fleißigen Religionslehrer in der mir allergnädigst anvertrauten Diözese zu finden, so gereichte es mir auch zur Freude, Zeuge der Amtsführung des Pfarrverwesers Hochwürden Søren Georg Abel auf Finnøy zu sein. Ich habe eine fromme, gutmütige und aufgeklärte Gemeinde vorgefunden; eine bestens unterrichtete Jugend; eine Lesegesellschaft, die in der Diözese ihresgleichen sucht; das evangelisch-christliche Gesangbuch wurde allgemein angenommen und bei den öffentlichen Gottesdiensten benutzt. Einem Lehrer, der es sich so angelegen sein lässt, Gottes Ehre und das Wohl der Menschen durch wahre Religion zu fördern, gebührt deshalb ganz und gar das Recht auf mein lobendes Zeugnis und die Gnade Seiner Majestät, welcher er hiermit alleruntertänigst empfohlen wird von P. Hansen." Diese Empfehlung war zwar nach der Visite des Bischofs im Vorjahr geschrieben worden, doch vermutlich bereits damals als unwiderstehliches Dokument für künftige Gesuche gedacht.

So bekam also Søren Georg Abel die freie Pfarrei „Gierrestad og Weegaardshey" und Propst Aschenberg konnte den Bischof nicht eines Fehlers bezichtigen, da er in dieser Angelegenheit auf ihn hingewiesen hatte. Vielleicht war es aber eine kleine Rache von Seiten Aschenbergs, als er in das Pfarramtsjournal von Mo in der Telemark über Hans Mathias Abel, den ersten Pastor dieser Gemeinde, schrieb: Hochwürden Abel war „kein begabter oder talentierter Mann und auch kein gelehrter und großer, geistlicher Redner, aber ein umso brauchbarerer Mann bei der Unterweisung der Jugend, die ihm sehr am Herzen lag."

Aber die geistlich Seelsorge und Verkündigung, für die sich Peder Hansen an vorderster Front einsetzte, stieß im Land auf wachsenden Widerstand. Für Hansen und seine Pastoren konnte die Glückseligkeit der Menschen in erster Linie garantiert werden, indem man die Allgemeinheit an den neuen naturwissenschaftlichen Erfindungen teilhaben ließ, und indem man vernünftigere Religionsbegriffe erklärte. Doch auch das erwachende Interesse am alten nordischen Glauben wusste der Bischof in seinem Sinne zu nutzen, als er in der Domkirche von Christiansand „Odin den Allguten" um „Unsterblichkeit" für König und Kronprinz anrief.

Diejenigen, die an einem eher traditionellen Christentum festhielten, hatten nun in Hans Nielsen Hauge ihren Fürsprecher. Hauge trat vehement für Bekehrung und Glauben ein und empfahl die alten Andachtsbücher, die Katechismen und Gesangbücher, die Hansen und seine Anhänger ablehnten. Hauge kritisierte die Pastoren wegen ihres leichtfertigen Lebens und ihrer Geldgier. Er warnte vor Gottlosigkeit und einer Gesinnung, die das Weltliche dem Geistlichen vorzog. Hauge war selbst auch eine mutige Stimme auf der Seite der unterdrückten kleinen Leute in ihrem Kampf für bessere materielle Verhältnisse. Hauge war Evangelist und Kaufmann: Er versprach seinen Anhängern sowohl weltliches wie auch himmlisches Glück, es gelte nur, weder träge noch fatalistisch zu sein. Gott segne seine fleißigen Kinder, verkündete er.

Bei den Regierenden in Kopenhagen stand Bischof Hansen in hohem Ansehen. Hansens Worte über Hauge und Hansens Ansicht zu Hauges pietistischer Verkündigung hatten entscheidenden Anteil am Zustandekommen der Beschlüsse, die zu Hauges Festnahme führten. Dieser wurde ins Gefängnis gesteckt und es kam zu langwierigen Gerichtsverhandlungen. Bischof Hansen hatte selbst eine Schrift verfasst gegen Fanatismus im Allgemeinen und gegen die Schwärmerei des Hans Nielsen Hauge im Besonderen. In einem vernichtenden Brief vom 24. April 1804 an die Kanzlei in Kopenhagen lenkte der Bischof die Aufmerksamkeit auf die Frechheit und Dreistigkeit, mit der Hauge und seine Freunde vorgingen. Er behauptete, sie behinderten das Einrichten von Lesegesellschaften und schadeten jeglicher Gewerbetätigkeit. Letzteres war ein Appell an die Besitzenden im Land, von denen der Bischof wusste, dass sie mit zunehmender Sorge die betriebsamen und erfolgreichen Industrie- und Geschäftsunternehmungen von Hauge und seinen Anhängern beobachteten. Hauge hatte auf dem Land tüchtige junge Leute für sich gewonnen, die in die Städte fuhren und sich dort Handel und Handwerk widmeten. Durch seine zahllosen Reisen im Land hatte Hauge wie kaum ein anderer einen Überblick über die wirtschaftlichen Erfordernisse. Er ermunterte seine jungen Anhänger, mit Wagemut und dem Unternehmungsgeist des Glaubens Fabriken einzurichten und Industriebetriebe zu gründen, er selbst beteiligte sich und half überall. Hauge sah sich selbst und die Schar seiner Freunde als wirtschaftliche Widerstandsbewegung, die aus christlichen Gründen gottgefällig war. Nur indem sie wirtschaftlich stark waren, konnten sie die Reichen bestrafen, die die Menschen ausnutzten und ausbeuteten und das Wort Gottes aus den Kirchen verbannten. Nur indem man ein nationales Industriereich aufbaute, das bei den Beamten und den Reichen Bewunderung weckte, konnte die biblische Verkündigung das Volk zur Buße und zur Umkehr zum Glauben und zu guten Werken aufrufen.

In seinem Brief an die Kanzlei in Kopenhagen wies Bischof Hansen auf das „viele Elend" hin, das diese Menschen mit ihrer fanatischen Lehre und ihren Schriften anrichteten und bei den einfachen Leuten im ganzen Land verbreiteten. Er unterstrich „das Misstrauen, das diese Schwärmer gegen die bestehenden Autoritäten des Staates und den Lehrerstand säten ...", und er schloss: „Aus diesem Grunde muss ich es als letzte Eingabe in meinem bisher geführten Amt als Bischof der Diözese Christiansand dem hohen Kollegium anheim stellen, auf welche Weise auch immer man es geboten finden möge, ein Übel aufzuhalten, welches sowohl das physische wie das moralische Verderben eines ansonsten liebenswürdigen Volkes zur traurigen Folge haben wird!!"

7.

Niels Henrik's erste Jahre

Als Søren Georg Abel im Sommer 1804 mit seiner Frau und zwei gesunden Söhnen nach Gjerstad zurückkehrte, empfing ihn die Gemeinde mit großer Freude und offenen Armen. Er war 32 Jahre alt und kehrte an jenen Ort zurück, den er für seine Heimat hielt. Seine hübsche Frau Anne Marie war 23 und die Leute in Gjerstad meinten, auch sie in gewisser Weise zu kennen, jedenfalls kannten sie ihren Vater gut.

Nicht alles am Verhalten des einstigen *Vikars* Abel war bei den Pfarrkindern in guter Erinnerung geblieben, doch als er jetzt als *Pastor* zurückkehrte, war dies alles vergessen und begraben. Die einfachen Leute hofften nur, dass die junge Pfarrersfamilie Abel denselben Weg einschlagen würde wie die alte und ihnen mit der Zeit die gleiche Unterstützung und den gleichen Trost für ihr irdisches Leben wie für ihren Glauben an das Jenseits geben werde.

Die Erwartung und Hoffnung, alles möge beim Alten bleiben, war allerdings die vorherrschende Stimmung in allen Volksschichten, jedenfalls in diesem Teil des Landes. Hier hatte noch kein religiöser Fanatismus die Parteien gespalten. Die Leute hofften, dass die Zeit des Aufschwungs, die über ein Menschenalter das Leben weniger mühevoll gemacht hatte, anhalten würde. Die Seeschlacht von Kopenhagen am 2. April 1801, war lediglich eine Episode gewesen und hatte der guten Konjunktur im wirtschaftlichen Leben nicht geschadet. Erfolg, Aufschwung und der darauf folgende allgegenwärtige Optimismus sollten erst im Herbst 1807 gebrochen werden, als Dänemark-Norwegen an der Seite Napoleons in die Kriegshandlungen hineingezogen wurde.

Søren Georg Abel war in eine Gegend zurückgekehrt, die er kannte und von der er wusste, dass es ihm dort gefiel. Er war in eine Pfarrei gekommen, in die er bereitwillig all seine Arbeitskraft stecken wollte. Pflichtgefühl, harte Arbeit, Vernunft und Redlichkeit waren die Schlagworte für ihn wie für alle, die in dieser Blütezeit der Aufklärung daran glaubten, dass für die Menschen bald alles viel besser werden würde. Auch S.G. Abel war davon überzeugt, in einer glücklichen Zeit zu leben, die ein künftiges Goldenes Zeitalter auf Erden erahnen ließ. Seine Aufgaben und sein Programm waren klar und fest umrissen, Arbeitsenergie und Unternehmungsgeist besaß er genug, er wusste, dass er mit einer Botschaft kam und er verstand es, die Leute mitzureißen. Wissen und Aufklärung sollten überall Glück bringen und all jenen ein besseres Leben ermöglichen, die bereit waren, sich von den Gedanken und Methoden der neuen Zeit lenken zu lassen. Pastor Abel sprach hier gerne von *Glückseligkeit*, einer Glückseligkeit, die zu erreichen auch in diesem Leben für jeden ein wirkliches Ziel darstellte. In all seinem künftigen Wirken lag Søren Georg Abel das Wohl und Wehe der Vielen am Herzen und er meinte damit eine entschieden größere Gruppe von Menschen, als seine Amtsbrüder für Glück und ein besseres Leben im Auge hatten.

Søren Georg Abel setzte dort an, wo er seinerzeit als Vikar der Pfarrei Gjerstad mit Erfolg begonnen hatte: bei der Lesegesellschaft. Trotz der lobenden Worte von Bischof Hansen hatte das Interesse an der Lesegesellschaft seit seinem Weggang nach Finnøy deutlich nachgelassen. Als er 1796 anfing, zählte die Gesellschaft etwa 60 Mitglieder, bei seiner Rückkehr waren es noch 20, die den Jahresbeitrag von einer Mark bezahlten. S.G. Abel ging mit neuem Enthusiasmus ans Werk und gewann nun auch sogenannte „außerordentliche Mitglieder" für die Lesegesellschaft. Das waren finanzstarke, nicht ortsansässige Personen, wie etwa die beiden Werksbesitzer des Distrikts, Henrik Carstensen von der Hütte Egeland und Jacob Aall von der Hütte Nes, dazu Geschäftsleute und Beamte aus Kragerø, Tvedestrand und Arendal. Pastor Abel war für den Einkauf der Bücher zuständig, die wie früher im Wesentlichen Themen zur Anleitung und Aufklärung der Bauern bei der Pflege von Tier, Feld und Garten behandelten. Doch auch theologische Schriften von Voltaire, Christian Bastholm und anderen gab es in der Lesegesellschaft. Die Mitgliederzahl stieg stetig und betrug 1812 rund achtzig Personen.

Auch die Arbeit seines Vaters setzte der junge Gemeindepastor fort und organisierte das Armenwesen und die Schulbildung. Besonders engagierte er sich für die Ausbildung der künftigen Schulmeister, so wie er es bei Bischof Peder Hansen gelernt hatte. Bei seinem eigenen Unterricht legte Pastor Abel das Schwergewicht auf die Katechese, die zum Nachdenken und zu einem klaren Verständnis der Worte und Begriffe führen sollte. Alles sollte so klar und verständlich sein, dass es buchstäblich mit Händen zu greifen war, wie er sich ausdrückte. Dies scheint ein Motto des Pastors und Vaters S.G. Abel gewesen zu sein. Alles musste so klar gesehen und verstanden werden, dass man es sozusagen mit den Händen berühren konnte!

Im Jahre 1806 erschien also die erste Auflage seiner Katechismus-Auslegung, mit 337 Fragen und Antworten zum christlichen Leben und Glauben, abgestimmt auf die Auffassungsgabe der Jugend. Im Jahr darauf erschien dann die zweite Auflage. Wahrscheinlich war dieses Buch auch eines der ersten Lesebücher von Niels Henrik.

Wie schon sein Vater versuchte es auch Søren Georg Abel bei seiner Pfarrgemeinde mit dem moralischen Zeigefinger. Nachts waren die jungen Burschen unterwegs, um die Mädchen zu besuchen. Dies war ein Missstand, dem Einhalt geboten werden musste. Und als gute Worte bei der Jugend nicht fruchteten, um diesem unanständigen „Fensterln" Einhalt zu gebieten, heckte der Pastor einen Plan aus, mit dem es ihm gelingen würde, das Übel an der Wurzel zu packen. Er verkleidete sich als junger Bursche und traf sich in der Dunkelheit mit einigen dieser Burschen, die wussten, wo gefensterlt wurde. Auf diese Weise hoffte er, die Täter auf frischer Tat zu ertappen. Doch sein Vorhaben hatte ungefähr den gleichen Erfolg wie damals, als sein Vater den betrunkenen Mann mimte. Die Überraschung war groß, aber eine Besserung trat nicht ein, manche meinten sogar, der Pastor habe an Autorität eingebüßt.

Weil nicht alle die Regeln zu verstehen schienen, die für die Versorgung der Armen in der Pfarrei galten, und weil es ihnen zudem nicht gelungen war, mit den Landstreichern fertig zu werden, sammelte Pastor Abel alle auf diesem Gebiet geltenden Regeln und Vorschriften und schrieb sie nieder. Er erhielt die Unterschriften der Armenkommission, schickte sein „Gesetzeswerk" nach Christiansand an die Stiftsdirektion, wo man es billigte und gleichzeitig Pastor Abel für seinen juristischen Einsatz belobigte. Von dieser Schrift, die auch neue und strenge Regeln darüber enthielt, wie die Pfarrei mit Hilfe der Gemeindewächter von Bettlern und Landstreichern gesäubert werden sollte, wurde an Neujahr 1808 eine große Anzahl gedruckt und verteilt. Das Vorgehen mit Wächtern erwies sich als erfolgreich. Zwar schloss die Fürsorge des Pastors Abel und der Wunsch nach einem besseren Leben auch die Gruppe der Bettler und Landstreicher mit ein, doch zunächst mussten diese Leute einen festen Wohnsitz haben, ehe die Armenkasse für sie aufkam. Bestimmte Bedingungen mussten erfüllt sein, um sich für eine wohlwollende Behandlung zu qualifizieren.

1804, dem ersten Jahr in Gjerstad, brachte Anne Marie im August einen Sohn zur Welt, der nach zwei Wochen starb. Im November 1805 bekam sie einen Sohn, der auf den Namen Thomas Hammond getauft wurde. Und zwei Jahre später wurde, ebenfalls im November, ein Junge geboren. Wie bei jeder ihrer Geburten ließ Anne Marie auch dieses Mal durch einen Boten ihre Schwester Elisabeth Marie aus Risør holen, und Elisabeth kam nur zu gerne auf den Pfarrhof Gjerstad. Sie kümmerte sich um die älteren Jungen Hans Mathias und Niels Henrik, doch ihr bereitwilliges Herbeieilen zu Schwester und Schwager hatte vor allem damit zu tun, dass sie hier offen über ihre Liebe zu Peder Mandrup Tuxen sprechen konnte. Ihrem Vater, dem reichen Simonsen in Risør, war der dänische Leutnant zur See nicht gut genug für seine Tochter. Doch vom Pfarrhof Gjerstad aus konnte Elisabeth Marie ungehindert Briefe schreiben und empfangen, hier war auch ein Rendezvous möglich. Im Dezember 1807 beschlossen Søren Georg und Anne Marie, ganz deutlich ihre Sympathie und ihre enge Beziehung zu Tuxen zum Ausdruck zu bringen: Der vierte Sohn, gerade einen Monat alt, erhielt den Namen Peder Mandrup Tuxen Abel.

Im Übrigen herrschte auf dem Pfarrhof Gjerstad in diesen ersten Jahren ein gediegener Wohlstand und nicht selten wurde zu einem galanten Ball geladen. Als Reederstochter aus Risør wusste die Pfarrfrau genau, wie solch eine Festveranstaltung zu organisieren war. Sie liebte Feste und Geselligkeit und hatte, wie viele meinten, eine etwas zu große Vorliebe für den schäumenden Champagner. Natürlich wurde sie von den Dienstboten auf dem Hof mit der vorigen Pfarrfrau verglichen, und während Elisabeth Normand die Güte und Fürsorge selbst gewesen war, hielt man die neue Pfarrfrau für launisch und sprunghaft. Anne Marie Simonsen lag das Wohl und Wehe der anderen nicht in gleicher Weise am Herzen und sie behandelte das Gesinde, wie sie es aus dem Patrizierhaus ihres Vaters in Risør gewohnt war. Wahrscheinlich ließ sich Anne Marie auch die für ihre Feste nötigen Dinge aus ihrem Elternhaus schicken. Für Simonsen und seine Klasse der Gewerbetreibenden waren die Zeiten dank der hohen Gewinne aus den Kriegshandlungen immer noch glänzend und so hatten sie allen Grund, sich einer Regierung und Verwaltung gegenüber, welche die bestehende Ordnung sicherte, großzügig zu erweisen. Obendrein hatten die kirchlichen Beamten Aufrührern wie Christian Lofthus und Hans Nilsen Hauge das Handwerk gelegt.

Am Pfarrhof Gjerstad waren also offenbar glänzende Feste und Gesellschaften der Lebensinhalt der jungen Frau. Es scheint so, als habe Anne Marie sich nie besonders um ihre Kinder gekümmert, Kochen und Hausarbeit überließ sie vermutlich ihren Dienstboten. Anne Marie war eine verheiratete Frau mit „freien Händen". Dazu wohnte über längere Zeiträume ihre Schwester bei ihr und Elisabeth Marie half bei der Organisation der glänzendsten Bälle der Pfarrersleute, auf denen abends und nachts bis zu hundert Menschen in den vielen Zimmern des Pfarrhauses feierten. Zuerst fand ein Essen für alle verheirateten Paare statt, Beamte und Kaufleute mit ihren Frauen, die nicht zu weit weg von Gjerstad wohnten; bei guten Wetterbedingungen kamen sie auch aus Risør, Holt und Tvedestrand angereist. In diesen ersten Jahren war unter den Gästen wahrscheinlich kaum ein Bauer anzutreffen, später soll sich Pastor Abel dann weniger um die tief verwurzelten, sozialen Klassenunterschiede geschert haben. So dürfte die einheimische Bevölkerung vom Glanz der Feste im Pfarrhaus nicht viel mehr mitbekommen haben als die Musik. Aus dem hell erleuchteten Gebäude waren dann Geigen, Klarinetten, Waldhörner und Fagotte zu hören, ein seltenes Vergnügen für das einfache Volk. Für die Gäste war es vielleicht nur die gewohnte, aufreizende Tanzmusik, zu der sie ausgelassen bis in den hellen Morgen hinein tanzten.

Doch bis zum nächsten Ball verging oft viel Zeit, und auf einmal setzte der Krieg dem Ganzen ein Ende. In einem Brief an ihren geliebten Leutnant zur See schrieb Elisabeth im Februar 1808 aus Gjerstad: „Seit Weihnachten ist hier kein neues Gesicht aufgetaucht, aber das macht nichts, da ich immer genug zu tun habe. Morgens stehe ich um sieben oder etwas früher auf, dann lese ich ein bisschen, bis es hell wird; dann ruft Abel: Komm herunter, Elisabeth! Meine erste Arbeit ist es, Tee zu kochen, danach bin ich eine Stunde Schulmeister und lese mit dem kleinen Niels; dann nähe ich fleißig, bin in der Küche und stricke ein wenig. Am Abend, wenn es dunkel ist, spiele ich auf dem Pianoforte, und wenn das Wetter gut ist, machen Abel und ich einen kleinen Spaziergang nach Huggeto. An einem Abend gingen wir nach Sunne. Wenn sich abends alle im Haus zur Ruhe begeben haben, bleiben Abel und ich bis 11 Uhr sitzen; dann gehe ich in meine Kammer. So vergeht ein Tag um den anderen und die Zeit läuft nur so dahin."

Und was macht ihre Schwester, die schöne Pfarrfrau Anne Marie, die ganze Zeit? Sie steht weder auf noch geht sie spazieren. Zwar schreibt Elisabeth: „Ich helfe meiner Schwester in der Zeit meines Hierseins in allem, was ich kann, und das ist für beide gut." Zu dieser Zeit, im Februar 1808, ist Peder Mandrup drei Jahre alt und die Pfarrfrau immer noch erschöpft. Doch ihren nächsten Familienangehörigen entging nicht, auch wenn sie es nicht zugeben wollten, dass sich Anne Marie mehr und mehr zurückzog und im Grunde weder die Frau des Pfarrers noch Hausfrau oder Mutter sein wollte. Am liebsten wäre sie wohl immer nur die umschwärmte Schönheit auf allen Bällen gewesen.

Im Juli 1809 kam Peder Mandrup Tuxen zu Besuch auf den Pfarrhof. Der alte Simonsen hatte sich immer noch nicht ganz damit abgefunden, dass dieser Leutnant der Geliebte seiner Tochter war, obwohl Tuxen nach der Blockade norwegischer Häfen durch die Engländer zum Chef der Kanonenbootabteilung in Fladstrand aufgerückt war und tapfer den Getreidetransport über den Skagerrak sicherte. Doch auf *Gjerstad* hießen sowohl die Kinder wie die Erwachsenen Tuxen willkommen. Er unterhielt die Kinder mit Spielen, erzählte Geschichten von der Seefahrt, er kannte sich gut aus in der Welt der Wissenschaft. Einige Jahre später unterrichtete Tuxen an der Marineschule in Kopenhagen in Mathematik und in technischen Fächern, es ist also durchaus möglich, dass der kleine Niels Henrik ein mathematisches Problem aufschnappte. Wie dem auch sei, Tuxen war sehr geschickt im Herstellen von Schattenrissen und schnitt wahrscheinlich gerne für Kinder und Erwachsene Profile aus. Auf die Rückseite der Silhouette von ihm selbst und seiner Frau schrieb Søren Georg Abel am 4. Juli 1809 zwei kleine Verse. Auf seinem Profil stand:

Ich predige, liebe, esse, trinke, lache,
und abgetragen sind mein Hut und Rock.
Frag, oh Leser, nicht, was ich noch mache,
denn schließlich ist das doch genog.

Und auf die Rückseite der Silhouette seiner Frau schrieb er:

Gebunden an diesen lächerlichen Patron,
hab ich zu tragen meine Portion;
Aber, oh schöne Leserin, dem Herr des Himmels dankt,
wenn ihr euch einmal nicht noch schlimmer zankt.

Das war im Sommer 1809. Alle redeten nun über das Kriegsglück.

8.

Kinderwissen, Kinderglauben

Auf dem Pfarrhof gab es für die beiden Ältesten, Hans Mathias und Niels Henrik, vorerst keinen Hauslehrer. Sie wurden von Vater Abel unterrichtet, doch scheint es Tante Elisabeth gewesen zu sein, die Niels Henrik die ersten Buchstaben und Sätze beibrachte. Wahrscheinlich benutzte sie dabei als Lesebuch das Katechismusbuch des Vaters. Mit Fragen und Antworten, wie bei einem Dialog zwischen Vater und Sohn, vermittelt Vater Abel hier seine Weltanschauung und Haltung in so logischen Denkmustern, dass der kleine Niels Henrik sie in seinem kurzen Leben nie mehr aus dem Gedächtnis verlieren sollte. Ebenso wie die Konfirmanden musste auch er die Fragen und Antworten auswendig lernen. Die drei ersten Fragen und Antworten in dem Buch lauteten:

1. Was ist besonders nötig, wenn man Wissen erlangen möchte?
   Aufmerksamkeit und Nachdenken. Man muss genau Acht geben, auf das, was man sieht, hört oder liest und es dann beurteilen.
2. Auf wie viele Arten gelangt man zum Wissen der Wahrheit?
   Auf drei Arten: durch Erfahrung, vernünftiges Schlussfolgern und den Glauben.
3. Welches Wissen ist das wichtigste?
   Das Wissen von Gott; denn ohne es können wir nicht glücklich sein im Leben, getrost sein im Leiden und freimütig im Tod. Dieses Wissen wird mit einem Wort Religion genannt.

Dann begannen die Auslegungen, die immer aufs Neue wiederholt wurden, bis sie in jedem Kopf widerhallten: Zum Wissen von Gott gehört nicht nur das Wissen, dass ER existiert, sondern auch das Wissen davon, was Gott von den Menschen verlangt und was ER mit uns in Zeit und Ewigkeit im Sinn hat. Dass Gott wirklich existiert, sieht man ohne weiteres, wenn man die Welt betrachtet: Ebenso wenig, wie sich ein Haus selbst bauen kann, ist es vorstellbar, dass sich die Welt mit all ihren lebenden und leblosen Wesen, mit Himmel, Sonne und Mond und den unzähligen Sternen selbst hervorgebracht hat. Und beim

Betrachten der Welt lernt man Gott als den Allmächtigen kennen, als den Weisen und Guten. *Allmächtig*, weil ER alle Dinge erschaffen hat. *Weise*, weil jeder die Ordnung und die Zusammenhänge sehen und erfahren kann, wie sie überall in dem Geschaffenen walten. *Gut*, weil ER alles für die Glückseligkeit seiner Geschöpfe, besonders der vernunftbegabten, eingerichtet hat. Aber obwohl wir Menschen durch die Vernunft viel über Gott lernen können, kennen wir nicht Gottes Vorsehung und wissen auch nicht, wie ER uns als Sünder behandeln wird oder welches Schicksal uns nach dem Tod erwartet.

Vater Abels Buch erklärt nun logisch einsichtig, wie man ein genaueres Wissen von Gott erlangen kann. Zuerst müsse man die Zehn Gebote mit ihren Erklärungen lernen. Durch das gehorsame Befolgen der Zehn Gebote zeige man Gott seine Dankbarkeit und Liebe. Umgekehrt wird Gottes väterliche Liebe jeden dazu bewegen, das Gute freiwillig und aus Liebe zu tun. Werden die Gebote nur aus Furcht eingehalten, seien sie meist wertlos, meinte Vater Abel.

Man schuldete Gott das Gleiche, was ein Kind seinem Vater schuldet: Ehrerbietung, Dankbarkeit, Liebe und Gehorsam. *Ehrerbietung* bedeutete, IHN hoch zu achten und SEINE Größe zutiefst zu empfinden. *Dankbarkeit* bedeutete, SEINE Güte zu erkennen. *Liebe* bedeutete, sich an SEINER Vollkommenheit und an SEINEN Wohltaten zu erfreuen.

In seinem 50 Seiten umfassenden Buch erklärt Søren Georg Abel in rhetorischer Form die wahre Bedeutung von Dingen und von Handlungen. Er erklärt auch, was es mit der Erbsünde auf sich hat, wer Gott ist und was der Mensch ist, wer Jesus ist und was Jesus getan hat. Das Buch gibt eine Antwort darauf, wie Gott Übertretungen bestraft, wie wir bessere Menschen werden können, was Gebete sind und warum wir Taufe und Abendmahl halten. Auch zum Leben nach dem Tod hat Vater Abel klare Vorstellungen. Wenn der Mensch seine Pflichten treu erfüllt, kann er in diesem Leben *oder* im Jenseits Glückseligkeit erwarten. Und Glückseligkeit im Jenseits bedeutet Freuden und Seligkeit nach dem Tod, bedeutet im Umgang mit lauter Guten und Heiligen ein zunehmendes Wissen von Gott. Wenn der Mensch auch stirbt und verwest, so bleibt doch die Seele unsterblich. Die Seele ist ein einfaches Wesen, das nicht aus Teilen besteht und deshalb nicht aufgelöst werden kann.

In einem kleinen Anhang zählt Abel eine Reihe von Pflichten auf, die der Mensch in seinem eher weltlichen Leben zu erfüllen hat. Dazu gehört die Pflicht, sich bescheiden, anständig und höflich zu benehmen. Oder die Pflicht, sich der Verirrten und Notleidenden anzunehmen, die durch Alter, Schwäche, Unglück oder eine zahlreiche Familie nicht imstande sind, sich das Nötige zu erwerben. Oder die Pflicht, Neuerungen in der äußeren Form der Religion zu beachten, die sich stets dem Menschen und den Erfordernissen der Zeit anpasst. Oder die Pflicht, sein Vaterland zu lieben und andere Nationen und

Völker zu achten. Und die Pflicht, Tiere gut und schonend zu behandeln, sie nicht mit Schlägen und zu viel Arbeit zu traktieren. Härte den Tieren gegenüber könne uns leicht zur Grausamkeit gegen die Menschen verführen.

Ein Jahr nach seiner Katechismusauslegung gab Abel ein 32-seitiges Andachts- und Gebetsbuch heraus, das er den einfachen Leuten von Gjerstad und Vegårdshei widmete. Hier wurden bekannte Gebete wie das Vaterunser und das Schuldbekenntnis nach deren „Inhalt und Sinn" umgeschrieben. Doch der größte Teil des Büchleins besteht aus Morgen- und Abendgebeten für jeden der sieben Tage der Woche. Alle Gebete enden mit einem Hinweis auf ein Kirchenlied im evangelischen Gesangbuch. Dazu kommt ein Morgen- und ein Abendgebet eigens für Schulkinder. Solche Texte hat vermutlich auch der kleine Niels Henrik durchbuchstabieren müssen und später wird er das „Abendgebet" auswendig gelernt haben:

Gott und Vater! Wieder ist ein Tag zu Ende gegangen, an dem wir Proben Deiner Güte und Liebe empfangen haben. Wir waren gesund und vergnügt, nichts fehlte uns zur Erhaltung des Lebens, wir genossen so viele Freuden, und du gabst uns jede Gelegenheit, etwas Gutes und Nützliches zu lernen. Oh, wenn wir nur diesen Tag genutzt haben, oh, wenn wir alle Tage unseres Lebens Deinem weisen Willen gemäß nutzen. Mögen wir nie vergessen, dass Fleiß und Sittlichkeit die besten Mittel sind, Dir zu danken und die Achtung aller guten Menschen zu erwerben. Lass uns immerzu wachsen nicht nur im Wissen, sondern auch in der Tugend, die der Weg ist zu wahrem Ruhm. Dann wird man von uns sagen, wie von Jesus: ebenso wie an Alter nehmen wir zu an Gnade und Gunst bei Gott und den Menschen. Wir wollen einmal mit Zufriedenheit zurückblicken auf die entschwundene Kindheit und Jugend; wir wollen der Trost und die Freude unserer Eltern sein und wenn uns früher oder später der Tod ruft, gelangen wir in ein besseres Leben, in dem Gott alles belohnt. Schenke uns nun, oh Gott, Deine Gnade, auf dass unser Lerneifer nie nachlasse und unsere Liebe für die Tugend nie verschwinde! Dann können wir stets frohgemut auf Dich hoffen und auch in dieser Nacht getrost unter Deinem Schutz und Schirm ruhen. Amen.

Und ein Morgengebet, das ebenso lang war:

Ewiger und allgütiger Gott! Unter Deinem Schutz können wir getrost auf der Bahn des Lebens wandeln, denn Du kannst und wirst für unser Bestes sorgen. Du hast uns ins Leben gerufen, damit wir die vielen Freuden genießen, die das Leben uns schenkt. Schwach kamen wir auf die Welt, aber Du kamst uns in unserer Schwäche zu Hilfe und hast uns vor manch einer

Gefahr bewahrt. Wir kannten nicht den Weg zur Glückseligkeit, doch Du gabst uns Gelegenheit, darüber in der gnadenreichen Lehre Deines Sohnes Jesus unterwiesen zu werden. Wir haben in dieser Nacht sicher unter Deinem Schutz und Schirm geschlafen und mit frischen Kräften können wir jetzt an unser Tageswerk gehen. Was ist billiger, als den Tag damit zu beginnen, Dir, unserem Schöpfer und Wohltäter, unser Herz zu schenken. Sei Du immerzu unser Beschützer. Segne unsre Arbeit und schenke uns Lust und Freude, auf die Unterweisung unserer Lehrer Acht zu haben. Hilf uns, die Tage unserer Jugend so zu nutzen, dass wir einmal im reifen Alter Dir wohlgefällig und für uns und die Welt tätig sind. Lehre uns, stets Freude daran zu finden, das Wohl der anderen zu verbreiten. Jede Gelegenheit, anderen zu dienen, sei uns willkommen. Kränkt uns jemand, sind wir bereit, zu vergeben. In unseren Vergnügungen wollen wir mäßig und vorsichtig sein und bei allem, was wir uns vornehmen, wollen wir daran denken, dass Du gegenwärtig bist und ein Vater, der im Verborgenen sieht und sich einmal erkenntlich zeigt. Amen.

9.

Alltag im Schatten des Krieges

In Ergänzung zu seiner Katechismusauslegung hatte Abel ein ganzes Lehrbuch für den Unterricht seiner Kinder ausgearbeitet. In diesem handgeschriebenen Werk wird ein Fach nach dem anderen gründlich behandelt.

Unter der Überschrift *Über Satzzeichen und deren Verwendung* werden Punkt, Komma, Doppelpunkt, Strichpunkt, Fragezeichen, Ausrufezeichen, Gedankenstrich, Gleichheitszeichen, Anführungszeichen, Klammern und Paragraphenzeichen behandelt. Unter der Überschrift *Über Münzen, Maße und Gewichte* wird das Verhältnis zwischen Reichstaler, Mark und Schilling behandelt, und was sie in den verschiedenen Ländern wert sind. Das Verhältnis zwischen einem Fuß, einer Elle und einem Faden wird erklärt und auf den Unterschied zwischen der dänischen und der norwegischen Meile hingewiesen. Die Raummaße Fass, Anker, Scheffel und Pott (Liter) werden behandelt. Im Kapitel *Über die Rechenkunst* werden die vier Grundrechnungsarten Addition, Subtraktion, Multiplikation und Division mit Hilfe großer, ausgearbeiteter Tabellen anschaulich dargestellt, sechs Seiten für jede Rechnungsart. In der ersten Tabelle für Addition steht seltsamerweise: $1 + 0 = 0$. Ein famoser Anfang für einen Mathematiker. Die Tabelle führt fort: $1 + 1 = 2$, $1 + 2 = 3$, $1 + 3 = 4$ und so weiter, von 0 bis 9.

In 37 Punkten wird die Grammatik mit den Definitionen von Verb, Substantiv und den anderen Wortarten unter der Überschrift *Über die dänische Sprachlehre* abgehandelt. *Über die Beschreibung der Erde* bietet eine detaillierte Beschreibung des Nordens, behandelt alle Länder Europas und zählt, mit einzelnen Fakten versehen, Länder in Asien, Afrika und Australien auf. In *Die Geschichte von Dänemark und Norwegen* wird die Geschichte von Christi Geburt bis zum Krieg Napoleons gegen England behandelt, der gerade stattfand. An dieser Stelle endet die Geschichte und man kann daraus schließen, dass Vater Abel sein Lehrbuch schrieb, als Niels Henrik etwa sechs oder sieben Jahre alt war. Mit Informationen über den aktuellen Krieg gegen England wurden Niels Henrik und sein großer Bruder sicher von allen Seiten eingedeckt. Vor Gerüchten und Neuigkeiten konnte man sich in der Pfarrei kaum retten, der Krieg war in aller Munde.

Am 2. September 1807 hatten die Engländer die dänisch-norwegische Flotte
im Hafen von Kopenhagen angegriffen. Admiral Nelson hatte früher schon
bei Trafalgar die französische Flotte zerstört und nun musste man Vorkeh-
rungen treffen, damit Napoleon nicht zum Ausgleich dänische und norwegische Schiffe einheimste. Die Bombardierung Kopenhagens und die darauf
folgende Kapitulation im Herbst 1807 habe ganz Norwegen wie ein Blitz
durchzuckt, so schrieb Jacob Aall in seinen Erinnerungen. Und er fuhr fort:
„Der damit eingetretene Kriegszustand mit England führte naturgemäß zu
einer Stockung und Lähmung jeder Art von Handel und bürgerlicher Tätigkeit."

Englische Kriegsschiffe patrouillierten im Skagerrak und blockierten damit
den wichtigsten Handelsweg Norwegens nach draußen. Im Sommer 1808 kam
jede Holzverschiffung zum Stillstand, man beschränkte sich auf den gefährlichen und wenig lukrativen Getreidehandel. Früher war der Getreidehandel
von Dänemark in der Hauptsache von dänischen Schiffen abgewickelt worden, doch sich jetzt über das Skagerrak zu wagen, bedeutete ein gefährliches
Unterfangen mit unsicherem Ausgang, man riskierte, in einem englischen
Gefängnis zu landen. In England war man auch nicht sonderlich darüber
erfreut, dass der Import von norwegischem Holz blockiert wurde und norwegische und dänische Seeleute, die von englischen Kriegsschiffen aufgebracht
wurden, konnten sowohl in den Häfen wie im Gefängnis mit einer den Umständen nach guten Behandlung rechnen. Im Gebiet der Diözese Christiansand konzentrierten sich nun mehr Schiffe und Seeleute als anderswo. Diese
Leute kannten sich auf den Schiffsrouten zwischen dänischen und norwegischen Häfen bestens aus. Deshalb herrschte hier nicht die gleiche Hungersnot
wie in den anderen Teilen des Landes. Die beiden großen Hüttenbesitzer,
Jacob Aall und Henrik Carstensen, die vor dem Krieg einen organisierten
Getreidehandel betrieben hatten, versuchten lange standhaft an diesem festzuhalten. Und solange ihre Vorratsspeicher etwas hergaben, halfen sie den
Leuten mit Getreide und Saatgut. Auch Kaufleute, kleinere Frachtschiffer und
andere erfahrene Seeleute, die es sich zutrauten, die Wachschiffe der Engländer zu überlisten, wagten die Überfahrt. Viele hatten Erfolg, aber viele wurden
auch gefasst.

Im Herbst 1807 sah die dänische Regierung ein, dass sich Norwegen nicht
von Kopenhagen aus regieren ließ. Also wurde in Christiania eine Regierungskommission aus vier Personen gebildet, die in Norwegen als der verlängerte
Arm des Königs fungieren sollte. Doch der Kontakt mit Kopenhagen erwies
sich als schwieriger, als man angenommen hatte. Die Regierungskommission
musste in zunehmendem Maße auf eigene Faust Entscheidungen treffen und
in Norwegen viele Institutionen einrichten, die ein Staat benötigte. In Christiania sahen die Probleme und ihre Lösung anders aus als in Kopenhagen, die

Regierungskommission gelangte mehr und mehr zu der Überzeugung, dass eine selbständige norwegische Politik unumgänglich war. Vorsitzender der Kommission war Prinz Christian August, seit 1803 Oberkommandierender des südlichen Norwegen, die drei anderen Mitglieder waren loyale Beamte. Neben Christian August, der überall wegen seines freundlichen Wesens und seiner genügsamen Lebensweise gelobt wurde, war Enevold von Falsen die führende Kraft in der Kommission. Weil er sich mit der Idee der Gleichheit in der Französischen Revolution identifizierte, strich er das aristokratische 'von' in seinem Namen. Im Frühjahr 1808 verschlimmerte sich die Situation an allen Fronten und wurde komplizierter: Am 13. März starb Christian VII. Obwohl die meisten wussten, dass er geisteskrank war und kaum wirklichen Einfluss besaß, sah man dennoch in ihm ein Zeichen und ein Symbol für Wohlstand und Frieden. Damit schien es nun vorbei zu sein. Der neue König Frederik VI., der in Wirklichkeit fast ein Menschenalter lang regiert hatte, verkörperte die nun drohenden Gefahren und Heimsuchungen. In Kopenhagen vertrauten die Regierenden noch auf Napoleon, den genialen und begnadeten Heerführer, der noch keine Schlacht verloren hatte. Doch das einfache Volk spürte mehr und mehr die Nöte und Entbehrungen, die Krieg und Blockade mit sich brachten.

Frederik VI. lehnte den Neutralitätsvorschlag Englands ab und einen Tag nach dem Tod des alten Königs erging die Kriegserklärung Dänemarks an Schweden. Dänemark-Norwegen war durch Verträge verpflichtet, diesen Schritt mitzumachen, doch in Norwegen versuchten Enevold Falsen und die Regierungskommission, die Kriegserklärung zu verheimlichen. Es sollte so aussehen, als würde Schweden den Krieg beginnen. Um aber der „Stimme des Volkes und seiner Denkart" Ausdruck zu verleihen und „seinen Mut zu beleben", gab die Regierungskommission die Zeitung *Budstikken* heraus, in der sich nun Enevold Falsen engagiert zu nationalen und politischen Problemen äußerte. Es gab auch literarische Beiträge und das Volk wurde von *Budstikken*, der in vielen Teilen des Landes gelesen wurde, aufgestachelt.

Nun wurde der Seekrieg gegen England und der Landkrieg gegen Schweden geführt, und mit dieser Zeitung gelang es, die Not und die Mobilmachung des Volkes als „Opfer auf dem Altar des Vaterlandes" hinzustellen. Die meisten freuten sich, dass es den Schweden nicht gelang, einen Fuß auf norwegischen Boden zu setzen. An der Küste zum Skagerrak baute man kleine Kanonenboote zur Abwehr englischer Kriegsschiffe. Christian August war der große Held, in allen Schichten der Bevölkerung wusste man nur Gutes über ihn zu berichten. Nachdem es ihm gelungen war, im Dezember 1808 mit dem Oberkommandierenden der Schweden einen Waffenstillstand zu schließen, wurde er vom König in Kopenhagen zum General befördert.

Einige Wochen vorher hatte allerdings Enevold Falsen den Druck und die Sorgen nicht mehr ertragen. In seinen Augen war der Konflikt zu groß und die Aussichten hoffnungslos. Seine Freunde erzählten, er habe oft unter Depressionen gelitten und an einem kalten Novemberabend, nachdem er wie üblich in *Det Dramatiske Selskab* seiner Theaterleidenschaft gefrönt hatte, ging er allein nach Hause. Am nächsten Tag trieb sein lebloser Körper im Hafen von Oslo. Doch erst am 30. Dezember erschien die Todesanzeige im *Budstikken*: Enevold de Falsen. Er ist nicht mehr; aber sein Andenken lebt!"

Nun folgte Graf Hermann Wedel in die Regierungskommission und mit ihm begann ein neues Kapitel in der Arbeit der Kommission. Graf Wedel war zu landesweiter Berühmtheit gelangt, nachdem es ihm auf einer seiner gewagten Fahrten zur Beschaffung von Getreide gelungen war, bei stürmischer See unbemerkt eine englische Transportflotte von 40 Schiffen zu passieren. Graf Wedel war es auch, der mit dem kühnen Plan der Gründung einer eigenen norwegischen Bank nach Kopenhagen gefahren war, eine politisch äußerst brisante Angelegenheit. Doch die größte Zerreißprobe zwischen dem König in Kopenhagen und der Regierungskommission kam im Februar 1809, als die Kommission in einem Schreiben den König um die Vollmacht bat, mit England und Schweden einen Waffenstillstand schließen zu dürfen, um „das Land vor dem völligen Untergang zu retten". Dies war im Grunde nichts anderes als der Wunsch nach einer eigenen Außenpolitik. Der König lehnte kategorisch ab, obwohl er seiner tiefsten Sympathie für das leidende norwegische Volk Ausdruck gab. Er schrieb: „Je größer die Gefahr und je größer die Not, umso mehr soll der Mut wachsen, und das ist es, was ich von meinen treuen und tüchtigen Beamten erwarte." Letzteres empfand man in Norwegen fast wie eine Verhöhnung und man war allgemein der Auffassung, dass die Politik des Königs die Geschäftsleute in den Ruin treibe und der Masse den Hungertod bringe.

Auf dem Pfarrhof Gjerstad kannte man die Lage, war aber offenbar besser mit Nahrung und Kleidung ausgerüstet als anderswo. Die Gebäude des Hofes waren in Ordnung, ebenso wie die Felder, und auf das Gesinde konnte man sich verlassen. Als Søren Georg und Anne Marie 1804 aus Finnøy kamen, brachten sie einen siebzehnjährigen Knecht namens Hermann Josefson mit. Wegen des Krieges sollte dieser nun zur Marine eingezogen werden. Doch Pastor Abel schrieb nach Kopenhagen und bat darum, den Jungen freizustellen, weil er ihn dringend auf Gjerstad benötige, wo er den Bauern eine bessere Art der Feldbestellung beibringe. Hermann Josefson musste nicht in den Krieg und half dem Pastor tatkräftig auf dem Hof und in der Gemeinde.

Das Jahr 1809 war eines der schlimmsten Hungerjahre im ganzen Land und von Christiania aus wurde der Bevölkerung geraten, verschiedene Ersatznahrungsmittel zu gebrauchen. Eine bekannte Persönlichkeit in diesem Zusammenhang war Martin Richard Flor, Botaniker und Lehrer an der Kathedralschule. Die Leute nannten ihn nur den „Moospfarrer", weil er herumreiste und vorführte, wie man Moos als Ersatz für Getreide beim Brotbacken verwenden konnte. Vor allem in Ostnorwegen war er unterwegs, im Süden des Landes hörte man nur Gerüchte über den Moospfarrer, der da meinte, man müsse für alles dankbar sein! Doch auch auf Gjerstad machten sich in diesem Jahr Not und Entbehrung bemerkbar. Im Frühling herrschte großer Mangel an Saatgetreide, weshalb ein Getreidespeicher gebaut wurde. Pastor Abel organisierte die Arbeit und die Gemeindemitglieder machten begeistert mit: die Bauern mit Baumaterial, die Knechte mit ihrer Arbeitskraft. Dann ging es darum, das vorhandene Getreide zu rationieren und genug Saatgetreide für die nächste Aussaat übrig zu behalten. Zum Speicher gehörte auch ein Kartoffelkeller, in dem im Herbst 1809 immerhin 35 Tonnen Kartoffeln lagerten. Im nächsten Frühjahr konnte jeder Notleidende Setzkartoffeln erhalten, die er dann möglichst im Herbst in einer etwas größeren Menge zurückerstatten sollte. Ansonsten meinte Pastor Abel, nur einen vernünftigen Satz zu dem Moosersatz gehört zu haben, von dem so viel geredet wurde, und zwar von einer Frau aus der Gegend um Kragerø, die gesagt haben soll: „Weiß Gott, was besser ist, sich zu Tode hungern oder sich zu Tode essen!"

Pastor Abel hatte eine andere Idee, wie man die Leute vor dem Hungern bewahren konnte. Es hieß, er habe seine Pfarrkinder dazu gebracht, Pferdefleisch zu essen! Die Vorurteile gegen den Verzehr von Pferdefleisch waren uralt und tief verwurzelt: In heidnischer Zeit malten die Wikinger ihre Götterstandbilder mit Pferdeblut rot an und kochten bei ihren großen Opfermahlen das Fleisch für ihre Gäste, die Kleinvieh und Bier beisteuerten. Im Christentum wurde das Verbot, Pferdefleisch zu essen, gesetzlich festgelegt, Übertretungen wurden mit Strafen belegt. Lange vor dem Jahr 1.000 gab es in der Kirche Bestimmungen über reine und unreine Nahrungsmittel, zu den unreinen zählte das Fleisch von Pferden, Hunden und Katzen. Auch wenn man die religiösen Gründe für das Verbot inzwischen vergessen hatte, lebte die Vorstellung vom gefährlichen und ungesunden Pferdefleisch weiter. Ein totes Pferd zu häuten und dessen Haut zu verwenden, wurde lange als ein Fluch angesehen, kein ehrlicher Bauer gab sich dazu her, dies überließ man dem Abdecker. Diese Einstellung war geblieben, auch auf Gjerstad: Die Pferdekadaver wurden vergraben, doch seit der in der neuen Zeit üblichen Art, alte Vorstellungen zu hinterfragen, hatte man vorsichtig damit begonnen, Pferdehaut zur Lederverarbeitung zu verwenden. Seinen besten Arbeitskameraden nach vielen Jahren treuen Dienstes einfach umzubringen – davor schreckten viele Bauern zurück. Doch nun herrschte Krieg und es drohte Nahrungsmangel.

Auf dem Pfarrhof Gjerstad wurde im Haushalt nur noch Pferdefleisch verwendet und Pastor Abel schwärmte begeistert von dieser kräftigsten aller Fleischsorten und dass die Würste aus Pferdefleisch die reinste Delikatesse seien. Es sei verwerflich, so viel gutes Fleisch verkommen zu lassen.

An einem Herbsttag dieses krisengeschüttelten Jahres 1809 ließ Søren Georg Abel im Beisein einiger Männern aus seiner Pfarrei ein 22 Jahre altes, dickes Pony mit weißer Mähne schlachten, für das er 15 Reichstaler bezahlt hatte. Für den Sonntag darauf lud der Pastor nach der Messe die „ehrbaren Männer und Frauen seiner Pfarrei" zu einer Pferdemahlzeit im Pfarrhof ein. Alle aßen mit Vergnügen, wurden satt und zufrieden und lobten das Essen. Von diesem Tag an war Pferdefleisch in Gjerstad nicht mehr verboten.

An der Küste entlang hatte sich ein neuer Erwerbszweig gebildet: die Kaperei! Ein Kaper war ein bewaffnetes Fahrzeug, dem es erlaubt war, ausländische Handelsschiffe zu plündern. In Christiansand setzte sich Stiftsamtmann Thygesen, früher ein aktiver Getreideimporteur, nun für den Bau und die Ausrüstung von Kaperschiffen ein. Bei einigen kühnen Überfällen kaperte die Bistumsstadt Christiansand die verschiedensten Güter und Waren. Die größte Kaperfahrt fand an Mittsommer 1810 statt: Über 200 englische Handelsschiffe wurden in den Hafen von Christiansand gebracht, der Gesamtwert der geladenen Fracht dürfte 5,5 Million Reichstaler betragen haben. Von Risør aus betrieb nur Henrik Carstensen die Kaperei, Simonsen und die anderen in der Stadt zogen es vor, sich nicht an dieser Sache zu beteiligen.

Wenn Pastor Abel seine Schwägerin Elisabeth nicht zu Besuch hatte, dann unterrichtete er seine Söhne selbst. Ende des Jahres 1809 waren Hans Mathias, Niels Henrik, Thomas und Peder neun, sieben, vier und zwei Jahre alt. Die beiden älteren waren bereits intensiv mit dem lateinischen Pensum beschäftigt und ihr Vater schrieb stolz: „Hans ist jetzt ein ganzer Kerl in Latein und Niels folgt ihm auf den Fersen wie ein getreuer Johannes. Thomas spielt zur Zeit mit den Buchstaben und über Peder lässt sich nur sagen: Er scheint ein helles Köpfchen zu sein. Im Übrigen sind sie reine Naturkinder und das in einem Maße, dass meine Schwiegermutter meinte, mit diesen vier Rangen sei es nun genug, aber sie sind nun mal da und ich bins zufrieden und würde mir kaum mehr wünschen; aber pass auf, wenn mich nicht alles trügt, wird es nicht lange dauern und ich habe den fünften am Hals. O du sündige Natur! Deine Segnungen kommen mir teuer zu stehen!"

Das Kind, dessen Kommen der Pastor vorausgesehen hatte, wurde am 16. März 1810 geboren. Es war ein Mädchen und wurde auf den Namen Elisabeth Magdalene getauft. Mit dieser Schwester Elisabeth hat sich Niels Henrik später von allen Geschwistern am meisten verbunden gefühlt.

Am Ende des Jahres 1809 betrachtete Vater Abel den um sich greifenden Krieg in erster Linie als „eine radikale Kur für mein geliebtes Vaterland und den Merkantilismus, der alles zu verschlingen droht." Pastor Abel beobachtete seine Gemeinde und stellte fest, dass die schweren Zeiten seinen Pfarrkindern die Augen für die Notwendigkeit geöffnet hatten, den Ackerbau zu verbessern. Die Krise hatte das Volk gezwungen, in neuen Bahnen zu denken: Ein erstes Ergebnis war der Bau des Getreidespeichers mit einem Kartoffelkeller, andere Möglichkeiten lagen in einer verbesserten Haltung der Haustiere und in einer gesünderen Ernährung. Vielleicht war auch die Zuversicht des Einzelnen, durch eigenen Einsatz seine Lebensbedingungen verbessern zu können, gestärkt worden?

10.

Donnergrollen aus dem fernen Ausland

Die Gegensätze in der Union Dänemark-Norwegen verschärften sich, die Probleme häuften sich und in diesem aufgewühlten Gewässer gab es einige, die nach der Gunst des Volkes fischten. In Schweden tauchte die alte Idee einer schwedisch-norwegischen Union wieder auf. Doch die Politik des schwedischen Königs Gustav Adolf IV. wurde vor allem von mystischen religiösen Vorstellungen über sich selbst im Kampf gegen Napoleon bestimmt, der in seinen Augen das Tier in der Offenbarung war. Gustav wollte, wenn nötig, Krieg gegen die ganze Welt führen. Doch die Unzufriedenheit mit dem König und der Wunsch nach einer anderen Politik führten dazu, dass Gustav IV. am 13. März 1809 abgesetzt wurde und sein Bruder Herzog Karl als König Karl XIII. den Thron bestieg. Einer der führenden Männer bei dieser Umbesetzung war Graf Georg Adlersparre, der sich lange Zeit für eine schwedisch-norwegische Union eingesetzt hatte. Bereits 1790 war Adlersparre im Auftrag Gustavs III. durch Norwegen gereist, um das Terrain für eine Vereinigung mit Schweden zu sondieren und nun, 1809, bot sich wieder eine Gelegenheit. Die Unzufriedenheit über die dänische Herrschaft war in der norwegischen Bevölkerung weit verbreitet, in der es zudem einflussreiche Fürsprecher einer neuen Vereinigungspolitik gab. Adlersparre hatte in erster Linie Verbindung mit Graf Wedel aufgenommen, der seinerseits auf die Unterstützung durch Jacob Aall und einige andere Größen aus dem Wirtschaftsleben zählen konnte. Es ginge nur darum, in Schweden einen neuen König zu wählen, den auch die Norweger anerkennen könnten, dann wäre, wie Adlersparre und seine Gesinnungsgenossen meinten, das Spiel gewonnen. Der erste Punkt bestand also darin, einen gemeinsamen Thronfolger zu wählen. Karl XIII. war alt, schwach und kinderlos, daher ging er ohne Widerspruch auf Adlersparres kühnen Vorschlag ein, den norwegischen Oberkommandierenden, den beliebten Christian August, zum schwedischen Thronfolger zu wählen. Mit einigen Vorbehalten und sicher entsprechend bestochen unterstützten auch der schwedische Adel und die Gustavianer den Plan von Adlersparre.

Innerhalb von zwei Tagen erhielt Christian August im Juli 1809 zuerst den Bescheid aus Stockholm, dass er zum schwedischen Thronfolger bestimmt sei, und danach aus Kopenhagen den Befehl von Frederik VI., Schweden bis hinunter nach Göteborg militärisch einzunehmen. Christian August entschied sich für ein doppeltes Spiel: Er enttäuschte Graf Wedel, indem er auf das schwedische Angebot nicht mit einem klaren Ja antwortete, und er enttäuschte das Kommissionsmitglied Kaas, indem er König Frederiks Befehl zum Angriff nicht nachkam. Die anderen in der Regierungskommission stützten Christian August und in ihrer Antwort an den König in Kopenhagen hieß es, es sei „physisch unmöglich", Schweden militärisch zu überfallen. Gleichzeitig wiederholte die Kommission, dass die einzige Möglichkeit, das Land zu retten, in einem „Waffenstillstand zu Wasser und zu Lande, verbunden mit einem weitgehend freien Handel", bestand. Sonst würden Hungersnot, Elend und Verzweiflung sogar die besten und verlässlichsten Bürger dazu bringen, die Gesetze zu missachten. Kaas fuhr nach Kopenhagen, um Seiner Majestät die Angelegenheit vorzutragen, doch da war bereits vieles für Frederik VI. verloren. Seine außenpolitische Loyalität und seine Absprachen zeitigten nicht die gewünschte Wirkung und seine Träume von einer Tripelallianz im Norden, mit ihm selbst als König, schienen sich nicht zu erfüllen. Doch er machte einen Schachzug, der sich als sehr bedeutend erweisen sollte: Er kam England entgegen, indem er die Kaperfahrten verbot und einen gesetzlichen Lizenzhandel durch die englischen Sperren hindurch eröffnete. Im Laufe weniger Monate waren an die Stelle von Handelsblockade und Stagnation ein Holzexport und ein Spekulationsboom ohnegleichen getreten. Die Jahre der gestoppten Lieferungen aus Norwegen hatten in England eine große Nachfrage nach norwegischem Holz erzeugt, die Preise waren so hoch gestiegen wie nie zuvor. Risør und die Küstenstädte erlebten eine erneute Blütezeit.

Offiziell befand sich Dänemark-Norwegen immer noch im Krieg mit England und es wurde in großem Stil getrickst, um die Holzlieferungen in die englischen Häfen zu schmuggeln. Offiziell war die Ladung in der Regel für französische Häfen bestimmt und die Kapitäne konnten entsprechende Papiere vorzeigen, wenn sie von französischen oder niederländischen Kaperern aufgehalten wurden. Gleichzeitig boten die englischen Lizenzen Sicherheit vor einem Aufbringen durch englische Kriegsschiffe, der dänische Schutzbrief vor einem Aufbringen durch dänische Kriegsschiffe. Nach dem Löschen der Holzladung nahmen die Kapitäne Salz, Steinkohle und Lebensmittel aus den englischen Kolonien und Fabrikwaren aus den englischen Fabriken mit zurück. An die Stelle von Warenmangel in den ersten Kriegsjahren trat nun ein Überfluss. Dies führte zu Optimismus und Zufriedenheit mit den Umständen, für eine drastische Veränderung in Form einer Union mit Schweden schien keine Veranlassung mehr zu bestehen. Und als König Frederik VI. im Herbst 1809 mit Schweden einen Friedensvertrag geschlossen hatte, unterzeichnet am

10. Dezember in Jönköping, hoffte man, alles werde wieder so werden wie vor dem Krieg.

Im Pfarrhof Gjerstad verfolgte Søren Georg Abel aufmerksam die politische Entwicklung und sicher teilte er seinen Söhnen und seiner Gemeinde mit, was er wusste. Im *Budstikken* konnte man die offiziellen Neuigkeiten lesen, Nachrichten aus erster Hand kamen auch von Peder Mandrup Tuxen, dem Freund der Familie.

Im Februar 1810 waren Niels Henrik und die ganze Familie nach Risør zur Hochzeit eingeladen. Vater Simonsen hatte endlich dem Wunsch seiner Tochter nachgegeben, P.M. Tuxen heiraten zu dürfen. Den letzten Ausschlag hatte Tuxens Heldentat im August 1809 gegeben, als er in einem schwedischen Kutter, als Fischer verkleidet, Prinz Friedrich von Hessen-Kassel durch einen großen englischen Konvoi geschmuggelt und wohlbehalten bei Moss in Norwegen an Land gesetzt hatte. Dieser Prinz war der Schwager des Königs und sollte als der neue General für das südliche Norwegen den bisherigen Oberkommandierenden Christian August ablösen. Dieser hatte das Angebot, schwedischer Thronfolger zu werden, angenommen, obwohl ihn der König in Kopenhagen mit Gunstbeweisen überhäuft und ihn zum Statthalter und Feldmarschall von Norwegen ernannt hatte. Kaufmann Simonsen in Risør verstand sehr wohl, wie ehrenvoll Tuxens waghalsige Tat war und wie sein Mut bewertet wurde. Der alte Simonsen soll Tuxen herzlich umarmt und gesagt haben: „Er soll mein Schwiegersohn werden. Gott segne ihn und meine Elisabeth." Dann feierten sie glücklich Hochzeit, mit all dem Glanz und dem Reichtum, den das Handelspatriziat in Risør immer noch zu bieten hatte. Und wegen des plötzlich wieder regen Handels schien alles wie in alten Zeiten.

Am 29. Dezember 1809 gab es auch im Festsaal der Kathedralschule von Christiania ein großes Fest. Dort hatte man 300 Menschen zusammengetrommelt, um den in Jönköping vereinbarten Frieden mit Schweden zu feiern und den so populären Christian August, der nun als Kronprinz des Brudervolkes nach Schweden ging, zu ehren und zu verabschieden. Christian August, seit 1803 Regent des Landes und Führer des Volkes, schritt an diesem Tag im Festsaal der Kathedralschule mit seinem Nachfolger Prinz Friedrich von Hessen-Kassel durch die Reihen der Gäste, die Hurrarufe hallten durch die Säle und draußen nahm die dort versammelte Volksmenge an dem Jubel teil. Auch hier hofften die meisten, alles würde wieder so werden wie früher, und viele hielten Christian August durchaus für den Mann, der imstande war, den Norden wegen seiner gemeinsamen Geschichte, der gemeinsamen Sprache und den gemeinsamen Vorstellungen zu einer stabileren und stärkeren Region zu vereinen. Doch alle trafen sich in dem Wunsch, sich auf jede Weise und auf allen Gebieten für das Wohl und Wehe Norwegens einzusetzen. Unter Jubel, dem Ausbringen von Toasts und Bravorufen und in einer Stimmung aus Wehmut und Optimismus wurde dann die 'Gesellschaft für das Wohl Norwegens' gegründet.

Die Einladung, dieser Gesellschaft beizutreten, stammte von Ludvig Stoud Platou, einem Oberlehrer an der Kathedralschule, und trug die Unterschriften von Friedrich von Hessen, Graf Wedel, Jacob Rosted, dem Rektor der Schule, den Lehrern Søren Rasmussen und Martin Richard Flor sowie 22 herausragenden Persönlichkeiten aus der Beamtenschaft und dem Handelsstand. Kurz darauf wurden in den meisten größeren Städten des Landes Distriktskommissionen eingerichtet und bald verfügte diese Gesellschaft über eine umfassende Organisation mit einer wichtigen Funktion. Als die norwegische Regierungskommission 1810 mehr und mehr in ihrem Mandat beschnitten und schließlich aufgelöst wurde, ging viel von ihrer Aktivität, der Begeisterung und des fortschrittlichen Denkens auf die 'Gesellschaft für das Wohl Norwegens' über.

Auf dem Pfarrhof Gjerstad reagierte Pastor Abel auf die Nachrichten aus Christiania mit Freude und Trauer zugleich: Trauer, weil der fähige Christian August das Land verlassen würde, und Freude, weil die Stimmung dieser Zeit in der 'Gesellschaft für das Wohl Norwegens' ihren konkreten Ausdruck fand. Abel meinte allerdings, dass er viele der Ideen und Vorhaben, die diese Gesellschaft zu verwirklichen gedenke, in seiner Gemeinde bereits aufgegriffen habe: Im Sinne der Liebe zum eigenen Land sollten „die Aufklärung Verbreitung finden, der Ackerbau verbessert, die Forstwirtschaft veredelt, die bäuerliche Heimkunst verbreitet, Fabriken angelegt und alle Industriezweige unterstützt und gefördert werden."

Das Jahr 1810 brachte einen Wendepunkt, jedoch nicht zur guten alten Zeit, wie viele gehofft hatten. Die dänische Zentralmacht hatte ihre Kontrolle über Norwegen wieder verstärkt, wofür die Auflösung der Regierungskommission in Christiana ein Zeichen war. Und in Schweden fiel Christian August, der neue Thronfolger mit dem Namen Karl August, während einer friedlichen Militärparade in Schonen tot vom Pferd. Böse Zungen behaupteten, er sei von den Gustavianern vergiftet worden. Dies führte zu Aufständen und zur Ermordung eines ihrer Anführer, der einen minderjährigen Sohn des abgesetzten Königs Gustav IV. Adolf zum Thronfolger wollte. In Schweden entbrannte ein neuer Thronfolgerstreit, mehrere Kandidaten kamen in Frage. Frederik VI. lancierte sich selbst als Kandidat, Prinz Christian Frederik, der junge Thronfolger Dänemark-Norwegens, wurde genannt, auch Graf Wedel hatte seine Anhänger. Doch die schwedische Regierung entschied sich für den Bruder des verstorbenen Thronfolgers, Herzog Frederik Christian von Augustenborg, unter anderem bekannt wegen seiner Schulreformarbeit in Dänemark. Die Sache schien entschieden. Als aber der schwedische Reichstag die endgültige Entscheidung treffen sollte, wählte er den Fürsten von Ponte Corvo, Napoleons Marschall Jean-Baptiste Bernadotte, zum Thronfolger des Reiches. Bereits im Oktober 1810 kam er unter dem Namen Karl Johan nach Schweden. Für den schwedischen Thron hatte er seinen katholischen Glauben aufgegeben und seine neue Stellung war an die Bedingung geknüpft, Krieg gegen sein ehemaliges Vaterland zu führen. Adlersparres Plan, Norwegen zu erobern, wurde nun auch das Ziel von Karl Johan.

Am Pfarrhof Gjerstad war Vater Abel ungeduldig und nicht so recht zufrieden mit dem Lauf der Dinge. Kurz vor Weihnachten 1810 schrieb er an seinen Propst in Arendal: „Heute habe ich einige Krankenbesuche gemacht, ich verbrauche eine Unmenge Tabak und Branntwein. Das ist mein Salarium, aber auch mein Palliativ."

11.

Neue Töne in der Stadt und auf dem Land

Die 'Gesellschaft für das Wohl Norwegens' hatte von Beginn an gewaltigen Zulauf. Im ersten Jahr hatte die Gesellschaft über 1500 Mitglieder, von denen jedes einen Jahresbeitrag von 10 Reichstalern zahlte. Außerdem beteiligten sich viele mit privaten Zuwendungen, sodass die Einnahmen für 1810 mit 23.000 Reichstalern angegeben wurden. Die Mitglieder verteilten sich über das ganze Land, wobei die meisten aus dem östlichen und südlichen Norwegen stammten und der relativ hohe Beitrag die Mitgliederzahl beschränkte. Doch die überall im Lande eingerichteten Distriktskommissionen arbeiteten für örtliche Ableger der Gesellschaft, der *Budstikken* nannte ständig neue Untergruppen, sodass es nach einem Jahr mehr als 30 über das Land verteilte, so genannte 'Pfarrgesellschaften' gab.

Im Februar 1811 war Pastor Abel neben dem Mesner von Søndeled, Gregers Hovorsen, einer der treibenden Kräfte für die Gründung einer solchen Pfarrgesellschaft in seinem Distrikt, nämlich 'Det Gierrestadske og Sønneløvske Sogneselskap'. Zum Vorstand gehörten außerdem der Mesner von Gjerstad, die Lehnsmänner der beiden Pfarreien, zwei Bauern, der Hüttenbesitzer Henrik Carstensen auf Egeland und Pfarrer Støren aus Risør. Die nächsten Pfarrgesellschaften befanden sich in Kragerø, in Valle im Setesdal und in Flekkefjord. Die Distriktskommission, mit der Pastor Abel korrespondierte, saß in Arendal und wurde von Jacob Aall und dem Distriktsarzt A.C. Møller geführt.

Søren Georg Abels vielfältige Arbeit für das Wohl und Wehe seiner Gemeinde wurde nun in diese Pfarrgesellschaft eingebracht und weitete sich entsprechend aus. Im Frühjahr 1811 hatten sich 173 Personen als Mitglieder gemeldet. Der Beitrag war auf einen Reichstaler jährlich festgesetzt, doch ein freiwilliger Erstbeitrag zwischen einem und zehn Reichstaler verschaffte der Gesellschaft ein Startkapital von 700 Reichstalern. Dieses Geld wurde sogleich dazu verwendet, Kleinbauern, die ihren Anbau verbessern wollten, ein zinsfreies Darlehen zu gewähren, das Kultivieren nützlicher Kräuter und die Pflege von Obstbäumen zu fördern und Geldprämien für Spinn- und Strickarbeiten zu vergeben, weiter für Webarbeiten, für die Herstellung von Holz-

schuhen, Messingdosen, Messern und anderen nützlichen Gegenständen wie
Rechen, Spaten, Löffeln und Äxten. Es wurden Broschüren angeschafft, die
Informationen über Ackerbau und Gartenbestellung sowie die Haltung und
Pflege von Haustieren enthielten und man abonnierte zwei Exemplare des
Budstikken, die unter den Mitgliedern zirkulieren sollten.

Als sich Ende Oktober 1811 der Vorstand der Pfarrgesellschaft im Pfarrhof
von Gjerstad versammelte, konnte Søren Georg Abel die Gartenbauprämie
von zehn Reichstalern einem Mann zusprechen, der auf etwa 200 Quadratme-
tern 100 kg Kohlrabi und 68 Kohlköpfe gezogen hatte. In der Heimarbeit ging
die Prämie von vier Reichstalern an einen Mann, der 60 Dutzend Zinnknöpfe
gefertigt hatte. Und es wurde bekannt gegeben, dass 16 Kleinbauern einen
Kredit über etwa 40 Reichstaler erhalten hatten. Die Pfarrgesellschaft verteilte
außerdem Prämien für Brautleute und Konfirmanden, die in selbst gewebten
Kleidern an den Altar traten und die Prämie erhielt auch, wer diese Kleidung
ein ganzes Jahr als Sonntagstracht trug. Es wurden auch Prämien als Belohnung an Leute vergeben, die den meisten Flachs und Hanf angebaut oder den
besten Hopfengarten hatten. Dem Bauern, der als erster nachweisen konnte,
dass er einem Ochsen beigebracht hatte, als Zugtier zu dienen, wurden 20
Reichstaler versprochen und eine „Unterweisung über das Zähmen, Beschlagen und Pflegen von Stuten gibt Pastor Abel auf Gjerstad". Auf dem Pfarrhof
gab es nämlich eine Stute, die als Zugtier genutzt werden konnte.

Jeder Kleinbauer und Pächter, der nachweisen konnte, dass er einen neuen
Kartoffelacker angelegt hatte, bekam im Herbst „für jeweils 100 kg, die über
die Aussaat geerntet wurde", einen halben Reichstaler. Prämien erhielten auch
Bauern, die im Laufe eines Winters ihren Kindern im Alter von sechs bis zwölf
Jahren Lesen und Schreiben beigebracht hatten.

Niels Henrik und seine Brüder waren sicher oft mit ihrem Vater und dem
Großknecht Hermann auf den umliegenden Höfen, um die Äcker und den
Ernteertrag zu kontrollieren und zu prämieren. Doch zu einem eigenständi-
gen Gemüse- oder Getreideanbau wurden sie wahrscheinlich nicht ermutigt,
niemand aus dem Vorstand der Pfarrgesellschaft oder seiner daheim lebenden
Kinder kam nach den Vorschriften für eine Prämie in Betracht. Für sie, ob
nun Erwachsener oder Kind, sollte es „Belohnung genug sein, den ehrbaren
Beruf zu haben, für die Anleitung und Ermunterung anderer zu arbeiten."

Zu dieser Zeit gab es im Distrikt Gjerstad viele Bären und Wölfe, und
immer wieder kam es vor, dass ein Bär in die Sommerställe eindrang und Vieh
tötete. Daher setzte die Pfarrgesellschaft eine Belohnung von 50 Reichstalern
aus für jeden, der einen Bären in Stallnähe erlegte; 30 Reichstaler sollte
derjenige erhalten, der einen Bären auf den Feldern erwischte und 20 Reichstaler, wer einen Bären sonstwo unschädlich machte. Hüttenwerksbesitzer
Henrik Carstensen, der ein besonderes Interesse daran hatte, dass die Leute

für seinen Betrieb aus Egeland unbehelligt Bäume fällen und Holzkohle brennen konnten, stiftete 50 Reichstaler zusätzlich für die Bärenprämie.

Um den Wölfen zu Leibe zu rücken, sollten auf Anregung von Pastor Abel sechs Portionen Wolfsgift gekauft werden, das man an geeigneten Stellen nach Anweisung des Pastors und des Mesners auslegen sollte. Weil das Geld der Pfarrgesellschaft jedoch nicht ausreichte, wurden nur vier Portionen Gift gekauft, zwei für jede Gemeinde.

In der Pfarrgesellschaft überlegte man auch, einen spanischen Schafbock für Zuchtzwecke anzuschaffen. Man schuf außerdem einen Anreiz, damit sich „ein Hutmacher in den Gemeinden niederlässt und man wollte ihm fürs Erste freies Wohnen und einen Kredit für sein Material anbieten." Dieser sollte Hüte für die Bewohner der Gemeinde anfertigen und sie „im Verhältnis zu den moderatesten Preisen der Zeit" verkaufen und erst, wenn dieser Markt gesättigt war, sollte der Hutmacher für Fremde arbeiten dürfen. Kurze Zeit darauf traf Hutmacher Blomberg aus Kragerø ein und ließ sich in Søndeled nieder. Er bekam 200 Reichstaler zinsfreies Darlehen und fertigte im ersten Jahr 300 Hüte für die Männer in Gjerstad und Søndeled an.

Eine andere vorrangige Aufgabe war die Einrichtung einer Gerberei. Weil jedoch kein ausgebildeter Gerber zu haben war, wollte die Pfarrgesellschaft einen Mann nach Christiania schicken, um ihn dort zum Gerber ausbilden zu lassen. Pastor Abel suchte sorgfältig nach einem geeigneten jungen Mann und schrieb mehrere Briefe nach Christiania, an die „Klasse für Haus-, Fabrik- und Kunstgewerbe" um zu klären, welche Bedingungen und Ausgaben mit einer Lehrzeit verbunden waren, die für einen Gerbermeister in Christiania bis zu fünf Jahren dauern konnte. Als Abel schließlich einen Burschen namens Knud Larsen gefunden hatte, musste dieser zunächst über einen Monat im Pfarrhof wohnen, um „sich im Schreiben und Lesen zu üben". Im November 1813 fuhr Knud Larsen, ausgerüstet mit neuen Schuhen, Kleidung und Geld für Proviant, nach Christiania. Mit im Gepäck hatte er noch einige weise Lebensregeln, die ihm Pastor Abel eigenhändig in vier Punkten aufgeschrieben hatte:

1. Denke oft an Gott und sei dir bewusst, dass Er stets bei dir ist. Nichts anderes gibt uns so viel Kraft zum Guten. Er sieht im Verborgenen, sagt Jesus, und vergilt freigebig.
2. Sei deinem Meister und Vorgesetzten gegenüber uneingeschränkt treu. Eigne dir nichts an, was anderen gehört, und sei es nur eine Kleinigkeit. Gewissensbisse, Zank und Strafe sind dir als Lohn der Untreue gewiss.
3. Machst du einen Fehler, was menschlich ist, dann gestehe ihn sogleich ein. Ein aufrichtiges Geständnis ist der halbe Weg zur Besserung und findet Wohlgefallen bei Gott und den Menschen.

4. Hüte dich vor Betrügerei, Trunksucht, Kartenspiel, Unzucht und wie die Laster alle heißen, die den Menschen entehren. Meide die Toren und wähle den Umgang mit den Guten. Mein Sohn, halte dich an das Wort Gottes, wenn Sünder dich locken, folge ihnen nicht.

Ich möchte, dass du diese wenigen Regeln oft liest und dabei an mich, deinen mahnenden Freund, denkst. Wenn du es nicht mehr wagst, mit Freude an Gott und deine aufrichtigen Freunde zu denken, dann lieber Knud, ist es mit deiner Tugend und Seelenruhe vorbei.

Sei wachsam und bete, dass du nicht in Versuchung gerätst.

Für die Pfarrgesellschaft notierte Pastor Abel alles, was Knud Larsen Kongsnæss mitbekommen hatte: „Zwei Paar Schuhe, das eine alt. Einen guten neuen Hut. Zwei Halstücher. Drei Hemden, eines neu. Drei Unterhemden, eines gut. Zwei Westen, beide mäßig. Drei Paar Hosen, nur das eine gut. Drei Paar Strümpfe, zwei davon alt."

Einmal in Christiania, kam der Junge in die Hände von Oberlehrer Flor und alles verlief nach Plan: Knud Larsen kehrte drei Jahre später als Gerber nach Gjerstad zurück.

Die Distriktskommission in Arendal lobte Pastor Abel und die Gesellschaft für „ihre patriotische Aufgewecktheit und Aktivität, die zugegebenermaßen bei weitem übertrifft, was in den übrigen Teilen des Distrikts stattfindet." Auch in Christiania fand das Engagement der Pfarrgesellschaft Gjerstad und Sønnelev lobende Erwähnung.

Ein anderes Projekt, für das sich die Pfarrgesellschaft einsetzen wollte, war der Bau einer Ziegelbrennerei. Doch hier scheint es zu Unstimmigkeiten zwischen den Mitgliedern gekommen zu sein. Pastor Abel kümmerte sich persönlich um das Projekt und bildete eine Aktiengesellschaft, in der 12 Bauern und er selbst für 200 Reichstaler verantwortlich zeichneten, zusätzliches Kapital besorgte er von dem reichen Peder Cappelen aus Drammen, der zudem einen Fachmann nach Gjerstad schickte, um die praktische Arbeit zu beaufsichtigen. Die Ziegelei war beinahe fertig, nur der Brennofen fehlte noch, da wurde der Bau eingestellt. Der Grund hierfür dürfte gewesen sein, dass Hüttenbesitzer Carstensen befürchtete, die Ziegelei könnte zu viel Holz verbrauchen und sein Hüttenwerk Egeland in Schwierigkeiten bringen, das eine riesige Menge an Holzkohle benötigte. Carstensen kaufte deshalb alle Aktien auf, die er kriegen konnte, angeblich zu einem hohen Preis, jedoch nicht, um die Ziegelei zu fördern, sondern um sie zu schließen. Nur einige Proben roher Backsteine wurden gemacht, in der Sonne getrocknet und von Pastor Abel zum Bau eines Teerofens verwendet. Er wollte das Teerbrennen erleichtern und verbessern und wandte neue Herstellungsweisen an, doch nach einigen Jahren war auch dieser Teerofen außer Betrieb.

Überhaupt fing nun einiges in der nächsten Umgebung von Søren Georg Abel zu bröckeln an und die Stimmung wandte sich mehr und mehr gegen ihn. Das Gebäude der Ziegelei zerfiel, die Balken verfaulten oder wurden im Schutze der Dunkelheit als Brennholz gestohlen. Die Eisenteile wurden entwendet und eingeschmolzen. Die Überreste des großen Wasserrades blieben einige Jahre als mahnende Erinnerung an gescheiterte, hochfliegende Pläne liegen, der „Teerofen" wurde allmählich zu einer Ortsbezeichnung in der Gemeinde.

In Christiania meinten einige im Vorstand der 'Gesellschaft für das Wohl Norwegens', dass sich die Arbeit in allzu hohem Maße um das Praktische und Nützliche drehe. Graf Wedel scheint zu denen gehört zu haben, die gehofft hatten, die Gesellschaft würde eine größere politische Rolle spielen, eine Art trojanisches Pferd im Kampf gegen das dänische Regime. Doch die Verhältnisse hatten sich geändert: Bereits im Januar 1810 war es zu einem Frieden zwischen Schweden und Napoleon gekommen und ein norwegisch-schwedischer Zusammenschluss schien in weite Ferne gerückt zu sein.

„Der Gedanke, Dänemark könne Norwegen verlieren, scheint mir erfunden wie ein Roman", soll Napoleon gesagt haben. Andererseits hatte in Norwegen, abgesehen von einigen Forderungen nach mehr Rechten und nach mehr Gleichheit, die Unzufriedenheit mit dem Dänenkönig und seinem Absolutismus offenbar nachgelassen. Eine dieser Forderungen bezog sich auf eine eigene norwegische Universität und in dieser Angelegenheit spielte die 'Gesellschaft' eine entscheidende Rolle. Im Sommer 1811 wurden alle Einwohner des Landes aufgefordert, sich finanziell daran zu beteiligen, dass „Norwegen eine Universität auf eigenem Boden" erhalte. Das Ergebnis war überwältigend. Dank des unermüdlichen und taktischen Vorgehens der 'Gesellschaft für das Wohl Norwegens' sah sich König Frederik gezwungen, der norwegischen Forderung zu entsprechen und *Det Kongelige Frederiks Universitet* in Christiania erblickte in Rekordzeit das Licht der Welt. Auch Pastor Abel in Gjerstad war begeistert, dass die Pläne für eine eigene Universität nun vorankamen. Erfüllt von Idealismus und sicher auch getrieben von der Sorge um die Ausbildung seiner Söhne, gehörte er in seinem Distrikt zu denen, die die Sache am eifrigsten unterstützten. Er fand es kleinlich von seinem Schwiegervater Simonsen, nur vier Jahre lang jährlich 500 Reichstaler beizusteuern. Henrik Carstensen gab 1.500 Reichstaler jährlich für vier Jahre, und Jacob Aall spendete „ein für allemal" die großzügige Summe von 20.000 Reichstalern. Der Beitrag von Pastor Abel selbst lag an der oberen Grenze dessen, was ein Mann in seiner Stellung zahlen konnte: 100 Reichstaler in bar und 10 Reichstaler jährlich plus ein halbes Fass Getreide aus dem Ertrag des Hofes Lunde. Dieses halbe Fass Getreide sollte zu einer Verpflichtung werden, mit der sich später auch Niels Henrik herumschlagen musste.

12.

Daheim und draußen in der Welt, Krisen und Wendepunkte

Am 27. Februar 1812 um drei Uhr nachts stand Pastor Abel auf und weckte seine Kinder in „der Erwartung, eine Mondfinsternis zu sehen", wie er sich ausdrückte. Doch die Wolkenschicht über der Ortschaft scheint dicht gewesen zu sein.

Ansonsten brachte das Jahr 1812 eine neue Wende in den Kriegshandlungen und für die Lebensbedingungen des kleinen Mannes. Frederik VI. band seine Reiche noch enger an Napoleon, obwohl dessen großes Heer im Feldzug gegen Russland fast aufgerieben wurde. In Norwegen hörten die Lizenzfahrten auf, die Engländer blockierten wieder die norwegischen Häfen und Importe aus England waren streng verboten. In den größeren Städten wurden Kommissionen eingesetzt, die Hausdurchsuchungen nach verbotenen Waren durchführten. Blockade, Lebensmittelknappheit und Notzeiten waren zurückgekehrt, überdies zeigte sich die Natur von ihrer schlechtesten Seite. Das Jahr 1812 wurde mit seinen Missernten im ganzen Land zu einem der schlimmsten Hungerjahre.

Im Distrikt Gjerstad setzte der Frühling ungewöhnlich spät ein, die Äcker wurden erst Ende Mai umgepflügt, der Sommer war kalt und verregnet, selbst in den Sommermonaten gab es Nachtfrost, das Getreide erfror und viele brachten nicht einmal ihre magere Ernte ein. Mit dem Kartoffelherbst war es genauso schlimm. Viele ernteten nicht mehr als sie gesetzt hatten, manche noch weniger. Und die Preise stiegen enorm: Bis zu 144 Reichstaler für ein Fass Roggen, 70–80 Reichstaler für ein Fass Gerste und über 30 Reichstaler für 100 kg Kartoffeln. Der Wald war voller Würmer und Larven, welche die Nadelbäume befielen und auch die Rinden fraßen. Die Arbeit der Tierchen gleiche einer militärischen Operation, sagten die Leute. Auch die Bären waren in diesem Jahr schrecklich und aufdringlich. An mehreren Orten waren sie in die Ställe eingedrungen und hatten das Vieh getötet. In Søndeled war eine ansteckende Darmkrankheit ausgebrochen und hatte viele Menschen dahingerafft.

Auch die Erträge aus der Fischerei waren in diesem Jahr miserabel. Auch diesmal wandte sich die Unzufriedenheit mit den Zuständen gegen die Zentralmacht in Kopenhagen. Das Volk begehrte auf, nicht in erster Linie aus politischer Überzeugung, sondern aus Hunger, Not und Verzweiflung. Die Bauern stürmten die Getreidespeicher und in mehreren Städten die Lagerhäuser der Händler, bedrohten Beamte und Pfarrer und misshandelten Kaufleute. Schwedische Agenten spionierten wieder und berichteten Graf Adlersparre und Kronprinz Karl Johan vom Dänenhass in Norwegen.

Im Pfarrhof Gjerstad scheint auch in diesem Krisenjahr der Getreidemangel nicht so groß gewesen zu sein wie anderswo. In einem Artikel im *Budstikken* gab Pastor Abel zu, dass die verhältnismäßig gute Situation „besonders auf die eifrigen Bemühungen des Hüttenwerksbesitzers und Kaufmanns Hr. Carstensens zurückzuführen sind."

Ein Thema, das die Erwachsenen und die Kinder von Gjerstad in diesem Herbst sonst noch beschäftigte, war ein Ereignis, das sich unmittelbar vor der Küste bei Lyngør zugetragen hatte. Die Geschichte, wie die neu gebaute Fregatte „Najaden" mit ihren 42 Kanonen von den Engländern verfolgt und völlig vernichtet worden war, wurde in allen Einzelheiten und sicher in mehreren Versionen erzählt. Die vier englischen Kriegsschiffe („Dictator" mit 68 Kanonen, „Calypso" mit 20 Kanonen, „Feamer" und „Podargus" mit je 14 Kanonen) waren Freibeuter der schlimmsten Sorte und der Kommandant des Geschwaders, der 24-jährige James Stewart, soll sich mit einem beträchtlichen Quantum Wein Mut für dieses dummdreiste Abenteuer angetrunken haben. Der Kanonendonner soll bis Gjerstad zu hören gewesen sein und bei Lyngør fiel ein Mann aus der Pfarrei von Gjerstad.

Am Samstag, den 5. Juli, dem Tag vor der Kanonade draußen bei Lyngør, hatte Pastor Abel 25 Männer aus seiner Gemeinde auf den Pfarrhof gebeten. Es waren von „der ganzen Gemeinde" gewählte Abgeordnete und gemeinsam wollte man eine neue Regelung für Festveranstaltungen finden. Es ging also um die alte Verordnung gegen „die Verschwendungssucht", die Søren Georg Abel reformieren wollte. Diese Verordnung war über 40 Jahre alt, stammte noch aus der Zeit von Pastor Eskildsen, besaß aber auch noch bei Hans Mathias Abel Gültigkeit. Allerdings hatte dieser nach und nach festgestellt, dass äußere Verbote und Zwangsmittel weder der Gottesfurcht noch den guten Sitten dienlich waren. Nun aber meinte Søren Georg Abel, es sei ein Gebot der Stunde, in diesen Notzeiten darauf zu achten, nichts zu verschwenden. Also wurde bestimmt, dass bei Hochzeiten nicht mehr als ein Fass Malz (ca. 100 l), 18 Potter Branntwein (ein Potter = 0,97 l) und zwei Pfund Kaffee konsumiert werden durften. Andere Getränke waren verboten und von den Gästen Mitgebrachtes wurde nicht toleriert. Verstieß jemand gegen diese Anordnung, musste er als Buße 20 Reichstaler an die Armen- und Schulkasse der Pfarrei zahlen. Bei Begräbnissen durften nicht mehr als ein halbes Fass (50 l) Malz, acht Potter Branntwein und zwei Pfund Kaffee konsumiert werden. Der Leichnam musste vor drei Uhr zur Kirche gebracht werden, danach durften nur die nicht in der Gegend wohnenden Verwandten und die engsten Freunde bewirtet werden. Die Buße für einen Verstoß gegen diese Bestimmungen war auf 10 Reichstaler festgelegt. Diese Anordnung wurde durch einen Zusatz ergänzt: „Es sollte im Übrigen für uns alle im Falle eines Begräbnisses eine heilige Pflicht sein, durch Maßhalten und Sittsamkeit einen Beweis für die besseren Empfindungen zu erbringen, die bei solchen Anlässen vernünftige Menschen und Christen beseelen sollten."

Darüber hinaus beschlossen die Abgeordneten der Gemeinde und Pastor Abel, dass ab Neujahr 1813 jedes Brautpaar am Tag der Trauung und jeder Konfirmand am Tag der Konfirmation in Kleidern zu erscheinen hatten, die in Heimarbeit genäht waren. Kopftücher und andere Kopfbedeckungen durfte man kaufen. Wurde diese Regel nicht eingehalten, lag die Geldstrafe für jedes Brautpaar bei 20 Reichstalern und für jeden Konfirmanden bei 10 Reichstalern.

Ähnliche Vereinbarungen traf der Pastor für Vegårdshei: Hier unterschrieben 20 Vertreter der Gemeinde, die Regeln wurden zweimal jährlich von der Kanzel aus vorgelesen. Diese Verordnungen wurden vom Stiftsdirektorium mit dem Kommentar gebilligt, diese Maßnahme von Pastor und Gemeinde sei ein „leuchtendes Beispiel für das lebendige Interesse am Guten."

Nun schien also ein strengerer Ton auf dem Pfarrhof zu herrschen. Ermunterung und Belohnung aus früheren Zeiten waren Gebot und Strafe gewichen. Doch der Pastor selbst ging nicht mit gutem Beispiel voran. Um Abels Ruf und Ansehen stand es nicht zum Besten. Da war zum Einen die Pleite gegangene Ziegelbrennerei, ernster war allerdings das Verhältnis zur Tochtergemeinde Vegårdshei. Schon seit seiner Zeit als Pfarrvikar schien er mit der Gemeinde von Vegårdshei Probleme gehabt zu haben, doch nun wurde es schlimmer. Sicher war es wegen des geographischen Abstandes unmöglich, sich der Pfarrkinder von Vegårdshei ebenso anzunehmen wie denen in der Hauptpfarrei. Vielleicht hatte Pastor Abel zum Ausgleich dem Zweig der Lesegesellschaft in Vegårdshei zusätzliche Bücher gegeben und sich für den Bau einer neuen Kirche in dieser Tochtergemeinde eingesetzt, sich selbst sogar mit einer größeren Geldsumme daran beteiligt. Als die neue Kirche am 19. August 1810 von Propst Krog aus Arendal eingeweiht wurde, hielt Pastor Abel eine Rede, die so großen Beifall fand, dass er sich später dazu überreden ließ, sie zu veröffentlichen.

Dennoch warf man Søren Georg Abel vor, für die Gemeinde Vegårdshei nicht das Erforderliche zu tun. In Vegårdshei funktionierten Armenkasse und Schulordnung nicht so gut wie in Gjerstad, so wurde bemängelt. Es gab auch noch andere Gründe für die Unzufriedenheit. Man hatte nicht vergessen, wie er als Pfarrvikar, anstatt die wartenden Konfirmanden zu unterrichten, lieber nach Holt und Tvedestrand gefahren war, um sich an geselligem Beisammensein zu erfreuen. Ähnliches hatte sich bereits in seinen ersten Jahren als Gemeindepfarrer zugetragen. Statt am Samstag nach Vegårdshei zu kommen und in der kleinen Hütte zu übernachten, die der selige Hans Mathias Abel so geschätzt hatte, besuchte Søren Georg Abel lieber seinen Jugendfreund, Vikar Thestrup. Als er dann am Sonntag Morgen in Vegårdshei eintraf, um die Messe zu lesen, hatte jemand aus der Gemeinde den Kirchenschlüssel versteckt. Der Pastor konnte nicht in die Kirche und also auch keine Messe halten.

Und nun, im Jahre 1812, starb der Pastor von Holt, Hans Christian Thestrup, sein Sohn, der Pfarrvikar Thestrup, wurde wegen Trunkenheit und noch schlimmeren Dingen abgesetzt. Unter diesen Umständen versuchte Abel, sich von der Tochtergemeinde Vegårdshei zu trennen! Es war nämlich bereits die Rede davon, dass die Pfarrei Holt nach dem Tode von Thestrup aufgeteilt werden sollte. In seinem schriftlichen Gesuch machte Abel den Vorschlag, die Tochtergemeinde Vegårdshei Holt zu überlassen, weil die Verbindung zwischen Holt und Vegårdshei leichter und besser sei, seit die Straße wegen des Holztransportes zu Jacob Aall und seinem Hüttenwerk ständig benutzt werde. Abels Plan bestand darin, dafür Søndeled seiner Pfarrei Gjerstad anzugliedern. Vielleicht hatte er gute Gründe zu der Annahme, dass sich dies alles ohne weiteres einrichten ließe. Er selbst war die treibende Kraft gewesen für die Pfarrgesellschaft Gjerstad und Søndeled, dabei hatte sich die natürliche Zusammengehörigkeit der beiden Gemeinden herausgestellt. Doch Søndeled gehörte zur Hauptpfarrei Risør. Der dortige Pastor Støren war sehr aufgebracht über den Vorschlag und band Søndeled noch enger an Risør. Als dann Støren im folgenden Jahr starb und der Katechet Schanche bei seiner Ernennung für Risør erklärte, Søndeled auf keinen Fall verlieren zu wollen, musste Pastor Abel einsehen, dass der Kampf verloren war.

Damit saß Abel nun mit der Hauptpfarrei Gjerstad allein da und mit erheblich weniger Einnahmen. An Propst Krog in Arendal schrieb er: „Ich bin trotz allem ganz zufrieden, denn die Kunst besteht darin, mit Wenigem zu leben." Doch in den folgenden Jahren bewarb sich Abel für verschiedene Pfarrstellen und erhob Anspruch auf die Hälfte der Einnahmen aus Vegårdshei. Damit war der neue Pfarrer in Holt natürlich nicht einverstanden und es kam zu einem langen und aufreibenden Streit, bei dem es der Schiedskommission, in der auch Jacob Aall saß, und der Obrigkeit schwer fiel zu entscheiden, wieviel jedem zustehen sollte. Am Ende der Auseinandersetzung erhielt Abel ein Siebtel der Einnahmen der Tochtergemeinde Vegårdshei.

Ein gereimter Grabspruch aus dieser Zeit für einen Dieb wird Abel zugeschrieben:

Ein besonderer Mann, ein flinker Mann
Wenn andere schliefen, er wachte, sieh an
Und was andern fehlte, er war schon dran.

Für Abel war es ein großer Ansporn, als er am 28. Januar 1813 für seinen
Einsatz bei der Küstenverteidigung während seiner Zeit auf Finnøy das Rit-
terkreuz des Dannebrogordens erhielt. In Kopenhagen hatte man Søren Georg
Abel nicht vergessen. Bischof Peder Hansen war 1810 weggegangen, doch
Abels unermüdlicher Einsatz für das Wohl der Allgemeinheit war vielen
bekannt, und sein früherer Lehrer und Rektor Niels Treschow wirkte noch als
Professor in Kopenhagen. Abels Interesse an öffentlichen Angelegenheiten
schien wieder erwacht zu sein. Nur zu gern wollte er sich in einem größeren
Kreis als nur der Pfarrei Gjerstad engagieren, er war entschlossen, die Gele-
genheit wahrzunehmen, sobald sie sich zeigte.

Im Frühjahr 1813 rechneten viele Norweger damit, dass die Doppelmonar-
chie zerbrechen würde, die Zukunft erschien ungewiss. Einige glaubten an ein
selbständiges Norwegen unter englischem Schutz. Andere, vor allem der
Kaufmannsstand im Osten und Süden des Landes, hielten die Zeit für gekommen, eine schwedisch-norwegische Union zu bilden. In diesem Lager war nach
wie vor Graf Wedel der führende Mann, obwohl er befürchtete, Karl Johan
könnte auf die eine oder andere Weise mit Napoleon unter einer Decke
stecken. Wieder andere setzten ihre Hoffnung auf Kronprinz Christian Frederik und hielten weiterhin an einem mit Dänemark vereinten Norwegen fest.
Am 21. Mai 1813 hatte Christian Frederik als neuer Statthalter Norwegens
Friedrich von Hessen abgelöst und in den nächsten 17 Monaten würde Christian Frederik in schneller Reihenfolge die Rollen des Statthalters, des Regenten und des Königs spielen.

Christian Frederik versuchte, das Handelspatriziat an sich zu binden, womit er einigen Erfolg hatte. Neben Carsten Anker, der nach seiner langjährigen
Tätigkeit als Direktor der Asiatischen Kompanie Besitzer des Hüttenwerks
Eidsvoll geworden war und von Kopenhagen her Christian Frederik gut kannte, wurde der reiche Carsten Tank aus Fredrikshald einer der wichtigsten
Vertrauensleute des Prinzen. In Kopenhagen erkannte König Frederik mehr
und mehr, wie schlecht es um Norwegen stand, und Ende April 1813 ordnete
er an, dass Schiffe und Boote von Jütlands Westküste in „ununterbrochener
Fahrt nach Norwegen" dem leidenden Brudervolk Getreide und Waren bringen sollten. Für die ersten sechs Schiffe, die, von der englischen Flotte unbehelligt, Norwegen erreichten, wurden Prämien ausgesetzt.

Um dem Mangel an Lebensmitteln abzuhelfen, hatte Pastor Abel auch
diesmal eine Idee: Nicht Pferdefleisch oder Moos, sondern *Ackerkohl*! In
seinem Haushalt stellte er Versuche an, wie man diese Pflanze nutzen konnte,

die überall wuchs und gedieh, jedoch allgemein als Unkraut galt. „Auf den Äckern wimmelt es in diesem Jahr von Raps", schrieb Abel im *Budstikken* und er hatte ein genaues Rezept für die Leser: Man hacke die Blätter, die jungen Schösslinge, die Spitzen und die Blüten fein und koche sie bei ständigem Umrühren so lange, bis ein gleichmäßiger Brei entsteht. Dann setze man nach Belieben Mehl zu und nach einem neuerlichen Aufkochen bei gleichzeitigem Stampfen sei die Grütze fertig. Bei einer gleichen Menge an Mehl und Raps könne er garantieren, dass die Grütze den gewohnten Grützegeschmack habe und der Unterschied nur an der grünlichen Farbe zu erkennen sei. Er habe seine Frau und seine Kinder kosten lassen, schrieb er, und auch die „verständigsten Männer der Pfarrei, und morgen werde ich die Frauen der notleidenden Bauern des Ortes zusammenholen, um ihnen die Zubereitung zu zeigen und sie dazu zu ermuntern." Auch für Fladenbrot sei das Rezept bestens geeignet: Man müsse den Raps nur kochen, bis er richtig dick sei, ihn dann kalt werden lassen und nun das Mehl zusetzen. Der Pastor forderte alle auf, sich von den verwertbaren Teilen des Raps Vorräte anzulegen und diese an einem schattigen Ort für den späteren Gebrauch zu trocknen. Fruchtgehäuse und die Stängel könnten ebenfalls genutzt werden.

Wie schon die einstige Regierungskommission, so wollte auch Christian Frederik eine Annäherung an England, um eine Erleichterung der Getreidefahrten zu erreichen. Er schlug Carsten Anker mehrmals vor, in spezieller Mission nach London zu fahren, doch der König in Kopenhagen lehnte ab. Stattdessen erteilte Frederik VI. den Befehl zum Krieg gegen Schweden, doch Christian Frederik weigerte sich mit der Begründung, dass es den Soldaten an Proviant, Geld und Kleidung fehle und dass „der schwedischen Nation durch einen Angriff von unserer Seite neue Kraft und eine Zunahme an Streitkräften erwachsen wird." Obwohl sich Dänemark-Norwegen seit dem 3. September 1813 offiziell wieder im Krieg gegen Schweden befand, herrschten die norwegisch-schwedische Grenze entlang weitgehend Frieden und Eintracht. Christian Frederik und vielen mit ihm war klar, dass das Schicksal Norwegens auf anderen Schlachtfeldern entschieden werden musste. Sicher deutete auch Søren Georg Abel in Gjerstad die Neuigkeiten und Zeichen auf diese Weise und hoffte, bei dem kommenden Kampf dabei zu sein.

13.

S.G. Abel steigt in die Politik ein

In den umliegenden Gemeinden erzählte man sich, die Söhne von Pastor Abel aus Gjerstad hätten des Sonntags zusammen mit Gleichgesinnten vor der Kirche Karten gespielt, während drinnen ihr Vater den Gottesdienst hielt. Und wäre jener 11. März 1814 nicht so ein besonders kalter Wintertag gewesen, hätten die Jungen vielleicht auch dagesessen und Karten gespielt, während in der Kirche von Gjerstad ein nationaler Gebetstag abgehalten wurde. Aber vielleicht hatten die Knaben andere Gründe, um an diesem Tag in der Kirche zu sein? Wie dem auch sei, die Pfarrerssöhne hatten genug über das erfahren, was geschehen sollte, um neugierig zu sein. Vielleicht begleiteten sie den Vater zur Kirchentür und sahen zu, wie alle mit ernster und besorgter Miene eintraten. Vielleicht hörten auch sie von drinnen die Worte ihres Vaters, mit denen er zu Gott flehte: „Sieh gnädig herab auf unser geliebtes Vaterland und lasse Einigkeit, Kraft und Bürgersinn ein immer festeres Band knüpfen, um seine Unabhängigkeit, Freiheit und Ehre zu bewahren."

Wie alle anderen Pfarrer im Lande hatte Søren Georg Abel Ende Februar 1814 einen feierlichen Aufruf von Prinz Christian Frederik erhalten, einen nationalen Gebetstag im Gottesdienst zu begehen. Am 11. März hatten weder Unkonfirmierte noch Dienstmägde Zutritt zur Kirche und die Frauen waren aufgefordert, sich im Hintergrund zu halten. An diesem Tag sollte in der Kirche ein Eid abgelegt werden, und es sollten unter den zivilen, geistlichen und militärischen Beamten, Hüttenwerksbesitzern und selbständigen Bauern, die älter als 25 Jahre waren, Wahlmänner bestimmt werden. Die meisten Leute wussten nicht, was eigentlich vor sich ging, auch die zivilen Beamten waren ahnungslos. Christian Frederik hatte auch die Bischöfe und Pastoren gebeten, alles bis zu dem feierlichen Augenblick in der Kirche geheim zu halten.

In der Kirche von Gjerstad klärte Pastor Abel seine Gemeinde über die historische und politische Lage auf. Er wies auf die Jahrhunderte hin, die Dänemark und Norwegen unter dem gleichen Szepter vereinigt waren, als gemeinsame Wohltaten die Völker in geschwisterlicher Eintracht verbanden und der sanfte Engel des Friedens so oft über dem vereinten Vaterland schwebte. Doch das Jahr 1807 sei, so fuhr er fort, von den Schrecken des

Krieges geprägt gewesen. Dänemark sei in einen vernichtenden Krieg hinein-gezogen worden, der seinen Wohlstand geschwächt habe, wenn der Hunger auch zu ertragen war. Doch nun habe sich das Kriegsglück auch von Kaiser Napoleon abgewendet, unserem unglücklichen Verbündeten. In einer großen Schlacht in Deutschland sei fast seine gesamte Streitmacht vernichtet worden und feindliche Heere drängten in dänisches Staatsgebiet. Und Schweden, das nie aufgehört hatte, mit Intrigen und Gewalt das Glück von Dänemark und Norwegen zu untergraben, wolle jetzt die Gelegenheit nutzen und verlangte das norwegische Reich als einzige Bedingung für Frieden. Und, betonte Pastor Abel, um sein übriges Land zu retten, müsse Frederik VI. nachgeben.

Ohne ein Wort der Sympathie für Schweden las er die schriftliche Abma-chung König Frederiks anlässlich des Kieler Friedens vor, worin zu lesen stand, dass Norwegen an Schweden fallen solle. Pastor Abel bedauerte den unglücklichen König Frederik, der eigentlich Frieden wünsche, dem aber von missgünstigen Nachbarn der Friede gestohlen worden sei. Pastor Abel sprach zu seiner Gemeinde: „Damit ist das Band zwischen Dänemark und Norwegen zerschnitten und wir sind von unserem Treueeid für den früheren König entbunden. Wie düster wären die Aussichten für Norwegen, wenn es in dieser Lage sich selbst überlassen bliebe. Entweder müssten wir uns demütig dem schwedischen Joch beugen oder zusehen, wie unser Vaterland von Parteien-zank und Unruhen zersplittert würde. Doch zu unserem Glück gibt es eine Vorsehung, die für uns ein besseres Los will. Ihr verdanken wir es, dass uns im vorigen Jahr Prinz Christian Friderich, der Thronerbe des Reiches, ge-schickt wurde. Dieser edle Prinz, der bis heute väterlich für uns gesorgt hat und dem Norwegen am Herzen liegt, hat die Regierung übernommen, hat sich an die Spitze seiner Bürger und Krieger gestellt. Die Ordnung bleibt erhalten, die Gesetze werden befolgt und die Unabhängigkeit des alten Norwegen bleibt erhalten und steht unerschütterlich wie die Gipfel seiner Berge."

Danach wurde die Bekanntmachung von Prinz Christian Frederik vorgele-sen, in der es hieß, Norwegen gedenke nicht, sich Schweden zu unterwerfen und gleich nach dem Gottesdienst solle die Wahl für eine verfassunggebende Versammlung stattfinden, die am 10. April in Eidsvoll abgehalten werde. Norwegen soll ein selbständiges Reich werden! Doch damit müsse das ganze Volk einverstanden sein und deshalb werde dieses Volk aufgefordert, den Unabhängigkeitseid zu schwören: „Schwört ihr, Norwegens Unabhängigkeit zu erhalten und Leben und Blut für das geliebte Vaterland zu wagen?" Und mit erhobenen Schwurfingern antwortete die Gemeinde: „Das schwören wir, so wahr uns Gott helfe!"

Abel war von glühender Begeisterung erfüllt für das, was geschah und geschehen sollte und natürlich war er einer der beiden Wahlmänner, die von der Pfarrgemeinde Gjerstad gewählt wurden. Als Wahlmann war er mitverantwortlich für die Entsendung von Vertretern des Amtsbezirks Nedenes zur Reichsversammlung nach Eidsvoll; wahrscheinlich wäre er selbst gern gewählt worden.

Unter den Wahlmännern, mit denen Søren Georg Abel eventuell hätte konkurrieren können, war Pastor Hans Jacob Grøgaard. Theologisch vertraten beide dieselbe Richtung. Grøgaard hatte sich wie Abel intensiv für das neue Gesangbuch eingesetzt und überall das „überholte Festhalten an dem alten" kritisiert. Doch Grøgaard wurde gewählt, zusammen mit Jacob Aall, der einstimmig angenommen wurde. Auch der von der Stadt Arendal gewählte Distriktsarzt Alexander Christian Møller fuhr nach Eidsvoll, wie auch Hüttenwerksbesitzer Henrik Carstensen von Risør. Pastor Abel musste noch einige Monate warten, bis er im großen Spiel an die Reihe kam.

Von allem, was in Eidsvoll bis zum 17. Mai 1814 geschah, wurde im Pfarrhof Gjerstad kaum etwas wahrgenommen oder besprochen. Der Frühling ließ wieder auf sich warten und man hatte genug zu tun, das Futter zu beschaffen. So blieb die Reichsversammlung vom Volk ziemlich unbeachtet. Der folgende Sommer war normal und man war mit der Ernten zufrieden.

Pastor Abel hielt sich allerdings ständig auf dem Laufenden. Im Frühling und Sommer 1814 äußerte er sich begeistert darüber, dass Norwegen wieder ein unabhängiges Reich geworden war. Dass so viele durch das Grundgesetz von Eidsvoll das Stimmrecht erhalten hatten und sich an Regierung und Verwaltung beteiligen konnten, war ein Prinzip, für das er stets gekämpft und das er in seinem Distrikt weitgehend mit Erfolg verwirklicht hatte. Abel fühlte sich im Einklang mit der neuen Zeit: *Gleichheit* vor dem Gesetz und *Pflichten* für die erwachsenen Männer würden eine Gewähr für das Wohl der Gemeinschaft sein und die besten Möglichkeiten für die Glückseligkeit aller bieten. Im Juli war ihm sicher klar, dass Kriegshandlungen zwischen Norwegen und Schweden unausweichlich waren und vermutlich begrüßte er auch das Angebot von Karl Johan, wie es in der Mossekonvention vom 14. August bekannt wurde. Am wichtigsten war, dass nicht am Grundgesetz gerüttelt wurde. Ob Christian Frederik das Land nun verlassen musste oder nicht, war noch unklar. Klar war jedoch, dass Vertreter für ein „außerordentliches Parlament" gewählt werden sollten, Abel ließ sich dafür aufstellen und wurde als erster Vertreter des Amtsbezirks Nedenes gewählt.

Vater Abel verließ Gjerstad voller Optimismus und mit dem festen Glauben, er könne an der Gestaltung des neuen Norwegen mitwirken. Vernunft und Freiheit, so würden die Grundfesten des neuen Reiches heißen. Noch hatte er den unbefangenen Glauben an die Vollkommenheit des Menschen und an die Fähigkeit des Volkes, dorthin zu gelangen.

Niels Henrik und Hans Mathias waren zwölf und vierzehn Jahre alt, als ihr Vater nach Christiania aufbrach und beide wussten, worauf ihr Vater Wert legte und wo seine Sympathien lagen. Die Ereignisse veränderten auch den Alltag der Knaben. Bevor der Vater sich auf den Weg machte, besorgte er einen neuen Lehrer für seine Kinder, den besten, den es im Distrikt gab.

Es war Lars Thorsen Vævestad, den Pastor Abel seinerzeit konfirmiert und zum Lehrer der Wanderschule der Gemeinde ausgebildet hatte. Lars Thorsen war 24 Jahre alt, als er Hauslehrer auf dem Pfarrhof wurde, aber die Buben kannten ihn natürlich von früher. In den letzten Jahren hatte Lars Thorsen bei dem Bürgermeister und Kriegskommissar Henrich Georg Tønder aus Kragerø seinen Dienst versehen. H.G. Tønder mit seinem herrschaftlichen Gut Taatø war sehr wohlhabend und half oft den Bauern des Distrikts. Søren Georg Abel hatte sich Tønders Unterstützung sowohl bei der Lesegesellschaft wie bei der Pfarrgesellschaft gesichert. Wahrscheinlich ging es auch auf Pastor Abels Initiative zurück, dass sein vielversprechendster Schüler, Lars Thorsen, „nach königlicher Resolution" 1811 vom Lehrerdienst freigestellt und zum reichen Tønder geschickt wurde, der ihm ein Studium ermöglichen sollte. Doch dies war in den schweren Kriegsjahren und, anstatt zu studieren, musste Thorsen alle möglichen anfallenden Arbeiten auf Taatø verrichten. In Tønders herrschaftlichem Haus mit seinem prachtvollen Ballsaal gab es viele wertvolle Möbel und Kunstgegenstände, im Garten wuchsen seltene Pflanzen, es gab ein Treibhaus mit exotischen Blumen, ein Fischteich war angelegt sowie ein Tierpark mit Eseln, auf denen die Gäste reiten konnten. Hinzu kam ein riesiger Obstgarten mit Apfelbäumen, Birnbäumen, Kirschbäumen und Pflaumenbäumen, da waren auch Pfirsich- und Aprikosenbäume, Walnussbäume und rankender Wein, daneben zahllose Sträucher mit Johannisbeeren und Stachelbeeren. Aus Lars Thorsens Absicht, sich in die Bücher zu vertiefen, wurde nichts, und als Søren Georg Abel nach Christiania musste, rief er ihn nach Gjerstad zurück. Abel fasste die Studienpläne Thorsens wie folgt zusammen: „Die Zeiten verwirrten die Konjunkturen und eine Reihe von Umständen war schuld daran, dass er diesen Plan aufgeben musste, so sehr ihm dessen Ausführung auch am Herzen lag."

Als Lehrer von Niels Henrik und den anderen Kindern auf dem Pfarrhof leistete Lars Thorsen Beachtliches. Er scheint von allen Kindern geliebt worden zu sein, und während er nun Hauslehrer war, setzte er sein Selbststudium fort. Er lernte Deutsch, schrieb sein Tagebuch in Französisch, interessierte sich für Geschichte und studierte die Bibel. Vater Abel hielt ihn für „tauglich zum Unterrichten" und er behielt Thorsen als Hauslehrer, als er nach seiner ersten Wahlperiode im Parlament wieder nach Hause kam.

Von Christiania aus hatte Vater Abel eine Reihe von Briefen heim nach Gjerstad geschickt. Er war einige Tage, bevor das Storting am 8. Oktober seine Arbeit aufnahm, in der Hauptstadt angekommen und er war überrascht über die Stimmung, die dort herrschte: Alles sprach über die Union mit Schweden als einer Notwendigkeit, die Frage war lediglich, unter welchen Bedingungen. Abels alter Rektor, Professor Niels Treschow, gehörte zu denen, die starke Zweifel an den im Frühling vertretenen Gedanken der Unabhängigkeit hegten und die Meinung vertraten, dass das Parlament unverzüglich einen Vernunftfrieden eingehen, die Union annehmen und die Wahl des Königs durchführen müsse, bevor andere Fragen debattiert würden. Auch Graf Wedel war dieser Meinung. Mit gutem Grund erinnerte er daran, dass alles so gekommen war, wie er es vorhergesehen habe und nun könne er sich gegen den Vorwurf des Verrats und gegen die Verspottungen, die er in Eidsvoll hatte ertragen müssen, zur Wehr setzen. Viele glaubten, dass Graf Wedel nun der erste Mann des Landes werden würde. Viele waren überzeugt, dass Ponte Corvo, Karl Johan genannt, ein umgängliches und großzügiges Staatsoberhaupt sein werde. Doch Präsident und dominierende Gestalt bei den Verhandlungen im neuen Parlament wurde Wilhelm Frimann Koren Christie, der in Eidsvoll Sekretär der Reichsversammlung gewesen war.

Die große Diskussion drehte sich um die entscheidende Frage, ob das Storting *zuerst* den König wählen und *dann* das Grundgesetz ändern sollte oder ob Grundgesetzänderungen vor der Wahl des Königs beschlossen werden sollten. Anders ausgedrückt: Sollte das Volk selbst das Grundgesetz bestimmen oder sollte es einen Vertrag zwischen dem König und dem Volk geben?

Diese Frage wurde mehrere Tage lang diskutiert und bei dieser Debatte hatte Søren Georg Abel ein entscheidendes Argument gegen seinen alten Rektor und für die von Christie vertretene Linie. Mit tiefer und ernster Stimme, manche sprachen von einer Grabesstimme, für andere war es eine „hohle Stimme, als tönte sie aus einem Fass", erklärte Søren Georg Abel seinen Zuhörern im Storting unmissverständlich: „Wir sind, gelobt sei Gott, noch ein freies Volk, und als ein solches sollten wir in jeder Hinsicht handeln ..." Schweden habe nicht das Recht zu erwarten, dass Norwegen bei einer möglichen Vereinigung dessen Grundprinzipien übernehme: „Wir sind es, die diesem Reich die Bedingungen vorgeben, unter denen freie Norweger die Schweden ihre Brüder nennen wollen!", betonte Abel. Von einer schwedischen Vorherrschaft wollte er nichts hören, auch wenn dies im Kieler Frieden vorgesehen war und der Vertrag von Mosse diese Auffassung zu bestätigen schien. „Deshalb werden wir in ruhiger und gründlicher Überlegung als ein freies Volk die Grundsätze und Bedingungen bestimmen, auf denen eine Vereinigung Norwegens und Schwedens basieren sollte, falls die Männer Norwegens dies für das Land als nützlich ansehen." Abel imponierte mit seinen geschliffen formulierten, fast mathematischen Präzisierungen: „Wenn wir in diesen Bestimmungen die gebotene Rücksicht auf unsere nationale Ehre, unsere Freiheit und unsere Bürgerrechte genommen haben, wenn wir dafür gesorgt haben, dass jede mögliche Unterdrückung auf welche Art auch immer jedwedem Regenten unmöglich gemacht wird, dann lasst uns die Ersten sein, die dem schwedischen Volk unsere aufrichtige Bruderhand reichen, dann lasst uns, als freie Nation, Carl XIII. das Zepter anbieten, das zu führen ihm bisher sein Los nicht beschert hat!" Und Abel schloss seine Ausführungen damit, dass auch dann, wenn die Verfassung, zu deren Festsetzung niemand mehr berechtigt ist als das Volk, das ihr gehorchen soll, von einem unverkennbar herrschsüchtigen Regenten abgelehnt werde, Norwegen in seiner ganzen Kraft bestehen bleibe und mit dieser (Verfassung) „können wir siegen, mit dieser können wir sterben und in beiden Fällen können wir unsere Ehre wiedererlangen."

Nach einer Reihe von Sitzungen und Verhandlungen formulierte schließlich der Präsident des Storting, Christie, drei Fragen zur Wahl, eine Entscheidung musste vor dem 21. Oktober fallen, denn da konnte Karl Johan den Waffenstillstand beenden und nach einer achttägigen Frist den Krieg wieder fortsetzen. Christies erste Frage lautete, ob es anlässlich der Abdankung Christian Frederiks nötig sei, eine neue Königswahl vorzubereiten, dies wurde mit einer Gegenstimme bejaht. Die beiden anderen Fragen lauteten: Soll Norwegen als selbstständiges Reich unter bestimmten Voraussetzungen mit Schweden unter einem König vereint werden? Und: Soll der König jetzt sofort gewählt werden?

Nun wurden Reden gehalten mit einer Sprachgewalt wie seitdem wohl niemals wieder in der Geschichte des Storting: Am weitesten ging wahrscheinlich Pastor Reiersen, neben Abel Abgeordneter von Nedenes. Für den Fall, so meinte er, dass der Schwedenkönig dem Volk nicht seine Freiheit lässt, wolle er in einem Wasserfall der Wörter die Schwerter schärfen und mit Todesverachtung in wütender Verzweiflung die gekränkte Ehre und den Schiffbruch der Freiheit rächen: Dann werde das Heulen der Witwen und der Vaterlosen ein Siegesgesang auf dem Grab des gefallenen Kriegers sein und das Röcheln der Sterbenden werde sich mit den tränenerstickten Stimmen der Hinterbliebenen vermengen und als heiserer Seufzer aus dem Abgrund ein 'Weh dem König von Schweden', 'Weh seiner Eroberungssucht' rufen!

Propst Nils Hertzberg sprach sich dahingehend aus, dass jeder Norweger, der bei einer Verletzung des Grundgesetzes nicht seinen Hof in Brand stecke, zu den Waffen greife und nach Berserkerart losziehe, am nächsten Baum aufgeknüpft werden sollte. Die Mehrheit von denen, die für die Unabhängigkeit eintraten, waren nüchterner, bei der Abstimmung stimmten nur fünf gegen die Union. Treschow und Graf Wedel wollten auf der Stelle eine Königswahl durchführen, doch das Storting sprach sich mit 47 gegen 30 Stimmen dafür aus, Christie zu folgen und die Königswahl bis zur endgültigen Fertigstellung des Grundgesetzes auszusetzen.

Die Schweden nahmen den Unionsbeschluss mit großer Freude auf, und obwohl Karl Johan enttäuscht reagierte, weil die Königswahl nicht sofort beschlossen wurde, schickte er seine Truppen nach Hause.

In seinem Brief vom 23. Oktober schrieb Vater Abel nach Hause: „Gestern versammelte sich das Storting um neun Uhr und tagte ohne Unterlass bis 6 Uhr am Abend. Die große Frage war, ob Norwegen als ein unabhängiges Reich mit Schweden vereinigt werden solle und ob diese Vereinigung Norwegen zugute käme. Es wurde heftig debattiert, 17 Reden wurden gehalten und schließlich mit 74 gegen 5 Stimmen entschieden. Man hält die Vereinigung den üblichen Bedingungen gemäß für nützlich. Es folgt nun von selbst, dass man später den König von Schweden wird wählen müssen und die Voraussetzungen hierzu noch bestimmt werden müssen. Gott sei Dank sind wir soweit gekommen, denn einen weiteren Krieg hätte das Land nicht verkraftet. Meine Überzeugung ist, dass alles sehr gut gehen wird. Ich melde mich bald mit weiteren Nachrichten. Bittet alle, gelassen zu bleiben, wie es sich für Christen und gute Bürger ziemt."

Am 24. Oktober begann im Storting die Überarbeitung des Grundgesetzes vom 17. Mai. Es kam zu einem erbitterten Tauziehen zwischen dem Storting unter Führung von Christie und der schwedischen Delegation, die mehrmals drohte, die Verhandlungen abzubrechen. Doch mit doppeldeutigen und biegsamen Formulierungen gelang es Christie, die strittigen Punkte auf eine Weise darzustellen und zur Abstimmung zu bringen, die dem politisch Unvermeidbaren in den Augen der Volksvertreter den Anschein von Freiwilligkeit gab, und das in einer Form, wie sie für die schwedische Delegation annehmbar war.

Die schwierigsten Paragraphen betrafen die Verfügungsgewalt des Königs über die Streitkräfte und ob er bezüglich der Einbürgerung von Ausländern ein Veto haben sollte. Bei dieser letzten Frage engagierte sich Pastor Abel auf besondere Art: Die übliche Auffassung war, dass die Einbürgerung von Ausländern für die Rekrutierung des künftigen norwegischen Beamtenstandes von großer Bedeutung sei, und obwohl die schwedischen Beauftragten jeden Anspruch auf Ämter in Norwegen durch Schweden zurückgezogen hatten, wollten sie, dass dem König in solchen Angelegenheiten ein Vetorecht zustehen solle. Diese Forderung bezeichneten sie als Ultimatum. Bei einer Probeabstimmung waren 39 dafür und 39 dagegen. Am Tag vor der endgültigen Abstimmung traf sich Pastor Abel mit fünf Abgeordneten der Bauern und bearbeitete sie mit starken Worten und viel Punsch, gegen das Vetorecht zu stimmen. Am nächsten Tag wurde die Forderung nach einem Veto für den König mit 43 gegen 34 Stimmen abgelehnt!

Pastor Abels Punschrunde wurde von mehreren Seiten kritisiert und von einigen fast als Skandal hingestellt, doch viele freuten sich über das Ergebnis. Die schwedischen Abgesandten nahmen die Abstimmung nur mit großer

Bestürzung auf. Doch die Zeit drängte, am gleichen Tag stand die Königswahl auf der Tagesordnung, und um diese heikle Wahl nicht zu verzögern, wurde nicht weiter über diese Angelegenheit gesprochen: Die Union kam schließlich zustande mit einer Mehrheit, die Karl XIII. zum König Norwegens wählte und einer Minderheit, die erklärte, ihn als König *anzuerkennen*.

Anfang Dezember kam Søren Georg Abel heim nach Gjerstad. Zuvor hatte er auch Karl Johan und dessen Sohn Prinz Oscar kennen gelernt. Am 9. November hatte die Königsfamilie Einzug in Christiania gehalten. An diesem dunklen Novemberabend mit Regen und Schneeregen in der Luft kam sie, eskortiert von Blasmusik und aufgesessener Kavallerie mit brennenden Fackeln, von Ekeberg herunter. Kanonenschüsse wurden abgefeuert: neun, als der Zug bei Ekebergsvingen ankam, neun, als Karl Johan am Marktplatz eintraf, und neun bei der Ankunft vor dem Palais. Hier wurde die große Begebenheit dann mit den Abgeordneten des Storting und den geladenen Gästen gefeiert. Eine glänzende Tafel mit Reden und Toasts, gefolgt von Spaziergängen durch den erleuchteten Garten des Palais. Karl Johan nahm alle mit seinem Charme für sich ein. Die ganze Stadt war auf den Beinen und in den erleuchteten Straßen herrschte ein fröhliches Treiben. Es gab aber auch Stimmen, die den Einzug des Königs eher mit einem Trauerzug verglichen und das Rollen der schwedischen Wagen durch die Stadt als Bedrohung empfanden. An die Armen wurde jedenfalls Getreide verteilt und die angetretenen Soldaten erhielten Geldstücke. Vielleicht war Ponte Corvo nicht so schlimm wie manche dachten. Am 20. November half er zusammen mit Prinz Oscar bei einem Brand in der Stadt, und man erzählte, Karl Johan habe eigenhändig die Feuerspritze ergriffen und den Wasserstrahl dorthin gerichtet, wo der Brand am gefährlichsten war.

In seiner Eigenschaft als Abgeordneter des Storting war Abel immer Patriot geblieben und Anhänger der Unabhängigkeitspartei, auch wenn er für die Union gestimmt hatte. Die Episode mit dem Punsch hatte ihm nicht geschadet, im Gegenteil, gegen Ende der Parlamentssitzungen wurde ihm die Ehre zuteil, in die sieben Mann starke Abordnung gewählt zu werden, die mit Christie als ihrem Wortführer nach Stockholm fahren und Karl XIII. anlässlich der Vereinigung der Reiche und der Königswahl ein Glückwunschschreiben überreichen durfte. Mit im Gepäck hatten sie ein Exemplar des Grundgesetzes mit sämtlichen Unterschriften der Abgeordneten. Dies war ein ehrenvoller Auftrag, doch leider war Abel gezwungen abzusagen. Nachdem er „in einer der schlecht beleuchteten Straßen der Stadt" ausgerutscht war und sich an der Bordsteinkante gestoßen hatte, schmerzte sein Fuß. „Ich habe versäumt, Mittel anzuwenden und die Verletzung nahm eine böse Entwicklung", meldete er.

Doch er schaffte es, heim nach Gjerstad zu kommen. Vater Abel blickte nun sehr optimistisch in die Zukunft. Von der Resignation, die sich im Herbst 1814 im Land breit gemacht hatte, wollte er nichts mehr wissen. Er glaubte fest an die Möglichkeit des Einzelnen, durch Vernunft und Einsicht alles zum Besseren zu wenden. Große Dinge können geschehen, wenn die menschlichen Bedürfnisse und die menschliche Vernunft im Einklang sind mit jener Vernunft, welche die Welt lenkt, worunter Vater Abel die göttliche Vorsehung und Bestimmung verstand. Von seiner Sicht der Dinge lernten die Kinder vielleicht, dass Begeisterung und Leidenschaft eine natürliche und selbstverständliche Ausdrucksform sein können.

Am 20. Dezember 1814 kam auf dem Pfarrhof von Gjerstad noch einmal ein Sohn zur Welt. Die Geburt verlief ohne Komplikationen, doch nach einer Woche bekam Anne Marie starke Blutungen. Eilig wurde ein Bote zu Pferd nach Risør geschickt, wo sich Dr. Homann, der Arzt von Kragerø, gerade aufhielt. Anfang Januar schrieb Abel an seinen Propst in Arendal: „Dem Himmel sei Dank! Meine Frau ist außer Gefahr!"

14.

Die Zeit, in der Niels Henrik aufwuchs

Zu der Zeit, als Niels Henrik aufwuchs, gab es ein Sprichwort: „Aus Pfarrerskindern wird wenig, aus denen vom Bischof gar nichts."

Diese Meinung war weit verbreitet, weil die Theologiestudenten ihre Frauen oft in Kopenhagen fanden und diese nicht nach Norwegen passten, und schon gar nicht in ländliche Gebiete. Also ging es mit Haushalt und Kindern mehr schlecht als recht. Diese Auffassung spiegelte auch die mehr oder minder offizielle Sicht der Situation. Im jahrelangen Kampf um eine eigene Universität lautete eines der immer wiederkehrenden Argumente, dass den jungen norwegischen Studenten die vielen Verlockungen der Großstadt Kopenhagen erspart bleiben sollten. Dabei dachte man nicht zuletzt an die erotischen Verlockungen der ungefestigten Jugend.

Als Niels Henrik in Gjerstad aufwuchs, hatte die erste Generation der Abels eine bestimmte Norm im Dorf gesetzt. In der Pfarrgemeinde galten Niels Henriks Großeltern als ein Beispiel dafür, wie ein anständiges Leben im Dienste Gottes und der Menschen aussah, ein Ideal für verlässliches Christentum und menschliche Güte.

„Der unvergessliche Hans Mathias Abel!", hieß es bei den Leuten. Der Mesner hatte seinen Sohn nach dem alten Pfarrer genannt. Die Verlässlichkeit und Fürsorge, die Elisabeth Normand Abel an den Tag gelegt hatte, sollte auch Niels Henrik erfahren dürfen. Sie war überall und zu jedem freundlich und hilfsbereit gewesen, sie hatte der Gemeinde beigebracht, wie man Flachs anbaut und mehr als einmal beobachtete Niels Henrik, wie sich die Bauersfrauen von Gjerstad zu Ehren der Großmutter Abel vor den Flachsfeldern verneigten. Niels Henriks Großeltern waren ein Maßstab dafür geworden, was ein Abel in den Augen des Volkes war und sein sollte, ein Ideal, das die Nachkommen nie erreichen würden. Das Kartenspiel der Pfarrerskinder vor der Kirche war dafür ein eindeutiges Beispiel.

Niels Henriks Vater hatte das Wohl und Wehe seiner Gemeinde zu seinem besonderen Anliegen gemacht, in seinem Beruf wollte Søren Georg Abel all sein Wissen und Können einsetzen, um der Mehrheit seiner Pfarrkinder in dieser Welt wie auch im Jenseits ein besseres Leben zu ermöglichen. Unermüdlich predigte er eine Reihe von Lebensregeln und Denkmustern, die durchaus die starke Erwartung wecken konnten, die Welt sei ein guter Ort, um dort zu leben, falls man nur richtig handele und denke. Aus der Sicht von Niels Henrik und seiner Geschwister muss dies so ausgesehen haben, als seien alle Fragen des Lebens mit den Erklärungen des Vaters eigentlich bereits beantwortet.

Niels Henrik hatte eine Mutter, die oft abwesend schien, und ihre ständige Unzufriedenheit muss für den Sohn bereits früh etwas gewesen sein, das sich mit dem fugenreinen System des Vaters nicht vereinbaren ließ. Sie war distanziert und abweisend, und daher rührt vielleicht das Reaktionsmuster des Sohnes, der später ständig auf der Hut war vor möglichen Zurückweisungen. Doch auf dem Hof Lunde, einige Kilometer vom Pfarrhof entfernt, wohnte nun seine Großmutter. Sicher holte sie oft die Enkel zu sich, kümmerte sich um sie und gab ihnen den Trost, der ihnen möglicherweise im Alltag fehlte. Ab und zu fuhr die Großmutter auch nach Risør, wo Margrethe Marine lebte, ihre einzige Tochter. Diese war unverheiratet und arbeitete als Näherin in der Stadt. Vielleicht kam Niels Henrik manchmal mit nach Risør, jedenfalls hatte er einen so guten Kontakt zu seiner Tante, dass er ihr später als Schüler in Christiania Briefe schrieb.

Niels Henrik und seine Brüder scheinen recht lebhafte Burschen gewesen zu sein, „reine Naturkinder", wie sie ihr Vater nannte, Rabauken, die es sogar für die nächsten Familienangehörigen bisweilen zu bunt trieben. Niels Henrik soll sehr mutig gewesen sein und tat sich, wie es hieß, früh mit seiner körperlichen Gewandtheit hervor. Er schwamm schneller als die anderen, war im Wasser wie ein Aal. Und im Winter fuhr er auf Skiern Hänge hinunter, vor denen andere zurückschreckten. Hing dieser besondere Mut mit einem Kräfteüberschuss des Kindes zusammen, verbunden mit der mangelnden Fähigkeit, mögliche Gefahren vorauszusehen, oder lag der Grund vielleicht in einer so starken Vorstellung alles Bedrohlichen, dass eine Herausforderung der Gefahren, ein Überschreiten von Grenzen einfach nötig war, um sich den Raum zu schaffen, den er zum Atmen brauchte?

Gjerstad ist eine ländliche Ortschaft mit Hochmooren, Wäldern und Seen, nach Norden und Osten wird der Ort von steil aufragenden Bergen und Höhenzügen gleichsam abgesperrt. Was die Landschaft besonders prägt, jedenfalls um die Kirche und den Pfarrhof, sind die schräg abfallenden runden Felder und Wiesen bis hinunter zum Gjerstadsee, der wie eine Schöpfkelle in der Landschaft liegt.

Damals erzählte man sich, dass am See ein Troll sein Unwesen getrieben haben soll. Er sei dorthin gelangt, nachdem man ihn im Sundsfoss, einem Wasserfall am Ende des Sees, gefangen habe. In diesem Wasserfall habe der Troll lange Zeit jedes Jahr ein Menschenleben gefordert, indem er einen der

Kähne, die zwischen Gjerstad und dem Hüttenwerk Egeland unterwegs waren, kentern ließ. Doch eines Tages soll ein theologischer Kandidat angekommen sein, lange bevor Niels Henriks Großvater die Pfarrei übernahm. Man nannte ihn den „grünen Studenten". Er holte sich vier starke Burschen und ruderte mit aller Kraft gegen die Strömung in den Wasserfall hinein. Dort packte der Kandidat zu und zog ein kleines, schwarzes Wesen aus dem Wasser, das aussah wie ein kleiner nasser Hund. Ohne ein Wort bedeutete der Student den Männern, über den Gjerstadsee zu rudern, dabei hielt er dieses Wesen zwischen die Knie geklemmt. Bei Tvetsuren, einer Geröllhalde, wurde der Troll nach strenger Ermahnung abgesetzt. Seitdem ist niemand mehr bei Sundsfossen verunglückt, doch vor Tvetsuren sind einige ertrunken und viele haben von dort ein Jammern vernommen, so als befinde sich jemand in Lebensgefahr.

So wie der Gjerstadsee die Landschaft prägt, war der Troll im damaligen Volksglauben eine deutliche Vorstellung. Doch in Vater Abels systematischer Gesamtsicht davon, wie alles zusammenhängt und wie man sich einzuordnen hat, waren derartige Vorstellungen der Leute nur Aberglauben. Bei dem offensichtlichen Widerspruch zwischen dem felsenfesten Glauben eines Vater Abel und dem vagen Volksglauben war diese Landschaft geeignet, all das Übernatürliche, von dem die Leute redeten, zu bestätigen. Vielleicht wurde das mutige Schwimmass Niels Henrik von den anderen Jungs herausgefordert, vor Tvetsuren sein Können unter Beweis zu stellen?

Direkt beim Pfarrhof lag ein Felsbrocken, der sogenannte Ronne-Fels, an diesem legten die Leute seit alters her neu geborene Kinder ab, die missgebildet waren, um sie umzutauschen gegen gesunde Kinder der Trolle. Die Trolle besaßen viele gesunde Menschenkinder, denn sie nahmen kleine Kinder, die die Eltern bei der Feldarbeit allein gelassen hatten, mit und legten dafür ihr eigenes Trollkind hin. Doch am Ronne-Felsen konnten die Menschen die Trolle überlisten. Die Trolle tauschten bereitwillig, legten oft ein gesundes Kind auf den Felsen und nahmen dafür das missgebildete. So dumm waren die Trolle, doch es musste am besten um Mitternacht geschehen. Aber gab es wirklich Leute, die dies immer noch taten?

Auch von Elfen und kleinen, grauen Gnomen war die Rede. Der Platz Bommen, oder Sonnenhügel, wurde auch Hexenhügel genannt, weil sich hier die Hexen versammelten, um auf ihren Besen zum Blocksberg zu reiten. Auf dem Hof Bortigarden waren alle Menschen von ungewöhnlicher Stärke. Die Häuslerkate Hallen hatte immer die grünsten Hügel des Dorfes. Jens Beintsen vom Pachthof Gjerstadstranna wurde eines Tages oben auf dem Kirchturm gesehen, wie er sich horizontal mit seinem Nabel als Drehpunkt auf der Spitze im Kreise drehte.

Unten am Gjerstadsee lag der kleine Hof Tangen und die Jungs dort waren besonders gute Schützen. Sie schossen um die Wette auf brennende Kerzen, wobei es darum ging, die Kerze nicht auszulöschen, sondern nur die Flamme zu streifen. Die Jungen vom Tangen-Hof waren auch geschickte Schlittschuhläufer, besonders Ola Tallaksen, der im gleichen Alter war wie Niels Henriks. Ola fuhr mit den schnellsten Pferden um die Wette, stützte sich am Pferderücken ab und sprang über das Tier, während es im schnellsten Trab lief. Eines Tages klappte es nicht ganz und er rasierte mit seinen Schlittschuhen dem Pferd fast alle Schweifhaare ab.

Erzählt wurde auch die Geschichte des Landstreichers Jonas Kruse, der vor vierzig Jahren Sommer für Sommer mit seiner Frau Ingeborg in einer kleinen Hütte im Wald auf dem Weg nach Vegårdshei wohnen durfte. Diese Hütte wurde von den Bauern im Winter als Unterkunft beim Holzfällen genutzt. Dieser Jonas war ein Wechselbalg! Er konnte sich in einen Werwolf oder in einen Braunbären verwandeln. Und eines Sommers, als er und Ingeborg gerade damit beschäftigt waren, das Heu um die Hütte aufzuhäufen, fühlte Jonas, dass eine Verwandlung bevorstand. Er warf seine Frau auf den Heuhaufen, drückte ihr einen kräftigen Stock in die Hand und schärfte ihr ein, sich so gut wie möglich zu wehren. Dann verschwand Jonas im Wald und kehrte kurz darauf in Gestalt eines großen Bären wieder, der Ingeborg angriff. Mit Müh und Not gelang es ihr, sich im Heu zu wehren, sie hielt den Stock mit einer solchen Verzweiflung umklammert, dass das Blut aus ihren Fingernägeln tropfte. Schließlich ließ der Bär von ihr ab und wenig später stand Jonas wieder in Gestalt eines Menschen vor ihr. Ein Mann aus dem Dorf, der kurz darauf vorbeikam, sah noch die Stoffreste, die zwischen Jonas Zähnen hingen. Und noch als es die Hütte nicht mehr gab, wurde der Ort im Wald auf dem Weg nach Vegårdshei das Krusenhaus genannt.

Was dem siebenjährigen Mädchen Anne im Hüttenwerk Egeland zustieß, muss auch einen tiefen Eindruck im Distrikt hinterlassen haben. Eigentlich ging es um ihren Vater, Christian Amundsen, der seinerzeit in der Kirche von Gjerstad von Hans Mathias Abel konfirmiert worden war. Im Frühjahr 1810 wurde dieser Christian, auch 'Langer Kristian' genannt, hingerichtet, weil er seine eigene Tochter umgebracht hatte. Viel Volk strömte zusammen, sogar kleine Kinder wurden hoch gehoben, damit sie jenen Mann sehen konnten, wie er zum Hinrichtungsplatz geführt wurde. „Hei, das wird ein großes Besäufnis auf meinem Begräbnis heute!", soll er gerufen haben, bevor ihm der Kopf abgehackt und auf eine lange Stange gesteckt wurde. Sein Körper wurde ohne Feierlichkeit auf dem Friedhof verscharrt, und als der scheußliche Kopf mit dem langen schwarzen Haar und dem Bart nur noch ein leerer, ausgetrockneter Totenschädel war, mauerte man ihn in eine Wegemauer ein. Doch was war eigentlich geschehen? Die Leute erzählten, Kristian sei Witwer gewesen und hätte gerne wieder geheiratet. Doch seine Erwählte machte zur Bedingung, er müsse zuerst das Gör aus seiner ersten Ehe loswerden. An einem Sonntag nahm er sich dann vor, im Wald Holz zu holen, wozu er seine Tochter mitnahm. Auf einer Felskuppe westlich des kleinen Sees „Pøddet-jenn" erschlug er das Mädchen und warf sie in den kleinen See. Doch als bald darauf nach dem Verbleiben der kleinen Anne gefragt wurde, fiel der Verdacht auf den Vater und nach langen Verhören gestand er. Die Beschreibung, wie das Mädchen aussah, als es endlich auf dem Wasser treibend gefunden wurde, war grauenerregend: Die Glieder waren zwar heil, doch der Kopf blutig mit einem tiefen Loch an der rechten Seite des Schädels, ein kräftiger Hieb, mit einem Stein auf die Nase zwischen die Augen, das Kinn verletzt, blaue Flecken auf den Wangen und unterm linken Auge.

15

Niels Henrik verlässt das Elternhaus

Vater Abel hatte also einen spannenden Aufenthalt in Christiania und sich während des außerordentlichen Storting im Herbst 1814 hervorgetan. Gewiss hatte er auch mit dem Rektor Jacob Rosted wegen eines Platzes für seine Söhne in der Kathedralschule gesprochen, wenn es soweit sein sollte. Für Hans Mathias, den ältesten, war das vermutlich der Herbst 1815. Und wahrscheinlich hoffte Niels Henrik so bald wie möglich seinem Bruder folgen zu können, möglicherweise freute er sich bereits, aus der allzu vertrauten Gegend wegzukommen... weg von seiner depressiven Mutter. Vielleicht würde er es selbst eines Tages besser machen als seine Eltern?

Es gab sicher mehrere Gründe, die Vater Abel bewogen hatten, seine Söhne auf die Kathedralschule von Christiania zu schicken. Zum ersten hatte er sich als Abgeordneter zwei bis drei Monate in den Räumen der Schule aufgehalten, da der Festsaal der Kathedralschule für die Parlamentssitzungen benutzt wurde. Er dürfte die Lehrer der Schule kennen gelernt und erfahren haben, dass es Stipendien gab, die seinen Söhnen zugute kommen würden, sollten die eigenen Mittel knapp werden. Dann der vielleicht wichtigste Grund: Pastor Abel hatte sich von der politischen Aufbruchsstimmung mitreißen lassen, die im Land herrschte und dachte vermutlich, dass die Hauptstadt und der Parlamentssaal seine Arena für die kommenden Jahre sein würden. Sein Enthusiasmus und sein Engagement, die früher zur Gründung der Lesegesellschaft und der Pfarrgesellschaft geführt hatten, zu Verordnungen und Initiativen, schienen sich nicht mehr in gleicher Weise auf die Pfarrgemeinde und die Landbevölkerung zu konzentrieren. Pastor Abel wünschte sich andere Aufgaben, wollte ein breiteres Wirkungsfeld und ein größeres Publikum.

Im Herbst 1814 hatte er wahrscheinlich in Christiania auch seine Verwandten getroffen, die Brüder Jonas Anton Hielm und Hans Abel Hielm, die eben aus Kopenhagen zurückgekehrt waren. Ihre Mutter hieß Hulleborg Abel und war die Enkelin von Jørgen Henrik Abel, dem Propst von Bygland, bei dem Hans Mathias Abel seinerzeit als Pfarrhelfer gearbeitet hatte. Auch den Brüdern Hielm lag das Wohl und Wehe des neuen Norwegen am Herzen und sie übernahmen sogleich öffentliche Aufgaben, der eine als Anwalt beim Höchsten Gericht, der andere als Buchhändler und später als verantwortlicher Herausgeber der Zeitung '*Det Norske Nationalblad*', ein Organ, das in jeder Hinsicht das neue Norwegen prägen sollte.

Unter diesen Umständen hatte Vater Abel weder Zeit noch Lust, seine Söhne zu Hause in Gjerstad zu unterrichten. Die Jungen mussten in die Kathedralschule. Lars Thorsen, der vorerst als Hauslehrer auf dem Pfarrhof blieb, mangelte es am nötigen Wissen, vor allem im Lateinischen, um die Knaben auf das *examen artium* vorzubereiten.

Für Søren Georg Abel waren folgende Fakten von Bedeutung: Am 25. November 1814 hatte er selbst als Abgeordneter mit beschlossen, dass das erste ordentliche Storting Anfang Juli 1815 zusammentreten solle. Mit gutem Grund konnte Abel annehmen, wieder als Vertreter des Amtsbezirks Nedenes gewählt zu werden. Er hatte bei seiner Arbeit für das Wohl der Nation seine Fähigkeiten unter Beweis gestellt. Übertrieben bescheiden, ja demütig schrieb er am 8. Januar 1815 an Propst Krog in Arendal: „Auch ich wäre keineswegs abgeneigt, bei einem weiteren Reichstag mitzuwirken. Doch es ist mir gleich viel."

Zuerst fand eine Wahl in der Kirchengemeinde statt und es war selbstverständlich, dass der Pastor als Wahlmann in der Distriktversammlung fungierte, die ihrerseits in der nächsten Runde die beiden Vertreter zu bestimmen hatte, die als Parlamentsabgeordnete des Amtsbezirks in das Storting kommen sollten. Abel war einer der 19 Wahlmänner, die sich am 12. Januar 1815 trafen, um die Vertreter des Amtsbezirks Nedenes zu wählen. Vier dieser 19 Wahlmänner wurden als Kandidaten aufgestellt. Die beiden mit den meisten Stimmen galten als gewählt, die beiden nächsten waren Reservemänner. Sich selbst eine Stimme zu geben, hielt man damals für Wahlbetrug, keiner war nämlich befugt, in eigener Sache zu urteilen. Außer S.G. Abel wurden die Eidsvollmänner Jacob Aall und Hans Jacob Grøgaard aufgestellt. Ein weiterer Kandidat war der Hofbesitzer Christian Andersen Neersten. Neersten war Lehnsmann von Øyestad, etwa sechzig Jahre alt und besaß Bärenkräfte. So soll er einmal drei Säcke Getreide auf einmal getragen haben, je einen Sack unter dem Arm und einen mit den Zähnen, ein Anblick, der Räuber auf der Lauer die Flucht ergreifen ließ. Lehnsmann Neersten gehörte auch zu denen, die 1787 die Verhaftung von Christian Lofthus betrieben hatten und für diesen Einsatz war ihm ein schöner Silberpokal überreicht worden. Bei der Wahl im Januar 1815 erhielt Neersten die meisten Stimmen, dreizehn Wahlmänner wollten ihn als Abgeordneten im Storting. Jacob Aall erhielt 10 Stimmen und nur 8 fielen Pastor Abel zu. Damit war die Schlacht geschlagen, die erste Reserve würde vorerst nicht für eine Fahrt nach Christiania in Frage kommen. Grøgaard erhielt nur 2 Stimmen.

Abb. 4. Kirche und Pfarrhof von Gjerstad, gezeichnet 1826 von Pastor John Aas. Aas übernahm den Pfarrhof Gjerstad von Søren Georg Abel und wurde zu einer wichtigen Kontaktperson für Niels Henrik Abel. John Aas kam aus Røros und stammte im siebten Glied von Hans Olsen Aasen ab, dem ersten, der das Kupfer in der Umgebung von Røros entdeckt hatte. 1813 gehörte John Aas zum ersten Jahrgang, der das *examen artium* an der neuen norwegischen Universität ablegte, fünf Jahre später machte er sein theologisches Staatsexamen mit Auszeichnung. 1820 kam er nach Gjerstad, wo er sein Leben lang blieb, 47 Jahre lang, 20 davon als Propst in der Propstei Nedenes. Er war mehrmals Bürgermeister der Gemeinde und saß viermal als Abgeordneter im Storting. Sammlung von Anders Mo, Gjerstad. Foto: Dannevig, Arendal.

An seinen Plänen für die Ausbildung seiner Söhne hielt Vater Abel trotzdem fest, obwohl er wegen der Geldinflation über zu geringe Einnahmen klagte und erklärte, er müsse „wie ein Bauer" leben, um zu überleben. Dem Propst gegenüber klagte er außerdem über seine Gesundheit, aber am schlimmsten sei es mit Anne Marie, die seit der letzten Geburt ständig müde und erschöpft sei, und immer öfter erwähnt S.G. Abel die Kränklichkeit seiner Frau, ihre „Unpässlichkeit" und ihre „Verdrießlichkeit".

Doch im Juli 1815 herrschte am Pfarrhof Gjerstad große Freude. Peder Mandrup Tuxen und seine Elisabeth kamen aus Kopenhagen zu Besuch! Anfang August, als Tuxen eine Zehntagereise nach Christiania machen wollte, begleitete ihn Vater Abel. Und Abel fand, dass er auch diesmal in der Haupt-

Abb.5a,b. Portraits in der Kirche von Gjerstad, auf denen Pastor Hans Mathias Abel und Elisabeth Knuth Abel, geb. Normand – die Großeltern von Niels Henrik Abel zu sehen sind. Die nicht signierten Portraits wurden 1788 gemalt, drei Jahre nach der Ankunft der Familie Abel in der Pfarrgemeinde. Hans Mathias Abel starb, als Niels Henrik zwei Jahre alt war, die Großmutter lebte bis zu seinem 15. Lebensjahr und er scheint sie sehr gemocht zu haben, was auch auf das Gesinde am Pfarrhof und die Mitglieder der Pfarrgemeinde zutraf. Handschriftensammlung, Universitätsbibliothek Oslo. Fotos: Dannevig, Arendal

stadt auf seine Kosten gekommen war. Er speiste mit Statthalter von Essen, der „allseits beliebt und meiner Meinung nach ein sehr ehrwürdiger Mann ist." Er traf sich mit seinem alten Bekannten Niels Treschow und stellte fest, dass es „bitter ist, einen der größten Philosophen Europas in Staatsuniform mit Sporen an den Hacken" zu sehen. Abel besuchte das Storting, das gerade seine Sitzungen in der Hauptstadt abhielt, und berichtete, „dass vieles bis jetzt noch nicht erledigt ist." Später sollte dieses Storting zur Vermeidung einer unterschiedlichen Behandlung von Stadt und Land unter anderem das Schnapsbrennen freigeben, eine Entscheidung, die für Søren Georg Abels späteres Leben sichtbare Konsequenzen haben sollte.

Während seines Aufenthaltes in Christiania besorgte Vater Abel seinem Sohn Hans Mathias auch Kost und Logis im Hause eines Kaufmanns in der Nähe der Schule.

Ende September war es für Hans Mathias dann soweit, seinen Umzug vom Gehöft in die Hauptstadt vorzubereiten, um dort in die Schule zu gehen. Im

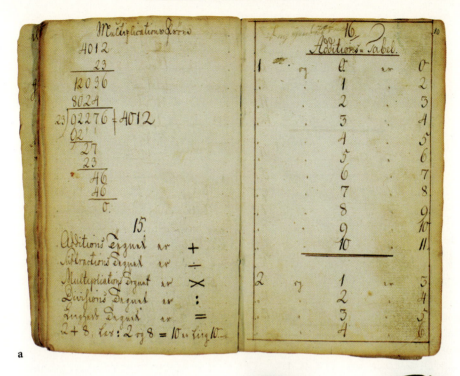

Abb. 6 a, b.

a Zwei Seiten aus dem Lehrbuch, das Søren Georg Abel schrieb und für den Erstunterricht seiner Kinder benutzte. In der ersten Zeile der Additionstabelle steht: 1+0=0. Handschriftensammlung, Nationalbibliothek Oslo.

b Scherenschnitte waren früher die „Familienfotos". Diese hier zeigen Niels Henriks Eltern – Søren Georg Abel und Anne Marie, geb. Simonsen, ausgeschnitten hat sie sicherlich der Freund der Familie, P.M.Tuxen, der später Anne Maries Schwester, Elisabeth Simonsen, heiratete. Privatbesitz, diese Silhouetten wurden wahrscheinlich in Peter Collets Jagdhaus Markerud in Nittedal gefunden.

Abb. 7. Karte aus dem Jahre 1820. Stammvater Mathias Abel kam um 1640 von Abild in Schleswig nach Trondheim, während des dort herrschenden wirtschaftlichen Aufschwungs. Die beiden nächsten Generationen der Abels blieben an der Westküste Norwegens, bis der Holzhandel, der Betrieb von Hüttenwerken und die Schifffahrt im südlichen und östlichen Norwegen zu wirklichem Wohlstand und Reichtum führten. 1 Trondheim (im Norden von Trondheims Amt), 2 Bergen, 3 Tysnes, 4 Nedstrand, 5 Finnøy, 6 Stavanger, 7 Kristiansand, 8 Arendal, 9 Froland, 10 Risør, 11 Gjerstad, 12 Fredriksvern (Stavern), 13 Christiania (Oslo), 14 Son, 15 Fredrikshald (Halden) an der schwedisch-norwegischen Grenze. [Kartensammlung der Nationalbibliothek Oslo, Nr. 1571].

Pfarrhof Gjerstad war das Getreide eingebracht, die Kartoffeln wurden bei einem „kleinen ländlichen Fest" von 50 Jugendlichen geerntet, die der Pfarrer eingeladen hatte, wodurch man 200 Fässer Kartoffeln an einem Tag einholte. Doch kurz bevor Hans Mathias nach Christiania fahren sollte, wurde er krank. „Schlappkrank", wie es sein Vater nannte, doch der Junge kränkelte den ganzen Oktober über und war zudem „äußerst zurückhaltend und still", so dass der Vater es nicht wagte, seinen Ältesten fortzuschicken. Statt seiner schickte er den 13-jährigen Niels Henrik.

Am 31. Oktober bestieg Niels Henrik in Risør das Schiff, sein Vater schrieb: „Gott befohlen! Aber ich entsende ihn nicht ohne Angst in diese verworfene Welt." Seinem Propst in Arendal berichtete er, nachdem er erfahren hatte, dass Niels Henrik wohlbehalten in der Schule der Hauptstadt angekommen war: „Gott schütze ihn. Ich kann es nicht mehr, muss aber bezahlen, bis ich kein ganzes Hemd mehr am Leibe habe."

Doch was war es, was Nils Henrik so unerwartet rasch zurückließ? Sein großer Bruder Hans Mathias erholte sich wieder, mit „schlappkrank" wurde eine damals übliche Unpässlichkeit bezeichnet, vermutlich eine Art Depression. Doch ihre Mutter war krank. Anne Marie konnte sich wegen Schmerzen in den Beinen nur mühsam bewegen und Vater Abel klagte dem Propst sein Leid: „Alles spielt verrückt. Ob Gott wohl weiß, worin unser Glück besteht? Ich erblicke es nicht." Ein Pferd, für das man ihm 3.500 Reichstaler geboten hatte, starb nach zweitägiger Krankheit, elf Ferkel, für die er 60 Reichstaler das Stück bekommen sollte, starben an Krämpfen in einer einzigen Nacht. Und: „... meine Frau ist immer noch kränklich, ich lebe wahrhaftig ein trauriges Leben."

TEIL IV

Als Schüler in Christiania, 1815–1821

Abb. 8. Christiania vom Hafen Bjørvika aus, gemalt von einem unbekannten Künstler vor dem Brand der Holzlagerplätze 1819. Ganz rechts das Palais mit Garten und Strandpavillon. Stadtmuseum Oslo.

16.

Einer neuen Zeit entgegen

Niels Henrik kam als Schüler nach Christiania, als für die Stadt wie auch für die gelehrte Schule und das Land eine neue Zeit anbrach. Auf einmal war das einstmalig starre Verwaltungszentrum Christiania die neue Hauptstadt Norwegens, mit Universität und Nationalversammlung.

Fünf Tage hatte Niels Henriks Reise von Risør bis in die Hauptstadt gedauert. Die Stadt Christiania war umgeben von Vororten, Dörfern und einer Menge von Wiesen und Weiden. Zur eigentlichen Stadt, dem von Christian IV. außerhalb der Festung Akershus angelegten Quadrat, gehörten gerade mal 400 ein- oder zweigeschossige Häuser. Die Straßen hatten Namen und waren überwiegend mit Steinen, Holzpfählen oder Flaschenböden gepflastert oder bestanden aus festgetretenem Erdboden und Fels. Die meisten Straßen hatten ein Trottoir aus Steinplatten und Pflastersteinen sowie tiefe Rinnsteine, in denen die Kloake von Mensch und Tier floss. Bei der abendlichen sparsamen Beleuchtung bestand leicht die Gefahr, an diesen Rinnsteinen zu stolpern. Auf diese Weise hatte sich Vater Abel seinen Fuß verletzt, weshalb es ihm nicht möglich gewesen war, an der ehrenvollen Abordnung nach Stockholm teilzunehmen. Nur selten gab es Gärten zwischen den Häusern und an den meisten Straßenecken stand ein von Brettern geschützter Pumpbrunnen. Obwohl die Straßen Namen hatten, benutzte man keine Adressen. Trotzdem fand Niels Henrik das Haus des Kaufmanns, mit dem sein Vater Kost und Logis vereinbart hatte. Niels Henrik war sehr zufrieden mit seinem „Quartier", auch wenn es nur aus einem kleinen Raum mit Bett, Tisch, Hocker und vielleicht einem Fenster hinaus zum Hof bestand, wo Pferde und Wagen mit Kisten und Waren ein- und ausfuhren.

Um als Schüler in die erste Klasse der Kathedralschule aufgenommen zu werden, musste man mindestens zehn Jahre alt sein, gewisse Kenntnisse in Geschichte und Geographie mitbringen, „Übung haben im Lesen der dänischen und lateinischen Schriften" und in Mathematik „mit den vier Grundrechenarten vertraut sein." Niels Henrik hatte diesen Ansprüchen ohne weiteres genügt und freute sich über seine neue Umgebung. Ein paar Tage nach seiner

Ankunft in Christiania schrieb er nach Gjerstad, er habe das Gefühl, „so recht in sein Element" gekommen zu sein.

Das Gelände der Kathedralschule lag an der Ecke Dronnigensgate und Tollbodgaten. Die Einrichtung war alt, vom König 1719 eingeweiht und 1800 umgebaut. Es gab nun für jede Klasse einen Raum und das große Auditorium der Schule diente gleichzeitig als wichtigster Versammlungsraum der Stadt. Das erste ordentliche Storting, das seit Juli seine Arbeit aufgenommen hatte, tagte immer noch dort und die Volksvertreter hatten, wie im Vorjahr, die Räumlichkeiten der Schule in Beschlag genommen. Die Lehrer und die Schüler hielten sich deshalb im Anwesen von Kaufmann Henrichsen in der Tollbodgaten auf, dem sogenannten Thomsegården. Das neue Schuljahr hatte am 1. Oktober begonnen. Niels Henrik dürfte der letzte von elf neuen Jungen gewesen sein, die in diesem Jahr in die erste Klasse aufgenommen wurden. Die Gesamtzahl aller Schüler der Schule lag etwa bei 80.

Im Thomsegården hatte man einen großen Tanzsaal mit Bretterwänden in Klassenräume aufgeteilt. Dies war sehr hellhörig und man hörte immer alle Klassen gleichzeitig. Von allen Seiten erklangen die Rufe und Zurechtweisungen der Lehrer und für einen Schulanfänger muss es schwierig gewesen sein zu wissen, auf welche Stimme er zu hören hatte. So kam es natürlich zu Versäumnissen, zu Durcheinander und Krach. Die Lehrer klagten oft über „diesen für die Schule unangenehmen Ort", mit dem sie sich in der Zeit des Storting abfinden mussten, die Klassenräume seien zu klein und die Atmosphäre „schmutzig und stinkend", sagten sie.

Die älteren Schüler klagten am meisten darüber, dass es im Thomsegården schwierig sei, die neuen Schüler angemessen zu taufen. Die sonst übliche Taufe am Ziehbrunnen musste jetzt mit dem Wassereimer erfolgen. Die Wassertaufe war ein einmaliger Vorgang, doch auf dem Schulhof zu den Jüngsten zu gehören, zum Plebs oder Pöbel, bedeutete in der Regel, mit den älteren Schülern nur über Ohrfeigen oder Tritte zu tun zu haben oder durch irgendeinen auszuführenden Auftrag, zum Beispiel beim Bäcker Butterkekse zu kaufen.

Die Kleidermode in der Hauptstadt unterschied sich deutlich von der auf dem Land und die Bauernjungen fielen mit ihren in Heimarbeit gefertigten Kleidern auf, sie wurden gehänselt und erhielten Spitznamen. Niels Henriks erste Zeit an der Schule dürfte sich äußerlich nicht von anderer Schüler unterschieden haben und er wünschte sich sicher, in neuen Kleidern Teil der neuen Umgebung zu werden.

Christiania hatte sich von einer Stadt des Handelspatriziats zu einem Hauptsitz des Beamtenstandes und zum Ausbildungszentrum gewandelt. Dabei war die neue Universität der glänzende Mittelpunkt. Doch ebenso wie das Storting die Kathedralschule aus ihren Räumen vertrieb, nahm ihr die Universität die besten Lehrer. Søren Rasmussen war ein ausgezeichneter Mathematiklehrer, hatte Physik unterrichtet und war für die Schulleitung ein wichtiger Mann gewesen. Nun hatte man ihn als Professor für theoretische Mathematik an die Universität berufen. Ludvig Stoud Platou war vor seiner Ernennung zum Professor für Geschichte und Statistik an der Kathedralschule für den Geschichts- und Geographieunterricht verantwortlich. 1814 hatte auch der Aushilfslehrer Stener Johannes Stenersen an der Universität eine Stelle als Lektor für Theologie bekommen und der Naturkundelehrer Martin Richard Flor, der „Moospriester", wurde Universitätsdozent für Botanik, unterrichtete aber trotzdem weiterhin Naturkunde an der Schule.

In der Kathedralschule musste Rektor Jacob Rosted nun mit einem neuen Lehrerkollegium zurechtkommen und einsehen, dass die Schule nicht mehr wie vorher das Kulturzentrum der Stadt darstellte. Die folgenden Jahre und damit Niels Henriks Schulzeit waren somit auch geprägt von Unruhe und Wechsel im Lehrerkollegium.

Obwohl Niels Henrik seine Schulzeit in Christiania in Räumen begann, die sich nicht sehr von denen unterschieden, wie sie sein Vater und sein Großvater erlebt hatten, sahen die Ziele der Schule völlig anders aus. Die Unterrichtspläne und die Organisation der Kathedralschule von Christiania waren tiefgreifend reformiert worden. Neue Unterrichtsmethoden waren eingeführt worden, jedenfalls im Prinzip und in der Theorie. Die Leitung der Schule war von der Kirche abgekoppelt worden. Das alte Klassenlehrersystem, bei dem die Lehrer, der Rektor und der Konrektor jeder in seiner Klasse alle Fächer unterrichtet hatten, war durch ein Fachlehrersystem ersetzt worden. Eine humanere Behandlung der Schüler und eine stärkere Betonung der erzieherischen Aufgabe der Schule waren in den Vordergrund getreten. Wo bisher mit körperlicher Züchtigung die erforderliche Arbeitsmoral und der Stand des gelernten Wissens garantiert werden sollten, wollte man jetzt an das Ehrgefühl und die Vernunft des Schülers appellieren. Es wurde Wert darauf gelegt, Interesse zu wecken. Nur die gröbsten Vergehen sollten bestraft werden. Vom Unterricht wurde Anschaulichkeit erwartet, die Wandtafel kam häufiger zum Einsatz und an die Stelle des ewigen Paukens trat ein leicht fasslicher und behutsam fortschreitender Unterricht, der dem Auffassungsvermögen und Alter des Schülers angepasst war. Lateinisch zu *sprechen* wurde zum Beispiel erst in der obersten Klasse verlangt.

Auf dem Papier gehörte zur Neuordnung, dass auch lebende Sprachen und Naturwissenschaften in den Fächerkanon aufgenommen wurden. Die fest angestellten Lehrer mit je eigenen Fächern wurden zu *Beamten* ernannt und ihre Besoldung erhöht. Ein Fachlehrer sollte nur ein oder zwei Fächer unterrichten und seine Schüler bis zum Examen begleiten. Ein Fachlehrer mit der höchsten Verantwortung für sein Fach wurde Oberlehrer genannt und erhielt manchmal einen Helfer mit dem Titel eines Adjunkten.

Doch schnell schlichen sich Kompromisse ein und der Unterricht in modernen Fremdsprachen oblag beispielsweise ein und demselben Lehrer, der alle Fächer, also Deutsch, Französisch und Englisch, zu unterrichten hatte. Diese Sprachlehrer wurden auch nicht als Oberlehrer oder Adjunkten angestellt, sondern nur als Aushilfslehrer. Für die Naturwissenschaften gab es keine Lehrerausbildung, keine Lehrbücher, der Unterricht hing gänzlich davon ab, ob man brauchbare Lehrer fand, die sich mehr oder minder selbständig die nötigen Kenntnisse aneigneten. Als Rasmussen an die Universität wechselte, wurde Physik vom Stundenplan gestrichen. Nur Flor war noch da für Naturgeschichte, und als auch er 1820 ging, wurde sein Fach vom Stundenplan gestrichen.

Obwohl die Oberlehrer der Schule jetzt vom König ernannt wurden und die Leitung der Schule einem Schulrat, bestehend aus dem Rektor und vier Oberlehrern, übertragen wurde, war es in der Praxis der Rektor, der bei der Anstellung oder Absetzung von Lehrern immer das letzte Wort hatte. Noch waren Persönlichkeit und Handlungsweise des Rektors in hohem Maße ausschlaggebend für den Ruf und das Prestige der Schule. Der Rektor der Schule war eine wichtige Persönlichkeit im öffentlichen Leben der Stadt und für die Schüler natürlich eine herausragende Figur.

Von Rektor Jacob Rosted hieß es, er sei ein charakterfester Mensch, ein rechtschaffener Kollege, ein „vortrefflicher Mann in jeder Hinsicht", dem niemand den Vorwurf des Opportunisten machen könne, mit anderen Worten, ein wahrlich edler und besonnener *Ehrenmann*. Er galt als ein Mann mit profundem Wissen, zudem soll er sehr auf die intellektuellen und moralischen Bedürfnisse seiner Schüler geachtet haben. Allerdings hielten ihn manche eher für einen alten Mann, der eigentlich nicht in der Lage war, die Disziplin aufrecht zu erhalten, und für einen Lehrer viel zu gutmütig. Insbesondere wurde die Befürchtung geäußert, Schulanfänger würden glauben, sie könnten sich auf unlautere Weise gute Examensnoten erschleichen. Rosteds Fächer waren 'Muttersprache' und Griechisch. Niels Henrik hatte ihn nur im ersten Jahr drei- bis viermal wöchentlich in 'Muttersprache'. Die Schüler erzählten, der Rektor sei manchmal sehr aufbrausend, entdecke jedoch seiner schlechten Augen wegen bei seinen üblichen Runden durch die Pultreihen die verübte Freveltat nicht. Während er zur Klasse sprach, hatte er die Angewohnheit, an seiner Weste zu ziehen. Und einer seiner Lieblingsaussprüche lautete: „Das werde ich dir weiß Gott beibringen!" oder, wenn er noch erregter war: „Das werde ich dir weiß Gott einbläuen!" Natürlich hatte er einige Spitznamen, zum Beispiel „Alter Thura", oder „der Wasserfall", wie er am Ende nur noch genannt wurde.

Jacob Rosted hatte 1803 Treschow als Rektor an der Kathedralschule abgelöst und das zu einem Zeitpunkt, da die Einführung der neuen, großen Reformen ernsthaft in die Praxis umgesetzt werden sollte. Obwohl Rosted diesen Neuerungen öffentlich beipflichtete, stöhnte er sicher heimlich über all die neuen Verordnungen, die für Rektor, Lehrer und Schüler doppelte Arbeit bedeuteten. Rosted war konservativ, ohne aber die neuen pädagogischen Grundsätze abzulehnen, und er protestierte gegen jene, die bei dem umstrittenen Thema der Stellung der klassischen Sprachen allzu sehr deren Bedeutung für den Verstand und die Tüchtigkeit hervorhoben. Nichtsdestotrotz war es Rektor Rosted, der die Behauptung aufstellte, die auf Jahrzehnte in der Schuldebatte und als allgemeine Einstellung fast zur landesweiten Doktrin werden sollte, dass nämlich der, der sich mit alten Sprachen beschäftige, unter sonst gleichen Umständen eine höhere Herzensbildung erwerbe und allgemein für jede andere Wissenschaft und für jedes andere Fach, welches mehr Denk- und Urteilsfähigkeit verlange, tauglicher sei als der, der nur wenig Fleiß auf die alten, gelehrten Sprachen verwende.

Trotz aller Reformen war Niels Henrik an eine Schule gekommen, in der die natürlichen Fähigkeiten des Schülers in erster Linie verbessert und vervollkommnet werden sollten, indem dieser seinen Verstand und seine Urteilskraft durch die Aneignung der alten Sprachen übte. Als Niels Henrik später eine gewisse Neigung zur einseitigen Pflege der Mathematik an den Tag legte, reagierten der Rektor und viele mit ihm sehr beunruhigt und skeptisch. Doch es sollten fast drei Jahre vergehen, bis Niels Henrik offenbar entdeckte, dass es ein Schulfach gab, in dem es nicht nur darum ging, pflichtschuldigst und auf zeitraubende Weise den Willen des Lehrers zu erfüllen.

17.

Schulleben, Geldsorgen und Freude am Theater

Schüler an der Kathedralschule sein war eine Vollzeitbeschäftigung, die um neun Uhr morgens begann und nach vier Stunden Vormittagsunterricht und drei Stunden Nachmittagsunterricht um sechs Uhr abends endete. Es folgten die Schularbeiten zu Hause, und dies alles sechs Tage die Woche ohne Abwechslung und nahezu ohne Freizeit. Es gab einen freien Tag im Monat, die Weihnachtsferien dauerten vom 24. Dezember bis zum 2. Januar, schulfrei waren außerdem die Osterwoche und zwei Wochen im Sommer.

Als um die Jahrhundertwende das Schulgeld eingeführt wurde, konnte man von den Schülern nicht länger verlangen, Kirchendienste zu verrichten und den Chor in der Domkirche zu bedienen. Diese Verpflichtungen und die damit verbundenen Nebeneinkünfte der Kathedralschule waren auf das Waisenhaus der Stadt übergegangen. Verlangt wurde aber weiterhin, dass die Schüler unter der Aufsicht eines Lehrers zum sonntäglichen Gottesdienst erschienen, die eine Hälfte zum Hauptgottesdienst und die andere Hälfte zur Abendandacht. Doch Stiftspropst Lumholtz und Vikar Garmann waren bekannt als „bis zur Lächerlichkeit unbegabte und miserable Prediger", so dass weder die Lehrer noch die Schüler sich an diese Ordnung hielten. Naturkundelehrer Flor hatte sich eines Sonntags sogar erlaubt, mit den Schülern einen Botanisierausflug zu machen. Zwar musste er dafür eine scharfe Rüge einstecken, doch der sonntägliche Kirchgang ließ sich nicht aufrechterhalten, und als Niels Henrik an die Schule kam, hatte auch der Rektor den pflichtmäßigen Kirchgang der Schüler aufgehoben.

Trotz neuer Ordnungen und neuer Fächer war Latein nach wie vor Hauptfach. Bereits in der ersten Klasse hatten die Schüler wöchentlich 13 Stunden Latein. Im neuen Schulgesetz von 1809 hieß es: „Was die Inhalte des Unterrichts betrifft, soll ein gründliches und gebildetes Studium der alten Sprachen und der Klassiker stets einen bevorzugten Platz einnehmen." Doch bei all ihrem theoretischen Überbau war es auch ein Anliegen der Schule, allen geistigen Vermögen eine würdige Beschäftigung zu bieten: „Der Reichtum der

Geschichte und die Gründlichkeit von Mathematik und Philosophie müssen miteinander verbunden werden, um eine Einseitigkeit des Denkens zu vermeiden."

In der Mitte des Schuljahres fand ein schriftliches Halbjahresexamen statt und am Ende des Schuljahres wurden schriftliche und mündliche Prüfungen abgehalten. Zum Jahresexamen erging eine Einladung an „alle Wohltäter des wissenschaftlichen Unterrichts", an die „besten Wissenschaftler und achtbaren Mitbürger in Stadt und Land", um „am Fortgang des nun an der Kathedralschule bevorstehenden Examens mitzuwirken und im Verein mit uns die Fortschritte der Schüler zu beurteilen." Zu diesen feierlichen Einladungen mussten die Oberlehrer der jeweiligen Fächer abwechselnd über ihr Fach ein sogenanntes *Schulprogramm* schreiben und über Zweck und Inhalt des Faches Auskunft geben. Dabei waren die Schulfächer in drei Gruppen gegliedert: Sprachen, Wissenschaften und Künste.

Die erste Gruppe begann mit der Muttersprache, auf der untersten Stufe bestand das Fach aus Rechtschreibung und Grammatik, Aufsatz und Rhetorik. Was die Grammatik anging, so wurden die dänischen[2] Beispiele, Fälle und Regeln nach lateinischem Muster behandelt. Auch in Rhetorik waren die klassischen Muster und die Beispiele aus den klassischen Werken verbindlich. Was an muttersprachlicher Literatur gelesen wurde, diente lediglich zur Sammlung von Beispielen für den Grammatik- und Rhetorikunterricht. Die klassischen Sprachen Latein und Griechisch waren in jeder Hinsicht Hauptfächer, absolute Priorität besaß Latein, dieses Fach verlangte den Schülern die meiste Zeit und Mühe ab.

Zur Gruppe *Sprachen* gehörte natürlich auch Hebräisch für die künftigen Theologen, Französisch wurde in vier, Deutsch in zwei Klassen unterrichtet. Englisch galt lediglich als praktische Sprache für Handel und Kommerz und wurde gewöhnlich nur in der obersten Klasse unterrichtet, im *examen artium* jedoch nicht geprüft.

Etwa die Hälfte der 40–44 Wochenstunden, welche die Schüler in der Schule verbrachten, waren für den Sprachunterricht vorgesehen. Die klassischen Sprachen umfassten etwas mehr Stunden als die Muttersprache und die Fremdsprachen zusammen.

Die Gruppe *Wissenschaften* bestand in den Fächern Religion und Moral, Physik, Naturgeschichte, Anthropologie, Geschichte, Geographie und Mathematik. In Physik und Naturgeschichte wurde den Schülern der Standpunkt der Aufklärung im Hinblick auf die Natur und die geschichtliche Entwicklung

---

[2] In Norwegen war damals noch Dänisch Amtssprache. Erst 1929 führte man ein offizielles Norwegisch ein, das sog. Bokmål. (Anm.d.Ü)

beigebracht. Das konkrete Wissen von den Dingen sollte die Schüler dazu anregen, darüber zu reflektieren, deren höheren Zusammenhang oder deren „Vollkommenheit" zu erkennen. Doch als die geeigneten Lehrer die Schule verließen, verschwand diese Art des Unterrichts vom Stundenplan.

Mathematik bestand aus Arithmetik und Geometrie, in beiden Fächern gab es Prüfungen und Noten. In Niels Henriks Schulzeit existierte für diese Fächer kein Lehrbuch, alles wurde vom Lehrer diktiert und im Lehrplan hieß es sehr allgemein: „Die Geometrie wird mit euklidischer Strenge vermittelt und jede Gelegenheit, dabei über Logik zu sprechen, soll genutzt werden." Niels Henriks Mathematiklehrer war in den ersten zwei, drei Jahren Adjunkt Hans Peter Bader. Bader verlangte in seinem Unterricht lediglich, das an der Tafel Stehende abzuschreiben, und Niels Henrik scheint kein besonderes Interesse an der Mathematik entwickelt zu haben, solange Bader sein Lehrer war, obwohl er auch in diesen Jahren meistens die besten Noten erhielt.

Zur dritten Fächergruppe, den *Künsten*, gehörten Kalligraphie, Zeichnen, Singen und Gymnastik. Doch keines dieser Fächer wurde im *examen artium* benotet. Für Gymnastik gab es keinen Lehrer und dieses Fach dürfte sich auf die Benutzung einiger Geräte beschränkt haben, die auf dem „Erfrischungsplatz" der Schule aufgestellt waren. Für Vokalmusik und Gesang gab es nur selten einen Lehrer, Niels Henrik scheint an einem solchen Unterricht nie teilgenommen zu haben. Der Schreib- und Zeichenlehrer der Schule war ein gewisser Galschjøtt, der seinen Unterricht jedoch nur sporadisch hielt, und nachdem Niels Henrik ihn ein paar Jahre als Lehrer gehabt und fast nur schlechte Noten erhalten hatte, verließ Galschjøtt die Schule und Christiania ohne Abschied, aber mit einem erklecklichen Vorschuss auf sein Gehalt. Er fand eine Bleibe in Sandefjord, weigerte sich, nach Christiania zurückzukehren und die Schuldforderung der Schule musste schließlich abgeschrieben werden, da Galschjøtt „neben Faulheit, von der er seit längerem befallen war, nun auch noch dem Trinken so sehr verfallen ist, dass er nichts erwerben kann."

Die große Abwechslung im Schulalltag waren die Theaterbesuche im „Komödienhaus" in Grænsehaven, gleich außerhalb des von Christian IV. angelegten Stadtquadrats, wo später die Akersgaten entstand. Hier hatte sich *Det Dramatiske Selskab* als ein halb professionelles Theater mit häufigen Aufführungen etabliert. Die Schule sah im Theater ein unschuldiges Vergnügen. Zur Generalprobe wurde eine bestimmte Anzahl von Karten für die Schüler der Kathedralschule und an die Kinder der besseren Familien der Stadt verteilt. Man sah jedoch nicht gerne, wenn die Schüler aktiv an den Aufführungen des Theaters teilnahmen. Den Schülern konnte zwar nicht verboten werden, im „Komödienhaus" Rollen anzunehmen, doch es schickte sich nicht für einen Zögling der Kathedralschule, vor einem „ziemlich großen und gemischten

Publikum" aufzutreten. Die Schule hatte vor allem über „Fleiß und sittliche Ordnung" zu wachen.

Vermutlich entdeckte Niels Henrik schon bald die Freuden des Theaters. Das Theater und seine Akteure wurden zu seinem großen Freizeitinteresse, vielleicht größer, als es damals üblich war. Wenn er „in die Komödie" ging, konnte er das Lernen und die Schulsorgen für kurze Zeit vergessen.

Im Herbst 1815 gab es in Grænsehaven sechs Vorstellungen, und wenn Niels Henrik auch die Aufführung im November versäumte, besorgte er sich sicher eine Karte für die Dezembervorstellung. Bei den Generalproben saßen in den ersten Reihen häufig Mädchen und in den Pausen galt es für die Jungen als Mutprobe, sich vorzuwagen und mit ihnen zu sprechen. Die Theatervorstellungen dienten als spannender Treffpunkt für die Jugend und für die Erwachsenen waren sie so etwas wie ein gesellschaftlich-literarischer Salon. Das Theater wurde zum Ort, wo das schwache Geschlecht genauso viel zählte wie die Männer und dies traf sowohl für die Leistungen auf der Bühne zu wie für deren Beurteilung im anschließenden Gespräch. „For Smag og Vid" (Für Geschmack und Geist) prangte in blauen Lettern über der Bühne der *Dramatiske Selskab* in Grænsehaven.

Die erste Theatervorstellung, die Niels Henrik erlebte, fand also wahrscheinlich Anfang Dezember 1815 statt. Zwei Stücke standen auf dem Programm. Das eine war ein Dreiakter *Habicht frisst Habicht oder Offenbar Krieg* von einem Franzosen namens A.J. Dumaniant. Dieses Stück war in der vorhergehenden Spielzeit viermal aufgeführt worden und viele waren begierig zu wissen, wie neue Schauspieler die bereits bekannten Rollen spielen würden. Doch mit noch größerer Spannung wurde das andere Stück erwartet. Es war Holbergs *Meister Gert Westphaler oder Der großmäulige Barbier* und wurde in Christiania zum ersten Mal gespielt. Der geschwätzige Gert geht mit seinem ständigen dummen Geplapper über Gott und die Welt allen auf die Nerven, vor allem über Cromwell und die englische Politik, wobei es sein eigentliches Anliegen ist, um Leonora, die Tochter des Apothekers, zu freien, die jedoch der sympathische Leonard bekommt, während Gert mit seinem ewigen Gerede nicht aufhört. Während Leonard und Leonora Hochzeit feiern, schüttelt Meister Gert Westphaler den Staub der Stadt von den Füßen und setzt seinen Redeschwall fort, will nicht länger bei diesen senilen Philistern bleiben und „reist woandershin, wo die Gelehrtheit mehr geachtet ist."

„Diese Komödie war immer eines meiner Lieblingskinder", hatte Holberg gesagt. Für den jungen Niels Henrik, der nun zum ersten Mal diese allseits bekannten menschliche Eigenschaften in einer so kultivierten Form dargestellt sah, der zum ersten Mal sah, wie eine Person in derart derben Zügen charakterisiert wurde, muss der Theaterabend zu einem einschneidenden Ereignis geworden sein. Der Prahlhans Gert Westphaler wird sicher bald seinen Platz in der Personengalerie bekommen haben, die Niels Henrik Schulzeit bevölkerte. Es gab Lehrer, die einem nicht nur ein Loch in den Kopf *reden*, sondern auch ein Loch in den Kopf *schlagen* konnten. Die Lehrer am Katheder der Schule waren Tag für Tag ebenso unberechenbar in ihrer Haltung wie sich ständig wiederholend in der Vermittlung des Stoffes.

In der kommenden Spielzeit wurden in Grænsehaven sieben Stücke angekündigt, drei davon waren von August Kotzebue, doch auch Holbergs *Der politische Kannegießer* wurde gespielt. Ludvig Holberg schien zu einer Art Lieblingsschriftsteller zu werden. Der Zögling N.H. Abel lieh in der Schulbibliothek und in der *Deichmanske bibliotek*, die sich damals am gleichen Ort befanden, mehrfach die beiden Ausgaben von *Peder Paars* aus, einer großen Eposparodie in 14 Gesängen. Auch Holbergs Dichtung *Metamorphosis oder Die Verwandlungen* gehörte zu den wenigen belletristischen Titeln der von N.H. Abel ausgeliehenen Büchern. Vielleicht wirkten Holbergs lehrreiche Parodien als eine Art Gegengift zum Schulalltag?

Als Pfarrerssohn auf dem Dorf aufgewachsen war Niels Henrik es nicht gewohnt, zu allen Erwachsenen aufzublicken, doch die *Lehrer* an der gelehrten Schule mussten für die Zöglinge jedenfalls Beispiel und Vorbild sein. Neben dem Rektor kannte Niels Henrik zwei seiner Lehrer aus den Gesprächen seines Vaters. Es waren Christian Døderlein und der „Moospfarrer" Martin Richard Flor, beide hatten sich in der Gesellschaft für das Wohl Norwegens engagiert.

Adjunkt Christian Døderlein war seit fast zehn Jahren fest angestellter Lehrer für Religion und Hebräisch. Es war allgemein bekannt, dass er 1814 als Mitherausgeber der Zeitung *Tiden* und auch aus anderen Gründen in der besonderen Gunst Christian Frederiks gestanden hatte, der König hatte ihn häufig begünstigt und ihn auch zum Oberlehrer ernannt. Im Jahre 1815 war nun Døderlein in die Redaktion der Zeitung *Den norske Rigstidende* gewechselt, dem offiziellen Organ für die neue Regierung und den König. Die Schüler nannten Døderlein nur „Bogens Ord" (die Worte des Buches). Als Lehrer verlangte er nämlich Stunde um Stunde nur die wörtliche Wiedergabe dessen, was im Lehrbuch stand. Wenn die Schüler mit eigenen Worten sinngemäß richtig antworteten, war Døderlein nicht zufrieden und bemängelte, das seien doch nicht „die Worte des Buches" und er fügte hinzu: „Wie hat sich unser Verfasser bei dieser Gelegenheit so schön ausgedrückt?" Bei der kleinsten Abweichung hieß es: „Die Worte des Buches, mein Junge. Du machst es nicht besser!" Aber weil Døderlein wegen seiner schlechten Augen das Katheder nie verließ, fiel es den Schülern beim Abfragen nicht schwer, auf Døderleins Marotte einzugehen, da sie das Buch aufgeschlagen vor sich liegen hatten. Døderlein schöpfte Verdacht und wenn ein Schüler versehentlich zwei Seiten umblätterte und falsch las, bemerkte er nur kühl: „Diesmal hast du dich wohl verblättert." Das Buch, von dem die Rede ist, hieß *Religion und Moral*, verfasst von Professor Niemeyer aus Halle, in der Übersetzung von Knud Lyhne Rahbek. Die Lehre der Bibel wurde hier rationalistisch dargestellt, so wie es Niels Henrik von zu Hause gewohnt war. Seine Noten in Religion: 2, später 3.

Der Naturkundelehrer Martin Richard Flor interessierte sich glühend für sein Fach und verfügte über ein umfassendes Wissen. Doch Naturkunde stand bei den Lehrern der Schule, in der nur Latein etwas galt, nicht besonders hoch im Kurs. Flor erhielt weniger Gehalt als die anderen Oberlehrer und wurde nie Mitglied des Schulrates, nur Sekretär. Die meisten lehnten Naturkunde eher ab und viele bezweifelten, dass ein Naturkundelehrer überhaupt ein gelehrter Mann sein könne. Trotzdem gab es von 1800–1820 dank der Lehrer Flor und Rasmussen einen naturwissenschaftlichen Unterricht an der Kathedralschule von Christiania, der einzigartig war. Zwar wurde Physik vom Stundenplan gestrichen, als Rasmussen 1813 Professor wurde, doch Flor arbeitete unermüdlich weiter und scheute keine Mühe, um an der Schule eine anständige Naturaliensammlung einzurichten. Um etwas gegen die Geringschätzung seines Fach vonseiten der Kollegen zu unternehmen, versuchte er ständig zu formulieren, welche Funktion Naturgeschichte in der Schule haben sollte. Seine Haltung drückt vielleicht am besten ein Schulprogramm von 1810 aus, in dem er feststellt: Naturgeschichte „bewirkt, dass aktive moralische Gefühle im warmen Busen des Knaben genährt werden, sie vermittelt die Kenntnis des moralischen Gesetzes, gibt einen guten, würdigen und großen Begriff vom höchsten Wesen und wirkt auf das empfängliche Herz so, dass dieses mit Sehnsucht, Verlangen und Fühlen das Allvollkommene näher kennen zu lernen wünscht."

In Botanik, offenbar Flors Lieblingsfach, versuchte er, die Schüler um sich zu scharen, um die Pflanzen zu untersuchen und zu bestimmen. Über seinen Unterricht kursierten die wildesten Gerüchte. Sicher war er nicht in der Lage, die Schüler im Zaum zu halten. Wer nicht an seinem Fach interessiert war, tobte irgendwo im Klassenzimmer herum oder bereitete sich auf die nächste Stunde vor. Die Schüler erzählten auch, Flor habe bei einem seiner Experimente den Jungen erlaubt, eine Katze zu schlachten, zu braten und zu essen. In Wirklichkeit hatte er wahrscheinlich nur die Katze seziert. Sicher ist jedenfalls, dass Flor in seinem Unterricht ein kleines Kinderskelett benutzte, das die Schule von einem Arzt erhalten hatte. Es hieß auch, Flors Vortragsweise sei ziemlich sprunghaft gewesen, ohne Anfang und ohne Schluss, und wenn er prüfte, merkten die Schüler, dass es gleichgültig war, was sie antworteten, Hauptsache, sie redeten munter drauflos. Flor war höchst zufrieden, wenn ein zusammenhängender Redefluss zustande kam. Dabei störte es ihn nicht, wenn in ein und demselben Satz ein und dasselbe Ding als trocken und nass, weiß und schwarz bezeichnet wurde. Nur wenn jemand stockte, stotterte oder nach

Abb. 9. Ecke Dronningensgate-Tolbodgaten. Ein Aquarell von Anna Diriks nach einer Skizze von 1820. Das Gebäude zur Rechten ist die Kathedralschule, heute befindet sich hier die Hauptpost. Auf der anderen Seite der Tolbodgaten, dem Kanslergården, der heute noch genauso aussieht, war die Militärschule untergebracht. Aus der Dronningensgate sieht man einen Studenten in der neuen, vom König sanktionierten Studentenuniform kommen. Das Gebäude ganz links wurde 1829 das Hôtel du Nord, das erste Hotel der Hauptstadt. [Foto: Rune Aakvik, Stadtmuseum Oslo]

Worten suchte, war Flor sofort hellwach und die Note verschlechterte sich. Flor hatte auch nichts dagegen, wenn die Knaben beim Ausfragen nach jedem dritten Wort „Herr Flor" einflochten, zum Beispiel: „Der Esel, Herr Flor, ist bekannt für seine Faulheit, Herr Flor! und hat lange Ohren, Herr Flor! Oder der Ochse, Herr Flor! wird als Zugtier benutzt, Herr Flor!", und so weiter und so weiter. Mit Schadenfreude erzählte man, wie der Junggeselle Flor voller Begeisterung, das Innere eines Bären kennen zu lernen, mit „Plaisier des Herzens" einen Bären, der beim Kammerherrn Anker auf Bogstad geschossen worden war, zersägte und enthäutete, und wie er in den Eingeweiden grub und wühlte.

Oberlehrer Flor war in gewisser Weise ein Meister Gert Westphaler, der redete und redete und nur manchmal merkte, was wirklich um ihn herum geschah. Doch *dann* konnte Flor fürchterlich aufbrausen und wenn er in einem solchen Augenblick jemanden dabei erwischte, wie er für andere Fächer Schularbeiten erledigte, zerriss er dessen Bücher und warf sie aus dem Fenster. Vieles deutet darauf hin, dass Niels Henrik jedenfalls im ersten Jahr zu denen gehörte, die Flors Fachwissen respektierten. Am Ende des ersten Jahres erhielt er in Naturgeschichte die Note 2 und für seine schulische Leistung im Allge-

Abb. 10 a,b.

a Großes Auditorium und Festsaal der Kathedralschule, vom Storting während der Sitzungsperiode in Beschlag genommen und von 1823 bis 1854 völlig übernommen.
Gezeichnet wurde der alte Stortingsaal von I. L. Losting in den1830er Jahren. [Foto: Rune Aakvik. Stadtmuseum Oslo.]
b Parlamentsabgeordneter Søren Georg Abel „ mit dem Ritterkreuz auf der Silhouette “ hielt hier im Herbst 1814 seine flammenden Reden und leistete im April 1818 seinen berühmten Diskussionsbeitrag. Der Saal befindet sich jetzt auf Bygdøy (Oslo) im Volksmuseum.

meinen als Fleißprämie *Helmuths Naturlehre*, ein Buch, das er übrigens von der Lesegesellschaft daheim in Gjerstad gut kannte.

Zusätzlich zu den Noten für jedes Fach führte die Schule für jeden einzelnen Schüler Zensurprotokolle ein mit den Rubriken: *Natürliche Begabung, Schulischer Fleiß, Häuslicher Fleiß, Fortschritte und Benehmen*. Nach dem ersten Jahr an der Schule schrieb Rektor Rosted über den Zögling N.H. Abel: „Natürliche Begabung, gut; Schulischer Fleiß, ausgezeichnet; Häuslicher Fleiß, sehr gut; Fortschritte, sehr gut", und unter Benehmen: „sehr gut, ordentlich

Abb. 11. Aquarell von B.M. Keilhau, entstanden 1820, als er und sein Freund C.P. Boeck bei ihren Bergwanderungen Jotunheimen kartographisch erfassten. „Mit Eis und Schnee bedeckte Alpen in Indre Sogn an der Grenze zur Diözese Aggershuus.(Von einem Gipfel in Koldedalen am 14. Juli 1820)" Es scheint sich um den Blick vom Snøggeknosi über Fleskedalen Richtung Hurrungane zu handeln. Aus Keilhaus Album „Erinnerungen an die Bergwanderung 1820". Bildersammlung, Nationalbibliothek Oslo.

und bescheiden." Rosted hatte Niels Henrik in „Muttersprache" und er gab ihm die Note 2, im ersten Jahr nur für den mündlichen Teil des Faches.

Die anderen Lehrer beurteilten die Fähigkeiten und die Beteiligung von Niels Henrik nicht ganz so gut wie der Rektor. Nur Albert Lassen, der Geschichte und Geographie unterrichtete, bewertete Niels Henriks natürliche Begabung mit *sehr gut* und gab ihm außerdem für Geschichte und Geographie die Note 1. Die Stunden in diesen Fächern vergingen im Großen und Ganzen mit dem Niederschreiben von Lassens wortreichem Vortrag, in dem sowohl Anekdoten wie dramatische Schilderungen enthalten waren, um die Vergangenheit zum Leben zu erwecken. Lehrer Lassen war ein ehemaliger Lieblingsschüler von Rektor Rosted und für die Schule speziell ausgewählt worden. 1808 hatte Lassen mit dem Studium der Theologie begonnen und 1813, als Stoud Platou Professor wurde, die Stelle als Lehrer an die Schule erhalten. In den ersten Jahren hatte er für den Unterricht noch das von Stoud Platou ausgearbeitete historische Kompendium benutzt, das einer Schülergeneration nach der anderen diktiert wurde. Später schrieb Lassen selbst Lehrbücher und seine Darstellung war so umfassend und weitläufig, dass sein Lehrbuch in Geschichte zu fünf dicken Bänden anschwoll. Lassens Geschichtsauffassung war von der deutschen Romantik geprägt, wonach die Geschichte eine fortschreitende Entwicklung auf ein Ideal zu darstellt, das allerdings unerreichbar bleibt, weil es sich im gleichen Maße verändert wie der Mensch selbst. Doch bereits das bloße Bestreben, dieses Ideal zu erreichen, verleihe Kraft und sei die Voraussetzung für die Siege der Freiheit, so betonte er. Die griechische Geschichte zeige ein „ununterbrochenes Streben nach Ideen", zeige, „welche Aufgaben der Geist in der Materie hat." Das Ende des Römischen Reiches habe auch gezeigt, Revolutionen könnten „ein Mittel der Vorsehung sein, um die Menschheit weiterzubringen." Die Akteure der Französischen Revolution seien „Glaubenshelden der Freiheit" gewesen; zwar könne man Robespierre seine Grausamkeit vorwerfen, doch Lassen hob auch dessen Charakterstärke hervor. Für das *examen artium* wurden zwei Aufgaben in Geschichte gestellt, eine über die Antike, die in lateinischer Sprache abgefasst werden musste, und eine über die Neuzeit, die in der Muttersprache geschrieben werden durfte. Niels Henriks Noten bei Lassen lagen unter dem Durchschnitt, in Geschichte erhielt er die Note 4.

Allgemein galt Lassen als ein lebhafter und umgänglicher Mensch, der in reichem Maße das besaß, was man „gesellschaftliche Talente" nennt. Im „Komödienhaus" betätigte er sich erfolgreich als Schauspieler. Doch die Lust auf Zerstreuung und die damals weit verbreitete Neigung zu den Freuden des vollen Bechers nahmen bei ihm mehr und mehr überhand. In Niels Henriks Schulzeit zeigte sich dies zwar nur an einzelnen Tagen als Unpässlichkeit, später jedoch erschien er häufig nicht zum Unterricht. Und 1828 dann, noch vor seinem 40. Geburtstag, musste er seinen Abschied nehmen.

Auch der Sprachenlehrer Poul Christian Melbye bewertete Niels Henriks Fähigkeiten und Beteiligung am Unterricht im ersten Jahr mit *gut*. Melbye kam aus Ebeltoft in Jütland, hatte sich nach dem *examen artium* 1806 mehrere Jahre in Paris aufgehalten, war 1814 nach Norwegen gekommen und bald darauf Lehrer an der Kathedralschule geworden. Er unterrichtete die Fächer Französisch, Deutsch und Englisch. Seine besondere Vorliebe galt allem Französischen, der Kunst und der Poesie, allem Großen und Edlen. Er hielt sich selbst für ein Muster des guten Geschmacks, der Bildung und des Taktgefühls. Ohne einen Anflug von Selbstkritik ging Sprachenlehrer Melbye so Schritt für Schritt und mit erhobenem Glase auf seinen Untergang zu. Auch er war gezwungen, seinen Abschied zu nehmen und endete als Hauslehrer in Eidsvoll.

Niels Henrik scheint in seinem ersten Schuljahr keine besonderen Freunde gehabt zu haben. Doch dem Elternhaus in Gjerstad gegenüber hielt er daran fest, dass er sich in Christiania ganz in seinem Element fühle. Vielleicht

Abb. 12. Alte Schänke am Maridalsveien. Ölgemälde von Johannes Flintoe aus der Zeit, als Abel in die Stadt kam. Im Hintergrund die Gamle Aker Kirche. Privatsammlung. Foto: O. Væring.

wartete er auch darauf, dass sein großer Bruder in die Stadt käme. Ende November 1815 teilte Pastor Abel seinem Propst in Arendal mit, dass Hans wieder gesund sei und demnächst abreisen würde. Vielleicht fuhr Hans Mathias irgendwann vor Weihnachten 1815 nach Christiania und nahm möglicherweise irgendwie am Unterricht teil, es gab Regelungen für solche Fälle. Doch es spricht mehr dafür, dass Niels Henrik erst im Herbst bei Beginn des nächsten Schuljahres mit dem Bruder zusammentraf. Dass er einen festen Platz an der Kathedralschule erhalten hatte, erfuhr Hans Mathias jedenfalls erst im August 1816. Da teilte Vater Abel mit, dass beide Söhne einen Platz an der Schule hätten und im selben anständigen Haus in Christiania wohnten, und er dass er 180 Speziestaler jährlich zahlen müsse, dazu Bücher, Kleidung etc. Zog er diese Summe von seinen Einkünften ab, dann habe er, so schrieb Pastor Abel seinem Vorgesetzten in Arendal, „nichts mehr außer Milch und Grütze und Grütze und Milch für meine übrige Familie." In seinen häufigen Berichten an den Propst stellte Pastor Abel mit Befriedigung fest, dass Niels Henrik von den Lehrern in Christiania anständige Zeugnisse erhalte, doch ansonsten schien Vater Abel eher sein Ältester, Hans Mathias, am Herzen gelegen zu haben.

Wegen der langen Reisezeit zwischen Gjerstad und Christiania, zu Lande wie zu Wasser, war es für Niels Henrik fast unmöglich, Weihnachten oder Ostern nach Hause zu kommen, wahrscheinlich war er auch in den Sommerferien 1816 nicht daheim. Jedenfalls hat Vater Abel im September am Kai von Risør nur Hans Mathias nachgewunken, der zur Aufnahmeprüfung in der Kathedralschule fuhr. Kurz darauf teilte Pastor Abel mit, Hans Mathias habe „in der Prüfung gut abgeschnitten... kam in die 2. Klasse.... Sowohl Rosted wie Flor erklärten ihn für sehr tüchtig. Auch Niels ist in die 2. Klasse aufgerückt ... hat den Lohn für seinen Fleiß bekommen. Dem Himmel sei Dank! Ein Teil der Sorgen die das Vaterherz bedrückten, sind nun leichter." Später im Herbst schrieb Vater Abel dann: „Nun können sie nur noch meine guten Wünsche und mein Geldbeutel begleiten."

Beide Söhne auf der Schule zu haben, bedeutete also in hohem Maße ein finanzielles Problem. Das Schulgeld betrug 20 Taler plus 3 Taler für Licht und Brennholz. Doch für die Kathedralschule in Christiania gab es gute Stipendien und Stiftungen, ein Drittel der Schüler hatte einen Freiplatz und die Anker'sche Fideikommiss Stiftung half vielen. Von dort erhielt Niels Henrik regelmäßig jedes halbe Jahr 20 Speziestaler. Jedes Mal lautet die Begründung, dass sein Vater, der Pastor von Gjerstad, „auf einer mäßigen Pfarrstelle sitzt und mehrere Kinder hat." Ab 1816 musste Vater Abel kein Schulgeld mehr für Niels Henrik zahlen. Im Jahr darauf wurde auch Hans Mathias das Schulgeld erlassen und er erhielt etwa das gleiche Stipendium.

Doch es blieben Kost und Logis, etwas Kleidung und einige Bücher, und ab 1817 wollte der Vermieter 25 Prozent mehr für die beiden Brüder. Wegen der Wohnungsnot in Christiania stiegen die Preise. Am Pfarrhof Gjerstad rang Pastor Abel die Hände, blieb aber fest bei seinem Vorsatz: „Ich bezahle, bis ich kein ganzes Hemd mehr am Leib habe. Meine Kinder sind mein Ein und Alles."

18.
Alltag in Christiania. S.G. Abel tritt ins Licht der Öffentlichkeit

Ende September 1816 kam sein ältester Bruder Hans Mathias Abel mit dem Dampfschiff nach Christiania und vieles spricht dafür, dass Niels Henrik ihn im Hafen abholte. Mit seinen 11.000 Einwohnern war Christiania nicht gerade eine Großstadt. Doch auf dem Markt wimmelte es zwischen all den Buden und Ständen von Menschen und Pferdefuhrwerken. Auf der beliebtesten Promenade, den Wällen der Festung Akershus, zeigten sich die Schönheiten der Stadt in der neuesten Mode, während die jungen Männer mit ihnen konversierten und ungeniert flirteten. Auch damals war die Aussicht prächtig: Der blaue Fjord nach Süden, im Westen der Blick hinunter nach Piperviken und in die lange Senke des *Bislettbekken*, wo das spärlich besiedelte Land mit Weiden und Äckern begann. Um das herrschaftliche Backsteinhaus mit seinen Fischteichen auf Tullins Ruseløkke standen ein paar kleine Holzhäuser, zum Teil noch unfertig, und sahen aus wie zufällig hingeworfene Bauklötze. Der Hügel, auf dem später das Schloss erbaut werden sollte, bestand aus einigen steilen Geländestufen. Westlich des Drammensveien lag der Rosenkrantzhaven mit Gewächshäusern und einem Hauptgebäude, dessen Laubengänge unter einem Mansardendach altmodisch anmuteten. Weiter südlich erstreckte sich eine Koppelweide mit Pächterkate, Blockhaus und zwei großen Scheunen sowie einem Stall für Kleinvieh. Nach Norden, nördlich von Grensen, standen die Storgaten entlang bis hinüber nach Vaterland Häuser, eine Art Vorstadtbebauung. Auf Akershus saßen die zu „lebenslänglich" verurteilten Gefangenen ein. Man sah sie in den Straßen der Stadt in ihrer Gefängniskleidung, mit rasselnden Ketten an Armen und Beinen auf ihrem Weg zu oder von der täglichen Arbeit, man sah sie beim Fegen oder Ausbessern der Wege und beim Ausheben von Gräben. Ob Niels Henrik seinem Bruder wohl von dem Hund erzählte, den man seinerzeit in die gewaltigen Mauern der Festung Akershus eingemauert hatte, damit er als schreckliches Gespenst mögliche Feinde abwehren sollte?

Von dem Palais und dem schönen Garten dahinter hatte Vater Abel erzählt. Dort hatte er Karl Johan und Prinz Oscar kennen gelernt. Die Regierung hielt jetzt ihre Versammlungen in dem schönen Gebäude mit dem weiß gekalkten

Sockel und den roten Backsteinwänden, den blauen Fensterrahmen und den blauschwarz glasierten Ziegeln; das Gebäude hatte nur eine Etage und war dem Staat von Kammerherr Anker vermacht worden, der um die Jahrhundertwende der reichste Mann des Landes war. Bewohnt wurde das Palais vom Statthalter des Reiches, allerdings nur, wenn er sich nicht im September noch in seiner Sommerresidenz draußen auf der Insel Ladegårdsøen aufhielt. Im Hafen in Richtung Bjørvika konnten die Brüder die riesigen Stapel von Planken und Brettern sehen. Vielleicht begegneten ihnen einige der Fuhrleute, welche die Bretter transportierten, wie sie auf ihren Fuhrwerken und mit Kreidestrichen auf dem Rücken in wilder Fahrt unterwegs waren, um den Lohn für ihre Tagesarbeit abzuholen. Es war nämlich so, dass den Fuhrleuten nach Anlieferung ihrer Holzlast Kreidestriche auf den Rücken gemalt wurden, die angaben, wie viele Bretter sie abgeliefert hatten. Im Büro der Fuhrleute bezahlte der Kassier den aufgeschriebenen Transport und wischte die Kreidezahl ab.

Wenn sie Zeit hatten, begaben sich die Brüder vielleicht hinauf nach Tøyen, um sich das Gewächshaus von Gärtner Siebke und seinen Affen anzusehen. Vor Einbruch der Dunkelheit mussten sie zurück in ihrem Quartier im Haus des Kaufmanns sein. Es war üblich, sich zeitig zur Ruhe zu begeben, auch die beiden Knaben mussten Talglicht sparen. Vielleicht schliefen sie bereits, wenn der Wächter mit monotoner Stimme rief: „Ho, Wächter, ho! Die Uhr hat zehn geschlagen!", und je nachdem, ob der Mond zu- oder abnehmend war, zu bestimmten Zeiten Tranlampen anzündete oder auslöschte.

In der Schule gingen die Brüder in dieselbe Klasse. Als Lateinlehrer hatten sie den jungen Hans Riddervold, auch ein ehemaliger Lieblingsschüler von Rektor Rosted. Riddervold unterrichtete die unteren Klassen und war auch im ersten Jahr Niels Henriks Lehrer gewesen. Da gab es nur mündliches Latein und Niels Henrik hatte im Jahreszeugnis die Note 2 erhalten. Jetzt mussten regelmäßig lateinische Aufsätze zur Korrektur abgegeben werden, und dies war offenbar nicht mehr so einfach. Riddervold, der später Stortingspräsident und Bischof wurde und 24 Jahre lang Kirchenminister war, erzählte einmal eine Anekdote über seinen berühmten Schüler Niels Henrik Abel. Diese handelte davon, wie Riddervold eines Tages auf Abels Pult einen Zettel mit folgender Notiz fand: „Jetzt glaubt Riddervold, dass ich meinen lateinischen Aufsatz geschrieben habe, aber da täuscht er sich *gewaltig*. Abel." Für wen die Notiz gedacht war, darüber sagte Riddervold nichts, aber beim Jahresabschlussexamen 1817 gab er Niels Henrik die Noten 3 und 4 im mündlichen und im schriftlichen Latein.

Nach drei Jahren an der Schule hörte Riddervold auf, um sein Studium der Theologie zu beenden. Daraufhin übernahm Ole Kynsberg den Lateinunterricht der unteren Klassen. Auch Kynsberg war Schüler der Kathedralschule gewesen und hatte schon in jungen Jahren als ein besonders fähiger Linguist und Historiker auf sich aufmerksam gemacht. Er war der Sohn eines Kaufmanns aus Elverum, hatte 1811 das *examen artium* gemacht, an der Universität Kopenhagen Rechtswissenschaften studiert und nach vier Jahren mit *cum laude* das Examen abgelegt. Doch im Juni 1817, als das erste Rigorosum an der neuen Universität stattfand, hatte Kynsberg *ex auditorio* mit seinem schönen und fließenden Latein einen solchen Eindruck auf Rektor Rosted gemacht, dass dieser ihm sogleich eine Stelle anbot. Kynsberg genoss bei den Lehrern wie auch bei den Schülern Respekt. Er war tüchtig, gerecht und bekannt für seine ungewöhnliche Gutherzigkeit. Manche hielten ihn für genial, überlegen und gediegen wie die Sprache der Römer. Kynsberg brauchte keine Gewalt anzuwenden, um für Disziplin zu sorgen, ein scharfer Blick oder ein Wort genügten, um selbst die Frechsten zum Rückzug zu bewegen. Niels Henriks Latein scheint sich bei Kynsberg verbessert zu haben. Bei der Jahresabschlussprüfung schaffte er immerhin im Mündlichen wie auch im Schriftlichen die Note 2. Im *examen artium* erhielt er schließlich die Note 3. Niels Henrik scheint in seiner ganzen Schulzeit im Fach Latein unter dem Klassendurchschnitt gelegen zu haben.

Wie so viele seiner Zeitgenossen liebte es auch Kynsberg, sich zu betrinken. Zwar machten sich Adjunkt Kynsbergs Alkoholprobleme während Niels Henriks Schulzeit noch nicht übermäßig bemerkbar, doch fielen schon damals Stunden aus wegen seiner Trunkenheit und seinen nächtlichen Zechtouren. Später geschah es, dass Kynsberg stockbesoffen zum Unterricht erschien und es wurde erzählt, die Schüler hätten ihren Lehrer dann in die Mitte genommen, ihm die Treppe hinaufgeholfen und sich so um ihn geschart, dass der Rektor nichts merkte oder wenigstens so tun konnte, als hätte er nichts gesehen.

Adjunkt Hans Peter Bader hatte im Januar 1814 die Nachfolge des tüchtigen Søren Rasmussen für das Fach Mathematik angetreten. In fachlicher Hinsicht brachte Bader sicherlich die nötige Qualifikation mit. Rektor Rosted meinte jedenfalls, es sei nicht leicht, seinesgleichen zu finden. Doch sein Ruf war nicht der beste. So soll er zusammen mit anderen Lehrern beobachtet worden sein „an einem Ort, wo es sich nicht schickte, zu verkehren", außerdem soll sich Bader „erlaubt haben, vor den Schülern leichtfertige Äußerungen über Gott und die Religion" zu verbreiten.

Unter den Schülern galt Bader als guter Lehrer, jedoch leicht reizbar, und er schlug wesentlich härter zu als die anderen Lehrer. Theoretisch sollten körperliche Züchtigungen und Strafen nicht mehr als Mittel eingesetzt werden, um sich Achtung zu verschaffen und den Lerneifer zu steigern, doch die meisten Lehrer wandten sie dennoch an. Adjunkt Bader meinte außerdem, dass es für diejenigen, die Mathematik nicht verstanden, nur eine Methode gäbe, nämlich Spott und Prügel und noch mehr Spott und noch mehr Prügel. Aus Baders Stunden wurden häufig Schüler mit blutiger Nase, geschwollener Backe und Kopfschmerzen zu Rektor Rosted geschickt. Und jedes Mal lautete die Erklärung, Bader habe sie geschlagen. Der Rektor musste dann eingreifen und Bader daran erinnern, dass Prügel inzwischen als der falsche Weg angesehen wurden. Lange glaubte Rektor Rosted, die Klagen der Schüler seien übertrieben und rührten daher, dass Bader den Unwillen und den Hass des jeweiligen Schülers erregt habe, in erster Linie wegen seines ruppigen Wesens, aber auch wegen seiner unschönen Angewohnheit, alle, die Mathematik nicht verstanden, zu verhöhnen und auszulachen. Rosted selbst erhob nie die Hand gegen einen Schüler, seine strengste Strafe bestand darin, den Betreffenden vor den Lehrerrat zu zitieren, wo er den Unglücklichen im Beisein aller ernst und feierlich ermahnte.

Niels Henrik hatte von Anfang an mit der Mathematik keine Probleme, er erhielt von Bader die Note *ausgezeichnet*, jedoch nicht die Mathematikprämie, die jedes Jahr dem besten Schüler überreicht wurde. Der Unterricht beschränkte sich im Großen und Ganzen darauf, von der Tafel abzuschreiben, und es wurde maßlos viel gepaukt. Die Arithmetikaufgabe im *examen artium* von 1814 bestand darin, anhand von selbstgewählten Beispielen zu erklären, wie Brüche multipliziert werden. In Geometrie musste der pythagoreische Lehrsatz bewiesen werden. Später erzählte man, auch Niels Henrik sei von dem Mathematiklehrer Bader gequält worden und habe aus diesem Grund im Herbst 1816 für einige Wochen der Schule fernbleiben müssen. Darüber steht nichts in den Akten der Schule und eine solche Abwesenheit hätte festgehalten werden müssen, weil Niels Henrik Stipendiat war. Aber vielleicht gab es trotzdem etwas, das Vater Abel wegen seiner Söhne in der großen Stadt Sorgen bereitete? Jedenfalls plante Pastor Abel eine Reise nach Christiania. Doch er hatte noch andere Gründe, die Hauptstadt zu besuchen. Im Januar 1817 schrieb er an Propst Krog in Arendal, er wolle seine Kinder sehen und bitte darum, Pastor Schanke von Risør als Stellvertreter zu schicken für die zwei Wochen, die seine Reise dauern würde. Sicher ließ sich dies ohne weiteres einrichten. S.G. Abel hatte früher einmal Schanke in Risør vertreten, es handelte sich also um eine einfache Gegenleistung. Etwas schwieriger war es, die Erlaubnis des Bischofs in Christiansand zu bekommen. Bischof Christian Sørensen war ein Kollege des alten Hans Mathias Abel gewesen, er hatte Søren Georg geweiht und seinen Wunsch nach Abtrennung der Tochtergemeinde Vegårdshei von der Pfarrei Gjerstad gebilligt. Christian Sørensen kannte die Verhältnisse gut und war auch gut informiert über die kirchenpolitische Stimmung in der Hauptstadt. Vielleicht hatte der Bischof eine bange Vorahnung dessen, was geschehen könnte, wenn Pastor Abel zu diesem Zeitpunkt nach Christiania fuhr. Vielleicht hatten sich die Gerüchte bereits bis in die höchsten Kreise der theologischen Fakultät der Universität verbreitet, dass nämlich jemand an Abels Amtsführung als Gemeindepastor etwas auszusetzen hatte?

Der Geist des Christentums und der Verkündigung, für den sich der Gemeindepfarrer Søren Georg Abel so eifrig eingesetzt und den er so deutlich in seinem Katechismusbuch zum Ausdruck gebracht hatte, schien dem Untergang geweiht. Die theologische Fakultät von Christiania wurde von Professor Svend Borchmann Hersleb und Universitätsdozent Stener Johannes Stenersen geführt, beide begegneten dem Rationalismus, der seit längerem in den norwegischen Kirchen Mode geworden war, mit großem Misstrauen. Denn sie bewunderten eine andere überragende Glaubensgestalt aus den nordischen Ländern, nämlich N.F.S. Grundtvig aus Dänemark. Besonders Universitätsdozent Stenersen sah es als seine heilige Pflicht, das norwegische Volk wieder auf den rechten Weg zurückzuführen, und in seinen Augen war die Katechismusauslegung des Søren Georg Abel das auffälligste Beispiel für die weltlichen Irrlehren, die sich in den Unterricht eingeschlichen hatten. Vor allem in den Distrikten um die Hauptstadt wurde Pastor Abels Katechismus häufig zur Konfirmationsvorbereitung benutzt. Man teilte die Konfirmanden ein in Abeliten, Pontoppidaner und andere Katechismusleser, je nachdem welches Lehrbuch sie benutzten. Für Niels Henrik Abel, der in diesem Jahr in der Erlöserkirche konfirmiert werden sollte und Vikar Jens Skanke Garmann zum Lehrer hatte, war die Wahl leicht. Garmann benutzte bereitwillig Abels Buch, Niels Henrik war Abelit.

Doch an der Universität waren die Pläne von Dozent Stenersen sicher bekannt, das von dem Gjerstad-Pastor verkündete Christentum zu vernichten. In drei Beiträgen vom Januar 1817 kritisierte Stenersen Punkt für Punkt Søren Abels Buch in *Det Norske Nationalblad* auf insgesamt 25 Seiten. Das Ergebnis war klar: Der Gjerstad-Pfarrer war einer der größten Heiden im Land, so grob habe er die Wahrheit verfälscht, dass er die Verantwortung für mindestens 10.000 Seelen trage, die der sicheren Verdammnis entgegen gingen. Die Zahl von 10.000 errechnete sich aus der in fünf Auflagen zu je 1.000 Stück publizierten Gesamtzahl der Bücher, von denen jedes von mindestens zwei Personen gelesen würde. Wie üblich erschienen die Beiträge anonym, doch es wurde schon bald bekannt, wer der Verfasser war. Bereits am 30. Januar hatte Vikar Garmann einen Versuch unternommen, S.G. Abel zu verteidigen. Garmann vertrat die Auffassung, dass selbst dann, wenn man einmal zugestehe, Abels Buch zeige wesentliche Mängel auf, der Schaden nicht so groß sei, wie Stenersen annehme; den Mängeln sei von jedem kundigen Religionslehrer leicht abzuhelfen, der Verstand und Gefühl für die heilige Lehre besaß und seinem eigenen Lehrgebäude Luthers Katechismus zugrunde lege.

Bereits am 2. Februar hatte Pastor Abel von Gjerstad aus seine erste Reaktion auf die „einfach infame Beurteilung" eines Buches losgeschickt, das zuvor von „aufgeklärten Lehrern" mit Beifall aufgenommen worden war. Abel schrieb, dass er, da er die Dunkelheit verabscheue, einige Mitglieder seiner Gemeinde von dieser Kritik in Kenntnis gesetzt habe und dass alle den Kritiker für einen boshaften Menschen oder aber einen Religionsschwärmer hielten, während er selbst der Auffassung sei, der Schreiber, der sich noch nicht zu erkennen gegeben habe, müsse einfach verrückt sein. Das Einzige, wofür sich Abel bedankte, war die „genaue Berechnung von 10.000 Seelen, die, durch mein Buch vom rechten Wege abgebracht, ihre Seligkeit verlieren werden. Seid so gütig, Herr Rezensent, falls Ihr noch *lucida intervalla* habt, anzugeben, wie viele durch Pondoppidans Auslegung vor der Verdammnis errettet wurden und wie viele Ihr selbst zur Seligkeit zu führen Euch zutrauet."

Am 23. Februar fuhr Søren Georg Abel endlich selbst nach Christiania. Vermutlich hatte er da bereits seine ausführlichere Begründung für die Verrücktheit des Rezensenten fertig, die dann am 6. März im *Nationalbladet* abgedruckt wurde. Weil die Behauptung der Verrücktheit für die Leser, jedoch „keinesfalls für den Rezensenten" als übertrieben erscheinen konnte, erklärte Abel in zwölf Punkten, warum er den Kritiker für verrückt halte.

Um die Ausgaben dieser Reise niedrig zu halten, hatte Vater Abel sein eigenes Pferd und einen Burschen mitgenommen, am 26. Februar war er bei seinen Söhnen in Christiania. Am Vortag war sein Artikel, datiert auf den 2. Februar, abgedruckt worden und Vater Abel war sehr gespannt, wer was über wen sagen würde. Über den Besuch bei seinen Kindern berichtete er später dem Propst in Arendal: „Meine Kinder sind wohlauf. Hans ist still und Niels übertrieben munter, doch mit beiden sind die Lehrer sehr zufrieden."

Warum war Niels Henrik so „munter"? Warum nicht? In der ganzen Stadt wurden Verse gemacht, die sich auf Abel reimten. *Nationalbladet*, die beliebteste Zeitung des Landes, hatte nämlich am 20. Februar zum ersten Mal witzige Reime auf den Namen Abel gedruckt. Hier eine Kostprobe:

Ist es wirklich veritabel
Dass Søren Jørgen Abel
Der früher so aimabel
Und immer honorabel
Nun plötzlich zieht den Sabel
Gegen die Wahrheit und sein Land ...

Dass man für Abels Vornamen *Georg* die bäurische Variante *Jørgen* verwendete, sollte vermutlich eine Anspielung darauf sein, wo Vater Abel nach Ansicht des Reimeschmiedes hingehörte. Es ist anzunehmen, dass Pastor Abel nie erfuhr, von wem diese Verse stammten. Wahrscheinlich begab er sich zu seinem Verwandten Hans Abel Hielm, dem Herausgeber der Zeitung, der dazu verpflichtet war, wegen eventueller rechtlicher Nachspiele jeden Verfasser eines Artikels namentlich zu kennen. Doch im Grunde war die Redaktion des *Nationalbladet* nichts weiter als ein Briefkasten für eingesandte Beiträge. Das Selbstverständnis der Zeitung bestand darin, eine Tribüne für Veröffentlichungen zu sein, die jedermann betreten konnte. Einem jeden, der „sich nicht zutraute, gut genug für die Öffentlichkeit zu schreiben", würde der Redakteur versprechen, „unverbrüchliches Schweigen zu wahren, solange das Gesetz dieses zu brechen nicht verlangte." Es kam nämlich häufig vor, dass die Regierenden meinten, Sprache und Ausdruck vieler Beiträge geziemten sich nicht in einem Staat, der „unter einer freien Verfassung Pressefreiheit genießt." Bei solchen rechtlichen Nachspielen war es für die Zeitung von Nutzen, dass der Herausgeber die fachliche Hilfe seines Bruders Jonas Anton Hielm, Anwalt am Höchsten Gericht, in Anspruch nehmen konnte, der den Fall souverän durch die Instanzen führte.

Niels Henrik war also „übertrieben munter" in dieser für den Vater so turbulenten, rastlosen Zeit. Sowohl die Beschuldigung eines grundfalschen Glaubens wie auch die Abel-Verse fanden sicher ihr Echo auf dem Schulhof. „Abel spendabel, was kostet dein Sabel?" etc.

Der große Bruder Hans Mathias hingegen war still und schwermütig. Der 15-jährige Niels Henrik, munter und scheinbar ungerührt, wusste vielleicht auch nicht recht, was sich da eigentlich abspielte. Vater Abel stand nämlich aus zwei Gründen im Rampenlicht. Der Hintergrund für die Abel-Verse war seine Einmischung bei einer der brennendsten Themen der Zeit, nämlich der Diskussion über das Verhältnis Norwegens zu Dänemark in Vergangenheit und Gegenwart, einer Diskussion, die auch mit dem neuen Machthaber des Landes, Karl Johan, und mit Schweden zu tun hatte. Der „Mann der historischen Wahrheit", der auch in dem Gedicht vorkommt und dort von Abel völlig verdammt wird, war zweifellos Nicolai Wergeland, der im Herbst 1816 sein großes Werk *Ein wahrer Bericht über die politischen Verbrechen Dänemarks am Königreich Norwegen* veröffentlicht hatte. Ohne Angabe von Autor und Erscheinungsort, einfach nur Norwegen 1816, hatte dieses Buch zu einem gewaltigen Aufflammen in der empfindlichen Einstellung gegenüber Dana, Nor und Svea geführt, wie man die drei Länder gerne personifizierte. Diese Buch wurde von der 'Gesellschaft für das Wohl Norwegens' herausgegeben und galt in Dänemark daher als Ausdruck einer repräsentativen norwegischen Meinung. Der anonyme Verfasser wurde von allen Seiten zum Gegenstand einer intensiven öffentlichen Aufmerksamkeit. Auch Pastor Abel griff zur Feder. Noch am selben Tag, an dem er das Buch in die Hände bekam, schrieb er an *Den Norske Rigstidende*, wo am 11. Dezember 1816 folgender „Beitrag gegen Bezahlung" eingerückt war:

> Wo ist der Elende, der geschrieben hat: *Ein wahrer Bericht über die politischen Verbrechen Dänemarks am Königreich Norwegen*? Er wird hiermit aufgefordert, wenn er noch einen Rest an Ehrgefühl übrig hat, aus seinem Schlupfloch zu kriechen und sich öffentlich zu zeigen, damit jeder rechtschaffene Däne, Schwede und Norweger sowie unsere vormals wie gegenwärtig gleichermaßen humanen und weisen Regierungen sich erinnern mögen: hicce niger, hunce caveto, was heißen soll: Er ist schwarz, meidet ihn.
>
> Pfarrhof Gjerstad bei Brevig, den 28. Nov. 1816.
> Søren Georg Abel, Gemeindepfarrer zu Gjerstad
> in der Diözese Christiansand. Träger des Dannebrog-Ordens.

Was die Bezahlung angeht, betonte Abel, dies würde sogleich erledigt werden, wenn nicht die Ehre der Nation einen Gratis-Abdruck erheische. Mit der Unterschrift „Pfarrhof Gjerstad bei Brevig" wollte er sicher daran erinnern, dass das Buch über die politischen Verbrechen Dänemarks an den Schandpfahl in Brevig genagelt worden war.

Für sein Engagement in dieser Polemik, die quer durch die Zeitungen *Rigstidende*, *Nationalbladet* und *Intelligentssedlene* geführt wurde, musste sich Pastor Abel gefallen lassen, unter die „unechten Norweger" eingereiht zu werden, zusammen mit Vikar Garmann und Professor Hersleb, die sich beide in dieser Angelegenheit stark eingesetzt hatten. Professor Hersleb meldete sich als einer der ersten mit einer scharfen Verurteilung des Buches, von dem jeder nach kurzer Zeit wusste, dass es aus der Feder von Nicolai Wergeland stammte, der sich zur gleichen Zeit für die Pfarrei Eidsvoll bewarb und sie dann auch erhielt. In der *Rigstidende* vom 23. November 1816 hatte Hersleb festgestellt, dass der Verfasser der Schrift *Ein wahrer Bericht über die politischen Verbrechen Dänemarks am Königreich Norwegen*, der kurz vorher bei Buchhändler Hans Abel Hielm zum Verkauf angeboten worden war, den Namen Norwegen missbraucht habe, indem er ihn auf das Titelblatt setzte und sich als Sprachrohr der Nation aufgespielt habe. Die Schrift sei ein Ausbruch „des allertörichsten nationalen Hochmutes und des niedrigsten Hasses", geschrieben von einem Autor, der „mit der zügellosesten Leichtfertigkeit die dänische Nation zu verhöhnen sucht" und noch nicht einmal den Mut habe, sich zu „seiner mit dem Kainsmal versehenen Missgeburt" zu bekennen.

Jedenfalls war der Pfarrer von Gjerstad in den ersten Monaten des Jahres 1817 einer der meist genannten Personen in der Presse der Hauptstadt. Seine

Auslassungen über das Buch von Nicolai Wergeland vermischten sich unweigerlich mit der Welle der Sympathie, die sich in Opposition zur anti-dänischen Haltung nach dem Kieler Vertrag und den schwierigen Übereinkünften über das Geld im Volk ausbreitete, einer Haltung, die sich noch verstärkte, als später die alte dänisch-norwegische Staatsschuld aufgeteilt werden sollte. Aber dass Abel gleichzeitig von Universitätsdozent Stenersen, des Dänen Grundtvigs Sprachrohr in Norwegen, wegen schlimmster Irrlehren kritisiert wurde, musste vielen als ein unverständliches Durcheinander erscheinen, nicht nur seinen Söhnen an der Kathedralschule. Gleich im Anschluss an Stenersens langen, vernichtenden Artikel im *Nationalbladet* stand wieder ein Gedicht, das ein verächtliches Licht auf Abel warf.

Auf seine Söhne versuchte Vater Abel vermutlich, ausgeglichen und gelassen zu wirken. An einem Mittwoch war er in die Stadt gekommen und blieb übers Wochenende. Ganz sicher besuchte er auch den Gerberlehrling Knud Larsen, der seine Ausbildung nahezu beendet hatte. Am Montag, den 3. März verließ Vater Abel Christiania. An diesem Tag erschien wieder eine Reihe von Reimen im *Nationalbladet*, für und gegen Abel und seine Kritik. Am 6. März brachte schließlich die Zeitung Søren Georg Abels Kommentar zur Verrücktheit des Rezensenten, und dies war dann der vorläufige Schlusspunkt in der Diskussion über sein Religionsbuch.

Auf seiner Reise zurück nach Gjerstad nahm sich Søren Georg Abel Zeit, um Freunde und Bekannte zu besuchen. Eine Nacht verbrachte er in Drammen, eine weitere in Holmestrand, ein vergnügliches Essen bei dem Kaufmann und Eidsvollmann Carl Peter Stoltenberg genoss er in Tønsberg, drei Nächte blieb er beim Amtsrichter Bryhn in Larvik, außerdem besuchte er Porsgrunn und Skien. Als er endlich zu Hause eintraf, meldete er seinem Propst in Arendal, dass ihn die Reise 400 Reichsbanktaler gekostet habe, wovon über die Hälfte für die vier Tage in der Hauptstadt gebraucht wurden.

Auch von anderen Reiseerlebnissen berichtete Pastor Abel. Von den Ministern habe ihm am besten Christian Krohg gefallen, was man als einen kleinen Hieb auf Treschow auffassen kann, hatte dieser doch die Philosophie der Politik geopfert. Aber wie soll man die Realität nach der Beobachtung Pfarrer Abels deuten, für den die „Liederlichkeit" zunimmt, je weiter man nach Osten kommt und der daraus schließt, dass „dieses Zeitalter verworfen" sei? Er erwähnte die unsinnigen Reime auf Abel, schrieb aber, dass es viele gab, die ihn in Schutz nahmen und die Scham liege bei denen, die ihn *beschämen* wollten. Demnach fühlte er sich nicht allein mit seiner Auffassung, die Universität sei zu einem „Vater der Lüge" geworden.

19.

Konfirmation und Lebensorientierung

Die zweiwöchigen Sommerferien hatten die Brüder zu Hause in Gjerstad verbracht. Am 13. August waren sie wieder in Christiania in der Schule. Nur wenige Tage später kam die Nachricht, Elisabeth Abel, ihre geliebte Großmutter, sei gestorben. Aus Gjerstad meldete auch Pastor Abel am 20. August 1817, dem Tag vor dem Begräbnis seiner Mutter, seinem Propst: „Die Zeiten spielen nun völlig verrückt und die Elemente scheinen sich allesamt zu verbünden, um uns kopfüber ins Elend zu stürzen. Nun kann ich mit Bestimmtheit sagen, dass die Armut mein Schicksal wird."

Da Niels Henrik vor seinem Schulantritt in der Kathedralschule noch nicht konfirmiert war, fand dieses feierliche Ereignis nun in der Erlöserkirche statt, wo Jens Skanke Garmann das Amt des Pfarrherrs innehatte. Die Vorbereitungen darauf erfolgten während der heftigen Debatten um Vater Abels Religionsbuch. Ende September, an Michaeli 1817, wurde Niels Henrik konfirmiert und Garmann hielt vorschriftsmäßig fest: „Niels Henrich's Kenntnisse und Benehmen sind äußerst lobenswert."

Doch wenn Niels Henrik auch Garmanns Unterricht besuchte und sich die Katechismusauslegung seines Vaters aneignete, so gut er konnte, scheint es für ihn als Abeliten eine unsichere und schwierige Zeit gewesen zu sein. Nach zwei Jahren wurde er nur *auf Probe* in die nächste Klasse versetzt. Die Diskussion über Vater Abels Buch dürfte Niels Henrik doch mehr beschäftigt haben, als er zugeben wollte. Und seine anfängliche Munterkeit schien sich allmählich der Verunsicherung und der Schwermut seines großen Bruders anzugleichen. Bei näherer Betrachtung musste es für die Brüder Abel ein Schock gewesen sein zu erleben, wie das Denksystem des Vaters vor ihren Augen völlig zertrümmert und verspottet wurde. Dass Tausende von Seelen wegen der überzeugenden Lehre des Vaters der ewigen Verdammnis preisgegeben sein sollten, musste den Söhnen fast wie ein Angriff auf die Vernunft vorgekommen sein.

Niels Henrik war jetzt seit zwei Jahren in Christiania und auch wenn er vielleicht keine Unschuld vom Lande mehr war, prägten den 15-Jährigen doch die Haltung des Elternhauses und die Lebensregeln und Denkmuster des

Vaters. Wenn jemand nur richtig handelt, wenn jemand nur richtig denkt, wird die Welt ein guter Ort sein. Doch vielleicht waren die Gedanken seines Vaters nicht richtig *genug*? Unter der übertrieben munteren Oberfläche schwelte damals vielleicht der Wunsch, das Werk des Vaters noch besser zu machen, noch präziser und so gründlich, dass es unangreifbar wurde. Eine Gesetzmäßigkeit finden, die einfach nicht in Zweifel gezogen werden konnte.

In seiner Kritik an Georg Abels Buch hatte Universitätsdozent Stenersen vom Leser erwartet, dass dieser Abels Buch zur Hand hatte und so verwies er in seinem auf einzelne Punkte beschränkten Kommentar einfach nur auf die Nummern der Fragen. Von den Lesern wurde außerdem erwartet, die Bibel jederzeit griffbereit zu haben, und die Gelehrten sollten am besten auch den Grundtext hinzuziehen. Nach der Feststellung, dass „die Religion wieder als eine nationale Angelegenheit betrachtet werden sollte" und der Rechnung mit den zehntausend Seelen, begannen die konkreten Angriffe bei Abels Frage Nummer 26: „Welchen Wert hat insbesondere das Alte Testament?" Und die Antwort, die der Abelit Niels Henrik auch seinem Lehrer Garmann in der Erlöserkirche zu geben hatte, lautete: „Es lehrt uns die Geschöpfe der Welt kennen, den ersten Zustand des Menschen und den Fortschritt der Religion. Dazu enthält es viele wichtige Beispiele." Die Einwände bezogen sich hier darauf, dass in der Antwort alle Prophezeiungen über Jesus Christus fehlten, und wenn Pastor Abel *diese* leugne, begebe er sich in einen Gegensatz zu Jesus. Und wo Abel schrieb, das kirchliche Brauchtum sei die Kleidung der Religion, meinte Stenersen, dass „Kleidung" ein völlig misslungener Ausdruck sei. Denn genauso wie der Verfasser mit all seinem Wissen und seiner Weisheit als Narr angesehen werde, wenn er sich wie ein Harlekin kleide, so führe auch ein unpassendes kirchliches Brauchtum zur Geringschätzung der Religion, egal wie göttlich es an sich sei.

Wo Abel schrieb, dass die Pflichten, die ein Mensch Gott schulde, mit denen vergleichbar seien, die ein Kind seinem Vater schulde, hätte er hinzu-fügen müssen: „Aber in unendlichen höherem Maße." Die Verwendung des Wortes „Ehrerbietung" an Stelle des alten Wortes „Gottesfurcht" zur Be-schreibung der Gotteskindschaft des Menschen sei äußerst mangelhaft. Ehr-erbietung schulde man jedem Vorgesetzten, Gottesfurcht aber übersteige jede Ehrerbietung, auch einem noch so rechtschaffenen Herrn gegenüber.

Abel hatte geschrieben, die Liebe zu Gott bedeute, sich eingedenk Seiner Vollkommenheit und Seiner Wohltaten über Ihn zu freuen und sich zu bemühen, Ihm wohlgefällig zu sein. Der Grundtvigianer Stenersen fragte nun, warum das Verlangen und die Sehnsucht nach einer innigen Vereinigung mit Gott nicht berücksichtigt worden sei.

„Müssen wir nicht auch das Irdische lieben?", lautete eine von Abels Fragen und in der Antwort hieß es: „Doch, aber wir dürfen nicht unsere Herzen daran hängen." Stenersen machte sich über die Antwort lustig, wollte wissen, ob der Verfasser je geliebt habe, ohne dass sein Herz an dem geliebten Gegenstand gehangen habe und wenn ja, müsse er eine eiskalte Natur sein. Außerdem sei Abels Antwort nicht der Bibel gemäß und widerspreche Joh. 2,15.

Darüber hinaus hätten viele Bibelstellen zitiert werden müssen, meinte Stenersen, und viele von Abels Fragen würden nicht zur Sache gehören, seien nur Füllsel, dazu ungenau und oft falsch oder irreführend. Viele Aussagen blieben ohne Erklärung. So sei es beispielsweise sinnlos, *wahrhaftiges* Handeln zu verlangen, ohne zu erklären, was *Wahrheit* ist.

Auch über Abels Erklärung des Aberglaubens spottete Stenersen: Wenn es zutreffe, wie Abel schreibe, dass Aberglaube damit zu tun habe, zu glauben und zu tun, was andere sagen und tun, ohne nachzuprüfen, ob dies nun wirklich der Wahrheit entspreche, dann müsse es Aberglaube sein zu sagen, Amerika liege westlich von Norwegen, oder Rattengift sei tödlich, ohne es ausprobiert zu haben! Dass es keine Gespenster gebe, sei zwar richtig, doch glaubte Abel etwa nicht, dass Gott gewisse Offenbarungen zuließe? Und zu behaupten, für jedes ungewöhnliche Ereignis gebe es eine natürliche Erklärung, hieße, die Rechnung ohne den Wirt zu machen.

Zum nützlichen Wissen hatte Abel auch den „Ackerbau" gezählt. Stenersen konterte spöttisch, dass „Ackerbau nur dem Ackerbauern nütze." Abel hatte Sparsamkeit als eine Tugend definiert, die zwischen Verschwendung und Geiz liege. Stenersen meinte, dass „eine Tugend, die dazwischen liegt" eine seltsame Ausdrucksweise sei und für den einfachen Menschen völlig unverständlich.

Abels Frage, ob wir die Unglücklichen verurteilen sollen, die sich selbst das Leben genommen haben, hätte nie gestellt werden dürfen. Stenersen stellte fest, dass sich ein Selbstmörder unserem Urteil entziehe und eine solche Missetat wie der Selbstmord könne von den Lebenden gar nicht genug verabscheut werden.

Des Weiteren befürchtete Lektor Stenersen, dass Abel den jungen Leuten zu viel Freiheit einräume in der Wahl ihres künftigen Ehepartners, wenn er sage, die Eltern sollten in der Frage nach der Wahl der einen oder anderen Verbindung keinen Zwang ausüben, sondern nur gute Ratschläge erteilen.

In der Behandlung von Hurerei und Unkeuschheit, in Abels Augen etwas, das Leib und Seele beschmutze und der bürgerlichen Gesellschaft nicht wieder gutzumachenden Schaden zufüge, wollte Stenersen auch „die Syphilis" erwähnt wissen. Diese Krankheit führe zu einem sehr schmerzhaften Tod und sei eine offensichtliche Strafe Gottes. Außerdem sei der Ausdruck „bürgerliche Gesellschaft" für die Allgemeinheit nicht ohne weiteres verständlich. In diesem Punkt sei Pontoppidans Erklärung des Sechsten Gebotes viel klarer, besser und konkreter.

Abel hatte geschrieben, dass selbst dann, wenn man etwas Böses über seinen Nächsten wisse, darüber zu schweigen sei, es sei denn, man könne ihn dadurch bessern oder einen anderen Menschen warnen. Stenersen sah nicht ein, was daran verkehrt sein sollte, etwas Böses, das man nachweisbar von einem anderen wusste, anzuprangern. Diesem würde es nicht schaden und anderen Menschen helfen, sich vor dem Gottlosen zu hüten. Allerdings sollte man vorsichtig sein, mild urteilen und niemandem etwas Böses unterstellen.

Abel hatte festgestellt, es seien insbesondere die *Lüste* des Menschen, die zum Bösen verführten, und hinzugefügt, dass auch das schlechte Beispiel und die Überredung durch andere eine Versuchung seien. Stenersen sah darin ein deutliches Beispiel für „unsere aufgeklärte Zeit", die es nicht ertrage, wenn der Name des Teufels erwähnt wird. Zwar hatte man den Teufel in den evangelischen Gesangbüchern gestrichen, doch verringerte sich damit die Macht des Teufels als *Versucher*? Woher nahm Abel die Gewissheit, dass es keinen Teufel gebe, dass Noahs und Abrahams Ansichten falsch seien? Wo Abel erklärte, die sinnliche Lust des Menschen sei nicht an sich Sünde, sondern werde dies nur, wenn sie zur Leidenschaft ausarte, protestierte Stenersen und meinte, Abel würde Jesus Christus widersprechen. Die bösen Lüste müssten ausgerottet, abgetötet und nicht nur von der „aufgeklärten Vernunft der Lehre Jesu" gedämpft werden, wie es Abel ausgedrückt hatte.

Völlig abwegig sei auch Abels Auffassung der Erbsünde. Seine Behauptung, der Mensch komme nicht mit der Sünde zur Welt, sondern mit der Fähigkeit zu beidem: gut oder böse zu sein, wobei jedoch die bösen Eigenschaften oft wegen schlechter Erziehung und schlechtem Beispiel im Kind überhand nähmen, sei nicht der Bibel gemäß. Zu sagen, die Erbsünde widerspräche der Gerechtigkeit Gottes, in einer solchen Weise über Gottes Gerechtigkeit zu urteilen, sei eine Ungeheuerlichkeit seitens eines kurzsichtigen Menschen. Der Ursprung des menschlichen Lebens und Elends liege im neugeborenen Kind, und die Anlage zum Bösen würde den Menschen unweigerlich in Sünde und Verdammnis stürzen, wenn nicht die Vernunft, erleuchtet durch die göttliche Lehre, die Führung übernehmen und die Kraft der Religion Jesu alles Böse ausrotten würde. Auch in seiner Ansicht über die Strafen Gottes sei Abel zu mild. Stenersen erinnerte an den Missetäter, dem als Lohn für sein Ketzertum und seinen Ungehorsam gegen Gott die ewigen Höllenqualen gewiss seien.

In verschiedenen Formulierungen und Punkten wurde angedeutet, dass Abel eigentlich Gottes Barmherzigkeit und die Vergebung durch Jesus Christus auf die eine oder andere Weise verachte. Jedenfalls spreche Abel so vage und dunkel über die Vergebung Jesu Christi als dem einzig wirklichen Trost eines jeden Sünders, dass 99 von 100 Konfirmanden kein Wort von dem verstehen würden, was er sagte.

Mit seiner Behauptung, bei der großen Kluft zwischen Gott und dem Menschen sei es natürlich, sich unsichtbare Wesen vorzustellen, gute und böse Engel, rede Abel nur einer pantheistischen Lebenshaltung das Wort.

Und wenn Abel, in Frage Nummer 249, über die Besserung des Menschen schreibe, eine Voraussetzung dafür sei der ernsthafte Gebrauch seiner Vernunft, so war dies für Stenersen Anlass zu einer längeren Erörterung, wobei er sich nicht scheute, zur Abschreckung und Warnung eine Person namentlich zu erwähnen. Es handelte sich um den Bauern Halvor Hoel, der öffentlich bekannt hatte, mit zwei Frauen zusammenzuleben. Er verachtete die Ehe und sah es nicht als Sünde an, Kinder außerhalb der Ehe zu zeugen. Trotzdem beanspruchte er, ein wahrer Christ zu sein. Dem Mann fehle es nicht an *Vernunft*, schrieb Stenersen, er habe diese lediglich nach völlig falschen Anweisungen gebraucht. „Durch Spekulation allein kommst du, o Mensch! nie zur Seligkeit." Erst wenn man nach der Lehre Jesu lebe, wie sie beim richtigen Gebrauch der Bibel verkündet werde, beginne der Geist zu wirken, erst dann werde der Glaube wahr und erwecke das Gute zum Leben.

Dass alle unsere Güter von Gott Vater und von ihm allein herrühren, darüber werde in Abels Buch geschwiegen, meinte Stenersen. Die Barmherzigkeit Gottes werde mit keinem Wort erwähnt. Das Leiden Jesu spiele bei Abel eine allzu geringe Rolle. Der Verrat des Judas habe eine falsche Bedeutung erhalten. Dass Jesus Christus durch sein Leiden das ertrug, was die Menschen durch ihre Sünden verdient hätten, fehle entweder ganz oder sei nur am Rande erwähnt. Ebenso sei die Höllenfahrt Jesu und sein Platz zur Rechten des Vaters in Abels Buch ausgelassen worden. Völlig übergangen worden seien auch die Kirche, die Auferstehung und das Jüngste Gericht.

„Bekommen wir etwas durch das Gebet allein?", lautete Abels 267. Frage, und seine Antwort: „Nein, wir müssen hart arbeiten, um das zu erlangen, was wir wollen." Hier scheint Universitätsdozent Stenersen daran erinnern zu müssen, dass auch Pastor Abel das bekommen wolle, um das er bete, wenn er von ganzem Herzen bete und *in Jesu Namen*, erfüllt von Glauben und Geduld.

Auch die Darstellung des Vaterunser bei Abel sei unklar, voller gravierender und grober Fehler, dazu äußerst missglückt. „Gib uns jeden Tag, was wir für unser tägliches Auskommen brauchen", hatte Abel geschrieben. Stenersen zeigte nun mit Hinweis auf den griechischen Grundtext, dass die Übersetzung „jeden Tag" falsch sei. Im Griechischen heiße es eindeutig „heute". Und er deutete an, dass Abel mit seiner Übersetzung gewissermaßen für mehrere Tage auf einmal beten wolle und so das tägliche Gebet überflüssig mache. Auch Abels Formulierung „Bewahre uns vor Verführung" sei eindeutig falsch. Im Grundtext sei von „Versuchung" die Rede und nicht von „Verführung".

Abels Wortwahl zur Erklärung der Taufe und des Abendmahls sei abzulehnen und verrate eine unbiblische Haltung. Dass die Taufe ein feierlicher

Akt sei, durch den das Kind in die christliche Gemeinschaft aufgenommen werde, jedoch nicht zur ewigen Seligkeit führe, wenn man nicht ein dem Taufpakt gemäßes Leben lebe, ließ Stenersen aufstöhnen: „Guter Gott! Ist denn die Taufe völlig nutzlos? Warum wird dann überhaupt getauft?" Und sei etwa Gemeinschaft dasselbe wie Kirche und Gemeinde, und sei auch feierlich und heilig dasselbe? Sei vielleicht das Wort „heilig" auch nicht mehr zu gebrauchen? Und wie könne das Sakrament des Abendmahles ein Mittel der Besserung sein, wenn damit keine Sündenvergebung einhergehe, sondern das Ganze nur eine feierliche Handlung darstelle, die den Menschen durch den Genuss von Brot und Wein an den Tod und die Wohltaten Jesu erinnere? Und warum wolle Abel den jungen Menschen vormachen, nur Paulus habe gelehrt, dass alle Christen in den Genuss des Sakramentes kommen sollten?

Abel hatte geschrieben, der Mensch fühle sich als Christ, wenn er dem Abendmahl beigewohnt habe, Stenersen fragte, warum er das Wort „beiwohnen" benütze, das nicht eindeutig eine Teilnahme, sondern nur eine Anwesenheit bezeichne. Was den Menschen eigentlich zum Sakrament treibe, sei die Erkenntnis der eigenen Sünden und der Glaube an Jesus Christus. Abel nehme eigentlich überall zu wenig Rücksicht auf die notwendige *Sündenvergebung*. Was das Leben im Jenseits angehe, sei Abel nach Stenersen offenbar der Meinung, seine *Pflicht* zu erfüllen, sei zur Erlangung der ewigen Glückseligkeit bereits genug.

Nach dem Tod des Menschen und der Verwesung seines Körpers sei die Seele unsterblich, weil sie „ein einfaches Wesen ist, das nicht aus Teilen besteht und deshalb nicht aufgelöst werden kann." Dies also sei die Auffassung eines Abeliten von der menschlichen Seele! Stenersen wies darauf hin, dass es sich hier gar nicht um die Lehre von Jesus handele, sondern um eine philosophische Idee, die ein der Metaphysik Unkundiger nur schwer verstehen könne. Woher nehme Abel die Gewissheit, die Idee sei wahr und nichts könne ewig sein, außer dem Unteilbaren?

Dass es in diesem irdischen Leben so oft den lasterhaften Menschen gut gehe und den tugendhaften schlecht, solle für Abel als Beweis dafür dienen, dass es ein jenseitiges Leben gebe, ein Leben in Gerechtigkeit und Glückseligkeit. Stenersen sah das als einen ziemlich erbärmlichen Beweis an für einen, der die Freude der Tugend kenne, die „all die glühenden Pfeile des Bösen" hier in *diesem* Leben auslösche.

Stenersens Vorhaben und Schlussfolgerung waren klar: Sämtliche Irrtümer des Buches wurden deshalb so heftig angegriffen, weil sie mehr oder minder unmittelbar zum Heidentum führten. Und bei den jungen Abeliten hinterließ dies den Eindruck, dass Jesus zwar ein großer Lehrer und Philosoph war, aber kein wirklicher Erlöser.

In der darauf folgenden Debatte hatten sich keineswegs nur Vater Abel und Niels Henriks Konfirmationspastor Garmann zu Wort gemeldet. Ein anonymer Schreiber im *Nationalbladet* meinte, dass der hochgradig geistige Hochmut, der die Angriffe präge, völlig der Lehre Jesu und dem Geist des Christentums widerspreche. Zorn, Entrüstung und Unwillen waren die Reaktion auf einen, der sich für unfehlbar halte, der sich auf Gottes Richterstuhl gesetzt habe und unbarmherzig zur Verdammung verurteile. Halvor Hoel nannte Stenersen einen scheinheiligen Patron und eine Reihe von Äußerungen zeigten Sympathie für Abel. Doch all dies brachte Stenersens Urteil nicht zu Fall. Tatsache blieb trotz allem, dass Abel sich kompromittierte, nachdem er seinen Kritiker für verrückt erklärt hatte.

Das Jahr 1817 war zudem das große Jubiläumsjahr der Reformation. Dass Luther vor 300 Jahren seine Thesen formuliert hatte, wurde überall dort gefeiert, wo seine Lehre Staatsreligion war. In Norwegen, wo zum ersten Mal ein kirchlicher Gedenktag in eigener Regie organisiert wurde, sollte das Jubiläum entsprechend begangen werden. Die Festlichkeiten um den 31. Oktober wurden mit Kanonaden, Herolden, Posaunen, Trompeten und Kantaten gefeiert, die Glocken läuteten und Prozessionen zogen durch die Stadt. In Christiania gab es drei arbeitsfreie Tage und Universitätsdozent Stenersen drückte dem Jubiläum durch seine Vorlesungen über die Geschichte der lutherischen Reformation den Stempel auf. Seine Vorträge erwiesen sich als so beliebt, dass man sie in den großen Saal der Kathedralschule verlegen musste. An zwei Abenden in der Woche kamen drei- bis vierhundert Menschen, um Stenersen zu hören, unter ihnen auch Statthalter Graf Mörner mit seiner Frau. Nun bestand kein Zweifel mehr, wer die richtige Lehre vertrat. Und mit Stenersens Vorträgen wurden außerdem in diesem Herbst die populären Universitätsvorlesungen als Teil des kulturellen Lebens der Stadt eingeführt. Zwei Jahre später erschienen die Vorlesungen in Buchform, zweibändig.

Niels Henrik wurde also im Herbst 1817 konfirmiert. In der Schule schaffte er es nur knapp, versetzt zu werden, von seinen Noten her gesehen war es sein schlechtestes Jahr. Sein großer Bruder Hans Mathias wurde nur noch schweigsamer, doch in der Schule kam er vielleicht etwas besser zurecht als Niels Henrik. Was die Lebenslust und den Lernwillen betraf, sah es bei beiden Brüdern wahrscheinlich ähnlich schlecht aus. Das allmähliche Zermürben ihres Vaters und ihrer Familie, das mit dem Religionsbuch begonnen hatte und sich fortsetzte, als der politische Bankrott des Vaters offenbar wurde, setzte wahrscheinlich Hans Mathias am meisten zu. Ihm fiel es zunehmend schwerer, Schularbeiten zu machen und sich zu konzentrieren. Niels Henriks Lebenslust und Motivation dürfte zwar ähnlich stark in Mitleidenschaft gezogen worden sein, doch da geschah etwas im November 1817, was man als den Beginn seines Aufstiegs in die höheren Sphären der Mathematik bezeichnen kann.

Das schicksalhafte Ereignis bestand darin, dass einer der Schüler, nämlich Henrik Stoltenberg, der Sohn des Eidsvollmannes Carl Peter Stoltenberg aus Tønsberg, nach einer körperlichen Züchtigung durch Mathematiklehrer Bader starb. So jedenfalls wurde der Vorfall aus der Sicht der Schüler dargestellt. Den nackten Tatsachen zufolge, die nach und nach auf den Tisch kamen, war Henrik Stoltenberg am 16. November plötzlich erkrankt und nach achttägigem Krankenlager gestorben. Es bestand kein Zweifel daran, dass der Zögling Stoltenberg kurz vorher von Mathematiklehrer Bader eine brutale Tracht Prügel bezogen hatte. Bader selbst gab zu, Stoltenberg geschlagen zu haben und dass „dieser vom Schemel fiel", er bestritt jedoch, ihn getreten zu haben, als er am Boden lag, wie einige Schüler behaupteten. Andere Schüler wiederum erklärten, der Grund für Baders heftigen Wutausbruch sei gewesen, dass Stoltenberg nach einer Zurechtweisung durch Bader gegrinst habe, worauf Bader ihn zu Boden geschlagen habe. Nachdem sich Stoltenberg sofort wieder erhoben hatte, habe ihn Bader in eine Ecke gestoßen und mehrmals mit geballter Faust auf ihn eingeschlagen. Acht Klassenkameraden bezeugten mit ihrer Unterschrift die Misshandlung Stoltenbergs durch Bader. Es hieß, dass Bader sehr schlecht hörte und sich die Schüler deshalb oft mit einer Verbeugung und einer lächerlichen oder obskuren Frage an ihn wandten, die Bader dann mit einem kurzen „Ja" beantwortete in der Annahme, es sei ein Ersuchen, austreten zu dürfen. Bemerkte Bader jedoch ein Grinsen oder Lachen, packte er oft den Betreffenden und verprügelte ihn.

Die Geschichte mit Stoltenberg trieb nun die schon lange vorhandene Abneigung der Schüler gegen Bader auf die Spitze und sie weigerten sich kategorisch, in seinen Stunden zu erscheinen. Der erste Schülerstreik war ausgebrochen! Henrik Stoltenberg hatte in einem Haus bei der Schule Kost und Logis erhalten, sein Vermieter, Kaufmann Lidemark, ging zu Rektor Rosted und brachte seine Klage mündlich vor, dann wandte er sich mit einer schriftlichen Klage an Bischof Bech, einem Mitglied des sogenannten Ephorats und berichtete, der Junge sei in den letzten Tagen vor seinem Tod gehört worden, wie er „immer wieder Herrn Baders Namen genannt hat und das in höchster Angst." Es hatte nichts geholfen, dass Bader weinend an Stoltenbergs Krankenbett erschien und auf den Knien um Vergebung flehte.

Vom Körper des toten Jungen wurde berichtet, er sei auf der einen Seite und auch an der Wange auffallend blau gewesen. Staatsphysikus und Professor der Medizin Nils Berner Sørensen konnte keine konkrete Ursache für Stoltenbergs Krankheit entdecken und stellte nur fest, dass die Krankheit zu einem bestimmten Zeitpunkt in ein Nervenfieber übergegangen sei und das

Nervenfieber, also Typhus, begleitet von Kopfschmerzen, Übelkeit, hohem Fieber, Durchfall und Darmblutungen zum Tod geführt hätten.

Bischof Bech rief sogleich die acht Schüler zu sich, die bezeugten, dass Kaufmann Lidemarks Brief der Wahrheit entsprach. Das war am Samstag, den 6. Dezember 1817, und sie dürften bei ihrem Erscheinen dem Bischof deutlich gemacht haben, warum sie es am folgenden Montag nicht wagten, in die Schule zu gehen, wenn Mathematiklehrer Bader dort noch unterrichtete. Bischof Bech schrieb denn auch sofort im Namen des Ephorats einen Brief an das Ministerium Treschows, in dem er darum bat, Bader sofort seines Amtes zu entheben. Der Bischof lieferte das Schreiben persönlich ab und erhielt noch am selben Tag die Antwort, dass Bader vorläufig suspendiert sei und der Fall untersucht werde. Rektor Rosted konnte es in seiner Erklärung vermutlich nicht vermeiden, auf früher erfolgte Klagen der Schüler über Bader hinzuweisen. Wichtiger wurde die Erklärung von Professor Sørensen, der Henrik Stoltenberg am Tag *vor* seinem Tode gesehen hatte. Professor Sørensen erklärte ausdrücklich, dass sich „während der ganzen Krankheit kein Anzeichen irgendeiner Affektion gezeigt hat und mir deshalb jeder Grund zu der Annahme fehlt, eine Obduktion könnte zur Aufklärung der Todesursache beitragen." Nach dieser Beurteilung wurde die Anklage gegen Bader, am Tod von Henrik Stoltenberg schuld zu sein, von den Behörden fallen gelassen. Doch durch diese Episode kamen so gravierende Verhältnisse an der Schule und insbesondere im Verhalten des Mathematiklehrers ans Tageslicht, dass Adjunkt Bader keinen Unterricht mehr halten durfte. Er wurde mit einem Halbjahresgehalt entlassen, ein Betrag, den die Regierung sofort halbierte. Mitleidige Freunde, darunter Universitätsdozent Stenersen, wollten Bader helfen und ermunterten ihn, das Staatsexamen abzulegen. Bader nahm die Hilfe dankbar an, bemühte sich aber, seinen Wohltätern nicht zu lange zur Last zu fallen, doch die große Anstrengung überstieg offenbar seine Kräfte. Nur zwei Jahre später beendete ein heftiges Nervenfieber auch sein Leben.

Der gute Ruf der Schule hatte Schaden genommen. Im Lehrerkollegium gab es zwar einzelne gute Lehrer, aber im Großen und Ganzen war es ein „Sammelsurium an Unfähigkeit", ein Haufen halb gescheiterter Subjekte, die ihren Trost in der Flasche suchten. Im Herbst 1817 verließ auch der Trunkenbold Galschøtt die Schule. Die Zustände an der Kathedralschule von Christiania wurden von verschiedenen Seiten Zielscheibe der Kritik. Während sich die Schule in dieser schwierigen Lage befand, gelang es Rektor Rosted kurz vor Weihnachten 1817, die Anstellung von zwei seiner früheren Lieblingsschüler durchzusetzen: Bernt Michael Holmboe und Johan Aubert. Nun übernahm also der 23-jährige Holmboe als Nachfolger von Bader den Mathematikunterricht. Und der 18-jährige Aubert begann, Latein zu unterrichten, bekam die

Stelle, die wegen der Eheschließung des Katecheten Paul Winsnes frei geworden war.

Diese beiden neuen, jungen Lehrer waren von Beginn an eine anregende Bereicherung für das Schulleben. Für Niels Henrik bedeutete Holmboes Unterricht einen entscheidenden Wendepunkt und der Beginn einer lebenslangen Freundschaft. Holmboe und Aubert waren Freunde. Aubert sollte zu einer der führenden Gestalten einer Gruppe von jungen Leuten werden, die unter dem Namen *Kolonien* (die Kolonie) oben auf der Festung leidenschaftlich die neuen Ideen der Zeit diskutierten. Besonders in der Pädagogik wurde Aubert zu einem Wegbereiter. Er regte an, den Lehrern eine pädagogische Ausbildung zu geben und betonte die Bedeutung des gesunden Menschenverstandes. Obwohl Niels Henrik nie Aubert zum Lehrer hatte, kam ihm sicher dessen Aufforderung zu Ohren, in jeder Hinsicht selbständig zu sein und auf allen Gebieten der eigenen Kraft zu vertrauen. Seinen Schülern und Freunden konnte er nicht genug davon abraten, „bei anderen in Dingen Zuflucht zu suchen, die man, ohne jemand um Rat zu fragen, nach eigenem Gutdünken richtig entscheiden kann." Sein Wahlspruch lautete: „Du sollst nur deinen Glauben und dein Gewissen um Rat fragen." In Niels Henriks Ohren dürfte dies wie ein Echo der Ideen seines Vaters geklungen haben.

Vielleicht hätten die Brüder Abel Weihnachten gerne zu Hause verbracht, aber kurz vor den Feiertagen setzte der schlimmste Schneefall seit Menschengedenken ein. Für lange Zeit waren die Straßen unpassierbar.

20.

Das Schicksalsjahr 1818

Nun trug also der 23-jährige Bernt Michael Holmboe die Verantwortung für den gesamten Mathematikunterricht an der Kathedralschule. Im Sommer 1814 hatte sich der Student Holmboe eifrig für das freiwillige Studentenkorps eingesetzt, das aufgestellt worden war, als die Schweden in Norwegen einmarschierten. Er hatte das zweite Examen mit Auszeichnung bestanden, hatte Søren Rasmussens Vorlesungen in Mathematik besucht, sowohl die vorgeschriebenen wie auch die für besonders interessierte Studenten. B.M. Holmboe hatte beschlossen, sich weiterhin mit Mathematik zu beschäftigen, obwohl dies ein Studium war, das zu keinem Staatsexamen führte. In den Naturwissenschaften gab es kein Staatsexamen. Doch schon 1815 wurde er Assistent bei Universitätsdozent Hansteen, der im gleichen Jahr zum Professor berufen wurde und für seine astronomischen Berechnungen einen Mathematiker gut brauchen konnte. Holmboe studierte auf eigene Faust Mathematik, unterrichtete ein wenig an dem neu gegründeten Handelsinstitut und hatte vor allem eine gründlich durchdachte Auffassung davon, was Mathematik eigentlich ist und wie Mathematik am besten gelehrt werden kann.

Mathematiklehrer Holmboe sah den Grund darin, warum so viele, ob jung oder alt, darüber klagten, dass Mathematik „kopfzerbrechendes, langweiliges Zeug" sei, dass man nicht genug Zeit darauf verwendete, sich mit dem Gebrauch der mathematischen Zeichen vertraut zu machen. Durch ihre Zeichen nämlich unterscheide sich die Mathematik von allen anderen Wissenschaften. Deshalb sei es unerlässlich, deren Gebrauch zu drillen, der Lehrer müsse also durch ständiges Wiederholen und Üben den Schülern beibringen, die Bedeutung dieser Zeichen zu erkennen. Eine solche Einführung in die Mathematik verlange vom Lehrer einen systematischen Unterricht, und wenn so viele einfach eine Abneigung gegen Mathematik hatten und in einer mathematischen Formel nicht „ein notwendiges Verhältnis von Ursachen und Wirkungen" zu sehen vermochten, so sei dies auf einen „unsystematischen Unterricht" zurückzuführen. Bevor Holmboe ein Stoffgebiet durchnahm, ließ er die Schüler mit Worten wiedergeben, was ein mathematischer Satz ausdrückte, und umgekehrt: Hörte ein Schüler einen in Worten vorgetragenen Satz, musste er lernen, ihn in mathematische Zeichen niederzuschreiben. Sah der Schüler zum Beispiel folgenden Satz: $(a + b) - c = (a - c) + b$, musste er ohne Zögern sagen können: Statt eine Zahl von der Summe zweier anderer Zahlen zu subtrahieren, kann man sie von einem der Summanden subtrahieren und den anderen zum Ergebnis addieren. Entsprechend verhielt es sich, wenn dem Schüler folgender Satz vorgelegt wurde: Ist der eine Faktor in einem Produkt die Summe von zwei Summanden, so ist das Produkt gleich der Summe der zwei Produkte, die herauskommen, wenn jeder Summand des einen Faktors mit dem anderen Faktor multipliziert wird. Dann musste der Schüler sogleich schreiben: $(a + b)m = am + bm$.

Eine solche Fertigkeit werde, so Holmboe, am leichtesten erworben, wenn der Lehrer bei jedem Satz, zum Beispiel: $(a + b)m = am + bm$, den Größen einen bestimmten Zahlenwert zuordne und den Schüler den Wert der Ausdrücke berechnen lasse. Danach fahre man mit komplizierteren Ausdrücken fort, zum Beispiel: $x = (a + b)(c - d)$, oder

$$x = \frac{(a + b - c)(a - b + c)}{(a + b + c)}$$

usw., wobei der Schüler den Wert von x berechnete, wenn die Zahlwerte aller übrigen Größen gegeben waren. Durch eine solche Übung wurden die Schüler gezwungen, genau auf die Bedeutung der mathematischen Zeichen zu achten, und hatten sie dies erst einmal verstanden, waren die Beweise solcher Sätze und ihre systematische Ordnung kein großes Problem mehr. Von solchen Aufgaben ging Holmboe über zur Lösung von Gleichungen ersten Grades mit einer oder mehreren Unbekannten. Durch Beispiele aus dem täglichen Leben meinte er, sowohl die Urteilskraft des Schülers zu schärfen wie seine Freude an der Wissenschaft. Holmboe wies ausdrücklich darauf hin, dass der Lehrer, um in seinem Unterricht jeder Unlust vorzubeugen, die sich bei einem überforderten Anfänger leicht einstelle, nicht zu schnell vorgehen dürfe und die schwierigsten Sätze zurückstellen solle, bis die einfachen begriffen waren. Doch dann bekam er einen Schüler, der sofort alles, ja noch mehr, begriff als alle Sätze, die Holmboe vorlegte. Bei Niels Henrik war nie die Rede davon, schwierige Partien zu wiederholen, vielmehr galt es, schnell Schritte zu Zusammenhängen und Sätzen aufzuzeigen, die ihm einleuchteten. Von einfachen Zahlenbeispielen ausgehend leitete Holmboe zu allgemeinen Ausdrücken über. Er drückte die Algebra rhetorisch aus und Niels Henrik muss im mathematischen Zusammenhang sofort mehr verstanden haben als das, was Holmboe so formulierte:

In jeder Wissenschaft geht man von *einfachen Begriffen* aus, von Grundbegriffen, die sich nicht in mehrere andere auflösen lassen, zum Beispiel Ganzes, Teil, Raum, Zeit. Die Verbindung einfacher Begriffe, gedacht als

Einheit, wird ein *zusammengesetzter Begriff* genannt. Werden zwei Begriffe verbunden, spricht man von einem *Satz*. Der von den verbundenen Begriffen zuerst gedachte wird *Subjekt* genannt, der andere *Prädikat*. Die Sätze werden in *unmittelbare* und *mittelbare* eingeteilt. Ein Satz wird *unmittelbar* genannt, wenn die Verbindung des Subjekts mit dem Prädikat ohne Bezug auf andere Sätze gesehen wird. Ein Satz wird *mittelbar* genannt, wenn die Verbindung des Subjekts mit dem Prädikat nicht ohne die Hilfe anderer Sätze gesehen wird, der vorgelegte mittelbare Satz also als eine Folgerung abgeleitet wird. Einen Satz als eine Folgerung aus anderen Sätzen ableiten, heißt *schließen*, und der auf diese Weise abgeleitete Satz wird als eine Schlussfolgerung aus den Sätzen, aus denen er abgeleitet wurde, bezeichnet. Die Darstellung der Schlussfolgerungen, mit deren Hilfe man in einem mittelbaren Satz die Verbindung des Subjekts mit dem Prädikat aufzeigt, wird *Beweis* genannt. Jeder mittelbare Satz muss also bewiesen werden.

Nachdem er erklärt hatte, dass die Wörter, mit denen man die Zahlen bezeichnet, um sie voneinander zu unterscheiden, *Zahlwörter* genannt werden, während man die schriftlichen Zeichen, mit denen die Zahlen ausgedrückt werden, *Ziffern* genannt werden, begann Holmboe seinen Unterricht in Arithmetik. Das Positionssystem, wonach eine Ziffer verschiedene Größen bezeichnet, je nachdem, welchen Platz sie in der Zahl einnimmt, wurde erklärt. Addition, Substraktion und die Zeichen plus (+), und minus (−), sowie Multiplikation und Division mussten alle Schüler vor ihrem Eintritt in die Kathedralschule beherrschen, doch Holmboes Behandlung ermöglichte vielen ein neues Verständnis. Wie zerlegt man eine beliebige Zahl in einfache Faktoren? Was ist ein Multiplum? Warum gibt es keine größte Primzahl? Ja, das hatte Euklid vor langer Zeit bewiesen, und zwar so: Angenommen, es gäbe nur endlich viele Primzahlen und es bezeichne p die größte von ihnen. Dann können wir alle Primzahlen in ansteigender Reihenfolge niederschreiben, also 2, 3, 5, 7, 11, 13 ..., p. Nehmen wir nun die Zahl $q = (2 \cdot 3 \cdot 5 \cdot 7 \cdot 11 \cdot 13 \cdots p) + 1$, dann kann das keine Primzahl sein, den q ist ja viel größer als p, das doch die größte Primzahl ist. Also muss q durch eine der Primzahlen teilbar sein. Doch wenn wir versuchen, durch 2, 3, 5, 7, 11, 13, ..., p zu teilen, behalten wir jedes Mal 1 als Rest. Wir haben also einen Selbstwiderspruch erhalten und die Hypothese, dass es endlich viele Primzahlen gibt, muss falsch sein.

Niels Henrik machte rasch Fortschritte, aber beweisen, dass es unendlich viele Primzahlen gibt, das konnte er Ende Januar wohl noch nicht, als Vater Abel wieder nach Christiania kam. Eine neue Sitzungsperiode des Storting hatte begonnen und diesmal war Pastor Abel als erster Vertreter seines Distrikts gewählt worden. Von Anfang Februar bis in den September 1818 hinein wohnte nun Vater Abel in dem Viertel unmittelbar vor Akershus. Und wieder musste die Schule in andere Räumlichkeiten umziehen, diesmal auf das nahe gelegene Gut von Kammerrat Glückstad.

Vater Abels Wunsch, wieder Abgeordneter im Storting zu sein, war in Erfüllung gegangen. Am 10. Dezember 1817 hatten 28 Wahlmänner aus den Amtsbezirken Nedenes und Raabyggelaget Pastor Abel zum ersten Vertreter gewählt. Søren Georg Abel soll einen regelrechten Wahlkampf geführt haben und dabei tatsächlich den allseits bekannten Jacob Aall aus dem Felde geschlagen haben. Allerdings war Aall nach eigenem Bekunden an einer Wiederwahl nicht sonderlich interessiert gewesen. In einem Brief vom 3. Januar 1818 an seinen Freund, Amtsrichter G.P. Blom aus Drammen, versichert Aall, dass er „ehrlich froh" sei, nicht gewählt worden zu sein. Er habe genug unerledigte Arbeiten, die wegen seiner letzten Sitzungsperiode im Storting liegen geblieben seien und wenn er jetzt, wo einige Entscheidungen bezüglich der Zukunft des Hüttenwerks anstünden, wieder nach Christiania müsste, würde er „wahrlich untröstlich sein." Und Aall fuhr fort: „Daher kam es mir sehr gelegen, dass Pfarrer Abel so große Lust verspürte, zum Thing zu fahren, und alles in Bewegung gesetzt hat, um sein Ziel zu erreichen. Er gehe in Frieden, wenn er nur nicht auf dem Thing durch die gleiche unordentliche Lebensweise wie zu Hause den Kreis und das Volk beschämt, das er vertritt. Oder ist vielleicht sogar ein berauschter Abgeordneter wie er besser geeignet für das Thing als eine nüchterne Person wie ich, der ich nicht die exaltierten Gefühle meiner Landsleute für die herrliche Staatsverfassung des Vaterlandes teile?"

Mitte Januar 1818 wurde die Hauptstraße von Arendal bis nach Christiania[3] von Leuten aus sämtlichen Gemeinden mit den Händen geräumt. Nach dem enormen Schneefall kurz vor Weihnachten waren die Straßen so hoch mit Schnee bedeckt, dass man sie nicht mit Pferd und Schneepflug räumen konnte. So kam also Ende Januar Vater Abel mit Pferd und Schlitten und Kutscher in die Hauptstadt, wahrscheinlich zusammen mit den anderen Vertretern aus Nedenes.

Zu diesem zweiten ordentlichen Storting, am 6. Februar 1818 von Statthalter Graf Mörner feierlich eröffnet, erschienen 78 Volksvertreter, 27 aus den Städten und 51 aus den Landbezirken. Pastor Abel wurde Mitglied in neun Ausschüssen, u.a. dem wichtigen Ermächtigungsausschuss, in dem auch Professor Georg Sverdrup und Parlamentspräsident W.F.K. Christie saßen. Außerdem war er im Redaktionsausschuss, einem der ständigen Ausschüsse, und in drei weiteren Ausschüssen für Angelegenheiten in Kirche und Unterricht. Er kam jedoch nicht in den Ausschuss, den er vielleicht als den wichtigsten

---

[3] Etwa 250 km (Anm.d.Ü.)

betrachtete, nämlich den, der neue Gesetze für die höheren Schulen, darunter die Kathedralschule, erarbeiten, sowie die Ausbildungssituation an höheren Schulen, Universität und Volksschulen diskutieren sollte.

In den darauf folgenden Monaten mussten viele schwierige Angelegenheiten behandelt werden. Als Graf Mörner am 15. September die Versammlung auflöste, war immerhin eines geschehen. Søren Georg Abel hatte sich so gründlich in der Öffentlichkeit kompromittiert, dass man seine Karriere als Mann des öffentlichen Lebens ein für alle Mal für beendet ansehen musste. Zur gleichen Zeit, nämlich am 1. September 1818, erfolgte von dem inzwischen zum Professor ernannten Stenersen der Gnadenstoß für Abels Religionsbuch. Pastor Abel fand es nicht mehr der Mühe wert, darauf zu antworten.

Eigentlich hatte alles schon begonnen, bevor das Storting im Februar zusammentrat. Am 31. Januar war im *Nationalbladet* ein Artikel mit der Überschrift „Fragment einer Fabel" erschienen, der rasch als eine ziemlich grobe und unverschämte Schmähschrift auf den König und die Regierung aufgefasst wurde. In allen Lagern wurde über diese Fabel geredet, die Fuchsfabel, wie man sie nannte. Die einen waren verärgert, andere sorgten sich wegen unangenehmer Folgen und viele Beamten in Christiania baten das Storting, seine Missbilligung darüber zu äußern, dass so etwas gedruckt werden durfte. Es ging um die Rettung der Ehre der Nation. Doch wer war der Verfasser des Artikels? Viele Namen wurden genannt, doch schließlich einigte man sich von mehr oder minder verantwortlicher Seite auf „den verrückten Pastor Abel" als dem Verfasser der Fabel. Was an dieser Fabel hatte die Gemüter so erhitzt? Die Wortwahl hielt sich zwar streng an die Tierwelt, aber die Anspielungen waren deutlich.

In einer abgelegenen Gebirgsgegend stand ein Bienenstock (= Norwegen) und in dessen Nähe befand sich ein Fuchsbau (= Schweden). Die fleißigen Bienen lebten glücklich und zufrieden mit ihrem Los, doch die Bewohner des Fuchsbaues wollten den friedlichen Bienenstock erobern. Die Bienen sahen deshalb oft ihre kleine Welt von ihren hinterhältigen Nachbarn angegriffen, doch der Stachel der Bienen verletzte die Schnauze des Fuchses, sodass sich der Fuchs jedes Mal beschämt zurückzog. Als die tapferen Bienen dann einmal fürchteten, ihre Wohnung würde die Beute des überlegenen Feindes, setzten sie sogar ihren Stock in Brand (= der Brand von Fredrikshald im Jahre 1716) und bebauten den alten Platz aufs Neue. Bei einem dieser Angriffe wurde der Fuchskönig (= Karl XII.) getötet. Sein Nachfolger nahm den Kampf erneut auf, ohne großen Erfolg. Aber die Eroberung des Bienenstocks war ein für alle Mal beschlossen. Die Füchse erhielten nun die Unterstützung von mächtigen Verbündeten: ein Wolf, ein Esel, ein Bär und ein Seehund (= die Abgesandten der Großmächte Russland, Österreich, Preußen und England, die im Sommer 1814 nach Norwegen kamen) erschienen vor dem Bienenstock und verlangten von den Bienen, sich zu ergeben. Vor dieser Übermacht, vor dem Recht des Stärkeren wich die Standhaftigkeit der Bienen und ihr gewähltes Oberhaupt (= Christian Frederik) musste den Bienenstock verlassen, wo sich nun Mutlosigkeit, Resignation, Apathie, Verrat, Schmeichelei und gemeine Kniffe breit machten (= die Stimmung in Norwegen).

Der Bienenstock kam unter die Herrschaft des Fuchsbaus und die schlauen Füchse verstanden es geschickt, sich Wachs und Honig des Stockes anzueignen. Der Fuchskönig und seine Räte benutzten tückische und arglistige Tricks. Sie führten in dem völlig verarmten Bienenstock einen glänzenden Luxus ein, man sah Bienen mit vergoldeten Stacheln, andere mit gefärbten Flügeln, dazu wurden zahllose Orden (= der schwedische Nordstjärneorden) verliehen, kleine geschmiedete Ketten, die auf den Bauernhöfen gestohlen waren, eine sinnbildliche Verhöhnung der versklavten Bienen. Die Patrioten unter den Bienen schwiegen und seufzten und ein Witzbold schrieb über den Eingang des Bienenstocks: Splendida miseria (= glitzerndes Elend)!

So verging einige Zeit, die armen Bienen litten unter ihrem unwürdigen Los, doch sie merkten, dass die Füchse nicht mächtig genug waren, um Tierstaaten von höherem Rang (= Dänemark mit einem legitimen Fürstenhaus) daran zu hindern, sie von den angrenzenden Blumenwiesen fern zu halten. Nebel umgab sie, breitete sich aus und sie warteten nur auf einen günstigen Augenblick (= dass Karl XIII., der todkrank war, sterben würde). Da fraß der Fuchskönig vergiftetes Aas und starb, es entbrannte ein heftiger Streit um die Thronfolge. Es kam wie so oft in der wirklichen Welt, dass nämlich politische Dankbarkeit in menschliche Undankbarkeit umschlägt (= Spekulationen darüber, was in Schweden geschehen würde: Das neue Königshaus, die Bernadottes, waren nicht mächtig genug und Karl XIII. war nicht der letzte des Vasa-Geschlechts). Deshalb, vielleicht: Ein abwesendes Fuchsjunges (Gustaf, geb. 1799, der Sohn des abgesetzten Gustav IV. Adolf) von königlichem Geblüt kommt nach Hause, um unter dem Schutz eines mächtigen Eisbären sein Recht auf den Thron geltend zu machen, und nach vielen Veränderungen ergibt sich schließlich, dass ...

Hier endet die Fabel, das heißt also mit der Andeutung eines Staatsstreichs, und dies ist vielleicht der gefährlichste Punkt der Fabel.

Die Fuchsfabel war Anlass zu heftigen Diskussionen und Spekulationen über eine Zensur oder zumindest über ein gerichtliches Vorgehen gegen den Herausgeber des *Nationalbladet*. Statthalter Mörner meldete den Fall nach Stockholm. Mörner fühlte sich nicht in der Lage, seiner Empörung über diese Fabel, deren Inhalt so dreist und strafwürdig war, dass man nicht stillschweigend darüber hinweggehen konnte, Ausdruck zu geben. Also rief er die Regierung zusammen, um den Vorfall zu diskutieren, der seiner Meinung nach ein Angriff auf die Unantastbarkeit Seiner Majestät war. Zwar teilten die

Minister Mörners Empörung, erinnerten jedoch daran, dass sie gegen das *Nationalbladet* nicht gesetzlich vorgehen konnten, dies sei nur dem König vorbehalten. In königlichen Kreisen hatte man jedoch andere Sorgen. In Stockholm starb am 6. Februar Karl XIII., ganz wie in der Fabel prophezeit. Der Regent Karl Johan vertagte deshalb die Angelegenheit. Er sollte bald in beiden Ländern zum König gekrönt werden und wünschte sich immer noch, die Norweger durch Güte zu gewinnen. Bereits am 12. Februar bereitete die Regierung eine Anklage gegen das *Nationalbladet* vor, ließ die Sache aber später wieder fallen. Dennoch war die Fuchsfabel ein Grund für Karl Johan, im Juni 1818 vor dem Storting eine Vorlage zur Begrenzung der Pressefreiheit einzubringen. Im schwedischen Reichstag war eine ähnliche Vorlage eingebracht worden, die auf ein Verbot hinauslief, etwas im Druck erscheinen zu lassen, das das Bruderreich, das Brudervolk, die Union und das Königshaus verletzen oder ihnen schaden konnte. Das Storting reagierte mit der formalen Feststellung, dass die Pressefreiheit anzutasten gleichbedeutend sei mit einer Infragestellung von Paragraph 100 des Grundgesetzes, und dies könne nur durch ein neues Storting geschehen.

In der Debatte über die Einführung eines norwegischen Ritterordens, die schon wenige Wochen nach Eröffnung des Storting geführt wurde, brachte Pastor Abel seine Meinung zu diesem vergoldeten Ordensabzeichen zum Ausdruck, was ihn eigentlich als Verfasser der Fuchsfabel hätte disqualifizieren müssen. Doch niemand schien ein Interesse daran zu haben, Abel von einem „capabel zur Fabel" und von allem möglichen anderen reinzuwaschen. In der Angelegenheit eines neuen Ritterordens hatte das vorige Storting mit 70 zu 3 Stimmen den Antrag angenommen, Seine Majestät zu ersuchen, für den Fall, dass er besondere Verdienste mit Orden zu belohnen gedenke, einen norwegischen Ritterorden einzuführen. Nun wurde die Sache wieder aufgegriffen und eine große Mehrheit stellte sich hinter den Vorschlag. Ein Gegenvorschlag, wonach Orden, Ränge und Titel für alle Zukunft abgeschafft werden sollten, wurde zurückgewiesen. Der Abgeordnete Abel, selbst Träger des Ritterkreuzes des dänischen Dannebrogordens, stimmte mit der Mehrheit für die Einführung eines norwegischen Ordens, obwohl er generell die Meinung vertrat, dass „Orden ebenso wie der Adelsstand in einem wohlgeordneten Staatswesen völlig unnötig sind." Aber es gab nun mal Orden, und nach dem Grundgesetz war der König befugt, diese zu verleihen. Und obwohl man sich 1814 bei der Verabschiedung des Grundgesetzes ein selbständiges Norwegen mit einem *eigenen* König vorstellte, sollten die Verdienste der Norweger mit norwegischen Orden ausgezeichnet werden, so meinte Abel. Eine Aussage, die sich nur schwer mit den spöttischen Worten von den vergoldeten schwedischen Ordensabzeichen in der Fuchsfabel vereinbaren ließ.

Von schwedischer Seite sah man die norwegische Nationalversammlung als einen einheitlichen Block, wo man sich im Großen und Ganzen einig darüber war, dass die *Regierung* und am liebsten *Schweden* die Schuld trugen an allem, was falsch lief. Doch neben dieser allgemeinen Opposition gab es noch eine kleinere Gruppe, von den Schweden „Pöbelopposition" genannt. Der führende Mann dieser Pöbelopposition oder des Bauernklubs, wie es auch verächtlich hieß, war Wincents Lassen Sebbelow. Weitere herausragende Mitglieder waren dem Vernehmen nach der launige und geschwätzige Pastor Abel, Kriegsminister Pierre Poumeau Flor, der beim Reden so schrie, dass er weiß wurde im Gesicht, und Leutnant Hoel, eine kleine, blasse Person mit Schurkenvisage und, wie sein Bruder Halvor Hoel, ein sogenannter aufgeklärter Bauer von ziemlich üblem Ruf.

Darüber hinaus waren die Schweden der Meinung, dass es schädlich sei, zu den Parlamentssitzungen die Öffentlichkeit zuzulassen. Die „Pöbelhelden" ließen sich nämlich nur zu gern vom Beifall der zuhörenden Menge mitreißen und die Galerie des Storting glich oft der eines Theaters. Es hieß, dass Pastor Abel nie das Wort ergriff, ohne vorher einen prüfenden Blick zur Galerie geworfen zu haben, so als wolle er fragen: „Und was meint ihr?" Einmal aber wurde er schmählich ausgelacht, als er sich nach einem Zischen von der Galerie sofort hinsetzte. Er hatte angenommen, das Zischen sei vom Parlamentspräsidenten gekommen.

Ansonsten war der Abgeordnete Abel äußerst rege, und dies sowohl bei der Ausschussarbeit wie in den Plenarsitzungen. Doch vieles von dem, was er einbrachte, wurde als Wichtigtuerei abgetan. Als er beantragte, dass jeder Abgeordnete jedes Mal beim Verlassen des Saales eine schriftliche Begründung abzugeben habe und Abel dann selbst als Überwacher solcher Dinge vorgeschlagen wurde, legte man die Angelegenheit unter Gelächter ad acta. Sein Vorschlag, das bestehende Wahlkomitee, das die Mitglieder der verschiedenen Ausschüsse wählte, sollte zur permanenten Einrichtung werden, „um keine Zeit durch Wählen zu verschwenden", wurde ebenfalls einstimmig abgelehnt. Sein Antrag, jedes Mitglied des Storting solle mit „Repræsentant" vor dem Namen angesprochen werden, wurde mit 43 zu 27 Stimmen abgelehnt. Und Anfang März, kurz vor Ostern, regte Pastor Abel an, das Storting solle von Samstag vor der Karwoche bis Dienstag nach Ostern Ferien machen. Dies entfachte eine Debatte darüber, inwieweit die vielen dringenden Angelegenheiten die Heiligkeit der Karwoche verletzen könnten und ob das Parlament mit gutem Beispiel vorangehen solle, oder ob eine derartige Religiosität nur oberflächlich sei? Abels Vorschlag wurde abgelehnt, das Storting hielt seine Sitzungen bis Mittwoch in der Osterwoche.

Beim ersten wichtigen Streitpunkt im Parlament ging es um das Geldwesen, die Bank von Norwegen und die Silbersteuer. Die Einrichtung einer freiwilligen Bank war gescheitert und Dekrete über eine obligatorische Bank gab es noch keine. Die Reichsbanknoten, die bis Ende 1817 eingelöst sein sollten, waren nach wie vor gültiges Zahlungsmittel. Von überall hörte man Klagen über Geldknappheit, aber die Forderung nach der Ausgabe weiterer Banknoten wurde abgelehnt. Das Storting war sich darüber im Klaren, dass eine Stabilisierung des Speziestalers und damit ein stabiles Geldsystem die Grundlage für die politische Unabhängigkeit Norwegens darstellte. Der Verdacht, dass Karl Johan, um den Zusammenschluss enger zu machen, das Banksystem selbst in die Hand nehmen könnte, ließ viele Abgeordnete besonders wachsam werden. Pastor Abel tat sich in dieser ersten großen Debatte nicht besonders hervor, war aber, wie die meisten Beamten, an einer stabilen Währung interessiert. Er unterstützte W.L. Sebbelows Finanzplan, der gleichsam auf einen Schlag allen Geldsorgen ein Ende bereiten wollte, ein Plan, der von den meisten als „ziemlich seltsames" Hirngespinst und als völlig unrealistisch bezeichnet wurde, weswegen er auch keine Mehrheit fand.

Doch als die Frage nach einem Einbürgerungsgesetz erneut aufgegriffen wurde, hatte Pastor Abel seine Argumente parat. Schließlich hatte er dieser Angelegenheit im Herbst 1814 mit Punsch und Überredungskünsten zum Erfolg verholfen. „Das Grundgesetz sollte und muss heilig und unverletzbar sein." Als dann feststand, dass das Einbürgerungsrecht uneingeschränkt dem Parlament oblag, waren zur Entscheidung solcher Fragen weder eine königliche Sanktion noch ein Ausschuss nötig. Wenn derjenige, der den Antrag stellte, Norweger zu werden, die im Grundgesetz niedergelegten Eigenschaften mitbrachte, dazu Tugend, Fähigkeiten und ein warmes Gefühl zu Norwegen sowie etwas Vermögen, so konnten die Mitglieder des Storting über die Angelegenheit eigenständig einen Beschluss fassen.

Søren Georg Abel trat auf wie ein erfahrener Politiker und scheint sich in der Hauptstadt bestens eingelebt zu haben. Wie viel Zeit er für seine Söhne an der Kathedralschule übrig hatte, wissen wir nicht. Aber vielleicht waren sie am Abend des 1. April zusammen, als im Theater in Grænsehaven eine große Generalprobe stattfand. Kotzebues prächtiges Stück *Die Kreuzritter* sollte zum ersten Mal aufgeführt werden, unter Mitwirkung von 60 Personen in großartigen Kostümen. Da wimmelte es von Rittern in Harnischen, von Türken, Pilgern, Nonnen, Klöstern, Kirchen, von Belagerungen, geraubten Jungfrauen und Kriegern; dazu die Verzweiflung und Erlösung von Vätern und unschuldigen Müttern, Gesang und Deklamation inmitten von Janitscharenmusik und Allahrufen. Der gemeinsame Theaterbesuch der Parlamentsabgeordneten war eine Praxis, die im Herbst 1814 vom außerordentlichen Parlament eingeführt worden war. 1818 besuchte die Hälfte der Abgeordneten die Generalprobe, die andere Hälfte erschien zur Premiere am folgenden Tag. Am 3. April wurden *Die Kreuzritter* zugunsten der Armen und Obdachlosen der Stadt gespielt, für fünf Reichsbanktaler pro Person.

Der 2. April sollte für Søren Georg Abel zum Schicksalstag werden. Da betrat er nämlich das Rednerpult und verlas eine Beschwerde, die er von einem früheren Polizisten und Verwalter des Hüttenwerks Eidsvoll erhalten hatte, ein Schreiben, das gravierende Beschuldigungen gegen zwei Mitglieder des Parlaments enthielt sowie gegen den alten, ehrwürdigen Minister Carsten Anker, Besitzer des Hüttenwerks von Eidsvoll. Abels Auftritt an diesem Tag sollte ernste Folgen haben und schließlich seiner Karriere als Politiker ein Ende setzen. Wahrscheinlich war das Ereignis auch der Anfang seines endgültigen Abstiegs, der ihm den Lebenswillen brach. Sein früher Tod band Niels Henrik für immer an die Armut der Familie.

Einige Tage vorher hatte Abel jenen Verwalter Johan Hjort getroffen. Das heißt, es war sicher Hjort, der den Abgeordneten Abel aufgesucht und ihn von der Rechtmäßigkeit seiner Beschuldigungen überzeugt hatte. So wie Hjort die Sache darstellte, hatte ihm sein früherer Arbeitgeber Carsten Anker bereits 1805 eine jährliche Pension zugesagt, doch statt diese Pension zu erhalten, sei er auf eine gesetzeswidrige und entehrende Weise ins Gefängnis gesteckt worden, habe zehn Monate beim Lehnsmann des Ortes „in Ketten" gelegen, dann zwei Monate im Arrestlokal von Christiania zugebracht. Hjort war angeklagt, das Dokument, auf das sich die Pension gründete, gefälscht zu haben und die Anklage in seinem Fall wurde von Knud Carl Krogh geführt, damals Amtsrichter in Øvre Ringerike und nun Parlamentsabgeordneter. Das Urteil sprach Amtsrichter Laurentius Borchsenius, auch er gewählter Abgeordneter des Storting von 1818, aber wegen Krankheit während der gesamten Sitzungsperiode abwesend. Im Herbst 1816 verurteilte Borchsenius Hjort wegen Fälschung eines Briefes von Anker zu fünf Jahren Sklavenarbeit. Die Strafe wurde in der nächsten Instanz auf drei Jahre verkürzt und nach Anrufung des Höchsten Gerichts wurde Hjort im Juli 1817 freigesprochen, musste jedoch die Prozesskosten tragen. Doch dies sah Hjort als zu hart an für sich und seine Familie, die keine Entschädigung erhalten habe für die tyrannische und gewaltsame Behandlung, deren Opfer er geworden sei. Daher beschloss Hjort, seine Klage bei der Nationalversammlung vorzubringen, formulierte ein ausführliches Schreiben und ließ es im *Norske Intelligenz-Seddeler* drucken. Um jedoch seinen Anklagen und Forderungen noch mehr Nachdruck in der Öffentlichkeit zu verleihen, war es ihm überdies gelungen, den Abgeordneten Abel zu überreden, seine Beschwerde im Parlament vorzulesen. Vom Rednerpult des Storting aus wurde die ganze Angelegenheit wieder aufgerollt, auch dass Hjort am Tag seiner Verhaftung sein Pferd mit einem offenen Brief nach Hause zu seinen Kindern geschickt hatte, Pferd und Brief jedoch auf dem allgemeinen Postweg überfallen wurden, angeblich von Carsten Ankers Männern oder auf Anweisung des Anklägers Krogh. Überdies soll Amtsrichter Borchsenius als Richter und Nachlassverwalter Hjort und seine Familie in den Ruin getrieben haben. Deshalb stellte Abel am Rednerpult des Storting folgende Frage: War ein so barbarisches und unmenschliches Verhalten mit dem Grundgesetz und der Gesetzgebung des Landes vereinbar? Hatten sich diese beiden Männer, Krogh und Borchsenius, nicht schuldig gemacht? Wo sollte einer, der nichts für seinen Lebensunterhalt besaß, und schon gar nichts, um zu prozessieren, für erlittenes Unrecht Entschädigung verlangen?

In seiner Antwort fünf Tage darauf erklärte Krogh, dass er durch Pastor Abels Auftritt einer Handlungsweise beschuldigt worden sei, die ihn als Abgeordneten des Storting entwürdige. Alles, was man in diesem Fall dem Storting zur Beurteilung vorgelegt habe, gleiche deshalb der Kränkung, die ihm widerfahren sei, und das Vortragen des Falls durch Pastor Abel kränke, so meinte er, auch das Parlament. Krogh behandelte nun den Fall Hjort im Detail und reinigte sich von jedem Verdacht einer verbrecherischen Handlungsweise. Hjorts Beschwerde enthalte nur bereits bekannte und vom Gericht geprüfte Behauptungen oder aber Behauptungen, die zu entscheiden Sache des Gerichts und nicht des Storting sei. Pastor Abel seinerseits erklärte, für ihn habe kein Zweifel daran bestanden, dass es möglich sein müsse, jede von einem norwegischen Bürger unterschriebene Klage dem Storting vorzulegen, deshalb habe er auch keinen Zweifel gehegt, die Beschwerde vorzulesen, auch wenn Hjort eine ihm völlig unbekannte Person sei. Außerdem stellte Abel fest, dass er, bevor er am 2. April das Rednerpult betreten habe, vor dem Storting erklärt hätte, selbst in keiner Weise für den Inhalt des Vorgelesenen einzustehen und dass es nicht seine Absicht gewesen sei, jemanden zu kränken. Abel versuchte, das Prinzipielle vom Persönlichen zu trennen und fügte hinzu, dass er inzwischen von dem zweifelhaften Ruf erfahren habe, in dem Herr Hjort sowohl als Privatperson wie als Winkeladvokat in Eidsvoll stehe. Umgekehrt habe er über Prokurator Krogh und Amtmann Borchsenius nur das Beste gehört. Abel ging sogar so weit zu sagen, dass er die Beschwerde in moralischer Hinsicht wahrscheinlich für unbegründet halte und vorschlage, den Fall ad acta zu legen und damit auch die Verärgerung, die er sich eventuell im Storting zugezogen habe.

Ein Ausschuss, den man eingesetzt hatte, um den Fall zu untersuchen, kam zu demselben Ergebnis: Hjorts Klage müsse fallen gelassen werden, doch betrachtete es der Ausschuss trotzdem als seine Pflicht zu prüfen, inwieweit das Ansehen des Parlaments oder des Prokurators Krogh durch die Art, wie die Beschwerde vor dem Storting an die Öffentlichkeit gelangte, verletzt worden sei. Eine Verletzung des Ansehens eines einzelnen Abgeordneten müsse nach dem Gesetz als Verletzung des ganzen Parlaments betrachtet werden und es sei deshalb auch „die unausweichliche Pflicht der Nationalver-

sammlung, peinlich genau über die juristische Heiligkeit des Storting zu
wachen und jeden ihrer Repräsentanten vor unverschuldeten, ehrverletzen-
den Angriffen aus der Mitte der Versammlung zu schützen." Der Ausschuss
vertrat mehrheitlich die Auffassung, dass Pastor Abel dieser Aspekt völlig
entgangen sei und er sich zum Werkzeug bösartiger Rachegelüste habe machen lassen. Das Reglement sah ausdrücklich vor, dass Angelegenheiten, die
von einer anderen Seite als der Regierung, den gewählten Abgeordneten,
Gesetzesausschüssen oder Wahlversammlungen kamen, nicht ohne Zustimmung der Mehrheit vorgetragen, sondern nur dem Parlamentspräsidenten
mitgeteilt werden dürften, der das Abgeordnetenhaus dann mit deren Inhalt
in Kürze vertraut mache. Und weil kein Abgeordneter behaupten konnte, das
Grundgesetz oder die Bestimmungen dieses Reglements nicht zu kennen,
konnte man mit Fug und Recht annehmen, dass Pastor Abel gewusst haben
musste, was er tat, als er die Beschwerde eigenmächtig vortrug. Deshalb trage
er auch vor dem Parlament die volle Verantwortung für die Empörung, die
durch das Verlesen „dieser Skandalschrift in seinen heiligen Mauern" entstanden sei.

Der Ausschuss stimmte Krogh zu, dass er durch Schimpfworte und Behauptungen, die seine Eignung als Abgeordneter in Frage stellten, beleidigt
worden sei. Abel hätte wissen müssen, dass die in der Beschwerde enthaltenen
Behauptungen nicht im Storting behandelt werden konnten, sondern nur vor
Gericht oder in der Regierung, genauso gut hätte sich Abel früher nach Hjorts
Ruf erkundigen können. Deshalb sei es auch die Pflicht des Ausschusses
festzustellen, wie das Storting und der Abgeordnete Krogh am besten reinge-
waschen werden konnten. Zu diesem Ergebnis kam der Ausschuss erst am 12.
August. Nur eines seiner Mitglieder fand, dass Abel sein Verhalten ausrei-
chend bedauert habe. Es war dies Gabriel Jonassen, ein Bürger aus Stavanger,
der auf seinen vielen großen Höfen bei Sandnes eine Reederei und eine
Heringseinsalzerei betrieb. Der „Lord von Jæderen", wie er auch genannt
wurde, war bekannt und gefürchtet wegen seiner spitzen Bemerkungen, wobei
er keinen Unterschied zwischen arm und reich machte. Jonassen meinte,
Pastor Abel habe von vornherein erklärt, dass er für kein Wort in dieser
Beschwerde einstehen werde und deshalb fühle sich Jonassen auch nicht
durch Abels Vortrag beleidigt. Außerdem sei der Fall, so Jonassen, bereits „in
den öffentlichen Zeitungen" erschienen und könne durch nochmaliges Vorlesen im Storting Prokurator Krogh nicht geschadet haben, der sich gegen die
Beschuldigungen ohne weiteres verwahren konnte. Doch am 15. August wurde
in der Sitzung des Storting der Präsident mit 41 gegen 21 Stimmen ermächtigt,
Pastor Abel aufzufordern, eine Erklärung abzugeben und vor „dem Storting
Abbitte zu leisten", dass er, verleitet durch sein Mitleid mit einem ihm
unbekannten Mann, das Parlament und den Abgeordneten Krogh beleidigt

habe. Abel weigerte sich, dem nachzukommen und am 28. August beschloss das Storting, die Angelegenheit an das Odelsting weiterzuleiten mit der Bitte, eine Entscheidung zu treffen, ob „der Fall so beschaffen sei, dass Anlass bestehe, gegen den Abgeordneten Pastor Abel Anklage zu erheben." Dort fand man es nicht der Mühe wert, sich mit dieser Angelegenheit zu befassen, und die Sache wurde zurückverwiesen an das ganze Storting, wo man sie einstimmig fallen ließ.

In jenen letzten Augusttagen meldete sich Pastor Abel im *Nationalbladet* und in einer Annonce in der *Rigstidende* unter „Einrücken gegen Bezahlung" zu Wort und kündigte seine Sicht der Dinge an. Wer ihn nicht persönlich kenne, oder den Fall in allen Einzelheiten, müsse beim Lesen der Haltung des Ausschusses das „unvorteilhafteste Bild" von ihm bekommen. Ein solcher Eindruck würde sich nicht nur auf seine Amtstätigkeit auswirken, sondern auch eine Beleidigung des gesamten von ihm repräsentierten Bezirks darstellen. Um einem derart unzutreffenden Eindruck entgegenzuwirken, sei es deshalb seine Pflicht, das Ansinnen des Parlamentspräsidenten zufriedenstellend in der Öffentlichkeit zu beantworten. Abels Antwort wurde erst am 22. September im *Nationalbladet* abgedruckt, eine Woche nach der feierlichen Auflösung des Storting.

Doch ehe die Dinge so weit gekommen waren, hatte Abel auch einige Siege im Storting zu verzeichnen. Der Parlamentsbeschluss, eine Veterinärschule in Norwegen einzurichten, beruhte auf seinem Vorschlag: „Die norwegische Regierung wird ersucht, in Christiania eine Veterinärschule einrichten zu lassen, woraufhin bis zum nächsten Storting eine Summe von 1000 Spd. jährlich bewilligt wurde." Auch wenn Abel nicht im Ausschuss für Schulangelegenheiten saß, setzte er sich auf diesem Gebiet als mutigster Redner für die Ideale der Zukunft ein. Zweifellos hatte Vater Abel bereits von Niels Henriks fabelhaften Fortschritten bei Lehrer Holmboe gehört, doch sicher hatte er noch andere Gründe, engagiert gegen die massive Parlamentsmehrheit vorzugehen, die zum alten Klassenlehrersystem zurückwollte, in dem kein Platz war für Fachlehrer, zum Beispiel in Mathematik.

Schon seit 1814, als in Eidsvoll der Wunsch nach einem eigenen norwegischen Schulgesetz vorgebracht worden war, hatte man in Ausschüssen und Anhörungen unter anderem mit den Rektoren der höheren Schulen, an einem solchen Gesetz gearbeitet. Ein wichtiger Mann in diesem Prozess war Professor Georg Sverdrup gewesen und 1818 lag dem Storting ein Entwurf für ein „Gesetz bezüglich der gelehrten Schulen" vor. Diese Schulangelegenheiten hielten viele für den Hauptgrund, warum sich Georg Sverdrup politisch engagierte und Abgeordneter des Parlaments werden wollte. Manche meinten auch zu wissen, dass es die unwürdigen Verhältnisse an der Kathedralschule von Christiania waren, die Sverdrup nicht mehr ertrug und die er endlich geordnet haben wollte. Besonders der Oberlehrer in Latein, Lorentz Wittrup, dürfte Sverdrup ein Dorn im Auge gewesen sein. Durch die Wiedereinführung des alten Klassenlehrersystems, bei dem ein Lehrer die Verantwortung für eine Klasse in allen Fächern hatte, hoffte Sverdrup, Professor für Griechisch, den unfähigen Trunkenbolden, von denen es an der höhern Schule so viele gab, einen Riegel vorschieben zu können. Das Fachlehrersystem aufzugeben würde außerdem heißen, den alten Hauptfächern, also den klassischen Sprachen, mehr Platz einzuräumen. Der von Professor Sverdrup geleitete Parlaments- ausschuss legte nun einen detaillierten Vorschlag über die Stundenverteilung der verschiedenen Fächer in den jeweiligen Klassen vor. Georg Sverdrup hatte zwar von Anfang an eine Mehrheit hinter sich, doch Pastor Abel argumentier- te heftig dagegen und hatte einige Redner auf seiner Seite, unter ihnen Kriegs- minister Flor und Amtmann Koren. Die Vertreter der Bauern kannten sich allerdings in diesem Bereich, wo sie wenig Erfahrung hatten, nicht aus. Die Angelegenheit wurde im Odelsting viermal behandelt, zum ersten Mal am 10. April, dreimal im Lagting, bevor dann am 11. Juni in der Vollversammlung des Storting über den Gesetzesvorschlag abgestimmt wurde, in dem das im Jahre 1800 eingeführte Fachlehrersystem sowie die Begrenzung des Unterrichts in den lebenden Sprachen und in den Naturwissenschaften abgeschafft werden sollte. Die Mehrheit führte ins Feld, dass ein gründliches Lehren ein festes Fundament voraussetze und das Denken des Kindes verwirrt werde, wenn zu viele Männer zu viele Stoffgebiete unterrichten würden. Der junge Mensch würde sich lediglich ein oberflächliches Wissen über *alles* aneignen an Stelle eines gründlichen Wissen über *etwas*. Hier kam die Kritik des Neuhumanis- mus an der Aufklärung zum Ausdruck. Nicht vielerlei, sondern viel, oder wie der Lateiner sagt: *Non multa, sed multum.* Ein anderes von der Mehrheit vorgebrachtes Argument lautete, die höheren Schulen sollten auf die Univer- sität vorbereiten und seien keine gewöhnlichen Bürgerschulen, die offen seien für den Unterricht in Fächern, „die für jedes gebildete Mitglied der Gesell- schaft unentbehrlich sind."

Abel meldete sich in dieser Angelegenheit mehrfach zu Wort. Er erinnerte an die gründlichen Vorbereitungen, die hinter der bestehenden Schulordnung steckten und daran, dass der Rektor der Kathedralschule von Christiania, der „verehrte Rosted, über dessen Verstand und Herz es nur eine Meinung gibt und der Lehrer und Schulleiter unter der vorigen Einrichtung war", sich öffentlich gegen das vorgeschlagene Gesetz ausgesprochen habe. Außerdem sei keineswegs bewiesen, dass man mit der alten Ordnung mehr Griechisch und Latein lernen würde, und dass die Muttersprache nun in den unteren Klassen nicht gelehrt werden sollte, sei ein völliger Rückschritt. Ebenso unbe- greiflich sei es, die meisten der sogenannten Realwissenschaften zu streichen, um weiteren Raum für Griechisch und Latein zu gewinnen. Ironisch fügte er hinzu: „Die Bestrebungen gehen offenbar dahin, endlich Griechen und Römer auszubilden; vortrefflich für unser geliebtes Norwegen!" Latein und Griechisch seien Fächer, mit denen man sich an der Universität näher beschäftigen sollte, meinte Abel und fand es sonderbar, dass man an den höheren Schulen die Fächer streiche, die die jungen Leute am meisten interessierten, nämlich „die Naturwissenschaften und die Unterweisung über die Natur." Doch nach einer Reihe von Debatten gelangte die Mehrheit des Storting gar zu der Auffassung, dass *Hebräisch* nützlich sei, ja sogar unabdingbar für jeden, der „Wissenschaftler im weitesten Sinne des Wortes" werden wolle. Darauf erwiderte Abel, Langeweile und Realitätsferne, Verwirrung und Nachlässigkeit würden wieder den Unterricht beherrschen und dies geschehe doch oft, wenn es „keinen Wechsel der Lehrer gibt, und angenommen, einer von ihnen ist griesgrämig oder gehört meinetwegen zu denen, über die der Engländer sagt, *I don't like the face*?" Unordnung und Spektakel, von denen die Schulchroniken voll seien, wären wieder die Folge. Und sei es nicht seltsam, meinte Abel, dass man in Schweden jetzt mehr Wert lege auf den Unterricht in den Naturwissenschaften und dass man „selbst in Russland" in den letzten Jahren „Natural-Cabinette" eingerichtet habe, um damit die Schulen zu versorgen? In Dänemark wurden Mineraliensammlungen aus dem „künftigen großen Museum" reihum an die Schulen verschickt. „Aber in Norwegen will man diese Wissenschaft ausschließen. Es scheint, man will sich hervortun, und der sei gepriesen, der dazu die Fähigkeit und das Herz besitzt; ich gehöre nicht zu denen und bleibe bei der Erfahrung und dem gesunden Menschenverstand, die mir bisher stets gut den Weg gewiesen haben. Ich schlage also vor, die Vorlage fallen zu lassen." Abel wusste, dass die Vorlage der Mehrheit in anderen Ländern Vorbilder hatte und er deutete an: „Die Vorlage scheint allein von der Lust der Deutschen zum Bessermachen gelenkt zu sein." Weiter meinte Abel, dass die Schulvorlage von grundtvigianischen Strömungen inspiriert sei, und er konnte sich einen Seitenhieb auf seine Gegner an der Universität nicht verkneifen: „Grundtvigs System, ob nun halb oder ganz verrückt, scheint Mode zu werden, jedenfalls an der theologischen Fakultät. Der Himmel sei diesen Herren gnädig!"

Der Vorschlag des Abgeordneten Abel, die Vorlage fallen zu lassen, erhielt drei Stimmen.

Doch die Vorlage über das Schulwesen im Lande, über das allgemeine Schulgesetz und die Frage der Ausbildung und Entlohnung dieser Lehrer, *die* wurde abgelehnt. Mit zwei Gegenstimmen. Das Storting vertrat nämlich die Auffassung, dass sämtliche Bestimmungen über Ausbildung und Bezahlung dieser Lehrer im Gesetz vom 1. Juli 1816 enthalten seien. In Wirklichkeit handelte es sich bei diesem Gesetz um eine ziemlich wacklige Bestimmung, an der man aus Angst vor finanziellen Belastungen, die die Einrichtung fester

Allgemeinschulen mit sich bringen würde, festhielt. Die Wanderschulen sollten bestehen bleiben.

Am 13. August, einen Tag nachdem die massive Kritik gegen ihn im Fall Hjort vorgebracht worden war, meldete sich Pastor Abel auf eine Weise zu Wort, die seine Haltung zur Schule und zur eigenen Arbeit deutlich charakterisiert:

> Herr Präsident!
>
> Dass die Erziehung den Menschen zum Menschen macht, leugnet doch wohl niemand, und das Mittel, dies zustande zu bringen zu bringen, ist doch wohl vernünftige Aufklärung. Man sieht leicht, dass ich mit vernünftiger Aufklärung nicht die meine, die von dunklen Dogmen herstammt, die zwar sehr wohl den menschlichen Geist zu knebeln vermochte, ihn jedoch nie seinen eigenen Wert erfahren ließ. Unter vernünftiger Aufklärung verstehe ich die, die den Menschen zu einem Wissen dessen führt, was er Gott, sich selbst und anderen schuldig ist, ein Wissen, gewonnen aus reinen Moralprinzipien, also aus der Lehre Christi. Man merkt, dass ich besonders von den einfachen Menschen auf dem Lande spreche. Wenn es eine Klasse der Nation gibt, die ein gründlicheres Wissen benötigt, dann ist es sicher die soeben genannte. Man kümmert sich um so viele Dinge, man dekretiert Gelder für alles Mögliche; ich frage: Kann etwas von größerer Bedeutung sein als die Verbesserung des Schulwesens auf dem Lande? An der Verbesserung und Einrichtung der gelehrten Schulen wurde viel und eifrig gearbeitet und ich glaube, in diesen ist nun alles, wie erfahrene Schullehrer bezeugen, in bester Ordnung. Doch siehe, als es um den Plan einer besseren und zweckmäßigeren Ausbildung der allgemeinen Jugend ging, wurde dieser fallengelassen. [...] Man erlaube mir noch zu bemerken, dass es wenig nützt, sich wie sehr auch immer um die höheren Schulen und alle Weisheit der Gelehrten zu kümmern, wenn sich dies nicht auf die vorbereitenden Schuleinrichtungen der einfachen Gesellschaftsklassen auswirkt. Diese höheren Schulen sind dann nichts weiter als Regenbogen, die durch ihre Farben bestechen, aber nichts zur Fruchtbarkeit der Erde beitragen.

Am Tag nach diesem Diskussionsbeitrag wurde Vater Abel immerhin die Genugtuung zuteil, dass dem „Gesetz bezüglich der gelehrten Schulen", beschlossen von der Parlamentsmehrheit, die königliche Sanktion verwehrt wurde. Minister Treschow, der sich seinerzeit auch für das Fachlehrersystem eingesetzt hatte, war in keiner Weise mit der Ansicht seines Professorenkollegen Sverdrup einverstanden über das, was zeitgemäß war. Für Treschow war Aufklärung für möglichst viele auf allen Gebieten der praktischen und theoretischen Philosophie, der Moral und der Wissenschaft eine Voraussetzung für die große Entwicklung der Menschheit, die er kommen sah.

Søren Georg Abel war ein engagierter Abgeordneter des Storting gewesen und in vieler Hinsicht seiner Zeit voraus. Aber er hatte sich verrechnet. Er hatte verloren, weil er sich in der Zersplitterung exponierte, die später in der Kultur der Beamtenschaft zwischen einer standesgemäßen Pflege der klassischen europäischen Tradition und einem patriotischen Willen zu Volkstümlichkeit und nationaler Gemeinschaft eintrat.

Die Parlamentssitzungen gingen dem Ende zu, es war September 1818. Für Niels Henrik und seinen großen Bruder stand ein neues Schuljahr vor der Tür. Vielleicht hatten sie die wenigen Wochen der Sommerferien in Gjerstad zugebracht, doch vieles spricht dafür, dass sie in Christiania blieben, die Arbeit des Vaters verfolgten und auf die Schließung des Storting warteten, um gemeinsam nach Hause fahren zu können. Niels Henriks Begeisterung für die Mathematik steigerte sich zunehmend, der Vater hatte seine Probleme und der große Bruder Hans Mathias schien mehr und mehr von allem wegzuwollen. Wie viel Zeit sie gemeinsam in der Hauptstadt verbrachten, ist nicht bekannt. Aber sicher waren sie zusammen im Theater, sahen *Die Kreuzritter* und später vielleicht Holbergs *Maskerade* und *Alles wegen Helena*. Das letzte Stück erregte großes Aufsehen, weil die griechischen Göttinnen, gespielt von Männern, so dreist körperliche Schönheit zur Schau stellten. Am 10. Mai war der Abgeordnete Abel mit seinen Söhnen möglicherweise in der Rådhusgaten 11, um der ersten Kunstausstellung Norwegens beizuwohnen, die mit einem Überschuss von 250 Speziestalern auch finanziell ein Erfolg wurde, was sogleich zur Einrichtung einer „provisorischen Zeichenschule" führte, aus der später die staatliche Schule für Handwerk und angewandte Kunst wurde.

An dem einen oder anderen Sonntag im Frühling, der übrigens in diesem Jahr sehr spät kam, oder im Laufe des Sommers, der trockener ausfiel als gewöhnlich, war Vater Abel sicher mit seinen beiden Söhnen hinauf nach Ekeberg gewandert. Jeder, der nach Christiania kam, musste die Aussicht von dort oben bewundern, die nicht nur im norwegischen Maßstab, sondern international als einmalig und herrlich galt und von Reisenden aus dem Ausland ebenso wie von norwegischen Schriftstellern besungen wurde. Von Ekeberg aus sah man den blauen Fjord mit den bewaldeten Inseln, den weißen Segeln auf dem Wasser und im Talgrund die Stadt mit dem schönen Turmprofil von Akershus, umgeben von einer Vielzahl von Dörfern mit gestutzten Bäumen und Bauernhöfen mit wogenden, grünen Feldern, die wie ein Amphitheater anstiegen zu den dunklen, mächtigen Höhenzügen.

Was Vater Abel sonst in seiner Freizeit unternahm, darüber kann man nur Vermutungen anstellen. Es ist durchaus vorstellbar, dass die Söhne den Vater in Situationen erlebten, wo dieser es sicher vorgezogen hätte, nicht gesehen zu werden. Peder Mandrup Tuxen, der Søren Georg Abel nicht mehr gesehen hatte seit dem Sommer 1815, als sie zusammen in Christiania waren, schrieb später: „Wenn er in die Stadt kam, fand er dort Leben und Fröhlichkeit, fand einen Ersatz für das, was er zu Hause vielleicht vermisste, und die unglückliche Leidenschaft – das Trinken – hört nicht auf, nimmt nur zu."

Doch im September 1818 sehnte sich Vater Abel nach Hause, er hatte jedenfalls genug von der Hauptstadt. Wahrscheinlich freute sich Niels Henrik am meisten über neue mathematische Sätze, Beweise und Aufgaben, er wollte Holmboe um Privatstunden bitten und nicht mehr an den Abstieg seines Vaters denken.

Am 1. September war der erste Teil von Professor Stenersens endgültigem Urteil über Abels Religionsbuch im *Nationalbladet* erschienen. Der nächste Beitrag folgte in der achten Woche nach Auflösung des Storting und höchstwahrscheinlich verließ Pfarrer Abel Christiania wenige Tage später. Am 22. war dann der letzte Teil von Stenersens „Todesstoß" für Abels Buch zu lesen. Zusammen umfassten die drei Artikel etwa dreißig Seiten. In der gleichen Nummer des *Nationalbladet* stand Abels Verteidigung seines Auftretens im Storting, zusammen mit der Unterstützung, die ihm von vonseiten des „Lord von Jæderen", Gabriel Jonassen, zuteil geworden war. Der Abgeordnete Abel beklagte aufrichtig „die Existenz dieses Streites" um seiner selbst und der Nation willen, er bedauerte, dass die kostbare Zeit des Storting benutzt worden war, um „die Eitelkeit oder Rachelust eines Privatmannes zu befriedigen", er meinte jedoch, selbst ebenso sehr von Prokurator Krogh beleidigt worden zu sein in dessen Kommentar zu Hjorts Anklage, im Prinzip sei alles glasklar gewesen: dass er, Abel, nach bestem Wissen und Gewissen und in Übereinstimmung mit der im Grundgesetz verbrieften Freiheit des Abgeordneten gehandelt und sowohl vor wie nach dem Vortragen der Beschwerde dem Storting versichert habe, weder für deren Inhalt noch deren Wahrheit einzustehen und sich deshalb niemand beleidigt fühlen müsse.

Dieser Beitrag sollte seine letzte öffentliche Äußerung sein und war unterschrieben mit „Hochachtungsvoll Søren Georg Abel", ohne Pfarrer- oder Rittertitel.

Wieder zu Hause auf Gjerstad, als Politiker erledigt, als Mensch kompromittiert, wurde vielen klar, dass auch der Pastor fleißig der Flasche zusprach. Das Volk der Bauern sah, dass das Priesterehepaar trank und auch wusste, dass dies jeder am liebsten für sich tat. Das Gesinde erhielt seinen Lohn in Kartoffeln, die nun allerdings vorwiegend als Rohstoff zum Schnapsbrennen benutzt wurden. Die Kartoffelernte war übrigens in diesem Herbst miserabel. Pastor Abel schrieb an seinen Propst in Arendal: „Alles was ich erflehe, ist, dass ich befreit werden möge von bitteren, grundlosen Angriffen, da ich zudem gebeugt bin von Krankheit, Geldsorgen und anderen Unannehmlichkeiten."

21.

Christiania, Herbst 1818

Das Schuljahr begann am 1. Oktober. Bei der Prüfung, die nun abgehalten wurde, um die Zusammensetzung der neuen Klassen zu bestimmen, hatte Niels Henrik die Hauptnote *gut* erhalten. In allen Fächern mit Ausnahme der Mathematik, wo er Bestnoten hatte, lag er unter dem Klassendurchschnitt. Die Fächer Geschichte, Geographie, Schönschreiben, lateinischer Aufsatz, Französisch mündlich und Aufsatz in der Muttersprache wurden mit *leidlich gut* benotet. Mit einem solchen Ergebnis, besonders in Latein, wurde Niels Henrik wieder nur probeweise versetzt. Der Rektor äußerte die Befürchtung, Niels Henrik könnte sich zu einseitig entwickeln, andere Lehrer meinten, Niels Henrik sei ohnehin im Ganzen nur mittelmäßig. Dem Geschichts- und Geographielehrer Lassen war aufgefallen, dass Niels Henrik eine besondere Position in der Klasse einnahm, wahrscheinlich wegen seiner Mathematikkenntnisse, und Lassen vermutete, dass der Junge darunter etwas litt.

Die Verhältnisse an der Kathedralschule von Christiania, wie sie nach dem Weggang des Mathematiklehrers Bader und den Debatten im Storting über die höheren Schulen zur Sprache gekommen waren, führten unter anderem zu Folgendem: gleich nach Beginn des Schuljahres kam eine Anfrage vom Ministerium Treschow, ob nicht Oberlehrer Wittrup und eine Reihe von Lehrern an der Schule „nicht nur ein unordentliches Leben führten, das sowohl für die Zöglinge der Schule ein Ärgernis ist wie es diese Lehrer auch daran hindert, mit der gebotenen Vorbereitung und geistigen Regsamkeit ihre Arbeit an der Schule zu verrichten, sondern dass sie darüber hinaus Verhältnisse schaffen, die die Schüler zum großen Teil des Nutzens beraubt, den ihr Unterricht stiften sollte." Rektor Rosted musste Wittrup entlassen, die anderen nicht namentlich genannten Lehrer durften bleiben. Wittrups Platz übernahm der junge Lateinlehrer Kynsberg, nicht als Oberlehrer, dazu war er zu jung, doch mit dem höheren Gehalt von 400 Speziestaler. (Das Gehalt eines Oberlehrers betrug 500 Speziestaler.) Johan Aubert übernahm Kynsbergs Platz, er erhielt ein befristetes Dienstverhältnis mit 330 Speziestalern Gehalt. Für Niels Henrik waren diese Veränderungen ohne Bedeutung, er war bereits so eingenommen von der Welt der Mathematik, dass er noch weniger als früher einsah, seine Zeit mit lateinischen Aufsätzen zu vergeuden. Im Vorjahr hatte er Wittrup in Latein gehabt und der hatte Niels Henriks Fähigkeiten als „insgesamt leidlich gut" bezeichnet. Jetzt bekam Niels Henrik wieder Kynsberg und obwohl auch Kynsberg Probleme hatte, in seinen Stunden die nötige „geistige Regsamkeit" an den Tag zu legen, war er stets beliebt und ein Lehrer, um den sich die Schüler scharten. Niels Henrik interessierte sich ausschließlich für Mathematiklehrer Holmboe. Dieser bemühte sich nach Kräften, Niels Henrik Anregungen zu geben, der sich mit einer solch beeindruckenden Leichtigkeit die mathematische Materie, die Holmboe ihm vorsetzte, aneignete und verstand. Auch der Leihschein der Bibliothek zeigt, dass Niels Henrik im Herbst 1818 gezielt anfing, sich mathematische Literatur zu besorgen. Früher hatte er sich nur belletristische Bücher geholt und, nach seinen Ausleihen zu urteilen, seine Lektüre auf bekannte und geachtete Autoren beschränkt. Neben Holberg las er Johan Hermann Wessel und Johannes Ewald. Sieben der 21 Bücher, die Niels Henrik in diesen ersten drei Jahren an der Kathedralschule auslieh, stammten von Adam Oehlenschläger. Im November 1818 lieh er sich mit Jens Baggesens *Gjengangeren* (Die Wiedergänger) zum letzten Mal einen belletristischen Titel aus. Der junge Niels Henrik scheint sich also für den heftigen Dichterstreit, der zwischen Oehlenschläger und Baggesen tobte, interessiert zu haben. Das nächste von ihm ausgeliehene Buch war Newtons *Arithmetica universalis*, und von da an enthält sein Leihschein nur noch Fachliteratur.

Auch diesmal scheinen die Abel-Brüder an Weihnachten nicht die Gelegenheit gefunden zu haben, nach Gjerstad zu fahren. Für Niels Henrik war dies nicht besonders wichtig. Zusammen mit seinen Klassenkameraden und mit Holmboe und dessen Freunden war Niels Henrik offenbar dabei, Zugang zu einem gesellschaftlichen Leben zu finden, das ihm behagte. Anders war dies bei Hans Mathias, dem Kummer und Heimweh das Leben sehr verdüsterten. In den Schulzeugnissen ging es von nun an mit Hans Mathias schnell bergab: *leidlich gut* und *mäßig gut* in den meisten Fächern und *leidlich gut* als Hauptnote, so lautete das betrübliche Ergebnis. Doch er musste sich noch ein Jahr abquälen, bis der Rektor ausdrücklich erklärte, dass Hans Mathias niemals das *examen artium* bestehen werde.

22

Hinein in die Geschichte
der Mathematik

Holmboe wollte Abel auf die Höhe des mathematischen Wissens jener Zeit bringen. Bei seinem Vorgehen ließ sich Holmboe von dem großen französischen Mathematiker Joseph-Louis Lagrange inspirieren, „der stolzen Pyramide der mathematischen Wissenschaft", wie ihn Napoleon genannt hatte. Vielleicht hatte Holmboe die Biographie gelesen, die bereits über Lagrange vorlag, verfasst von J.-B.-J. Delambre im *Moniteur officiel* in Paris, ohne Zweifel jedoch kannte er den Auszug aus dieser Biographie, der 1816 in der *Zeitschrift für Astronomie und verwandte Wissenschaften* erschienen war. Lagranges Vater, nahe verwandt mit Descartes, war ein wohlhabender Zahlmeister auf Sardinien gewesen, der die Tochter eines reichen Arztes in Turin geheiratet hatte. Von ihren elf Kindern hat nur das jüngste, Joseph-Louis, das Erwachsenenalter erreicht. Vater Lagrange muss auch ein leidenschaftlicher Spekulant gewesen sein, und als sein Sohn erwachsen war, hatte sich das Vermögen der Familie auf Null reduziert. „Hätte ich ein Vermögen geerbt, ich hätte mich wahrscheinlich nicht auf die Mathematik gestürzt", soll der große Mathematiker später die Verhältnisse im Elternhaus kommentiert haben. Zu Beginn seiner Schulzeit hatte er sich mehr für die literarischen Werke von Vergil und Cicero interessiert als für die geometrischen Arbeiten von Euklid und Archimedes. Doch eines Tages fiel ihm eine Schrift des Astronomen Edmond Halley in die Hände, dem Entdecker des nach ihm benannten Kometen und Freund Newtons. Darin ging es um die Überlegenheit der Differenzial- und Integralrechnung im Vergleich zu den synthetisch-geometrischen Methoden der Griechen, und schon wandte sich der junge Lagrange der Mathematik zu. In kurzer Zeit eignete er sich alles an, was über die Analysis bekannt war und bereits als Sechzehnjähriger unterrichtete er Mathematik an der Artillerieschule von Turin. Zusammen mit einigen seiner älteren Schüler gründete Lagrange dann eine Gesellschaft, aus der später die Akademie der Wissenschaften von Turin hervorgehen sollte. Der erste Band der Mitteilungen dieser Gesellschaft erschien 1759. Nachdem er die Unzulänglichkeit der alten Formeln nachgewiesen hatte, entwickelte Lagrange hier neue Methoden zur Berechnung der Maxima und Minima, die so genannte Variationsrechnung, die seit der Gründung Karthagos durch die legendäre Königin Dido ein mathematisches Problem gewesen war. In einem Anhang seiner Arbeit schrieb er, dass er später die gesamte Mechanik, sowohl für feste wie für flüssige Körper, aus denselben Prinzipen entwickeln wolle.

Der 23-jährige Lagrange hatte bereits den Plan für sein künftiges Hauptwerk *Mécanique analytique* fertig, das 1788 erschien. Einer der Leser dieses Buches war Leonhard Euler, der damalige Direktor der Sektion Mathematik an der Akademie der Wissenschaften von Berlin, den man für den größten Mathematiker seiner Zeit hielt. In Paris wurde der Sekretär der dortigen Akademie der Wissenschaften, Jean d'Alembert, auf den jungen Mathematiker aus Turin aufmerksam. Aus Berlin wie auch aus Paris erhielt Lagrange Briefe der Ermunterung und des Lobes. 1764 verlangte die Preisaufgabe der Pariser Akademie, die kleinen Schwankungen des Mondes zu berechnen, die so genannte Libration, die es ermöglichte, die Randpartien des Mondes bei dessen Umlauf mit immer derselben Seite zur Erde zu sehen. Lagrange berechnete dieses Phänomen, leitete es analytisch vom Prinzip der universellen Gravitation ab, und seine Abhandlung *Die Libration des Mondes* gewann den ersten Preis der Akademie. Zwei Jahre später gewann er den Preis erneut, diesmal mit einer Arbeit über die vier Monde des Jupiter und über die Kräfte, die sich um den Planeten gegenseitig beeinflussen. Diese Bestimmung der Jupitermonde und anderer Himmelskörper war ein wichtiges Werkzeug zur Bestimmung von Positionen auf dem Meer. Sich die Herrschaft auf dem Meer zu sichern, war ein großes praktisches Problem, weshalb sich so viele Regenten gerne mit Mathematikern umgaben. Der König von Sardinien finanzierte nun für Lagrange eine Reise nach Paris und London, zusammen mit einem Freund, der an der Botschaft Sardiniens in England seinen Dienst tun sollte. In Paris wurde Lagrange von d'Alembert und anderen bekannten Mathematikern empfangen, doch nach einem üppigen Essen zu Ehren des besonderen Gastes wurde Lagrange so krank, dass er nach Turin zurückkehrte, sobald es seine Kräfte zuließen. Vielleicht war es das Gallenleiden, das ihn später so plagte und das damals zum ersten Mal auftrat? Lagrange wurde 29 Mal in seinem Leben zur Ader gelassen, fast immer wegen Gallenbeschwerden.

Seit 25 Jahren war der Schweizer Leonhard Euler in Berlin der führende Mathematiker, als er 1766 ein Angebot von Katharina II. annahm, nach St. Petersburg zu gehen. Friedrich der Große wollte nun d'Alembert als Eulers Nachfolger nach Berlin holen, doch dieser blieb lieber in Paris und schlug daher Lagrange vor. Lagrange war von dem Angebot begeistert und bereit, sogleich nach Berlin zu reisen, doch die Regierenden von Turin wollten ihn nicht so ohne weiteres ziehen lassen. Friedrich der Große musste persönlich eingreifen, um die Rochade zu ermöglichen. Im Juni 1766 konnte Euler mit seinem Haushalt von 18 Personen Berlin verlassen, um nach St. Petersburg umzuziehen, wo ihn ein großes möbliertes Haus erwartete und ihm einer der Leibköche Katharinas zur Verfügung stand. Im November kam dann Lagrange nach Berlin und wurde vom König herzlich empfangen. Lagrange wurde Direktor der Sektion Mathematik, und während der nächsten 20 Jahre sollten eine Reihe seiner großen Arbeiten in die Publikationen der Akademie eingehen.

Kurze Zeit nach seiner Ankunft in Berlin schrieb Lagrange einer Kusine in Turin einen Brief, in dem er um ihre Hand anhielt. Sie willigte ein und kam nach Berlin. Als d'Alembert in Paris davon erfuhr, schrieb er im Herbst 1767: „Mein lieber und berühmter Freund, man schreibt mir aus Berlin, dass Sie das getan haben, was unter uns anderen Philosophen als Salto mortale, *le saut périlleux* bezeichnet wird, und eine Ihrer Verwandten geheiratet haben, die auf Ihr Betreiben aus Italien gekommen ist; mein Kompliment in dieser Angelegenheit, denn ich meine, dass ein großer Mathematiker vor allen Dingen fähig sein sollte, sein Glück zu kalkulieren, und, nachdem Sie dieses Kalkül durchgeführt haben, fanden Sie als Lösung die Ehe." Lagrange dankte für die Komplimente und antwortete: „Ich weiß nicht, ob ich gut oder schlecht gerechnet habe, oder glaube eher, dass ich überhaupt nicht gerechnet habe, denn dann wäre es mir wahrscheinlich ergangen wie Leibniz, der sich, weil er überlegen musste, nie entscheiden konnte." Lagrange erklärte, dass er nie die Ehe im Sinn gehabt habe. Es seien praktische Erwägungen gewesen, die ihn veranlasst hätten, die Kusine zu bitten, sein Schicksal zu teilen und sich um ihn zu kümmern. Er befinde sich in einem fremden Land, sei bei schwacher Gesundheit und von Melancholie geplagt, er kenne seine Kusine von früher und wisse, dass er gut mit ihr auskomme. „Das ist die einfache Geschichte meiner Ehe. Wenn ich vergessen habe, Ihnen etwas darüber mitzuteilen, dann geschah dies, weil es mir so unbedeutend erschien und nicht der Mühe wert, Sie damit zu behelligen."

Allem Anschein nach führte Lagrange mit seiner Kusine ein glückliches Leben. Als sie nach mehreren Jahren erkrankte, ließ Lagrange nicht zu, dass andere sie pflegten, er war unermüdlich in seinen Anstrengungen. Sie starb 1783, im selben Jahr wie d'Alembert in Paris und Euler in St. Petersburg.

In Berlin gab es sicher viele, die es Friedrich dem Großen verübelten, mit Lagrange einen weiteren Ausländer als wissenschaftlichen Leiter geholt zu haben. Doch neben seinem überlegenen mathematischen Wissen war Lagrange ein liebenswürdiger Mensch. Er hatte eine starke Abneigung, Macht zu demonstrieren und sich auf Intrigen und Kontroversen einzulassen. „Ich weiß es nicht", war sein Motto bei allem, was nicht seine eigenen Interessen betraf. „Ich habe eine tiefe Aversion gegen Dispute", soll er einmal gesagt haben. Anders als Euler, der sich ständig in philosophischen und religiösen Diskussionen zu Wort meldete. In seinem populären Buch *Lettres à une princesse d'Allemagne sur quelques sujets de physique et de philosophie* von 1770 (dänische Übersetzung 1782) hatte sich Euler eingeschaltet in den aktuellen Streit über die Fähigkeit der Körper, in einem Vakuum aufeinander zu wirken. Euler vertrat die Ansicht, dass tote Körper nur tote Eigenschaften haben. Der Raum müsse von einem Medium erfüllt sein und alles, was in der physischen Welt geschehe, müsse die Konsequenz einer ganz einfachen Selbstbehauptung des Körpers sein kraft seiner Grundeigenschaften: Ausdehnung, Undurchdringlichkeit und Trägheit. Eulers Prinzip war die Selbstbehauptung der Körper, das heißt, dass Körper ausschließlich dort wirken, wo sie sind, im Gegensatz zum Prinzip der Fernwirkungslehre, wonach Körper dort wirken, wo sie nicht sind. Mitten im Rationalismus der Aufklärung verteidigte Euler auch die christliche Religion. Bekannt wurde besonders die Episode in St. Petersburg, als der gläubige Euler dem Atheisten Denis Diderot zum Schweigen brachte. Katherina die Große war auch Diderots edle Gönnerin, missbilligte aber Diderots Versuche, ihre Höflinge zum Atheismus zu verführen, und soll deshalb Euler beauftragt haben, den geschwätzigen Philosophen zum Schweigen zu bringen. Euler, der als junger Mann das rechte Auge verloren hatte und dem auch die Sehkraft des linken verloren zu gehen drohte, soll Diderot die Kunde überbracht haben, dass ein gelehrter Mathematiker über einen algebraischen Beweis für die Existenz Gottes verfüge, und dass er bereit sei, diesen in Diderots Anwesenheit vor dem ganzen Hof vorzuführen. Mit tiefer Grabesstimme und in überzeugendem Ton soll Euler gesagt haben:

$$\text{„Mein Herr,}\quad \frac{a + b^n}{n} = x,\quad \text{also exestiert Gott. Antworten Sie!“}$$

Diderot, der angeblich sehr wenig Ahnung von Mathematik hatte, blieb die Antwort schuldig und schwieg. Als die anderen Anwesenden daraufhin in lautes Gelächter ausbrachen, soll Diderot auf der Stelle Katharina gebeten haben, nach Frankreich zurückkehren zu dürfen, was ihm auch gewährt wurde. Diderot und sein Kreis der Enzyklopädisten waren ansonsten der Mathematik gegenüber positiv eingestellt, sahen sie als das wichtigste Fach in der Schule, weil sie ein hervorragendes Mittel sei, die intellektuellen Fähigkeiten zu üben.

In Berlin blieb Lagrange bei seinem „Ich weiß es nicht“, weshalb man ihn beinahe für einen Agnostiker hielt. Trotzdem wurde häufig ein Glaubenssatz von ihm zitiert: „Mir ist aufgefallen, dass der Dünkel der Menschen stets umgekehrt proportional zu ihren Verdiensten ist, das ist eines meiner moralischen Axiome.“ Zu Lagranges mathematischen Arbeiten in Berlin gehörten Abhandlungen über partielle Differenzialgleichungen und über zahlentheoretische Probleme in Verbindung mit dem, was in der französischen Mathema-

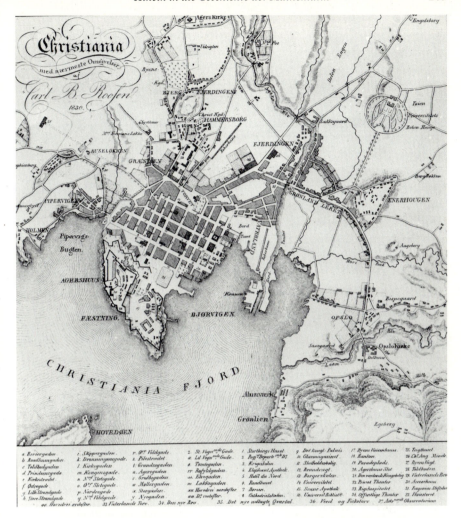

Abb. 13. Christiania und nächste Umgebung, von Carl B. Roosen, 1830. Stadtmuseum Oslo.

tik zum Ehrenvollsten zählte: Fermats unbewiesene Theoreme über ganze Zahlen. Lagrange befasste sich in seiner Berliner Zeit auch mit der Frage, inwieweit algebraische Gleichungen durch Wurzelausdrücke lösbar sind und er bewies, dass das bei kubischen und biquadratischen Gleichungen stets der Fall ist. Er zeigte nämlich die Existenz gewisser Verbindungen der Lösungen, so genannter Resolventen, die es ermöglichte, das Problem auf Gleichungen kleineren Grades zu reduzieren. Für Gleichungen des fünften und höheren

Abb. 14 a–d. Abels Freunde und Bekannte, von oben links: Bernt Michael Holmboe (**a**): Zeichnung von Johan Andreas Aubert (vor 1832), Foto: O.Væring; Balthazar Mathias Keilhau (**b**): Zeichnung von Johan Gørbitz, 1835; Aschehoug Verlagsarchiv; Carl Gustav Maschmann (**c**): aus Elephant Apothek *Elephant Apotheket gjennem to Hundre og femti Aar*, Kristiania 1922; und Nikolaj Benjamin Møller (**d**): gemalt von Carl Peter Lehmann. Norwegisches Portraitarchiv.

Abb. 15a-d. Von oben links: Christian Peter Boeck (**a**): ein Portrait aus seinem späteren Leben, gemalt von P.N. Arbo. Stadtmuseum Oslo; Christopher Hansteen mit einem seiner Instrumente im Hintergrund (**b**): Kupferstich von E.C.W. Eckersberg, 1828. Aschehoug Verlagsarchiv. Søren Rasmussen (**c**): Ölgemälde, Stadtmuseum Oslo; Niels Treschow (**d**): Kupferstich von F. Fleischmann, hergestellt nach einem Pastellbild von Christian Horne-man. Bildersammlung Nationalbibliothek Oslo.

Abb. 16. Markttage in Christiania, das jährliche Volksfest, das am ersten Dienstag im Februar mit Glockengeläute eröffnet wurde und drei Tage lang die Stadt auf den Kopf stellte. Die Schüler hatten frei und an der Universität gab es keine Vorlesungen. Das Höchste Gericht unterbrach seine Prozesse, damit die Anwälte für ihre Klienten außerhalb der Stadt verfügbar waren. Dies ist das älteste bekannte Bild des Marktes von Christiania auf dem Stortorvet, von einem unbekannten Künstler, etwa 1830. Stadtmuseum Oslo.

Grades *glaubte* Lagrange, dass solche Resolventen nicht existierten. Den *Beweis*, dass diese Vermutung richtig war, sollte erst Niels Henrik Abel liefern.

Nach dem Tod von Friedrich dem Großem im Jahr 1786 breitete sich in Berlin eine allgemeine Abneigung gegen Nicht-Preußen aus. Der inzwischen 50-jährige Lagrange erhielt die Erlaubnis, die Stadt unter der Bedingung zu verlassen, dass er weiterhin Beiträge für die Publikationen der Akademie lieferte. An dieses Versprechen hielt er sich, als er 1787 auf Einladung von Ludwig XVI. nach Paris kam, wo ihm eine Wohnung im Louvre zur Verfügung gestellt wurde. Doch trotz all des Ruhmes und der Ehrungen, mit denen er überhäuft wurde, fühlte er sich alt, erschöpft und apathisch. Er erlitt nervöse Zusammenbrüche und verlor jedes Interesse an der Mathematik. Dennoch erkor ihn Königin Marie-Antoinette zu ihrem besonderen Günstling. Lagrange war ihr von ihrer Heimatstadt Wien empfohlen worden. Sie sah in ihm einen Deutschen und aus diesem Grund versuchte sie, ihm zu helfen. Die führenden

Wissenschaftler in Paris waren jetzt der Chemiker und vielseitig begabte Antoine Laurent Lavoisier und der Mathematiker und Astronom Pierre Simon Laplace. Wegen dessen „Nebel-Theorie" waren viele empört: Ein Schöpfungssystem, in dem kein Platz war für einen persönlich lenkenden Gott, das stattdessen die Idee enthielt, dass diese Welt und die Nachbarplaneten von ihrem Ursprung, der Sonne, ausgeschleudert worden seien und vom Zustand eines ausgedehnten, überhitzen Gases später zu kleinen und festen Körpern geschrumpft seien. Lavoisier, der „Vater der Chemie", hatte seinen ersten wissenschaftlichen Preis gewonnen mit einer Abhandlung darüber, wie man die Straßenbeleuchtung in einer Großstadt organisieren sollte, er hatte Ratschläge erteilt zu Versuchspflanzungen in der Landwirtschaft und gezeigt, aus welchem Papier man Geldscheine herstellen musste, um eine Fälschung zu verhindern. Darüber hinaus hatte er über Magnetismus, Wasserversorgung, Invalidenstühle und Wünschelruten geschrieben und nachgewiesen, dass die allgemeine Auffassung, derzufolge Wasser durch wiederholtes Destillieren zu Erde werde, völlig falsch sei. Lavoisier führte den Namen ‚Sauerstoff ein und erklärte, wie eine Verbrennung vorgehe und er beantwortete die uralte Frage, warum die Welt Bestand hat und sich nicht abnutzt. Die Pflanzen leben von Luft und Wasser, die Tiere leben von Pflanzen oder pflanzenfressenden Tieren und nacheinander geben sie durch Prozesse wie Gärung, Verwesung und Verbrennung der Erde zurück, was sie von ihr genommen haben. Das Leben ist ein Kreislauf, Staub wird zu Staub. Wenn bei Lavoisier wissenschaftliche Zusammenkünfte stattfanden, stand Lagrange am liebsten mit dem Rücken zu den anderen am Fenster und starrte zerstreut und melancholisch ins Freie.

Es war die große Revolution von 1789, die Lagrange aus seiner Apathie riss und ihn wieder zum Leben erweckte. Von Anfang an verfolgte er die Ereignisse mit Sympathie. Als im Herbst 1791 Ruhe und Ordnung wiederhergestellt waren, gab er seiner Bewunderung für die große Nation Ausdruck, die nicht mit Waffengewalt, sondern mit dem Wort und der öffentlichen Meinung eine neue Regierung hervorgebracht hatte. Als wenig später die Ereignisse dann bekanntlich außer Kontrolle gerieten und in das Terrorregime mündeten, was niemand vorhergesehen hatte, hätte Lagrange nach Berlin zurückkehren können. Doch er wollte in Paris bleiben, wollte „das Experiment zu Ende geführt sehen", wie er sich ausdrückte. Lagrange sympathisierte mit dem Volk, dem so viel aufgebürdet worden war und das Unrecht und Armut hatte erleiden müssen. Die Pläne der Führer des Volkes dagegen, die Menschheit zu erneuern, waren für ihn kein Beweis für die Größe des Menschen: „Wenn ihr den menschlichen Geist in seiner wahren Größe sehen wollt, so müsst ihr euch in Newtons Studierstube begeben, wo er das weiße Licht zerteilt oder das Weltsystem aufdeckt", sagte Lagrange. Als er erfuhr, dass man Lavoisier guillotiniert hatte, soll er gesagt haben: „Es hat nur einen Augenblick gedauert, und sein Kopf fiel, doch es wird vielleicht hundert Jahre dauern, um wieder einen ähnlichen hervorzubringen." Das Volk brauche keine Wissenschaft, hatte das Gericht bei der Verurteilung Lavoisiers behauptet. Die Akademie wurde abgeschafft, man behielt nur eine Kommission bei, die ein metrisches System für Maße und Gewichte einführen sollte. Leiter dieser Kommission wurde Lagrange. Wahrscheinlich hatten ihn sein Ansehen und seine Verschwiegenheit gerettet. Es war das Verdienst von Lagrange, dass die Zahl 10 die Basis des metrischen Systems wurde und nicht die Zahl 12. Viele der anderen Kommissionsmitglieder wollten nach der Hinrichtung Lavoisiers und der Entlassung Laplaces an der Zwölf festhalten. Sie wussten, dass die Zehn nur zwei Divisoren hat, wenn man einmal von der Eins und der Zahl Zehn selbst absieht, die Zwölf dagegen hat vier Divisoren! Doch Lagrange beharrte auf der Zahl 10 und damit seine Gegner die Zwölf aufgaben, schlug er als Kompromiss die Primzahl 11 vor. Die Kommission verstand die Ironie und gab nach.

Als 1794 die École normale supérieure gegründet wurde, ernannte man Lagrange zum Professor für Mathematik. Und als zwei Jahre später die École polytechnique eingerichtet wurde, war es Lagrange, der die ersten Lehrpläne erstellte und ihr erster Professor wurde. Die Erwartungen waren groß und die Aussichten gut für den, der die Aufnahmeprüfung bestand. Lagrange unterrichtete hier Jahrgang um Jahrgang der hereindrängenden Militärtechniker, die unter Napoleon Europa erobern sollten. Weil diese Schüler Schwierigkeiten hatten, „große und kleine Unendlichkeiten" zu begreifen, Unendlichkeitsbegriffe, die Newton und Leibniz benutzt hatten, entwickelte Lagrange nun die Differenzialrechnung ohne Verwendung von Leibniz' Infinitesimalen und ohne Newtons speziellen Grenzwertbegriff. Auch wenn Lagranges Methode im späteren Unterricht nicht beibehalten wurde, erwies sich seine Arbeit bei der Entwicklung der Methode als sehr bedeutungsvoll für die mathematische Analyse.

Aber es gab noch einen Abschnitt, der zu Lagranges Lebensgeschichte gehört. Trotz all des Erfolges seiner Arbeit fühlte er sich niedergeschlagen und deprimiert. Seine Gönnerin Marie-Antoinette war zwar der Guillotine zum Opfer gefallen, doch es gab noch andere, die dem berühmten Mathematiker zugetan waren und für ihn sorgten. Die 16-jährige Adélaide, Tochter des Astronomen Lemonnier, ließ sich nicht davon abbringen, den 56-jährigen Lagrange zu heiraten. Und diese Verbindung erwies sich als ausgesprochen glücklich. Die junge Frau weckte neue Lebenslust in ihm. Er begleitete sie sogar auf Bälle und wurde schließlich so abhängig von ihr, dass ihn schon eine kurze Abwesenheit unglücklich machte. Man erzählte von Lagrange, dass er die Musik liebte. Jedenfalls begrüßte er es immer sehr, wenn die Konversation durch ein Konzert unterbrochen wurde, das die Aufmerksamkeit aller auf sich zog. Als Lagrange einmal gefragt wurde, was er eigentlich von Musik halte, soll er geantwortet haben: „Ich mag Musik, weil sie mich isoliert. Ich höre die ersten drei Takte, beim vierten kann ich nichts mehr voneinander unterscheiden, ich überlasse mich meinen Reflexionen; nichts stört mich, ich werde nicht unterbrochen und auf diese Weise habe ich schon manches schwierige Problem gelöst."

Napoleon schätzte Lagrange sehr und die beiden führten sicher viele private Gespräche über Philosophie und die Rolle der Mathematik in der Gesellschaft. Lagrange wurde überhäuft mit Ruhm und Ehre, er wurde zum Großoffizier der Ehrenlegion und in den Grafenstand erhoben. Aber er weigerte sich standhaft, sich portraitieren zu lassen. Im Frühling 1813 begann er zu kränkeln. Ende März war er ernsthaft krank und war sich darüber im Klaren, dass es mit ihm zu Ende ging. Als sei er der Zuschauer eines großen und seltenen Experiments, studierte er nun die Vorgänge in seinem sterbenden Körper. Am 8. April besuchte ihn sein Mathematikerkollege Gaspard Monge, den Napoleon ebenfalls geadelt hatte, zusammen mit zwei weiteren Freunden. Die Aufzeichnungen, die einer der drei von dem Gespräch mit Lagrange machte, blieben erhalten. Lagrange soll gesagt haben: „Gestern und vorgestern war ich ziemlich krank, der Körper wurde nach und nach schwächer, meine psychischen und physischen Fähigkeiten schwinden unmerklich. Die fein abgestufte Abnahme meiner Kräfte beobachtete ich mit Interesse und Vergnügen. Ich nähere mich dem Ende ohne Trauer, ohne Reue, wie auf einem weichen, sanften Abhang. Es ist eine letzte Funktion, die weder anstrengend noch unangenehm ist." Nachdem er einige Ansichten über das Leben geäußert hatte, das, wie er meinte, in jedem Organ seinen Sitz habe, fuhr er mit seinen Reflexionen fort: „Noch einen Augenblick, und es wird nirgends mehr eine Aktivität sein, der Tod wird überall sein; der Tod ist nichts anderes als die absolute Ruhe des Körpers. Ich will sterben, ja, ich will sterben und ich finde Vergnügen daran. Aber meine Frau will es nicht. Jetzt würde ich es vorziehen, eine weniger gute Frau zu haben, weniger darauf versessen, meine Kräfte wieder zu beleben, eine, die mich sanft gehen lässt. Meine Karriere ist beendet, ich habe eine gewisse Berühmtheit in der Mathematik erlangt. Ich habe niemanden gehasst, ich habe nichts Böses getan; es ist gut, alles zu beenden." Zwei Tage später, am 10. April, starb Lagrange.

Mathematiklehrer Holmboe scheint besonders betont zu haben, dass Lagrange auf eigene Faust studiert hatte und deshalb behutsam vorging, wenn es darum ging, für andere den besten Weg des Lernens vorzugeben. Doch Lagrange hatte grundsätzlich etwas gesagt über das Studium der Mathematik und Holmboe hatte sich diese Zeilen aus der *Zeitschrift für Astronomie und verwandte Wissenschaften* notiert: Wer wirklich will, soll Euler lesen, denn alles in Eulers Schriften ist klar, gut gesagt und gut gerechnet, weil es von guten Beispielen strotzt und weil man immer die Quellen studieren sollte! Studiert Euler!, hatte Lagrange gesagt und fuhr fort: Nimm dir vor, alle Probleme, die dir begegnen, selbst zu lösen, denn wenn du nur die Lösung eines anderen studierst, lernst du nicht die Gründe kennen, die er hatte, um diese und keine andere Vorgehensweise zu wählen, und du entdeckst auch nicht die Schwierigkeiten, die ihm auf seinem Weg begegnet sind. Lagrange hielt das Lesen großer Werke über reine Analysis für ziemlich nutzlos, man werde dabei nur mit allzu vielen Methoden konfrontiert. Seiner Meinung nach sollte man seine Zeit und Mühe auf die Praxis verwenden. Die großen Werke über Analysis sollten nur zu Rate gezogen werden, wenn man vom analytischen Standpunkt gesehen auf unbekannte oder eigenartige Methoden stoße.

Holmboe scheint Lagranges persönliche Grundsätze weitergegeben zu haben. Studiere nie mehr als ein Werk auf einmal, aber wenn es gut ist, lese es gründlich. Lasse dich nicht gleich von den Schwierigkeiten abschrecken, sondern kehre zwanzigmal zu ihnen zurück, wenn es nötig sein sollte. Bleibt nach solchen Anstrengungen etwas unklar, dann untersuche, wie ein anderer Mathematiker diesen Punkt behandelt hat. Lege das Buch nie aus der Hand, das du dir ausgewählt hast, ohne es zu beherrschen; aber überspringe, was du gut kannst, wenn es dir erneut begegnet. Denke beim Lesen besonders daran, was den Autor zu dieser Transformation oder Substitution bewogen haben könnte und vor allem, was damit gewonnen wurde. Versuche nun, um in diesem großen Hilfsmittel der Analysis zu üben, ob nicht eine andere Transformation oder Substitution günstiger wäre. Lies stets mit der Feder in der Hand, so dass du alle Berechnungen entwickeln und dich in allen dir begegnenden Fragen üben kannst. Wenn eine Arbeit wichtig ist, dann ist es eine ausgezeichnete Angewohnheit, eine Analyse der Methoden vorzunehmen und daneben eine Zusammenfassung der Resultate. Erarbeite dazu bestimmte Sujets, um Gelegenheit zu bekommen, deine eigenen Theorien zu entwickeln. Zu geometrischen Betrachtungen zurückzukehren kann sich gut eignen, um dem Urteil Stärke und Gewissheit zu verleihen.

Weiter notiert Holmboe über Lagrange: Schließlich habe ich es nie unterlassen, mir für den nächsten Tag eine Aufgabe zu stellen. Der Geist ist träge und man muss der natürlichen Trägheit zuvorkommen und ihn in Atem halten, um alle seine Kräfte zu entwickeln und ihn bereitzuhaben, wenn man ihn braucht. Das ist Übungssache. Eine hervorragende Gewohnheit ist es auch, sich möglichst dieselben Dinge zur selben Tageszeit vorzunehmen, für die schwierigsten Aufgaben demnach die Morgenstunden zu reservieren. Das habe ich vom König von Preußen gelernt und ich habe gemerkt, dass diese Regelmäßigkeit allmählich die Arbeit leichter und angenehmer macht.

23

Der Schulalltag und weitere Geschichten

Die Kathedralschule in Christiania war ein stattliches Gebäude. Neben der Bibliothek mit ihren 6.000 Bänden, dem Auditorium und der Naturaliensammlung von Pflanzen, Insekten und Fossilien hatte die Schule noch fünf sehr zweckmäßig eingerichtete Studierzimmer sowie einen Raum, in dem das Archiv der Schule und eine Antikensammlung aufbewahrt waren, die der Gesellschaft für das Wohl Norwegens gehörte. 1816 hatte die Schule zwei neue, schöne schwedische Globen erhalten und die Verwalter des Bernt Anker'schen Fideikommiss hatten eine große englische Seekarte gestiftet. Ansonsten besaß die Schule eine Sammlung von 84 Landkarten und einen so genannten mathematischen und physikalischen Apparat. Dieser befand sich im oberen Stockwerk, von wo man Straße und Hof überblicken konnte. Darunter wohnte Rektor Rosted mit seiner Frau und auch der Pedell der Schule hatte hier seine Wohnung. Durch Fäulnisbefall war der Saal der Bibliothek an einer Seite etwas abgesackt. Die Dächer waren offenbar nicht steil genug, deshalb war es früher vorgekommen, dass im Frühling, wenn der Schnee auf dem Dach schmolz, Feuchtigkeit eindrang in den Bibliothekssaal, ins Auditorium, in die Küche des Rektors und seine Speisekammer.

Zwar verfügte die Schule über zinsbringendes Kapital, Einnahmen von Benefizien, diversen Schenkungen, dem „Küstergeld" der Diözese Akershus und Abgaben der Stadt, dennoch benötigte die Schule eine erhebliche Unterstützung durch die Staatskasse.

Obwohl die Prügelstrafe abgeschafft war, konnten Schüler, die etwas angestellt hatten, neben einer mündlichen Zurechtweisung in den Karzer gesteckt werden. Hierbei handelte es sich um einen fensterlosen Raum, in den das Licht nur durch einen Spalt in der hölzernen Bretterwand drang, den die Schüler geschaffen hatten, um ihre Räuberromane lesen zu können. Aber das war vor Rosteds Zeit als Rektor, als die Schüler noch wählen konnten zwischen den obligatorischen 16 Schlägen mit dem Tauende und dem Karzer. Damals war es durchaus üblich, dass die Schüler den Pedell, der die Schläge austeilen sollte, mit Schnaps bestachen und sich dann zum Schutz vor den Schlägen Aufsatzhefte unter das Hemd schoben. Als Niels Henrik die Schule besuchte, befand sich der Karzer unter der Galerie des Festsaals der Schule und Räume, die zur Schulbibliothek gehörten, wurden ebenso als Gefängnis benutzt, bis diese Methode der Bestrafung aus der Mode kam.

In der Kathedralschule wurden nun Niels Henriks außergewöhnliche mathematische Fähigkeiten und Interessen unter Schülern und Lehrern allgemein bekannt. Rektor Rosted befürchtete nach wie vor eine einseitige Entwicklung, eine Besorgnis, die sicher von den meisten geteilt wurde. Rosted hatte in seinem 1810 erschienenen Werk über die Redekunst, *Rhetorik*, ein Buch, das die Volksvertreter in Eidsvoll benutzten und das zu einem Standardwerk an den Schulen werden sollte, überzeugend dargelegt, wie die Vernunft entwickelt werden und zum Ausdruck kommen sollte. Die Kunst der Rede bestehe nicht nur darin, einen bestimmten Zweck zu erreichen, die *Rede* habe auch „großen Einfluss auf die menschliche Vollkommenheit und Glückseligkeit. Durch sie werden unsere geistigen Kräfte entwickelt und brauchbar gemacht; sie lässt uns in vielerlei Hinsicht unseren Mitmenschen gegenüber wohltätig sein." Im letzten Jahresexamen hatte Niels Henrik von Rosted in schriftlicher Muttersprache die Note *leidlich gut*, oder 4 bekommen. In mündlicher Muttersprache und in Griechisch bekam Niels Henrik von Rosted gerade noch die Note 2. Grund genug für den Rektor, an den Nutzen der Redekunst zu erinnern: „Durch das Studium der Beredsamkeit pflegen wir die Vernunft selbst. Wahre Rhetorik und wahre Logik sind eng verknüpft. Wer sich darin vertieft, wie man seine Gedanken richtig ordnet und ausdrückt, lernt ebenso genau zu denken wie zu reden. Die Verbindung zwischen Gedanken und Ausdruck ist so eng, dass sich eine Verbesserung des Ausdrucks nicht denken lässt, ohne dass damit im gleichen Verhältnis auch die Ideen gewinnen würden."

Eine solche Auffassung des sprachlichen Ausdrucks steckte sicher auch hinter Holmboes rhetorischer Darstellung der grundlegenden mathematischen Axiome. Doch für Niels Henrik war die Problemstellung wahrscheinlich bereits eine ganz andere. Hinter der Autorität schön formulierter Sätze von Gedanke und Ausdruck, Nutzen und Glück muss sich Niels Henrik nun gefragt haben: Wohin hatte all das Gerede seinen Vater gebracht? Was in aller Welt hatte dem Vater die Redekunst genutzt? Vielleicht ahnte Niels Henrik bereits jetzt, dass ihn die Mathematik in eine Welt führen wird, in der Worte auch als Begriffsmittel aufhörten zu existieren, in der das Denken so weit außerhalb der täglichen Erfahrungen liegt, dass jede Identifikation mit dem Gerede von menschlichen Absichten, von Vollkommenheit oder Glückseligkeit unmöglich werde.

Ein Mann stand ganz und gar hinter Niels Henrik, nämlich Holmboe. Zum Schulende im Sommer 1819 schrieb er über seinen Schüler ins Klassenbuch:

„Ein ausgezeichnetes mathematisches Genie." Nach einem ziemlich raschen Durchgang durch die Elementarmathematik hatte ihn Holmboe privat in die höhere Mathematik eingeführt, ihn auf weitere Literatur hingewiesen und ihn herangeführt an die Klassiker, also an Euler, Lacroix, Francoeur, Poisson, Gauß, Garnier und vor allem Lagrange.

Eines der ersten mathematischen Themen, mit denen sich Niels Henrik besonders beschäftigte, und das nichtsdestoweniger seinen Ausgangspunkt in der Elementarmathematik hatte, war das Lösen algebraischer Gleichungen. Das Lösen von Gleichungen ersten Grades, auch solchen mit mehreren Unbekannten, dürfte den meisten Schülern Holmboes keine Schwierigkeiten bereitet haben. Er brachte ihnen auch das Lösen quadratischer Gleichungen bei, das heißt von Gleichungen zweiten Grades wie $x^2 + ax + b = 0$. Holmboe erzählte seinen Schülern, dass es auch für Gleichungen dritten und vierten Grades Lösungsformeln gibt, die Lösung einer allgemeinen Gleichung fünften Grades mit Hilfe der fünf Rechnungsoperationen Addition, Subtraktion, Multiplikation, Division und Wurzelziehen jedoch noch nicht gefunden worden sei. Eine allgemeine Gleichung fünften Grades lässt sich in der Form $x^5 + ax^4 + bx^3 + cx^2 + dx = e$ schreiben, wobei a, b, c, d und e gegebene Zahlengrößen sind. Der Versuch, eine solche Gleichung zu lösen, hatte lange Zeit als eines der beliebtesten mathematischen Probleme in Europa gegolten. Es wimmelte von Lösungsversuchen von Laien wie von Fachleuten. Viele hatten gemeint, die Lösung gefunden zu haben, aber jedes Mal hatte sich etwas als falsch herausgestellt oder der Ausgangspunkt war nicht allgemein gewesen.

Ganz sicher führte Holmboe seinem begabtesten Schüler vor, wie man die allgemeinen Gleichungen dritten und vierten Grades lösen konnte, und Niels Henrik erfuhr zweifellos auch die damit verbundene dramatische Geschichte. Es handelte sich um die Geschichte der Gleichungen bis zu dem Punkt, an dem Lagrange sie weiterentwickelt hatte.

Die Lösung einer allgemeinen Gleichung zweiten Grades, wie sie nun jeder Schüler lernte, gehörte zu dem Wissen, über das schon die alten Babylonier und Griechen verfügten. Doch weder den Babyloniern noch den Griechen oder später den Arabern glückte es, die nächste Herausforderung zu bestehen: die Lösung der Gleichung dritten Grades, der kubischen Gleichung, wie sie auch genannt wurde. In den Werken des gelehrten persischen Dichters und Mathematikers Omar Khayyam, der um 1100 in Bagdad lebte, erscheint die Behandlung von Gleichungen dritten Grades fast wie ein mathematisches Mysterium. Omar Khayyam löste gewisse Gleichungen dritten Grades durch geometrische Betrachtungen der klassischen Kegelschnitte, aber eine wirkliche Lösung der Gleichung dritten Grades wurde erst während der Renaissance in Norditalien unter großem Spektakel und blutiger Dramatik bekannt, wobei die Mathematiker Girolamo Cardano, Niccolo Tartaglia und Ludovico Ferrari vor einem großen und schaulustigen Publikum die Hauptrollen spielten.

Ein wandernder Franziskanermönch, Luca Pacioli, hatte 1492 in Venedig ein Buch herausgegeben, eine Sammlung mathematischer Fakten, die im Großen und Ganzen aus altem, längst bekanntem Stoff bestand. Dennoch erlangte Paciolis Buch große Bedeutung, der Autor reiste umher und hielt an den italienischen Universitäten populäre Vorträge über Mathematik. Zu seinen Freunden zählte auch Leonardo da Vinci. Das Buch enthielt nützliche Anweisungen im Rechnen und in Algebra, es erklärte erstmals die Regeln der doppelten Buchführung. Es war auch in Paciolis Buch, wo erstmals das Wort „Million" auftauchte. Im algebraischen Teil löste er Gleichungen ersten und zweiten Grades und es wurde festgestellt, dass es zur Lösung von Gleichungen höheren Grades als eins oder zwei keine allgemeine Methode gebe. Aber es sollten nur wenige Jahre vergehen, bis man einen Weg fand, um Gleichungen dritten Grades von der Form $x^3 + ax = b$ zu lösen. Der Entdecker hieß Scipione del Ferro und war Professor an der Universität in Bologna. Als er 1526 starb, gelangten seine Aufzeichnungen in die Hände seines Schwiegersohnes Annibale della Nave, der auch an der Universität zu seinem Nachfolger ernannt worden war. Ebenfalls in die Lösungsmethode eingeweiht war del Ferros Schüler Antonio Maria Fiore aus Venedig. Keiner von ihnen wollte seine Erkenntnisse veröffentlichen, da sie wussten, dass sie mit deren Geheimhaltung Geld verdienen konnten. Zu dieser Zeit war es nämlich üblich, sich gegenseitig zu Disputen herauszufordern, wobei sich die Wissenschaftler Fragen stellten und das Publikum auf seine Favoriten Wetten abschloss. Das Ganze glich in etwa den alten Ritterturnieren, wobei ansehnliche Geldprämien im Spiel waren. Ernennungen an der Universität waren oft zeitlich begrenzt, und wenn Stellen besetzt werden sollten, legte man großen Wert auf den Ausgang solcher Wettbewerbe. Aus diesem Grund konnte ein Geheimnis über die effektivste Art, bestimmte Aufgaben zu lösen, eine wirksame Waffe im Überlebenskampf in der gelehrten Gesellschaft bedeuten.

Fiore hatte keine Hemmungen, die Ideen seines Lehrmeisters zu nutzen und 1535 forderte er Tartaglia zum Wettkampf im Problemlösen heraus. Jeder sollte seinem Gegner 30 Aufgaben stellen, der Verlierer hatte die Kosten für 30 Banketts für den Gewinner und dessen Freunde zu übernehmen. Alle Fragen Fiores kreisten um del Ferros Lösungsmethode, das heißt, alle Aufgaben resultierten in einer Gleichung der Form $x^3 + ax = b$. Tartaglia geriet natürlich in Schwierigkeiten, doch er arbeitete verbissen in der ihm zur Verfügung stehenden Zeit und im Laufe einer schlaflosen Nacht, kurz vor Ablauf der Frist, kam die Inspiration: Er entdeckte die Methode und löste alle Aufgaben in kurzer Zeit. Fiore seinerseits war stark in Berechnungen, jedoch schwach in der Theorie und es fiel ihm schwer, die ihm von Tartaglia gestellten

Aufgaben zu lösen. Fiore wurde zum Verlierer erklärt, doch Tartaglia verzichtete auf die 30 Bankette. Ihm genügte die Ehre, nun der führende Mathematiker Venedigs zu sein.

Niccolo Tartaglia kam in Brescia zur Welt, sein Vater war Postbote, die Familie arm. In seinen Memoiren erzählt Tartaglia, dass seine Heimatstadt 1512 von den Franzosen unter der Führung von Gaston de Foix erobert und die Landbevölkerung zum größten Teil massakriert wurde. Der 13-jährige Niccolo überlebte, mit Wunden am Kopf, die von Säbelhieben herrührten und einem aufgeschlitztem Mund, so dass er kaum sprechen konnte. Deshalb trug er als Erwachsener immer einen Bart, um seine hässlichen Narben zu verdecken. Wegen seiner Schwierigkeiten beim Reden wurde er Tartaglia oder Tartalea, der Stotterer, genannt.

Führender Mathematiker der damaligen Zeit war Girolamo Cardano, ein gelehrter Spieler und später der am meisten aufgesuchte Arzt Europas. Girolamo stammte aus Mailand, wo sein Vater, Fazio Cardano, Advokat und dazu ein gelehrter Mann war, der mit Leonardo da Vinci über geometrische Fragen disputierte. Fazio lebte lange mit Girolamos Mutter zusammen, ohne verheiratet zu sein. Erst kurz vor seinem Tod heiratete er die aus einfachen Verhältnissen stammende Frau. Daher betrachtete das anständige Bürgertum der Stadt Girolamo Cardano als uneheliches Kind. Er selbst erzählte, er sei nach zahlreichen missglückten Abtreibungsversuchen geboren worden. Als Junge half er seinem Vater, doch er wollte eine Ausbildung und als 20-jähriger führte er als Medizinstudent in Padua ein wildes Leben. Ausgerüstet mit fundiertem Wissen, glänzendem Verstand, gutem Gedächtnis und scharfer Zunge nahm er an öffentlichen Disputationen teil, bei denen es Geld zu gewinnen gab. Bei solchen Turnieren war er schon als Student unschlagbar, das Spielen war nicht nur seine Lieblingsbeschäftigung, sondern seit dem Tod seines Vaters auch seine Haupteinnahmequelle, wie er später in seinen Memoiren schrieb. Er rechnete sich seine Gewinnchancen genau aus und hatte bereits damit begonnen, Sätze zu einer „Spieltheorie" zu formulieren. Daraus entstand später das Buch *Liber de ludo alea*, das erste Buch der Welt über die Wahrscheinlichkeitsrechnung. Mit 25 Jahren war Cardano Doktor der Medizin, doch wurde ihm wegen seiner unehelichen Herkunft untersagt, in Mailand, wo seine Mutter noch lebte, zu praktizieren. Deshalb wurde Cardano Landarzt in Sacco, wenige Meilen vor Padua. Hier heiratete er und die sechs Jahre in Sacco waren nach seinem eigenen Bekunden die glücklichsten seines Lebens. Neben seiner Tätigkeit als Arzt gab er Bücher heraus, nicht nur über Medizin, sondern auch über Astrologie, Chiromantie, Mathematik und über eine Reihe anderer Themen. Weil er auf leicht fassliche Weise schrieb, verstanden ihn die Leute, wenn er über praktische Medizin schrieb und darüber, was in der üblichen ärztlichen Behandlung falsch war. Hingegen wurde er von den medizinischen

Fakultäten kritisiert. Doch mehr und mehr fegte Cardano allen Widerstand und alle Ablehnung beiseite und wurde der berühmteste Arzt von Mailand. Sowohl der Papst wie der Hof des Königs waren davon überzeugt, dass sich keiner besser um ihre Gesundheit kümmern könne als Cardano aus Mailand.

Natürlich erfuhr Cardano von der Konkurrenz zwischen Fiore und Tartaglia in Venedig und wurde neugierig. Obwohl Cardano das Buch von Pacioli mit kritischen Augen betrachtete und offensichtliche Fehler darin nachweisen konnte, teilte er die Auffassung, dass sich nur Gleichungen zweiten Grades lösen ließen. Cardano versuchte nun auf verschiedene Weise, Tartaglia sein Geheimnis zu entlocken, doch dieser wehrte alle Annäherungsversuche Cardanos ab. Dieser schrieb gerade ein Buch über Algebra und hätte gern die neuesten Erkenntnisse darin berücksichtigt. Er bot sogar an, die Lösung unter Tartaglias Namen zu veröffentlichen und wollte dem Rechenmeister aus Venedig nicht die Ehre streitig machen. Doch Tartaglia lehnte ab, er wolle selbst ein Buch schreiben. Vergeblich bot Cardano ihm für einen Disput in Mailand oder Venedig eine größere Summe, 100 Scudi, an. Als dann endlich Tartaglias Buch erschien, enthielt es nicht die begehrte Lösungsmethode der Gleichung dritten Grades, sondern nur eine Projektillehre und den Versuch einer Untersuchung fallender Körper. Dies war ein halbes Jahrhundert, bevor Galilei seine Experimente in Pisa durchführte.

Aber Cardano, der inzwischen überall und besonders in Mailand gute Verbindungen hatte, schrieb an Tartaglia und stellte ihm bei den Militärs in Mailand große Ehren und Geld in Aussicht. Davon angelockt, kam Tartaglia nach Mailand und bei einem Gespräch mit Cardano, wahrscheinlich am 25. März 1539, verriet er in verschlüsselter Form seine Methode zur Lösung von Gleichungen dritten Grades, allerdings unter der Bedingung, dass Cardano sie weder ausplaudern noch darüber schreiben werde. Cardano schwor beim heiligen Evangelium und als Ehrenmann und er versprach, sich die Lösung nur kodiert aufzuschreiben, so dass nach seinem Tod niemand imstande sein werde, sie zu verstehen. Cardano hatte nun aber einen Schüler, einen gewissen Lodovico Ferrari aus Bologna, der als armer Bursche in das Haus von Cardano gekommen war, um sich zu verdingen. Cardano entdeckte die ungewöhnlichen Fähigkeiten des Jungen und Ferrari wurde einer seiner engsten Mitarbeiter. Ferrari war noch keine 20 Jahre alt, da lehrte er bereits Mathematik und hatte sich in kurzer Zeit einen solchen Ruf erworben, dass man ihm anbot, den Sohn des Kaisers zu unterrichten. Ferrari lehnte dankend ab, er wolle lieber bei Cardano bleiben, so erklärte er. Nachdem er Tartaglias Lösung der speziellen Gleichung dritten Grades ($x^3 + ax = b$) begriffen hatte, arbeitete Cardano weiter und fand bald heraus, wie eine *allgemeine* Gleichung dritten Grades gelöst werden konnte. Und damit nicht genug: Als er bei den Lösungen auf den so genannten *Casus irreducibilis* stieß, jene paradoxe Situation, bei der die in der Lösungsformel auftretende Quadratwurzel sich nicht in üblicher Weise ziehen lässt (keine reelle Zahl ist, wie wir heute sagen würden), es aber dennoch, wie Cardano klar erkannte, drei verschiedene gewöhnliche (reelle) Zahlen als Lösungen geben müsste. So sah er sich gezwungen, mit solchen imaginären Zahlen zu rechnen. Er nahm an, dass sie sich dabei wie gewöhnliche Zahlen verhielten und gelangte so zu korrekten und verständlichen Resultaten. Diese Behandlung komplexer Zahlen, wie sie später genannt wurden, dürfte ähnlich magisch erschienen sein wie die damals betriebenen okkulten Studien. Cardano fand auch Methoden, um Näherungslösungen solcher Gleichungen zu finden und er entwickelte Ideen über den Zusammenhang zwischen den Lösungen und den Koeffizienten der Gleichung. Damit hatte er sich dem Gebiet genähert, das später als höhere Algebra bezeichnet wurde, und seine Leistung ist umso höher einzuschätzen, wenn man bedenkt, dass zu Cardanos Zeit selbst negative Zahlen noch nicht völlig verstanden wurden. Tagtäglich diskutierte Cardano mathematische Probleme mit seinem Schüler Ferrari. Und nachdem dieser Cardanos Lösung der Gleichung dritten Grades gesehen hatte, löste Ferrari mit großem Einfallsreichtum und schlauen Kniffen auch Gleichungen vierten Grades. Diese Lösungsmethoden tragen heute noch Ferraris Namen. Meister und Schüler hatten nun eine große Menge an neuem und wichtigem mathematischen Wissen erworben und mussten nun einen Weg zur Veröffentlichung finden. Was Cardano zurückhielt, war sein Versprechen, das er Tartaglia gegeben hatte, denn dessen Lösung war schließlich der Ausgangspunkt für diese fantastischen Entdeckungen gewesen. Doch von Tartaglia kam keinerlei Hilfe, im Gegenteil. Dieser hatte versprochen, seine Lösung zu veröffentlichen, dies aber immer noch nicht getan, und es war zwecklos, ihn nach seinen wirklichen Plänen zu fragen.

1543 reiste Cardano zusammen mit Ferrari nach Bologna, um Annibale della Nave zu besuchen. Dort erhielten sie Einblick in del Ferros Aufzeichnungen und stellten mit eigenen Augen fest, dass dieser ebenfalls die Lösung von Gleichungen des Typs $x^3 + ax = b$ gefunden hatte, also genau das, was Tartaglia noch geheim hielt. Für Cardano stand nun fest, dass Tartaglia nicht der erste war, der die Lösung gefunden hatte, also konnte ihn kein Versprechen mehr daran hindern, eine Entdeckung zu veröffentlichen, die viele Jahre vor Tartaglia gemacht worden war. Cardano zögerte also nicht und veröffentlichte sowohl del Ferros Lösung der speziellen Gleichung dritten Grades wie auch seine eigenen, epochemachenden Lösungen der allgemeinen Gleichung dritten Grades, zusätzlich auch noch Ferraris Arbeiten über die Gleichung vierten Grades. Und so erschien Cardanos Buch *Ars Magna*, gedruckt 1545 in Nürnberg. Ein bahnbrechendes Werk in der Gleichungstheorie, das sogleich von allen Mathematikern begeistert aufgenommen wurde, mit Ausnahme von Tartaglia natürlich. Obwohl Cardano ausdrücklich Tartaglia ehrend erwähnt hatte, geriet dieser in Wut und verlangte ein Treffen und einen Wettstreit mit hohen Geldprämien. Cardano überließ Ferrari die Kontroverse mit Tartaglia, was diesen ärgerte, wollte er sich doch mit dem berühmtesten Mathematiker Europas streiten und nicht mit dem jungen, unbekannten Ferrari. Der Streit, wem nun die Priorität für die Lösung zustehe und die Debatte, ob eine wissenschaftliche Entdeckung aus prinzipiellen Gründen geheim gehalten werden oder öffentlich zirkulieren solle, sorgte vor einem zahlreichen, interessierten Publikum für große Aufregung. Tartaglias Standpunkt war der des Mittelalters: Die Lösung gehörte ihm und man hatte ihn seines persönlichen Eigentums beraubt! Nach vielen Wenn und Aber und Diskussionen über die Geldprämie und über die Fragen, die gestellt werden sollten, wurde der Disput zwischen Tartaglia und Ferrari am 10. August 1548 in Venedig ausgetragen, unter der Regie der Franziskaner und mit dem Gouverneur von Mailand als höchstem Richter. Auch wenn nur Tartaglias Version über die Ereignisse vorliegt, die er deutlich bagatellisiert, ist klar, dass Ferrari in allen Punkten überlegen siegte. Einige meinten zu wissen, die Niederlage habe Tartaglia so tief getroffen, dass er sich schließlich das Leben nahm, um wenigstens bewiesen zu haben, dass er in der Lage war, seinen eigenen Todestag vorauszusagen.

Seit jener Zeit, also seit Mitte des 16. Jahrhunderts, waren die Mathematiker ganz Europas darauf versessen, eine Lösung für die nächste Herausforderung, die Gleichung fünften Grades, zu finden. Und im Laufe der Jahre hatten viele behauptet, das Problem gelöst zu haben, doch jedes Mal stellte sich heraus, dass sie entweder nur von gewissen Spezialfällen ausgegangen oder dass ihnen Fehler unterlaufen waren.

So blieb es schließlich dem Studenten Niels Henrik Abel am obersten Rand des gelehrten Europa vorbehalten, zu beweisen, dass es die Lösung, nach der so viele gesucht hatten, einfach nicht gab. Bereits jetzt, als Zögling an der Kathedralschule, begann er, sich für dieses Problem zu interessieren. Niels Henrik studierte Lagrange, die Werke, in denen der große französische Mathematiker gezeigt hatte, dass die Wurzelgrößen, die in den Lösungsformeln der Gleichungen dritten und vierten Grades vorkommen, als Linearkombinationen der Gleichungslösungen darstellbar sind. Diesen Ansatzpunkt benutzte Lagrange bei seinen Versuchen, die Gleichung fünften Grades zu lösen, musste jedoch aufgeben. Niels Henrik sollte nun der Beweis gelingen, dass eine Lösungsformel für die Gleichung fünften Grades notwendigerweise zu einem Selbstwiderspruch führen musste. Diesen Beweis ließ er 1824 auf eigene Rechnung drucken und glaubte, damit eine Eintrittskarte in die gelehrte Gesellschaft Europas erworben zu haben.

Anfang Juli 1819 wurde Niels Henrik in die oberste Klasse versetzt. Diesmal erhielt er *sehr gut* als Hauptnote. Hans Mathias musste sich wieder einmal mit einem *leidlich gut* begnügen.

Ansonsten war in diesem Vorsommer das Gesprächsthema der große Brand in der Hauptstadt, der die alten Handelshäuser Anker, Collett und Thrane vernichtet hatte. An einem Tag im Mai 1819 wurden all die wertvollen, nicht versicherten Bretterstapel und Balken in Bjørvika ein Opfer der Flammen. Trotz eines heldenmütigen Löscheinsatzes wurden die vollen und zur Verschiffung vorbereiteten Holzlager innerhalb von 24 Stunden zu Asche.

Für die Zöglinge an der Kathedralschule gab es einen Monat Sommerferien und wahrscheinlich fuhren die Brüder Abel heim nach Gjerstad. Es wurde ein ungewöhnlich guter Sommer, jedenfalls was die Ernte betraf. Das Getreide soll nach einem ergiebigen Regen um den Johannistag üppig gewachsen sein, wie man in der Gjerstad-Chronik nachlesen kann. Im Pfarrhof war die Lage nicht so rosig. Jeder sah, dass Vater Abel zu viel trank. Sogar auf dem Kirchplatz wurde Branntwein verkauft. Vielleicht war Niels Henrik nicht gerade der geeignete Mann, um zur Verbesserung der Verhältnisse beizutragen. Sicher liebte er es nach wie vor, mit den anderen am Kirchplatz Karten zu spielen, war vermutlich sogar ein guter Spieler, der seine Gewinnchancen errechnen konnte. Doch als er sich Ende Juli 1819 von seinen Eltern verabschiedete, wusste er nicht, dass er seinen Vater nicht wiedersehen würde. Einige Wochen nach der Abreise von Niels Henrik und Hans Mathias in die Hauptstadt, am 18. August 1819, schrieb Vater Abel an seinen Propst in Arendal: „Ein Druck auf der Brust zusammen mit abwechselndem Blutspucken scheint keine rosigen Aussichten zu versprechen."

24.

Der Primaner Niels Henrik

Das Schuljahr in Christiania begann wieder am 1. August, diese Neuordnung wurde 1819 eingeführt, früher öffnete die Schule jeweils am 1. Oktober ihre Tore. Niels Henrik war nun in der obersten Klasse, er war Primaner und hatte noch zwei Jahre bis zum *examen artium*. Wie es Sitte war, war er sicher mit dabei, als es darum ging, Neuankömmlinge, diesen armseligen Plebs, im Schulhof zu taufen. In diesem Jahr gehörte zu den Schulanfängern an der Kathedralschule auch Henrik Wergeland, der später zum Begründer der neueren norwegischen Literatur werden sollte. Unter den Lehrern gab es einen neuen Mann, Leutnant Erik Christian Busch, der als Französischlehrer eingestellt wurde und auch in Schönschreiben und Zeichnen unterrichtete. Dieser Leutnant, dem schnell die Hand ausrutschte, soll sehr streng gewesen sein und sein stehender Spruch war: „Halt's Maul, Bursche, wenn du mit mir sprichst!" In den Schreib- und Zeichenstunden saß er jedoch nur an seinem Pult und beschäftigte sich mit privaten Dingen. Niels Henrik hatte den Leutnant in Französisch. In Englisch, worin Niels Henrik nun zum ersten Mal unterrichtet wurde, hatte er seinen alten Sprachlehrer Adjunkt Melbye. Dass man dem geselligen, frankophilen Melbye, der zu dieser Zeit eine Auslandsreise unternommen hatte, den Französischunterricht weggenommen hatte, war vielleicht eine erste Reaktion auf das zunehmende Nachlassen seiner Konzentrationsfähigkeit. Neun Jahre später musste er dann seine Stellung aufgeben.

Ansonsten sah der äußere Rahmen für den Schulalltag aus wie gewohnt. Doch außerhalb der Schule hatte sich Niels Henriks Leben verändert. Seine ungewöhnliche mathematische Begabung wurde immer mehr beachtet und kommentiert. Niels Henrik scheint nun in seinem Umfeld eine aktivere Rolle gespielt zu haben und durch die Freundschaft mit Holmboe und dessen Freunden gelangte er in neue Kreise. Dort legte er das fröhliche Verhalten an den Tag, an das sich seine Freunde später erinnerten. Vielleicht zeigte sich jetzt in seinem gesellschaftlichen Umgang etwas von jener „übertriebenen Munterkeit", die Vater Abel seinerzeit aufgefallen war. Niels Henriks praktische Rechenkünste wurden nicht sehr hoch eingeschätzt und später erzählten sich seine Freunde im Spaß, dass sie ihm nicht einmal zugetraut hätten, seine Punkte beim Kartenspiel zusammenzuzählen.

Wichtiger als das Kartenspiel war aber ganz ohne Zweifel, dass Niels Henrik nun auch Studenten der Naturwissenschaften kennen lernte. Es war der Kreis um Baltazar Mathias Keilhau, Christian Peter Bianco Boeck, Jens Johan Hjort und Bernt Wilhelm Schenck, alles Studenten seit 1816, sowie Christen Heiberg, der ein Jahr später das *examen artium* ablegte. Heiberg kam von der Kathedralschule in Bergen, Boeck hatte sich von Privatlehrern auf die Universität vorbereiten lassen, die anderen hatten die Kathedralschule von Christiania besucht. Keilhau studierte Mineralogie, die anderen Medizin. 1821 absolvierte Keilhau als erster das Examen in Mineralogie an der Universität Christiania. Diese Studenten luden nun seit 1819 den *Zögling* Niels Henrik zu ihren wöchentlichen Treffen ein, was bedeutet, dass sie in dem jungen Abel bereits einen vielversprechenden Wissenschaftler sahen. Ziel der Studenten war es, in Verbindung mit dem Universitätsmilieu Christianias eine Art wissenschaftliche Gesellschaft zu gründen, wie man sie vom Ausland her kannte. Man las sich gegenseitig „kleine wissenschaftliche Ausarbeitungen" vor und diskutierte die künftigen Aufgaben der Naturwissenschaften.

Niels Henrik nahm an neuen, spannenden Zusammenkünften teil. Getrübt wurde seine Freude vielleicht dadurch, dass sein großer Bruder ständig zu Hause hockte und immer schwermütiger wurde. Doch was hätte Niels Henrik tun sollen? Sie besuchten die gleiche Klasse, ob er jedoch seinem Bruder bei den Hausarbeiten half oder lieber zum Kartenspiel, zu Holmboe oder zu den Studentenfreunden ging, wissen wir nicht. Ob er wohl Hans Mathias mitnahm, wenn die Schüler der Kathedralschule regelmäßig zu den Generalproben im Grænsehaven eingeladen waren?

In diesem Herbst stand ganz oben auf dem Theaterprogramm ein Familiendrama, *Die Reise in die Stadt* von August Wilhelm Iffland, mit Ole Rein Holm in der Hauptrolle. Später wurde auch ein munteres englisches Lustspiel aufgeführt. Doch die vielleicht wichtigste Vorstellung war Anfang November, es handelte sich um die Dramatisierung einer wirklichen Begebenheit auf der Bühne mit hervorragenden schauspielerischen Leistungen, so erzählte man. Das Stück hieß *Die Sklavin von Surinam*, geschrieben von einem F. Kratter und übersetzt von Knud Lyhne Rahbek, einem Garanten für bürgerliche Aufklärung und gesunden Menschenverstand. Das Stück schilderte die Verhältnisse, wie sie in Surinam wirklich vorherrschten und dies so wahrheitsgetreu, dass die Personen im Stück sogar ihre wirklichen Namen behielten. Der holländische Plantagenbesitzer van der Lyde, gespielt von Ole Rein Holm, und die Darstellerin der Sklavin, die Frau von Assessor Peckels, übertrafen sich selbst. Das einzig Befremdende an dem Stück, so wurde gesagt, seien die Bühnenbilder der Plantage gewesen, die so schön waren, dass die Verhältnisse, unter denen die Sklaven arbeiten mussten, ihre abschreckende Wirkung verloren.

Die Schüler der Kathedralschule versäumten auch nicht die Dezembervorstellung im Grænsehaven: Enevold Falsens Stück *Die schnurrigen Vetter* und J.C. Brandes *Ariadne auf Naxos*. Dann standen *Die Kreuzritter* erneut auf dem Spielplan, etwa die gleiche Vorstellung wie im April des Vorjahres. Die letzte Vorstellung vor Weihnachten 1819 war Holbergs Komödie *Don Ranudo de Colibrados – oder Armut und Hoffart*, ein Stück über ein hochmütiges adeliges Paar, das lieber hungern wollte, als Hilfe vom Liebhaber ihrer Tochter anzunehmen, der aus einer weniger vornehmen Familie stammte.

Bei den Schulprüfungen im Dezember erhielt Niels Henrik schlechtere Noten als beim Klassenwechsel im vorangegangenen Juli. In allen Sprachfächern hatte er sich verschlechtert, hatte nur ein *leidlich gut* in Griechisch, Französisch, Deutsch und dem neuen Fach Englisch erreicht. Viel schlimmer war es bei seinem großen Bruder Hans Mathias, bei dem in mehreren Fächern die Note *schlecht* stand und sechsmal die Note *mäßig*, die schlechteste Note, die überhaupt möglich war. Nur in Latein und Französisch schnitt er etwas besser ab. Es blieb der letzte Versuch, die schulischen Leistungen von Hans Mathias zu bewerten. Nach den Weihnachtsferien, welche die Jungen wahrscheinlich in der Hauptstadt verbrachten, musste Rektor Rosted feststellen, dass die geistigen Fähigkeiten des Hans Mathias „offenbar eine solche Schwächung erfahren haben, und zugleich damit sein Fleiß und seine Freude, dass für ihn keinerlei Hoffnung besteht, jemals die Universitätsreife zu erlangen." Als Vater Abel diesen Bescheid erhielt, antwortete er, es sei wohl am besten, Hans Mathias sofort nach Hause zu schicken, was im März 1820 dann auch geschah.

Die Verhältnisse am Pfarrhof waren nun trostloser denn je. Ende November 1819 hatte Vater Abel erneut beim Bischof um eine neue Stellung nachgesucht. Er hatte viele Gutachten beigelegt, erinnerte den Bischof aber daran, dass Minister Treschow, der „mich dimittiert hat, erklärte, ich müsse davon keine Abschriften mehr senden." Vater Abel war verzweifelt und schrieb: „Ich bin mit Frau und sechs Kindern an den Bettelstab gebracht worden und nur eine rasche Beförderung vermag uns zu retten." In dem Brief, den Pastor Abel im Februar 1820 an Propst Krog in Arendal schrieb, verwahrte er sich gegen Gerüchte und Behauptungen, die in der Gemeinde kursierten und laut denen der Pfarrer ein Lügner sei. Schließlich bat er darum, eine unangenehme Angelegenheit bis zum Sommer auszusetzen, wenn Propst und Bischof den Pfarrhof besuchen würden. Am 9. März schrieb Abel erneut an Bischof Sørensen in Christiansand, das heißt, er musste seinen 12-jährigen Sohn Peder den Brief schreiben lassen, weil „ein Schmerz in meiner rechten Hand mir das Führen der Feder zu sehr erschwert." Im Brief stand: „Armut, Krankheit und häuslicher Verdruss haben mich in der letzten Zeit niedergedrückt, dazu kommt noch, dass ich meinen ältesten Sohn Hans Mathias von der Lateinschule nehmen muss, er ist geschwächt an Leib und Seele. Nichts vermag mich zu retten außer der Beförderung auf eine andere Pfarrstelle, und sei sie noch so klein, denn hier hat Carstensen[4] die meisten Bauern in seinen Besitz gebracht ..." Nachdem er berichtet hatte, so arm zu sein, dass er weder sich noch seine Kinder mit der nötigen Kleidung versorgen könne, fuhr Vater Abel fort: „Die einzige Freude, die mir geblieben ist, ist Niels Henrich, der seine Sache gut macht und eines der größten mathematischen Genies sein wird." Er bat den Bischof, seine zwei „Gesuche, das eine um die Pfarrstelle Halden und das andere um die von Eger" zu empfehlen, insbesondere die Stelle in Halden.

Wahrscheinlich hätte er eine dieser Stellen bekommen, doch Vater Abel war schwer krank und hatte nur noch wenige Monate zu leben.

Doch Niels Henriks Reaktion auf die Nachricht, dass sein Bruder nach Hause geschickt wurde, war vermutlich vor allem Erleichterung, er muss dies für die beste Lösung gehalten haben. Nun war er allein in seinem Zimmer in der Hauptstadt, was sein Leben nochmals veränderte. Ganz sicher freute er sich über das große Theaterereignis im Februar. Da wurde zum ersten Mal ein Oehlenschläger in Christiania gespielt, auf dem Plakat war *Håkon Jarl* zu lesen. Eigentlich hatte das Stück bereits im Vorjahr auf dem Spielplan gestanden, wurde dann aber auf den Herbst verschoben, wahrscheinlich aus Krankheitsgründen, um dann nochmals verschoben zu werden. Die *Dramatiske Selskab* zögerte, ein so aufwendiges Stück in Angriff zu nehmen. Erst im Januar wurde beschlossen, *Håkon Jarl* während der jährlichen Markttage im Februar zu spielen und, wie üblich, den Erlös an die Armen der Stadt zu geben. Viele hatten das Stück gelesen oder in Kopenhagen gesehen, wo es zwölf Jahre zuvor zum ersten Mal aufgeführt worden war. Doch die Vorstellung in Christiania wurde zu einer der größten in der Geschichte des Theaters. Das Stück behandelt den Konflikt zwischen Olav Tryggvason, dem Vorkämpfer des Christentums, und dem Wikingerkönig Håkon als dem Verteidiger der alten heidnischen Kultur. Es hinterließ beim Publikum einen starken Eindruck. Der tragische Wikinger Håkon, gespielt von Leutnant Juel, war die Hauptperson des Stückes und sein Knecht, der Mörder Kark, wurde von Ole Rein Holm dargestellt. Am ergreifendsten war das Ende des letzten Aufzugs. Nachdem die Menge Olav empfangen und zum König ausgerufen hatte und ihn zu dem großen Festschmaus in „Trondheims fröhlichem Hain" geleitet hatte, ereignete sich folgendes: zwei Männer betreten mit einem schwarzen Sarg ein von

---

[4] Henrik Carstensen (1753–1835), bekannter Geschäftsmann und Politiker, hat u.a. auch Søren Georg Abels Schwiegervater Simonsen, der Bankrott gegangen war, aufgekauft.

einer Kerze beleuchtetes unterirdisches Gewölbe. Sie gehen wieder hinaus und langsam nähert sich Thora, die Geliebte des Wikingerkönigs, gespielt von der schönen Kaja Lasson, mit blankem Schwert auf die Bühne, legt einen Kranz aus Tannengrün auf den Sarg und spricht:

> Du warst ein nordischer und unvergleichlicher Held,
> eine Blume, von einem Winterfrost erwürgt.
> Einst wenn die verrinnende Zeit verwischt hat die Farbe,
> und die Begebenheiten nur noch als Schemen übrig sind,
> wird des Nordens Saga kühl berichten:
> Er war ein Götzendiener, bös' und grausam!
> Mit Schaudern wird man nennen deinen Namen.
> Ich schaudre nicht; denn ich, ich kannte dich.
> Die besten Kräfte und ein gewalt'ger Geist
> sind geopfert nun den Irrungen der Zeit.

Thora verharrt am Sarg, wünscht ihrem Geliebten eine Gute Nacht und spricht schließlich jene Abschiedsworte, die das Publikum erschauern lassen:

> Nun gehe ich und schließe die Tür.
> und wenn sie wieder wird geöffnet,
> Dann bringen Thoras Knechte ihre Leiche,
> und betten sie an Hakons Seite.

Langsam verschwand nun die anmutige Gestalt und langsam fiel der Vorhang. In feierlicher Stille verließen die Zuschauer den Saal und schlossen leise die Tür hinter sich.

Während Hans Mathias sich anschickte, Christiania für immer zu verlassen, geschah noch etwas anderes an der Kathedralschule, das Niels Henriks Alltag verändern sollte. Am 25. Februar erschien der Naturkundelehrer Flor nicht zum Unterricht, die Gerüchte bestätigten sich rasch: Der unglückliche Flor hatte sich am Vortag im Hafen der Stadt ertränkt.

Ein ungewöhnlich großer Trauerzug mit Menschen aus allen Ständen geleitete Lehrer Flor zu seiner letzten Ruhestätte. Der einst in den Augen vieler so lächerliche „Moospsarrer" erfuhr nun allgemeine Hochschätzung. Zwei seiner ehemaligen Schüler, Maurits Hansen und Conrad Nicolai Schwach, inzwischen bekannte Dichter, verfassten Gedichte zum Angedenken von M.R. Flor, der so viel für das Wohl der Schüler und der Allgemeinheit getan hatte. Schwach schrieb:

„Viel hast du gekämpft, gelitten;
die Welt, sie war dir nicht gewogen.
Mögest du nun ruhen sanft
einem schön'ren Morgenrot entgegen."

In der Schule wurde Flors Fach, Naturgeschichte, vom Stundenplan gestrichen. Beim letzten Jahresexamen hatte Niels Henrik in diesem Fach ein *sehr gut* erhalten, vielleicht hatte er auch gar nichts dagegen, die zwei Wochenstunden in Naturgeschichte anderweitig zu nutzen? Auch der in diesen Stunden vorgesehene Sexualkundeunterricht, den Flor den Primanern geben sollte, entfiel jetzt. Die Ansicht des Junggesellen Flor über diese Art von Unterricht war, dass ein erfahrener Lehrer diese „natürlichen Dinge" besser erklären könne, als es die Schüler durch „schmutzige Bücher und unaufgeklärte Leute" lernten. Aber ein wenig Ethik über die Versuchungen des Studenten, die „Gefahren des akademischen Lebens", gehörten mit zum Unterricht der Primaner. Diese Versuchungen waren, so die Theorie, an erster Stelle Trinkerei und Hurerei, oder „Trunksucht und Wollust." Doch in diesem Winter nach Weihnachten und im darauf folgenden Frühling kursierten zwei Billigdrucke, die an Stelle der Sexualaufklärung eifrigst studiert wurden. Diese zwei Gedichte, die man nach der Melodie eines schwedischen Trinkliedes singen konnte, waren gerade erschienen, und dies, obwohl Justizminister Diriks ihre Veröffentlichung verbieten wollte. Es hieß, die Gedichte verstießen gegen das „Gesetz der Sittlichkeit", aber weil sie als eine Art Privatdruck erschienen, konnte der Justizminister nichts dagegen unternehmen. Niels Henriks Klassenkamerad Niels Berg Nielsen wusste Bescheid. Berg Nielsen war der Vetter des Dichters Schwach, der die Gedichte verfasst hatte, er hatte sogar bei Schwachs Vater gewohnt und war von ihm unterrichtet worden, ehe er in die oberste Klasse der Schule wechselte. Mit Begeisterung wurde nun in den Kreisen der Studenten und Schüler „Das nicht verlorene Paradies" gelesen. Und so wurde dieses „Paradies" beschrieben:

Am Fuße eines Hügels, so sacht und fein,
ein lächelndes Tal sich uns öffnet;
beidseitig bewachsen von wucherndem Gestrüppe,
in dem so manches Vögelein sein Nestchen wohl bauet.
Inmitten des Tals eine Quelle sprudelt,
lebhaft wie der Nil, so quillt sie hervor;
und das Wasser ist, wie der Nil, nicht sonderlich klar,
doch strömt und schäumt es gar mächtig.

Und hinter der Quelle da klafft
eine tiefe, liebliche Höhle,
in die Adam, wenn der Heide ihm den Krieg erklärt,
sich verbirgt und Zuflucht findet.
Ihre Öffnung ist eng und oft nur mit Not
zwängt Adam sich durch und hinein;
doch niemals bereut hat er die Ungemach,
denn so süß ist die Erlösung, die zuteil ihm wird.

Doch wie Adam nach dem Sündenfall
aus Eden musste fliehen,
auch unser Adam das Tal muss verlassen,
wenn nicht zu stehn er mehr vermag.
Doch nicht für immer wird der Sündenfall bestraft,
aufs neu erheben kann sich der Gefallne,
aufs neu der Höhle Gunst genießen,
nicht minder wird Erquickung ihm zuteil.

Es gab noch weitere Strophen, Pate für das Gedicht stand Goethes „Kennst du das Land, wo die Zitronen blühn?" Das zweite Gedicht, das unter den Studenten und Schülern Christianias zirkulierte, hieß „Der Baum des Lebens", und enthielt im Titel ein Zitat von Oehlenschläger. Der Baum war wie eine Palme ohne Äste oder Zweige und mit einer Krone, die jederzeit erblühen konnte. Am Ende des Gedichts wird die Behauptung vieler Schriftgelehrten widerlegt, die da meinten, der Genuss der Früchte dieses Baumes sei die Ursache des Todes. Es verhalte sich vielmehr so, dass dieser Baum

... von Süd bis Nord,
wo immer Menschen weilen,
jeden Tag neue Früchte trägt auf Erden
und er gilt als Quelle des *Lebens*.

Von seinem Vetter Schwach kannte der Primaner Berg Nielsen auch spannende Geschichten über jenen Ole Rein Holm, dessen Name als bestem männlichen Schauspieler der Hauptstadt in aller Munde war. Holm und Vetter Schwach waren eng befreundet und Berg Nielsen erzählte, dass der große glänzende Holm zu Hause von seiner bösen und zänkischen Frau, einer Helene Thoresen, geohrfeigt werde. Dabei hatte er sie aus Liebe geheiratet, sie aber wollte nur sein Geld. Ole Rein Holm galt nämlich als der reichste Junggeselle der Stadt und war mehr als ein Fass Gold wert, als er vor ein paar Jahren die Kaufmannstochter Helene heiratete. Sein Vater, Kaufmann Holm, nahm sich daraufhin das Leben. Seine Mutter war die Schwester des Dichters Jonas Rein.

Vielleicht hatte Niels Henriks Interesse für das Theater, für Gerüchte und für die Geschichten, die Berg Nielsen über die Schauspieler und deren Leben, auf der Bühne wie im wirklichen Leben erzählen konnte, etwas zu tun mit einer Sehnsucht, zu begreifen, wie dies alles zusammenhing und welche Regeln galten?

Aus Risør kam nun die Nachricht, dass Großvater Niels Henrik Saxild Simonsen am 10. März verstorben war.

Gegen Ostern wurde Vater Abel so krank, dass er die meiste Zeit das Bett hüten musste und von Tag zu Tag schwächer wurde. Vielleicht hatte der 20-jährige Hans Mathias nach seiner Heimkehr Tage, an denen er klar und aufnahmefähig war und die Ermahnungen seines Vaters verstand. Die anderen Brüder, Thomas Hammond und Peder Mandrup, waren 14 und 12 Jahre alt, und Vater Abel rief seine Söhne zu sich ans Krankenbett. Bei seinen Ermahnungen soll er sie auch vor ihrer Mutter und deren moralischem und sittlichem Verfall gewarnt haben. Zudem soll er sie gebeten haben, sich um die jüngsten Geschwister zu kümmern, die zehnjährige Elisabeth und den fünfjährigen Thor Henrik. Doch diesen letzten Wunsch des Vaters nahm offenbar nur der abwesende Niels Henrik ernst. Hans Mathias scheint, in völlige Apathie versunken, bald weder Freude noch Trauer empfunden zu haben.

In der Gemeinde Gjerstad begann nun das Frühjahr mit der Frühjahrsbestellung. Nach einem strengen Winter hatte mildes Wetter eingesetzt und es wurde ein ganz normaler Frühling. Doch am 4. Mai ging in dieser Gegend ein heftiger Schneeregen nieder und es lagen Unmengen von Regenwürmern auf dem Schnee, so dass es an manchen Stellen aussah wie auf einem frisch angesäten Acker. An diesem Tag starb Pastor Abel auf dem Pfarrhof von Gjerstad. Der folgende Tag war wieder mild und die Frühjahrsbestellung wurde fortgesetzt.

Von wem und wie rasch Niels Henrik die Nachricht vom Tode seines Vaters erhielt, ist ungewiss. Gewiss ist jedoch, dass es ihm nicht möglich war, zum Begräbnis nach Hause zu fahren. Einen genauen Bericht über die Ereignisse dürfte er jedoch bald erhalten haben. Seine Tante Margaretha Marine, die Jungfer Abel, verließ ihre Nähstube in Risør, um auf dem Pfarrhof zu helfen. Ebenfalls aus Risør reiste Pastor Schanke an, um die Begräbnisfeierlichkeiten vorzubereiten. Am Tag der Beisetzung strömten die Menschen auf dem Kirchplatz zusammen, später versammelten sich weit mehr Leute als üblich im Pfarrhof. Jungfer Abel hatte sicher dafür gesorgt, dass der traurige Anlass im Hause ihres Bruders, in dem sie einen Teil ihrer Kindheit verbracht hatte, standesgemäß begangen wurde. Beim Begräbnis eines Pastors sollte es keinen billigen Fusel geben, sondern holländischen Genever und Jamaika-Rum! Doch die Gespräche drehten sich um Mutter Abel, die Pfarrfrau. An diesem Tag, da ihr Mann begraben wurde, betrank sie sich vor aller Augen und beorderte dann ungeniert ihren Dienstknecht zu sich, um sich von ihm ins Bett begleiten zu lassen. Als Pastor Schanke und Jungfer Abel ihr am nächsten Tag Vorhaltungen machten, antwortete sie nur, Jørgen L. habe ihr versprochen, sie niemals zu verlassen.

In Christiania warf sich Niels Henrik über alle mathematischen Bücher, die er von Lehrer Holmboe oder aus der Bibliothek bekommen konnte. Er las Newton und Euler, Lagrange und d'Alembert und sowie Bücher, die neben Mathematik Abhandlungen über Astronomie und Mechanik enthielten. Vieles deutet darauf hin, dass Niels Henrik bei seinen wöchentlichen Zusammenkünften mit den Studenten Keilhau, Boeck, Hjort und anderen bereits zu dieser Zeit seine ersten „Ausarbeitungen" vorlegte. Über deren Themen wissen wir nichts, fest steht lediglich, dass Lehrer Holmboe die Meinung äußerte, Niels Henrik habe kolossale Fortschritte in der Mathematik gemacht. Im Jahreszeugnis vom Juni 1820 schrieb Holmboe quer über die Rubriken 'Natürliche Begabung', 'Schulfleiß', 'Hausfleiß', und 'Fortschritte': „Sein hervorragendes Genie verbindet er mit einem unersättlichen Eifer und Interesse an der Mathematik, und es besteht kein Zweifel, dass aus ihm einmal, so er am Leben bleibt, ein großer Mathematiker werden wird." Vor den Wörtern „ein großer Mathematiker" waren mehrere Wörter durchgestrichen, die jedoch ohne weiteres als „der Welt größter Mathematiker" zu entziffern sind. Und der Einschub „so er am Leben bleibt" könnte andeuten, dass sein Gesundheitszustand bereits damals nicht der beste war.

Die vierwöchigen Sommerferien 1820 verbrachte Niels Henrik zu Hause in Gjerstad. Es war das erste Mal seit dem Tode seines Vaters. Vielleicht hätte er lieber seine Freunde Keilhau und Boeck begleitet, die eine Fußwanderung in den norwegischen Bergen machten, von der in den folgenden Jahren viel die Rede sein sollte. Niels Henrik war sicher dabei, als die Wanderung diskutiert und geplant wurde. Norwegen, das Vaterland, sollte kartographisch erfasst werden. Keilhau hatte bereits früher geologische Untersuchungen in der Region Valdres durchgeführt und beabsichtigte seit langem, tiefer in die unbekannte Gebirgsgegend vorzudringen. Und Boeck hatte im Sommer 1819 am Fillefjell botanisiert und war ein idealer Begleiter. Auf der damals benutzten Karte von J. Pontoppidan aus dem Jahre 1785 stand zwischen Lom und Valdres nur ein Name: Skagen Fjeld mit File-Fjeld im Süden. Weder der Tyin-See noch der Bygdin-See waren verzeichnet. Boeck und Keilhau hatten sich also zu einer Expedition in diese „pflanzenreichste Gebirgsgegend", wie der Botaniker Christen Smith meinte, entschlossen.

Smith war für die jungen Naturforscher lange eine Art Vorbild. Auf seinen vielen langen und strapaziösen Wanderungen durch große Teile Südnorwegens hatte er das norwegische Pflanzenreich studiert und erfasst und es im Ausland bekannt gemacht. Man hatte ihn als Professor an die Universität berufen, doch er trat die Stelle nie an, weil er auf einer englischen Expedition in das Innere von Afrika, im Alter von nur 31 Jahren, an Malaria starb. An einer Stelle des Kongo, „The Tall Trees" genannt, hat man ihn im Herbst 1816 begraben. Im Sommer 1812 war der Naturkundelehrer Flor einer der Teilnehmer an Smith' Expedition in Westnorwegen über Bolkesjø, Gausta, Møsvatn und weiter bis Sørfjorden und Bergen, von dort dann ins Jostedalen und zurück über den Fillefjell. 1812 war das schlimme Hungerjahr mit dem ungewöhnlich kalten Sommer, in dem das Getreide erfror und die Leute den Brotteig mit Rinde streckten. Lehrer Flor hatte Smith nur bis Møsvatn begleitet und bevor sich die Freunde trennten, ritzten sie ihre Namen in die Rinde einer großen Kiefer. 1816 wurde diese Kiefer dann während eines Wintersturms vom Blitz gespalten. Es war wie die Prophezeiung des Todes der beiden Freunde, der eine im Kongo, der andere im Hafen von Christiania. In dem Gedicht zum Angedenken Flors war auch eine Anspielung auf diesen Zusammenhang: „Die Kiefer brach vom Zorn des Wintersturmes,/An ferner Küste starb dein Bruder;/Und müde bist du aus der Welt geschieden,/Dich deinem brüderlichen Freund zu einen."

Bei ihrer Bergwanderung im Sommer 1820 kartierten Keilhau und Boeck das Gebirge *Jotunheimen,* eine Leistung, die ihnen Ruhm und Ehre einbringen sollte. Außer Rentierjägern, Ziegenhirten und Fischern gab es bis dahin niemanden, der über diese ausgedehnte Alpenlandschaft Bescheid wusste, die nun den Namen *Jotunheimen* (Heim der Riesen) erhielt. Schon damals ahnten die jungen Studenten, dass sich hier die höchsten Erhebungen des Landes befinden mussten. Sie hatten Gipfel vermessen von über 7.100 rheinländischen Fuß[5] über dem Meeresspiegel, vermuteten aber, dass es in diesem Gebiet noch höhere Gipfel geben müsse. Bisher hatte Professor Jens Esmark kategorisch festgelegt, dass der Snøhetta[6] der höchste Berg des Landes sei.

Als Boeck und Keilhau im August nach Christiania zurückkehrten, schrieb Keilhau über ihre Entdeckungen einen Artikel im *Morgenbladet*. Ihre Aufsehen erregende Unternehmung machte sie bekannt und der kleine Kreis von

---

[5] Rheinland Fuß: 31,4 cm.

[6] Snøhetta, mit 2.286 m ü.d.M. höchster Berg des Dovrefjell, doch der Galdhøpiggen in Jotunheimen misst 2.469 m und ist damit der höchste Berg Norwegens.

Studenten mit seinen wöchentlichen Zusammenkünften war auf einmal mehr als nur eine private Gesellschaft. Angeregt von dem positiven Echo wollten die jungen Forscher nun einen physiographischen Verein gründen, „dessen Zweck vornehmlich darin bestehen soll, in physischer und teilweise geographischer Hinsicht das Vaterland zu erforschen."

Im welchem Maße Niels Henrik an diesen Plänen und Formulierungen beteiligt war, ist nicht bekannt. Sicher aber hörte er interessiert zu, wenn die Freunde mit wahrer Freude und Begeisterung über das Gebirge und die Gletscher berichteten. Als sie am Ufer des Bygdin-Sees standen, umgeben von einer riesigen Viehherde, meinten sie schon, dass „die Gegend äußerst wild und furchteinflößend" sei, doch ihrer Neugier, in diese unbekannten und verlockenden Gebiete vorzudringen, siegte. Keilhau konnte enthusiastisch von den tiefen Untertönen erzählen, die aus dem sonoren Eis aufstiegen, wenn das Wasser zusammen mit Steinen und Eisbrocken in mächtige Spalten strömte und die seltsamsten Töne erklangen: eine Orgel, gespielt von unsichtbaren Händen! Dies erweckte Gefühle und Gedanken, dass all das Tote beseelt war, es war der Kampf der Elemente mit all seinen chaotischen Bewegungen. Man fühlte sich in die Urzeit zurückversetzt, noch vor den Anfang der Organismen, in die Kindheit der Erde. Oft blieben die Wanderer voller Bewunderung stehen, beobachteten den Steinschlag von den Gipfeln herunter, jubelten mit den donnernden Steinlawinen um die Wette, bis der ganze Spuk sanft in einer Schneewehe zum Stehen kam. Die Steine hafteten „gleichsam an einem Punkt in der Luft" über ihnen. Ein anderes Mal wurde Boeck beinahe von einem solchen Steinbrocken getötet, der *nicht* zum Stehen kam. Das Barometer, das Boeck auf dem Rücken trug, wurde zerschmettert, er selbst zu Boden geschleudert. Benommen und lädiert konnte er wieder aufstehen und den Weg fortsetzen, und nach ein paar Wochen, so versicherte er, habe er von den Verletzungen nichts mehr gespürt. Sie waren junge Forscher auf Entdeckungsreise, die kühn allen Gefahren trotzten. Ohne Respekt vor den Gletscherspalten und bis unter die Arme im Schnee watend, hatten sie sich zu den Gipfeln hinauf gekämpft, trotz Stein- und Schneelawinen, ob in der heißen Nachmittagssonne oder bei Regen und Sturm.

Einmal jedoch hatten sich beide in höchste Lebensgefahr begeben. Das war bei der Besteigung des Koldedalstinden, einem Gipfel, den A.O. Vinje später Falketinden nannte. Schon als sie am Fuße des senkrecht aufragenden Gipfels standen, hatte der einheimische Träger, der sie begleitete, starke Bedenken. Auch Keilhau war klar, dass eine Besteigung leichtsinnig war, so äußerte er sich jedenfalls später, „aber es war eine Art Manie, die meinen Reisegefährten befallen hatte." Boeck wollte unbedingt den Gipfel bezwingen, der noch nie bestiegen worden war, und er befahl dem Träger, ihn zu begleiten. Keilhau bestieg stattdessen einen kleineren Berg, doch als er drei Stunden später die beiden auf dem anderen Gipfel stehen sah, wollte auch er hinauf, er beeilte sich sehr, um noch zu den anderen zu stoßen, ehe sie wieder abstiegen. Doch in der Bergwand rieselte ihm bei jedem Griff das Wasser in die Ärmel, scharfkantige Steine prasselten herab, aber trotz „schmerzhafter Treffer und Wunden" kletterte er in den steilen Spalten nach oben, fühlte den gähnenden Abgrund unter sich und nahm sich fest vor, niemals diesen Weg zurückzugehen, sollte er überhaupt den Gipfel je erreichen. Er schaffte es, war wieder zusammen mit den beiden anderen, und nachdem sie einige Felsbrocken den senkrechten Abgrund an der Nordseite und der etwas weniger steilen Südseite in die Tiefe geschickt hatten, begann die Diskussion über den Abstieg. Der einheimische Bauer meinte, sie müssten denselben Weg nehmen, den sie aufgestiegen waren. Keilhau hielt die Südwestroute für einfacher und wollte unter keinen Umständen auf demselben Weg zurückgehen. Somit trennten sie sich erneut. Keilhau und Boeck hielten sich westlich, gerieten auf einen steilen Gletscher, wurden von Stein- und Geröllmassen beinahe an den Rand des Abgrunds gedrängt, bewegten sich unter Überhängen und wurden von Eiswasser überspült. Überall drohte Gefahr, da zog auch noch ein Unwetter auf, in der Ferne donnerte es und der Abend brach bereits herein. Keilhau erblickte weiter westlich einen leichteren Abstiegsweg, doch zu diesem mussten sie vorher wieder ein Stück aufsteigen, und Boeck bereute bitter, nicht dem Rat des Bauern gefolgt zu sein. „Einen Augenblick standen wir stumm am Rande des Gletschers, blickten uns gegenseitig an und trennten uns. Diese eisige Schnee-Natur ergreift schließlich auch kalt das Herz; die Gefahren und die Erschöpfung des Körpers bezwingen, ja töten das Gefühl. Soll er doch gehen, wohin er will und zerschmettert werden, der Verblendete!" Also trennten sich die Freunde in der steilen Wand des Koldedalstinden wieder. Keilhau tastete sich über dünne Schneebrücken, unter denen sich „die Schlünde verbergen, bei jedem Schritt bereit, den Tollkühnen zu empfangen", kämpfte sich mühsam nach unten und erreichte nach vier oder fünf Stunden Tyinboden, eine primitive Steinhütte, von der aus sie am Morgen aufgebrochen waren und die sie als Treffpunkt bestimmt hatten. Doch da war niemand. Es war Nacht und es regnete in Strömen. Nach einer Weile kam schließlich der Bauer angeritten, er hatte noch sein Pferd gesucht. Sie entfachten ein Feuer und bereiteten eine sparsame Mahlzeit. Der Bauer fiel sofort in tiefen Schlaf, doch vor Keilhaus innerem Auge zeigten sich die schrecklichsten Bilder. Da stand Boeck, sein Freund, den er verlassen hatte, „mit zerschlagenem Kopf, mit gebrochenen, blutenden Gliedern – oder ich sah ihn vor mir, wie er die hohe Wand herabstürzte, wie er gegen Felsen prallte und zerschmettert in den gräßlichen Abgrund geschleudert wurde... Ein lauter Donnerschlag dröhnte, wie ein Wolkenbruch stürzte der Regen herab. Da hörte man ein Rufen, eine Stimme ertönte durch den Rauchabzug im Dach. Es war die seine!"

Dieses lebensgefährliche Abenteuer am Koldedalstinden erzählten sie immer wieder, sie meinten, dies sei ihnen die liebste Erinnerung an die Tour, die sie dann in westliche Richtung fortgesetzt hatten, über den Nordre Skagastølstind und weiter zum Lodalskåpa, den vorher noch niemand bestiegen hatte und den *sie* jetzt so gerne besteigen wollten, trotz aller Warnungen der Einheimischen. Dort war es gewesen, wo der Steinschlag das Barometer zertrümmert und Boeck beinahe getötet hatte, und sie hatten ihr Vorhaben aufgegeben, waren über Lom, Skjåk, Vågå und Sjodalen zurück nach Slidre gegangen, wo der Bauer und sein Pferd zu Hause waren. Nun war Jotunheimen auf der Landkarte verzeichnet.

Viel mehr wissen wir nicht über diesen „physiographischen Verein", an dem Niels Henrik zusammen mit Keilhau und Boeck, Heiberg und Hjort teilnahm; der Student Schenck starb in jenem Jahr. Sicher ist jedoch, dass das kartographische Erfassen von geographischem Land eine Sache war, über die viel geredet wurde. Im neuen Norwegen waren alle daran interessiert, zu erfahren und zu wissen, was zu ihrem Land gehörte und was es zu bieten hatte. Keilhaus geologische Untersuchungen und seine Entdeckung von Granit zwischen jüngeren Gesteinsarten lieferte Diskussionsstoff zur Frage, worin der Kern der Erde bestand. Die Mediziner Heiberg und Hjort beschäftigten sich intensiv damit, neue Behandlungsarten für die häufigsten Krankheiten zu finden und sie sezierten menschliche Leichen. Welchen Beitrag konnte Niels Henrik in einer solchen Gesellschaft leisten? Er arbeitete an der Gleichungstheorie, versuchte neue Eigenschaften verschiedener Funktionen zu finden und löste Aufgaben mit Hilfe bestimmter Integrale. Es ist jedoch durchaus denkbar, dass er spaßeshalber auch Fragestellungen aufgriff, die mit der geographischen Entdeckerfreude zu tun hatten. Alle kannten sie Jonathan Swifts Buch *Gullivers Reisen* und die jungen Wissenschaftler hatten sich gewiss das Kapitel gemerkt, in dem Kapitän Lemuel Gulliver das fliegende Inselreich Laputa besucht. Zwar galt dieses Kapitel als das schwächste in Swifts Buch und die Gelehrten hielten es für eine platte Nachahmung des griechischen Klassikers Lukian, dieses geistreichen Satirikers aus dem 2. Jahrhundert vor Christus, und dessen Schrift *Eine wahre Geschichte*. Doch Swift wollte hier die naturwissenschaftliche Forschung aufs Korn nehmen: Die Einwohner von Laputa lebten in der ständigen Angst, die Sonne oder die Kometen könnten den ganzen Erdball zerstören. Weil das Universum ein Uhrwerk ist, wie der große Newton festgestellt hatte, befürchteten viele, dieses Uhrwerk könne eines Tages stehen bleiben. Und der große Komet, von dem Halley gesprochen hatte, konnte herankommen und die Erde zertrümmern. Mathematiker und Astronomen machten sich keine Sorgen darüber, dass die Stabilität der Erde von einem fein austarierten Gleichgewicht zwischen der Geschwindigkeit abhängt, mit der die Erde auf die Sonne fällt und der Tangentialgeschwindigkeit der Erde senkrecht zur Fallrichtung, doch für die meisten anderen Menschen klang dies beunruhigend.

Was sich jedoch zu einer mathematischen Auslegung unter den Studenten in Christiania eignete, war Swifts amüsante Schilderung des Mittagessens in der naturwissenschaftlichen Gesellschaft von Laputa. „Es gab zwei Gänge zu je drei Gerichten. Der erste Gang bestand aus einer Hammelschulter, die zu einem gleichseitigen Dreieck zurecht geschnitten war, einem Stück Rindfleisch in Form eines Rhombus und Presskopf in Form einer Zykloide." Die Zykloide war eine interessante Kurve, auf die Niels Henrik sicher bei seiner mathematischen Lektüre gestoßen war. Geometrische Betrachtungen hatte auch Lagrange in gewissen Fällen empfohlen und die Zykloide war neben der Spirale des Archimedes eines der ganz wenigen Beispiele für die so genannten transzendenten Kurven. Die Zykloide wurde nach der schönsten aller griechischen Frauen sogar die geometrische Helena genannt. Mit dieser Kurve beschäftigte man sich intensiv, sie wurde leidenschaftlich bewundert und sorgte seit dem 15. Jahrhundert bei den Mathematikern Europas für Streit und Zwietracht. Die geometrische Helena kann als die Kurve definiert werden, die ein Punkt auf einem Rad beschreibt, das auf einer ebenen Unterlage vorwärts rollt. Exakt bedeutet dies: Wenn ein Kreis mit einem Radius a ohne zu gleiten auf einer geraden Linie abrollt, so wird ein Punkt P auf dem Kreis eine *Zykloide* beschreiben. Die Zykloide ist also ein gewisser in die Länge gezogener Bogen. Als Erster hatte Galilei vorgeschlagen, diese Bogenlinie beim Bau von Brücken zu benutzen, es zeigte sich, dass solche Bogen anderen weit überlegen waren, ohne dass man den genauen Grund angeben konnte. Auch der englische Architekt Christopher Wren beschäftigte sich bei seinem Entwurf für den Bauplan der St. Paul Kathedrale in London intensiv mit der Zykloide. Pascal entdeckte schließlich zwei fantastische mathematische Eigenschaften der Zykloide, nämlich die Tatsache, dass die Bogenlinie der Zykloide achtmal so lang ist wie der Radius des Kreises oder des rollenden Rades, und die Fläche unter der Bogenlinie ist genau dreimal so groß wie die Fläche des rollenden Kreises! Diese Betrachtungen über die Zykloide sollen übrigens Pascals einziger Rückfall in die mathematische Spekulation gewesen sein, nachdem er sich im Kloster Port-Royal in Paris zum Jansenismus bekehrt hatte. Der Rückfall rührte wahrscheinlich daher, dass er eines Nachts, man schrieb das Jahr 1658, von starken Zahnschmerzen geplagt, an die geometrische Helena dachte, worauf die Schmerzen aufhörten. Er sah darin ein göttliches Zeichen, seine Überlegungen zur Zykloide fortzusetzen. Doch die Ergebnisse nach acht schmerzfreien Tagen veröffentlichte er dennoch unter Pseudonym. Etwa zur gleichen Zeit machte der holländische Wissenschaftler Christian Huygens eine weitere phantastische Entdeckung zur Zykloide, die es ihm ermöglichte, die erste funktionierende Pendeluhr zu bauen, das Huygens'sche Pendel von 1656. Huygens wies nämlich nach, dass es sich bei der Zykloide um eine Tautochrone handelt, d.h. er bewies, dass die Zykloide, wenn sie auf den Kopf gestellt wird, wie eine Schüssel die Eigenschaft hat, dass z.B. Perlen, egal wo sie in der Schüssel hingelegt und dann wieder losgelassen werden, immer in der gleichen Zeit den Boden der Schüssel erreichen. Egal ob hoch oder niedrig, eine Perle (die Huygens wegen des geringstmöglichen Reibungswiderstand in der Bewegung benutzte), kam zur selben Zeit am Boden an, also „tautochronisch". Damit hatte Huygens bewiesen, dass ein Punkt ohne Reibungsverluste und nur durch die Schwerkraft beeinflusst in einer Schalenform, die wie ein umgedrehter Zykloidenbogen aussieht, immer dieselbe Zeit für eine Schwingung braucht, unabhängig von der Größe des Ausschlags.

Im Jahre 1696 legten die Mathematiker G.W. Leibniz und Johann Bernoulli den Mathematikern Europas zwei Preisfragen vor. Die eine lautete: Angenommen, man hat zwei beliebige Punkte auf einer senkrechten Fläche ausgewählt und stellt nun die Frage: Was ist die Kurve durch zwei vorgegebene Punkte einer vertikalen Ebene, längs der ein unter der Einwirkung der Schwerkraft reibungslos gleitender Punkt in kürzester Zeit vom oberen zum unteren Punkt gelangt? Dies war das Problem der „kürzesten Zeit", das so genannte Brachistochronen-Problem. Newton, der an einem Punkt seiner Karriere angekommen war, an dem er Ruhm und Ehre genoss und als Leiter des englischen Münzwerkes eigentlich keine Preisfragen mehr beantwortete, wurde das Problem nach einem langen Arbeitstag und einem guten Essen vorgelegt. Er löste es jedenfalls in wenigen Stunden und schickte das Ergebnis anonym an die *Royal Society* in London. Doch die Lösungsmethode verriet den alten Meister. Newton hatte nachgewiesen, dass die gesuchte Brachistochrone eine Tautochrone war und damit eine Zykloide.

Diese aufregende Diskussion um die Zykloide veranlasste also 1726 Swift dazu, in seiner Persiflage des wissenschaftlichen Milieus über den „Presskopf in Form einer Zykloide" zu schreiben. Aber vielleicht aß die jugendliche Gesellschaft auch gerne Presskopf, wenn sie ihre Treffen manchmal ins Wirtshaus verlegte? Presskopf war ein billiges Essen.

Es scheint so, als hätte Niels Henrik an Selbstvertrauen gewonnen. In einem Brief Ende September von Margaretha Marine Abel in Risør an Elisabeth Tuxen in Kopenhagen heißt es: „Ich hatte einen Brief von Niels Henrik Abel, der in jeder Hinsicht gut geschrieben war. Er war in den Ferien zu Hause. In einem Jahr wird er Student und hofft dann, seinem Bruder Peder helfen zu können, der ein kluger Kopf ist und gerne studieren möchte."

Und einmal im Herbst 1820, als Holmboe krank war und Jens Jacob Keyser, Professor für Physik und Chemie, ihn vertrat, geschah folgendes: Keyser hatte unter dem Nachnamen seiner Mutter, die Krumm hieß, eine Reihe von mathematischen Lehrbüchern verfasst. Wegen dieses Namenwechsels von Krumm zu Keyser hatte man ihn gehänselt und gemeint, seine Lehrbücher seien lediglich Bearbeitungen und Übersetzungen von dänischen und deutschen Originalen. Die Bücher wurden in den Handelsschulen benutzt und nicht im Mathematikunterricht an der Kathedralschule. Trotzdem hatte sich Niels Henrik offenbar mit Keysers mathematischen Leistungen beschäftigt und seine Bücher gelesen, er muss sie sogar bei sich gehabt haben. Einer seiner Klassenkameraden, Fredrik Bonnevie, erzählte später, Niels Henrik habe Keysers Vertretungsstunde dazu benutzt, um einen grundlegenden Fehler in Krumms Lehrbuch der reinen Mathematik anzuprangern. Als Niels Henrik vor Keyser am Katheder stand und ihn nach dem Sinn der fraglichen Stelle fragte, musste dieser widerwillig zugeben, dass der Autor sich geirrt haben müsse. Nach diesem Geständnis soll der junge Abel sehr offen und in drastischen Wendungen einen solchen Autor, welcher der Jugend einen derartigen Unsinn vorsetze, abgekanzelt haben. Die übrige Klasse hatte großes Vergnügen an diesem Auftritt, wussten sie doch, dass der gescholtene Autor und Professor Keyser ein und dieselbe Person waren.

25

Student und heimatlos

Niels Henrik meinte nun, eine Lösungsformel für die Gleichung fünften Grades gefunden zu haben. Er legte die Arbeit Holmboe vor, der die Lösung ebenfalls für richtig hielt. Holmboe zeigte Abels Arbeit Christopher Hansteen und Søren Rasmussen, den Professoren für angewandte bzw. reine Mathematik. Auch sie konnten weder Fehler noch Mängel an Abels Schlussfolgerungen feststellen und ihnen war klar, welche Sensation es sein würde, wenn endlich eine Lösung für ein Problem gefunden wäre, an dem sich die Mathematiker Europas seit bald dreihundert Jahren die Zähne ausgebissen hatten. Sie sprachen sich dafür aus, Abels Arbeit zu veröffentlichen, doch in Christiania gab es noch keinen Verlag für derartige wissenschaftliche Themen. Hansteen hatte gute Kontakte zum Ausland und schickte Abels Arbeit an den angesehensten Mathematiker Skandinaviens, Professor Ferdinand Degen in Kopenhagen. Degen entdeckte keinen Fehler in Abels Überlegungen, begegnete seiner Arbeit dennoch mit einer gewissen Skepsis. Es erschien ihm einfach unglaublich, dass ein Zögling der Kathedralschule Christiania eine Aufgabe gelöst haben sollte, an der so viele große Mathematiker gescheitert waren. In seiner Antwort an Hansteen vom 21. Mai 1821 schrieb Degen, die Arbeit zeige, „auch wenn das Ziel nicht erreicht worden sein sollte, einen ungewöhnlich klugen Kopf und ungewöhnliche Einsichten, besonders in seinem Alter." Degen wollte Abels Abhandlung, im Gedanken an ihre Publikation, der königlichen Wissenschaftsgesellschaft vorlegen, aus zwei Gründen jedoch noch etwas warten. Zum einen bat er Abel, ihm eine ausführlichere Deduktion seines Ergebnisses zu schicken, sowie ein numerisches Exempel, zum Beispiel die Lösung der Gleichung: $x^5 + 2x^4 + 3x^2 - 4x + 5 = 0$. Zum anderen bat Degen um eine neue Niederschrift des letzten Teils der Abhandlung. Denn so wie sie jetzt wäre, sei sie für die meisten Mitglieder der Wissenschaftsgesellschaft nicht lesbar. Degen machte eine wichtige Zusatzbemerkung: „Kaum mag ich mir bei diesem Anlass den Wunsch versagen, dass die Zeit und die Geisteskräfte, die Herr A. einem in meinen Augen ziemlich sterilen Gegenstand schenkt, einem Thema zugewandt werden mögen, dessen Entwicklung die wichtigsten Folgen für die ganze Analysis und ihre Anwendung auf dynami-

sche Untersuchungen haben wird, ich meine *die elliptischen Transzendenten.*
Bei gehöriger Anlage für derartige Untersuchungen wird der ernsthafte. Forscher keineswegs bei diesen ansonsten an sich höchst merkwürdigen Funktionen mit ihren vielen und schönen Eigenschaften stehen bleiben, sondern
Magellan-Straßen entdecken zu großen Regionen ein und desselben, ungeheuren analytischen Ozeans."

Der Ausdruck von den 'Magellan-Straßen zum analytischen Ozean' hatte
für das Entdeckermilieu, in dem sich Niels Henrik aufhielt, einen tiefen Sinn.
Unter elliptischen Transzendenten verstand Degen das, was man auch elliptische Funktionen oder Integrale nennt, so genannt wegen der Bogenlänge der
Ellipse, die mit diesem Integraltyp ausgedrückt werden kann. Diese elliptischen Integrale, die sich gewöhnlich nicht durch elementare Funktionen
ausdrücken lassen, sollten das nächste Gebiet werden, auf dem Abel grundlegende neue Entdeckungen machte. Niels Henrik fand wirklich Magellan-Straßen zu einem neuen analytischen Ozean. Doch von Degens Einschätzung der
Gleichung fünften Grades als einem „sterilen Gegenstand" ließ er sich nicht
abschrecken. Niels Henrik wandte nun seine Lösungsformel auf verschiedene
numerische Beispiele an und fand selbst einen Fehler in seinen Überlegungen.
Doch er arbeitete weiter und las Lagrange, der Gleichungen am eingehendsten
analysiert hatte.

Professor Christopher Hansteen war der herausragende Kopf des Landes auf
dem Gebiet der Naturwissenschaften. Allgemein wurde er hoch geachtet, hatte
die genaue Position der norwegischen Hauptstadt berechnet und der Stadt
eine genaue Zeit gegeben. Seit 1815 wurde der Almanach, berechnet nach den
Breitengraden Christianias und Trondheims, in Norwegen unter Federfüh-
rung von Hansteen gedruckt. Mit Unterstützung des Senats der Universität
und einer königlichen Bewilligung baute er ein spartanisch kleines Observatorium an der Südmauer der Festung Akershus, und so oft er die Gelegenheit
dazu hatte, benutzte er seinen Sextanten und sein Chronometer, um die alten
Karten zu überprüfen und zu verbessern. Im Ausland interessierte man sich
besonders für seine magnetischen Untersuchungen. Seine große Arbeit *Untersuchungen über den Magnetismus der Erde,* 1819, hatte internationale Beachtung gefunden und sein Plan, eine Arbeit über „die magnetischen Licht-
phänomene" und besonders über das Nordlicht anzuschließen, wurde von
den Gelehrten Europas mit Spannung verfolgt. Dass Hansteen nun auf Abels
ungewöhnliche mathematische Begabung aufmerksam wurde, bedeutete in
Niels Henriks Leben einen Wendepunkt, nicht für seine wissenschaftliche
Laufbahn, obwohl Hansteen mehrmals versuchte, Abel im Ausland bekannt
zu machen, sondern weil Hansteen diesen begabten jungen Mann vom Lande
mit offenen Armen in sein Haus aufnahm. Denn hier lernte Niels Henrik, wie

bereits erwähnt, Frau Hansteen, seine „zweite Mutter" kennen. Sie wurde mehr und mehr seine Ratgeberin und half ihm in persönlichen Dingen, für die er selbst keine Lösung fand. Frau Hansteen scheint der Mensch gewesen zu sein, der den tiefsten Einblick in Niels Henriks Gefühlsleben gewann.

Auch im Hause eines anderen Professors, des vielseitig interessierten Mediziners Michael Skjelderup, war Niels Henrik stets willkommen. Der Sohn des Professors, Jacob Worm Skjelderup, war ein Klassenkamerad von Niels Henrik, sie spielten zusammen Karten und legten zur gleichen Zeit das Abitur ab. Zweifellos kannte Niels Henrik Vater Skjelderup von den Gesprächen seiner studentischen Freunde. Der Professor war ein sehr beliebter Lehrer und wurde von den staatlichen Stellen für eine Reihe von Aufgaben zur Verbesserung der Volksgesundheit eingesetzt. Neben seinem Unterricht in Anatomie, Physiologie und Rechtsmedizin hielt er Vorlesungen über die Geschichte der Medizin und ein breites Publikum erschien zu seinen populären Vorträgen, in denen er die Neuentdeckungen in der Medizin darlegte. Obwohl er als junger Mann auf Grund eines Sprachfehlers stark gehemmt war und immer noch etwas stotterte, war sein Vortrag klar und lebendig und seine Aussprüche und Anekdoten, die häufig einen melancholischen Unteron hatten, kursierten in weiten Kreisen.

Niels Henrik hatte nun eine Menge Menschen, zu denen er gehen und mit denen er sprechen konnte, wenn er sich nicht mit mathematischen Problemen beschäftigte. Er legte großen Wert auf gesellschaftlichen Umgang, er werde sonst leicht melancholisch, wie er sagte. Der große allgemeine Treffpunkt war das Theater im Grænsehaven. Im Januar wurde dort Holbergs *Der Zeitlose* „zur Förderung einer nationalen Kunstvorhabens" aufgeführt und während der Markttage im Februar trat Waldemar Thrane, der große Musiker der Stadt, mit dem Violinkonzert von Viotti auf, bevor dann Holbergs *Jacob von Tyboe* vor vollem Haus zugunsten der Armen der Stadt gespielt wurde. Die Markttage in Christiania waren das große alljährliche Volksfest und wurden am ersten Dienstag im Februar durch Glockengeläute eröffnet. Für drei Tage geriet die Stadt aus den Fugen. An der Universität wurden keine Vorlesungen gehalten, an den Schulen fand kein Unterricht statt, das höchste Gericht unterbrach seine Arbeit, damit die Anwälte für die nicht in der Stadt lebenden Klienten zur Verfügung standen. In der Stadt wimmelte es von Menschen. Bauern im Sonntagsstaat kamen, um von den Holzhändlern das ausstehende Geld zu kassieren. Die angereisten Kaufleute schlossen neue Geschäfte ab. Die reichen Familien aus der Umgebung und die auf dem Lande ansässigen Beamten strömten in die Stadt und zum Markt, um Freunde und Bekannte zu treffen, die sie das ganze Jahr nicht sahen. Und die Bürger von Christiania nahmen alle gastfreundlich auf. Die Wohlhabenderen luden täglich zu Gesellschaften ein und wer irgendeine Verbindung zu ihnen hatte, durfte mit einer

Einladung rechnen. Der Marktplatz war der große Treffpunkt. Hier gab es Stände mit Honigkuchen und Süßigkeiten, Gold- und Silberzeug, jede Art von Schmuck und Spielzeug. Dahinter waren die Zelte der Gaukler aufgeschlagen und Zelte, in denen man sein Geld verspielen konnte. Aus niedrigen Buden drang dicker Rauch und man wurde mit Punsch bewirtet. Bauern in Wolfs- und Bärenfelljacken boten in Bündeln aufgehängte Rebhühner und weiße Hasen feil, andere verkauften Häute, Holzgefäße, Schlitten und Zaumzeug. Überall hörte man die Pferdehändler brüllen, sah man das bunte Gewimmel der Leute, redend, lachend, schäkernd. Zwischen den Reihen der Buden fuhr man auf Pferdeschlitten und in vornehmen, auf Kufen gesetzten Kutschen. Und am Abend, wenn die Stände von bunten Lichtern beleuchtet waren, drängte sich dazwischen das fröhliche, schreiende und betrunkene Volk.

Während der Markttage veranstaltete man regelmäßig vor einem großen und sachkundigen Publikum Wettfahrten auf dem Eis. Eifrig wurde debattiert, wer nun die schnellsten Pferde hatte und wer die besten Kutscher waren. Diese Wettfahrten wurden von Bauern und Bürgern mit gleicher Leidenschaft betrieben. Skilanglauf war kaum verbreitet, dafür begeisterten sich selbst die Erwachsenen für das Rodeln. Und die männliche Jugend lief auf dem zugefrorenen Hafen der Stadt und den vielen Seen in der Umgebung Schlittschuh.

Wenige Tage vor der Eröffnung des Marktes, nämlich am 1. Februar, hatte die neue Sitzungsperiode des Storting begonnen. Dies bedeutete, dass die Kathedralschule wieder in andere Räume umziehen musste und Niels Henrik erinnerte sich sicher an die Parlamentseröffnung drei Jahre zuvor, da hatte Vater Abel teilgenommen, mutig und unerschrocken.

Auch in diesem Frühling war das große Theaterereignis wieder ein Stück von Oehlenschläger. Am 13. April wurde das Liebesdrama *Axel und Valborg* gegeben. Das Publikum von Christiania sah zum ersten Mal eine Aufführung, die im norwegischen Mittelalter spielte. Gerührt verfolgten die Zuschauer, wie Axel zum Papst nach Rom musste, um sich die Erlaubnis zu holen, seine Halbschwester Valborg zu heiraten, und wie er auf dem Rückweg durch die Wälder der deutschen Lande in seinem Sehnen nach der von Treue und „Hochachtung für die Frau" geprägten nordischen Liebe in die Rinde der Bäume ein A und ein V ritzte. Solange Inzest-Beziehungen in die historische Vergangenheit verlegt wurden, betrachtete man sie als romantisch und pikant. Außerdem vermittelte das Stück eine Menge über den norwegischen Machtkampf im 11. Jahrhundert, über das erbärmliche Leben der Mönche, über die Verwandtschaft zwischen Goten und Germanen; und die alles verbindende Liebe konnte jeder nachempfinden und sich davon mitreißen lassen. Valborg wurde von Jungfer Lasson gespielt, über deren Schönheit sich alle einig waren, und einer der Hauptschauplätze der Handlung war der Dom von Nidaros

(Trondheim), „ein gewaltiges, hohes Gewölbe des Dovrefjell"[7] Dort saß ein alter Mann, gespielt von O.R. Holm, und sehnte sich zurück in die Zeit, als man nicht nur vom Becher *nippte*, sondern die großen Trinkhörner geleert wurden und man auf der nackten Erde schlief, den Helm unter dem Kopf und die Brust bedeckt von seinem Schilde.

Einer von denen zu sein, die dimittiert wurden, also das e*xamen artium* an der Universität ablegten, bedeutete einen anderen Abschluss des Schuljahres als bisher. Im April begannen die so genannten „Kandidatenferien". Von dieser Zeit an bis zum Schluss des Schuljahres Anfang Juli erschienen die Kandidaten nur zu bestimmten Stunden in der Schule, die der Wiederholung dienten und dem Examinieren der Hausarbeiten. Niels Henrik war diese eingeschränkte Schulpflicht besonders willkommen. Offenbar hatte er sich schon lange danach gesehnt, seine Zeit selbst einteilen zu können, seine mathematischen Studien gingen längst über den gewöhnlichen Unterricht und Stundenplan hinaus. Aber auch in den anderen Fächern scheint es, als habe er genau gewusst, wie er das Pensum bewältigen konnte, das zum Bestehen des Examens erforderlich war. Beim Jahresabschlussexamen, das sich über zwei Wochen erstreckte, gab es in 15 Fächern Noten. Niels Henrik verschlechterte sich in Religion, Griechisch und Deutscher Aufsatz um eine Notenstufe, sonst blieb alles beim Alten, abgesehen vom Norwegischen Aufsatz. Hier erhielt Niels Henrik von Rektor Rosted die beste Note, *ausgezeichnet!* Worüber hatte er geschrieben? Bisher hatte Niels Henrik in Muttersprache oder *Norwegisch*, wie man das Fach nun nannte, die Note *Gut* bekommen. Diese Note erhielt Niels Henrik auch im *examen artium* für die Beantwortung der Frage: „Was ist der Grund, warum fast alle, sogar primitive Volksstämme, ihr Vaterland lieben?"

Von seinen Studentenfreunden und wahrscheinlich auch von Hansteen selbst wurde Niels Henrik zu dieser Zeit in den Plan des Professors eingeweiht, eine Fußwanderung von Christiania nach Bergen durchzuführen, eine Tour, über die Hansteen später im *Budstikken* schrieb. Am 22. Juni 1821 startete er in der Hauptstadt und über Kongsberg, Bolkesjø, Rjukanfossen und nach der Besteigung des Gaustatoppen ging es weiter nach Westen, also zu Beginn die Route von Christen Smith. Doch Hansteens Auftrag bestand in der geographischen Vermessung. Mit Hilfe von Sextant, Chronometer, Barometer und Thermometer bestimmte er die geographischen Koordinaten Breite, Länge und Höhe über dem Meeresspiegel. Außerdem betrieb er seine magnetischen Untersuchungen, denn er wollte für seine bereits geplante Sibirienreise Erfah-

---

[7] Dovrefjell: Symbolträchtige Gebirgsregion zwischen Nord- und Südnorwegen, die u.a. eine wichtige Bedeutung in der norwegischen Märchen- und Sagenwelt spielt.

rungen sammeln. Auf dem weiteren Weg westwärts über die Hardangervidda „entdeckte" er einen Wasserfall, Vøringfossen. Von seinen Begleitern ließ er Steine den Berghang hinunterwerfen und maß mit dem Chronometer die Zeit. Damit errechnete er eine Höhe des Wasserfalls von 933 rheinländischen Fuß. Berücksichtigte man die von dem Stein beschriebene Kurve sowie den Luftwiderstand, musste die Höhe zwischen 850 und 900 Fuß liegen. (Heute soll die Höhe des Wasserfalls 182 m betragen). Hansteen und seine Leute zogen weiter ins Måbødalen, 1.500 Treppenstufen einer steilen Geröllhalde hinunter, bis Eidfjord, wo das Gras von der Sonne braun war, wie er schrieb, das Getreide jedoch durch künstliche Bewässerung überlebt hatte. Dann wurde der „Almanach-Meister von Christiania" über den Fjord zu dem bekannten Propst und Wissenschaftler Nils Hertzberg in Ullensvang gerudert. Hansteen berechnete die genaue Position des Ortes und, zusammen mit dem Propst, maß er die Entfernung über den Fjord zu dem altehrwürdigen Hof Aga, 5.568 *Alner* oder etwa 350 m. Die beiden unterhielten sich über eine Geschichte, wonach eine ganze Siedlung, in der selbst der Pfarrer gottlos war, zur Strafe unter den Eismassen des Folgefonna Gletschers begraben worden sein soll. Es wurde erzählt, dass die Bäche, die aus dem Gletscher flossen, Mühlenräder, behauene Pfähle, alte Töpfe, Schüsseln und anderes Hausgerät mitgeführt hätten. Christen Smith hatte sowohl aus physikalischen wie historischen Gründen die Geschichte für unwahrscheinlich erklärt, Hansteen schloss sich dieser Meinung an, obwohl er sich fragte, wie sich auf einem so niedrigen Berg ein Gletscher bilden konnte. Sollten etwa elektromagnetische Prozesse in eisenhaltigem Gestein die Fähigkeit haben, Wärmebildung zu verhindern? Propst Hertzberg stand gerade im Begriff, zu seinem Bruder, Propst Christian Hertzberg auf der Insel Bømlo zu reisen und dort dem Besuch eines Bischofs beizuwohnen. Hansteen war sogleich bereit, ihn zu begleiten. Sie ruderten am Nachmittag hinaus aus dem Fjord, ruderten die ganze Sommernacht, vorbei an Utne und an der Küste entlang. Zur Mittagszeit konnte Hansteen dann an Land gehen und 60° 7' 15" messen, wobei er gleichzeitig im Süden die Baronie Rosendal erblickte. Um 11 Uhr abends erreichten sie den Landrichterhof Kårevik auf Stord. Am nächsten Tag berechnete Hansteen ihre Position mit 59° 25' 22". Zur Mittagszeit traf Bischof Pavels ein, sie aßen zusammen und setzten dann gemeinsam die Reise nach Bømlo fort, zu Hertzberg auf Finnås. Am Sonntag fand die feierliche Bischofsvisitation in der Hauptkirche von Mosterøy statt, der ältesten Kirche Norwegens. Über die Zusammenkunft im Landrichterhof notierte Bischof Pavels in seinem Tagebuch vom 12. Juli 1821: „Hansteen erzählte auch von einem Sohn des Pastor Abel in Gjerrestad, der in die Christiania Schule geht und eines der größten mathematischen Genies sein soll, die man sich vorstellen kann. Er hat kürzlich eine algebraische Entdeckung gemacht, in der sowohl Rasmussen wie Hansteen wirklich die

Auflösung eines bisher ungelösten Problems sehen. *Er kam selbst auf die Unrichtigkeit der Berechnung* und bemüht sich nun, diese zu berichtigen. Man will, sobald er Student geworden ist, das Geld für eine Auslandsreise erwirken und man erwartet, ihn einmal als einen der besten Mathematici auf dieser Erde zu sehen."

Worüber jedoch in diesem Juli 1821 in der Hauptstadt alle redeten, war Karl Johans Unzufriedenheit mit dem norwegischen Storting und die Drohung des Königs, eine größere Anzahl von Soldaten vor der Stadt, bei Etterstad, zu stationieren. Von schwedischer Seite nannte man dies ein „festliches Truppenlager", doch in den Augen des Storting und der Bevölkerung wirkten die Soldaten bedrohlich. Zwei Dinge hatten Karl Johans Zorn erregt: die endgültige Entscheidung über die Schuldenfrage mit Dänemark und die Frage eines norwegischen Adels. Vielen erschien es als eine schreiende Ungerechtigkeit, dass das Land drei Millionen Speziestaler zahlen musste für 400 Jahre Unterdrückung. Das Storting wollte die Sache ablehnen, die Abmachungen des Kieler Friedens würden Norwegen einfach nichts angehen, so hieß es. Karl Johan blieb stur bei seiner Forderung, dass Norwegen seiner Schuldverpflichtung nachkommen müsse und verlangte zudem vom Parlament, das Gesetz über die Abschaffung des norwegischen Adels nicht zu ratifizieren. Würde sich das Storting dem widersetzen, hätte das Land zum ersten Mal ein Gesetz ohne königliche Sanktion und der König drohte seinerseits, das Grundgesetz aufzuheben und Norwegen eine neue Verfassung zu geben. Nach Etterstad kamen nun zuerst dreihundert Husaren in schönen Uniformen und vierhundert Dragoner, alle mit scharfer Munition. Und eines Morgens lag im Fjord von Christiania plötzlich ein schwedisches Kriegsschiff, das vor Kanonen strotzte. Später stellte sich heraus, dass es hier nur ankerte, um ein großes Zelt zu bringen, das für den Besuch des Königs in Etterstad benötigt wurde. Es gingen Gerüchte, dass Karl Johan, wenn er in die Stadt kam, nicht die Königswohnung im Palais beziehen wolle, sondern sich direkt ins Truppenlager nach Etterstad begeben werde. Sowohl das Volk wie das Storting waren beunruhigt darüber, was nun geschehen würde. 6.000 Mann waren inzwischen in Etterstad zusammengezogen worden, man konnte die Zelte von der Stadt aus sehen und abends loderten Hunderte von Lagerfeuern. Das Volk strömte zum Lager hinaus, um zu gaffen, um Waren zu verkaufen und auch, um an der großen Verbrüderung teilzunehmen, in die sich das Ganze auflöste. Denn als Karl Johan am Sonntag den 29. Juli bei strömendem Regen in der Stadt eintraf, war bereits eine große Mehrheit im Parlament dafür, der Schuldverpflichtung nachzukommen. Der schärfste Widerspruch kam von Vater Abels altem Verbündeten, Kriegsrat Flor aus Drammen, der sich nicht von der Aussicht auf ein besseres Amt verlocken ließ und unbedingt verlangte, dass Schweden wenigstens die Hälfte bezahle. Doch in der Frage der Abschaffung des Adels in Norwegen hatte sich das Storting nicht gebeugt, obwohl eine offenere Haltung eingenommen wurde, wonach die Überlegung eines neuen Adels als Grundgesetzvorschlag eingebracht werden könne. Nach dem Besuch einer schwedischen Flottenabteilung und nach Zusammenkünften der Regierung schienen alle Schwierigkeiten aus dem Weg geräumt. Der König war guter Laune und am 19. August wurden 700 Gäste zu einem grandiosen Abschlussball in Etterstad eingeladen. Das Truppenlager war nun doch zu einem Festlager geworden und viele Bewohner Christianias kamen und waren dabei, als beim flackernden Schein der Lagerfeuer bis in die Nacht hinein getanzt wurde. Die scharfe Munition hatte man in Akershus sicher deponiert. Die Damen von Christiania vergnügten sich köstlich, nicht nur die aus der Kirkegaten, vielleicht die aus den Vorstädten Vaterland und Piperviken noch mehr.

In diesen Tagen führte die Universität wie geplant das *examen artium* durch. Von den Kathedralschulen in Trondheim, Bergen und Christiansand kamen die Kandidaten in die Hauptstadt. 14 der insgesamt 40 jungen Männer, die in diesem Jahr das Examen absolvierten, waren von Privatlehrern vorbereitet worden. Die schriftlichen Prüfungen verteilten sich auf vier Tage, mit zwei Prüfungen zu je vier Stunden täglich. Abgesehen vom norwegischen Aufsatz erhielt Niels Henrik etwa die gleichen Noten wie beim Schulabschlussexamen. Die Hauptnote *gut* teilte er sich mit 22 anderen, acht erhielten *sehr gut*, der Rest *ziemlich gut*. Der Klassenkamerad Skjelderup war in der ersten Gruppe, Berg Nielsen in der letzten. Vor dem feierlichen Entlassungsakt an der Kathedralschule mussten sich die Kandidaten im Auditorium der Schule gewöhnlich einer besonderen Prüfung in den Fächern unterziehen, in denen sie beim *examen artium* nicht geprüft worden waren. Für Niels Henriks Jahrgang blieb hier nur Englisch, Naturkunde und Physik waren ja vom Stundenplan gestrichen worden. Niels Henrik erhielt jedenfalls ein *sehr gut* in Englisch. Doch fünf Jahre später, in Triest, war er nicht einmal in der Lage, einem englischen Matrosen klarzumachen, dass er ein Boot haben wolle. Englisch hatte in der Hauptstadt keinen hohen Stellenwert mehr. Ein Menschenalter davor hatte man noch von Christiania gesagt, es werde „londonifiziert", weil so viele Englisch konnten.

Niels Henrik interessierte sich offenbar nicht sonderlich für diese Abiturnoten. Dass er in Arithmetik und in Geometrie die Bestnote erhielt, war selbstverständlich. Mit dem *examen artium* würde er jetzt an der Universität anfangen, doch dort gab es im Grunde niemanden, der ihm in dem Fach, das er studieren wollte, etwas beibringen konnte. Bereits als frisch gebackener Student wusste Niels Henrik besser Bescheid mit der reinen Mathematik als jeder andere im Land.

Doch als Student genoss man eine gewisse Achtung, stieg eine deutliche Stufe im gesellschaftlichen Ansehen nach oben. Ein Student war durch das

Nadelöhr gegangen und auf dem besten Weg zu einem Amt. Niels Henrik gönnte sich sicher eine Heimfahrt nach Gjerstad, bevor an der Universität die Vorlesungen anfingen, er wollte schließlich wissen, wie die Familie unter den neuen Umständen lebte. Seine Mutter und seine Geschwister waren aus dem Pfarrhof ausgezogen, Witwe Abel hatte ein Nutzungsrecht auf den Hof Lunde. Der neue Pastor der Gemeinde Gjerstad, John Aas, hatte am 28. Oktober 1820 sein Amt übernommen und war nicht irgendjemand. Er gehörte zum ersten Studentenjahrgang, der 1813 an der neuen norwegischen Universität das *examen artium* ablegte, stand ganz oben auf der Liste und wurde daher der erste Student dieser neuen Universität genannt. Aas hatte dann bei den Professoren Hersleb und Stenersen Theologie studiert, gehörte zu den Begründern der *Studentersamfundet* und wurde 1816 deren Vorsitzender. Im Januar 1818 bestand er das theologische Staatsexamen mit Auszeichnung. John Aas war also gerade zu der Zeit der beste Student bei Stenersen, als dieser Pastor Abels Schrift und Religionslehre zu Leibe rückte und für immer vernichtete. Möglicherweise hatte sich John Aas eine Hochschulkarriere vorgestellt, er blieb jedenfalls nach dem Examen noch ein Jahr an der Universität und setzte sein Studium fort. Danach hatte er die Stelle eines Vikars für die Schlossgemeinde Akershus, und erst dann bewarb er sich um die Pfarrei Gjerstad. Höchstwahrscheinlich begegnete Niels Henrik dem noch unverheirateten John Aas bereits in Christiania, bevor der neue Gjerstad-Pastor um Weihnachten 1820 seinen Pfarrhof übernahm. Die beiden sollten später einen losen Briefkontakt pflegen und einige Jahre später, als John Aas endlich erkannte, was für ein hochkarätiger Wissenschaftler Pastor Abels Sohn eigentlich war, soll er Niels Henrik bei dessen Stippvisiten zu Hause mit großer Ehrerbietung behandelt haben.

Doch im August 1821 hatte man auf Gjerstad keinerlei Respekt vor der Familie Abel. Zwar war die Witwe Abel auf den Hof Lunde umgezogen und es war klar, dass sie 16 Taler im Jahr Witwenrente beziehen würde. Pastor Abel hatte drei Witwenkassen für sie abgeschlossen, eine in Kopenhagen, eine in Christiania und eine in Christiansand. Doch als sie den Pfarrhof verlassen musste, hatte sie, unter dem Vorwand, Niels Henrik in Christiania zu unterstützen, darauf bestanden, 26 Rinder mitzunehmen. Und bei der Haushaltsauflösung, zu der sie nur widerwillig zu bewegen war, musste Propst Krog eingreifen und es einen Diebstahl an ihren Kindern nennen, als sie zwölf Silberlöffel für sich behalten wollte. Propst Krog schrieb über sie: „Bacchus und Venus werden von dem Elenden gleichermaßen angebetet – elend im Verstand und im Herzen und moralisch unter aller Kritik." Eigentlich wollte sie ihren Dienstknecht, den Pferdehändler Jørgen L., der auch den Hof Lunde bewirtschaftete, heiraten, doch als ihr klar wurde, dass sie dann ihre Witwenrente verlieren würde, verzichtete sie darauf. Propst Krog wusste auch von einem Brief, den Pastor Abel auf seinem Krankenlager an den Bischof und an den Propst geschrieben hatte und in dem er in deutlichen Worten nicht nur auf seine miserable Ehe einging, sondern auch die Gründe für seinen eigenen Absturz schilderte, für seine Angst und Verzweiflung und eine Exzentrizität, die er bitter bereute. Doch Frau Abel und ihr „Wohltäter" sollen diesen Brief gleich nach Abels Tod zerrissen haben. In den letzten Tagen, da Vater Abel noch lebte, soll sich Frau Abel kaum am Krankenbett ihres Mannes gezeigt haben, und wenn sie ihm eine Erfrischung oder Ähnliches reichte, so geschah dies ohne jedes Mitgefühl. Und wären nicht der Mesner und einige Helfer gewesen, hätte Vater Abel völlig verwahrlost und in seinen eigenen Exkrementen sterben müssen. Über Niels Henriks Geschwister schrieb Propst Krog: „Mein Hund hat es besser als diese völlig verlotterten Unglücklichen – Gott erbarme sich ihrer." Pastor John Aas teilte die Besorgnis des Propstes und schrieb am 28. Februar 1821 an Bischof Sørensen in Christiansand, er hoffe, dass „ein Sinn für Religion und Religiosität bald in diese Gemeinde zurück-kehren möge." Aas erkannte „mit wehmütigem Gefühl ... den Zustand, in dem sich die Pfarrerswitwe, einst die Frau eines geschätzten und verehrten Mannes, befindet", und er sah mit Bedauern, wie sich die früheren Freunde der Pfar-rersleute jetzt voller Abscheu zurückzogen, und mit Trauer, „besonders im Hinblick auf ihre unerzogenen Kinder", die dringend einen rechtschaffenen Erzieher benötigten.

Wahrscheinlich wollte Pastor Aas *alle* seine Pfarrkinder erziehen, als er auf das schlichte Holzkreuz auf Vater Abels Grab den Spruch schrieb:

> Verweile, Wanderer! an diesem Grab und vergiss nicht,
> dass oft das Glück verwandelt sich in Weinen bloß,
> in einem Leben einst voll Glanz und Sonnenlicht.
> Geblieben sind nur Seufzen und Tränen als schlimmes Los!

Im August 1821 wird Niels Henrik diese Worte gelesen haben, falls er das Grab seines Vaters besuchte. Das Holzkreuz blieb stehen, bis es verfaulte und das Grab wurde fast vergessen. Erst 1902, bei der Gedenkfeier zum 100. Geburtstag des Sohnes, stellte man einen Grabstein auf Vater Abels Grab.

Ende August 1821 war Niels Henrik wieder in Christiania. Als armer Student konnte er einen Antrag stellen auf freies Wohnen im Studentenheim Regent-sen. In einem Brief vom 3. September 1821, mit „Ergebendst" unterzeichnet, schrieb er: „Der Unterzeichnende hat im August dieses Jahres das *examen artium* absolviert und ersucht nun das hohe Collegium, einen der vakanten Plätze des Universitätsstiftes erhalten zu dürfen. Dieses mein Begehren be-gründe ich damit, dass mein Vater tot ist und meine Mutter, die neben mir fünf unversorgte Kinder hat, sich in solchen Umständen befindet, dass sie mir schwerlich eine Hilfe sein kann."

Teil V
Studentenleben, 1821–1825

Abb. 17. Drammensveien, bei Arbiens Landhaus, um 1820. Aschehoug Verlagsarchiv.

26.

Freie Unterkunft im Regentsen

Im September 1821 erhielt Niels Henrik einen Platz im Studentenheim Regentsen, er bezog sogleich eines der Mansardenzimmer, das er sich mit Jens Schmidt teilen musste, der bereits ein Jahr studierte. Etwa zwanzig der bedürftigsten Studenten wohnten im Regentsen und in diesem Studentenheim sollte Abel verschiedene Zimmer bewohnen, bis er im Herbst 1825 seine große Auslandsreise antrat.

Das Universitätsstift Regentsen lag im Mariboe-Anwesen, einem Gebäude, das die Universität einige Jahre vorher erworben hatte. Damit waren alle Unterrichtsräume sozusagen unter einem Dach. Das Mariboe-Anwesen zählte zu den prächtigsten in Christiania, hatte als eines der ersten zwei Stockwerke und die Fassade zeigte auf drei Straßen: Kongens gate, Prinsens gate und Nedre Slottsgate, damals Nordre Gade. Erbaut wurde es 1810 von Artilleriehauptmann und Grossist Mariboe, und mit diesem Gebäude zog der Empirestil in die Stadt ein. An der Längsseite hin zur Prinsens gate lag mittig der Eingang, deutlich markiert durch hohe Säulen, entlang der Kongens gate befanden sich Zimmer zur Straße und zum Innenhof, ansonsten gab es eine Reihe einfacher Zimmer mit einem geschlossenen Gang zum Innenhof.

Der ganze Universitätskomplex bestand aus 34 Räumen. Im Erdgeschoss gehörten zwei Räume dem Senat, vier Zimmer und die Küche hatte man an den Inspektor des Universitätsstiftes, Gregers Fougner Lundh vermietet. Lundh hatte einen bewegten Lebenslauf, war bei Kriegsausbruch 1807 Medizinstudent in Kopenhagen, dann Fähnrich und Hauptmann bei den norwegischen Streitkräften, dann Ministerialrat gewesen. Erst im Herbst 1814 wurde er zum Dozenten für Technologie berufen und sollte außerdem das Amt des Sekretärs der Universität versehen. Als „Hausvater" im Regentsen war er für alle Nöte der Studenten zuständig und Teil ihres Alltags. Im Erdgeschoss des Mariboe-Anwesens war auch ein Waschhaus untergebracht sowie drei weitere Zimmer, die dem Pförtner und zwei Bediensteten vorbehalten waren. Hier konnten die Studenten jeden Morgen ab sechs Uhr heißes Wasser für ihre übliche erste Tasse Tee bekommen, ehe sie den Tag begannen. Im ersten Stock waren die sechs Zimmer zur Kongens gate belegt mit dem Naturalienmuseum oder Kabinett, wie es genannt wurde, ein anderer Raum beherbergte das Münzkabinett. Im Stockwerk darüber befand sich ein Hörsaal sowie das „Große Auditorium" oder der Prüfungssaal, der zur Immatrikulation und anderen Feierlichkeiten benutzt wurde. Die anderen Hörsäle lagen im Flügel zur Nordre Gade. Im Flügel zur Prinsens gate waren im ersten und zweiten Stock sowie in der Mansarde die Studentenbuden untergebracht, so auch im Hinterhaus, das aus Stall, Remise und drei Holzlegen bestand. Insgesamt verfügte das Mariboe-Anwesen über zehn eingerichtete Studentenzimmer. Neun davon waren so aufgeteilt, dass sie für jeweils zwei Studenten einen Arbeitsbereich und einen kleineren Schlafbereich umfassten. Jeder Student hatte ein Bett, einen Waschtisch mit Schüssel, Tisch und Stuhl, ein Bücherregal, einen Hocker, einen Feuer-Anzünder und eine Metallschale mit Schere und Tülle, um Kerzen aufzustellen. Früher waren die Studentenbuden in Gebäuden der Universität im Stadtteil Vaterland untergebracht, der Umzug ins Mariboe-Anwesen wurde als ein großer Vorteil gesehen. Die Lehrer hatten ja, stellvertretend für die Eltern, die Verantwortung für die jungen Studenten übernommen und nun ließ sich die Kontrolle besser ausüben. Die vielen Klagen, die früher von den Bürgern der Stadt über grobe Späße und nächtliche Ruhestörung durch Studenten zu hören waren, verstummten nun fast gänzlich. Um den Fleiß der Studenten zu fördern, wurde außerdem festgelegt, dass jeder, der einen Platz im Universitätsstift hatte, jedes Jahr einen Bericht über Stand und Fortschritte seines Studiums zu schreiben hatte, am besten auf Latein. 1822 beantragten die Studenten, von dieser Pflicht entbunden zu werden, doch der Senat der Universität sah dazu keine Veranlassung. Vielmehr wurde beschlossen, bei der Verteilung von Plätzen und Stipendien besonders diese obligatorischen Berichte zu berücksichtigen. Leider ist keiner dieser Berichte erhalten und wir wissen nicht, wie Abel seine eigenen Fortschritte beurteilte, doch in den Archiven gibt es die Unterschrift des Studenten Abel unter einem Protestschreiben vom Herbst 1822 gegen die Entlassung von Holmboes Bruder Henrik aus einer Laborantenstelle im chemischen Labor.

Niels Henriks Wohnsituation war jetzt zweifellos besser als je zuvor, jedenfalls war er sein eigener Herr und konnte sich leichter mit Freunden und Mitstudenten zu Kartenspiel und Meinungsaustausch treffen. Wir wissen, dass Abel mit seinen drei gleichaltrigen Freunden Johan Lyder Brun aus Bergen, Arnt Johan Bruun aus Christiansand und Johan Frederik Holst aus Trondheim Karten spielte. Zusammen hatten sie das *examen artium* gemacht und Zimmer im Regentsen bekommen. Auch zwei von Abels Klassenkameraden aus der Kathedralschule, der Professorensohn Jacob Worm Skjelderup und der Apothekersohn Carl Gustav Maschmann, waren offenbar in dieser Runde mit dabei. Die Letztgenannten wohnten natürlich zu Hause, kamen aber jeden Tag ins Mariboe-Anwesen. Dort fanden täglich Vorlesungen zur

Vorbereitung auf das *examen philosophicum* statt, das Voraussetzung für das Staatsexamen war. Für Maschmann, der die Elephantenapotheke von seinem Vaters übernehmen sollte, stand dieser Studienweg fest, doch für Niels Henrik, der zwar wusste, was er weiter studieren wollte, gab es in seinem Fach keine Staatsprüfung. Für die anderen schien die Theologie das beste Brotstudium zu sein.

Das Verhältnis zwischen Professoren und Studenten war gewöhnlich sehr distanziert. Die Stellung des Professors war von einem gesellschaftlichen Nimbus umgeben, der Schranken setzte und die Studenten auf Abstand hielt. Beim Volk galten die Professoren zumeist als dänenfreundlich. Sie legten Wert darauf, dass Frederik VI. die Universität gegründet hatte, und auch nach der Trennung der Reiche hatte der dänische König der norwegischen Universitätsbibliothek eine große Dublettensammlung aus der Königlichen Bibliothek in Kopenhagen vermacht. In diesem Sommer 1821, als man in der Hauptstadt einen Staatsstreich Karl Johans befürchtete, stand beispielsweise für Professor Hersleb fest, dass er in diesem Fall nach Kopenhagen zurückgehen und sich dort notfalls mit Privatstunden durchschlagen würde.

Doch auch die Studenten ließen die Professoren nicht an ihren Zusammenkünften teilnehmen. Die Professoren klagten oft über das Leben der Studenten und die Studenten beklagten sich, dass die Vorlesungen mehr an den Bedürfnissen der Lehrenden als an denen der Studenten ausgerichtet waren. Für den Studenten Abel schien die Situation eine andere gewesen zu sein. Die Professoren Rasmussen, Hansteen und Skjelderup kannten nicht nur das mathematische Genie Niels Henriks, sie wussten auch um seine finanzielle Lage. Deshalb unterstützten sie Niels Henrik in diesen ersten Jahren mit monatlichen Beiträgen, bis ihm der Senat im Frühjahr 1824 ein Stipendium gewährte, von dem er leben konnte. Wahrscheinlich veranlassten die drei Professoren noch andere, Abel zu unterstützen. Dazu zählte wahrscheinlich Apotheker Maschmann, der wohlhabend und zugleich ein interessierter Wissenschaftler war und zeitweise den Chemie-Unterricht an der Universität übernommen hatte.

27

Examen philosophicum.
Über Fächer und Lehrer

Das *examen artium* war das Nadelöhr. Das *examen philosophicum*, das zweite Examen, das viele nach einem Jahr an der Universität ablegten, galt im Wesentlichen als eine Erweiterung des *artium* und die meisten erhielten hier bessere Noten als beim ersten Examen. Die Studenten wurden bei dieser Prüfung im Großen und Ganzen von denselben Professoren beurteilt. Niels Henrik behielt seine Hauptnote 3, doch Maschmann und Lyder Brun zum Beispiel verbesserten ihre Hauptnote von 4 auf 2.

Bei diesen vorbereitenden Prüfungen wurden zehn Fächer benotet: theoretische und praktische Philosophie, Latein, Griechisch, Geschichte, Mathematik, Astronomie, Naturgeschichte und Physik. Im Fach Physik, zu dem auch die Chemie gehörte, wurde ein theoretischer und ein praktischer Teil benotet. Im theoretischen Teil erhielt Niels Henrik die beste Note, im praktischen nur *gut*. Der Lehrer in diesem Fach war Professor Jens Jacob Keyser, mit dem Niels Henrik einst eine Auseinandersetzung über Mathematiklehrbücher hatte. Keyser hielt seine Vorlesungen in einem chemisch-physikalischen Labor in einem gemieteten Raum, neben dem Garnisonskrankenhaus in der Øvre Slottsgate am alten Markt. Hier wurde drei- bis viermal in der Woche vormittags Physik und nachmittags Chemie unterrichtet. Es waren dies die einzigen Vorlesungen, die außerhalb des Mariboe-Anwesens stattfanden. Keysers Stunden sollen in Ordnung, aber wenig originell gewesen sein und seine Experimente misslangen ihm recht häufig. Dann wurde „der cholerische Professor zornig und dieser Zorn entlud sich mit vielen Schimpfwörtern auf den unglücklichen Laborhelfer, der es ihm nie recht machen konnte." Eine solche Stellung hatte man Holmboes Bruder gekündigt. Professor Keyser erzählte offenbar auch ziemlich unwahrscheinliche Geschichten, doch wenn sie allzu unglaublich waren, stampften die Studenten mit den Füßen. Dann wurde der Professor wütend und erteilte dem Auditorium einen scharfen Verweis mit lateinischen Worten über pueriles Benehmen und Lausbubenstreiche. Keyser war einer der wenigen Professoren, die gegen Bezahlung Privatunterricht erteilten und alle wussten, dass es mit Rücksicht auf das Examen in Physik ratsam war, zu ihm zu gehen. Niels Henrik dürfte kaum dort gewesen sein. Als Keyser sich im Frühling 1822 im Auftrag der Regierung in Kopenhagen aufhielt, übernahm Hansteen den Physikunterricht für Niels Henriks Jahrgang. Natürlich war Hansteen auch zuständig für den Unterricht in Astronomie, viermal wöchentlich gab es Vorlesungen über sphärische Trigonometrie und Himmelsmechanik in enger Verbindung zu Geodäsie und Landvermessung. Der praktische Gebrauch von Sextant und Chronometer zur geographischen Standortbestimmung wurde geübt, Topographie und Meteorologie gehörten ebenfalls dazu, und ganz sicher sprach Hansteen über seine geomagnetischen Untersuchungen. Eine verlässliche Navigation war für eine Seefahrernation wie Norwegen unabdingbar. Alle schienen Hansteen zu achten, es war stets interessant, ihm zuzuhören. Er hatte, so erzählten die Studenten, eine gute, angenehme Stimme, erklärte klar und veranschaulichte seine Behauptungen mit einfachen und treffenden Beispielen. Auch hatte man Hansteens gefährliche Überfahrt von Kopenhagen aus im Juli 1814 noch nicht vergessen, es war wie ein Zeichen für den Nationalpatriotismus: Um den Treueeid auf den schwedischen König zu umgehen, mit wichtigen Papieren für König Christian Frederik, eingenäht in Frau Hansteens Kleid, stach er mit dem Segler „Mazarina" in See. Er nahm einige norwegische Matrosen mit, die in Kopenhagen sechs Jahre in englischer Gefangenschaft zugebracht hatten. Bei dieser Überfahrt wurden sie von einem schwedischen Kaperschiff verfolgt und von einer englischen Fregatte aufgebracht, doch der englische Kapitän hatte Mitleid mit den Matrosen, die sich nach sechsjähriger Gefangenschaft auf dem Weg nach Hause befanden und er hatte Mitleid mit dem norwegischen Wissenschaftler und seiner Frau. So konnte die „Mazarina" unversehrt bei Langesund anlegen. Dort traf Hansteen Professor Christen Smith, der auf einem englischen Schiff wartete, das ihn nach England bringen sollte, und von dort aus brach er dann zu seiner Entdeckungsreise in den Kongo auf. Daher konnte Hansteen später sagen, dass er der letzte Amtskollege war, der Christen Smith gesehen und mit ihm gesprochen habe. Was den Studenten Abel betraf, den Hansteen ja bereits zum Genie erklärt hatte, so tat es ihm leid, dass er Niels Henrik im *examen philosophicum* nicht die beste Note in Astronomie hatte geben können.

In Mathematik gab es dagegen keinen Zweifel: Niels Henrik überragte alle, Professor Rasmussen hatte ihm nicht viel beibringen können. Neben seiner Hauptaufgabe, dem Unterrichten aller Studenten in Trigonometrie und Algebra, hatte Rasmussen für besonders Interessierte und für die, die das Hüttenwesen studierten, in den letzten Jahren Vorlesungen über arithmetische Reihen gehalten, die man zur Berechnung von gestapelten Kanonenkugeln anwandte, und er hatte über die so genannten krummen Linien gesprochen, das waren die klassischen Kegelschnitte, wie auch über die Verwendung der Infinitesimalrechnung bei der Bestimmung von Tangenten und Krümmungsradien ebener Kurven. Höhere Gleichungen und die Differential- und Integralrechnung waren allmählich auch Teil der Vorlesungen von Rasmussen geworden, doch all dies hatte B.M. Holmboe früher schon von Rasmussen gelernt und längst an Niels Henrik weiter vermittelt. Auch wurde Rasmussen mehr und mehr zum Finanzexperten der Regierung und seine Arbeit mit der Bank von Norwegen diente nicht gerade der mathematischen Vertiefung. Doch Rasmussen erkannte deutlich die ungewöhnlichen Fähigkeiten Niels Henriks und neben seinem Beitrag in Form einer monatlichen Unterstützung gab er zwei Jahre später, im Sommer 1823, Niels Henrik 100 Speziestaler, um nach Kopenhagen zu reisen und dort Professor Degen und andere Mathematiker kennen zu lernen.

Die Universität in Christiania war die einzige Institution, die für wissenschaftliche Fachkenntnisse zuständig war, Kenntnisse, welche die staatlichen Behörden dringend benötigten. Rasmussen wurde der Finanzexperte der Regierung. Hansteen war damit beschäftigt, Karten über das Gebiet der neuen Nation Norwegen zu erstellen, war Ratgeber in Fragen von Maßen und Gewichten, er unterrichtete auch an der Militärhochschule und gab den Almanach heraus. In den staatlichen Gremien war man sich einig, dass die verschiedenen Wirtschaftszweige Ackerbau, Viehzucht, Forstwirtschaft, Fischerei und Jagd eine weitaus größere Ausbeute liefern konnten, wenn man sie nach rationellen und wissenschaftlich begründeten Methoden betrieb. *Naturgeschichte* war das Universitätsfach, das den Wirtschaftszweigen des Landes eine derartige Anleitung geben sollte und aus diesem Grund saßen auf den entsprechenden Lehrstühlen Christen Smith und Jens Rathke. Smith ging dann weg und Rathke hatte Schwierigkeiten, die Erwartungen zu erfüllen. Für die vorbereitenden Prüfungen sollte Rathke Vorlesungen halten über die Physiologie der Pflanzen, botanische Terminologie, Zoologie, Enzyklopädie der Zoologie und Geologie des Vaterlandes. Doch die Studenten fanden seine Vorlesungen langweilig und das Gerücht ging um, dass er die Naturgeschichte absichtlich langweilig gestaltete, denn „sonst würden sich zu viele dafür entscheiden", wie er gesagt haben soll. Es wurde erzählt, wie sich Rathke vom angrenzenden Naturalienkabinett aus in den Hörsaal schlich und etwas unter seinem Rock versteckt hielt. Wenn er dann am Katheter stand, zog er plötzlich den versteckten Gegenstand hervor und hielt ein ausgestopftes Tier in der Hand, einen Fisch, einen Vogel oder eine Fledermaus. Mit triumphierendem Gesichtsausdruck hielt er das Tier dann in die Höhe und rief entzückt: „Und nun, meine Freunde, wollen wir dieses Meisterwerk der Natur näher in Augenschein nehmen!" Rathke hatte auch eine Menge von bestimmten Ausdrücken und Formulierungen in seinen Vorträgen auf Lager, und man sagte ihm nach, ein großer Pedant und Hagestolz gewesen zu sein, der sich außerordentlich zuvorkommend und galant gezeigt habe. Beim Examen waren sein Wohlwollen und seine Höflichkeit beinahe übertrieben. Trotzdem kam Niels Henrik bei Rathke nicht über eine 3, *gut* hinaus.

Die Geschichtsvorlesungen hielt Cornelius Enevold Steenbloch, der 1816 vor seinem großen Konkurrenten N.F.S. Grundtvig den Lehrstuhl erhalten hatte. Steenbloch war ein beliebter Junggeselle, nicht nur wegen seiner vielen geistreichen Anekdoten im Hörsaal, auch im Gesellschaftsleben der Stadt und auf der Bühne in Grænsehaven glänzte er. Niels Henrik hatte ihn jedenfalls im Frühjahr 1818 in der gewagten Aufführung von Holbergs *Ulysses* als Göttin Minerva kostümiert gesehen. Auch Venus und Juno wurden von Männern gespielt und die Frauen im Theater verließen ihre Plätze, als die Venus sich nicht scheute, ihre Schönheit zu preisen. Steenbloch war auch dafür bekannt, Melodien zu spielen und zu komponieren und Gedichte zum Lobe des Weines, der Freundschaft und der Frauen zu verfassen. Er nannte sich „Runenmeister und Sagenerzähler an der schwarzen Schule in Harald Haardraades[8] Stadt." Er hielt hervorragende Vorlesungen und kümmerte sich nach seiner Ernennung zum Professor ausschließlich um die Lehre, gab also die Forschung auf. Er bot den Studenten einen Durchgang durch die Antike, das Mittelalter und die Neuzeit in sechs Semestern, um dann wieder von vorne anzufangen. Für die Studenten aller Fächer gab er einen kürzeren Kurs über die Geschichte Norwegens, Dänemarks und Schwedens. Die einzige Kritik, die man an seinen Vorlesungen üben konnte, war sein Verzicht auf Quellenhinweise. Mit seinen unterhaltenden Anekdoten wurden die Studenten nicht dazu angeregt, selbst über den Lauf der Geschichte nachzudenken. Für Abel war dies ein Vorteil. Niels Henriks Arbeitstisch in seinem Zimmer quoll über von Mathematikbüchern, die er sich in der Universitätsbibliothek ausgeliehen hatte. Und obwohl er Sinn hatte für Steenblochs Geschichten, konnte er sie möglicherweise zeitlich nicht einordnen. Jedenfalls erhielt er vom Sagenerzähler Steenbloch nur *gut*.

In den Sprachfächern Latein und Griechisch versuchte Niels Henrik offenbar, sich mit dem Wissen, das er noch von der Kathedralschule hatte, über die Runden zu retten. Latein unterrichtete der 23-jährige Søren Bruun Bugge. Dieser hatte im Vorjahr als erster im Land das philologische Staatsexamen absolviert, ein völlig neues Studium, das Professor Sverdrup ins Leben gerufen und geleitet hatte. S.B. Bugge war im selben Jahr zum Universitätsdozenten ernannt worden und hatte den Lateinunterricht übernommen, den vorher Sverdrup hielt. Später, als S.B. Bugge der Ruf vorauseilte, der beste Lateiner seiner Zeit zu sein, gab er zu, dass sein Unterricht in diesen ersten Jahren ziemlich mager und langweilig gewesen sei. Niels Henrik tat sich in den

---

[8] Harald Haardraade gilt als Gründer der Stadt Oslo im 10. Jahrhundert.

Lateinstunden sicher nicht hervor, als die römische Literaturgeschichte mit Tacitus, Sallust, Cicero, Horaz, Vergil, Ovid und Tibull durchgenommen wurde. Die Studenten wurde außerdem dazu gedrillt, sich in Schrift und Rede lateinisch auszudrücken.

Die Vorlesungen im Mariboe-Gebäude begannen gewöhnlich um acht Uhr morgens und liefen im Stundentakt ab, manchmal bis in den Nachmittag. Der eine Professor löste den anderen im Abstand von wenigen Minuten ab, längere Pausen waren nicht vorgesehen. Der Professor, den Abel und seine Freunde am häufigsten zu sehen bekamen, war Georg Sverdrup. Er hatte drei Fächer auf dem Stundenplan: theoretische Philosophie, praktische Philosophie und Griechisch. Neben seinem Unterricht für die vorbereitenden Prüfungen leitete Sverdrup das philologische Seminar, das zum Staatsexamen führte und dazu hatte er den Posten des Universitätsbibliothekars inne. Man erzählte, dass Sverdrup allen neuen Studenten mit seinen geistreichen und schönen Vorlesungen imponierte. Seine tiefe, sonore Stimme und der Glanz, der ihn immer noch umgab nach seiner aktiven Teilnahme am politischen Leben Norwegens, trugen sicher zu dem Eindruck bei, den seine Vorlesungen hinterließen. Doch bei Niels Henrik rief Sverdrup die Erinnerung an Vater Abels bittere Auseinandersetzung im Storting von 1818 wach. Kritische Stimmen meinten im Übrigen, dass Sverdrup die Veröffentlichungen aller anderen besonders kritisierte, weil er keine Zeit mehr fand, selbst etwas zu schreiben.

Über die Hälfte der Studenten studierten Theologie. Und weil ein so großer Teil von ihnen aus künftigen Theologen bestand, wurde das Philosophiestudium unter Sverdrup sicher vor allem ein breit angelegter Vortrag über das höhere Geistesleben, ein Fragen nach der theoretischen Spekulation im Verhältnis zum Gottesbegriff. Die Studenten sollten einen Überblick bekommen über die Wissenschaften, und neben der Geschichte der Philosophie waren Logik, Ästhetik, Ethik und Metaphysik die Stichworte im Unterricht. Niels Henrik bereiteten diese allgemeinen philosophischen Reflexionen offenbar keine Schwierigkeiten und er erhielt von Sverdrup in theoretischer und praktischer Philosophie die Note 2, *sehr gut*. Nicht so gut ging es mit dem Griechischen, ursprünglich das Lieblingsfach von Sverdrup. Hier war das zu leistende Pensum gewaltig: Sverdrup nahm die griechische Literaturgeschichte durch wie auch das private Leben der Griechen, dazu eine Auswahl von Dialogen Platons, Theophrasts Charakteren, Hesiods Gedichten, Homers Iliade und Odyssee sowie die homerischen Hymnen, die Komödien des Aristophanes, die Tragödien von Aischylos und Sophokles, Pindars Oden und das Evangelium nach Lukas.

Während einer dieser Vorlesungen soll, wie später erzählt wurde, Niels Henrik plötzlich aufgestanden und mit den Worten „Ich hab's! Ich hab's!" zur

Tür gerannt sein. Vielleicht auch hatte er den Ausspruch des Archimedes verwendet und „Heureka! Heureka!" gerufen.

28

Studentenleben und Freundeskreis

Als Niels Henrik an der Universität zu studieren begann, gab es in Christiania etwa 100 Studenten und man traf sich gewöhnlich in der Norwegischen Stundentenvereinigung, zu der alle Studenten Zugang hatten. Sie konnten durch das Entrichten eines Beitrages, der von Quartal zu Quartal festgelegt wurde, Mitglied werden. Abel gehörte sicher nicht zu denen, die übermäßig viel Zeit in der Studentenvereinigung verbrachten, jedenfalls erscheint sein Name in diesen Jahren nie auf der Liste der Referenten dieser Vereinigung. Doch gewiss verfolgte er die Ereignisse und einige seiner Freunde waren an diversen Tumulten und Debatten beteiligt.

Im selben Jahr, in dem die Universität ihre Vorlesungen begann, also im Herbst 1813, einigte man sich über die Gründung einer solchen Studentengemeinschaft. Damals zahlten 19 Personen je 15 Taler ein, jeden Sonntag gab es Zusammenkünfte mit Vorträgen, Abhandlungen und Lesungen. Die erste Anschaffung bestand aus einem Teeservice mit einer Kanne und gelben Teetassen, sowie Teelöffeln, dann wurden Metallschalen mit Kerzenhaltern, ein Spind, eine Tabakdose aus Blech und einige Punschgläser gekauft, 1815 begann man mit einer Buchsammlung. Die Vorsitzenden der Vereinigung waren in diesen ersten Jahren Hans Riddervold, John Aas, Søren Bruun Bugge und Conrad Nicolai Schwach. Neben den sonntäglichen Zusammenkünften wurden einige Festlichkeiten begangen, so der Gründungstag der Universität am 2. September und das Reformationsfest an Luthers Geburtstag am 10. November. Über eine Feier anlässlich des Geburtstages von Karl Johan am 26. Januar konnte man sich nicht einigen, jedenfalls nicht 1822.

Im Grunde waren die Studenten dänenfreundlich, sie hatten Geld gesammelt für die von Grundtvig geplante Übersetzung der Volks- und Heldensagen des dänischen Geschichtsschreibers Saxo Grammaticus und des isländischen Dichters Snorri Sturluson, und sie hatten Sverdrup, Stenersen und Hersleb bei ihren Versuchen, Grundtvig als Geschichtsprofessor nach Christiania zu holen, unterstützt. Doch dass man es von höchster schwedischer Warte aus als vordringliche Aufgabe ansah, dies zu ändern, zeigt folgender Umstand: Viele Studenten setzten sich vehement für eine Studentenuniform ein, unter ihnen besonders Abels Freund Keilhau. Auch Mathematiklehrer Holmboe begrüßte die Idee einer Uniform, die viele mit der Bewaffnung der Studenten im Sommer 1814 verbanden. Student John Aas hatte damals versucht, die Initiative zu stoppen, in einer flammenden Rede hatte er die Argumente der anderen angegriffen. Der Wunsch, eine Uniform werde „die Herzen verbinden, den Geist in seinem Sinnen und Trachten zur Einheit stimmen, ist ebenso unmöglich wie der Versuch, Herz und Geist mit Strumpfbändern zusammenzubinden." Doch der Vorschlag kam erneut auf die Tagesordnung und Keilhau und seine Zimmergenossen im Regentsen stellten im Februar 1820 fest, dass „sämtliche im Studentenheim wohnenden Studierenden der Meinung sind, Norwegens Akademiker sollten in einer distinguierten Kleidung auftreten." Die Mehrheit in der Studentenvereinigung unterstützte den Vorschlag. Gemeinsam mit vier anderen arbeitete Keilhau das Konzept für eine Uniform aus und Ende März 1820 wurde der Entwurf an den akademischen Senat weitergeleitet. Es war eine Uniform mit Bordüren und einem dreieckigen Hut, schwarz und nach der Mode geschnitten, zwei Knopfleisten mit hohem, steifem Samtkragen, auf dessen eine Ecke ein grüner oder blauer Ölzweig gestickt sein sollte, dazu eine Mütze mit Kokarde! Doch im Senat sprach man sich deutlich dagegen aus. Professor Hersleb meinte, die Studenten hätten von einer Uniform kaum Vorteile, die Nachteile würden überwiegen. Würde beispielsweise *ein* Student etwas Tadelnswertes tun, würden dann gleich *alle* Studenten der Vorwurf treffen. Und könne man überhaupt das Tragen der Uniform zur *Pflicht* machen? Der Drang, sich herauszuputzen, werde durch eine Uniform nicht geheilt, neue Moden und mehr Zierrat würden für die Studenten nur zusätzliche Kosten verursachen. Die Studenten sollten vielmehr keinen Wert auf derartige Äußerlichkeiten legen, so meinte Hersleb. Die Angelegenheit wurde nochmals in der Studentenvereinigung behandelt und mit 44 gegen 33 Stimmen beschloss man, sich weiterhin für eine Studentenuniform einzusetzen. Keilhau wurde wieder aktiv und war die treibende Kraft für ein ausführliches und gut formuliertes Gesuch an den akademischen Senat, der daraufhin nicht anders konnte, als die Angelegenheit an das Kirchenministerium weiterzuleiten. Die norwegische Regierung befasste sich nun damit und der schwedische Statthalter, der Regierungschef und gleichzeitig Kanzler der Universität war, schloss sich der Ansicht des Senats an und leitete den Vorgang im Juni 1820 weiter, um ihn vom König sanktionieren zu lassen. Doch im Schloss von Stockholm geschah das Unglaubliche. Trotz der Ablehnung durch Regierung und Senat bewilligte Karl Johan das Gesuch der Studenten. Der König bemerkte nur, dass die Studenten an Stelle der *Mütze* mit Kokarde „einen Hut mit Cocarde tragen sollten."

Diese entgegenkommende und freundliche Geste Karl Johans war überwältigend und nun wurde auch sein Geburtstag von den Studenten gebührend gefeiert. Doch die Studentenuniform wurde wenig getragen und sollte auch weiterhin keine größere Rolle spielen. Vielleicht ließ sich Keilhau eine Uniform schneidern, als er im Sommer 1820 von Jotunheimen nach Hause kam? Und vielleicht war auch Niels Henrik hier mit dabei. In Studentenkreisen hatte Niels Henrik aus unbestimmten Gründen den Spitznamen *Schneider-Niels*, vielleicht wegen seiner blassen Gesichtsfarbe? Im Übrigen hätte Niels Henrik dringend etwas Anständiges zum Anziehen brauchen können, so schlampig wie er offenbar herumlief, aber wohl eher aus Gleichgültigkeit denn aus Armut, wie es hieß.

Von Abels Freunden aus dieser Zeit meldeten sich auch Boeck, Heiberg und Skjelderup in vielen Verhandlungen, Diskussionen und Streitgesprächen zu verschiedenen Themen zu Wort, die in der Studentengemeinde abgehandelt wurden. Um die Versammlung mit einer „rekreierenden Beschäftigung" zu erfreuen, wurden beispielsweise Vergils Quellen zum *Aeneas* aufgegriffen. Ein anderer wollte beweisen, „dass die christliche Religion zu Recht nicht die Liebe zum Vaterland predigte ." Ein dritter stellte sich die Frage, „ob und inwieweit Eheleuten ein positives Recht auf den Beischlaf zusteht." Boeck sprach eines Abends über „einige Aspekte der Gynäkologie mit Berücksichtigung verschiedener Zeugungstheorien", und an einem anderen Abend wollte er beweisen, dass „Zeit und Raum nicht nebengeordnete, sondern unter- und übergeordnete Begriffe sind." Auch wurden Preisaufgaben gestellt, in der Regel für jede Fakultät einzeln, die auf Norwegisch oder Lateinisch beantwortet und durch ein von den Studenten zusammengestelltes Komitee beurteilt wurden. So lautete zum Beispiel eine Aufgabe für die Theologen: „Was hat ein Theologe zu tun, der für sein Wirken auf die symbolischen Bücher schwören muss, wenn diese nicht mit seiner Überzeugung übereinstimmen?" Ein intensives Interesse am Grundgesetz kennzeichnete die meisten Aufgaben, die den Juristen gestellt wurden, es ging um aktuelle Verfassungsinterpretationen und sogar um den Nachweis, dass das norwegische Grundgesetz Gerechtigkeit und bürgerliche Freiheit garantiere. Eine Aufgabe, für die sich die Mediziner unter Niels Henriks Freunden engagierten und die Boeck ausführlich beantwortete, war: „Kann die Lehre vom Vital-Magnetismus oder eine Lehre, die auf der Annahme des Satzes beruht, dass dynamische Verbindungen bestehen zwischen den einzelnen Organen eines organischen Körpers als solchem, der irdischen, anorganischen Natur als solcher, und der Masse des gesamten übrigen Weltgebäudes, günstige Resultate für die praktische Ausübung der ärztlichen Wissenschaft erbringen, oder sollte man sich hierbei an das Erfahrungswissen von den unmittelbaren physischen, chemischen und organischen Wirkungen der Organe halten?" Den Philosophen wurde kurz und bündig die Frage gestellt: „Ist es gut, dass das Volk aufgeklärt wird?"

Als Niels Henrik zu studieren begann, war die Studentenvereinigung besonders hart gegen seinen Lateinlehrer Søren Bruun Bugge vorgegangen, der sich geweigert hatte, einem Komitee, das man zur Beurteilung einer solchen Antwort eingerichtet hatte, beizutreten. Die Studenten behaupteten, der neu ernannte Universitätsdozent Bugge wolle nicht zusammen mit zwei Studenten in einem Komitee sitzen und eine lateinische Abhandlung über Homer und Vergil bewerten.

Die Studenten achteten genau auf ein auf Gegenseitigkeit beruhendes Verhalten und die Vereinigung hatte eine strenge Etikette. Wie zu dieser Zeit üblich war die eigene Ehre von großer Bedeutung, und weil sich norwegische Studenten nicht zum Duell mit Pistolen fordern konnten, wurde bei ihren Versammlungen mit geschliffenen Worten gefochten, draußen sicher auch mal mit bloßen Fäusten. Mehr und mehr wurden diese Rededuelle in der Studentenversammlung wie die isländischen Familienfehden behandelt. Wenn in der Hitze des Gefechts verletzende Äußerungen fielen, erhob sich der Beleidigte sofort und verkündete: Ich fordere Genugtuung. Am nächsten Samstagabend um 7 Uhr in der Studentenvereinigung! Es kam dann zu langen und heftigen Auseinandersetzungen, es wurde verhandelt und debattiert über Schuld und Strafe, es gab Helfer und Helfershelfer, um Entschuldigungen und neue Beschuldigungen vorzubringen, die zu bösen Worten und zu weiteren Herausforderungen führten. Waren alle Beteiligten zu Wort gekommen, wurde über den ursprünglichen Streitfall abgestimmt. Als Erstes über die Schuldfrage, und wenn hier die Studentengemeinde eine Ausdrucksweise mit Zweidrittelmehrheit für ehrenrührig erklärt hatte, wurde der Beleidiger mit einer Strafe belegt, sofern eine erneute Abstimmung diesmal mit einfacher Mehrheit dies beschloss. Eine angemessene Strafe bestand zum Beispiel darin, dass die Studentengemeinde ihre Missbilligung aussprach oder eine Geldstrafe festlegte oder, noch strenger, eine Absetzung vornahm, wenn es sich bei dem Beteiligten um ein Mitglied des Vorstands handelte. Die höchste Strafe war der Ausschluss, für die allerdings die einfache Mehrheit nicht genügte.

Niels Henrik war nie in eine dieser Fehden verwickelt, er war Zuschauer und Beobachter. Auch scheint er sich nicht an einer Preisaufgabe beteiligt zu haben. Es gab schließlich keine Fakultät, die Mathematikaufgaben hätte stellen können und die Materie seines Studiums eignete sich auch nicht für einen Vortrag vor versammelten Studenten. Doch dass Niels Henrik, der in diesen Kreisen bereits als Genie anerkannt war, auch keinem Bewertungskomitee angehörte, könnte bedeuten, dass man ihn und sein Bedürfnis nach einer ruhigen Arbeitsatmosphäre, in der er ungestört arbeiten konnte, respektierte. In den 1820er Jahren veränderte sich die Studentenvereinigung mehr und mehr vom literarischen Teesalon zum geselligen Klub, der sich um die

Punschschüssel scharte. Nun wurde erlaubt, mitgebrachten Branntwein zu konsumieren und bald war auch der reguläre Verkauf von Wein und Branntwein bei den Versammlungen möglich. Über die einstigen Tee trinkenden Mitglieder hieß es mit leisem Spott: „Sie tranken, wer mag's verstehn, o weh! aus ihren Tassen nur literweise den Tee!" Inzwischen hatte die Vereinigung für das Winterhalbjahr einen festen Versammlungsort in dem Gebäude an der Ecke Rådhusgaten und Dronningens gate, gegenüber von der Ratsstube. In der helleren Jahreszeit traf man sich nun auch in der Gastwirtschaft Sorgenfri in Hammersborg.

Man erzählte, dass Niels Henrik in geselliger Runde immer fröhlich war, gerne Lieder sang und eine Pfeife rauchte, jedoch mit dem Alkohol sehr vorsichtig war. Nach dem Kartenspiel in einem der Zimmer des Studentenheimes ging er mit den Kameraden oft in die Wirtschaft von Madame Mikkelsen. Dieses Lokal an der Ecke von Lille Grensen hieß Arche Noah, wurde aber auch *Pultosten* (Stinkekäse) genannt. Oder sie gingen in die bescheidene Wirtschaft *Asylet*, wo nur ein langer Tisch mit Stühlen und einem Talglicht stand, und wo man ein Bier bekam und ein Tütchen Pfeifentabak, serviert auf einer Untertasse.

Niels Henrik fühlte sich für seine Geschwister zu Hause in Gjerstad verantwortlich. Schon nach einem halben Jahr Studentenleben im Regentsen hatte er konkrete Pläne für seinen Bruder Peder. Er wollte erreichen, dass Peder nach Christiania kommen und bei ihm wohnen konnte. Seine Freunde sollten Peder unterrichten und auf das *examen artium* vorbereiten. Bereits vor Weihnachten 1821 richtete Niels Henrik ein Gesuch an den Senat und bat um die Erlaubnis, dass sein Bruder bei ihm im Studentenheim wohnen dürfe. Er legte eine Bestätigung seines Zimmergenossen Jens Schmidt bei, der nichts gegen eine solche Ordnung einzuwenden hatte. Niels Henrik muss ziemlich sicher gewesen sein, dass auch sonst niemand etwas dagegen haben würde, wenn er sein Bett mit dem Bruder teilte, denn schon bevor er einen Bescheid von der Universitätsleitung erhalten hatte, schickte er eine Botschaft nach Gjerstad, dass Peder nach Christiania kommen könne. Aber vor Weihnachten wurde Peder krank und war deshalb verhindert, die Reise anzutreten, ein Aufschub, der auch Niels Henrik nicht ungelegen kam. Für die Weihnachtsferien hatten ihn nämlich die Brüder Holmboe zu sich nach Hause eingeladen, auf den Pfarrhof Eidsberg. In Eidsberg versah Vater Holmboe seit 1801 das Amt des Gemeindepastors. Er hatte die Stelle von dem weithin bekannten Aufklärungspfarrer Jacob Nicolai Wilse übernommen. Niels Henrik kannte vier der Holmboe-Brüder, vor allem natürlich Bernt Michael, und auch Christopher Andreas, der in diesem Herbst Professor Stenersen im Fach Hebräisch für Theologiestudenten vertreten hatte. Es hieß, Christopher Andreas sei bereits für eine Stelle an der Universität vorgesehen. Der dritte der Holmboe-Ge schwister war Henrik, der am chemischen Labor arbeitete. Der jüngste Bruder Hans Peder hatte zusammen mit Niels Henrik das *examen artium* gemacht und den gleichen Notendurchschnitt erzielt wie dieser.

Im *examen philosophicum* hatten alle drei, Bernt Michael, Christopher Andreas und Henrik, die besten Noten erreicht. Der jüngste Bruder Hans Peder schien nach dem *artium* eine Pause eingelegt zu haben, er absolvierte das *examen philosophicum* erst ein Jahr nach Niels Henrik und dürfte zu Hause auf dem Pfarrhof gewesen sein, als die anderen kurz vor Weihnachten 1821 in Eidsberg eintrafen. Hier lernte Niels Henrik nun einige der älteren Geschwister kennen, nämlich Hans, Theologe und Pfarrhelfer bei seinem Vater, während Otto, der älteste, die Karriere eines Kaufmanns eingeschlagen hatte und in Bodø wohnte. Aber auch zwei der älteren Schwestern waren zu Hause, beide sollten sie später Söhne von Pastor Wilse heiraten, die eine bereits im Jahre 1822. Man kann also annehmen, dass ihr künftiger Mann, Leutnant Christian Fredrik Wilse, an diesem Weihnachten am Pfarrhof weilte.

Pastor Holmboe und seine Frau Cathrine Holst hatten zusammen 17 Kinder, von denen neun das Erwachsenenalter erreichten. Hans Peder, geboren 1804, war der jüngste. Mutter Cathrine galt allgemein als eine sanfte und liebevolle Frau, doch war sie zu dieser Zeit schon sehr schwach und lag viel im Bett. Vater Holmboe war ein kleiner und gutmütiger Onkel, der, so wurde erzählt, meistens für sich herumpusselte und die Gäste sich selbst überließ. Die Holmboe-Kinder waren zweifellos in der Lage, auf dem Pfarrhof ein traditionelles Weihnachten zu gestalten, an dem sicher auch die Dienstboten teilnahmen. Das Fest begann an Heiligabend um fünf Uhr nachmittags mit *Mølje*. Dieses traditionelle Gericht bestand aus zerbröckeltem Roggen-*Flatbrød*, aufgeweicht in einer heißen Fleischbrühe mit Fettstückchen. Abends wurde gewöhnlich Braten mit Kartoffeln, Kohl, Suppe oder Graupensuppe gegessen. Dazu gab es Bier, Branntwein aus dem Fässchen, und wieder Essen im Überfluss. Am Weihnachtstag ging man in die Kirche und Weihnachten dauerte bis zum Abend des 12. Tages, wenn die traditionellen Kerzen der Heiligen Drei Könige entzündet wurden. Wahrscheinlich war ein Leutnant Jens Edvard Hjorth Weihnachtsgast am Pfarrhof. Der Junggeselle Hjorth wohnte in der Gemeinde und war für eine Reihe von musikalischen Veranstaltungen zuständig, die meistens mit Tanz und „ausgelassener Freude und Heiterkeit" endeten. Leutnant Hjorth war auch der Mann, der gerade in diesem Jahr zur Verbesserung des gesellschaftlichen Umgangs in der Gemeinde eine Lesegesellschaft ins Leben rief. Für Niels Henrik musste dieses Weihnachten auf einem Pfarrhof die Erinnerungen an frühere Weihnachten zu Hause in Gjerstad wachrufen, äußerlich gesehen, ließen sich viele Ähnlichkeiten feststellen. Pastor Holmboe war bei den Bauern recht beliebt, er hatte sich mit den Landarbeitern verbündet und einen Streit über Wegearbeit gewonnen, gerade war ein Getreidespeicher für Roggen, Gerste und Hafer gebaut worden und in der Pfarrgemeinde hatte sich der Kartoffelanbau durchgesetzt. Auch hier ging ein Großteil der Ernte in die Schnapsbrennerei. Aus der Zeit des Krieges wurde erzählt, dass 1808 Prinz Christian August in Eidsberg gewohnt habe und Leutnant Hjorth konnte über den 17-jährigen Olaf Rye vom Infanterieregiment Telemark berichten, der im Winter 1808 auf Skiern 15 Alen (=9,5 m) weit gesprungen war, eine Leistung, die ihm niemand nachmachte. Vom Krieg wurde auch erzählt, dass die Schweden 1814 die Hauptkirche als „Waffenkammer " und Stall benutzt und das Gestühl und einen Teil des Bodens ramponiert hatten. Der Beichtstuhl in der Sakristei war zertrümmert und auf den Friedhof geworfen worden, die Kupferflasche mit dem Taufwasser und ein Handtuch hatten sie mitgenommen.

Ein anderes Thema, das sicher an diesem Weihnachten diskutiert wurde, war die Ausbreitung der Erweckungsbewegung der Haugianer über die Pfarrgemeinde. Kari Rømskogen, eine blinde Frau, soll durch ihr einfaches Beispiel viele überzeugt haben. Auch in Christiania wurde diese Erweckung bemerkt und als Minister Treschow gegen Ende des Jahres 1822 einen Mann schickte, um diese Bewegung in Eidsberg zu beobachten, erhielt er den Bescheid, dass Pastor Holmboe und sein Sohn und Pfarrhelfer die Dinge geschehen ließen, wie sie geschahen und dass man über diese Erweckte weiter nichts Nachteiliges sagen könne; es wurde lediglich betont, dass für die öffentliche Verkündigung des Evangeliums die *Kirche* der richtige Ort sei.

Nach 13 Tagen Weihnachtsfeiern am Pfarrhof Eidsberg dürfte noch eine Woche vergangen sein, ehe die Studenten wieder zurück nach Christiania abreisten, wo sie vielleicht noch rechtzeitig am 16. Januar die Theateraufführung von Kotzebues beliebtem Stück *Menschenhass und Reue* sehen konnten. Doch was sie als Erstes zu hören bekamen, als sie in der Stadt waren, war sicher der große Skandal: Um den Leuten eine Weihnachtsfreude zu bereiten, war der schwedische Statthalter auf die Idee gekommen, den Palaisgarten für Ausschank und Tanz zu öffnen. Zwischen sechs und zwölf Uhr abends konnte jeder dorthin kommen, mit oder ohne Maske. In der Weihnachtszeit war es üblich, dass es trotz des Verbotes, sich als *julebukk* (Weihnachtsbock) zu verkleiden, in der Stadt von maskierten Leuten wimmelte. Im Palaisgarten spielten die Musikanten zum Tanz auf und die Diener des Statthalters bewirteten die Leute in ihrer vollen Livree. Branntwein und Punsch wurden verkauft. Alle waren sie da, vom Ministerialrat bis zum Hafenarbeiter, von der Hausfrau bis zum Flittchen. Die Lasterhöhlen auf Grønland standen leer, alle waren im Palaisgarten. Doch dort begnügte man sich nicht mit Tanzen und Trinken. Es gab eine Menge Prügeleien, ein Mann verlor gar ein Auge, an dem Kampf beteiligte sich auch der Medizinstudent Frellsen eifrig. Die Leute zertrampelten die Blumenbeete, beschädigten die Bäume und ramponierten

die „Tempel" im Garten. Das große Lusthaus am See, wo der König gewöhnlich seinen Kaffee trank, stand offen und ohne Beleuchtung, so kam es drinnen
zu so mancher unstatthaften Umarmung. Am schlimmsten war, dass auch die
Badekammern geöffnet waren, wo man gegen ein geringes Entgelt der *Venus
vulgivaga* opfern konnte.

Die Geschwisteridylle in Eidsberg scheint in Niels Henrik das Bedürfnis
geweckt zu haben, noch vor Beginn der Vorlesungen einen Abstecher nach
Gjerstad zu machen. Dort fungierte Pastor Aas als Mittelsmann zwischen Niels
Henrik und seiner Familie. Aas kannte die Verhältnisse in Christiania und
unterstützte Niels Henriks Plan, Peder die Möglichkeit zu geben, das *examen
artium* abzulegen. Am 18. Januar 1822 schrieb Niels Henrik nach Gjerstad, er
wolle versuchen, in der darauffolgenden Woche heimzukommen. Das letzte
Mal sei schon so lange her, so schrieb er, und Peder würde er dann gleich
mitnehmen, einen sicheren Bescheid könne er mit der nächsten Post geben.
Und er bat Pastor Aas, „meiner Mutter und den Geschwistern auszurichten,
dass mein Wohlbefinden bestens ist." Eine Woche später schrieb er an Pastor
Aas, dass es nun so weit sei und die Vorlesungen demnächst wieder beginnen
würden. Und da er gehört habe, dass „die Straßen in einem schlimmen
Zustand sind, sehe ich mich gezwungen, auf die Reise zu verzichten. Es wird
deshalb am besten sein, wenn Peder kommt, sobald er kann, ich habe alles zu
seinem Empfang vorbereitet. Bei dieser Gelegenheit darf ich Sie vielleicht
bitten, dafür zu sorgen, dass mein Bruder ein oder, wenn möglich, zwei Laken
für ein Bett für zwei Personen mitnimmt. Außerdem habe ich eine Pensi-
onsanweisung für meine Mutter, die mir jedoch nicht ausbezahlt wird ohne
ein Attest, dass sie am Leben und unverheiratet ist, weshalb ich Sie bitten
möchte, mir so ein Attest zu schreiben und meinem Bruder mitzugeben.
Freundlich grüßend verbleibe ich Ihr Ihnen verbundener Niels H. Abel."

Dies ist einer der ältesten noch erhaltenen Briefe Niels Henriks, versiegelt
mit „N.H.A. *Deus et virtus*."

Zu diesem Zeitpunkt muss Niels Henrik also von höchster Stelle die Zusage
bekommen haben, dass Peder bei ihm im Studentenheim Regentsen wohnen
dürfe. Es war allerdings ein alter Brauch, nach dem die „Regentsianer" einen
jüngeren Schüler oder Studenten, gewöhnlich aus der eigenen Familie, bei sich
als „Schwein" wohnen lassen konnten. Also kam Peder in die Hauptstadt und
er schickte sofort einen Brief an Pastor Aas mit Niels Henriks Siegel in rotem
Lack: „Ich traf meinen Bruder bei bestem Wohlbefinden an und er war mit
mir auf dem Markt, wo ich viel gesehen habe. Es gefällt mir gut in der Stadt
Christiania, denn es ist hier ein fröhlicher Ort."

Beinahe zu gut fand Peder sich in der Hauptstadt zurecht. Es dauerte nicht
lange und die Neigung seiner Eltern zum Alkohol kam auch in Peders Trachten und Streben zum Vorschein. Niels Henrik passte auf seinen Bruder auf,

so gut er konnte, half ihm bei den Schularbeiten und gewann Studienkollegen, die mit ihm lernten. Student wurde Peder dann dreieinhalb Jahre später, im August 1825, kurz bevor Niels Henrik seine große Auslandsreise antrat. Peder hielt sich dann eine Weile untätig in der Stadt auf, bis er später eine Anstellung bei seinem künftigen Schwiegervater Pastor Fleischer in Våler erhielt und noch später, als Niels Henrik endgültig im Ausland war, wurde Peder Abel Pastor und Bürgermeister in Etne.

Aber wie stand es nun um die Sache mit den Laken, um die Niels Henrik gebeten hatte? Als Peder nach zweitägiger Fahrt mit dem Schiff von Risør aus in Christiania anlangte, hatte er keine Laken mitgebracht. In Risør waren nach dem Bankrott und dem Tod ihres Großvaters keine Laken aufzutreiben. Doch frühere Freunde der Familie versprachen, zu helfen, sie meinten, dies Niels Henriks gutem Ruf in der Hauptstadt schuldig zu sein. Der Freund von Großvater Simonsen, Schiffsreeder Fürst, der auch holländischer Vizekonsul war, hatte Peder 25 Speziestaler gegeben. Und Kaufmann Boyesen, der englischer und französischer Vizekonsul war, sagte zu, die von Niels Henrik erbetenen Laken zur Verfügung zu stellen. Boyesen war jedoch nicht zu Hause, als Peder Abel abreiste. Fürst versprach nun, bei nächster Gelegenheit einige Laken nach Christiania zu schicken, doch daraus wurde nichts. Vergebens wartete Niels Henrik auf seine Laken. Und dass die Abel-Brüder nur ein Laken besaßen und ohne ein solches schlafen mussten, wenn dieses gerade in der Wäsche war, entging den anderen Bewohnern im Regentsen nicht und dies lieferte Gesprächsstoff. Im Nachhinein wurde dieses Laken zu einem Sinnbild für die ärmlichen Verhältnisse, in denen Niels Henrik als Student lebte.

29

Frühling und Frühsommer 1822

Zwar besuchte Niels Henrik die Vorlesungen zum *examen philosophicum*, beschäftigte sich die meiste Zeit jedoch mit den Mathematikbüchern, die er sich in der Universitätsbibliothek auslieh. Zu diesen gehörten Eulers Bücher über die Differentialrechnung und die Lehrbücher von Lacroix. Er lieh alles aus, was von Laplaces Hauptwerk *Mécanique céleste* greifbar war, darin war das astronomische Wissen seiner Zeit vollständig enthalten, er las *Exposition du système du monde* und studierte die mathematischen Arbeiten von Laplace, wie sie in *Théorie analytique des probabilités* vorlagen, wo man auch die wichtigsten Formeln der Integralrechnung finden konnte und den genialen Beweis der Eulerschen Formel:

$$\int_0^\infty e^{-x^2} dx = \frac{\sqrt{\pi}}{2}$$

Doch was er am eifrigsten studierte, waren wohl Lagranges Bücher über Analysis und Gleichungstheorie; das Problem der Gleichung fünften Grades war nach wie vor ungelöst. Soweit sie ihm folgen konnten, diskutierte Abel mathematische Probleme mit B.M. Holmboe, inzwischen Oberlehrer, und mit Professor Rasmussen, doch meistens saß er in der eher kümmerlichen Umgebung seines Zimmers und studierte für sich. Jens Schmidt, sein Zimmerkollege, saß auf der anderen Seite der Halbwand, die den Raum teilte, und Niels Henrik musste seinen Tisch mit Peder teilen.

Es scheint Niels Henrik schwer gefallen zu sein, nein zu sagen, wenn ihn die Freunde zum Kartenspiel oder zu anderen Zerstreuungen mitnehmen wollten, und mit dem Frühling und der Wärme kamen neue Verlockungen. Niels Henriks Freunde Niels Berg Nielsen, Jacob Worm Skjelderup und Carl Gustav Maschmann, die alle zu Hause bei ihren Eltern wohnten, stammten aus wohlhabenden Familien. Die meisten dieser Familien in Christiania hatten ihr Grundstück oder ihren Landsitz außerhalb der Stadt. So einen Landsitz zu besitzen, auf dem man sich im Sommerhalbjahr aufhalten konnte, galt in

Christiania seit langem als Zeichen bürgerlicher Freiheit und als Ausdruck von Luxus. Ausländern, die in die Hauptstadt kamen, erschien dieser „Land-hunger" fast wie eine Manie und die große Nachfrage ließ die Preise in die Höhe schnellen, weshalb für ein Ausschmücken der Häuser in der Stadt nur wenig Geld übrig blieb. Meistens priesen die Reisenden die schöne Natur und Lage Christianias, die Stadt selbst fanden sie dagegen weniger ansprechend. Es fehle ein anständiger Hafen, so wurde gesagt, außerdem steinerne Spring-brunnen in den Straßen und ein richtiges Rathaus. Doch diese Landsitze boten ihren Besitzern die Möglichkeit, Landwirtschaft zu betreiben und sich den Wintervorrat zu sichern. Man baute Kartoffeln und anderes Gemüse an, jeder hatte seine Apfel- und Birnbäume, während Pflaumen, Morellen und Apriko-sen eher selten waren. Viele besaßen eine Kuh oder ein Pferd, die sie im Winterhalbjahr mit in die Stadt nahmen oder von einem Pächter versorgen ließen. Als 1812 der Bau der Universität in Tøyen außerhalb des Zentrums geplant war, wollte man jedem Professor ein Grundstück von bis zu vier Hektar anbieten, damit er darauf ein paar Kühe halten könne, was für eine Familie aus der entsprechenden gesellschaftlichen Klasse für notwendig er-achtet wurde. Doch dazu kam es nicht, die Zeiten hatten sich grundlegend geändert, aber einen Landsitz zu haben, erschien dennoch unerlässlich. So früh wie möglich zogen Frau und Kinder im Frühling hinaus, der Mann hatte seine Geschäfte in der Stadt und kam an den Wochenenden, vielleicht auch einen Abend während der Woche. Diese ländlichen Anwesen lagen nicht weit von der Stadt entfernt, doch täglich mit der Karriole hinausfahren, das war denn doch zu aufwendig.

In den Sommermonaten herrschte auf den Landsitzen ein reges gesell-schaftliches Leben. Man aß und trank, spielte Karten und kegelte. Von wo-chenlangen Zechtouren von Landhaus zu Landhaus wurde erzählt. Und wer sich kein Haus auf dem Land leisten konnte, suchte die Wirtshäuser in der Umgebung auf, doch der großen Mehrzahl war auch dies nicht vergönnt. Die meisten wohnten in kleinen, engen, feuergefährlichen Häusern entlang der Straßen zur Stadt, wo sie ohne teure Vorschriften bauen durften. Hier lebten Hafenarbeiter, Sägemühlenarbeiter, Fischer und Gelegenheitsarbeiter, die mit ihrer Saisonarbeit einigen Schuhmachern, Schneidern, Krämern und Wirten das Überleben ermöglichten. Letztere konnten zusätzlich viel Geld verdienen an dem unerlaubten Handel mit den Bauern auf dem Weg zur Stadt. Mancher Bauer blieb bereits in diesen Wirtshäusern hängen, wo man ihm seine Waren abkaufte und er bekam, was er brauchte, dazu Logis und einen Platz für sein Pferd, und nicht zuletzt genügend Branntwein. Piperviken (wo heute das Rathaus steht) und Vaterland (wo sich heute der Hauptbahnhof befindet) waren die ältesten Vororte, später kamen Sagene, Grønland, Hammersborg und in den 1820-er Jahren auch Enerhaugen und Ruseløkkbakken dazu. In dieser Gegend, die auch die 'Räuberhöhlen Tunis und Algier' genannt wurden, begann ein Menschenalter später der Pfarrer und Soziologe Eilert Sundt seine Untersuchung über das Leben der Arbeiterklasse.

Drammensveien war ein beliebter Spazierweg zu den Landhäusern im Westen, der über das weite Tullinløkka führte, wo man noch Schnepfen jagen konnte, und weiter über das Bislettbekken, das einen kleinen Wasserfall bildete, bevor es hinunter über die Felder von Tullinløkka floss. Die Straße beschrieb nun unter einem Abhang einen Bogen nach rechts hinauf nach Bellevue, wo das Schloss gebaut werden sollte, passierte die schönen Landgüter Sommerro und Skinderstuen, die Bernt Anker seinerzeit hatte bauen lassen und wo jetzt Kaufmann Hans T. Thoresen große Gelage abhielt. Auf der anderen Seite der Straße lag Arbiens Sophienberg, weiter hinunter zum Meer das Gasthaus Sommerfryd, der Landsitz Munkedammen von Staatsanwalt Morgenstierne, und am weitesten draußen Kaufmann Heftyes Filipstad. Eine *weite* Aussicht zu haben war begehrter als eine *schöne* Aussicht, und direkt am Meer zu wohnen, war mit weniger Ansehen verbunden. Von den ehrbaren Bürgern hatten nur Kaufmann Heftyes auf Filipstad und Kriegskommissar Hetting auf Malmøen ihre Landhäuser direkt am Fjord. Die große Diskussion in Christiania drehte sich nun allerdings darum, wo das Schloss gebaut werden sollte. Von Bellevue aus hatte man zwar eine prachtvolle Aussicht, doch man wunderte sich, dass Karl Johan seine königliche Residenz so einsam und unwegsam, dazu noch auf der falschen Seite des Bislettbekken haben wollte. Allgemein nahm man an, dass sich die Stadt nach Norden in Richtung Hammersborg vergrößern würde. Und nun im Jahre 1822, als das Storting die ersten Gelder für den Bau bewilligte, wurde auch darüber geredet, ob es nicht billiger käme, die Festung Akershus zur königlichen Residenz umzubauen.

Weiter draußen am Drammensveien lagen Solli, das der Gattin von Bischof Pavel gehörte, und Petersborg, das im Besitz der Familie Nielsen war. Auch eine beliebte Gaststätte befand sich dort. Es waren nicht nur der Student Niels Berg Nielsen und seine Freunde, die hierher kamen zum Landsitz Petersborg: Viele kamen heraus, um das ungewöhnlich schöne Gemäuer aus Graustein zu bewundern, für deren Bau der Agent Nielsen im Jahre 1808 schwedische Kriegsgefangene eingesetzt hatte. Das Ganze sah aus wie eine Gefängnismauer, vier Ellen hoch, also zweieinhalb Meter, und war ein Beispiel bester Steinarbeit. Die Mauer war errichtet worden, um das Grundstück einzugrenzen, was zu jener Zeit unüblich war. Wer über eine schöne Aussicht verfügte, ging behutsam damit um und trachtete danach, die Umgebung weiter zu verschönern. Weiter vorn an der Landstraße lag Skillebæk, wo Professor Skjelderup ein großes Grundstück für seinen Landsitz erwarb. Hier lagen außerdem Dragonskogen mit seinen berühmten Laubbäumen sowie der

Landsitz Punschebollen. Und auf einer Anhöhe mit Treppenstufen hinauf zum höchsten Punkt hatte Postmeister Wraatz seine Wilhelmsborg. Kaufmann Nicolay Andresen hatte gerade den Landsitz Nøisomhed gekauft, und bei Skarpsno, wo auch eine Anlegestelle war, hatte der englische Konsul auf Frognerhaug seinen Wohnsitz errichtet, und dieser Landsitz galt als der schönste der ganzen Gegend. Dort, wo es hinüberging zur Halbinsel Ladegård oder Bygdø, wie es später genannt wurde, hatte Apotheker Maschmann sein Landgut, das sich von dem Bauernhof Skøyen bis zu den westlichen Anhöhen der Insel erstreckte. Gleich neben Maschmanns Anwesen lag Sophienlund, das dem Anwalt am Höchsten Gericht Jonas Anton Hielm gehörte. Sein Bruder Hans Abel Hielm hatte übrigens im Herbst 1821 die Herausgabe des *Norske Nationalblad* einstellen müssen. Auf Ladegård lagen dann noch die Landhäuser von Stadtrat Ingstad, Generalchirurg Thulstrup und Paul Thrane, dem Sohn des Fährmanns, der Justizrat geworden war.

Wenn man dann zur Stadt zurückkehrte, sah man am Frogner-Fluss den eleganten Park mit dem Herrenhof Frogner, wo man 15 Pferde, 60 Stück Großvieh und 40 Stück Kleinvieh hielt. Um über ausreichende Hilfskräfte für das Heuen und die Getreideernte zu verfügen, verpachtete man in Briskeby kleine Grundstücke von etwa 5 Ar für einen Jahrespreis zwischen sechs bis zwölf Tagwerk. Auch sonst gab es eine Unzahl an Landhäusern, Gärten und Sommerwohnsitzen, kreuz und quer bis hinunter nach Incognito. Hier befand sich eine Terrasse mit mehreren viereckigen, von Rasen eingefassten und von Weiden beschatteten Teichen, dicht begrünt und voller Karauschen. In einiger Entfernung von der Hauptstraße lag Uranienborg mit einer ungewöhnlich langen Reihe von Wirtschaftsgebäuden, dahinter erstreckte sich der Wald von Uranienborg mit seinen wildreichen Jagdgebieten. Uranienborg war übrigens ein beliebtes Ziel für abendliche Wanderungen und von einer erhöhten Stelle aus hatte man eine großartige Aussicht über die Stadt mit dem grünen Hügel Ekeberg im Hintergrund. Auf dem Weg zur Stadt passierte man nun Hegdehaugen, das fast wie ein kleines Dorf aussah, weil das Hauptgebäude von mehreren Höfen umgeben war. Dann ging es über Bolteløkken zur Pilestredet, eine schmale, gewundene Straße, die im Frühling aufgeweicht und unpassierbar war. Im Ullevålsveien lag Professor Sverdrups Sommerhaus Frydenlund und unmittelbar daneben das Anwesen des neureichen Grossisten Jacob Meyer mit riesigen Spargeläckern bis hinunter zur Pilestredet. Auf der anderen Seite des Aker-Flusses lag Nedre Foss oder die neue Mühle des Königs mit seinem großen Hauptgebäude und einem schönen Barockgarten, es folgte Mellom-Tøyen, wo Niels Treschow residierte. In Lille-Tøyen wohnte Christian Eger, der neue große Holzhändler der Stadt und Kaufmann Steensgaard hatte Vaalerengen, das an den Exerzierplatz Etterstad grenzte. Um all diese Landsitze und Sommerhäuser lagen schließlich die großen Gutshöfe. Dahinter die

Wälder, in denen Wölfe hausten, oft in Rudeln, und immer wieder wurden Hunde auf den Höfen von ihnen regelrecht in Stücke gerissen. Auch war es noch nicht lange her, da hatte man oben bei Bogstad jenen Bären geschossen, den Naturkundelehrer Flor dann untersuchte. Die Auffahrt nach Bogstad war übrigens von besonders schönen Hängebirken gesäumt.

Das größte Fest des Sommers, Mittsommer oder Johannistag genannt, wurde mit Laubkronen, Teertonnen, Feuerwerk und geselligem Beisammensein gefeiert. Die öffentliche Feier hielt man am Mærrahaugen ab, der später St. Hanshaugen heißen sollte. 1821 nahm der Statthalter mit seinem Gefolge teil, 1828 sollte der König selbst anwesend sein.

Die jungen Burschen und all jene, die keinen Zutritt zu den Badekammern bei Bjørvika hatten, genossen das sommerliche Baden unterhalb der Festung Akershus und bei Piperviken. Niels Henrik, der ja als tüchtiger Schwimmer galt, hat sicher seine Fertigkeiten dort vorgeführt. Doch als er erfuhr, dass sein Konfirmationspfarrer Jens Skanke Garmann im Sommer 1822 beim Baden ertrunken war, wird das sicher ein Schock für ihn gewesen sein. Neben dem Baden wurde nun das Segeln auf dem Fjord zur neuen Freizeitbeschäftigung. Jens C.H., ein jüngerer Sohn von Professor Skjelderup, tat sich als Segler hervor, wenn er von seinem Militärdienst in Fredriksvern zu Hause war. Vielleicht nahm Jacob Skjelderup auch Freunde mit aufs Wasser. Im Sommer 1822, nach dem *examen philosophicum*, segelten jedenfalls Niels Henrik und Peder auf einem Frachtschiff über den Fjord nach Risør, sie waren auf dem Weg nach Hause.

30.

Sommer, Herbst, Winter und Frühling

Viele der Geschichten, welche die Leute in Gjerstad später über Niels Henrik erzählten, haben sich höchstwahrscheinlich in jenem Sommer 1822 zugetragen: dass er fröhlich und unbeschwert die verschiedenen Höfe besuchte, dass er gut darin war, das Wetter vorherzusagen und dass er im Besitz von Instrumenten war, mit denen er versuchte, den Abstand zur Sonne zu messen. Im Übrigen schien in diesem Sommer häufig die Sonne, der Frühling war früh gekommen, bereits Ende April hatten die Bauern mit dem Pflügen begonnen. Alles deutete auf einen dieser seltenen trockenen Sommer hin und so konnte Niels Henrik mit seiner Fähigkeit beeindrucken, einen der wenigen Regenschauer vorherzusagen, der dann auch kurz darauf einsetzte. Sicher drückte auch in diesem Sommer Pastor Aas seine Hochachtung vor dem jungen Wissenschaftler aus, indem er mit dem Hut in der Hand Niels Henrik entgegenging, als dieser vom Gjerstadsee heraufkam.

Auf dem Witwensitz Lunde, wo seine Mutter lebte, hatten sich die Verhältnisse nicht geändert. Die Mutter war unbeständig und betrunken, ihr Freund Jørgen L. beaufsichtigte das Heuen und die übrigen Arbeiten auf dem Hof. Das Gemüt des großen Bruders Hans Mathias dürfte sich kaum aufgeheitert haben beim Anblick seiner beiden jüngeren Brüder, die gut gelaunt aus Christiania eintrudelten. Bruder Thomas Hammond, dem man seit je weniger Begabung nachsagte als den anderen, war sicher auch zu Hause, nachdem er auf mehreren Arbeitsstellen, die ihm Propst Krog in Arendal verschafft hatte, gescheitert war. Für Niels Henrik war vermutlich das Schlimmste, seine zwölfjährige Schwester Elisabeth in einer solch trostlosen Umgebung zu wissen. Vielleicht machte sich Niels Henrik insgeheim bereits Gedanken, auf welche Weise er auch sie in die Hauptstadt holen könnte. Den jüngsten Bruder Thor Henrik, acht Jahre alt, schien am meisten zu erfreuen, wenn er Flöte spielen konnte. Ganz sicher besuchte Niels Henrik in diesem Sommer seinen alten Lehrer Lars Thorsen Vævestad, der im April zum Küster und Lehrer der Gemeinde ernannt worden war, und wahrscheinlich hat er Thorsen ans Herz gelegt, sich darum zu kümmern, dass Elisabeth und Thor Henrik in der Wanderschule Unterricht erhielten. Vieles deutet darauf hin, dass Niels Henrik alles daransetzte, um den Wunsch seines Vaters zu erfüllen, die bestmögliche Entwicklung für seine Geschwister zu fördern.

Wenn er so dastand, über seine Messinstrumente gebeugt, die irgendwo im Freien auf einem mitgebrachten Stuhl aufgebaut waren, dann war es nicht weiter verwunderlich, dass Niels Henrik die Neugier der Jugendlichen weckte. So entstand auch die Geschichte, dass sie in einem unbewachten Augenblick die Höhe des Stuhles veränderten und dann ihre helle Freude hatten, als der junge Student Abel laut die Sonne verfluchte, die ihre Entfernung geändert haben musste. Ob er sich wohl freute, wenn er im Mittelpunkt des Interesses stand? Vielleicht erzählte er davon, dass er die Höhe von Berggipfeln und die Entfernungen über Land und Wasser messen und berechnen konnte, so groß sie auch waren, und sei es bis zur Sonne oder zum Mond? Geographische Entfernungen zu messen hatte er bei Hansteen gelernt und vielleicht wollte er in seinem Heimatdorf ein wenig zeigen, was er konnte? Sicherlich wollte er den Einfluss des Mondes auf die Intensität der magnetischen Kraftlinien messen, bei den Instrumenten dürfte es sich um Hansteens speziell konstruierten Schwingungsapparat gehandelt haben. Dass er Späße trieb und vorgab, den Abstand zur Sonne zu messen, war vielleicht ein Zeichen dafür, dass er ohne große Begeisterung zu Werke ging. Immerhin vergaß er bei dieser Arbeit, die Anziehung des Mondes auf die Erde mit einzubeziehen und berechnete deshalb die Wirkung des Mondes auf ein Pendel als sechzigmal größer, als sie in Wirklichkeit war.

Niels Henriks nüchterne Einschätzung der eigenen Möglichkeiten könnte in diesem Sommer folgendermaßen ausgesehen haben: Das obligatorische Studium an der Universität hatte er beendet, für Mathematik jedoch, das Fach, das er weiter betreiben wollte, gab es keine Möglichkeit einer weiteren Ausbildung, und eine zukünftige Stellung sowie ein Einkommen standen in den Sternen. Andererseits hatte auch sein ehemaliger Lehrer B.M. Holmboe kein Staatsexamen und C.A. Holmboe und S.B. Bugge hatten schon in jungen Jahren Anstellungen an der Universität erhalten, Bugge gar mit 22 Jahren. Vermutlich konnten Keilhau und Boeck mit ähnlichen Anstellungen rechnen. Hinzu kommt, dass der Unterricht im Fach Mathematik in seinem Umfang noch nicht den Plänen der Universität entsprach. Niels Henrik konnte also mit einer gewissen Berechtigung hoffen, im Laufe der Zeit an der neuen norwegischen Universität eine Chance zu erhalten.

Das Interesse Niels Henriks, zu verfolgen, was auf den Gebieten der Literatur und der Mathematik geschah, lässt sich etwa an dem ablesen, was er in der Universitätsbibliothek auslieh, als er im September 1822 nach Christiania zurückkehrte. Er holte sich das Neueste an zeitgenössischer Literatur, nämlich Maurits Hansens *Othar af Bretagne*, Norwegens erster Roman, erschienen

1819. Das Buch trägt den Untertitel *Ein Ritterabenteuer* und behandelt in vieler Hinsicht das, was wir heute „Jugend und Sex" nennen. Im Mittelpunkt der Geschichte steht die Liebe des Helden zu seiner Schwester sowie seine Affäre mit der Gattin seines Vorgesetzten, nämlich der Kaiserin. Die erotischen Versuchungen dieser Gestalten sind das Werk des Teufels und dem Buch zufolge kann die Jugend ihre Ratlosigkeit und Sorge nur erkennen und davon erlöst werden mit Hilfe des persönlichen christlichen Glaubens. Die Erfüllung des letzten Satzes in dem Roman, „Gott schenke uns allen seine Gnade", ist eine notwendige Bedingung, um die Triebkräfte im Menschen zu verstehen und um die Glückseligkeit zu erlangen, die das Leben schenken *kann*. Der Roman ist eine Allegorie und in vieler Hinsicht eine Sammlung von Beispielen für all die christlichen Tugenden und Handlungsmuster, mit denen jeder junge Mensch sich im Katechismusunterricht den Kopf voll gestopft hat. Aber der Roman macht das Leben komplizierter und es ist nicht immer leicht, den Unterschied zwischen guten und schlechten Helfern zu sehen, und es gibt viele kaum zu erkennende Möglichkeiten, auf Irrwege zu geraten.

Etwa zur gleichen Zeit lieh sich Abel neben *Othmar af Bretagne* die Bände aus, die der französische Mathematiker Hachette unter dem Titel *Correspondance sur l'École polytechnique, I-III,* gesammelt hatte. Hierbei handelt es sich um eine Sammlung von *acta* der École polytechnique, mit der Hachette 1799 den Lehrstuhl für deskriptive Geometrie von dem großen Gaspard Monge übernommen hatte. Die Bände umfassten den Zeitraum von 1804–1816, mit Mitteilungen über das wechselnde Lehrpersonal an der Schule, Listen von Studenten sowie deren späteren Laufbahnen und Anstellungen und ihre wissenschaftlichen Publikationen. Doch die *Correspondance* enthielt auch eine Menge von interessanten mathematischen Abhandlungen, meistens von Lehrern und Schülern an der Schule. Und weil es sich in der Hauptsache um Schüler von Monge oder von Hachette handelte, ging es in den meisten Abhandlungen um die Anwendung der Analysis auf die Geometrie, um krumme Flächen und windschiefe Kurven und um Flächen zweiten Grades. Hachettes Beitrag bestand u.a. in einem Artikel über den legendären französischen Mathematiker Fermat und dessen Kugelkonstruktionen. Diese Bücher hatte Niels Henrik, wie sein Leihschein ausweist, bis zum Jahresende zu Ende gelesen.

Zwei große Ereignisse prägten im Herbst 1822 das Theaterleben. Am 27. Oktober war Karl Johan unter den Zuschauern in Grænsehaven. Sobald er den Saal betrat, wurde er von der vielstimmig gesungenen Nationalhymne „Sønner af Norges det ældgamle Rige,/ sjunger til Harpens den festlige Klang!" (Söhne von Norwegen, dem uralten Reiche/singet zum festlichen Klange der Harfe) empfangen. Der Saal war mit goldenen Vorhängen geschmückt und behängt, die kostbarsten Kostüme waren zu sehen. Der Dichterpfarrer Johan Storm Munch hatte einen Prolog verfasst, der von dem Studenten Colban vorgetragen wurde. *Maria von Foix* wurde aufgeführt, ein Stück, das bereits 1818 und 1821 gespielt worden war. Und Ende November feierte *Det Dramatiske Selskab* den 100. Geburtstag von Holberg und spielte *Der politische Kannengießer* mit O.R. Holm in der Hauptrolle. Vorher führte man das bei Bjerregaard bestellte Stück *Holbergs Minde* (Zur Erinnerung an Holberg) auf. In Philemons Namen lädt der Verfasser eine Reihe von Gestalten aus Holbergs Komödien ein, um zusammen den Geburtstag des großen Dichters zu feiern, und so erscheinen auf der Bühne der eingebildete Stubengelehrte Magister Stygotius, der abergläubische Roland, der hochmütige und bettelarme Don Ranudo, der Reimeschmied Rosiflengius, der geschäftige Vielgeschrei, die heiratslustige Magdelone und schließlich der geschwätzige Spaßvogel Henrik, „ein Butterbrot kauend" und voller Lebenslust.

Wo Niels Henrik und sein Bruder Peder in diesem Jahr die Weihnachtferien verbrachten, ist nicht bekannt. Vielleicht waren sie in Christiania, wo das große Ereignis der Tod und das Begräbnis von Bischof Bech war, vielleicht fuhren sie heim nach Gjerstad, doch die Straßen waren in diesem Winter erst im Februar und März wieder mit dem Schlitten befahrbar.

Anfang Februar 1823 erschien die erste Nummer des *Magazin for Naturvidenskaberne*, der ersten naturwissenschaftlichen Zeitschrift Norwegens. Die Herausgeber Gregers F. Lundh, Chr. Hansteen und H.H. Maschmann begründeten ihr Vorhaben einleitend damit, dass der norwegischen Wissenschaft nun ein dringend notwendiges Forum geboten werde. Über diese geplante Zeitschrift war Abel natürlich längst informiert, und auf der kurzen Liste der Abonnenten steht auch sein Name. Sicher war ihm Raum für eigene Artikel zugesagt worden. Im zweiten Heft des *Magazinets* wurde Niels Henrik Abels erste Abhandlung abgedruckt, seine Debutarbeit: „Allgemeine Methode, um Funktionen von variabler Größe zu finden, wenn eine Eigenschaft dieser Funktionen durch eine Gleichung zwischen zwei Variablen ausgedrückt ist." Verteilt auf zwei weitere Hefte erschien im gleichen Jahr die Abhandlung „Lösung einiger Aufgaben mit Hilfe bestimmter Integrale." Gleichzeitig erschienen Artikel der Freunde Keilhau und Boeck. Keilhaus Überschrift lautete „Geognosie in Norwegen", während Boeck über „Beobachtungen von Phänomenen, die bei einigen Wassertieren einen speziellen Einfluss zu zeigen scheinen." Hansteen selbst schrieb über eine Reihe praktischer Aspekte und veröffentlichte u.a. den Entwurf für ein neues „Maß- und Gewichtssystem für Norwegen." Für die meisten Leser des *Magazinets* waren Abels Beiträge natürlich unverständlich, doch Hansteen rechtfertigte ihren Abdruck, indem er schrieb: „Es mag vielleicht so aussehen, als sei eine Abhandlung über reine Mathematik in einer Zeitschrift für Naturwissenschaften nicht am rechten

Abb. 18. Professor Michael Skjelderups Sommerhaus in Nedre Skillebækk, gezeichnet 1827 vom Buchhändler C. Hartmann. Professor Skjelderup gehörte zu denen, die sich für den armen Studenten Niels Henrik Abel verantwortlich fühlten und ihn finanziell unterstützten. Sein Sohn, Jacob Worm Skjelderup, war Abels Klassenkamerad und Freund. Jens C.H., ein jüngerer Sohn, gehörte zu den ersten Sportseglern auf dem Oslofjord. Entnommen N. Rolfsen, *Norge i det nittende aarhundre*. Bd.I: Kristiania. A.Cammermeyers Forlag.

Platz. Doch die Mathematik ist die reine Formenlehre der Natur, ist für den Naturforscher das, was für den Anatomen das Skalpell ist, ein unentbehrliches Instrument, ohne dessen Hilfe man selten unter die Oberfläche dringt. Der Baumeister der Natur hat über dem Vorhang, der den Eingang zu ihrem innersten Heiligtum verdeckt, dieselbe Inschrift angebracht wie jener griechische Philosoph über seinem Hörsaal: Niemand in der Geometrie Unkundige hat Zutritt. (Dieses Zitat wurde auch auf Griechisch abgedruckt.) Die meisten, die ohne diese Eintrittskarte einzudringen versuchen, werden bereits im Vorhof abgewiesen. Diese Eintrittskarte ermöglichte es einem Galilei, einem Huygens und vor allem einem Newton, einzudringen – tiefer als all ihre Vorgänger, und sie gaben damit ihren Nachfolgern einen Leitfaden an die Hand, mit dessen Hilfe sie sich getrost in deren Irrgarten wagen konnten. Im gegenwärtigen Zeitalter gehen die französischen Physiker ihren Zeitgenossen mit einem in dieser Hinsicht nachahmungswürdigen Beispiel voran, deshalb schreitet unter ihren Händen jede neue Entdeckung viel schneller voran und gewisser ihrer Vollendung entgegen als bei anderen Nationen. Ich glaube deshalb, dass

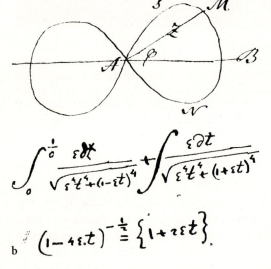

Abb. 19 a–c. a. Das Mariboe-Anwesen der Universität, zur Kongens gate und zur Prinsens gate hin. Aus einer Lithographie der Universität von P.F. Wergmann, 1835. Archiv Aschehoug Forlag. **b.** Aus Abels Arbeitsheften. Die Lemniskate. Der geometrische Ort aller Punkte, für die das Produkt der Abstände zu zwei festen Punkten einen bestimmten vorgegebenen Wert hat. Eine Kurve, die Abel studierte und dabei herausfand, wie sich der Umfang in n gleich große Teile aufteilen lässt. Handschriftensammlung der Universitätsbibliothek Oslo. **c.** *Elliptische Integrale.* Beim Integralzeichen statt der liegenden ∞ den Bruch 1/0. Handschriftensammlung, Nationalbibliothek, Oslo.

Abb. 20: Was Abel um 1820 hier darstellen wollte, ist schwer zu sagen und über die Schönheit des gezeichneten Kreises kann man geteilter Meinung sein. In einer erhitzten Diskussion zwischen Holmboe und Hansteen über die praktische Anwendung der Mathematik erklärte Hansteen 1836, dass viele der höheren Schulen nicht einmal mit einem Zirkel umgehen könnten und ihre

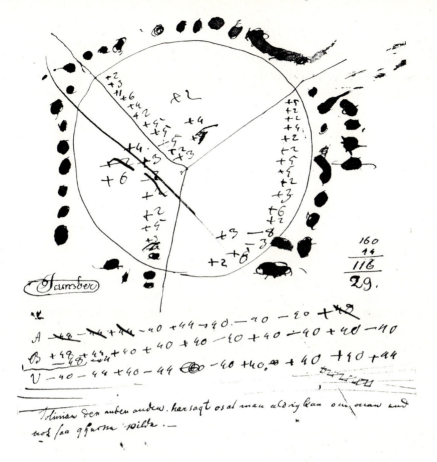

Abb. 20. In Abels Arbeitsheften kommen oft unmotivierte Sätze und Aussprüche vor, wie der über *Soliman den Zweiten*. „Soliman der Zweite hat uns gesagt, dass man niemals kann und wenn man noch so gerne wollte." Soliman oder Suleiman heißen die türkischen Sultane und Suleiman II., auch der Große genannt (1494–1566), der u.a. Rhodos eroberte, Wien belagerte und den Grundstein für die türkische Herrschaft in Ungarn legte. Er war ein fähiger Organisator, förderte Kunst und Wissenschaft und schrieb Gedichte. An anderen Stellen in Abels Arbeitsheften heißt es: „Soliman der Zweite ist ein großer Schurke in alle Ewigkeit." Und: „Soleiman der Zweite ist ein Teufelskerl, das sage ich in aller Liederlichkeit, Amen." Handschriftensammlung, Nationalbibliothek, Oslo.

Kreise aussehen würden wie Kartoffeln, ihre Geometrie also keinen Schuss Pulver wert sei. Daraufhin führte Holmboe diesen Kreis von Abel ins Feld, der nicht einmal den Vergleich mit einer Kartoffel aushalte. Demnach sei seine Geometrie auch „keinen Schuss Pulver wert"?

das *Magazinet* neben den Materialien auch Instrumente für deren Bearbeitung enthalten sollte, und dass man es als ein Verdienst ansehen möge, dem gelehrten Publikum die Gelegenheit zu geben, eine Arbeit kennen zu lernen, die aus der inspirierten Hand eines begabten Autors stammt."

Abels erste Abhandlung wurde in einer ausführlichen Besprechung der Zeitschrift *Magazinet* im *Morgenbladet* folgendermaßen kommentiert: „Eine Abhandlung, die zu den schönsten Hoffnungen für diesen jungen Mathematiker berechtigt."

Natürlich genügte es für die Leser des *Magazinet* zu wissen, dass Abel ein außerordentlich vielversprechender Mathematiker war, und er wurde nicht größer durch seine Beiträge in der Zeitschrift, die niemand verstand. Zu Beginn des zweiten Jahrgangs der Zeitschrift sahen sich die Herausgeber denn auch genötigt, eine Erklärung abzugeben: Nachdem zunächst daran erinnert wurde, dass die Norweger ein kleines Volk mit einer gewöhnlichen Bildung seien, die nicht zu vergleichen sei mit der Bildung in Ländern wie Frankreich, England und Deutschland, wo ein Gelehrter einen bedeutenden Absatz wertvoller Arbeiten erwarten könne, erklärten die Herausgeber im Hinblick auf Abel und seine mathematische Laufbahn: „Wir haben durchaus vorausgesehen, dass viele von unseren Lesern in ihren Erwartungen enttäuscht werden würden. Viele erwarteten sich populäre Abhandlungen; abstrakte Untersuchungen sind nur für einige wenige von Interesse. Darauf können wir nur antworten: Jeder, der sich der Wissenschaft verschreibt, arbeitet sich auf einem mühseligen und oft noch unbetretenen Pfad voran; von dem Standpunkt, den er sich einmal erkämpft hat, kann er, ohne allzu große Opfer seinerseits, nicht abweichen. Denn so würde er mehr verlieren, als andere gewinnen könnten. Nur was er bei seinem Fortschreiten entdeckt, kann er mitteilen; den einmal abgesteckten Kurs zu verlassen, der zum Ziel zu führen scheint, widerstreitet der Pflicht. Mit denen, die zum eigenen Vorteil zur Unterhaltung des Lesers schreiben, verhält sich die Sache anders; sie müssen sich nach dem Geschmack des Lesers richten, so wie der Fabrikant nach seinem Markt. Deshalb haben wir von Anfang an zum Ausdruck gebracht und wollen es hier wiederholen, dass wir die Unterstützung unserer Subskribenten als ein kleines Opfer ansehen, das freiwillig gebracht wird, um ernsthafte Studien und geistige Unternehmungen in unserem Land herauszufordern."

Trotzdem schien allen klar zu sein, dass Abels Beiträge nicht besonders für das *Magazinet* geeignet waren. Neben der unrühmlichen Abhandlung über den Einfluss des Mondes auf die Bewegung des Pendels erschien von Abel nur noch ein Artikel von sieben Seiten im Herbst 1825, den er wahrscheinlich bereits im Frühling 1823 eingereicht hatte.

Diese ersten Arbeiten Abels in norwegischer Sprache sind natürlich in die beiden späteren Ausgaben von Abels Gesammelten Werken aufgenommen

Abb. 21. Charité Borch, die Schwester von Frau Hansteen, die Abel sehr schätzte. Das Bild hat F. Vermehren 1855 gemalt. Charité war zu diesem Zeitpunkt 54 Jahre alt und verheiratet mit dem dänischen Schriftsteller Frederik Paludan-Müller. Vilhelmine Ullmann, die davon erzählt, welches Aufsehen Charité mit ihrer frechen Extravagance im Christiania der 1820-er Jahre erregte, meint in ihren Erinnerungen (Kristiania 1903) vermutlich dieses Bild, wenn sie schreibt: „Wenn ich jetzt in einem literarischen Werk dieses dürftige Portrait von Frau Paludan-Müller sehe, sehe ich keine Ähnlichkeit mit der deutlichen Erinnerung, die ich von dem feinen, jugendlichen Wesen habe, das ich dereinst sah." Seltsamerweise existiert kein Bild von Frau Hansteen, der Frau von Professor Hansteen und Mutter von Aasta Hansteen, einer Vorkämpferin für die Rechte der Frauen in Norwegen. Frederiksborg, Nationalhistorisches Museum. Hillerød, Dänemark.

worden, doch sind sie für die mathematische Literatur nichts weiter als die Versuche eines Anfängers und ohne besondere fachliche Bedeutung. Abels zweite Arbeit im *Magazinet* war die Lösung eines mechanischen Problems mit Hilfe einer so genannten Integralgleichung. Vermutlich wurde hier zum ersten Mal in der Geschichte der Mathematik eine integrale Gleichung gelöst. Und diese spezielle Integralgleichung, mit der sich Abel beschäftigte, stellt sich nach einfacher Umformung als identisch mit der so genannten Radon-Transformation heraus, die mathematische Grundlage, auf der die moderne Röntgentomographie basiert (und für die Cormach und Hounsfield 1979 den Nobelpreis für Medizin erhielten).

Wir wissen aber, dass Abel in jenem Frühling 1823 eine Abhandlung auf Französisch schrieb, die ganz sicher von weit größerer Bedeutung gewesen sein dürfte, einige Mathematiker sind sogar der Auffassung, dass diese Arbeit seinem Hauptwerk zugerechnet werden müsste, wenn man sie nur finden könnte. Sie ist nämlich spurlos verschwunden, wahrscheinlich auf den verschlungenen Wegen zwischen den einzelnen Ministerien verloren gegangen. In den Sitzungsprotokollen des akademischen Senats vom 22. März 1823 steht: „Professor Hansteen fand sich im Senat ein und legte ein Manuskript des Studenten Abel vor, eine Abhandlung beinhaltend, deren Zweck es ist, eine allgemeine Darstellung zu geben von der Möglichkeit, alle möglichen Differentialformeln zu integrieren, und er erkundigte sich, inwieweit die Universität es für angebracht hielte, die Drucklegung dieser Arbeit zu fördern. Das Manuskript wird den Professoren Rasmussen und Hansteen überlassen, die aufgefordert sind, gemeinsam den Wert der Arbeit zu begutachten und gleichzeitig einen Weg vorzuschlagen, wie dieselbe zweckmäßig unterstützt werden könne, sofern man dies für verdient halten sollte.“

Dass Hansteen persönlich im Senat mit Abels Arbeit erschien und den ausdrücklichen Wunsch äußerte, sie im Ausland drucken zu lassen, muss jedenfalls bedeutet haben, dass *Hansteen* die Abhandlung für wichtig und „verdient“ hielt. Professor Rasmussen war sicher derselben Meinung. Doch die ständige Ängstlichkeit der Universität in finanziellen Dingen führte dazu, dass die Abhandlung zusammen mit Anträgen für ein Stipendium und zur Unterstützung des Studenten Abel lange Zeit von einer Stelle zur anderen wanderte und auf diese Weise schließlich verloren ging. Im Regentsen wunderten sich die Kameraden darüber, dass Niels Henrik imstande war, eine Abhandlung auf Französisch zu verfassen. Sie wussten, dass er in Sprachen nicht gerade geglänzt hatte, doch dies dürfte Abel damit abgetan haben, indem er mehr im Spaß erwiderte, die Arbeit bestehe fast nur aus mathematischen Formeln, die durch einige französischen Wörter miteinander verbunden seien.

Professor Rasmussen muss auf die übertriebene Vorsicht der Universität reagiert haben. Einmal im Laufe des Mai hat Rasmussen dem Mathematiker Abel mitgeteilt, dass er ihm aus eigener Tasche 100 Speziestaler geben wolle, damit er nach Kopenhagen reisen und die dänischen Mathematiker kennen lernen könne. Unverzüglich schrieb Abel am 2. Juni an das *collegium academicum* oder den Senat:

Der Unterzeichnende erlaubt sich hiermit, das hohe Collegium davon in Kenntnis zu setzen, dass er in den Sommerferien eine Reise nach Kopenhagen zu unternehmen gedenkt. Meine Absicht besteht zum einen darin, meine dortige Familie zu besuchen, und zum anderen darin, meine mathematischen Kenntnisse zu erweitern, sofern es die Zeit und die Umstände erlauben werden. Die Reise wird ungefähr zwei Monate dauern, ich gedenke also, Mitte August zurückzukehren. Untertänigst, N.H.

31.

Die Reise nach Kopenhagen.
Sommer 1823.

Niels Henrik sollte also nach Kopenhagen reisen und es war in erster Linie Hansteen, der ihm bei den nötigen Vorbereitungen half. An einem Sonntag Nachmittag spazierten sie zusammen nach Tøyen hinauf, um Hansteens Vetter, den Minister Treschow, zu besuchen. Hansteen wird es für nützlich gehalten haben, eine Empfehlung Treschows an Kollegen und Bekannte in Kopenhagen mitzunehmen. Obwohl der Philosoph Treschow eigentlich wenig Ahnung hatte von dem, was Abel da betrieb. Mathematik war ein Fach, das nicht im selben Maße wie Philosophie und Politik zur Allgemeinbildung beitrug. Abels Wissenschaft gehörte nicht zu der Art von Gelehrsamkeit und Kultur, die ein Student nach Treschows Auffassung durch Fleiß und Entsagung erlangen sollte. Die 100 Speziestaler, die Abel von Rasmussen erhalten hatte, wurden offenbar für ausreichend erachtet, jedenfalls trug Treschow nicht mit einem weiteren Zuschuss bei. Hansteen nahm aber Abel, vermutlich auf Anregung seiner Frau, mit zu einem Schneider und ließ ihm zwei neue Anzüge anfertigen.

In zwei Briefen an B.M. Holmboe berichtete Abel über seine Erlebnisse in diesem Sommer. Drei bis vier Tage, nachdem er den Senat über seine Absicht, nach Kopenhagen zu reisen, in Kenntnis gesetzt hatte, bestieg er Kapitän Emil Trepkas Jacht „Apollo". Es war Trepka, der in jenen letzten Jahren vor der Einführung einer Dampfschifflinie am regelmäßigsten zwischen den beiden Hauptstädten hin- und hersegelte. „Am ersten Tag forcierten wir nur drei Meilen. Am zweiten Tag kamen wir bis Drøbak, wo wir zwei Tage lagen." Weiter erzählte Abel, dass er die Zeit und die Gelegenheit genutzt habe, um Heinrich Carl Zwilgmeyer zu besuchen, der am nordamerikanischen Unabhängigkeitskrieg teilgenommen hatte und an der Offiziersschule wie auch an der Kathedralschule in Christiania als Sprachenlehrer gewesen war. Abel erwähnte Holmboe gegenüber, dass Zwilgmeyer „drei recht hübsche Töchter" habe. Eine von ihnen berichtete viel später, dass Abel sich sehr über ihren zwölfjährigen Bruder Carl Theodor gewundert habe, der so gut Französisch könne. Ein anderer Bruder, Peter Gustav, sollte 30 Jahre später der Vater der Schriftstellerin Dikken Zwilgmeyer werden.

Nach dem Aufenthalt in Drøbak gelang es bei gutem Wind, am dritten Tag aus dem Christiania-Fjord hinauszusegeln und nach zwei weiteren Tagen bei gleichmäßigem Wind erreichten sie am 13. Juni Kopenhagen. Zwei Tage danach schrieb Abel seinen ersten Brief an Holmboe: „Ich bin am Freitag in Kopenhagen angekommen und habe spornstreichs Hansteens Schwester Frau Fredriksen aufgesucht, wo ich sehr wohlwollend empfangen wurde. Sie ist eine außerordentlich nette Frau; sie ist sehr hübsch und hat vier Stiefkinder, jedoch kein eigenes; ihr Mann ist vor kurzem nach Westindien abgereist. In acht Tagen fährt sie zu ihrer Mutter nach Sorøe und hat mich eingeladen, einmal dort hinauszukommen. Ich glaube, ich werde die Einladung annehmen."

Abel wurde von allen Seiten wohlwollend empfangen: „Ich habe es hier in der Stadt außerordentlich gut getroffen. Ich logiere bei meinem Onkel Capitain Tuxen; sie haben mir freien Aufenthalt angeboten, solange ich mich hier aufhalten will. Seine Familie ist sehr lustig und interessant; ich hoffe also, dass es recht vergnüglich wird. Er hat acht Kinder." Onkel Tuxen, Tante Elisabeth und Niels Henriks acht Vettern und Basen wohnten in einem standesgemäßen Haus auf Dokken in Christianshavn. Dort war Peder Mandrup Tuxen inzwischen ein hoch angesehener Mann und leitete an der Seekadettenakademie den Unterricht für Mechanik und Hydraulik. Tuxen hatte Studienreisen nach Holland, Frankreich und England unternommen und für die dänische Flotte eine neue Reeperbahn konstruiert, auch hatte er sich um den Einkauf der Maschinen gekümmert, die das gute Tauwerk herstellen sollten, von dem die Schiffe so sehr abhängig waren. Beim Aufbau einer dänischen Flotte, die 1807 nach dem Bombardement der Engländer immer noch eifrig betrieben wurde, war Fregattenkapitän P.M. Tuxen für die Erprobung neuer Kanonen zuständig. Er wusste auch, wie man am besten Pulver lagert und hatte außerdem ein effektives System von Lenzpumpen an Bord der Schiffe entwickelt. Wegen seiner Leistung und für seine verschiedenen Verbesserungen in der Seeartillerie erhielt Tuxen ständig Gehaltszulagen und Gratifikationen. In seinem Haus auf Dokken hatte er eine große Sammlung von Kupferstichen, die er auf seinen Reisen erworben hatte, er war Mitglied im Kunstverein der Stadt und besaß eine große Bibliothek. Seine Lieblingsautoren hießen Holberg und Wessel. Er brüstete sich damit, in seiner Bibliothek jedes beliebige Buch im Dunkeln finden zu können. Von England konnte Tuxen über die vielen Dampfschiffe erzählen, die er gesehen und studiert hatte und mit denen er gereist war. Besonders den Verkehr zwischen Glasgow und Liverpool schilderte er als mustergültig, während in Südengland das Dampfschiff noch nicht eingeführt worden sei. Tuxen berichtete auch von einem seltsamen Sport, den man in England trieb, nämlich Boxen oder Faustkampf, eine Art Schauspiel, bei dem das Publikum Wetten auf den Ausgang des Kampfes abschloss. Gewöhnlich wurden ausgestopfte Handschuhe verwendet und der Sport galt als ungefährlich. Ohne Handschuhe zu boxen war verboten. Einmal hatte Tuxen einen solchen Kampf miterlebt. An einem abseits gelegenen Ort hatte man den Kampfplatz mit Pfosten und Schnüren abgegrenzt und Tausende von Zuschauern waren gekommen, um den Kampf zwischen einem Oliver, mit dem Beinamen „Champion of England", und einem jüngeren Mann namens Spring zu sehen. Doch kurz vor Beginn des Kampfes erschien die Obrigkeit der Ortschaft und man musste das Schauspiel fünf englische Meilen weiter weg in ein anderes Rechtsgebiet verlegen, wohin sich das Publikum dann zu Fuß begab. Nackt bis zum Gürtel und nur mit einer leichten Hose sowie Schuhen und Strümpfen bekleidet, so stiegen die beiden Kampfhähne in den Ring, jeder mit zwei Sekundanten. Sie begrüßten einander freundlich mit Handschlag, dann begann der Kampf. Wurde einer zu Boden geschlagen, folgte eine kleine Pause, in der die Sekundanten ihrem jeweiligen Schützling einen Schluck Branntwein einflößten, ihn mit einem in Branntwein getauchten Schwamm abrieben und ihm auch noch Branntwein über den Rücken gossen. Nach und nach zeigte sich, dass der junge Spring die Oberhand behielt, er hob seinen Gegner in die Luft und warf ihn dann zu Boden, so dass man meinen konnte, der bedauernswerte Oliver sei zermalmt worden. Die Sekundanten mussten ihn auch hochziehen, doch nach einer Weile gingen die beiden wieder aufeinander los. Schließlich musste Oliver aufgeben, völlig erschöpft und mit einem Gesicht, das von den Schlägen und Verletzungen fast unkenntlich war, nur mit Hilfe seiner Sekundanten konnte er den Platz verlassen. Der Kampf hatte über drei Viertelstunden gedauert, der Sieger erhielt 500 Pfund Sterling und es wurde eine Brieftaube nach London geschickt mit der Nachricht über den Ausgang des Kampfes. Tausende von Pfund hatten auf dem Spiel gestanden. Tuxen konnte gut verstehen, warum ein so barbarischer und abscheulicher Sport verboten war, und seines Wissens wurde er dann auch nicht einmal mehr im Verborgenen durchgeführt. Da war doch das Theater ein viel schönerer Vergnügungsort. In Kopenhagen hatten Tuxen und seine Familie ein Abonnement für eine Loge, was später auch Niels Henrik zugute kommen sollte. Im Juni war das Theater jedoch geschlossen.

Nach zwei bis drei Tagen in Kopenhagen meldete Abel, dass er seinen früheren Professor Krumm Keyser getroffen habe, der gerade nach Norwegen zurückkehren wollte. „Das war aber ein anstrengender Kerl", lautete Abels Kommentar. In diesen ersten Tagen hatte er auch die Professoren Degen und Thune besucht und bereits einen persönlichen Eindruck von ihnen gewonnen, ebenso wie ein erstes Bild vom mathematischen Milieu der Stadt. Degen ist „der drolligste Mann, den du dir vorstellen kannst; er machte mir viele Complimente, unter anderen, dass er viel von mir lernen möchte; was mich sehr in Verlegenheit brachte." Er habe „eine recht hübsche mathematische Bibliothek." Ansonsten hatte sich Abel die Bibliotheken der Stadt noch nicht angesehen, „sie sollen aber, wie ich gehört habe, nicht sonderlich mit mathematischen Büchern ausgestattet sein, was sehr bedauerlich ist." Professor Erasmus Georg Fog Thune „ist ein überaus gutmütiger und freundlicher Mann, aber meiner Meinung nach ziemlich pedantisch. Er empfing mich auf die höflichste Art." Neben Degen und Thune erwähnte Abel noch drei weitere dänische Mathematiker, nämlich August Krejdal, Henrik Gerner von Schmidten und Georg Fredrik Ursin.

Schon bald sollte Abel feststellen, dass er ihnen allen auf mathematischem Gebiet weit überlegen war, doch vielleicht hatten die dänischen Wissenschaftler andere Qualitäten, von denen er sich inspirieren ließ. Professor Degen, die führende Gestalt in Mathematikerkreisen, war ein sehr vielseitiger Mann, er hatte sich mit Juristerei, Theologie und Philosophie beschäftigt. Er war nicht nur gut bewandert in der Geschichte der Mathematik, sondern beherrschte auch Hebräisch, Griechisch und Latein und konnte neben den gebräuchlichsten germanischen und romanischen Sprachen auch Russisch und Polnisch lesen. Als Student hatte er 1792 an den Wettbewerben der Universität in Theologie und Mathematik teilgenommen und beide Male Preise gewonnen. Er war der Mathematiklehrer des jungen Prinzen Christian Frederik gewesen, hatte gleichzeitig seine Studien fortgesetzt und über Kants Philosophie promoviert. Danach unterrichtete er als Oberlehrer für Mathematik und Physik an der Kathedralschule von Odense, war Rektor in Viborg, um dann 1814 zum Professor für Mathematik an die Universität Kopenhagen berufen zu werden. Stets setzte er sich dafür ein, der Mathematik in den Lehr- und Studienplänen einen größeren Platz einzuräumen. Professor Thune hatte neben Mathematik und Physik auch Theologie studiert. Nach Studienaufenthalten in Deutschland, u.a. bei dem Astronomen F.W. Bessel, einem guten Freund von Gauß, promovierte Thune und wurde Universitätsdozent, später dann Professor für Mathematik an der Universität Kopenhagen. Seit 1823 war er der Leiter des astronomischen Observatoriums der Stadt. Über Krejdal schreibt Abel: „Krejdal ist Lehrer an der Schule von Odense und studiert mit aller Macht Mathematik; was dich ebenso interessieren dürfte wie mich." Krejdal hatte den Ruf eines vielversprechenden Mathematikers, seit er 1814 im Alter von 24 Jahren eine Goldmedaille für eine mathematische Arbeit gewonnen hatte. Doch danach hatte er sich vor allem für die philosophischen Aspekte in der Wissenschaft interessiert, er wollte sämtliche Phänomene der Welt mit der in seinen Augen fortschrittlichsten mathematischen Theorie erklären, nämlich der Differential- und Integralrechnung. Von Schmidten kam vom Militär, war ursprünglich Leutnant gewesen, bevor er Degen und Krejdal kennen lernte und sich für eine wissenschaftliche Ausbildung zu interessieren begann. Später unterrichtete er dann Kadetten und Studenten in Mathematik und erweiterte auf Degens Rat hin sein mathematisches Wissen, indem er Latein und Griechisch lernte. Nachdem er 1819 für eine in Französisch herausgegebene Abhandlung über lineare Differentialgleichungen einen Preis gewonnen hatte, erhielt von Schmidten ein Stipendium und hielt sich im Sommer 1823 in Berlin auf, zuvor besuchte er Gauß in Göttingen und Laplace in Paris. Abel schrieb: „Von Schmidten ist jetzt in Berlin und wird demnächst zurückerwartet." Ob Abel von Schmidten in jenem Sommer getroffen hat, ist zweifelhaft. Doch damals lernte von Schmidten in Berlin Crelle kennen und war bei den ersten Gesprächen zur Gründung einer deutschen, mathematischen Zeitschrift dabei. Verwirklicht hat Crelle diese Zeitschrift dann zwei, drei Jahre später nach seiner Begegnung mit Abel, und es war von Schmidten, der Abel veranlasste, Crelle aufzusuchen.

Über den fünften Mann der dänischen Mathematikergilde schrieb Abel: „Mit Ursin habe ich noch nicht gesprochen. Er soll nicht sehr beschlagen sein. Hat kürzlich geheiratet." Ursin war zu dieser Zeit am Observatorium der Universität im Runden Turm beschäftigt und vor allem als hervorragender Lehrer bekannt, der es verstand, bei Vorträgen seine Themen allgemein verständlich zu formulieren und das Publikum mitzureißen. Er hatte ein Examen als Landvermesser abgelegt, wurde dann 1816 Student und gewann für eine Abhandlung über die regulären Polyeder die Goldmedaille der Universität. Nach dem *examen philosophicum* besuchte er auf eigene Rechnung H.C. Schumacher in Altona und studierte bei Gauß in Göttingen Astronomie. 1819 kehrte er nach Kopenhagen zurück, promovierte über ein Thema im Fach Astronomie und erhielt die bereits erwähnte Stelle im Runden Turm.

Professor Degen, der ja bereits einige Jahre vorher einen Eindruck von Abels glänzenden mathematischen Fähigkeiten gewonnen hatte und ihm „maghellansche Straßen zu ... einem riesigen analytischen Ozean" prophezeit hatte, schien sogleich Abels mathematische Überlegenheit erkannt zu haben. Doch vielen anderen wird es nicht so leicht gefallen sein, sich damit abzufinden, dass da auf einmal ein solches Licht aus Norwegen herüberschien und Abel musste scharf argumentieren, um zu beweisen, dass etwas in seinem Vaterland gedeihen könne. Er schrieb: „Die Wissenschaftler hierzulande glauben, in Norwegen herrsche die reine Barbarei und ich gebe mir jede erdenkliche Mühe, sie vom Gegenteil zu überzeugen."

Doch Abel interessierte sich auch für das Privatleben jener Männer. Er schrieb: „Degen ist verheiratet, was ich nicht gedacht hätte. Er hat eine hübsche Frau, aber keine Kinder." Seine Feststellung, dass Ursin erst kürzlich geheiratet habe, wurde bereits erwähnt. Über die Frauen der Stadt trifft er eine überraschend allgemeine Aussage: „Die Damen hier in der Stadt sind ungeheuer hässlich, aber doch nett." Und über Kopenhagen im Allgemeinen schreibt er: „Es gibt viele Windmacher hier in der Stadt. Alles ist hier bescheidener als in Christiania." Die Bedeutung des Wortes „Windmacher" hat eher mit dem zu tun, was die Franzosen *farceur* nennen, also Spaßvogel, als mit den alten Zauberern, die in der Lage gewesen sein sollen, Wind zu erzeugen. Wegen eines Knicks im Briefbogen kann der obige Satz auch so gelesen werden: „Alles ist bescheidener in Christiania als hier", er könnte eine direkte Anspielung sein auf die spaßigen „Windmacher". Wie dem auch sei, der Brief schließt mit herzlichen Grüßen an Holmboe und seine Brüder in Christiania.

Mit Frau Hansteens Schwester fuhr Abel hinaus nach Sorø, etwa 70 km südwestlich von Kopenhagen, und hier lernte er auch Charité kennen, ihre jüngste Schwester. In Sorø wurde er herzlich empfangen und der Aufenthalt in der Nähe der ehrwürdigen Akademie gefiel ihm so gut, dass er zwei Jahre später auf seinem Weg nach Berlin Sorø und Frau Hansteens Mutter einen Besuch abstattete. Frau Hansteens Mutter hieß Anne Margrethe Rosenstand-Goiske, war die Tochter des Stiftspropstes und hatte 1778 den Trondheimer Caspar Abraham Borch geheiratet, der neun Jahre vorher nach Sorø gekommen war und an der Akademie Lehrer und Professor für Latein und Geschichte geworden war. Er starb 1805. Sie hatten drei Söhne und sechs Töchter und führten ein reges gesellschaftliches Leben. Frau Borch hatte verfügt, dass an dem Tag ihres Begräbnisses allen Armen der Stadt Freibier ausgeschenkt werden sollte. Eine ihrer Töchter heiratete einen Graf Holstein-Rathlau, und als dessen Lehrer lernte Hansteen seine Frau kennen. Doch was erlebte Niels Henrik in Sorø? Es war Sommer, alles stand in üppigem Grün, die Stadt war voller Menschen und es war ohne Zweifel am Ufer des glänzenden Sees sehr idyllisch. 1813 waren fast alle Gebäude der Akademie von Sorø einem großen Brand zum Opfer gefallen und erst 1822 wurde die Schule wieder für den Unterricht geöffnet. Es folgte nun eine Zeit des schnell vorangetriebenen Wiederaufbaus, die Akademie sollte wieder ein nationales Zentrum für Unterricht und Bildung werden. 1822 war auch der Schriftsteller B.S. Ingemann Lektor für dänische Literatur geworden und durch den Einfluss von Grundtvig wurden seine Erzählungen aus dem nordischen Mittelalter viel gelesen und besprochen. Auch das Altarbild der Kirche war in aller Munde und Ingemann, mit seinem Gespür für wirkliche Ereignisse und lokale Histörchen, hatte bereits die ergreifende Erzählung „Das Altarbild von Sorø" verfasst. Dieses allgemein bewunderte Altarbild hatte der holländische Maler Carl van Mander gemalt, den Christian VI. seinerzeit ins Land holte, um das künstlerische Leben im Königreich zu bereichern. Van Mander hatte das Alltagsleben in dieser Gegend studiert, wie er es im Wirtshaus, in der Stadt und in den Wäldern antraf und seine Eindrücke bei seiner künstlerischen Arbeit für die Kirche umsetzte. Ingemann erzählt von einer der Gestalten aus der Abendmahlszene des Altarbildes, nämlich von Judas, und verleiht diesem das Aussehen des eigenbrötlerischen und mürrischen Wildhüters der Sorø-Wälder, des „welschen Franz". Dieser Franz hatte in seiner Jugend in Italien aufgehalten und als Diener von Graf und Gräfin N und deren Sohn Otto viele Länder bereist. Seit mehr als zehn Jahren war Franz nun schon Wildhüter und wohnte mit seiner schönen südländischen Tochter Giuliana im Wald, da erschien eines Tages Graf Otto in Sorø. Der junge Graf suchte den früheren Freund seiner Familie und dessen Tochter auf, die in den einst glücklichen Jahren seine Spielgefährtin gewesen war. Zur großen Verzweiflung des Vaters verliebten sich die beiden jungen Leute unsterblich. Franz verbot nun dem Grafen Otto, Giuliana zu sehen! Der Wildhüter Franz, der in den südlichen Ländern zum Katholizismus übergetreten war, hatte die Kirche von Sorø nie betreten, doch er war Kunstliebhaber und eines Tages ging er mit Graf Otto in die Kirche, um sich das neue Altarbild anzusehen, von dem so viel gesprochen wurde. Als sie die Kirche betraten, geißelte der Pfarrer gerade in seiner Predigt solche Christen, die sich nur in Worten zu Christus bekannten, ihn in ihren Taten dagegen verrieten, so wie jener Judas Ischariot! In diesem Augenblick entdeckte der Wildhüter Franz den Judas auf dem Altarbild und erkannte sich wieder. Er rannte aus der Kirche und erhängte sich im Wald. In dem von Franz hinterlassenen Testament kommt nun die so lange verheimlichte Wahrheit ans Licht. Graf Otto und die schöne Giuliana waren eigentlich Geschwister, denn Franz unterhielt seinerzeit eine Liaison mit der Gräfin N. Damit der Graf nach seiner Rückkehr von einer längeren Reise nicht entdeckte, dass sie schwanger war, tötete Franz den von der Reise Erschöpften mit einer Überdosis Opium. Ingemanns Geschichte endet damit, dass Graf Otto tief unglücklich nach Amerika auswanderte und nie mehr nach Europa zurückkehrt. Aus den von ihm hinterlassenen Briefen geht hervor, dass es sein einzige Wunsch gewesen war, im Tode auf ewig mit seiner Geliebten vereint zu sein. Nun erfuhr auch Giuliana die wahren Umstände und bewahrte eine reine und klare Liebe zu Otto, die wie ein Engel des Himmels war, bis sich die Pforten des Paradieses für sie öffnen würden.

Vielleicht wurde Abel angeregt von Ingemanns Suche nach dem Unendlichen, das seinen Ausgang in historischen Ereignissen und örtlichen Legenden nahm. Doch vermutlich hat er keine Papierfetzen in die Baumkronen gehängt, die dann bei Wind raschelten und an den Flügelschlag von Engeln erinnern mochten, wie es Ingemann vor seinem Haus in Sorø getan hatte. Dies wäre ihm wahrscheinlich ein bisschen zu weit gegangen. Wir wissen nicht, wie lange sich Niels Henrik im altehrwürdigen Sorø aufhielt und auch nicht, wie sehr er sich mit den geschichtlichen Ereignissen des Ortes beschäftigte, und ob er überhaupt von seinem fernen Verwandten Jens Kraft erfuhr, der in den 1750–iger und 1760-iger Jahren, einer früheren Blütezeit Sorøs, ein berühmter Lehrer an der Akademie war und auf eine eher phantasievolle Weise in seiner

Abhandlung *Über die Unsterblichkeit der Seele* die Entwicklung des Bewusstseins mit der Variation mathematischer Funktionen verglichen hatte.

Über Abels weiteren Aufenthalt in Dänemark in jenem Sommer wissen wir
folgendes: Nach einer gewissen Zeit in Sorø kehrte er nach Kopenhagen
zurück und traf sich mehrmals mit dänischen Wissenschaftlern, insbesondere
mit Degen. Er nahm am 200-jährigen Jubiläum des Studentenheims Regentsen in Kopenhagen teil. „Es wurden tapfer 800 Flaschen Wein getrunken",
berichtete er. Im Juli war er zweimal im Theater, und irgendwann in dieser
Zeit muss er auch Christine Kemp, seine spätere Verlobte, kennen gelernt
haben, wahrscheinlich bei einer Gesellschaft im Hause seines Onkels Tuxen
in Christianshavn.

Abel schrieb vier Briefe, die geeignet sind, ein wenig Licht auf jene Som-
mermonate zu werfen. Zwei Briefe sind an Holmboe gerichtet, wobei der
zweite das Datum „Kopenhagen, anno $\sqrt[3]{6.064.321.219}$ (nimm davon den Dezi-
malbruch)" trägt. Einen weiteren Brief schrieb er, als er im September nach
Christiania zurückgekehrt war, an den Studenten Fredrik Christian Olsen in
Kopenhagen, und ein vierter Brief ging am 2. März 1824, also acht Monate
später, an Degen. Darin bittet er um Verzeihung, sich nicht früher gemeldet
und für die „Zuvorkommenheit und Hilfsbereitschaft " bedankt zu haben und
er bittet, von Schmidten und Thune zu grüßen, ansonsten geht es in dem Brief
ausschließlich um die mathematischen Probleme, an denen er gerade arbeitete.

Rechnet man diese $\sqrt[3]{6.064.321.219}$ aus, kommt man auf die Zahl 1823,5908...
Welches Datum oder was Abel mit diesem Spaß eigentlich meinte, ist unge-
wiss und war Gegenstand unterschiedlicher Spekulationen, nicht zuletzt, da
Holmboe später auf dem Brief den 24. Juni vermerkte, aber offenbar den 24.
Juli gemeint haben muss, da Abel in seinem Brief über Ereignisse berichtet,
die im Juli stattfanden. Vieles deutet darauf hin, dass Holmboe sich nicht die
Zeit nahm, das Datum auszurechnen, als er den Brief erhielt, und dass er das
Datum auf dem Brief nach der Rückkehr von Niels Henrik vermerkte, wahrscheinlich als sie beisammen saßen und sich über die in diesem Brief enthaltenen mathematischen Formeln unterhielten. Den 24. Juli könnte Abel selbst
als Datum für seinen Brief genannt haben. Die Antwort auf die dritte Wurzel,
also die Zahl 1823,5908 ... enthält natürlich die Jahreszahl 1823, und die Dezimalen 5908 ergeben etwas mehr als 215 Tage eines normalen Jahres, so dass
also der vierte Tag im August herauskommen würde. Sollte jedoch der 24. Juli
korrekt sein, würde dies bedeuten, dass Abel in Kopenhagen bei seiner scherzhaften Zeitangabe ein merkwürdiger Rechenfehler unterlaufen wäre: Sicher
rechnete er 210 Tage bis zum 1. August, sieben Monate zu je 30 Tagen, doch
statt nun fünf Tage *abzuziehen*, zählte er fünf Tage *dazu* und nahm dann an,
sich am 215. Tag des Jahres zu befinden! Doch die dritte Wurzel aus

6.064.300.000 würde ebenfalls den 215. Tag ergeben, Abel muss also auch die Uhrzeit berücksichtigt haben, als er die letzten Dezimalen schrieb und Holmboe bat, sie bei der Rechenaufgabe zu beachten. Und sollte *dies* zutreffen, müsste man wissen, ob er von einem normalen Jahr mit 365 Tagen ausging, was für das Jahr 1823 zutraf, oder ob er nach dem julianischen, dem gregorianischen oder dem Maya-Kalender rechnete! Keine normale Uhr zeigte damals Sekunden an, daher ist anzunehmen, dass Abel bei *seiner* Berechnung von einer Uhrzeit in Stunden und Minuten ausging und die Rechnung geht am besten auf, wenn man sich nach dem Maya-Kalender richtet, der 365,2422 Tage hat. In diesem Fall hätte sich Abel um 19.05 Uhr an das Schreibpult gesetzt, und zwar am 24. Juli 1823, auch wenn Abel wegen eines Rechenfehlers den 215. Tag annahm.

Über seine Theatererlebnisse schreibt er: „Hier kamen zwei Komödien zur Aufführung. Ich bin beide Male dort gewesen. Beim zweiten Mal wurde das Stück ausgepfiffen." Der Theaterbetrieb begann in Kopenhagen am 15. Juli und die von Niels Henrik besuchten Aufführungen müssen am 15. und am 22. Juli stattgefunden haben, die nächste Vorstellung war erst am 29. Juli. Am 15. Juli wurden die Stücke *Peter und Paul* und *Die bürgerlichen Stelldicheins* gegeben, in der folgenden Woche standen *Die Belagerung Saragossas* und *Der Vorsichtige* auf dem Programm. Kotzebues Lustspiel *Die Belagerung Saragossas oder der Hochzeitstag des Pächters Feldkümmel* hatte Niels Henrik wahrscheinlich schon in Christiania gesehen, das Stück wurde jedenfalls im Februar 1819 im Grænsehaven gespielt. Und eben dieses Stück fiel dann beim Publikum in Kopenhagen durch. Es habe ein „deutliches Missfallen" gegeben, hieß es in der damaligen Berichterstattung. Dies wird wohl nicht daran gelegen haben, dass man im Saal oder in der Loge einen Vergleich anstellte mit einer besseren Aufführung in der norwegischen Hauptstadt?

In diesem Brief schildert Abel auch, was ihm sonst noch auffiel: „Die Mathematik floriert hier nicht gerade. Ich habe unter den Studenten noch keinen gefunden, der besonders versiert wäre und schon gar keinen, der Math. ex professo pflegt. Der einzige, der hier etwas von Math. versteht, ist Degen, doch er ist auch ein Teufelskerl. Er hat mir einige seiner kleinen Arbeiten gezeigt und sie verraten eine große Finesse." 1817 hatte Degen ein Buch über die Lösung einer bestimmten Klasse unbestimmter Gleichungen zweiten Grades veröffentlicht, die so genannten Pell'schen Gleichungen, und 1824 erschien ein Buch mit Tabellen über das Berechnen von Wahrscheinlichkeiten. Außerdem publizierte Degen verstreute Artikel in den Schriften der Wissenschaftlichen Gesellschaft, in den Schriften der Petersburger Akademie, in den dänischen kriegswissenschaftlichen Schriften und in Schuhmachers *Astronomischen Nachrichten*. Abel zeigte Degen auch einige seiner Arbeiten, u.a. eine Formel, wie viele verschiedene Faktoren eine Zahl hat, „wobei er nicht begreifen konnte, wie ich darauf gekommen bin." Und an Holmboe gerichtet fuhr er fort: „Die kleine Abhandlung, an die du dich erinnerst, handelte von den *umgekehrten* Funktionen der ‚Transcendantes elliptiques' und ich habe darin etwas Unmögliches bewiesen, ich bat ihn, sie durchzulesen. Er konnte jedoch keinen Fehlschluss entdecken oder begreifen, wo der Fehler steckte. Weiß Gott, wie ich da wieder herauskommen soll." Offensichtlich hatte also Abel vor seiner Abreise nach Kopenhagen eine Abhandlung geschrieben, in der sich der Grundgedanke befindet, der sich später als so fruchtbar erweisen sollte, nämlich das Austauschen von Argument und Parameter. Statt den Wert eines Integrals als eine Funktion der oberen Grenze anzusehen, betrachtete er die obere Grenze des Integrals als eine Funktion des Integralwertes. Und diese geniale Umkehrung des Problems sollte einen großen, unerforschten Funktionsbereich eröffnen, einen „ungeheuren analytischen Ozean."

In seinem Brief erwähnte er zwei mathematische Werke, die er gerade studiert hatte, *Application de l'analyse à la géométrie* von Monge, und *Essai sur la théorie des nombres* von Legendre. In Monges Buch wird die Differentialgleichung der ‚schwingenden Saite analysiert und eine Integration partieller Differentialgleichungen entwickelt. Über Legendres Werk der Zahlentheorie, 1798 in Paris erschienen, meinte Abel, es sei „ein großer Schaden, dass man es in Christiania nicht finden könne." Besonders hatte ihn Legendres Theorem beeindruckt, welches eine verblüffend gute Näherungsformel angab für die Anzahl der Primzahlen, die unterhalb einer beliebig vorgegebenen Zahl liegen. Abel beschrieb in seinem Brief die Formel und bat Holmboe, sich bis zum nächsten Zusammentreffen über den Beweis Gedanken zu machen. Abel notierte noch ein anderes „schönes Theorem" über Primzahlen und fügte hinzu, es gebe noch viele ähnliche bei Legendre. Und erneut bedauerte er, dass die Bibliotheken in Kopenhagen nicht „gut mit mathematischen Büchern ausgestattet sind, aber sie besitzen einen guten Teil von Schriften der Wissenschaftsgesellschaften", und er hatte entdeckt, „dass die Engländer keine so schlechten Mathematiker sind, wie ich dachte." Die Mathematiker Herschel und Young „sind sehr begabt", und Ivory hielt er für einen der besten zeitgenössischen Mathematiker. Abels Vorurteil gegenüber den englischen Mathematikern hatte seinen Grund möglicherweise in der generellen Isolation britischer Mathematiker, ein Ergebnis der Auseinandersetzung zwischen den Landsleuten von Newton und denen von Leibniz darüber, wem die Ehre gebühre, die Differentialrechnung erfunden zu haben. Es war jedenfalls die Leibnizsche Version der Infinitesimalrechnung, die von den kontinentaleuropäischen Mathematikern aufgegriffen wurde und auf der sie weiter aufbauten.

Außer den genannten Büchern hatte Abel drei Artikel von von Schmidten gelesen, die wohl nicht „so gut waren, wie ich gedacht hatte", und er hatte sich mit mehreren Abhandlungen des deutschen Mathematikers Gruson beschäf-

tigt, „einem grässlichen Trompeter", dieser habe die „Unverschämtheit besessen, eine Arbeit von Parseval zu stehlen." Doch habe Gruson „bewiesen, dass
e irrational ist." Abel berichtete auch von seinen eigenen Arbeiten und in dem
Brief finden sich vier zahlentheoretische Theoreme, die später die *Abelschen
Formeln* genannt wurden. Früher hatte er ja an der Lösung der Gleichung
fünften Grades gearbeitet, nun kreiste sein Interesse um das andere berühmte
ungelöste Problem, nämlich die Hypothese des französischen Mathematikers
Pierre de Fermat von 1637: Die Gleichung $x^n + y^n = z^n$ hat keine Lösungen in
von Null verschiedenen ganzen Zahlen x, y, z, wenn n eine natürliche Zahl
größer als 2 ist. Für n = 2 gibt es unendlich viele Lösungen, zum Beispiel die
Zahlen 3, 4, 5 oder 5, 12, 13. Aber für n größer als 2? Es gelang Abel nicht, den
Beweis für Fermats großen Satz zu führen, doch er formulierte einige Un-
gleichheiten, wonach dann, wenn ganzzahlige Lösungen existierten, diese
ungeheuer groß sein müssten.

Der französische Mathematiker Pierre de Fermat hatte seinerzeit viele
interessante Zusammenhänge zwischen den natürlichen Zahlen 1, 2, 3, 4, 5
usw. vorgestellt, doch er bewies nur wenige seiner schönen zahlentheoretischen Sätze. Seine Behauptung, dass $n^p - n$ teilbar ist durch p, wenn n eine
beliebige ganze Zahl ist und p eine beliebige Primzahl, wurde Anfang der
1680-er Jahre von Leibniz bewiesen. Und Fermats Behauptung, dass jede
Primzahl der Form 4n + 1, d.h. die Zahlen 5, 13, 17, 29 usw., eine Summe von
zwei Quadratzahlen ist, wurde 1749 von Euler bewiesen. Den großen Satz von
1637 hatte Fermat nur an den Rand des klassischen, zahlentheoretischen
Werkes *Arithmetica* von Diophantos gekritzelt und dort behauptet, dass er
einen wahrhaft wunderbaren Beweis habe, ihm aber der Platz fehle, diesen
aufzuschreiben. Seitdem hatte dieses Problem die Mathematiker aller Länder
beschäftigt, sowohl vor wie nach Abel. 1908 versprach ein deutscher Professor
demjenigen eine Belohnung von 100.000 Mark, der Fermats großen Satz
beweisen könne, und im Oktober 1994 soll der englische Professor Andrew
Wiles auf über 200 Seiten und mit hoch entwickelten modernen Theorien
endlich Fermats großes Theorem bewiesen haben.

Über seine zahlentheoretischen Bemühungen in jenem Sommer 1823
schrieb Abel: „Ich bin wie gefesselt gewesen und nicht weiter gekommen als
bis zu den beigefügten Sätzen", die zeigen, dass eventuelle Lösungen ziemlich
groß sein müssen. Vielleicht fühlte er sich auch wie gefesselt, als er zum ersten
Mal Christine Kemp begegnete?

Höchstwahrscheinlich begegnete Abel seiner Christine bei einer Gesellschaft im Hause seines Onkels Tuxen oder bei einem Ball für die Familien und
Bekannten der dänischen Marineangehörigen. Christine Kemps Vater hatte
nämlich sein Leben bei der Marine verbracht und trug bis zu seinem Tode
1813 den Ehrentitel eines Kriegskommissars. Christines Mutter, Catharine

Christine, geborene Koch, saß nun mit ihren neun Kindern allein da, das älteste 17, das jüngste ein Jahr alt. Christine war damals neun Jahre. Doch die Witwe des Kriegskommissars C.C. Kemp blieb in Christianshavn wohnen und die Familie der Tuxens, bekannt für ihre mitmenschliche Sorge, bot sicher eine hilfreiche Hand. Zwei der Kemp-Kinder starben sehr jung, drei gingen auf die Universität, einer wurde Pfarrer und der vierte Sohn wurde Kapitän auf Vestmannaeyjar in Island. Christines älteste Schwester heiratete den Arzt Niels Koppel und lebte in Aalborg, wo auch ihre andere Schwester wohnte. Im Oktober 1819 wurde Christine in der Holmens Kirche konfirmiert und erhielt das Zeugnis: „Christentum und Benehmen: Sehr gut." Zweifellos wohnte die 19-jährige Christine, die als frisch und lebhaft beschrieben wurde und eine Ausbildung in Deutsch, Französisch und Handarbeit vorweisen konnte, 1823 noch zu Hause bei ihrer Mutter. Und eines Tages in diesem Sommer muss sie sich besonders schön hergerichtet haben, um zu einer Einladung zu gehen, von der sie wusste, dass man dort tanzen würde. Hier also wird sie irgendwann Niels Henriks Aufmerksamkeit auf sich gezogen haben und er forderte sie zum Tanz auf. Aber da wurde ein ganz neuer Tanz gespielt, den keiner der beiden gelernt hatte, ein Walzer, weshalb sie einfach stehen blieben und sich ansahen, um dann, so erzählte man, die Tanzfläche zu verlassen. Fühlte er sich wie an den Füßen gefesselt?

Was weiter geschah, wissen wir nicht. In keinem seiner Briefe erwähnte Abel die Tanzepisode oder Christine. Dies könnte natürlich daran gelegen haben, dass er Christine *nach* jenem 24. Juli kennen lernte, an dem er seinen Brief schrieb, es könnte aber genauso gut sein, dass er nicht wusste, wie in Worte fassen, was sich da zugetragen hatte.

Ende August oder Anfang September verließ Abel Kopenhagen. Aus den Polizeiprotokollen geht hervor, dass am 30. August für den Studenten N.H. Abel ein Ausreisepass nach Christiania ausgestellt wurde, als Kaution bezahlte Onkel Tuxen die Gebühr von 1 Taler und 24 Schilling. Der Brief, den Abel gleich nach seiner Rückkehr seinem neuen Freund in Kopenhagen, Fredrik Christian Olsen, schrieb, ist datiert: „Christiania, den 13. August 1823." Auch diesmal muss sich Abel im Monat geirrt haben, denn ohne Zweifel war es der 13. September, an dem er sich hinsetzte, um dem gleichaltrigen Fredrik Christian Olsen zu schreiben, einem außergewöhnlichen jungen Mann im intellektuellen Studentenleben Kopenhagens. Olsen studierte Philologie und gehörte zu den Veranstaltern des 200-jährigen Jubiläums im Studentenheim Regentsen, eines Festes, an dem 400 Studenten teilnahmen und bei dem, wie schon berichtet, „tapfer 800 Flaschen Wein geleert wurden."

Abel schrieb an F.C. Olsen: „Guter Freund! Du wirst Dich gewundert haben, vor meiner Abreise nichts mehr von mir gehört zu haben, und ich muss Dich bitten, mir dies zu vergeben; meine Abfahrt erfolgte nämlich sehr plötzlich und ich hatte gerade noch Zeit, meinen Pass zu erhalten. Meine Schiffsreise verlief nicht zum Glücklichsten. Ich war zehn Tage unterwegs und hatte auf dem ganzen Weg Gegenwind. Schließlich sind wir dann doch angekommen." Abels Anliegen bestand im Übrigen darin, Olsen zu veranlassen, den Dekan der philosophischen Fakultät in Kopenhagen aufzusuchen, und ihn um eine Abschrift der Noten des Studenten Jens Glatvedt vom *examen philosophicum* zu bitten, einem Examen, das Glatvedt im Frühjahr 1813 abgelegt hatte. „Ihm liegt sehr daran, diese Bestätigung zu bekommen, und (ich) möchte Dich deshalb bitten, sie zu besorgen und mir bei der nächsten Gelegenheit über Trepka zu schicken." Diese Bitte muss von Abels Seite ein Freundschaftsdienst gewesen sein. Nichts deutet darauf hin, dass er einen tiefer gehenden, besonderen Kontakt zu dem zehn Jahre älteren Theologiestudenten Glatvedt unterhalten hätte, der Probleme mit seinem Studium hatte, das er erst 1825 abschloss. Jens Glatvedt, Sohn eines Pastors in Norderhov, gehörte zum letzten Jahrgang norwegischer Studenten, die zum *examen artium* nach Kopenhagen fahren mussten. Das war 1812. Im darauf folgenden Jahr hatte Norwegen seine eigene Universität.

Glatvedt galt damals als kluger Kopf, war jedoch auch berüchtigt für seine Trägheit und Unsittlichkeit. So erzählte man, er habe in Kopenhagen auf sehr originelle Weise eine Wette gewonnen. Er logierte in einer Mansarde am Kongens Nytorv, den Räumen von Charlottenborg direkt gegenüber, wo die große Zahlenlotterie gezogen wurde. Eines Tages hatte er einige Mitstudenten zu Besuch, die am Fenster mitverfolgen wollten, wie die Ziehung der Gewinnzahlen vor sich ging. Als die Studenten erwartungsvoll versammelt waren, forderte sie Glatvedt zu einer Wette auf. Er würde es schaffen, dass alle diese Leute, die gleich die Ziehung der Zahlen durchführten, den Blick auf *sein* Fenster richteten! Die Wette wurde abgeschlossen, Glatvedt öffnete das Fenster, zog die Hosen herunter und setzte sich mit entblößtem Hintern auf das Fensterbrett. Die Studenten brachen in grölendes Gelächter aus, das auf der anderen Seite gehört wurde und in wenigen Sekunden waren alle Augen auf das Fenster des Studenten gerichtet, unter Ausrufen: „So ein Schwein!" Wozu dieser Glatvedt jetzt im Herbst 1823 ein Zeugnis vom Frühjahr 1813 brauchte, wissen wir nicht. Womöglich wieder eine Wette? Für Abel war Jens Glatvedt vielleicht ein Vorwand, um seinen Freunden in Kopenhagen zu danken. Abel beendete seinen Brief damit, Olsen zu bitten, Henningsen und Krarup zu grüßen und „wen ich Deines Wissens sonst noch kenne." Bei den Genannten handelt es sich höchstwahrscheinlich um Henrik G. Henningsen und Otto Christian Krarup, beide studierten Theologie und beide hatten an dem großen Studentenfest teilgenommen. Aus Christiania berichtet Abel: „Mir geht es sehr gut" und „Skjelderup geht es gut und er grüßt ebenfalls. Dein Freund N: Abel."

32

Die Gleichung fünften Grades
und Pläne für die Zukunft

Abel war wieder in Christiania bei seinen alten Freunden und dem Alltag im Studentenheim Regentsen. Hier bekam er nun das Zimmer Nr. 3, das einzige Einzelzimmer. Der Aufenthalt in Kopenhagen hatte ihn inspiriert, in seinen mathematischen Arbeiten fortzufahren und er konzentrierte sich vor allem auf zwei, drei Gebiete. Die Arbeit an der Gleichungstheorie hatte er nicht beiseite gelegt und er arbeitete weiter an seiner Abhandlung *Integration von Differentialformeln*, die immer noch für eine Veröffentlichung geprüft wurde. Ein drittes Gebiet, das eng mit der Integralrechnung zusammenhing, war das der elliptischen Funktionen.

Er setzte seine Lektüre der Werke Legendres fort und lieh sich schon am 12. September in der Universitätsbibliothek dessen *Exercises de Calcul intégral sur divers ordres des transcendantes et sur les quadratures* in drei Bänden aus, erschienen 1811–1919 in Paris. Das Werk, das er in Kopenhagen gelesen und das er zu seinem Bedauern in Christiania nicht vorgefunden hatte, gehört zu Legendres früheren Schriften von 1798. Die Bezeichnung *elliptische Funktionen* traf die Sache nicht ganz und dies aus folgendem Grund: Gewisse Arten von Integralen, die Quadratwurzeln und Ausdrücke des dritten und vierten Grades enthielten, hatten bei vielen Anwendungen der Integralrechnung eine bedeutende Rolle gespielt. Die einfachsten Probleme hingen mit der Berechnung der Länge von Ellipsenbögen zusammen, daher die Bezeichnung 'elliptische Integrale'. Euler hatte viele interessante Eigenschaften an solchen Integralen gefunden, doch am eingehendsten hatte sich Legendre in Paris damit beschäftigt. Anstatt die Integrale selbst zu untersuchen, sah sich Abel nun die Umkehrfunktionen an, die dann natürlich als elliptische Funktionen bezeichnet wurden. Diese Umkehrung des Problems bildete einen wesentlichen Ausgangspunkt für seine Arbeit in den kommenden Jahren. Die Lehre von den elliptischen Funktionen bestand anfangs in einer originellen Verallgemeinerung der Trigonometrie: Viele Eigenschaften bei den elliptischen Funktionen erwiesen sich als analog zu den bekannten Gesetzen für Sinus und Cosinus, doch Abel entdeckte auch ganz neue Eigenschaften, für die es kein Vorbild gab. Einige von Abels Notizbüchern aus dieser Zeit sind erhalten und die

Ideen für eine Reihe von bahnbrechenden Ergebnissen, die er später veröffentlichte, scheinen Niels Henrik bereits in diesem Herbst gekommen zu sein. Es fehlte ihm lediglich an der nötigen Zeit, um seine Visionen auszuarbeiten. Ihm war zweifellos der merkwürdige Umstand bekannt, dass elliptische Funktionen zwei unabhängige Perioden haben, eine doppelte Periodizität, und wahrscheinlich hatte er bereits den Weg gesehen hin zu seinem großen „Additionstheorem", der Abhandlung von Paris.

Doch zunächst sollte seine Beschäftigung mit der Gleichung fünften Grades zu einem endgültigen Ergebnis kommen. Nachdem er im Frühling 1821 selbst Fehler in seinen Formeln entdeckte, vertiefte er seine Analyse und gewann mehr und mehr den Eindruck, dass eine algebraische Auflösung der allgemeinen Gleichung fünften Grades vielleicht gar nicht möglich war. Vielleicht gab es gar keine Lösungsformel und man jagte einem Phantom nach. Abel stellte nun die Frage: Ist es möglich, dass die *Form*, welche die Lösungen einer auflösbaren Gleichung fünften Grades notwendigerweise haben müssen, überhaupt geeignet ist, die Gleichung zu erfüllen? Auf eine solche Frage musste es eine Antwort geben und die musste entweder ja oder nein lauten. Über diese Art von Aufgabenstellung meinte Abel: Statt nach einem bestimmten Zusammenhang zu suchen, von dem nicht feststeht, ob er wirklich existiert, sollte man lieber studieren, ob ein solcher Zusammenhang überhaupt möglich ist. Abel führt nun seinen Beweis durch, indem er den allgemeinsten Ausdruck untersucht, der aus den Koeffizienten der Gleichung hervorgeht, indem man die Rechenoperationen Addition, Subtraktion, Multiplikation, Division und Wurzelziehen endlich oft anwendet. Dieser Ausdruck wird nun in eine zweckmäßige Form gebracht und in die Gleichung an Stelle von x eingesetzt. Mit einer Reihe scharfsinniger Schlussfolgerungen, bei denen er u.a. einige Sätze von Cauchy benutzte über die Anzahl der verschiedenen Werte, die eine rationale Funktion in mehreren Variablen annehmen kann, wenn diese Variablen auf alle möglichen Weisen vertauscht werden, gelang Abel der Beweis, dass die Annahme, die Lösungen der Gleichung ließen sich in der geforderten Weise ausdrücken, zu einem Widerspruch führt. Die Antwort lautete also nein.

Irgendwann vor Weihnachten 1823 hatte Abel den Beweis in französischer Sprache ausformuliert. Ihm war natürlich klar, dass seine Arbeit im Ausland Aufsehen erregen würde und er hoffte, mit dieser Abhandlung über die Gleichung fünften Grades auf internationales Interesse zu stoßen. Das Problem war nur, wie er die Abhandlung drucken sollte? Er wusste zu diesem Zeitpunkt, dass für eine finanzielle Förderung der Herausgabe keine Chance bestand. Denn gleichzeitig mit Abels Fertigstellung der Arbeit über die Gleichung fünften Grades kurz vor Weihnachten hatten auch Hansteen und Rasmussen ihren Auftrag ausgeführt, den ihnen der Senat im März erteilt hatte, nämlich zu prüfen, ob Abels Abhandlung *Integration von Differential-formeln* veröffentlicht werden sollte. Die zwei Professoren, die beide Niels Henrik helfen wollten, hatten die Frage nach einer Drucklegung verbunden mit einem weitergehenden Vorschlag über einen permanenten Unterhalt für das mathematische Genie, für das sie Abel hielten. In einem Brief an den Senat der Universität vom 19. Dezember 1823 stellten Hansteen und Rasmussen ausdrücklich fest, dass die Abhandlung unbedingt gedruckt werden solle, wobei nicht zu erwarten stünde, dass der Absatz in absehbarer Zeit die Unkosten decken könne. Deshalb sei es von Vorteil, die Abhandlung in den Schriften einer der Wissenschaftsgesellschaften zu veröffentlichen, am besten in Paris. Die beiden Professoren erinnerten daran, dass Abel seit seinem Eintritt in die Universität von privater Seite monatlich unterstützt werde, doch jetzt „einer größeren Unterstützung bedarf, um die Zierde für sein Vaterland zu werden, die er als Wissenschaftler seinen Anlagen und Fortschritten nach sicher werden wird. Wir sind der Meinung, dass ein Auslandsaufenthalt an den Orten, wo sich die brillantesten Mathematici befinden, vorzüglichst zu seiner wissenschaftlichen Ausbildung beitragen werde." Und in vier Punkten legten Hansteen und Rasmussen ihren Vorschlag dar:

a) 20 Speziestaler monatlich vom 1. Januar 1824 an bis zum Antritt seiner Auslandsreise.
b) 150 Sp. für die Equipierung einen Monat vor seiner Abreise.
c) 50 Silber-Speziestaler monatlich während seines Aufenthaltes im Ausland, der nicht länger als 18 Monate dauern sollte.
d) 30 Sp. monatlich für die ersten sechs Monate nach seiner Rückkehr, falls er nicht vorher eine Anstellung erhält, die mit einem höheren Einkommen verbunden ist.

Dies muss als ein großzügiger Vorschlag betrachtet werden: 20 Taler zusätzlich zum freien Wohnen im Regentsen, das entsprach etwa dem niedrigsten Gehalt eines Adjunkten an der Schule und für das Antreten der Auslandsreise war ausdrücklich „vom kommenden Mai oder Anfang des Sommers" die Rede.

Der weitere Verlauf der Angelegenheit sollte diese Planung in vielerlei Hinsicht grundlegend verändern. Der Senat reichte den Antrag am 11. Januar 1824 mit ausdrücklicher Empfehlung bei der Regierung ein, allerdings *ohne* den wichtigen vierten Punkt, die Unterstützung nach der Rückkehr. Der Senat schloss seine Einschätzung mit der Erklärung, wenn die Regierung in dieser Weise den Studenten Abel unterstütze, „so wage das akademische Collegium mit Sicherheit zu erwarten und damit zu gewinnen: einen ausgezeichneten Mann für die Wissenschaft, eine Zierde für das Vaterland und einen Staatsbürger, der durch ungewöhnliche Tüchtigkeit in seinem Fach einmal reichlich die Hilfe vergelten werde, die ihm jetzt gewährt werden müsse."

Niels Treschow im Kirchenministerium erhielt nun das Schriftstück des Senats und bat in wenigen Worten das Finanzministerium um eine „wohlwollende Behandlung." Und Finanzminister Jonas Collett antwortete am 11.Februar, dass es durchaus richtig sei, Abel wegen seiner „seltenen Anlagen für das mathematische Studium", die der Senat hervorgehoben habe, einen Auslandsaufenthalt zu gewähren. Auch solle der Student Abel in der Zeit *vor* der Reise unterstützt werden. Die vorgeschlagenen 20 Taler im Monat kürzte das Finanzministerium auf 200 Taler im Jahr. Trotzdem muss dies als ein ungewöhnlich positiver Beschluss vonseiten des Finanzministeriums gewertet werden. In der Regel kamen von dort nur negative Bescheide und es ist anzunehmen, dass Rasmussen, welcher der Experte der Regierung in Geldangelegenheiten war, den Minister Collett in dieser Sache beeinflusste. Ein weiterer Einfluss kam möglicherweise von Freund Boeck, der sich zu dieser Zeit mit Elisabeth Collett, der Tochter des Ministers, verlobte. Zudem waren die beiden Geschwisterkinder. Doch inzwischen hatte das Finanzministerium einen neuen Aspekt genannt. In seiner Antwort brachte das Ministerium zum Ausdruck, dass Abel *noch einige Jahre* in Norwegen bleiben und sich „an der Universität in den Sprachen und Nebenfächern ausbilden soll, wo doch anzunehmen ist, dass er darin bei seinem jungen Alter noch nicht in dem Grade Bescheid weiß, wie es wünschenswert wäre." Die Sache wurde zur Beurteilung an das Kirchenministerium weitergeleitet und Minister Treschow übernahm sozusagen wörtlich die Einschätzung des Finanzministeriums, als er sich an den Senat wandte und um dessen Meinung bat. Der Senat erklärte sich in einem Brief vom 23. Februar einverstanden und hatte wohl auch gar keine andere Wahl. Vielleicht lässt sich in der Antwort des Senats doch ein kleiner Protest gegen die *Aussetzung* der Auslandsreise durch Treschow und die Regierung erkennen. In der Antwort des Senats hieß es, „dass der Student Abel, obschon er in den Humaniora einen Grundstock gelegt hat, nach unserer Einschätzung nicht ohne Nutzen ein weiteres Jahr seiner wissenschaftlichen Ausbildung an der Universität verbringen kann, das er vielleicht insbesondere zu einem erweiterten Studium der gelehrten Sprachen verwenden kann."

Erst *eineinhalb* Jahre später konnte Abel seine Auslandsreise antreten, und das nicht ohne einen persönlichen Brief an den König, in dem er darum ersuchte, reisen zu dürfen. Zunächst verlief alles, wie es die Regierung wollte. Treschow leitete die Antwort des Senats weiter an das Finanzministerium mit dem Vermerk, es erscheine zweckmäßig, wenn Abel noch ein paar Jahre an der Universität verbliebe. Durch eine königliche Resolution vom 29. März 1824 wurde Abel eine jährliche Unterstützung von 200 Speziestaler bewilligt, und zwar für bis zu zwei Jahren „zur Weiterführung seines Studiums an der norwegischen Universität, um weiterhin die gelehrten Sprachen und andere für sein Hauptstudium Mathematik wichtige Wissenschaften zu studieren." Dieser Beschluss ging nun zurück über das Staatssekretariat des Kirchenministeriums an den Senat der Universität, der Abel davon unterrichtete. In einem Brief vom 1. Mai 1824 dankte Abel dem Senat: „Mit besonderer Freude und Dankbarkeit habe ich die mir vom Collegium gemachte Mitteilung erhalten, dass mir ein Stipendium gewährt wird. Aber da ich nicht weiß, wo oder wie ich das Stipendium einlösen kann, nehme ich mir die Freiheit, mich an das hohe Collegium zu wenden, um diesbezüglich Mitteilung zu erhalten." In den Archiven gibt es keine Antwort auf Abels Frage nach den praktischen Modalitäten der Auszahlung, doch jedenfalls hat er seine Taler erhalten. Ob er allerdings die „gelehrten Sprachen" studierte, darüber finden sich keine Aufzeichnungen.

Was es von diesem Zeitraum, also vom Herbst 1823 bis zum Sommer 1824, über Niels Henrik zu berichten gibt, ist folgendes: Neben seiner Arbeit an der Gleichung fünften Grades, der Integralrechnung und den elliptischen Funktionen beschäftigte er sich weiterhin mit zahlentheoretischen Fragen. Seinem Leihschein der Universitätsbibliothek zufolge las er das neueste und größte Werk auf diesem Gebiet der Mathematik, die *Disquisitiones Arithmeticae* von Gauß. Dem Brief an Degen vom 2. März 1824 nach wusste Abel definitiv, dass seine Abhandlung über die Integralrechnung nicht veröffentlicht werden würde, und er fügte hinzu: „Weiß Gott, wie ich sie drucken lassen soll, was ich so sehnlich wünschte, weil ich glaube, dass eigene Arbeiten für mich die beste Empfehlung für meinen Aufenthalt im Ausland sind, den in ungefähr einem Jahr anzutreten ich zuversichtlich hoffen kann." An Degen schrieb Abel, dass er neben der Integralrechnung den Rat des Professors befolgt habe, ein Augenmerk auf die elliptischen Funktionen zu richten und bei dieser Arbeit allgemeine Eigenschaften von „transcendenten Funktionen überhaupt" gefunden habe. Eine Abhandlung darüber wolle er an das Französische Institut schicken. Seine Entdeckung charakterisiert Abel mit folgenden Worten: „Ein Ereignis hat mich darauf gebracht, eine Eigenschaft aller transcendenten Funktionen der Form ... ausdrücken zu können." War das Wort *Ereignis*, also Zufall oder Glückstreffer, Abels Ausdruck für Inspiration?

Irgendwann im Laufe jenes Frühlings 1824 muss Abel, obwohl er wusste, dass es in diesem Jahr mit der Auslandsreise nichts werden würde, zu Buchdrucker Grøndahl in Christiania gegangen sein, um auf eigene Rechnung die Abhandlung über die Gleichung fünften Grades drucken zu lassen. Abel muss der Auffassung gewesen sein, dass gerade *diese* Arbeit „für mich bei einem Aufenthalt im Ausland die beste Empfehlung sein würde." Der dringende Wunsch, ein Publikum zu erreichen, wog schwerer als die Aussicht auf einige sparsamere Tage zusammen mit seinem Bruder Peder, der immer noch bei ihm im Studentenheim wohnte.

Aber möglicherweise entstand jetzt eine gewisse Uneinigkeit zwischen Abel und Professor Hansteen, darüber, welche Arbeit am besten geeignet war, Abel als Eintrittskarte in die Gelehrtenwelt Europas zu dienen. Hansteen kannte sich in diesen Kreisen gut aus und wusste, dass überall ein lebhaftes Interesse für neue Entdeckungen im Weltall bestand. Daher wählte er Abels Arbeit „Über den Einfluss des Mondes auf die Bewegung des Pendels", veröffentlichte sie im *Magazin for Naturvidenskaberne* und schickte sogleich ein Exemplar an den Astronomen Schumacher in Altona in der Hoffnung auf eine Übernahme in dessen *Astronomischen Nachrichten*, in deutscher oder französischer Sprache. Abel muss trotzdem an seinem Entschluss festgehalten haben, die Arbeit über die Gleichung fünften Grades herauszugeben, gedruckt bei Grøndahl in Christiania, wo auch das *Magazinet* gedruckt wurde. Hansteen und die anderen Herausgeber des *Magazinet* hielten jedoch Abels Arbeit über Gleichungstheorie für zu speziell für ein allgemeines Publikum. Vielleicht befürchtete Hansteen auch, Abel sei der Beweis über die Gleichung fünften Grades erneut misslungen.

Um die Auslagen bei Grøndahl so niedrig wie möglich zu halten, hatte Abel seinen Beweis auf sechs Seiten zusammengedrängt. Nur die Hauptpunkte waren aufgenommen. Es ist unklar, *wann* der Druck fertig war, jedenfalls taucht Abels Abhandlung im Frühjahr 1824 nicht in der Halbjahresübersicht norwegischer Neuerscheinungen auf, und als sie dann in *Den Norske Rigstidende* angekündigt wird, war das Wort „Gleichungen", d.h. *équations,* im Titel *Mémoire sur les équations algébriques ou on démontre l'impossibilité de la résolution de l'équation générale du cinquième degré* zu *épurations* geworden, also „Reinigungen". Es dürften sehr wenige Exemplare verkauft worden sein, aber Abel schickte sicher einige davon an seine Freunde in Kopenhagen, über Hansteen gelangten einige zu Schumacher in Altona. Dieser sorgte Ende Juli 1824 dafür, dass Gauß die Arbeit Abels zu Gesicht bekam. Etwa zur gleichen Zeit erhielt Schumacher die Abhandlung „Über den Einfluss des Mondes auf die Bewegung des Pendels". In einem Brief vom 2. August 1824 erfolgte dann Schumachers vernichtendes Urteil über Abels astronomischen Versuch und seine strikte Weigerung, eine Arbeit zu drucken, welche die Wirkung des Mondes als sechzigmal größer annahm, als sie in Wirklichkeit war! Dies alles muss Hansteen ziemlich unangenehm gewesen sein und ihn lange geplagt haben. Schließlich hätte er selbst den Fehler in Abels Mondberechnung entdecken müssen und viel später, im *Illustreret Nyhedsblad* von 1862, berichtete Hansteen, dass auch Gauß Abels Arbeit über die Gleichung fünften Grades auf den ersten Blick negativ beschieden und gesagt habe, er selbst wolle die Möglichkeit einer Lösung der Gleichung fünften Grades schon noch beweisen.

Doch hinterher erkannte Gauß, dass Abel Recht hatte. Der Grund für die anfänglich ablehnende Haltung von Gauß bestand womöglich darin, dass ihm ständig Lösungsversuche für diese beliebte Aufgabe vorgelegt wurden. Auch war Abels Darstellung zu gedrängt und vor allem fehlte im Titel die wichtige Präzisierung, dass die Lösung der Gleichung fünften Grades durch rationale *Wurzeloperationen* unmöglich war.

Tatsache ist jedenfalls, dass auch seine Abhandlung über die Gleichung fünften Grades Abel keine „Eintrittskarte" ins gelehrte Europa verschaffte. Zweimal noch griff Abel das Thema auf und lieferte eine ausführlichere Version seines Beweises, einmal 1826 in *Crelles Journal* und dann in einem Manuskript, das in seinen nachgelassenen Papieren gefunden und in seine Gesammelten Werke aufgenommen wurde.

Eine Diskussion, der sich in diesem Frühjahr kein Student entziehen konnte, war der Streit darüber, wie man den 17. Mai feiern solle. Zehn Jahre waren seit der Annahme des Grundgesetzes in Eidsvoll vergangen und die Studenten hatten alles vorbereitet, um dieses Tages zu gedenken. Doch ein solches Fest konnte als Protest gegen die Union aufgefasst werden und Stiftsamtmann Sibbern, Justizminister Diriks und Generalprokurator Christian Magnus Falsen hatten ausdrücklich verboten, diesen Tag zu feiern. Das Parlament hatte ebenfalls, seit Prinz Oscar und Kronprinzessin Josephine in der Stadt weilten, auf alle offiziellen Gedenkfeiern verzichtet. Professor Sverdrup kannte die Studenten und wusste, dass sie sich von ihrem Vorhaben nicht abhalten lassen würden. Er bat sie inständig, das geplante Fest auf den 18. Mai zu verschieben, stieß aber auf wenig oder gar kein Verständnis. Am Nachmittag des 17. Mai versammelten sich rund 50 Studenten im *Sorgenfri*. Es wurde gegessen, getrunken und gesungen, man stieß an auf die Verfassung, den König, das Storting, den Kronprinzen, Norwegen, die Universität und auf sich selbst. Am Abend gegen sechs Uhr erschienen weitere 50 Studenten und in den Aufzeichnungen der Studentengemeinde ist zu lesen: „Die ganze Gesellschaft bestand somit aus etwas 100 Personen, die den Abend mit Spiel und Konversation verbrachten und erst spät in der Nacht gut gelaunt und in bester Ordnung auseinander gingen." Dennoch hatte die Polizei die ganze Nacht über im Gebiet um das *Sorgenfri* Kontrollgänge durchgeführt, doch der einzige gemeldete Vorfall bestand in zwei zerbrochenen Stühlen. So protestierten die Studenten gegen schwedische Verordnungen. Sieben Tage später war dann das Storting an der Reihe: es lehnte König Karl Johans Vorschlag eines Vetorechts ab.

Trotzdem wurde später behauptet, die Studenten wären in Verbindung mit dem Besuch von Kronprinz Oscar und Kronprinzessin Josephine die Drahtzieher von Demonstrationszügen im Zentrum der Stadt gewesen. Ein scharfes

Protestschreiben gegen derartige Behauptungen war auch von Abel unterschrieben.

Irgendwann im Laufe dieses Frühlings oder Vorsommers 1824 muss Abel auch erfahren haben, dass Christine Kemp eine Stelle als Gouvernante in Son, einem Küstenort zwischen Drøbak und Moss, erhalten hatte. Zu dieser Zeit bereitete Morten Kjerulf, einer von Abels Kommilitonen im Studentenheim, den Sohn des Oberzollinspektors Strøm in Son auf die Universität vor, und weil Kjerulf nicht gut genug in Mathematik war, unterrichtete Abel den Schüler Johan Fredrik Strøm in diesem Fach. Auf diesem Wege könnte Abel von einer Familie in Son erfahren haben, die eine geeignete Gouvernante suchte. Der Tag von Christines Ankunft in Son ist nicht bekannt, doch um Mittsommer erscheint ihr Name unter den nach Christiania angemeldeten Reisenden, unter denen sich auch eine gewisse Jungfer Thorne aus Son befand. Vermutlich erhielt Christine bei der wohlhabenden Familie Thorne in Son eine Stelle.

In diesem Vorsommer kam noch eine andere Person nach Norwegen, die nicht nur Abels Aufmerksamkeit geweckt haben dürfte, sondern auch die seiner nächsten Freunde. Die Rede ist vom großen Professor Henrik Steffens, der nach fast 30 Jahren in seine Heimat zurückkehrte. Der in ganz Europa bekannte Naturphilosoph war im Geiste Romantiker und hatte sich immer als Norweger bezeichnet und seine Sehnsucht nach dem unschuldigen, großen wilden Land seiner Kindheit und nach den norwegischen Bergen nie verleugnet. Nun wollte er auch aus wissenschaftlichen Gründen dieses Land wiedersehen. Für Abels Freund Keilhau konnte Steffens eine wichtige Verbindung zum großen Ausland werden. Keilhau war seit langem angeregt von der These des Preußen Leopold von Buch, nach der sich das Gebiet um Christiania wahrscheinlich als sehr wichtig für die Geologie in ganz Skandinavien herausstellen werde. Von Buch hatte nämlich in den Jahren 1806–1808 in diesem Gebiet zwischen jüngeren Gesteinsarten Granit entdeckt, was der herrschenden Theorie widersprach, wie sie der deutsche Geologe Werner vertrat, der behauptete, der ursprüngliche Kern der Erde bestünde aus Granit. Hierüber hatte Keilhau im *Magazinet* zwei Abhandlungen geschrieben und seine Idee, nach der Granit sich epigenetisch gebildet habe, nämlich durch Transmutation und Metamorphose sedimentärer Gesteinsarten, begann Form anzunehmen. Nun würden Keilhau und seine gleich gesinnten Freunde durch den großen Steffens neue Anregungen bekommen.

Nachdem er in Stockholm bei den großen Pfingstfeierlichkeiten und Dampferfahrten im Schärengarten sowie in Uppsala von den „Phosphoristen"[9] um den Dichter Atterbom gefeiert worden war, kam Steffens nach Christiania und wurde von seinen alten Freunden, Professor Sverdrup und Graf Wedel-Jarlsberg empfangen. Keilhau bewährte sich bald darauf als Steffens Führer in der norwegischen Bergwelt. Sie trafen sich in Hamar, überquerten mit dem Schiff den Mjøsa-See, fuhren westwärts hinauf nach Valdres, legten eine weitere Strecke auf Pferden zurück und bestiegen schließlich den Synnfjellet. Sie meinten, sich hier in der Mitte Norwegens zu befinden, gleich weit entfernt von Trondheim im Norden wie von Lindesnes an der Südküste, gleich weit von Schweden wie von der Westküste. Von hier bot sich ihnen der Blick auf eine Vielzahl von kahlen Gebirgsmassiven: Rondane im Osten, Dovrefjell im Norden, Hurrungane purpurrot im Glanz der Sonne, schließlich im Süden der Hårteigen. Die Aussicht war überwältigend. „Da lag plötzlich etwas so Erhabenes vor mir, wie ich es bisher noch nie gesehen hatte", schrieb Steffens später. Die vorherrschende Vorstellung unter den Geologen war die, dass die Erdoberfläche eine Reihe von katastrophalen Veränderungen durchlaufen hatte und man deshalb von mehreren einander ablösenden Urwelten ausgehen müsse. Den Beweis für die Existenz und den Untergang dieser Urwelten meinte man in den norwegischen Gebirgen finden zu können.

Keilhau begleitete Steffens auch bei einer geologischen Exkursion in der Umgebung von Christiania. Überall wurde Steffens umjubelt, mehrmals war er bei Kronprinz Oscar im Palais und Anfang August wurde ein großes Abschiedsfest gefeiert. Steffens verließ nun mit dem Schiff die Hauptstadt und Keilhau war unter denen, die ihn bis Drøbak begleiteten, um den Abschied hinauszuziehen.

Steffens' Besuch hatte das bereits bestehende Interesse an den Naturwissenschaften in weiten Kreisen belebt. Ständig las man im *Magazinet* Artikel über Kometen, über das Nordlicht, über „optische Täuschungen" und „Sternschnuppen am Tage" sowie „den Sternenhimmel über Christiania." Es wurde viel über ein großes Erdbeben vom 24. November 1823 gesprochen, das Christiania und seine Umgebung getroffen hatte. Dieses Beben hatte drei Sekunden gedauert und war in Drammen so stark gewesen, dass ein Kerzenleuchter von einem Tisch gefallen war. Direkt nach Steffens Besuch findet sich in einem Brief des Dichters Maurits Hansen an seinen Kollegen C.N. Schwach folgender Satz: „Sicher hast du gehört, wie sehr er (Steffens) Keilhau gefördert hat. Er hat erklärt, dass alle Bergbaukundigen jetzt die Feder aus der Hand legen sollten, um auf die Ergebnisse der Ideen Keilhaus zu warten. Da lacht mir als

---

[9] Nach der Monatsschrift *Phosphoros*, herausgegeben von einigen Studenten um den jungen Dichter Per Daniel Amadeus Atterbom (1790–1855).

Norweger das Herz, wenn ich so etwas höre. Von Abel hört man dagegen nichts, aber auch er dürfte nicht abgeschrieben sein."

Kurze Zeit danach wurde Keilhau Staatsstipendiat und erhielt Geld für einen Studienaufenthalt in Deutschland. Keilhau schrieb an seinen Freund Boeck: „Jetzt habe ich sie doch bekommen – die Zechinen – 600 Silberspezies für ein Jahr im Ausland. Hurra! Ich habe mein Gesuch auf ein Jahr beschränkt, das Zweite läuft sicher leichter, wenn ich erst mal das Erste habe, denke ich. Das habe ich alles Steffens zu verdanken. Ich verstehe mich gut mit Treschow und er hat mir erzählt, dass Steffens den Staatsräten gedroht habe, sie in ganz Europa zu blamieren, wenn sie mich nicht ins Ausland reisen ließen." Keilhaus Theorien über Granit wurden einige Jahre später in Leipzig als Buch herausgegeben.

33

Verlobung und Vorbereitungen

Es ist nicht bezeugt, wo Abel den Sommer 1824 verbrachte. Vielleicht gab es keinen Grund für ihn, heim nach Gjerstad zu fahren und mit den immer gleichen traurigen Verhältnissen, an denen er nichts ändern konnte, konfrontiert zu werden. Sein ältester Bruder Hans Mathias war inzwischen so abgestumpft, dass man kaum mit ihm reden konnte, seine Schwester Elisabeth war noch nicht konfirmiert, also zu jung für ein Dienstverhältnis in Christiania und den 19-jährigen Thomas Hammond wollte niemand in seinem Dienst haben. Vielleicht überredete Niels Henrik seinen Bruder Peder, in diesem Sommer 1824 nach Gjerstad zu fahren. Von den Studenten, die Peder sonst bei seinen Schularbeiten halfen, war jedenfalls keiner in der Hauptstadt. Das Wetter in jenem Vorsommer war schön, für die Bauern vielleicht zu trocken. Der Sommer wurde dann recht heiß, dennoch gab es genügend Niederschläge, so dass in Gjerstad niemand über schlechtes Wachstum klagte. Für Mutter Abel in Lunde schien dies allerdings keine Rolle mehr zu spielen. Pastor Aas zufolge war Frau Abel so ungepflegt, dass er jedes Mal, wenn er sie aus Anstandsgründen in den Pfarrhof einladen musste, eine Dienstmagd zum Lunde-Hof schickte, die dafür sorgen sollte, dass Frau Abel einigermaßen sauber aussah.

Vieles spricht dafür, dass Niels Henrik ungestört in seinem Zimmer Nr. 3 im Studentenheim saß und sich auf seine mathematische Arbeit konzentrierte. Jedenfalls war er nicht mit Keilhau und Steffens bei deren Ausflügen in die Umgebung der Stadt zusammen, unternahm aber möglicherweise eigene Ausflüge, zum Beispiel zu seiner Braut Christine nach Son. In Christiania besuchte er jedenfalls regelmäßig Frau Hansteen in der Pilestrædet und Frau Hansteen scheint nun mehr und mehr zu seiner Vertrauten zu werden.

Im September beantragte Abel die Verlängerung seines Wohnverhältnisses im Regentsen und in der Universitätsbibliothek lieh er sich verschiedene Jahrgänge der *Mémoire de l'Institut de France*, versuchte aber auch, sich mit der mathematischen Literatur anderer Länder vertraut zu machen. In der norwegischen Mathematikgeschichte gab es wenig Interessantes, doch er kannte sicher den Namen und den Ruf von Rektor Fredrich Christian Holberg

Arentz, nicht zuletzt, weil Arentz 1818 in den heftigen Debatten des Storting über die höheren Schulen im *Nationalbladet* die von Vater Abel so vehement gegen die Mehrheit der Abgeordneten vertretene Haltung unterstützt hatte. F.C.H. Arentz, Rektor der Kathedralschule Bergen, galt als gelehrter Mann, der sich in mehreren Wissenschaften gut auskannte und in den norwegischen und dänischen *Videnskabernes Selskabs Skrifter (Schriften der Wissenschaftsgesellschaft)* Artikel über physikalische und mathematische Fragen veröffentlicht hatte. Arentz' Gebrauch der Mathematik zur Widerlegung der Unendlichkeit der Welt in Zeit und Raum hatte ein gewisses Aufsehen erregt. Die Vorstellung einer unendlichen Welt würde zu einem Irrglauben führen und der theologischen Aussage über die Schöpfung widersprechen, so meinte er. Indem er mathematische Begriffe von Größe und unendlicher Teilbarkeit verwendete, kam Arentz zu dem spitzfindigen Schluss, dass die Zeit endlich sei und die Welt nicht seit Ewigkeit bestanden habe. Die Welt müsse notwendig einen Anfang in Zeit und Raum haben, ohne dass damit schon gesagt sei, dass sie auch ein Ende habe. Für einen solchen Gebrauch der Mathematik zur Wiederbelebung der alten philosophischen Diskussion über die Unendlichkeit hatte Abel wahrscheinlich wenig übrig. Da hätte ihn ein anderer norwegischer Mathematiker sicher mehr interessiert, nämlich Landvermesser Caspar Wessel, der Bruder des Dichters Johan Herman Wessel, wenn er nur mit dessen Arbeiten in Berührung gekommen wäre. Durch seine praktische Arbeit als Landvermesser fand Wessel nämlich eine neue und andere Methode als die übliche trigonometrische zur Behandlung von gerichteten Liniensegmenten. Wessel fand einen analytischen Ausdruck, der ein gerades Liniensegment mit *Länge und Richtung* kennzeichnete und der ohne weiteres bei der praktischen Berechnung benutzt werden konnte. Dass dies jedoch gleichzeitig ein wirkliches Verständnis der komplexen Zahlen eröffnete, fiel niemandem auf, obwohl Wessels einzige Abhandlung 1799 in dem *Schriften der Wissenschaftlichen Gesellschaft* gedruckt worden war. Die Ehre für die Einführung der komplexen Zahlenebene wurde dem französischen Mathematiker Jean-Robert Argand zuteil, der 1806 eine weniger entwickelte Analyse als Wessel publiziert hatte. Später machte auch Gauß darauf aufmerksam, dass er in einem unveröffentlichten Manuskript von 1799 dieselben Ideen gehabt habe. Fast 100 Jahre sollten vergehen, bis Wessels Leistung entdeckt und gewürdigt wurde.

Abel war „ein erweitertes Studium der gelehrten Sprachen" auferlegt worden, doch hatte er sich offenbar ausschließlich mit dem Studium mathematischer Bücher aus verschiedenen Ländern beschäftigt. In erster Linie las er französische Annalen und Journale: *Mémoire de l'Institut de France, Journal de l'École polytechnique* und die Annalen von Gergonne, genannt nach Joseph-Diez Gergonne, der seit 1810 Jahr für Jahr die *Annales de Mathématiques pures et appliquées* redigierte.

Die erste Theateraufführung Ende Oktober war ein Stück, das Abel vielleicht schon in Kopenhagen gesehen hatte, jedenfalls wurde es dort im Juli 1823 gespielt, während er in der dänischen Hauptstadt weilte. Im Original hieß es *To Rule a Wife and Have a Wife*, wurde aber unter dem Titel *Stille Wasser gründen tief* gegeben. Die Kritik in Christiania sprach von „groben Karikaturschilderungen, abgedroschenen Situationen und hässlichen Bordellszenen." Ende November wurde Enevold Falsen für sein Engagement geehrt, das wesentlich zum Erfolg der *Dramatiske Selskab* beigetragen hatte. H.A. Bjerregaard hatte einen Prolog geschrieben. Vor Weihnachten wurden dann auch noch Holbergs *Gert Westphaler* und J.C. Brandes' *Ariadne auf Naxos* gespielt. Wahrscheinlich hat sich Abel diese Vorstellungen nicht entgehen lassen, wollte sowohl den geschwätzigen Gert wiedersehen als auch Frau Hansteen als Dryade in der *Ariadne* erleben. Frau Hansteen muss diese Rolle noch von der Aufführung fünf Jahre zuvor gut gekannt haben, denn dies war knapp zwei Wochen, nachdem sie Asta geboren hatte, oder Aasta, wie sie sich später nannte, als sie sich für die Rechte der Frauen einsetzte.

Die Weihnachtsferien 1824 verbrachte Niels Henrik bei Christine in Son. Als er zurückkam, waren seine Freunde im Regentsen sehr erstaunt, als sie erfuhren, dass er sich mit der Jungfer Christine Kemp verlobt hatte. Dieses Erstaunen bedeutete nicht nur, dass die Verlobung überraschend kam, sondern rührte wahrscheinlich auch daher, dass man Niels Henrik eine solche Initiative nicht zugetraut hatte. Denn, gemessen an den unter Studenten üblichen, oft groben Annäherungen an das andere Geschlecht sowohl verbal wie im Umgang mit den leicht zu habenden Prostituierten in der Hauptstadt, galt er als eher zurückhaltend. Indem er eine Verlobung einging, erreichte Abel, dass etwas in seinen Augen ganz Privates nicht mehr ständiges Gesprächsthema sein musste. Mit seiner Verlobung hatte er eine Entscheidung getroffen und damit seine Ruhe vor den ewigen Diskussionen über die Frauenzimmer. Und ein Weg war auch vorgezeichnet. Die offene Frage war nur, *wann* die finanzielle Situation des Mannes die Gründung eines eigenen Hausstandes zuließ.

Aus dieser Zeit im Studentenheim erzählte sein Bruder Peder, er sei oft davon wach geworden, dass Niels Henrik aus dem Bett gesprungen sei, in dem sie beide schliefen, und gerufen habe: „Mach Licht!", oder: „Jetzt hab ichs, jetzt hab ichs!", und dann hockte er stundenlang im Nachthemd am Tisch und schrieb. Als Peder eines Tages frierend und unglücklich in dem nur spärlich erwärmten Mansardenzimmer saß, soll Niels Henrik gesagt haben: „Zieh dir den Mantel über, Junge, dann frierst du nicht!" Dies war ein Mittel, von dem er selbst oft Gebrauch machte. Sein Bruder Peder erzählte auch, dass Niels Henrik immer ein Stück Kreide in der Tasche hatte und wenn sie in der Stadt unterwegs waren, rannte er manchmal in den nächsten Hauseingang und fing an, die Wände mit mathematischen Zeichen zu bekritzeln.

Im Januar 1825 wurde Oehlenschlägers *Freyas Alter* (Freyas Altar) auf der Bühne in Grænsehaven gespielt. Dieses Stück hatte sich Abel bereits im Herbst 1816 in der Bibliothek der Kathedralschule ausgeliehen und war nun vermutlich begierig darauf, eine neue Version zu sehen. Das lustige Singspiel *Freyas Alter*, das 1805 zu Oehlenschlägers Durchbruch als dem größtem Dichter des Nordens beigetragen hatte, war natürlich seinem Thema, der nordischen Mythologie gewidmet, und war später in dem erbitterten Streit zwischen Oehlenschläger und Baggesen und ihren jeweiligen Vorkämpfern von Bedeutung.

Wahrscheinlich war Abel auch im März im Theater, als Frau Hansteen in dem Stück *Der listige Briefwechsel* von Fabre d'Eglantine, das schon einmal im Grænsehaven aufgeführt worden war, die französische Pauline spielte. Doch Abel sehnte sich vor allem danach, ins Ausland zu kommen. Im Frühling 1825 beschloss er, etwas zu unternehmen, um die Zeit von „ein paar Jahren", die man ihm für sein Studium in Christiania suggeriert hatte, zu verkürzen. Abel wollte endlich die Mathematiker anderer Länder treffen, besonders die in Frankreich, und nicht zuletzt wollte er ihnen seine Arbeiten zeigen.

Es gab auch praktische Gründe, warum Abel jetzt aufbrechen wollte. Zwei seiner Freunde, Keilhau und Maschmann, waren bereits in Deutschland, drei andere bereiteten sich auf die Abreise vor. Boeck, der ein Jahr als Feldscherer praktiziert hatte, war ein Stipendium für einen Aufenthalt in Deutschland und Frankreich zugesichert worden, damit er dort Veterinärmedizin und Viehzucht studieren konnte. Sein Auslandsstipendium war eine unmittelbare Konsequenz eines Parlamentsbeschlusses aus dem Jahre 1818, eine Veterinärschule einzurichten, was nicht zuletzt auf das Betreiben von Søren Georg Abel zurückging. Carl Gustav Maschmann hatte an einem Institut in Berlin das Studium der Pharmakologie begonnen, er wollte sich zum Apotheker ausbilden, um von seinem Vater die Elephantenapotheke übernehmen zu können. Keilhau schrieb am 19. Mai 1825 einen begeisterten Brief über das Bergwerkseminar in Freiberg und über die Studienmethode der Schule, er berichtete, dass er im Sommer zusammen mit zwei deutschen Geologen die Strecke zwischen Mittelberge und der sächsischen Grenze kartographisch erfassen wolle, ein Gebiet, in dem es „die Classe Berge gibt, die in Norwegen völlig fehlen." Keilhau wollte noch ein Jahr in Deutschland bleiben und hatte vor, im Sommer darauf zusammen mit zwei norwegischen Studenten der Geologie, die gerade ihre Auslandsreise vorbereiteten, eine Fußwanderung in der Schweiz zu unternehmen. Diese beiden waren Nils Otto Tank und Nicolai

Benjamin Møller. Letzterer war im gleichen Alter wie Abel, in Porsgrunn aufgewachsen und 1820, nachdem er, zusammen mit Abels Klassenkamerad Niels Berg Nielsen, vom Vater des Dichters Schwach in Solum bei Skien Privatunterricht erhalten hatte, an die Universität gekommen. Dort hatte Møller das Fach Bergbau studiert und 1824 das Staatsexamen abgelegt. Darüber hinaus hatte er wie Keilhau ein Praktikum in der Silbermine Kongsberg absolviert und wie die anderen „jungen Talente" im *Magazin for Naturvidenskaberne* publiziert. Nils Otto Tank, Sohn des Kaufmanns und Staatsrates Carsten Tank aus Fredrikshald, kannte Abel wahrscheinlich am wenigsten. Tank, Sohn wohlhabender Eltern, war nach England geschickt worden, um eine Ausbildung zum Kaufmann zu machen, hatte sich aber nach seiner Rückkehr für Physik und Mineralogie interessiert und vermutlich in diesen Fächern an der Universität Vorlesungen gehört. Der junge Tank, der die unmoralische Lebensweise seines Vaters ablehnte, begeisterte sich für das Christentum der Herrnhuter, die damals in Christiania mit Niels Johannes Holm einen charismatischen Führer hatten. Wie Keilhau war auch Tank durch Steffens Besuch im Vorjahr mitgerissen worden, auch er begleitete Steffens auf dem Schiff bis Drøbak, um den Abschied zu verlängern. Trotz der schlechten Zeiten, von denen auch das Handelshaus der Tanks nicht verschont blieb, fehlte es dem jungen Tank nicht an eigenen Mitteln, seine Reise zu finanzieren.

Abel dagegen konnte nichts tun, bevor er nicht das Reisestipendium erhielt, das ihm zugesagt worden war. Um endlich die Auszahlung des Stipendiums zu erreichen, wandte Abel folgende Strategie an: Er wollte sich gute Zeugnisse besorgen und dann ein Gesuch an den König richten, um das Stipendium sogleich ausbezahlt zu bekommen. Professor Hansteen und Professor Rasmussen unterstützten Abels Plan und verfassten die besten Empfehlungen an den König. Hansteen wies auf Abels Artikel im *Magazin for Naturvidenskaberne* hin und auf eine größere, noch nicht gedruckte Arbeit „über eine verbesserte Methode in der Integral-Rechnung", als Beispiel für Abels „ungewöhnliche Fähigkeiten", und er fügte hinzu: „Ebenso viel Lob verdienen sein Charakter und seine moralische Haltung, wovon ich durch persönlichen Umgang Gelegenheit hatte, mich zu überzeugen." Das Vaterland „darf sich begründete Hoffnungen machen, in ihm einen ebenso angesehenen wie nützlichen Wissenschaftler zu erhalten." Rasmussen schlug in dieselbe Kerbe: „Von wenigen Studenten kann man sich so viel versprechen wie von dem Studenten Abel, der zweifellos einmal durch Forschungen in der theoretischen Mathematik eine vorteilhafte Berühmtheit in Europa erlangen wird. Mit besonderem Vergnügen komme ich deshalb dem Wunsch des Studenten Abel nach ...", das Stipendium sofort zu erhalten. Doch Rasmussen, der die Diskussionen in den Ministerien kannte, erwähnte die 150 Taler zur Equipie-

rung nicht, er bezog sich nur auf Abels Gesuch von 600 Speziestaler in Silber
für zwei Jahre. Über sein Studienvorhaben und seine Zukunftspläne äußerte
sich Abel selbst:

Christiania, den 1. Juli 1825

An den König!

Schon seit meiner frühen Schulzeit habe ich mich mit viel Begeisterung den
mathematischen Wissenschaften gewidmet und habe dieses Studium in
den ersten zwei Jahren meiner akademischen Laufbahn fortgesetzt. Meine
nicht unerheblichen Fortschritte veranlassten das akademische Collegium,
mich für eine Unterstützung vorzuschlagen, die mir Eure Majestät aus der
Staatscasse allergnädigst gewährten, damit ich in einem Zeitraum von zwei
Jahren meine Studien an der Norwegischen Universität fortsetzen und
dabei gleichzeitig die gelehrten Sprachen pflegen könne. Seitdem habe ich
nach Kräften in Verbindung mit den mathematischen Wissenschaften die
alten und neueren Sprachen studiert, darunter vornehmlich das Französische. Nachdem ich somit hier im Lande bestrebt war, dem gesetzten Ziel
näher zu kommen, würde mir nun insbesondere ein Aufenthalt im Ausland
an den jeweiligen Universitäten nützlich sein, vornehmlich in Paris, wo sich
so viele ausgezeichnete Mathematiker aufhalten, um die neuesten Hervor-
bringungen in der Wissenschaft kennen zu lernen und der Anleitung von
Männern teilhaftig zu werden, die dieselbe in unserer Zeit zu einer solch
bedeutenden Höhe gebracht haben. Ich möchte somit auf Grund des eben
Genannten und der beigelegten günstigen Zeugnisse meiner Vorgesetzten
Eure Majestät untertänigst ersuchen, mir gnädigst ein Reisestipendium von
600 Speziestaler in Silber jährlich für einen Zeitraum von zwei Jahren in
Paris und Göttingen zur Vertiefung der mathematischen Wissenschaften
zuzubilligen.

Untertänigst
Niels Henrik Abel

Mit diesen Unterlagen begab sich Abel am 2. Juli zum Senat, der das Gesuch
befürwortete und den Vorgang zwei Tage später dem Vize-Kanzler der Universität vorlegte. Diesen Posten bekleidete inzwischen Niels Treschow, nachdem er vier Tage zuvor sein Amt als Minister niedergelegt hatte, und seine
Bemerkung lautete kurz und treffend: „Diese Angelegenheit wird hiermit
weitergeleitet an das Ministerium für Kirchen- und Unterrichtswesen der
königlich-norwegische Regierung zur allergnädigsten Entscheidung." Doch
der neue Chef im Ministerium, Minister P.C. Holst, der seit drei Monaten
außer dem Amt des Kirchenministers auch das des Marineministers innehatte, wollte in dieser Sache ein Wörtchen mitreden. Er schickte das Gesuch
zurück an den Senat mit der Frage, ob nicht die Universität die Auszahlung

des Reisestipendiums übernehmen könne und ob sich die Höhe des Stipendiums nicht reduzieren ließe, nachdem Abels Studium „es nicht erforderlich macht, weite Reisen zu unternehmen, sondern nur den Aufenthalt an zwei bestimmten Orten erheischt." Gemeint waren Göttingen und Paris. Der Senat antwortete, dass man unmöglich über Ressourcen für ein solches Stipendium verfüge und man in keiner Weise einen geringeren Betrag für Abel beantragen könne, als ihn C.A. Holmboe im Sommer 1821 für seine Studien des Persischen und Arabischen in Paris erhalten habe. Und der Senat fügte hinzu, dass Abel „nicht allein Hilfe benötigt, um an einem fremden Ort zu leben und sich selbst zu erhalten, sondern zusätzlich, um sich zu equipieren und mehrere für sein Studium unentbehrliche kostbare Werke anzuschaffen." Das Kirchenministerium bat nun um die Beurteilung des Finanzministeriums und Minister Jonas Collett antwortete, es stünde dem nichts entgegen, dass dem Student Abel „von der Staatscasse ein Reisestipendium von jährlich 600 Speziestaler in Silber für zwei Jahre gewährt wird, und zwar vom 1. Juli 1825 bis zum 1. Juli 1827, um an den Universitäten Paris und Göttingen die mathematischen Wissenschaften zu studieren." Minister Holst meinte nun, dass es am besten sei, das Stipendium nicht am 1. Juli, sondern an dem Tag auszubezahlen, an dem Abel die Reise antrete, „damit für seinen Aufenthalt an den fremden Universitäten keine Zeit verloren gehe", und er bat Abel, einen Plan für seine Reise einzureichen. Das war am 5. August. Zwei Tage später schickte Abel an den „Hochwohlgeborenen Minister P.C. Holst, Commandeur des Nordstjernen etc. "den „Entwurf eines Plans für meine Auslandsreise, den Sie mich baten vorzulegen. Es kann sehr leicht möglich sein, dass das Bekanntwerden näherer Umstände einzelne Veränderungen notwendig machen, doch glaube ich, ihn im Großen einhalten zu können." Dieser Entwurf von Abels Reise ist später aus den Archiven verschwunden. Das Ministerium schickte den Entwurf an den Senat, wo ihn Professor Rasmussen annahm und mit einem Vermerk versah, damit war die Angelegenheit formell abgeschlossen. Am 5. September billigte Seine Majestät den Antrag, „dass dem Studiosus Niels Hendrich Abel aus der Staatscasse gnädigst ein Reisestipendium für zwei Jahre von jährlich 600 Speziestaler in Silber gewährt wird, um an den Universitäten in Paris und Göttingen die mathematischen Wissenschaften zu studieren." Diese Mitteilung wurde vom Staatssekretariat an das Kirchenministerium weitergegeben, welches dann ein Schreiben an das Finanzministerium und an Abel schickte. Und am 6. September benachrichtigte Abel den Senat, „dass ich den Platz abtrete, dessen ich mich bisher im Universitätsstift erfreute." Abel war bereit zum Abreisen, am nächsten Tag trat er die Reise an.

In diesem Sommer war an vielen Orten des Landes ein merkwürdiges Reisefieber ausgebrochen, nicht nur unter Abels Freunden. Etwa zur selben Zeit, als Abel sein Gesuch nach Ausbezahlung des Stipendiums einreichte, also am 5. Juli 1825, stach die Schaluppe *Restaurationen* mit 52 Menschen an Bord von Stavanger aus in See. Die große Auswanderungswelle ins neue Land Amerika hatte begonnen. Hatte Abels unbedingter Reisewunsch vielleicht auch etwas mit einer Flucht zu tun? In diesem Sommer hatte nämlich Frau Hansteen Besuch von ihrer Schwester Charité, in die sich Niels Henrik, glaubt man späteren Geschichten in der Familie Hansteen, aller Wahrscheinlichkeit nach verliebt hatte, als sie sich zwei Jahre früher in Sorø bei Kopenhagen begegneten. Alles deutet darauf hin, dass Abel zu diesem Zeitpunkt hin- und hergerissen war zwischen Christine in Son und Charité bei Frau Hansteen in der Pilestredet. Professor Hansteens Nichte Vilhelmine Ullmann, schreibt in ihren Erinnerungen über die 20-er Jahre: „Charité Borch kam aus Kopenhagen herauf, um ihre Schwester zu besuchen ... In ihrem ganzen Auftreten vermittelte sie (Charité) den Eindruck höherer Bildung, eines reicheren und tieferen geistigen Lebens, als wir es gewohnt sind. Es waren allerdings nicht diese Eigenschaften, die, ohne dass sie es wusste, bei uns eine Revolution auslösten. Das erste Mal, als ich sie sah, hatte sie ein rot und weiß gestreiftes Kaliko-Kleid an, welches nicht straff saß, sowohl Leibchen wie Rock waren vorne an der Taille gefältelt. Dieses blusige Kleid war extravagant und sehr kühn, aber doch wert, nachgeahmt zu werden." Es handelte sich um die neue Mode der Empire-Zeit, wie sie die Frauen der Oberklasse in Europa trugen, die hier in Christiania eingeführt wurde. Das Ablegen des Korsetts gehörte mit zu den Freiheiten der Französischen Revolution, an die Stelle der schädlichen Mode des Einschnürens der Taille war ein kurzes Oberteil getreten, das unter der Brust endete und von dem der Stoff locker um den Körper nach unten hing, häufig mit einem tiefen Ausschnitt, was sich in Frankreich zu einer fast „nackten" Busentracht entwickelte, bis dann Ende der 1820-er Jahre eine Gegenbewegung einsetzte.

Ob Niels Henrik eher von Charités kühnem Äußeren oder von ihrer höheren Bildung angezogen war, wissen wir natürlich nicht und auch nicht, wie sehr er in sie verliebt war. Es soll jedenfalls so gewesen sein, dass Frau Hansteen ihren Einfluss geltend machte, um ihn zu veranlassen, bei Christine zu bleiben, vielleicht wegen des Unterschieds in Bildung und in Extravaganz, vor allem aber, weil Abel bereits verlobt war und weil Christine um seinetwillen nach Norwegen gekommen war. Sicher hatte Abel bereits eine definitive Wahl getroffen, doch scheint es ihm trotzdem manchmal schwer gefallen zu sein, nicht mehr an Charité zu denken. Frau Hansteens spätere Tagebuchaufzeichnungen deuten darauf hin, dass viele ihrer Gespräche mit Niels Henrik um die Beziehung zu Christine kreisten. Vilhelmine Ullmann, 1816 geboren, schildert ihre einzige Begegnung mit Abel so: „Es war im Hause der Mad. Niemann in der Pilestrædet in der oberen Etage, wo Hansteens wohnten. Ich wurde mit einer Nachricht hinaufgeschickt zur Tante (Frau Hansteen), und als ich die Wohnstube betrat, saß sie dort und unterhielt sich mit Abel. Er sah mich lächelnd an, während ich mein Anliegen vorbrachte, und nachdem ich mich verneigt und halb aus der Tür gekommen war, hörte ich ihn fragen: Wer war das?"

In diesem Sommer 1825 dürfte Niels Henrik kaum Zeit gehabt haben, nach Gjerstad zu fahren. Anfang Juli schickte er sein Gesuch an den König ab, Anfang August musste er in aller Eile seinen Reiseplan für Minister Holst machen und Anfang September waren schließlich alle Papiere in Ordnung.

Inzwischen war in Gjerstad seine Schwester Elisabeth konfirmiert und Pastor Aas schrieb über sie: „Besonders gutes Wissen, immer fleißig und sehr ordentlich." Wenn Niels Henrik auch nicht zu Hause war, so besorgte er seiner Schwester doch eine Unterkunft in Christiania. Frau Hansteen versprach, Elisabeth aufzunehmen und sie im Hause zu behalten, bis sich anderswo eine passende Stelle fände. Als Elisabeth Abel dann im Herbst in die Hauptstadt eintraf, wurde sie von Frau Hansteen herzlich empfangen. Ein halbes Jahr später kam sie in das Haus von Niels Treschow in Tøyen und blieb dort fünf bis sechs Jahre.

Auch für seinen Bruder Peder sorgte Niels Henrik und nahm dazu Frau Hansteens Hilfe in Anspruch. Peder hatte Anfang August das *examen artium* absolviert und alle Prüfungen bestanden, nur in Geographie musste er weitermachen, nun wollte er Theologie studieren. Peder musste natürlich aus dem Studentenheim Regentsen ausziehen, da Niels Henrik dort nicht mehr wohnte, und er fand ein Zimmer bei einer Frau Tode in der Voldgaten. Vor seiner Abreise deponierte Niels Henrik 50 Taler seines Stipendiums bei Frau Hansteen, die sie Peder bei Bedarf in passenden Teilbeträgen übergeben sollte.

Und als letzte Vorbereitung auf die Reise lässt sich feststellen, dass Niels Henrik am 29. August in der Universitätsbibliothek ein englisches Buch über europäische Geschichte auslieh, und zwar William Robertsons *History of the Reign of the Emperor Charles V*, mit dem Untertitel: *With a view of the progress of society in Europe, from the subversion of the Roman Empire to the Beginning of the 16th Century.*

Teil VI
Reise durch Europa

Abb. 22. Gendarmenmarkt, Berlin 1825. Tuschezeichnung von F.A. Calau. Kupferstich-abinett, SMPK Berlin. Bildarchiv Preussischer Kulturbesitz, Berlin.

34

Über Kopenhagen und Hamburg
nach Berlin

Am 6. September also gab Abel seine Unterkunft im Studentenheim auf und am Tag darauf verließ er Christiania. Zunächst begab er sich auf dem Landweg nach Son, um sich von Christine zu verabschieden. Einige Tage später kamen Boeck und Møller mit dem Schiff über den Christianiafjord und spät in der Nacht wurde Abel an der Anlegestelle von Son an Bord geholt. Ganz sicher war es Trepkas Jacht "Apollo", die hier die Passagiere und die Fracht nach Kopenhagen brachte. Anfangs hatten sie guten Wind, aber vor Marstrand blieben sie bei Flaute liegen, bis schließlich ein starker Wind einsetzte und an Bord die Seekrankheit um sich griff. Einer der Passagiere war so fest davon überzeugt, sterben zu müssen, dass er zweimal sein Testament schrieb. Auch Abel und Møller waren krank, nur Boeck betätigte sich als barmherziger Samariter und glänzte mit seinen medizinischen Kenntnissen. Am fünften Tag sahen sie das Schloss Kronborg, die See hatte sich beruhigt, um drei Uhr morgens standen Abel und Boeck an Deck, um an Helsingør vorbei die Einfahrt in den Øresund mit den vielen Segelbooten zu genießen. Vielleicht erinnerte sich Niels Henrik auch an seinen Vater, der einen Teil seiner Jugend hier verlebt hatte.

In Kopenhagen stieß Tank, der auf dem Landweg gekommen war, zu ihnen. Vor ihrer Abreise in Christiania hatten sie die Reiseroute diskutiert, Tank hatte den Landweg vorgeschlagen und wollte die anderen auf den Gutshof Røed einladen, um dann über Fredrikshald durch Schweden und weiter über den Øresund nach Kopenhagen zu fahren. Boeck hatte jedoch auf dem Seeweg bestanden.

Von Kopenhagen reisten nun Boeck, Tank und Møller sogleich weiter nach Hamburg. Aus mindestens zwei Gründen blieb Abel noch eine gute Woche in Kopenhagen. Zum einen hatte er von Hansteen einen wissenschaftlichen Auftrag, er sollte einen Brief bei dem bekannten Physiker Hans Christian Ørsted abgeben, zum anderen wollte er gerne Familie und Freunde wiedersehen. Auch diesmal wohnte er bei Tante und Onkel Tuxen in Christianshavn.

H.C. Ørsted hatte nämlich in seinem Haus einen von Hansteens magnetischen Messapparaten stehen, den er auf einer Reise nach England benutzt hatte. Hansteen wollte nun, dass Abel und seine Freunde diesen „Oscillations-apparat" mitnehmen sollten, um auf ihrer nach Süden führenden Europareise magnetische Ausschläge messen zu können. Hansteen selbst hatte in diesem Sommer und Herbst magnetische Messungen um Torneå am Bottnischen Meerbusen vorgenommen. Bereits im April hatte er Ørsted in einem Brief „Herrn Studiosus N.H. Abel, unsere aufgehende Sonne in der Mathematik" vorgestellt. Nun besuchte Abel diesen Wissenschaftler und bekam den „Oscil-lationsapparat" ausgehändigt.

In Kopenhagen besuchte Abel auch noch Professor von Schmidten und erhielt gute Ratschläge für die Reise, nicht zuletzt eine Empfehlung an Ge-heimrat Crelle wie auch dessen Adresse in Berlin. Obendrein erfuhr Abel, dass Professor Degens große Bibliothek, die er zwei Jahre zuvor so bewundert hatte, versteigert werden sollte. Nach Degens Tod im April waren seine Bücher katalogisiert worden und jetzt, Anfang September, hatte Professor Thune diese Aufstellung in zwei Sendungen an Abels Adresse in Christiania geschickt mit der Bitte, sie unter interessierten Käufern in Norwegen zu verteilen. Abel schrieb daher sogleich an Holmboe und bat ihn, sich um die Kataloge zu kümmern und sich in jedem Fall an Professor Sverdrup zu wenden, der in seiner Eigenschaft als Bibliothekar der Universität hoffentlich an einem Kauf interessiert sein würde. „Tu das so schnell Du kannst, denn die Versteigerung soll am 5. Oktober stattfinden", schrieb Abel und fuhr fort: „Am 13. fahre ich nach Sorø, um die Mutter und die Schwester von Frau Hansteen zu besuchen, ich werde ein paar Tage bleiben. Am Freitag nächster Woche werde ich mit dem Dampfboot nach Lübeck und von dort nach Hambourg fahren." Er bat Holmboe, „nicht verärgert zu sein, dass ich Dir diese Commissionen aufbür-de" und versprach, beim nächsten Mal einen „ordentlichen Brief" zu schrei-ben und er schloss mit Grüßen an Frau Hansteen und ihre Schwester Charité. Dass sich Abel während seines Aufenthaltes in Kopenhagen die Zeit nahm, auf der Landstraße hinaus nach Sorø zu fahren, um Frau Hansteens alte Mutter und ihre Schwester zu besuchen, lässt sich kaum mit einem einfachen Gefühl der Freundschaft erklären oder mit aufgetragenen Grüßen vonseiten der Schwestern in Christiania. Vielleicht hatte es mit seiner Verliebtheit und Liebe zu tun, über die er sich Klarheit verschaffen wollte, vielleicht suchte er in Sorø Erinnerungen, die er noch einmal überdenken musste, um sicher zu sein, dass er richtig gehandelt, die richtige Wahl getroffen hatte.

Wie auch immer, es scheint jedenfalls so, als wäre durch den Aufenthalt in Kopenhagen in Abel ein selbstständiger Entschluss über seine Zukunft gereift. Nun fühlte er sich nicht mehr an die Reiseroute gebunden, die er für die Minister und Professoren in Christiania abgeliefert hatte und er wollte nicht direkt nach Paris oder zu Gauß nach Göttingen, sondern hatte sich entschie-den, nach Berlin zu fahren! Seine Reisegefährten wollten alle den Winter in

Berlin oder seiner Umgebung verbringen und Abel legte Wert auf ihre Gesell-schaft. Und in Berlin hatte er immerhin die Adresse von Geheimrat Crelle.

Von Kopenhagen ging es mit dem Dampfschiff nach Lübeck, zum ersten Mal war Abel an Bord eines dieser modernen Fahrzeuge. Die Reise von Lübeck nach Hamburg in der Postkutsche wurde ziemlich strapaziös, die Straßen waren in sehr schlechtem Zustand, mehrmals drohte die Kutsche umzukip-pen. Als er endlich in Hamburg angekommen war und die Freunde im Gasthof „Zum großen wilden Mann" wiedergefunden hatte, stellte sich heraus, dass sich bei der holprigen Fahrt einige Schrauben in Hansteens „Oscillationsap-parat" gelöst hatten. Der Apparat musste bei einem Instrumentenbauer der Stadt repariert werden.

Sie verbrachten einige Tage in Hamburg. Gemeinsam begaben sie sich nach Altona, um vermutlich auf Geheiß von Hansteen bei Schumacher einen Be-such zu machen. Der berühmte Astronom empfing sie freundlich, obwohl er an diesem Tag leicht kränkelte. Über Abels missglückte Mondberechnung scheint nicht geredet worden zu sein. Abel erwähnt die Begegnung nur kurz und meint, dass ihn der Professor „sehr zuvorkommend empfing, aber er war gerade nicht ganz gesund." Doch umgekehrt muss Abel bei Schumacher einen starken Eindruck hinterlassen haben, denn dieser schrieb später an Gauß, dass Abel „als Mensch ebenso liebenswürdig war wie bemerkenswert als Mathema-tiker." Doch dies schrieb er erst nach Abels Tod. 1825 hätte ein lobendes Wort des großen Gauß in Göttingen Abel viele Türen geöffnet. Was Abel jetzt von Schumacher erfuhr, war vermutlich nur, dass Gauß noch gar keine Lust gehabt hatte, seine Abhandlung über die Gleichung fünften Grades zu lesen und nur etwas gemurmelt haben soll wie „noch einer von diesen ewigen Lösungsversuchen", und dass er gedenke, eines Tages selbst den Beweis für die Lösung der allgemeinen Gleichung fünften Grades zu erbringen.

Abel traf auch den Assistenten des Observatoriums in Altona, einen Tho-mas Clausen, „der gewiss vortreffliche Anlagen zur Mathematik hat, doch soviel ich merken konnte, nicht viel studiert hat", so lautete Abels Kommentar in einem Brief nach Hause.

Die Reise von Hamburg nach Berlin scheint ohne Zwischenfälle verlaufen zu sein, jedenfalls erwähnt Abel nichts dergleichen. Nach ihrer Ankunft in Berlin am 11. Oktober bezogen sie einige Zimmer Am Kupfergraben 4, die Maschmann im Voraus gemietet zu haben scheint, und dies blieb im Herbst und Winter ihr Stammquartier.

Erst am 5. Dezember schrieb Abel an Hansteen und musste nun die geän-derte Reiseroute begründen.

Sie haben sich vielleicht darüber gewundert, warum ich zuerst nach Deutschland gefahren bin, aber das habe ich getan, weil ich einesteils mit Bekannten zusammenleben kann, und andernteils, weil ich hier weniger Gefahr laufe, die Zeit nicht auf die beste Weise anzuwenden, denn ich kann Deutschland jederzeit verlassen, um nach Paris zu reisen, das für mich der wichtigste Ort sein dürfte.

Zu Hause in Christiania war in der Zwischenzeit eine Diskussion über die Berufung eines neuen Dozenten für Mathematik in Gang gekommen, eine Sache, die für Abel von großer Bedeutung war. Folgendes war geschehen:

Etwa einen Monat, nachdem Abel Christiania verlassen hatte, wurde Professor Rasmussen zum „Zahlkassierer" ernannt, ihm wurde also die Verantwortung für die Finanzhauptkasse der verschiedenen Regierungsdienststellen übertragen. Einen Monat später wandte sich der Senat an den Vize-Kanzler der Universität und beantragte einen neuen Hochschullehrer für Mathematik. Vizekanzler Treschow leitete die Angelegenheit weiter an das Kirchenministerium mit dem Vermerk, dass Hansteen und Rasmussen sicher in der Lage seien, Auskunft zu geben über „die Gelehrsamkeit und Begabung der Personen, die in dieser Angelegenheit näher in Betracht kämen." Das Kirchenministerium verlangte eine Stellungnahme des Senats über die für diesen Posten qualifizierten Personen und wollte wissen, „inwieweit diese Personen als Dozenten, Lektoren oder Professoren angestellt werden sollten, oder ob sie nur auf Zeit in einer dieser Eigenschaften eingesetzt werden sollten."

Bei den Vorschlägen, die 1812 der Universität vorlagen, waren 25 fest angestellte Lehrer, Professoren und Lektoren geplant, verteilt auf acht Fakultäten. Aber in dem neuen Universitätsgesetz, dessen Satzung 1824 angenommen wurde, war die Zahl der Fakultäten auf vier geschrumpft: die theologische, die juristische, die medizinische und die philosophische Fakultät, letztere umfasste alles von Philosophie über klassische und neuere Sprachen, Geschichte bis zur Geologie und anderen Naturwissenschaften, Mathematik und Ökonomie.

Die philosophische Fakultät wurde nun zu einer Stellungnahme gebeten in Verbindung mit der freien Stelle für Mathematik. In dieser Fakultät saßen Georg Sverdrup, Jacob Keyser, Jens Rathke, Søren Brun Bugge und C.A. Holmboe als Sekretär. Ihr Bericht wurde am 6. Dezember 1825 unterzeichnet und hatte folgenden Inhalt: Für diese Stelle kamen zwei Männer in Frage, welche die nötige Qualifikation mitbrachten, und zwar Oberlehrer B.M. Holmboe und der Student N.H. Abel. Von Holmboe hieß es, dass er über viele Jahre „sich außerordentlich bewährt hat" und ein „umfassendes und gründliches Wissen in der Mathematik" gezeigt habe. Von Abel hieß es, dass sein „seltenes Talent für die Mathematik und seine großen Fortschritte in dieser Wissenschaft" bekannt seien. Es wurde jedoch darauf aufmerksam gemacht, dass er gerade eine längere Auslandsreise angetreten habe, von der man ihn nicht ohne Schaden zurückrufen könne. Auch meinte man, Abel von der Seite zu kennen, „dass er sich nicht ohne weiteres der Aufnahmefähigkeit jüngerer Studenten wird anpassen können und somit nicht mit Fruchtbarkeit die elementare Mathematik wird vortragen können, was aber die Hauptsache für den oben genannten Lehrstuhl ist, der einen erfahrenen Lehrer verlangt, nichtsdestotrotz hält man ihn für vornehmlich geeignet, einen Lehrstuhl für höhere Mathematik zu bekleiden, dessen Einrichtung an der Universität man mit der Zeit verwirklicht zu sehen hofft."

Aus diesen Gründen wurde Oberlehrer Holmboe empfohlen, doch hielt es die philosophische Fakultät für ihre Pflicht, darauf hinzuweisen, wie „wichtig es sei, sowohl für die Wissenschaften im Allgemeinen wie für unsere Universität im Besonderen, dass der Student Abel nicht aus den Augen verloren werde."

35.

Berlin: Von Oktober 1825 bis März 1826

Berlin 1825: ein politisches und kulturelles Zentrum, Militärparaden und Maskenfeste, herrschaftliche Häuser, Schlösser und Kirchen. Die Unterkunft, die der Apothekerlehrling Maschmann gefunden hatte, lag direkt an der Spree und war in jeder Hinsicht respektabel. Den norwegischen Studenten wurde sogar ein Bursche zugeteilt, der ihnen die Stadt zeigte. Im Stockwerk über ihnen wohnte Professor Georg W.F. Hegel und im Erdgeschoss war eine Bierkneipe. Weder die Bierkneipe noch der berühmte Philosoph finden in den Briefen, welche die norwegischen Studenten nach Hause schreiben, Erwähnung, allerdings war Hegel in Norwegen noch kaum bekannt. In Berlin dagegen sammelte Hegel eine große Schar von Zuhörern um sich, in seiner Wohnung Am Kupfergraben arbeitete er neue Vorlesungsreihen aus. Und seine Meinung über die unter ihm logierenden norwegischen Studenten sollte er schon noch zum Ausdruck bringen.

Eine der ersten Unternehmungen Abels in Berlin war, August Leopold Crelle aufzusuchen, den Ingenieur, Straßenplaner und Erbauer der ersten Eisenbahn von Berlin nach Potsdam. Er war bekannt für sein enthusiastisches Interesse an der Mathematik, für seine technischen Fähigkeiten und seinen großen Einfluss bei den preußischen Behörden. Crelle hatte viele Eisen im Feuer und als Abel an seine Tür im Gewerbeinstitut klopfte, nahm er gerade ein Examen ab. Er glaubte daher, der schüchterne junge Mann, der sein Anliegen etwas undeutlich formulierte, sei wieder ein Student, der das Examen abzulegen wünsche. Es dauerte deshalb einige Zeit, bis Abel sich zusammennahm und in unsicherem Deutsch deutlich sagte: „Nicht Examen, nur Mathematik." Da hob Crelle zum ersten Mal den Kopf.

So verlief die erste Begegnung mit A.L. Crelle, dem Mann, dem für Abels wissenschaftliche Karriere die größte Bedeutung zukommen sollte. Crelle hatte gerade Lagrange und andere französische Mathematiker übersetzt, die Abel bestens kannte. Auch eine von Crelles mathematischen Arbeiten hatte Abel gelesen, nämlich *Analytische Facultäten,* und er hatte Anmerkungen gemacht, die Crelles Neugier weckten. Noch eifriger wurde Crelle, als das Gespräch, das in Französisch geführt wurde, auf die höheren Gleichungen kam und Abel von der Gleichung fünften Grades erzählte und von seinem Beweis ihrer Unlösbarkeit. Abel überreichte ihm ein Exemplar seiner kleinen Druckschrift, die er bei sich hatte, doch Crelle verstand Abels Darstellung nicht und bezweifelte das Ergebnis. Daraufhin begann Abel mit einer ausführlicheren Version des Beweises. Für Crelle, der die Mathematik in Deutschland gerne voranbringen wollte und der sich mit dem Gedanken trug, eine mathematische Zeitschrift ins Leben zu rufen, wurde die Begegnung mit Abel zu einer wichtigen Anregung und zwischen den beiden entwickelte sich eine herzliche Freundschaft. Als wäre es seine eigene, durfte Abel Crelles Bibliothek benutzen, wo er das Neueste an mathematischer Literatur fand, unter anderem das *Bulletin universel des sciences et de l'industrie* von Baron Ferrusac, dazu Informationen über neue Bücher und neue mathematische Ergebnisse. Darüber hinaus wurde Abel schnell in Crelles wissenschaftliche und gesellige Kreise in Berlin eingeführt.

Als Abel am 5. Dezember an Hansteen schrieb, rekapitulierte er seine Erlebnisse in Berlin folgendermaßen:

Hier in Berlin habe ich bezüglich der öffentlichen Bibliotheken nicht gerade einen bedeutenden Fang gemacht, denn in mathematischer Hinsicht sind diese außerordentlich schlecht; es gibt fast nichts Neueres und was da ist, ist sehr unvollständig. Unsere Bibliothek ist da besser, muss ich sagen. Dagegen bin ich in einer anderen Hinsicht ganz außerordentlich zufrieden mit meinem Aufenthalt in Berlin. Ich hatte nämlich das Glück, die Bekanntschaft von zwei vortrefflichen Mathematikern zu machen, nämlich Geheimrath Crelle und Professor Dirksen. Ersteren hatte mir von Schmidten als einen in jeder Hinsicht ganz vortrefflichen Mann geschildert, und als ich nach Berlin kam, begab ich mich deshalb so schnell wie möglich zu ihm. Es dauerte lange, bis ich ihm verständlich machen konnte, worin eigentlich die Absicht meines Besuches bestand und es sah nach einem betrüblichen Ende aus, bis ich dann bei seiner Frage, was ich bereits in der Mathematik studiert hätte, meinen Mut wieder fand. Als ich ihm einige Schriften der vortrefflichsten Mathematiker nannte, wurde er sehr zuvorkommend und schien wirklich erfreut zu sein. Er ließ sich auf ein ausführliches Gespräch mit mir ein über eine Reihe schwieriger Probleme, die noch nicht gelöst sind, und als ich bei der Erwähnung der höheren Gleichungen sagte, dass ich für die Unmöglichkeit, die des 5. Grades allgemein zu lösen, den Beweis erbracht hätte, wollte er es nicht glauben und erwiderte, er wolle dies widerlegen. Ich händigte ihm deshalb ein Exemplar aus, doch er sagte, er könne die Begründung einiger meiner Schlüsse nicht einsehen. Dasselbe haben schon ein paar andere gesagt und daher habe ich eine Umarbeitung vorgenommen. Er sprach auch viel über den schlechten

Zustand der Mathematik in Deutschland und sagte, dass sich das Wissen der meisten Mathematiker auf ein wenig Geometrie beschränke und etwas, das sie Analysis nennen, was aber nichts anderes als Combinationslehre sei. Doch er scheint der Ansicht zu sein, dass nun hier in Deutschland für die Mathematik eine glücklichere Periode beginnen würde. Als ich meine Verwunderung äußerte, dass hier nicht wie in Frankreich ein Journal für Mathematik existiere, sagte er, dass er schon lange im Sinn habe, die Redaktion einer solchen zu übernehmen und er wolle dies nun umgehend ins Werk setzen.

Und so entstand das *Journal für die reine und angewandte Mathematik*, im 19. Jahrhundert eine führende mathematische Zeitschrift in Deutschland und in der ganzen Welt, sie erscheint bis heute. Für die ersten Hefte von *Crelles Journal*, wie die im Februar 1826 erstmals herausgegebene Zeitschrift auch oft genannt wurde, schrieb Abel in drei Monaten sechs hervorragende Abhandlungen. Nicht zuletzt dank Abels Beiträgen kam die Zeitschrift schnell in den Ruf, eine der führenden zu sein. Die meisten von Abels Arbeiten erschienen in *Crelles Journal* und hätte es diese Zeitschrift nicht gegeben, so könnte man sich nur schwer vorstellen, wo er den Ansporn für seine weitere Arbeit hätte finden sollen.

Abel schrieb auf Französisch und Crelle übersetzte. Abel wurde sogar ein Honorar angeboten, „womit ich natürlich nicht gerechnet hatte und welches ich mir verbat, doch meinte ich ihm anzumerken, wie sehr ihm daran gelegen war, dass ich es annahm." Von dieser Möglichkeit, sich auch in Berlin etwas zu verdienen, muss er Hansteen und den anderen, die ihn lieber auf dem kürzesten Weg nach Paris gesehen hätten, mit Genugtuung geschrieben haben. Im Brief an Hansteen vom Dezember hatte er noch mehr zu seiner Verteidigung vorzubringen:

Über die Form meiner Abhandlungen meinte Crelle, er halte sie für sehr klar und gut geschrieben halte, was mich außerordentlich freut, da ich stets befürchtet habe, es würde mir schwer fallen, meine Gedanken auf geordnete Weise zu entwickeln. Doch riet er mir, etwas ausführlicher zu sein, besonders hier in Deutschland.

Über das gesellschaftliche und wissenschaftliche Leben in Berlin schrieb Abel: „Bei Crelle bin ich ein für alle Mal jeden Montag eingeladen. Es gibt bei ihm da so eine Art Assemblé und eine Hauptbeschäftigung ist Musik, auf die ich mich leider nicht verstehe."

Gesang und Musik gehörten einer Bildung an, wie Abel sie nicht kannte. Er hatte keinen Sinn für die Instrumentalmusik seiner Zeit. Es trifft zu, dass das Hammerklavier das Spinett abgelöst hatte, doch Abel war zum Beispiel nicht in der Lage, das „Beben" des gesungenen Tones im Kontrast zum begleitenden Klang der Oboe zu würdigen und zu kommentieren. Dennoch vergnüge er sich, so schrieb er, denn bei derartigen Zusammenkünften waren beide Geschlechter zugegen und Abel traf immer einige Mathematiker, mit denen er sich unterhalten konnte. „Auf diese Weise übe ich mich auch im Deutschen, was ich dringend brauche und mit dem es noch nicht sehr gut geht." Früher hatte es bei Crelle auch ein wöchentliches Treffen *ausschließlich* von Mathematikern gegeben, das man jedoch einstellen musste, weil Professor Martin Ohm, der Bruder des berühmten Physikers, mit seiner „schrecklichen Arroganz" so unangenehm war. Abel meinte dazu: „Es ist fürwahr schlimm, dass ein einzelner Mann der Wissenschaft solche Hindernisse in den Weg legt."

Abel war aufgefallen, wie die jungen Mathematiker in Berlin „Gauß schier vergöttern. Er ist für sie der Inbegriff aller mathematischen Vortrefflichkeit." Und er schreibt weiter: „Mag nun sein, dass er ein großes Genie ist, doch ebenso gewiss ist, dass sein Vortrag schlecht ist. Crelle sagt, dass ihm alles, was Gauß schreibt, ein Gräuel ist, weil es so dunkel ist, dass man es kaum verstehen kann."

Abel schien keine Bedenken zu haben, dass seine Einschätzung an andere weitergesagt werden könnte, und er schließt seinen Dezemberbrief an Hansteen mit der Mitteilung, wegen des *Journals* so lange wie möglich in Berlin bleiben zu wollen, „denn kein Ort in Deutschland wird für mich günstiger sein. In Göttingen gibt es zwar eine gute Bibliothek, das ist aber auch alles, denn Gauß, welcher der einzige ist, der etwas kann, ist völlig unnahbar. Doch nach Göttingen muss ich, das versteht sich."

Dem Brief an Hansteen war auch ein Brief an Frau Hansteen beigefügt: „Aus meinem Brief an den Professor werden Sie ersehen können, wie es mir geht. An Sie habe ich darüber hinaus eine Bitte. Sie haben mir so außerordentlich viel Gutes getan; vergessen Sie bei Gott auch meinen Bruder nicht. Ich bin sehr in Sorge, dass es ihm schlecht gehen könnte." Er bat Frau Hansteen, Peder Geld zu geben, wenn nötig mehr als die 50 Taler, die er deponiert hatte. Auf die eine oder andere Weise wolle er schon für das nötige Geld sorgen und er bat sie, Peder zu grüßen und ihn zu veranlassen, ihm zu schreiben: „Er kann den Brief an meine Braut schicken, die ihn dann schon besorgt, oder das Beste ist wohl, er schickt ihn unfrankiert." Wir wissen nicht, woher Abel von dem Benehmen seines Bruders in Christiania erfuhr, wir kennen die Briefe nicht, die Abel aus Norwegen erhielt. Doch aus den Polizeiberichten in Christiania von jenem Herbst geht hervor, dass Peder Abel und ein anderer Student, mit dem er sich das Zimmer teilte, vorgeladen wurden „in der Angelegenheit, dass sie häufig Feste feiern, bei denen es zur Trunkenheit kommt, woraus dann Prügeleien und Lärm in einem Maße entstehen, dass die öffentliche Ruhe zu Nachtzeiten gestört wird." Darauf Peders Antwort: „Der Vorgeladene gibt zu, dass der Grund der Beschwerde zutreffend ist und versichert auf das Feierlichste, dass Derartiges nicht mehr geschehen wird."

Im Brief vom 8. Dezember an Frau Hansteen schrieb Abel auch:

Ansonsten lebe ich über die Maßen ruhig und bin sehr fleißig, doch habe ich zwischendurch ein schreckliches Heimweh, das dadurch noch schlimmer wird, dass ich so selten etwas von zu Hause höre. Meine liebe Schwester ist wohl gut aufgehoben. Die allerbesten Grüße an sie. Und der süßen, edelmütigen Charité wünsche ich von Herzen alles Gute. Leben Sie wohl, Frau Hansteen. Ich kann nicht mehr schreiben, ich bin wirklich melancholisch.

Adieu, und seien Sie nicht böse auf mich; ich muss Ihnen etwas wunderlich vorkommen.

Vielleicht fühlte sich Abel zu dieser Zeit ziemlich oft etwas „wunderlich". Denn, wie Boeck später berichtete, hatte er nun die Gewohnheit, fast jede Nacht aufzustehen und bei Kerzenlicht die Einfälle niederzuschreiben, mit denen er plötzlich aufgewacht war.

In den regnerischen Wochen vor Weihnachen 1825 teilten sich Boeck, Abel und Møller die Wohnung Am Kupfergraben. Keilhau war in Freiberg und Tank in Breslau, um „ein bisschen mit Steffens zu fliegen", wie Boeck es ausdrückte. An Weihnachten wollten sie alle wieder in Berlin zusammen sein. Tank traf am 20. Dezember ein. Keilhau hatte zunächst mitgeteilt, kein Geld für die Reise zu haben, erhielt dann aber unerwartet ein Vorschusshonorar für die im folgenden Jahr in Leipzig erscheinende Artikelsammlung und so schaffte er es doch noch, am Heiligabend bei den Freunden zu sein. Die Wiedersehensfreude war groß und die Stimmung ausgelassen, sie feierten Weihnachten „auf altnordische Art" mit Weihnachtsgrütze und reichlich zu trinken: Boeck, Møller, Abel, Maschmann, Tank und Keilhau. Ein dänischer Student, Rudolph Rothe, hatte sich der norwegischen Kolonie angeschlossen. Rothe hatte ein kleines Stipendium, um sich zum Landschaftsgärtner auszubilden und im Herbst 1825 hatte er im Park von Sanssouci in Potsdam gearbeitet. Später wurde er einer der Wegbereiter in der dänischen Landschaftsgärtnerei. Doch wie schon erwähnt, wohnte Hegel über dieser ausgelassenen Gesellschaft Am Kupfergraben 4 und es ist sehr wahrscheinlich, dass der große Philosoph nun sein Dienstmädchen nach unten schickte, um nachzusehen, ob sich dort nicht eine wilde Schlägerei abspielte. Als ihm das Mädchen bei der Rückkehr meldete, dass es sich um dänische Studenten

handle, soll Hegel gebrummt haben: „Nicht Dänen, sie sind russische Bären."
Hegel nannte also jene lebhafte Gesellschaft eine Ansammlung von russischen
Bären, doch er hatte sich ja schon früher geirrt: Als Napoleon in Jena einritt,
sah Hegel das Ende der Welt heraufkommen. Auch hatte er die Astronomen
angegriffen, weil diese es gewagt hatten, nach einem achten Planeten zu
forschen, nachdem der siebte, Uranus, im Jahre 1781 entdeckt worden war. Ein
jeder, der auch nur ein wenig Ahnung von Philosophie habe, so Hegel, würde
unmittelbar einsehen, dass es da lediglich sieben Planeten zu finden gab,
keinen mehr und keinen weniger, und die Nachforschungen jener Astronomen seien nichts anderes als sinnlose Zeitverschwendung. Sicher wussten die
norwegischen Studenten, wer Hegel war, und waren ihm auch im Haus begegnet. Es ist auch denkbar, dass Abel den Philosophen in einer der Gesellschaften antraf, die man in der Stadt literarische Salons nannte. Wie dem auch sei,
in Abels Briefen wird Hegel nicht erwähnt, und auch nicht, dass Abel jede
Woche am Salon von Madame Levy in der Cantianstrasse teilnahm. Aus
Boecks Bericht an Hansteen wissen wir, dass Abel jedenfalls seit Anfang
Dezember, neben seiner Teilnahme an Crelles musikalischen Montagabenden,
auch eine reiche Dame besuchte, eine „Madame Levi oder so ähnlich", jeden
Samstag. Dabei handelte es sich zweifellos um Sarah Levy, Tochter des wohlhabenden Bankiers Daniel Itzig und selbst auch mit einem Bankier verheiratet. Sie hielt an der Sitte fest, wöchentliche Zusammenkünfte zu veranstalten,
bei denen herausragende Männer und Frauen einander beim Gespräch und
geselligem Beisammensein begegnen konnten. Derartige Salons hatten in der
deutschen Romantik eine große Rolle gespielt, besonders um die Jahrhundertwende bis zur Rezessionszeit, die nach den napoleonischen Kriegen einsetzte.
In diesen Salons waren die Frauen tonangebend. Eine der ersten und bekanntesten war Henriette Herz, bewundert wegen ihrer Schönheit und ihrer Intelligenz. Neben den klassischen Sprachen hatte sie sich selbst Sanskrit beigebracht, auch ihr Wissen in Physik und Mathematik war beachtlich. Ihr Mann
war ein angesehener Arzt und das Ganze hatte damit begonnen, als er Semi-
nare in seinem Haus abhielt, deren Leitung Henriette dann mehr und mehr
übernahm. Es entstanden weitere derartige Salons, in denen man nicht nach
Geschlecht, Alter, Rang oder Konfession fragte, sondern wo eine großzügige
Stimmung herrschte und die romantische Gemeinschaft freier Geister in
Diskussionen über Gott und die Welt gepflegt wurde. Zwei Schwestern von
Sarah Levy, Fanny und Cecily, waren in Wien mit jüdischen Bankiers verhei-
ratet und führten dort literarische Salons. Der Dichter und Freiheitsheld
Theodor Körner war von Fannys tiefsinniger und charmanter Tochter ange-
tan, und während des Wiener Kongresses verkehrten nicht nur „Kanzler"
Metternich sondern auch der französische Außenminister, Bischof Talley-
rand, in Fannys Salon. In Berlin war es der Führer des Dritten Standes in der

ersten Phase der Französischen Revolution, Graf Mirabeau, den Sarah Levy in
ihr Haus aufnahm und nach ihrer Verbannung war auch Madame de Staël
häufig bei Madame Levy zu Gast. Auch andere französische Flüchtlinge hatten
hier Zuflucht gefunden. Angeblich war es auch im Salon von Levy, wo sich
das bekannteste Paar der Stadt, Bettina und Achim von Arnim, verlobte. Im
Herbst 1825 erschien die 60-jährige Henriette Herz in Levys Salon, und vielleicht war es der Ruf von seiner einzigartigen mathematischen Begabung, der
Abel Zutritt zu diesem sehr exklusiven Milieu verschaffte, denn keiner der
anderen Norweger wurde eingeladen. Hegel, Heinrich Heine und Bettina von
Arnim verkehrten damals in Rahel Varnhagens Salon, doch schien ein Wech-
seln zwischen den Gesellschaften durchaus üblich gewesen zu sein.

Die meisten der Personen, die Abel traf und vorgestellt bekam, dürften ihm
eher unbekannt gewesen sein. Allerdings war er mit der französischen Revo-
lutionsgeschichte vertraut, kannte sicher Mirabeau und dessen Beliebtheit
beim Volk, und Madame de Staël hatte in einigen norwegischen Zeitschriften
Erwähnung gefunden. Bevor Karl Johan König wurde, hatte er zum Freundeskreis von Madame de Staël gehört, und 1814 hatte sie an ihn geschrieben, um
ihn zu veranlassen, das norwegische Grundgesetz gutzuheißen. Madame de
Staël und ihr Kreis hofften nun, dass die demokratischen Ideen, die Napoleon
in Frankreich zerstört hatte, in Norwegen auf fruchtbaren Boden fallen würden. In ihrer Kritik am alten Europa hielten liberale Kreise auch Amerika für
ein Land der Freiheit. Aber dass sich ein kleines, unbekanntes Land wie
Norwegen auf einmal eine Verfassung gegeben hatte, die in vielem dem
übrigen Europa als Muster dienen konnte, wurde mit Verwunderung aufgenommen, wie die norwegischen Studenten auf ihren Reisen vielerorts immer
wieder feststellen konnten. Doch nach dem gepriesenen norwegischen Grundgesetz waren Juden vom Königreich ausgeschlossen. Auch unter Abels Freunden dürfte die Haltung Juden gegenüber einen ähnlichen Charakter gehabt
haben, so dass es Abel schwer fallen musste, Madame Levy zu erwähnen, ohne
in eine noch schwierigere Verteidigungsposition zu geraten. Was die offiziellen Stellen in Christiania betraf, hatte er mehr als genug damit zu tun, seine
Reise nach Berlin zu erklären.

Abel schätzte das große und vielgestaltige Milieu in Berlin sehr, daran
besteht kein Zweifel, und er genoss es, sich unbeschwert und ohne Rücksicht
auf traditionelle gesellschaftliche und religiöse Barrieren zu bewegen. Nie
hatten die Freunde Niels Henrik so ausgeglichen erlebt wie in jenen Tagen.
Viele seiner Träume scheinen in Berlin Form angenommen zu haben; in den
letzten Monaten seines Lebens sprach er voller Erwartung davon, dort ansässig zu werden.

Seine Freunde klagten über den ewigen Regen in Berlin und sehnten sich
nach dem heimatlichen Schneewinter. Abel scheint sehr von Stimmungen

abhängig gewesen zu sein, je nachdem, wo er sich in Gedanken gerade befand. Aber die Weihnachtsfeiern waren in jeder Hinsicht großartig. Zuerst die Feier mit den Freunden Am Kupfergraben, dann ein vornehmer Ball bei Crelle. Darüber schrieb Abel zwei, drei Wochen später an Frau Hansteen:

> Weihnachten war ich auf einem Ball bei Geheimrath Crelle, doch ich wagte nicht zu tanzen, obwohl ich mich herausgeputzt hatte wie nie zuvor. Stellen Sie sich vor, neu von Kopf bis Fuß, mit Weste und steifem Kragen und Brille. Sie sehen, ich beherzige die Ermahnungen Ihrer Schwester und hoffe, complet zu sein, bis ich nach Paris komme ...

Es scheint fast, als wollte Abel an den missglückten Tanz auf dem Ball in Kopenhagen erinnern, jedenfalls erwähnt er Charité und ihre bewusste Art, sich gut zu kleiden. Im Übrigen erzählte man sich in der Familie Crelle, dass sich Abel stets gut mit den Frauen des Hauses verstand, die ihn vor den jeweiligen Feierlichkeiten zurechtmachten, wenn das eine oder andere an ihm nachlässig oder schief saß.

Außer der freien Benutzung von Crelles Bibliothek unternahm Abel auch jeden Freitag zur Mittagszeit einen mehrstündigen Spaziergang mit Crelle, wobei häufig noch ein anderer junger, vielversprechender Mathematiker zugegen war, den Crelle unter seine Fittiche genommen hatte, nämlich der Schweizer Jacob Steiner, auch er sollte einmal ein hervorragender Mitarbeiter in *Crelles Journal* werden und war von 1834 an Professor in Berlin. Wenn die drei auf ihren wöchentlichen Spaziergängen unterwegs waren, konnte es vorkommen, dass die Leute sagten: „Sieh mal! Da kommt Adam mit seinen beiden Söhnen Kain und Abel." Crelle hatte nämlich ‚Adam als weiteren Vornamen.

Ihre Gespräche berührten sicher viele Themen, ein Hauptthema jedoch muss der neue Anspruch logischer Stringenz bei mathematischen Beweisen gewesen sein, der vor allem von Gauß in Göttingen erhoben wurde. Diese mathematischen Diskussionen dürften Abels Kritikfähigkeit geschärft haben, er wurde mutiger und wirkte selbstbewusster. Vielleicht kamen aber auch die Ergebnisse von Gedanken und Zweifeln, die lange in ihm gegärt hatten, an die Oberfläche. Und die Möglichkeit, seine Arbeiten gleich herausgeben zu können, scheint Abel auf ungeahnte Weise inspiriert zu haben.

Im Januar 1826 hatte Abel mindestens sechs Abhandlungen für *Crelles Journal* fertig gestellt. Am 16. Januar schrieb er einen langen Brief an Holmboe, in dem er zu erklären versuchte, womit er sich beschäftigte. Seit seinem letzten Brief an Holmboe waren vier Monate vergangen und in diesem Schreiben ging es nur kurz darum, den Bücherkauf in Verbindung mit der Versteigerung von Degens Bibliothek zu regeln. Nun entschuldigte Abel sich wegen seines langen Schweigens und begründete dieses damit, dass er Holmboe nicht lediglich Einzelheiten seiner Reise schildern wollte, sondern auch

> wie sich meine Auslandsreise überhaupt gestaltet. Gleichzeitig wollte ich Dir auch über die eine und andere meiner Untersuchungen über verschiedene interessante Materien berichten, mit denen ich mich beschäftigt habe. Ich will Dich nicht mit Beschreibungen über meine Reise unterhalten, die im Großen und Ganzen sehr mager an großen Erlebnissen war und von denen Du vielleicht von Prof. Hansteen gehört hast.

Bevor Abel jedoch zur mathematischen Materie überging, schilderte er erneut Crelle und die phantastische Hilfe und Stütze, die ihm dieser Mann war. Abel schrieb: „Mein Umgang mit ihm ist genauso ungezwungen wie mit Dir oder anderen meiner besten Bekannten." Darauf folgt eine Aufzählung von Crelles Übersetzungen ins Französische, Bücher, die Abel nun erhalten hatte. Und diese Bücher, zusammen mit Crelles Lehrbüchern in Mathematik und seinen publizierten Abhandlungen, wollte Abel bald nach Hause schicken und bat Holmboe, die Sendung anzunehmen und für ihn aufzubewahren. Abel erwähnte wieder die Montagabende bei Crelle und die Spaziergänge an den Freitagen:

> Da werden die mathematischen Probleme angegangen, dass es raucht, das kannst Du mir glauben, so schnell es meine undeutsche Zunge nur erlaubt. Doch schlage ich mich so einigermaßen durch. Ihm geht es nicht in den Kopf, dass ich alles verstehe, was man sagt, und selber doch nicht richtig spreche. Allerdings ist die Berliner Sprache auch nicht die beste, zum einen ziemlich hart und dann wieder ungeheuer weich und schal. So wird überall an den Anfang des Wortes ein j an Stelle des g gesetzt, was verdammt seltsam klingt. Zum Beispiel O! Jot! was man ständig hört. Mit folgendem Satz hänselt man die Berliner in dieser Hinsicht: „Eine jute jebratene Jans ist eine jute Jabe Jottes." Ein anderes Ding, welches auch einen wunderlichen Effect hat, ist das Verwechseln von 'mir' und 'mich', 'dir' und 'dich'. Außerdem sagt man beständig 'sind' statt 'seyn'. Mein Bursche sagt: Wollen Sie so jut sind mich Jeld zu jeben; ich werde jleich hier sind.

Nach diesen sprachlichen Beobachtungen ging er auf die Mathematik ein und äußerte seine große Freude über das mathematische Journal, das jetzt in Berlin erscheinen soll und in dem er gleich in den ersten Heften ein paar eigene Abhandlungen unterbringen kann. „Ich habe schon sechs ausgearbeitet." Im ersten Heft vom Februar erschien ganz groß Abels erweiterte Abhandlung über den Beweis der Unmöglichkeit, die Gleichung fünften Grades mit

Wurzelzeichen zu lösen. Der Beweis umfasst jetzt über 20 Seiten. Außerdem enthielt dieses erste Heft eine kleinere Abhandlung Abels über symmetrische Funktionen in zwei Variablen. Im zweiten Heft wurden drei Arbeiten von Abel abgedruckt, und insgesamt enthält der erste Jahrgang der Zeitschrift, die ersten vier Hefte also, gleich sieben Abhandlungen von Abel. Zu seiner erweiterten Schrift über die Gleichung fünften Grades schreibt er im Januarbrief an Holmboe:

> Crelle sagte über diese Abhandlung, sie sei verdienstvoll, obwohl er sie immer noch nicht ganz kapiere. Es fällt mir so schwer, mich völlig verständlich in dieser Materie auszudrücken, die nun mir selbst so wenig Arbeit macht. Seit ich hierher nach Berlin gekommen bin, habe ich noch folgendes allg. Problem zu lösen versucht: „Finde alle Gleichungen, die sich algebraisch auflösen lassen." Ich bin noch nicht ganz fertig, aber soweit ich sehe, wird es gut gehen. Solange der Grad der Gleichung eine Primzahl ist, hat es nicht viel Schwierigkeit, doch bei einer zusammengesetzten Zahl ist der Teufel los. Ich habe das auf die Gleichung fünften Grades angewendet und in diesem Falle das Problem erfolgreich gelöst. Ich fand über die bisher bekannten hinaus eine Menge Gleichungen, die sich auflösen lassen. Wenn ich die Abhandlung fertig kriege, wie ich es mir wünsche, kann ich mir wirklich selbst auf die Schulter klopfen. Es ist doch etwas Allgemeines und es ist Methode darin, das scheint mir das Wichtigste.

Zu bestimmen, welche Klassen von Gleichungen algebraisch auflösbar sind, war eine Fragestellung, auf die Abel in seinem Leben immer wieder zurückkommt. Was garantiert die Auflösbarkeit einer algebraischen Gleichung? Doch es sollte ihm nur die Zeit bleiben, um bloß noch eine größere gleichungstheoretische Arbeit zu veröffentlichen, und die erschien im zweiten Heft des *Journals* von 1829, wenige Tage vor seinem Tod. Es ist die Abhandlung *Mémoire sur une classe particulière d'équations résolubles algébriquement*, die Abel „Christiania, 29. Februar 1828" datiert und sogleich an Crelle schickte. Abel hatte herausgefunden: Jede Gleichung, die eine bestimmte Bedingung kombinatorischer Art hinsichtlich ihrer Lösungen erfüllt, ist algebraisch auflösbar! Damit war Abel auf die wichtige Klasse jener Gleichungen gestoßen, die man später *Abelsche Gleichungen* nannte. In Abels Nachlass finden sich Fragmente einer weiteren großen gleichungstheoretischen Arbeit mit dem Titel *Sur la résolution algébrique des équations*. Darin stellt Abel mehrere Theoreme auf über die Gestalt, die eine Auflösung eines irreduziblen Polynoms vom Grad n haben muss und er deutet Beweise dafür an. Abel operiert mit dem Ausdruck "ein willkürlicher Rationalitätsbereich", spätere Mathematiker sahen darin den ersten Ansatz für den Begriff eines „Zahlkör-

Abb. 23. Ölgemälde von Johan Christian Dahl: Mondaufgang, gesehen von der Brühl'schen Terrasse in Dresden, 1825. Dahl malte viele Bilder mit dem Motiv Dresden im Mondschein, gesehen entweder vom linken oder vom rechten Ufer der Elbe aus – ein beliebtes Motiv in der romantischen Malerei. Die Brühl'sche Terrasse – eine alte Festungsmauer – war bekannt für ihre schöne Aussicht über die Elbe und die Neustadt. Abel besuchte Dresden und J.C. Dahl März/April 1826 – hier traf er auch den dänischen Dichter Jens Baggesen. Öl auf Papier, geklebt auf Pappe. Nationalgalerie Oslo. Photo: J. Lathion.

pers" und ähnlich wichtige mathematische Konzepte. Jedenfalls hat Abel auf seiner Auslandsreise jene Hilfsgröße eingeführt, die später die Galois-Resolvente genannt wurde, nach Évariste Galois, der sich mit Abels Gleichungstheorie befasste und sie weiterentwickelte.

Doch der mathematische Gegenstand, dem Abel im Januar 1826 die meiste Aufmerksamkeit widmete, war die Theorie der unendlichen Reihen, und auch hier sollte Abel zu weitreichenden Erkenntnissen gelangen. In der Mathematik

Abb. 24 a–c.
a. August Leopold Crelle, Abels guter Freund
und Wohltäter in Berlin. Gemalt 1815. Aus:
Beilage zum Journal für die reine und angewandte Mathematik, V.203:3/4, Berlin 1960.
b. unten: Nils Otto Tank. Das Bild trägt das
Datum: Dresden 1826, und wurde wahrscheinlich von J.C. Dahl gemalt. Ölgemälde.
The State Historical Society of Wisconsin,
Madison. (X28)1020.
c. unten: Jacob Steiner, in Berlin Abels
Freund im Kreis um Crelle, später Professor
und Begründer der so genannten synthe-
tischen Geometrie. Zeitgenössische Lithographie. Bildarchiv Preußischer Kulturbesitz, Berlin.

b

c

wird eine Reihe von Größen, die in bestimmter Ordnung aufeinander folgen,
einfach eine *Reihe* genannt, die einzelnen Größen nennt man ihre *Glieder*.
Eine Reihe, bei der die Differenz zwischen einem Glied und dem vorhergehenden Glied konstant ist, nennt man eine arithmetische Reihe. Eine Reihe,
bei welcher der Quotient zwischen einem Glied und dem vorhergehenden
konstant ist, nennt man eine geometrische Reihe. Wenn die Anzahl der
Glieder in einer arithmetischen Reihe über alle Grenzen zunimmt, wird auch

Abb. 25 a–d. Im Uhrzeigersinn von oben links: a. Der dänische Mathematiker C.F. Degen, der von den „Maghellanschen Straßen" sprach; (Kupferstich von F. John nach einem Bild von Agricola. Nationalhistorisches Museum Schloss Frederiksborg, Hillerød/Dänemark. **b.** Der Astronom J.J. von Littrow, Abels Freund in Wien (Lithographie, Bildarchiv und Portraitsammlung der Österreichischen Nationalbibliothek Wien. **c.** Der berühmte C.F. Gauß, den Abel nie in Göttingen besuchen sollte (Archiv des Gyldendal Forlag) und **d.** Der Astronom H.C. Schumacher, der in Altona die *Astronomischen Nachrichten* herausgab. (Archiv des Gyldendal Forlag)

Abb. 26. Die Neue Aula in Wien mit dem astronomischen Observatorium. Hier besuchte Abel im Frühjahr 1826 J.J. von Littrow. „Heute Nachmittag gehe ich ihm auf den *Cadaver* (wie man so zu sagen pflegt)" schrieb Abel am 16. April an Holmboe und später war er oft bei von Littrow, zuweilen von sieben Uhr morgens an. Anonymer Kupferstich, 1756. Archiv der Universität Wien.

deren Summe über alle Grenzen wachsen. Bei einer unendlichen geometrischen Reihe ist es nicht ganz so einfach: Die Summe aus den n ersten Gliedern *kann* sich einer endlichen Grenze nähern, wenn n über alle Grenzen wächst, die Reihe wird dann als konvergent bezeichnet, im andern Fall als divergent. Zu entscheiden, ob eine Reihe konvergent ist oder nicht, ist oft schwierig und die Aufstellung sicherer Konvergenzkriterien kann eine ziemlich schwierige mathematische Aufgabe sein. Hier wurde zu Abels Zeit viel geschummelt. Ist der Absolutwert des Quotienten in einer geometrischen Reihe kleiner als 1, wird die Reihe immer konvergieren, dies ist die einfachste Konvergenzaussage. Allgemeiner gilt für jede Potenzreihe: Bleiben deren Quotienten dem Absolutwert nach unterhalb einer festen Zahl kleiner als 1, so ist die Reihe stets konvergent; dieses einfache Konvergenzkriterium war zwar bekannt, aber eigentlich nicht stringent bewiesen. In den Fällen, bei denen die Quotienten dem Zahlenwert 1 beliebig nahe kommen, was bei der Entwicklung bekannter Funktionen durchaus vorkommt, ist sowohl Konvergenz wie Divergenz möglich, und da liegt der springende Punkt. Zu Abels Zeit wurden viele Berechnungen solcher Reihen einfach hingenommen, ohne dass man wirklich wusste, ob überhaupt Konvergenz vorlag. Im Übrigen basieren zum Beispiel auch die Berechnungen der trigonometrischen Funktionen Sinus und Cosinus usw. auf ihren Entwicklungen in Potenzreihen. Vor seiner Auslandsreise hatte auch Abel noch eine unkritische Auffassung von unendlichen Reihen.

Er hatte den alten Euler gelesen, der mit unendlichen Reihen anscheinend nicht besonders sorgsam umgegangen war. In seinen Notizbüchern aus der Zeit von 1822–23 wiederholte Abel die Gleichungen Eulers, zum Beispiel:

$$1 - 1 + 1 - 1 + \ldots = 1/2 \text{ und die Reihe:}$$
$$1^2 - 2^2 + 3^2 - 4^2 + \ldots = 0$$

Vielleicht waren Abel schon damals Zweifel gekommen, aber erst jetzt in Berlin geht er ernsthaft daran, die Schwächen aufzudecken. Bei dieser Arbeit wurde Abel sehr inspiriert und ermutigt durch die Lektüre von A.L. Cauchys Buch *Cours d'Analyse*, 1821 erschienen, aber auch durch andere, frühere Arbeiten Cauchys. An Holmboe schrieb er im Januar 1826:

Divergente Reihen sind rundum Teufelswerk und es ist eine Schande, dass man es wagt, darauf irgendeinen Beweis zu gründen. Man kann rauskriegen, was man will, wenn man sie benutzt, und sie sind es, die so viel Unglück und so viele Paradoxe hervorgebracht haben. Lässt sich etwas Schrecklicheres denken als zu sagen, dass

$$0 = 1 - 2^n + 3^n - 4^n + \text{etc.}$$

wobei n eine natürliche Zahl ist. Risum teneatis amici. Mir sind auf eine sehr erstaunliche Manier die Augen geöffnet worden; denn wenn man von den allereinfachsten Fällen, z.B. den geometrischen Reihen, absieht, so gibt es in der ganzen Mathematik fast keine einzige Reihe, deren Summe auf strenge Weise bestimmt ist: Mit andern Worten, das Wichtigste in der Mathematik steht ohne Begründung. Das Meiste ist richtig, das ist wahr, und das verwundert außerordentlich. Ich bemühe mich, den Grund dafür zu finden. Eine überaus interessante Aufgabe.

Mit *risum teneatis amici* zitiert Abel Horaz (Erwehrt euch des Lachens, Freunde), um die alte Reihentheorie zu charakterisieren. Für seine Arbeiten hatte er den Anspruch, methodisch, exakt und allgemein gültig vorzugehen, was ihm in einem Maße gelang, dass Charles Hermite, einer der großen Mathematiker der nächsten Generation, meinte, Abel habe den Mathematikern genug Arbeit für die nächsten 100 Jahre gegeben!

Bei seiner Beschäftigung mit den Reihen stürzte Abel sich sogleich auf eine der bekanntesten, nämlich die Binominalreihe, also die Reihe $(1 + x)^m$, die Newton entdeckt hatte und über die Abel nun für die Entwicklung der Reihentheorie grundlegende Entdeckungen machen sollte. Euler hatte die Reihe für eine reelle Variable x und einen beliebigen Exponenten m behandelt; Cauchy hatte sie für eine komplexe Variable untersucht, nun machte Abel den letzten Schritt. Er ließ sowohl für die Variable wie den Exponenten beliebige komplexe Zahlen zu und löste die Konvergenzfragen zur Gänze. Diese Arbeit wurde 1826 im vierten Heft des *Journals* abgedruckt und aus dieser Abhandlung stammen die Begriffe *Abelsche partielle Summation* und *Abelscher Grenzwertsatz*, auch Abelscher Stetigkeitssatz genannt. Und Abel war der Vorläufer für den so wichtigen mathematischen Begriff der *uniformen Konvergenz*.

Dass Herausgeber Crelle in keiner Weise Abel zu folgen vermochte, zeigt folgender Umstand: Crelle hatte Abels Abhandlung über die Binominalreihe ins Deutsche übertragen, dennoch ließ er nach Abels Tod eine Abhandlung über dasselbe Thema abdrucken, offenbar in Unkenntnis darüber, dass das Problem seine definitive Lösung durch Abel bereits gefunden hatte. Crelle war noch in den alten, vor-Abelschen Vorstellungen gefangen.

Im ersten Heft von *Crelles Journals* von 1828 veröffentlichte Abel eine kleine Abhandlung über unendliche Reihen, und zwar als Antwort auf eine frühere Arbeit in der Zeitschrift des Mathematiker L. Olivier. Das Konvergenzkriterium, das Olivier aufgestellt hatte, widerlegte Abel so kurz und einfach, dass einige Mathematiker diese kleine Abhandlung von nur drei, vier Seiten als ein mustergültiges Beispiel für Abels klare Einsicht und seine fabelhafte Fähigkeit zum schöpferischen Denken ansahen.

Im Januarbrief an Holmboe kam Abel insbesondere auf seine Arbeit an der Binominal-Formel zu sprechen und räsonierte lange über den schlechten Umgang mit unendlichen Reihen in der Mathematik. Er schrieb:

Um an einem allg. Beispiel zu zeigen (sit venia verbo) (verzeih, wenn ich das sage), wie schlecht man argumentiert und wie vorsichtig man sein muss, will ich folgendes Beispiel wählen: – So weit war ich gekommen, als Maschmann zur Tür herein kam, und weil ich schon lange auf einen Brief von zu Hause wartete, unterbrach ich um zu erfahren, ob er etwas für mich hat (Er ist nämlich unser constanter Briefträger), aber da war nichts. Dafür hatte er selbst einen Brief bekommen und unter anderen Neuigkeiten erzählte er auch, dass Du, mein Freund, zum Lektor vorgesehen bist für die Stelle von Rasmussen. Meine aufrichtigste Gratulation, und sei überzeugt, dass keiner Deiner Freunde sich so darüber freut wie ich. Du kannst mir glauben, dass ich oft eine Veränderung in Deiner Stellung gewünscht habe, denn Lehrer an einer Schule zu sein muss doch schrecklich sein für einen, der sich wie Du so sehr für seine Wissenschaft interessiert. Jetzt musst Du wahrhaftig auch sehen, Dir eine Braut zuzulegen, nicht wahr. Wie ich höre, hat Dein Bruder Provsten eine ergattert. Ich kann nicht leugnen, dass mich das sehr frappiert hat. Grüße ihn sehr von mir und gratuliere ihm *am meisten**. Jetzt wieder zu meinem Beispiel:

Nehmen wir an, dass $a_0 + a_1 + a_2 + a_3 + a_4$ +etc.

eine beliebige unendliche Reihe ist. Um sie zu summieren, ist es, wie Du weißt, eine sehr gebräuchliche Methode, die Summe der Reihe

$a_0 + a_1x + a_2x^2 + a_3x^3 + \ldots$

zu suchen und dann für das Resultat $x = 1$ zu setzen. Das ist zwar richtig, aber mir scheint, dass man das nicht ohne Beweis annehmen kann, denn ...

und dann fuhr er fort mit Vorstellungen von Konvergenzkriterien und schloss: „Das geht ganz gut und interessiert mich ungeheuer." Und dann, nachdem er erzählt hatte, dass er sicher bis Ende Februar oder März in Berlin bleiben werde und danach über Leipzig und Halle nach Göttingen zu reisen gedenke, nicht wegen Gauß, sondern wegen der Bibliothek, beendet er seinen Brief:

Ich wünschte, ich wäre zu Hause, denn ich habe eine so schreckliche Sehnsucht. Schreib mir nun endlich einen langen Brief über alles und jedes. Tu es gleich, nachdem Du meinen Brief bekommen hast. Morgen gehe ich in die Komödie und schaue mir *Die schöne Müllerin* an. Leb wohl und grüße meine Bekannten.

Dein Freund *N.H. Abel.*

Doch die Nachricht, Holmboe habe zu Hause in Norwegen an der Universität eine Stelle bekommen, war nicht so harmlos, für Abel muss es wie ein Schlag

---

* Deutsch im Original.

ins Gesicht gewesen sein. Vielleicht gab er sich anfangs, da die Professorenstelle in eine Lektorenstelle umgewandelt worden war, der Hoffnung hin, man
würde an der Universität zwei Stellen für Mathematik einrichten, doch die
bittere Wahrheit sah anders aus: Die Aussichten auf eine feste Stelle zu Hause
in Norwegen war nun in weite Ferne gerückt und die Hoffnung auf eine
Erweiterung des Fachs Mathematik nichts als ein frommer Wunsch. Der Brief
an Holmboe trägt das Datum 16. Januar, doch Abel ist wie immer ungenau
mit der Datierung, der Brief wurde am Samstag, den 14. Januar geschrieben.
Am Sonntag, den 15. Januar sah er sich *Die schöne Müllerin* an und am
Montag, den 16. schrieb er einen Brief an Frau Hansteen: „Gestern habe ich
die von Ihrem Mann so bewunderte Madame Seidler in ʻDie schöne Müllerinʼ
gesehen, sie war wirklich süß.“ Als Postskriptum fügte er an:

> In meinem Brief an den Professor habe ich vielleicht, weiß Gott unbeab-
> sichtigt wenn es denn so war, Ausdrücke benutzt, die ihm nicht gefallen
> dürften. Seien Sie in dieser Hinsicht meine Fürsprecherin und entschuldi-
> gen Sie mich aufs Beste. Leben Sie wohl und Grüße an Charité.

Nicht nur der Inhalt, auch das Siegel und die Art der Faltung des Papiers
deuten darauf hin, dass dieser Brief an Frau Hansteen einem Brief an Professor Hansteen beigefügt worden war und dass beide Briefe dann zusammen
mit dem Brief an Holmboe am 16. Januar von Berlin abgeschickt wurden. Auf
dem Briefbogen an Holmboe steht auch: „Entschuldige, dass dieser Brief so
dick ist (und deshalb so teuer).“ Doch der Brief an Hansteen ging verloren,
die Ausdrücke, die dem Professor „nicht gefallen dürften“, sind nicht erhalten.
Höchstwahrscheinlich hat Hansteen irgendwann diesen Brief vernichtet, da er
möglicherweise annahm, dass Abels Ruf für die Nachwelt Schaden erleiden
könnte. Die Absicht, zu redigieren, sieht man auch in Hansteens späteren
Auszügen aus Abels Briefen im *Illustreret Nyhedsblad* von 1862. Der eigentliche Grund scheint gewesen zu sein, dass es für Abel eine große Enttäuschung
war, keine feste Anstellung in Christiania zu bekommen und dass er Hansteen
gegenüber kein Blatt vor den Mund genommen hatte. Wie Boeck als Nachtrag
zu Holmboes Nachruf im Herbst 1829 schrieb: „Obwohl ihm die Reise ins
Ausland eine große Aufmunterung bedeutete, und auch wenn er sich in Berlin
besonders zufrieden befand mit dem für ihn gleichermaßen angenehmen wie
nützlichen Umgang, wie er ihn bei Crelle genoss, so versank er doch häufig in
eine äußerst düstere Stimmung. Das Nachdenken über seine Aussichten ließen ihn völlig verzweifeln und er sprach oft mit mir über seine wahrscheinlich
unglückliche Zukunft.“

In Norwegen hatte sich Folgendes zugetragen: Nachdem die philosophische Fakultät am 6. Dezember 1825 ihre Empfehlung ausgesprochen hatte, war

der Vorschlag vom Senat ohne weiteren Kommentar an Vize-Kanzler Treschow weitergeleitet worden, der „dem Vorschlag des akademischen Collegiums bezüglich der Besetzung des mathematischen Lehrerpostens völlig bei-
pflichten muss." Somit lag die Empfehlung des Kirchenministeriums am
6. Januar 1826 vor, in der die Beurteilung der Fakultät und des Senats wiederholt wurde, der Student Abel sei ein „außerordentlich fähiger Mathematiker",
die Auslandsreise solle jedoch nicht abgebrochen werden, und „da er nicht
über die Fähigkeit verfüge, sich mit Leichtigkeit der Auffassungsgabe seiner
Studenten anzupassen", bestehe allgemein Einigkeit darüber, Bernt M. Holmboe als neuen Universitätslektor einzustellen. Hier wird die Stelle zum ersten
Mal als Lektorenstelle bezeichnet. Die formelle Ernennung durch das Büro
Seiner Majestät erfolgte erst einen Monat später und ohne jeden Hinweis auf
Abel oder eine mögliche Ausweitung des Fachs Mathematik. Die Sache war in
Wirklichkeit bereits am 6. Januar entschieden worden und Abel in Berlin
erfuhr davon acht Tage später. An diesen Einstellungsverhandlungen war
Professor Hansteen offiziell nicht beteiligt, sein Beitrag beschränkte sich
darauf, dass er, zusammen mit Professor Rasmussen, im November von
Vizekanzler Treschow dem Ministerium gegenüber genannt worden war als
jemand, der Auskunft geben könne darüber, wer für die Stelle qualifiziert sei.
Es gibt keine Unterlagen darüber, dass man Hansteen in dieser Angelegenheit
um Rat gefragt hätte, doch zwischen Tür und Angel dürfte man nur schwer
an Hansteens Meinung vorbeigekommen sein, wenn er denn eine hatte. Dieser
Auffassung waren jedenfalls die Norweger in Berlin und Ende Oktober, kurz
nach ihrer Ankunft in Berlin, hatte Boeck versucht, ein gutes Wort für Abel
einzulegen. Bereits zu diesem Zeitpunkt hatte Boeck von seinem Vetter Johan
Collett, dem Sohn des Finanzministers erfahren, dass Rasmussen „Zahlkassierer" geworden war und jeder wusste, dass nun eine Stelle an der Universität
frei wäre. Nachdem er seinen Bericht über die magnetischen Beobachtungen,
die er während der Reise durchgeführt hatte, bei Hansteen abgegeben hatte,
schrieb Boeck: „Kann es denn eine Hoffnung für Abel geben, bei seiner
Rückkunft diesen Posten zu bekommen, oder wird ihm vielleicht Holmboe
zuvorkommen? In gewisser Hinsicht könnte das zwar recht und billig sein,
doch auch nicht ganz richtig, da Abel wohl Holmboe haushoch überragt."

Die Enttäuschung darüber, keine feste Stelle in Christiania bekommen zu
haben, scheint jedoch Abels Arbeitseifer, seine Reiselust oder sein Heimweh
nicht gedämpft zu haben. Abel war an extreme Stimmungsschwankungen
gewöhnt und zwischendurch hoffte er, alles werde sich fügen und er glaubte
an die Erfüllung seiner Träume. Nachdem er an jenem Montag, den 16. Januar
1826 an Hansteen geschrieben und sich schriftlich bei ihm zum ersten und
letzten Mal beklagt hatte, meinte er in dem Brief an Frau Hansteen:

Ich schätze Sie so sehr, liebe Frau Hansteen, dass ich Ihnen wenigstens einige wenige Zeilen senden möchte. Aber seien Sie auch nachsichtig gegen mich. Ich befürchte so sehr, Sie könnten dies nicht sein, denn ich habe noch nichts von Ihnen gehört, und dies würde mich aufrichtig freuen. Doch darf ich sicher hoffen, denn meine Braut schrieb mir, Sie hätten im Sinne, mich mit einem kleinen Brief zu beehren. Ich habe noch einen anderen Grund zur Hoffnung, denn heute Nacht träumte mir, ich hätte einen Brief von Ihnen bekommen und ich vermag nichts anderes zu glauben, als dass mein Traum in Erfüllung gehen wird, so glücklich er mich gemacht hat.

Dann schildert er in diesem Brief an seine „zweite Mutter" kurz die Erlebnisse des Vortags, seine Begeisterung für die Schauspielerin Seidler in *Die schöne Müllerin* (eine Oper von von Duveyrier und Scribe aus dem Jahre 1821, Musik von Garcia/Schubert) und den Weihnachtsball bei Crelle, erwähnt seine bevorstehende Reise nach Paris und kehrt dann zurück zu dem, was in seinem Gefühlsleben immer gegenwärtig zu sein schien:

Wäre ich doch schon dort (in Paris) gewesen und wieder zu Hause. Es ist einfach so seltsam, unter Fremden zu sein. Weiß Gott, wie ich die Trennung von meinen Landsleuten aushalten werde. Das steht mir zum Frühlingsanfang bevor.

Abel beabsichtigte, mit Keilhau, der noch in Berlin weilte, nach Freiberg zu reisen, der Bergwerkstadt in Sachsen, um dann nach Berlin zurückzukehren, und

in Begleitung Crelles die Fahrt nach Göttingen und in die Rheingegend zu unternehmen. In Göttingen bleibe ich nur kurz, da dort nichts zu holen ist. Gauß ist unnahbar und die Bibliothek kann nicht besser sein als die in Paris. Es ist möglich, dass Crelle ebenfalls nach Paris reist, was mir äußerst willkommen wäre.

So schrieb Abel am 30. Januar in einem kurzen Brief, den er Keilhaus Brief an Hansteen beilegte. Seine Worte „da ist nichts zu holen" brachten in vereinfachender Weise seine Haltung gegenüber Göttingen und Gauß zum Ausdruck. Abel wollte einfach Hansteen gegenüber seinen Fleiß und seinen Arbeitswillen zeigen und die Abhandlung über die Integralrechnung, für die Hansteen und Rasmussen keinen Verleger gefunden hatten, fungierte beinahe als Trumpfkarte, mit der Abel nun Hansteen beweisen wollte, dass es ein Glücksfall war, die Reiseroute über Berlin zu legen. Abel schrieb:

Mit dem *Journal* geht es gut. Im April werden Sie die ersten Hefte erhalten. Sie werden sehen, dass ich mit aller Kraft arbeite. 3–4 Abhandlungen stammen jeweils von mir. Wenn ich einen Verleger fände, würde ich auch meine Untersuchungen über die Integralrechnung drucken lassen, aber das wird vermutlich ziemlich schwierig sein, da derartige Dinge gerade hier in Deutschland wenig begehrt sind. Ich werde jedenfalls sehen, was ich mit Crelles Hilfe tun kann. Er hat mir Hoffnung gemacht, dass da einiges in Gang kommt, wenn ich erst das eine oder andere im *Journal* geschrieben hätte. Ich beginne deshalb mit meinen besten Abhandlungen. Es sieht so aus, als fehlte es mir fürs Erste nicht an Themen. Wenn doch bloß alles gedruckt werden könnte, aber das ist, wie gesagt, schwierig. Wäre das *Journal* nicht zustande gekommen, hätte es noch schlimmer ausgesehen. Ich ersuche Sie sehr, Ihre Frau und Charité zu grüßen mit der Bitte um freundschaftliche Erinnerung.

Ihr Ihnen verbundener *N. Abel.*

Aus dem Brief meiner Braut habe ich erfahren, dass sie in Christiania auf dem Markt gewesen war. Es wäre mir sehr lieb, wenn sie Gnade vor Ihren Augen gefunden hätte.

Die nun in Berlin beginnende Karnevalszeit scheinen Abel und seine Freunde eifrig zum Besuch von Bällen und Maskeraden genutzt zu haben. Boeck berichtete in einem Brief an seinen Vater von den wöchentlichen Maskenbällen, bei denen auch die königliche Familie und der ganze Hof zugegen waren. Boeck gab zu, dass das schon einiges an Geld und Zeit koste, „aber man muss doch etwas sehen, wenn man schon mal in der Ferne weilt." Und Keilhau erzählte in seinem Brief vom 17. Februar an seine Mutter von dem großen Opernhaus, das zweitausend Menschen fasse und wo sich die fünf Norweger „mit einem einfachen Seidendomino über unserer schwarzen Kleidung maskierten. Es wurde viel getanzt, die meisten Damen waren zweifelhaft. Ich hätte mir mehr davon erwartet. Am Dienstag reise ich in Abels Gesellschaft über Leipzig nach Freiberg."

Und Abel begleitete Keilhau, wahrscheinlich weil er Ruhe für seine Arbeit suchte und den Mathematiker August Naumann treffen wollte, Professor an der Bergakademie in Freiberg.

36.

Über Leipzig nach Freiberg

An einem frühen Mittwochmorgen verließen Keilhau und Abel Berlin. Sie befanden sich in einem überfüllten Postwagen unter redseligen Händlern und *Geschäftsleuten**. Kurz nach sieben Uhr abends erreichten sie Leipzig, wo sie im Gasthaus „Stadt Berlin" gegenüber der Poststation abstiegen. Sie waren müde und Abel widerfuhr das Missgeschick, nach einem Glas Punsch den Nachttopf zu zerschlagen.

Am nächsten Tag besuchten sie den Geologen Carl Friedrich Naumann, den Bruder des Freiberger Mathematikers. C.F. Naumann hatte in den Sommern 1821 und 1822 gewagte und beeindruckende Fußwanderungen in den norwegischen Bergen unternommen. Ohne Führer hatte er beinahe die Gipfel der Skagastølstindene geschafft und war von Stordalen nach Lom gewandert, alles im Hochgebirge Jotunheimen. Eine andere Tour hatte ihn durch das Numedal geführt, von Kongsberg durch die Telemark über Bykle nach Suldal. Er war in Ullensvang gewesen, schilderte eine Besteigung des Folgefonna sowie die Gegend um Bergen, er kannte Voss und Aurland und die Inseln des äußeren Sunnfjords und Romsdalen. Er war über Fillefjell gewandert, oben in Hurrungane gewesen und auf den Gletschern bei Jostedalen und Lodalskåpa. Er hatte das Gebirgsmassiv Dovrefjell erkundet, den Snøhetta bestiegen und war in Røros gewesen. Auf diesen Reisen hatte er sich eine Menge Notizen gemacht, die unter dem Titel *Beyträge zur Kenntnisz Norwegens* in zwei Bänden erschienen. Außer seinen wissenschaftlichen Aufzeichnungen sind darin auch die Schilderungen der Lebensverhältnisse und der Menschen enthalten, die ihm auf seinen Wanderungen begegneten. Nach und nach beherrschte Naumann Norwegisch so gut, dass er auch Gespräche über die politischen und gesellschaftlichen Verhältnisse führen konnte. Naumann hebt das Selbstbewusstsein der Norweger hervor, das sich ihm schon bei den kleinen Buben von acht, neun Jahren zeigte, wenn sie auf ihn zugelaufen kamen und ihn keck fragten: Wer bist du, woher kommst du und was willst

---

* Deutsch im Original.

du? Naumann lobte den norwegischen Bergbauern als einen wahren Alleskönner, der das, was er brauchte, selbst herstellte, und ihm gefielen die vielen verschiedenen Trachten, die er zu sehen bekam. Die Norweger erschienen ihm überaus aufgeweckt und lebensfroh, niemals könnten Mühsal und Widrigkeiten den Norweger beim Anpacken und Durchführen einer Aufgabe um seine gute Laune bringen, so stellte Naumann fest. Und ebenso, wie für das Wesen des Norwegers eine gewisse Würde bestimmend sei, treffe dies auch für seinen Frohsinn zu, wie Naumann schrieb, doch arte dieser in betrunkenem Zustand ziemlich aus. Die Neigung zum Alkohol, die nach Naumanns Auffassung besonders zugenommen habe, seit erlaubt worden war, Schnaps für den eigenen Bedarf selbst zu brennen, war ein Fleck auf dem sonst so reinen und schönen Bild. Wenn der Norweger betrunken war, hatte man sich davor zu hüten, mit ihm zu diskutieren, denn dann wurde aus seinem Selbstbewusstsein rohe Unverschämtheit, aus seiner Kraft ungezügelte Raserei, aus seiner Offenheit sinnlose Frechheit und aus seiner Freundlichkeit widerwärtige Aufdringlichkeit. Aber, so fragt Naumann, sei dies in anderen Ländern etwa anders?

Im Mai 1822 wurde C.F. Naumann als erster Deutscher von Boeck in die *Studentersamfundet* eingeführt. Auch Abel lernte damals Naumann vermutlich kennen und Keilhau scheint mit dem gleichaltrigen Naumann eng befreundet gewesen zu sein. Jetzt, 1826 in Leipzig, hatte Naumann die geologischen Artikel Keilhaus ins Deutsche übersetzt und unter dem Titel *Darstellung der Übergangs-Formation in Norwegen* für Keilhau in Leipzig einen Verleger gefunden. Das Buch wurde mit sieben Kupferstichen ausgestattet und stand kurz vor der Fertigstellung. Keilhau wartete nur noch auf sein Honorar und wollte mit diesem Geld die Weiterreise finanzieren. Überhaupt scheint es Keilhau gewesen zu sein, der die Reisepläne Abels und der anderen Freunde festlegte. Während seiner gut drei Wochen in Berlin hatte Keilhau nicht nur Abel dazu gebracht, mit ihm zurück nach Freiberg zu fahren, sondern auch die anderen davon überzeugt, ihn zu Studienzwecken zu begleiten in die in Keilhaus Augen schönsten Gebirgslandschaften Europas: Böhmen, Tirol und die Schweiz sowie nach Predazzo und das Fassa-Tal in Norditalien. Keilhau ging es darum, diese Gebirgsformationen an Hand seiner Idee vom Ursprung des Granits zu untersuchen. Teil dieser Reiseroute waren Aufenthalte in so prächtigen Städten wie Prag, Wien, Triest, Venedig, Basel und Lyon, um dann im August in Paris anzukommen. Keilhau war es vor allem wichtig, Boeck dabei zu haben, den bewährten Reisegefährten auf strapaziösen Exkursionen in den heimatlichen Gefilden. Die Freunde hatten vereinbart, sich an Ostern in Dresden zu treffen, also Ende März, um dann gemeinsam die Fahrt fortzusetzen. Für Abel musste sich das verlockend angehört haben, doch er hielt noch an seinem Plan fest, nach Berlin zurückzukehren, um dann, wie er hoffte, zusammen mit Crelle nach Göttingen und Paris zu fahren.

Keilhau und Abel blieben den ganzen Donnerstag in Leipzig. Es stellte sich heraus, dass sich der Druck von Keilhaus Buch verzögerte und man kam überein, dass Boeck das Honorar und die Freiexemplare mitnehmen sollte, wenn er in drei oder vier Wochen auf seinem Weg in Leipzig Station machte.

Am Freitag gegen Mittag fuhr die Postkutsche weiter nach Freiberg, Keilhau und Abel reisten zusammen mit einem Schustergesellen. Mitten in der Nacht stieg jemand zu, den Keilhau als „eine sehr obskure Person" bezeichnete und frühmorgens gesellte sich ein blinder Mann zu ihnen. Am Samstag, den 26. Februar um halbzehn Uhr Vormittag erreichten sie sehr müde die Bergwerkstadt Freiberg und verbrachten Keilhau zufolge „noch denselben Abend mit Jürgensen und zechten ganz furchtbar."

Am Tag darauf berichtete Keilhau in einem Brief an Boeck in Berlin von dieser Reise und von dem Auftrag, den Boeck in Leipzig ausführen sollte, und er bemerkte: „Heute hat Abel die erste Conferance mit Naumann, den er für einen ziemlich fähigen Burschen hält." In einem Zusatz zu Keilhaus Brief schrieb Abel: „Der Koffer ist nicht gekommen, aber kommt sicher noch. Vergiss nicht meine Brustnadel und meine unanständige Pickelhaube und die Wäsche."

Abel blieb fast einen Monat in Freiberg und dies schien in erster Linie an den guten Arbeitsbedingungen zu liegen. Er arbeitete kontinuierlich und korrespondierte eifrig mit Crelle in Berlin: Er war stolz darauf, jetzt auf Deutsch schreiben zu können. Wahrscheinlich schloss er hier in Freiberg seine große Abhandlung über die Binominalreihe ab, vielleicht begann er auch mit seiner wichtigen Pariser Abhandlung. Ohnehin beschäftigte er sich ständig mit der Frage, welche Gleichungen mit Wurzelzeichen lösbar sind. Und wahrscheinlich ahnte er nun, dass es Verbindungslinien gab zwischen den verschiedenen Problemkomplexen, an denen er arbeitete.

Aus dem Plan, zusammen mit Crelle nach Göttingen und Paris zu fahren, wurde nichts. Der viel beschäftigte Crelle musste absagen. Nun stand Abel vor der Wahl, seine Reise wie geplant allein fortzusetzen oder mit den Freunden nach Prag und weiter nach Italien zu fahren. Auf der einen Seite standen seine Verpflichtungen gegenüber den für die Stipendienvergabe zuständigen Behörden in Norwegen, auf der anderen Seite seine persönlichen Vorlieben. Als Keilhau am 17. März an Boeck schrieb, hatte sich Abel entschieden. Keilhau adressierte seinen Brief an ihren gemeinsamen Freund Naumann in Leipzig, wo Boeck und Tank in wenigen Tagen erwartet wurden, und er schrieb, dass „wir drei" in Freiberg am Mittwoch, den 22. März nach Dresden fahren und dort im „Stadt Berlin" absteigen wollten oder, falls es voll sein sollte, im

„Deutschen Hause" in der Schleffelsgasse. Er hoffe, dass es Naumann gelungen sei, dem Verleger das Geld abzupressen und dass sie, Boeck und Tank, danach so schnell wie möglich mit dem Geld und den Freiexemplaren nach Dresden kommen könnten. Nach einem kurzen Aufenthalt in Dresden wollten sie gemeinsam nach Prag weiterreisen. „Wir drei" in Freiberg waren neben Keilhau und Abel noch der Freund Møller, der gerade von der Porzellanstadt Meissen aus in Freiberg angekommen war, wo er im Postamt einen Regenschirm hatte liegen lassen.

37.

Über Dresden nach Prag

Wie vereinbart trafen sich die fünf in Dresden. Offenbar hatte Boeck von dem Leipziger Verleger das Geld erhalten und, zur großen Freude aller, einen Brief von Hansteen mitgebracht, den ersten, den einer von ihnen seit ihrer Abreise bekommen hatte. Zu Hause in Norwegen hatte Hansteen in einem Beitrag im *Magazinet* über ihre Reise berichtet, er hatte aus Briefen zitiert, die sie geschickt hatten und eine Übersicht gegeben über die Messungen, die sie mit dem magnetischen Schwingungsapparat durchgeführt hatten. „Unsere reisenden jungen Gelehrten" so wurden sie in Norwegen genannt. In dem Brief bedauerte Hansteen, sich nicht schon früher gemeldet zu haben und nannte als Grund die vielen Versammlungen, Vorlesungen und Verpflichtungen, die sich aufgehäuft hatten, seit er im Herbst von seiner Expedition in den Bottnischen Meerbusen zurückgekehrt war, sowie all die zusätzliche Arbeit nach dem Ausscheiden von Professor Rasmussen. Auch sei er inzwischen zum Dekan der philosophischen Fakultät gewählt worden. Seine Überlastung schob Hansteen auch darauf, dass er mit Eifer das Material seiner Reise bearbeitet habe, kränklich gewesen sei und es Schwierigkeiten mit dem *Magazinet* gegeben habe. In seinem Brief lobte er nun die Reiseroute der „jungen Gelehrten", so wie sie ihm Keilhau geschildert hatte: Prag, Wien, Triest, Venedig, Tirol, die Schweiz, Lyon, Paris. Die Route sei „äußerst vortrefflich in magnetischer Hinsicht", stellte Hansteen fest. Der Brief war an Boeck adressiert, Am Kupfergraben in Berlin, und enthielt auch Grüße an Abel. „Grüßen Sie mir den guten Abel auf das Freundlichste und sagen Sie ihm, dass ich mit der nächsten Post an ihn schreiben werde. Er kann beruhigt sein über sein zukünftiges Schicksal. Einen Teil seines Briefes habe ich in den Miszellen (kleine Aufsätze und Vermischtes im *Magazinet*) veröffentlicht. Ich bat Jungfer Kemp, ihn vorläufig zu beruhigen." Hansteen wusste zwar nicht, dass Abel beabsichtigte, diese „vortreffliche" Reise mitzumachen, meinte aber ohnehin, Abel begleite die Freunde schon viel zu lange. In dem Brief an Boeck schrieb Hansteen neben den freundlichsten Grüßen folgendes über Abel: „Aber wozu dieser Thor in der Geröllhalde nach Leipzig und an den Rhein will, weiß ich nicht. Es dürfte um der Gesellschaft willen sein und er torkelt in der ihm eignen unsteten Manier herum wie ein Schmetterling, der mehr Flügel hat als Körper." Hansteen fügte zwar hinzu, dies sei nur im Spaß gesagt und falls Boeck meine, Abel würde „mein Spaß verletzen", solle er ihm diese Zeilen nicht zeigen.

Der Ausdruck „Thor in der Geröllhalde" stammt wahrscheinlich aus einer Sage, die gerade im *Magazinet* abgedruckt worden war und von dem Gott Thor handelte, der, als er im Zorn Steine von den Bergen bei Urebø bei Totak in der Telemark schleuderte und dabei in der Geröllhalde seinen Hammer verlor. Um ihn wieder zu finden, wälzte er Steine und Felsen links und rechts zur Seite und bahnte sich so einen Weg durch die Halde.

Auch der Aufenthalt der fünf „jungen Gelehrten" in Dresden endete in Zorn und Trennung, und in dieser Missstimmung scheint Abel zwischen zwei Lagern gestanden zu haben: Keilhau und Boeck auf der einen, Tank und Møller auf der anderen Seite. Das Treffen der Freunde in Dresden endete damit, dass acht Tage nach der Ankunft von Keilhau und Møller in „dieser Stadt des guten Geschmacks" Tank und Møller blieben, während die anderen drei die Reise in Richtung Prag fortsetzten.

Dabei hatte alles so schön begonnen in der prächtigen Stadt am Ufer der Elbe. In bester Stimmung hatten sie ein herzliches Wiedersehen gefeiert. Zusammen besichtigten sie die Sehenswürdigkeiten der Stadt: die Gemäldegalerie mit Raphaels Sixtinischer Madonna und die große Sammlung alter Kunst, das Naturalienkabinett und die Antikensammlung sowie die große Skulpturensammlung. In der Osternacht besuchten sie den katholischen Gottesdienst in der Hofkirche, sahen den König und den Hof und fanden alle diese Veranstaltungen etwas närrisch. Sie waren im Theater und sahen ein deutsches Stück, doch der Aufenthalt in Berlin hatte sie kritisch und überheblich gemacht. An einem anderen Abend hörten sie eine italienische Oper und suchten den dänischen *chargé d'affaires* auf, den Norweger Hr. Irgens-Bergh, der ihnen Eintrittskarten für das adlige Casino von Dresden gab. Und sie trafen sich mit ihrem Landsmann, dem Professor für Malerei J.C. Dahl und mit dem dänischen Dichter Jens Baggesen.

Vieles deutet darauf hin, dass Abel nichts von dem Konflikt zwischen seinen Freunden wissen wollte. Zwei Tage bevor sie sich in Dresden trennten, am 29. März, schrieb Abel einen langen Brief an Hansteen:

Hochzuehrender Herr Professor!*
Vielen Dank für Ihre freundlichen Grüße an mich in Boecks Brief. Ich hatte wirklich Angst, ich könnte mich in meinem letzten Brief an Sie etwas

---

* Deutsch im Original.

seltsam ausgedrückt haben, und vielleicht habe ich das auch getan. Überhaupt muss ich Sie bitten, mir in vielerlei Hinsicht durch die Finger zu
sehen, besonders was das Formelle angeht. Sie haben mich völlig beruhigt
in Bezug auf meine Zukunft und mir damit eine wahre Wohltat erwiesen,
denn ich war etwas in Sorge, vielleicht sogar zu sehr. Ich freue mich
unendlich, wieder nach Hause zu kommen und Gelegenheit zu haben, in
Ruhe arbeiten zu können. Ich hoffe, dass alles gut gehen wird, an Material
für mehrere Jahre wird es nicht fehlen; noch mehr bekomme ich wohl auf
der Reise, denn gerade in dieser Zeit gehen mir viele Ideen im Kopf herum.
Der reinen Mathematik in ihrer reinsten Bedeutung wird ganz mein künftiges Studium gelten. Alle meine Kräfte will ich anspannen, um mehr Licht
in das ungeheure Dunkel zu bringen, das es derzeit unwidersprochen in
der *Analysis* gibt. Es fehlt ihr so gänzlich jeder Plan und jedes System und
es ist wirklich höchst verwunderlich, dass sie von so vielen studiert werden
kann und am schlimmsten, dass sie nicht im Geringsten streng behandelt
wird. In der höheren Analysis gibt es äußerst wenige Sätze, die mit über-
zeugender Strenge bewiesen sind. Überall findet man das unglückliche
Verfahren, dass vom Besonderen auf das Allgemeine geschlossen wird und
äußerst merkwürdig ist, dass es nach einer solchen Vorgehensweise doch
nur wenige der so genannten Paradoxe gibt. Es ist wirklich sehr interessant,
nach dem Grund hiervon zu suchen. Nach meinen Überlegungen liegt es
daran, dass die Funktionen, mit denen sich die Analysis bislang beschäftigt
hat, sich meist durch *Potenzen* ausdrücken lassen. Sobald andere Funktionen dazwischen kommen, was allerdings nicht oft der Fall ist, geht es
nicht besonders gut und es entsteht dann, durch falsche Schlüsse, eine
Menge von miteinander verbundenen, unrichtigen Sätzen.

Eine Reihe solcher „Sätze" hatte Abel bereits in Arbeiten korrigiert, die später
im *Journal* abgedruckt wurden. Und dann kam er wieder auf Crelle zu sprechen und konnte gar nicht genug seinen „glücklichen Stern" preisen, der ihn
nach Berlin geführt hatte.

Im Grunde bin ich doch wirklich ein Glückspilz. Gibt es doch nur wenige,
die sich für mich interessieren und diese wenigen sind mir ungemein teuer,
weil sie mir so außerordentlich viel Güte entgegengebracht haben. Wenn
ich nur einigermaßen ihren Erwartungen im Hinblick auf mich entspräche;
denn es muss hart sein, wenn man seine wohlgemeinte Mühe für jemanden
vergeudet sieht.

Abel teilte Hansteen nun mit, dass Crelle es gerne sähe, wenn er auf Dauer in
Berlin ansässig wäre. Crelle hatte versucht, Abel davon zu überzeugen, wie

vorteilhaft dies für ihn sein würde, er hatte Abel sogar die Verantwortung für die Herausgabe des *Journals* angeboten, ein wahrscheinlich gut bezahlter Posten,

> aber ich habe das natürlich ausgeschlagen. Doch ich musste es in die Form kleiden, dass ich dies tun würde, wenn ich in meinem Heimatland nicht genug bekäme, von dem ich leben könnte, was ich ja will. Schließlich sagte er, dass er das Angebot zu jeder Zeit, wenn ich wollte, wiederholen werde. Ich kann nicht leugnen, das mir das sehr schmeichelte und es war doch auch ganz nett?

Doch eines hatte Abel seinem Wohltäter Crelle versprechen müssen, nämlich vor Beendigung seiner Auslandsreise noch einmal nach Berlin zurückzukehren. Abel bemerkte dazu, dass Crelle ihm ganz sicher auch einen Verleger für seine größeren Abhandlungen besorgen werde,

> und stellen Sie sich vor, mit einem erklecklichen Honorar ... Ist das nicht prachtvoll? Und habe ich nicht Grund, mich über meine Reise nach Berlin zu freuen? Von anderen habe ich zwar auf dieser Reise nichts gelernt, aber das habe ich auch nicht als den eigentlichen Zweck meiner Reise angesehen. Bekanntschaften werden wohl in der Hauptsache um der Zukunft willen wichtig sein. Sind Sie nicht auch dieser Meinung?

Abel erwähnte kurz seinen Aufenthalt in Freiberg sowie den Mathematiker Naumann, „einen sehr angenehmen Menschen und wir harmonierten gut." Dann kam er auf den schwierigsten Punkt zu sprechen, nämlich die Erklärung seiner weiteren Reiseroute. Abel waren zweifellos Hansteens Bemerkung vom „Thor in der Geröllhalde" und vom „Schmetterling mit mehr Flügeln als Körper" hinterbracht worden. Und dies war Hansteens Reaktion *nur* auf Abels Reise nach Freiberg und die geplante Reise mit Crelle in die Rheingegend auf dem Weg nach Paris. Da nun aus der Reise mit Crelle nichts wurde, wollte Abel die anderen nach Wien begleiten und er schrieb: „Von Wien nach Paris werde ich vermutlich zusammen mit Møller reisen und den Winter dort werde ich in Gesellschaft von Keilhau verbringen. Wir stürzen uns dann ganz schrecklich in die Arbeit. Ich glaube, das wird gut gehen."

Abel hatte ausgerechnet, dass er auf diese Weise zwei Monate später in Paris eintreffen werde als ursprünglich geplant, er meinte jedoch, die verflossene Zeit durch harte Arbeit wieder einholen zu können. Von Professor Dirksen in Berlin sollte er ein Empfehlungsschreiben an Alexander von Humboldt und an andere in Paris bekommen. Über seine persönlichen Gründe, etwas länger bei den Freunden zu bleiben, schrieb Abel: „Ich bin nun mal so beschaffen, dass ich nicht oder nur sehr schwer allein sein kann. Ich werde dann ganz melancholisch und bin nicht gerade in der besten Stimmung, etwas zu bestellen."

Abel hoffte möglicherweise, dass Hansteen derartige Stimmungen von seiner Ehefrau her kannte und sie deshalb billigen würde. Auch hatte er von Crelle ein sehr schmeichelhaftes Empfehlungsschreiben an die zwei großen Mathematiker Wiens, Joseph Johann von Littrow und Adam von Burg erhalten:

> Das sind wahrhaftig ausgezeichnete Mathematiker, und dazu kommt, dass ich nicht mehr als einmal in meinem Leben reisen werde. Kann man es mir da verdenken, dass ich auch ein bisschen südliches Leben und Treiben sehen möchte? Auf meiner Reise kann ich ja ziemlich brav arbeiten. Bin ich schon mal in Wien und soll von dort nach Paris, so geht ja der gerade Weg fast durch die Schweiz. Warum sollte ich da nicht auch davon etwas sehen? Lieber Himmel! Ich bin doch nicht völlig gefühllos für die Schönheiten der Natur.

Über das gesellschaftliche Leben in Dresden schrieb er:

> Wir haben alle unsere Aufwartung bei Hr. Irgens-Bergh gemacht. Gestern Abend war er so galant, uns Billetten für das adlige Casino zu besorgen, *où l'on ne danse qu'en escarpins,* und für diesen Abend waren wir also die Edelleute Monsieur de Keilhau, Monsieur d'Abel etc. Wir erlebten dort das ganze *Incroyable avec Elegance* Dresdens. Heute waren wir zum Essen in die Mittagsgesellschaft bei Bergh eingeladen und trafen auch Baggesen. Er ist sehr malad. Man sagt, daran sei die Flasche schuld. Wir haben auch die Bekanntschaft des Malers Dahl aus Bergen gemacht. Er reist demnächst nach Norwegen, das er wohl erst 1827 wieder verlassen wird.

Abel schloss seinen Brief in der Hoffnung, Hansteen möge ihm bald schreiben. Er hatte es so eingerichtet, dass Maschmann in Berlin eventuelle Briefe nach Wien nachschicken würde.

> Ich freue mich ganz besonders, von Ihnen zu hören und von meiner zweiten Mutter. Von Zeit zu Zeit werde ich mir die Freiheit nehmen, an Sie zu schreiben, nicht weil ich mir zu schmeicheln wage, Sie hätten ein Interesse daran, sondern weil ich darin ein großes Vergnügen finde. Von mir dürfen Sie natürlich keine interessanten Reisebeobachtungen erwarten, begleitet von ästhetischen Beschreibungen. Das muss ich meinen begabteren Reisecompagnons überlassen, in specie Keilhau. Ich bitte Sie, Holmboe besonders zu grüßen und ihm gleichzeitig zu sagen, dass es nicht schön von ihm ist, mir nicht geschrieben zu haben. Aber vielleicht tue ich

ihm Unrecht. Sein Brief kann vielleicht unterwegs sein. Leben Sie wohl, *Hr. Professor*, und möge es Ihnen immer so gut gehen, wie ich es mir wünsche.

Ihr Ihnen verbundener N.H. Abel

Die beiliegende Mitteilung an meine Schwester wollen Sie so gütig sein, ihr zukommen zu lassen. Meinen ehrerbietigsten Gruß an Professor Rasmussen, doch vor allem an Frau Hansteen und an Charité.

Die Missstimmung und die Uneinigkeit unter den Freunden waren bereits ein Faktum, als Abel diesen Brief schrieb, doch Abel hoffte wohl, dass die persönlichen Meinungsverschiedenheiten ebenso schnell geklärt und vergessen werden könnten, wie sie entstanden waren. Dies war jedenfalls Møllers Hoffnung. In einem versöhnlichen Brief an Boeck einige Wochen später schrieb Møller, der in Dresden geblieben war, er habe gehofft, alles werde vergessen sein, nachdem sie am Tag vor ihrer Abreise „so tüchtig gezecht hatten." Aber dazu kam es nicht, die Erinnerungen an das Geschehene waren nach wie vor bitter und unangenehm und Keilhau meinte, sie könnten nie wieder Freunde werden. „Wir sind geschieden auf immer geworden", schrieb Møller. Was war geschehen? Die Tage in Dresden waren sehr erlebnisreich, man besuchte Gesellschaften, führte Diskussionen. Seit langem war Dresden für jeden Kulturinteressierten ein Zentrum für neue Denkrichtungen. Hier war es gewesen, wo der Verehrer der Antike Johan J. Winckelmann in den 1750-er Jahren sein großes Werk über die Nachahmungen der alten griechischen Werke in Malerei und bildender Kunst verfasste. Diese Haltung übernahm später Friedrich Schlegel, der frühe Fahnenträger der Romantik, der seine Begegnung mit Dresden als besonders glücklich und wichtig für sein Leben bezeichnete. Auch der Dichter Novalis gehörte zum Kulturleben der Stadt. Heinrich von Kleist hatte seine fruchtbarste Schaffensperiode in Dresden und gemeinsam mit seinem gelehrten Freund Adam Müller leistete er einen wichtigen Beitrag zur literarischen Romantik: die Herausgabe der Zeitschrift *Phoebus*. Auch E.T.A. Hoffmann hatte in Dresden gelebt. Schopenhauer schrieb eines seiner bedeutendsten Werke, während er in dieser Stadt lebte. Der Dichter Ludwig Tieck wohnte immer noch in Dresden. Tiecks gastfreundliches Haus war ein Treffpunkt für alle Kulturinteressierten mit Sinn für feine Impulse. Man sagte, dass er für die vielen Schaulustigen, die kamen, um ihn zu sehen, nicht nur aus eigenen Dramen vorlas, sondern auch die Gewohnheit hatte, ein Stück von Holberg zu lesen. Es wurde auch erzählt, Tieck sei von einem Engländer zum Duell mit Pistolen gefordert worden, nachdem er, Tieck, behauptet hatte, zwischen Hamlet und Ophelia habe ein Verhältnis bestanden.

Abb. 27. L'École Polytechnique in Paris, ein definitives Zentrum für mathematische Forschung und Wissenschaft. Lagrange, Monge, Fourier und Laplace gehörten von Anfang an, also seit 1794, dazu – und die Vielzahl von hervorragenden Mathematikern und Wissenschaftlern, die im Laufe der Zeit die Schule durchliefen, empfanden auch später noch eine inspirierende Gemeinsamkeit. Sie nannten sich *anciens élèves de l'École polytechnique* und durch die Zeitschrift *Correspondance sur l'École polytechnique* wurden ihre Karrieren und Arbeiten festgehalten und hier wurden auch eine Menge mathematischer Abhandlungen veröffentlicht. Abel hatte diese Zeitschrift in Christiania ausgeliehen, doch seltsamerweise scheint er die Schule in Paris nicht aufgesucht zu haben – beispielsweise um Cauchys Vorlesungen zu hören. (Lithographie. Bibliothèque Nationale de France, Paris)

1818 war J.C. Dahl nach Dresden gekommen, inspiriert von dem künstlerischen Milieu um Caspar David Friedrich und seinem sehr bewunderten, neuen schöpferischen Stil in der Landschaftsmalerei. Von 1823 an wohnte Dahl im selben Haus wie Friedrich und in ihrer gemeinsamen Liebe zur Natur drückten sie aus, dass es nicht die *Natur* an sich war, die sie malten, sondern ihre eigenen *Gefühle*. Nun, Ende März 1826, bereitete sich Dahl auf eine lang ersehnte Heimreise vor, er sehnte sich nach den norwegischen Bergen und der norwegischen Landschaft. Von Norwegen kannte er nur Bergen und seine nächste Umgebung sowie die Eindrücke seiner Schiffsreise an der Küste entlang nach Süden. Viele der Bilder, die er in Dresden von seiner Heimat geschaffen hatte, waren im Grunde von den Skizzen angeregt, die C.F. Naumann von Norwegen angefertigt hatte. Am 10. April verließ Dahl Dresden und kam nach einem längeren Aufenthalt in Kopenhagen im Oktober 1826 in

a

b

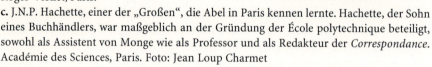

Abb. 28a–c.

a. (oben links) Johan Gørbitz (Selbstportrait, 1838, Öl auf Papier. Kunstgalerie Bergen, Norwegen, Foto: Jan H. Reimers). Gørbitz hatte mehr oder minder zusammenhängend 17 Jahre in Paris gelebt und half nun Abel, in St. Germain-des-Prés bei Monsieur Cotte eine passende Unterkunft zu finden. Gørbitz fertigte ein Portrait von Abel an, das einzige, das zu dessen Lebzeiten entstand.

b. (oben rechts): Alexis Bouvard – Direktor des astronomischen Observatoriums in Paris. Empfohlen von Littrow in Wien, suchte ihn Abel kurz nach seiner Ankunft in Paris auf. Bouvard zeigte ihm das gut ausgerüstete Observatorium und führte Abel bei den berühmtesten Mathematikern der Stadt ein.

c

Roger-Viollet, Paris.

c. J.N.P. Hachette, einer der „Großen", die Abel in Paris kennen lernte. Hachette, der Sohn eines Buchhändlers, war maßgeblich an der Gründung der École polytechnique beteiligt, sowohl als Assistent von Monge wie als Professor und als Redakteur der *Correspondance*. Académie des Sciences, Paris. Foto: Jean Loup Charmet

Abb. 29 a–d. Andere wichtige Personen während Abels Aufenthalt in Paris. **a.** A.L. Cauchy, der Abels große Abhandlung verschlampte. (Roger-Viollet, Paris) **b.** F-V. Raspail, der später so beliebte Biologe und Politiker. Seit 1913 trägt einer der wichtigsten Boulevards in Paris seinen Namen (Bibliothèque Nationale de France, Paris). **c.** G.P.L. Dirichlet, der Preuße, der Abel seinen Landsmann nannte und in Alexander von Humboldt einen Gönner hatte (gezeichnet von Wilhelm Hensel, Bildarchiv Preußischer Kulturbesitz, Berlin). d. É. Galois, der auf geniale Weise Abels gleichungstheoretische Arbeit weiterführte und mit 21 Jahren bei einem Duell starb (gezeichnet von seinem Bruder Alfred Galois, 1848, Roger-Viollet, Paris).

Abb. 30. Die Universität von Berlin, 1820, zehn Jahre nach ihrer Gründung. Die Prinzipien und die Organisation, die dieser Universität zugrunde gelegt wurden – nicht zuletzt von Wilhelm von Humboldt, dem obersten Leiter des Unterrichtswesens in Preußen – waren ungewöhnlich klar: Es sollte keine Trennung geben zwischen Lehre und Forschung, der universitäre Unterricht sollte gleichzeitig Forschung *sein*, Professoren und Studenten sollten während der Ausbildung als Forscher in der Unterrichtsform zusammenarbeiten, die am besten geeignet war, nämlich dem *Seminar*. Eine höhere Ausbildung wollte Humboldt an spezialisierte Hochschulen außerhalb der Universität verlegen. (Radierung von A.F. Schmidt, nach einer Zeichnung von J.H. Forst, 1820. Bildarchiv Preußischer Kulturbesitz, Berlin.

Norwegen an. Dies, seine erste Norwegenreise, sollte ein bedeutendes Ereignis werden. Das Norwegen, das Dahl nun zeichnete und auf die Leinwand brachte, war einzigartig, sein Sinn für die Natur, für die alte Kunst der Holzhäuser und das Kulturerbe hinterließ in seinem Heimatland bleibende Eindrücke.

Die Begegnung der fünf „reisenden jungen Gelehrten" mit Dahl fand also zu einem Zeitpunkt statt, als dieser im Begriff stand, Dresden für einige Monate zu verlassen, um in seiner Heimat Norwegen zu malen. Der Künstler beeindruckte sie sehr. Boeck meinte, nie einen so vorurteilslosen Menschen wie Dahl getroffen zu haben und, „wenn er über Kunst spricht, ist er in höchstem Maße enthusiastisch." Abel begnügte sich mit der Bemerkung: „Er reist demnächst nach Norwegen, das er wohl erst 1827 wieder verlässt." Zusammen mit Dahl lernten sie den alten Dichter Jens Baggesen kennen. Dieser hatte eingesehen, dass er in Dänemark seinem Dichterkollegen Ohlenschläger unterlegen war und das Exil gewählt. Er war schwach und kränklich, verfügte aber über eine scharfe Zunge und kaum jemand war wie Baggesen kreuz und quer durch Europa gereist. Sein schillerndes Buch *Das Labyrinth oder Reisen durch Deutschland, die Schweitz und Frankreich*, mehr als 30 Jahre früher entstanden, dürften unsere jungen Gelehrten gekannt haben. Baggesen war ein fesselnder Gesellschaftsmensch und er pries das Gebirge in den höchsten Tönen, zitierte vielleicht aus seinen eigenen Werken oder aus Rousseaus Lobgesängen auf die Schweizer Alpen, oder er las Ossians Gedicht über das schottische Hochland. Schon Montesquieu hatte festgestellt, dass der Geist der Freiheit und des Vaterlandes am besten in einem Gebirgsland gedeiht! Und Baggesen redete davon, dass er gerne in den Bergen sterben wolle, am liebsten in den wilden norwegischen Bergen.

In der Gesellschaft von Dahl und Baggesen war auch der hilfsbereite Irgens-Bergh, ein Pfarrersohn aus Tønsberg und Ringsaker, der dänischer Edelmann geworden war und am Hofe zu Dresden die begehrte Stellung eines *chargé d'affaires* innehatte. Irgens-Bergh pries die norwegische Freiheit, die seiner Meinung nach, dank ihrer politischen Unschuld, nur den Norwegern eigen sei.

Die norwegische Eigenart, die norwegischen Berge und das Verhältnis zur Natur im Allgemeinen, das alles schien bei den gesellschaftlichen Zusammenkünften, welche die norwegischen Studenten in Dresden erlebten, in jeder Weise zusammenzulaufen. Wahrscheinlich bildete die Naturauffassung von Henrich Steffens einen Brennpunkt für die scharfen Gegensätze zwischen Abels Freunden. Tank hatte die Vorlesungen des Naturphilosophen in Breslau gehört, Keilhau hatte Steffens bei seinen akribischen Beobachtungen in der norwegischen Landschaft begleitet: Wer aber hatte den Meister am besten verstanden? Wahrscheinlich hatten die starken Missstimmungen ihre Ursache in heftigen Diskussionen über einen für die damalige Zeit typischen Streitpunkt: Was hat Priorität, die äußere, beobachtbare Welt der Sinne oder die unendliche innere Wirklichkeit des Ich? Keilhau kritisierte Tank offenbar in drastischen Worten wegen dessen Eigenheit, sich in vagen Spekulationen zu bewegen und dabei die konkrete Wirklichkeit aus den Augen zu verlieren, die doch konkreter Gegenstand von Untersuchungen sein sollte. Boeck stand auf Keilhaus Seite, war sich aber nicht so sicher und weit weniger krass in seiner Ausdrucksweise. Offenbar machte sich Keilhau lustig über Møller, der mit Tank sympathisierte. In dem versöhnlichen Brief, den Møller einige Wochen darauf an Boeck schickte, schrieb er: „Hätte Keilhau gewusst, wie sehr ich ihn schätze, hätte er mich nicht so behandelt, wie er es getan hat." Und über Tank schrieb Møller, dass er „nicht mehr über Steffens spricht, da er es satt hat, tauben Ohren zu predigen, ansonsten ist er wirklich rührend und freundlich wie immer."

Als Abel zwei oder drei Wochen später an Holmboe schrieb, erwähnte er diesen Streit mit keinem Wort, erzählte nur von der Einladung bei Bergh mit Dahl und Baggesen, und dass sie eine Menge gegessen hatten und „lauter Dänen und Norweger" gewesen waren.

Am 31. März verließen Abel, Keilhau und Boeck Dresden. Tank und Møller blieben dort und dem Brief des Letztgenannten ist zu entnehmen, dass sie zusammen mit J.C. Dahl und neuen Bekanntschaften eine herrliche Zeit in der Kulturstadt verlebten. Ihr Freund Rothe kam aus Berlin mit Grüßen von Maschmann, der sich unsäglich langweilte und sich nach Hause sehnte, nachdem alle seine Freunde abgereist waren.

In Boecks Bericht an Hansteen über das Vorgefallene hieß es, dass „Tanks praktisch-malerisch-schöngeistig-religiös-natur-philosophische Ideen zu einem schlimmen und hartnäckigen Streitpunkt geworden waren", weshalb an eine *gemeinsame* Weiterreise nicht mehr zu denken war und „Møller ertrug auch nicht Keilhaus Rede." Es sei deshalb, so betonte Boeck ausdrücklich, wichtig „für unsere Magnetier", dass Abel mitkomme, damit sie auf diese Weise öfter „mit beiden Instrumente observieren" könnten. Und Boeck fuhr fort: „Abel könnte auch nicht gut alleine reisen, er würde sich dann langweilen und ständig schlechter Laune sein."

Keine Strecke schildert Abel so detailliert wie diese Reise von Dresden nach Prag, vorbei an Klöstern und großen Obstgärten, mit Burgruinen auf den Anhöhen:

Sobald man über die böhmische Grenze kommt, verändert sich alles, Land, Volk, etc. etc. Als wir im Erzgebirge waren, schneite es und als wir wieder hinunter ins Tal kamen, war dort das herrlichste Wetter der Welt und eine besonders schöne, außerordentlich fruchtbare Gegend. Wenn man nach Böhmen hineinkommt, sieht man überall an den Straßen entlang Heiligenbilder, wir sahen deren eine große Menge und besonders der heilige Nepomuk tauchte überall auf. Doch neben diesen Statuen sahen wir auch eine große Anzahl Bettler, vor allem blinde. Sie stehen den ganzen Tag an der Landstraße. Am ersten Tag kamen wir nach Töplitz, das für seine heißen Bäder bekannt ist. Hierher kommen in den Sommermonaten viele Reiche, gesunde und kranke. Setzt man von Töplitz aus die Reise fort, überquert man das Mittelgebirge und von dort hat man eine ungeheuer weite Aussicht über Böhmen, das aus einer endlosen Ebene besteht und im Großen und Ganzen sehr fruchtbar ist.

Nach einer Tour von etwas mehr als einem Tag kamen wir über diese Ebene nach Prag, wo wir nur ein paar Tage bleiben wollten, doch wir blieben deren ganze 8, weil Boeck einige naturhistorische Dinge entdeckte, die ihn interessierten. Ich durchstreifte derweilen die Stadt, besuchte das Theater, das zu den besseren in Deutschland zählt, etc. Ich sah dort einen Schauspieler aus München, Eslair, von dem behauptet wird, er sei der vortrefflichste Mime Deutschlands. Ich sah ihn in Schillers Wilhelm Tell als Tell, Du hättest ihn sehen sollen! In Prag besuchte ich einen Professor der Astronomie, David. Das war ein alter Bursche und es schien, als fürchte er sich vor Fremden. Ich schließe daraus, dass es mit seinem Wissen nicht weit her sein muss. In Prag lebt auch ein anderer Mathematiker, Gerstner, der soll sehr gut sein, aber als ich hörte, dass man ihn einen *Veteranen* nennt, schreckte mich das ab, denn diesen Namen erhalten meistens die, die einmal etwas geleistet haben, jetzt aber nichts mehr taugen. Es war auch gut, dass ich nicht hin ging, denn wie ich später erfuhr, soll er fast nichts mehr sehen oder hören. Prag ist keine hässliche Stadt und liegt sehr schön. Ein Teil davon, Hradschin genannt, liegt sehr hoch und von einem Turm aus, der dort steht, hat man eine atemberaubende Aussicht. Von dort sieht man das Mittelgebirge, das Erzgebirge und das Riesengebirge, wenigstens wenn es klar ist. – Ich war oben, konnte aber diese Dinge nicht sehen, weil das Wetter nicht formidabel war. Hinter dem Hradschin befindet sich das Observatorium, das Tycho Brahe benutzte, das Gebäude dient jetzt dem Militär. In einer der zahllosen Kirchen der Stadt ist auch Tycho Brahes Grabstein zu sehen. Ansonsten scheinen die Sitten in Prag ziemlich roh zu sein. Den Hut auf im Schauspielhaus etc. und in den Wirtshäusern geht es nicht ordentlich zu. Man sieht einen schlimmen Strolch nach dem anderen; Frauenzimmer mit großen Bierkrügen vor sich etc. Das Biertrinken ist besonders verbreitet in den österreichischen Staaten, in denen wir bisher gewesen sind. Die erste Frage, die man an einem öffentlichen Ort gestellt bekommt, ist: Schaaffens Bier Gnaaden; aber wir halten uns immer an den Wein, der für meinen Geschmack hier sehr gut ist und nicht zu teuer. Zwei Flaschen guter Wein kosten ungefähr eineinhalb norwegische Mark. Man findet aber auch Wein, der 4 Dukaten die Flasche kostet.

Es mag merkwürdig erscheinen, dass Abel in seiner Aufzählung besuchenswerter Personen in Prag Bernhard Bolzano nicht erwähnt, jenen Mathematiker, über den in Berlin so viel gesprochen wurde. Als Abel später nach Paris kam, drückte er seine Hochachtung aus über Bolzanos sauber definierte Begriffe und seine stringenten Arbeitsmethoden.[10] Bereits 1816–1817 hatte Bolzano in Prag wichtige Arbeiten zur Analysis herausgegeben und in seinen

---

[10] Während er in Paris war, kritzelte Abel in sein Notizbuch: „Bolzano ist ein kluger Bursche, den ich studiert habe." siehe Abb. 44 unten.

Vorlesungen über stetige Funktionen nahm er in gewisser Weise den Begriff
der ‚gleichmäßigen Stetigkeit' vorweg. Aber als Professor für Religionsphilo-
sophie sowie als Prediger an der Universitätskirche in Prag war Bolzano wegen
ketzerischer Anschauungen über Religion und Rechtgläubigkeit angeklagt
worden. Ihm wurde verboten, zu publizieren und er wurde polizeilich über-
wacht, bis die Angelegenheit 1825 zu einem Ende kam. In den letzten Jahren
hielt er sich im Sommer und auch sonst ab und zu bei einem Freund in der
Stadt Techobuz in Südböhmen auf; und vielleicht war Bolzano gerade dort,
als Abel vom 2. bis zum 8. April 1826 in Prag weilte. Der „Veteran" Frans
Joseph von Gerstner war Bolzanos Mathematiklehrer gewesen, und der „alte
Bursche" Aloys David war der Professor in Astronomie und Direktor des
Observatoriums der Stadt.

38.

Nach Wien

Abels Bericht auf dem Weg nach Wien:

Von Prag reisten wir weiter mit einem Lohnkutscher, der uns für etwa 24 Spezies nach Wien bringen sollte, was nicht teuer ist für eine Strecke von fast 40 Meilen (ca. 450 km[11]). Wir fuhren einigermaßen angenehm in einem geschlossenen Wagen (Glaswagen). Einige Meilen hinter Prag waren wir nah an der Elbe und konnten gleichzeitig das Riesengebirge sehen, das mit Schnee bedeckt war. Wir hatten fast 20 Grad Wärme (Réaumur-Temperaturskala, also 25 Grad Celsius), was uns besonders bei unseren magnetischen Beobachtungen genierte, die wir meistens zweimal täglich vornahmen, Mittag und Abend. Auf dem Weg von Prag nach Wien sieht man eine ungeheure Menge von Städten und solchen, die bei uns als gar nicht so unbedeutend angesehen wären, schenkt man hier fast keine Beachtung. In den Wirtshäusern, in denen wir uns aufhielten, war es im Allgemeinen gut und billig, doch fand man bei weitem nicht die Reinlichkeit vor wie in Norddeutschland. Das Land südlich von Prag ist nicht so flach wie der nördliche Teil, aber sehr fruchtbar. Kommt man dagegen hinein nach Mähren, wird die Landschaft ziemlich steril und ähnelt vielen Gegenden in Norwegen. Das ändert sich mit einem Mal, wenn man nach Österreich hineinkommt. Das ist das fruchtbarste Land, das ich je gesehen habe, und so gut bestellt. Es gibt keinen Fleck, der nicht entweder Ackerland oder Weingarten ist. Oft sahen wir, soweit das Auge reichte, nichts als Äcker. Weideland findet man äußerst selten. – Nach einer Fahrt von 4 Tagen trafen wir kurz vor Sonnenuntergang in Wien ein. Schon von sehr weit konnten wir die Spitze des St. Stephan-Turmes erkennen, der ungeheuer hoch ist. Einige Zeit später sahen wir die ganze Stadt Revue passieren und es dauerte nicht lange, da passierten wir einen Arm der Donau. Nachdem wir eine nachsichtige Visitation über uns hatten ergehen lassen, fuhren wir

---

[11] Zu dieser Zeit maß die norwegische Meile 11,295 km

durch Leopoldstadt über die Ferdinandsbrücke in die Stadt hinein. Wir stiegen im teuersten Hotel der ganzen Stadt ab mit dem Namen *Zum wilden Mann*.

Es war der Abend des 14. April 1826, als Abel, Boeck und Keilhau das stolze Wahrzeichen Wiens, den Turm des Stephansdoms, im Sonnenglanz über der fruchtbaren Landschaft auftauchen sahen. Fast sechs Wochen sollten sie in der Stadt bleiben, die so viel größer und prächtiger war als alles, was sie bisher gesehen hatten. Ende April kamen Møller und Tank aus Dresden und schlossen sich den anderen wieder an, und am 25. Mai waren alle fünf so weit, die Reise in südlicher Richtung fortzusetzen.

Während seines Aufenthaltes in Wien schrieb Abel *einen* Brief über die Reise und seine ersten Eindrücke an Holmboe, und zwar zwei Tage nach der Ankunft. (Ein kleiner Zusatz trägt das Datum vom 20. April). Abel wollte unbedingt auf den Brief antworten, den er von Holmboe erhalten und den ihm Maschmann postlagernd nach Wien geschickt hatte. Über den Aufenthalt Abels und seiner Freunde in der großen Stadt sind auch Informationen in Briefen von Boeck und Keilhau an Hansteen und in einem Brief von Boeck an seine Verlobte Elisabeth Collett enthalten.

Was sie in Wien besonders überraschte, das waren nicht nur die prachtvollen Gebäude, die vielen Menschen und die unverschämten Preise, sondern mehr noch die eingefleischte Bürokratie. Um ihre Aufenthaltsgenehmigung zu beantragen, begab sich Keilhau am ersten Tag zum Fremdenbüro, wo bereits über hundert Menschen versammelt waren. Es waren Handwerker, die auf Pass und Stempel für eine Arbeitserlaubnis warteten und von einer Hand voll Gendarmen in Schach gehalten wurden. Keilhau drängte sich durch die Menge, wurde aber von einem amtlich aussehenden jungen Mann aufgehalten mit der Auskunft, dass er und seine Freunde erst dann eine Aufenthaltsgenehmigung bekämen, wenn sie nachweisen könnten, dass sie über die nötigen Mittel zu einem solchen Aufenthalt in Wien verfügten. Also ging man zur Bank, wo einige Vordrucke ausgefüllt werden mussten, worauf eine ausführliche Überprüfung auf der Polizeistation erfolgte: Name, Herkunftsland, Geburtsort, Religion, letzter Aufenthalt, woher der Pass etc. etc. Einige Tage später erhielt Boeck eine strenge Vorladung auf die Polizeistation, weil seine Papiere nicht in Ordnung waren. Erst bei dieser Gelegenheit zeigte er seinen akademischen Bürgerbrief in Latein mit einem großen, roten Siegel und nun konnte die Stadt Wien ihn offiziell in ihren Grenzen als Standesperson dulden. Keilhau war empört, er hatte gedacht, eine solche Bürokratie gehöre der Vergangenheit an, aber „solche nutzlosen illiberalen Veranstaltungen, längst veraltet bei weniger scheel und finster blickenden Regierungen, gehören hier zur Tagesordnung." Ein Wiener versicherte ihnen, dass es für sie zwar schwierig sei, hereinzukommen, dass es aber für einen Österreicher, der ins Ausland wolle, noch viel mehr Hindernisse gebe. Am zweiten Tag in Wien schrieb Abel in einem Brief an Holmboe:

Man hat hier ein wachsames Auge auf Fremde und man wird derart examiniert, dass es uns sehr merkwürdig vorkam. Keilhau wurde gefragt, wer sein Vater sei und er musste seine ganze Lebensgeschichte erzählen. Um die Erlaubnis zu erhalten, in Wien zu bleiben, muss man eine Caution beschaffen, damit man genug zu leben hat... Auch sonst geht ein ganzer Haufen Geld drauf. Man muss in Hotels wohnen und das zehrt fürchterlich, und dazu kommt, dass hier in Wien eine verteufelt gute Gelegenheit ist, üppig zu leben. Der Wiener ist sehr dem Sinnengenuss zugetan und das insbesondere beim Essen und Trinken. Der Mann, der uns visitierte, speiste, kurz, alle speisen. Kürzlich fiel mir einer auf, der seine Mahlzeit damit begann, sich die Hose aufzuknöpfen. Er schlug sich unglaublich voll. Wien ist eine große Stadt und Berlin verschwindet völlig vor dem, was man städtisch nennt. Es herrscht ein unendliches Gewimmel auf den Straßen, die zum Teil eng sind mit hohen Häusern (5, 6, 7 Etagen) und zahllosen Geschäften, Kirchen etc. Der höchste Turm ist der des Stephansdoms und ich kenne keinen höheren. Ich wohne in der Nähe. Innen ist der Dom sehr prachtvoll und in einem fort plagt man sich mit dem Catholicismus ab. Der Gottesdienst hat wirklich etwas sehr Feierliches an sich und es ist nicht verwunderlich, dass die Menge das liebt.

Nachdem sie ein paar Tage durch die Stadt gestreift und an den Haustüren angeschlagene Angebote *Wohnung, Zimmer, Stuben, Betten* und so weiter gelesen und einige Hausmeister, Hausherren und Hausfrauen kennen gelernt hatten, fanden die drei „jungen Gelehrten" endlich zwei passende Zimmer in einem Haus, in dem über 200 Familien wohnten. Der Hauswirt war angeblich ein Adjunkt an der Hofkammer, doch drei Wochen nach ihrem Einzug hatten sie ihn immer noch nicht zu Gesicht bekommen, dagegen hatten sie umso öfter Kontakt mit seiner Frau und seiner Tochter. Keilhau und Boeck meinten, dass sich Hausfrau und Tochter über das Wünschenswerte hinaus um sie kümmerten, was den Morgentee, die Wäsche, den Abendtee und andere häusliche Angelegenheiten betreffe. Boeck und Keilhau zufolge hatte sich die Tochter des Hauses offensichtlich in Abel verliebt, ohne dass Abel darauf reagiert zu haben scheint. Keilhau, der alle Rechnungen genauestens überprüfte, hatte festgestellt, dass die Frau versuchte, ihnen zu viel abzuknöpfen und das Verhältnis zu ihr wurde etwas angespannt. In seinem Brief an Holmboe schrieb Abel:

Du meinst vielleicht, es sei verwerflich von mir, so viel Zeit mit Reisen zu vergeuden, aber ich glaube nicht, dass man das vergeuden nennen kann. Man lernt viele seltsame Dinge kennen auf einer solchen Reise, von denen ich mehr Nutzen habe, als wenn ich in einem fort Mathematik studierte. Außerdem muss ich, wie du weißt, immer Perioden der Faulheit haben, um mit erneuter Kraft wieder losspurten zu können.

Der Erste, den die drei norwegischen Studenten in Wien aufsuchten, war Møllers Onkel Jacob Nicolai Møller. Von ihm wurden sie sehr freundlich empfangen und hatten während ihres ganzen Wiener Aufenthaltes zu ihm und zu seinem 20-jährigen Sohn Johannes Kontakt. Über Jacob Nicolai Møller war eine ganze Galerie bekannter Personen und eine lange Geschichte miteinander verbunden. J.N. Møller stammte aus Gjerpen bei Skien, vom selben Hof wie ihr Reisegefährte Møller, und nachdem er von seinem Vater, dem Distriktarzt, unterrichtet und konfirmiert worden war, kam er 1791 als 14-jähriger nach Kopenhagen, also zu einer Zeit, als auch Vater Abel dort studierte. 1793 wurde Møller mit Auszeichnung Student, legte zwei Jahre später das juristische Staatsexamen ab, hatte jedoch stets ein solches Interesse für Philosophie und naturwissenschaftliche Studien gezeigt, dass er ein großzügiges Auslandsstipendium erhielt, um Mineralogie und Geologie zu studieren. Und so reiste er mit seinem Jugendfreund und Studienkollegen Jacob Aall nach Berlin. Dort traf er einen andern Freund aus seiner Studentenzeit, Henrich Steffens. Møller half Steffens finanziell und gemeinsam fuhren sie 1799 zur Bergakademie nach Freiberg, wo der berühmte Geologe A.G. Werner, der große Fürsprecher des Neptunismus, Studenten aus ganz Europa um sich scharte. Zwei Jahre wohnten Møller und Steffens in Freiberg zusammen. Sie hörten gemeinsam Vorlesungen, machten gemeinsame Ausflüge zu den fünf- bis sechshundert Jahren alten Gruben im Distrikt, sie fuhren nach Dresden, nach Jena und nach Böhmen und gemeinsam wurden sie auch zu Anhängern der Naturphilosophie Schellings. Dieses Denken breitete sich in Deutschland vor allem nach dem Erscheinen von Schellings Buch *System des transzendentalen Idealismus* (1800) aus. Sowohl Møller wie Steffens schrieben in Schellings *Zeitschrift für spekulative Physik*. J.N. Møller lernte auch einige der Führer der romantischen Bewegung kennen wie Novalis, die Gebrüder Schlegel und Tieck. Während eines Besuches in Hamburg erkrankte Møller eines Tages plötzlich schwer und wurde während seiner Krankheit von der Pfarrerstochter Charlotte Alberti gepflegt. Dabei ging eine grundlegende Verwandlung *in* und *mit* ihm vor. Trat er früher in Gesprächen mit Tieck und anderen fanatisch für den Protestantismus ein, so zeigte sich ihm nun alles, was er über die katholische Kirche wusste, in einem neuen Licht. Nachdem er genesen war, heiratete er Charlotte Alberti, die Schwester von Tiecks Frau, und konvertierte zum Katholizismus.

Das war 1804. Danach lebte er sechs Jahre in Westfalen und wurde 1812 auf Initiative von Novalis' Bruder Lehrer am Gymnasium in Nürnberg. Dieses Gymnasium wurde in den Jahren, da Møller dort unterrichtete, von Hegel geleitet und Møller war auch dann noch mit Hegel befreundet, als er der Hegel'schen Philosophie mehr und mehr kritisch gegenüberstand. Nach einigen Jahren in Nürnberg, mit einem für einen Familienvater zu niedrigen Gehalt, nahm er bei dem reichen böhmischen Graf von Kinsky die Stelle eines Hofmeisters an. Møller musste den Sohn des Grafen auf das Studium vorbereiten und verbrachte in diesem Zusammenhang einige Jahre in Prag, wo sein Sohn Johannes gemeinsam mit dem jungen Grafen Unterricht erhielt. In Prag hatte Møller Bernhard Bolzano kennen gelernt und dessen Vorlesungen gehört, in denen Bolzano auf dem Wege der Vernunft beweisen wollte, dass die katholische Religion die beste aller Religionen sei. Møller beschäftigte sich auch intensiv mit der Frage, wie weit das Vermögen der Vernunft reichte und ab wann wir auf evidente Wahrheiten angewiesen seien. Møller hatte ein Lieblingszitat von Bolzano: „Das Endliche ist relativ; alles Relative muss zuletzt seine Grenze in einem Absoluten haben. Gott ist das Absolute, folglich hat alles Endliche eine Beziehung zu Gott." Möglicherweise war es die Erwähnung des Religionsphilosophen Bolzano durch J.N. Møller, die Abel dazu brachte sich bei der nächsten Gelegenheit näher mit den mathematischen Schriften Bolzanos zu beschäftigen? Auch wenn sich Abel nicht besonders für philosophische Systeme und die jeweiligen Interpretationen der Wirklichkeit, des Menschen und der Geschichte interessierte, war es gewiss inspirierend, von so vielen Philosophen umgeben zu sein, die beharrlich an ihrem Anspruch festhielten, die Rätsel des Universums zu lösen und den Sinn des menschlichen Lebens zu entdecken? Es gab auch in seinem Schaffen eine Vielfalt, die zu einer Vision von Einheit führen konnte.

Es gab weitere Berührungspunkte zwischen Møllers Leben und den jüngsten Erlebnissen der norwegischen Studenten. Als der junge Graf von Kinsky für das Studium an der Universität vorbereitet war, hatte Møller seine Aufgabe erfüllt und zog nach Dresden, wo er einige Jahre in denselben Kreisen wie sein Schwager Tieck verkehrte und wo er ganz sicher auch seinen Landsmann J.C. Dahl traf. Friedrich Schlegel hatte ihm Hoffnung auf ein besseres Auskommen in Wien gemacht und 1822 zog Møller mit seinem Sohn dorthin. Seine Frau war noch in Prag verstorben. Hier in Wien, das in der katholischen Welt das deutschsprachige Rom genannt wurde, war Møller zuerst an einem katholischen Institut Lehrer geworden und später Verwalter einer Pension für junge Adlige. Mit seiner Arbeit hatte er sich wohl gefühlt wie auch im gesellschaftlichen Leben der Stadt, doch wegen der bürokratischen Verordnungen plante er nun, die Stadt zu verlassen. Sein Sohn Johannes hatte 1825 in Wien die Universitätsreife erlangt und wollte Geschichte studieren, hatte aber als Ausländer keine Chance auf eine Anstellung in Österreich. Für den Katholiken Møller, der nun schon so lange im Ausland lebte, dass er seine Muttersprache fast verlernt hatte, kam eine Rückkehr nach Norwegen eigentlich nicht in Frage. So zogen Vater und Sohn Møller 1826 von Wien nach Bonn.

Im Übrigen waren die jungen Gelehrten beim Pferderennen und sahen Napoleons Sohn, der, so fanden sie, Ähnlichkeit mit seinem Vater hatte. Er sei einfach gekleidet und ganz ungezwungen gewesen, berichteten sie. Sie bestiegen den Turm des Stephansdoms, der zu den höchsten der Welt zählt, und oben wäre Keilhau auf ein Haar vom Schwengel der großen Glocke niedergestreckt worden. Doch das große Vergnügen war hier wie in den anderen Städten das Theater. Als Abel nach zwei Tagen in Wien an Holmboe schrieb, drückte er sich folgendermaßen aus:

Wien hat fünf Theater, die ich allesamt besuchen möchte, zwei in der Stadt und drei in den Vorstädten. Unter diesen ragt eines heraus, das in Leopoldstadt ist und wo man Gelegenheit hat, die Wiener zu studieren. Hier werden nämlich nur solche Stücke aufgeführt, die mit Wien zu tun haben, vor allem mit seinen Einwohnern aus den unteren Classen. Es ist außerordentlich gut besucht. Dieses Theater heißt 'Beym Casperl', weil die stehende komische Rolle darin ein Schildknappe namens Casperl war. Nun sieht man öfter den Regenschirmmacher Staberl, den personifizierten Handwerksstand von Wien. Eine unendlich komische Figur. Ich bin einmal dort gewesen und habe mich köstlich amüsiert. Das Publicum ist ganz schrecklich unruhig, klatscht und schreit in einem fort. Ansonsten sind die meisten Stücke, die hier gespielt werden, ein unendliches Konglomerat aus den unwahrscheinlichsten Dingen mit den übertriebensten Caricaturen. Aber die Spieler sind vortrefflich. Ich bin noch in einem anderen Theater gewesen, im K.K. Hoftheater, das sehr groß ist. Dort wurde ein sehr gutes Stück gegeben und, wie man sich denken kann, hervorragend aufgeführt. Ein ausgezeichnetes Theater ist doch ein ausgezeichneter Genuss. Das ist etwas, das uns völlig fehlt und das wir wohl niemals bekommen werden. Auch um der Sprache willen ist es gut, dorthin zu gehen. Dort hört man sie am reinsten und besten. Ich kann sagen, dass ich das Deutsch, das ich kann, in den Theatern von Berlin gelernt habe, denn ansonsten habe ich sehr wenig Gelegenheit, es zu hören. Inzwischen geht es ganz gut und ich schlage mich überall ohne Probleme durch. Mehr Befürchtungen habe ich wegen Französisch, doch es wird wohl gehen, wenn ich dort bin, wo ich es brauche.

In jenen ersten Tagen in Wien statteten sie auch dem offiziellen Vertreter Norwegens einen Besuch ab, dem schwedischen Gesandten C.J.D.U. Croneberg, und wurden einige Tage später zum Essen bei ihm eingeladen. Keilhau fand Croneberg einen „sehr wohlwollenden und vielleicht offeneren Mann, als die Schweden es gewöhnlich sind." Abel nannte ihn nur *Baron* Croneberg. Doch ein Baron war er nicht, wogegen seine Frau eine sehr reiche, in den Adelsstand erhobene Bankierstochter war und bei diesem Essen bekam Keilhau sie als Tischdame. Von diesem 20. April berichtete Abel:

> Gestern Mittag speisten wir bei dem schwedischen Gesandten Baron Croneberg. Es waren nicht mehr zugegen als wir drei und drei Frauenzimmer, der Baron und seine Frau. Es war eine echte Wiener Mahlzeit. Man aß maßlos, besonders die Schwiegermutter des Barons, eine geborene Wienerin. Auch ich versäumte nichts, bin aber nicht gerade erpicht darauf, dies zu wiederholen.

Auch seine Stipendienpflichten versäume Abel nicht, er wollte unbedingt die Mathematiker treffen, die es in der Stadt gab. An von Burg und von Littrow hatte er Empfehlungsschreiben von Crelle, darüber hinaus widerstrebte es ihm nicht mehr, Leute zu besuchen. „Ich habe keine Angst mehr, mich unter Menschen zu begeben. Anfangs war das etwas curios. Doch wenn man reist, erwirbt man die nötige Portion Unverschämtheit, um sich zu produzieren."

Zu Littrow, der ihn in vielem an Hansteen erinnerte, hatte Abel einen recht guten Kontakt, doch Littrow konnte auch heftig werden. „Wenn ihm etwas gegen den Strich ging, brauste er sofort auf", berichtete Abel. Littrow verbrachte den größten Teil des Tages am Observatorium der Universität, oft erschien Abel um sieben Uhr morgens in der Sternwarte und sie besprachen „die verschiedensten Dinge." Abel besuchte Littrow auch zu Hause. Dieser war ein sehr angesehener Mann in Wien, er gehörte zu den großen Gelehrten seiner Zeit. Bevor er 1819 in Wien Direktor wurde, hatte er die Sternwarten in Krakau, Kasan und Ofen (Budapest) geleitet. Noch an der Universität in Kasan, war Littrow einer der ersten, der die einzigartigen mathematischen Fähigkeiten des jungen N.I. Lobatschewskij erkannte. Lobatschewskij war 23 Jahre alt, als er 1816 zum Professor ernannt wurde und er revolutionierte die Auffassung vieler Mathematiker, indem er nachwies, dass die traditionelle euklidische Geometrie keineswegs eine absolute und notwendige Wahrheit ist. Littrow war Mitglied in einigen der großen Wissenschaftsgesellschaften in St. Petersburg, Prag, London, Krakau und Kasan, und natürlich war er in den wissenschaftlichen Kreisen Wiens eine wichtige Persönlichkeit. Littrows Leitung der Wiener Sternwarte leitete eine neue Ära ein, nicht nur in wissenschaftlicher Hinsicht, sondern auch darin, dass die Astronomie für den interessierten Mann auf der Straße verständlich wurde. So gab es die „strenge" und die „populäre" Astronomie, wie sich Abel ausdrückte, und er bewunderte an Littrows Arbeit beide Aspekte. Littrow war auch verantwortlich für die Her-

ausgabe der *Annalen der Sternwarte* in Wien und er bat Abel, dafür einen
Aufsatz zu schreiben,

> und ich möchte diese gute Gelegenheit natürlich dazu nutzen, mich ein
> wenig zu producieren. Littrow hat eine sehr nette Frau, mit der er, obwohl
> sie erst 34 Jahre alt ist, 12 Kinder hat. Sie ist Polin und schnupft stark; in
> ihren jüngeren Tagen hat sie auch geraucht wie ein Türke (so drückte sich
> ihr Mann aus). Zur Vergeltung erzählte sie andere hübsche Geschichten
> über ihn.

Dies schrieb Abel an Hansteen, drei Tage nachdem er Wien verlassen hatte
und er fügte hinzu, dass ihm Littrow ein Empfehlungsschreiben an den
Direktor des Observatoriums von Paris, den großen Alexis Bouvard, mitgegeben habe.

Mit welchen Mathematikern sich Abel in Wien sonst noch traf, ist ungewiss. Im April-Mai kam in Wien die erste Nummer einer neuen Zeitschrift
heraus, *Zeitschrift für Physik und Mathematik*, redigiert von Baumgartner und
Ettinghausen, zwei Professoren an der Universität, und wahrscheinlich lernte
Abel sie kennen. Im zweiten Heft der Zeitschrift, das kurz darauf erschien,
befindet sich ein Artikel, der dem anonymen Verfasser zufolge von Abels
„scharfsinniger Arbeit in Crelles Journal" provoziert worden sei. Dieser Artikel befasste sich mit einem älteren Versuch als dem von Abel, die Gleichung
fünften Grades zu lösen, und zwar dem des italienischen Arztes und Mathematikers Paolo Ruffini aus den Jahren 1799 und 1813. Ruffinis Beweis war
höchst unklar und die meisten Mathematiker hatten auf diese Arbeit negativ
reagiert, mit Ausnahme von Cauchy in Paris und eben jenen beiden Professoren in Wien, die meinten, ein so wichtiges Thema müsse man von verschiedenen Seiten beleuchten. Allem Anschein nach kannte Abel Ruffinis Arbeit
bis dahin nicht, die trotz ihrer klugen Einsichten unter der Schwäche litt, ohne
Beweis anzunehmen, dass bei einer auflösbaren Gleichung die vorkommenden Radikanden Polynome in den Koeffizienten der Gleichung sind. Als Abel
wenige Monate später in Paris war, schrieb er hierüber einen kleinen Artikel
im *Bulletin de Ferrusac*.

Diesen Mathematiker, von Burg, für den ihm Crelle ein Empfehlungsschreiben mitgegeben hatte und den auch Littrow lobte, muss Abel irgendwann in Wien getroffen haben. Adam von Burg wurde mit den Jahren zu einer
stadtbekannten Persönlichkeit und galt allgemein als ein bedeutender Mathematiker. Als der Mathematiker Leo Königsberger, bekannt unter anderem,
weil er das junge Mathematikgenie Sonja Kowalewski unterrichtet hatte, 1877
als Professor nach Wien kam, besuchte er den alten Adam von Burg und dieser
erzählte ihm, dass er um die Mitte der 20-er Jahre von einem jungen Mann

namens Abel Besuch bekommen hatte. Dieser Abel habe ihn als Mitarbeiter für eine mathematische Zeitschrift gewinnen wollen bei der ihm, Abel, der Posten des Chefredakteurs angeboten worden war. „Die Person Abel erschien mir zwar durchaus intelligent", erinnerte sich von Burg, „aber wie konnte ich *meine* Arbeiten einem solchen Anfänger anvertrauen?", fragte der alte Mann und wollte wissen, was aus diesem jungen Mann geworden sei und wie es mit der Zeitschrift gehe. Der stadtbekannten Berühmtheit Adam von Burg schien entgangen zu sein, dass vieles in der mathematischen Wissenschaft schon seit fast 50 Jahren auf Abels Entdeckungen aufbaute und dass das *Journal für die reine und angewandte Mathematik* in diesem Zeitraum das wichtigste Organ für die mathematische Produktion damals war. Burgs eigene Arbeiten waren inzwischen längst in Vergessenheit geraten.

Jedenfalls waren Abels sechs Wochen im April-Mai 1826 in Wien fruchtbar gewesen. Die Freundschaft mit Littrow und dessen Familie war herzlich. Dass Tank und Møller sich schließlich den Freunden wieder anschlossen, war erfreulich und ein gutes Zeichen für die kommende Zeit, und was Abel sonst noch erlebte, zum Beispiel im K. u. K. Hoftheater oder in der Stadt, davon berichten die Quellen nichts. Die ersten Wochen in Wien waren kalt gewesen, ungewöhnlich kalt für diese Jahreszeit. Abel schrieb am 20. April, dass

> ich so an den Fingern friere und fast nicht schreiben kann, ich bitte deshalb meine etwas unleserliche Schrift zu entschuldigen. Ich könnte nicht für dauernd in Wien leben. Es bläst den ganzen Tag und das ganz schrecklich. In der Luft ist ein Staub, den man kaum aushalten kann. Daher sterben hier sehr viele an Lungenentzündung.

Doch als er über einen Monat später Wien dann eines Abends verließ, meinte er: „Es ist ein merkwürdiges Gefühl, eine so große und vielfältige Stadt für immer zu verlassen, einen Ort, wo man sich viel amüsiert hat. Ich war in miserabler Stimmung und verbrachte eine fast schlaflose Nacht (wie Du Dir denken kannst)."

Abels Zögern beim Abschied, seine Unlust, Menschen und Orte verlassen zu müssen, an die er sich gewöhnt hatte, seine Abneigung, etwas endgültig abzuschließen, all das ist fast wie das Echo im Finale einer Sinfonie von Beethoven, dem großen Komponisten der Stadt. Ganz konnte es Abel nicht vermeiden, etwas von dem überwältigenden musikalischen Leben Wiens mitzubekommen. Im Musikleben seiner norwegischen Heimat war Haydn ein bekannter Name, vielleicht hörte er von dem virtuosen Mozart und vielleicht sah er den alten, tauben Beethoven, wenn schon nicht im Theater, so doch auf einem Spaziergang in den Straßen der Stadt und in der schönen Umgebung, zum Beispiel in Heiligenstadt. Dieser Frühling 1826 war übrigens der letzte in

Beethovens Leben, er starb Ende März des folgenden Jahres, während ein
Schneesturm über Wien heraufzog.

39

Von Wien über Graz nach Triest

Geplant war, zu Fuß von Wien nach Graz zu gehen, aber die Pässe waren noch verschneit und nur Keilhau und Boeck, die gebirgskundigen Freunde, hielten an diesem Plan fest. Am 18. Mai fuhren Abel, Møller und der alte J.N. Møller zusammen mit Keilhau und Boeck in einem Gesellschaftswagen nach Baden, einem Kurort vor Wien. Dort verabschiedeten sie sich von den unverdrossenen Bergwanderern und kehrten in die Stadt zurück. Eine Woche später verließ Abel dann, begleitet von Møller und Tank, um 10 Uhr abends mit der so genannten Eilpost endgültig Wien, um sich mit Keilhau und Boeck in Graz wieder zu treffen.

Als es hell wurde, oberservierte ich als Erstes meine Reisegesellschaft und, nachdem ich sie eine Weile studiert hatte, stellte ich fest, dass sich außer uns dreien noch 2 Deutsche und 3 Italiener im Wagen befanden, lauter abscheuliche Kerle, besonders ein „Kaufmann von Venedig", der schrecklich qualmte. Etwa auf halbem Wege zwischen Wien und Grätz überquert man einen Alpenpass, Simmering genannt, und hier ist die Grenze zwischen Österreich und der Steiermark. Hier beginnt die Gegend sehr schön zu werden, ich glaubte in Norwegen zu sein, so viel Ähnlichkeit hat dieses mit der Steiermark. Die Straße führte durch ein ziemlich enges Tal, durch das ein Fluss, die Mur, fließt und sehr zu Belebung der Szene beiträgt, in jedem Augenblick eine neue schöne Situation, doch so schön das Land auch war, die Leute waren es nicht. Überall begegnet man Menschen mit Kröpfen. Das sieht schrecklich abstoßend aus. Man sagt, es komme vom Wasser. Südlich von Grätz findet man diese Krankheit seltener. Um 8 Uhr abends erreichten wir müde in Grätz an und nach Einnahme einer Mahlzeit ging es ins Bett.

Am nächsten Tag wanderten sie ein wenig in der Umgebung der Stadt, bestiegen unter anderem einen nahe gelegenen Berg, um die Stadt und vor allem die schöne Landschaft zu bewundern. Als sie dann ins Wirtshaus zurückkehrten und beim Mittagessen saßen, kamen plötzlich Keilhau und

Boeck zur Tür herein. Sie hatten „durch Zufall", wie Abel meinte, dasselbe Wirtshaus in der Stadt gefunden und erzählten nun eifrig von ihrer Fußwanderung. Wegen des Schnees war diese ziemlich strapaziös gewesen, aber dennoch hatten sie sich „köstlich amüsiert." Einer der Höhepunkte sei gewesen, als sie zufällig gerade an dem Tag die Wallfahrtskirche Maria Zell erreichten, da die große jährliche Messe stattfand. Scharen von Pilgern kamen mit kostbaren Heiligenbildern unter Baldachinen in Prozessionen zur Kirche, wo sie sangen und beteten. Nicht alle waren von der gleichen Feierlichkeit erfüllt und die beiden Norweger beobachteten unter anderem einen Chorknaben, der aus den abgebrannten Kerzen der Pilger kleine Kügelchen formte und sich dann einen Spaß daraus machte, damit auf die alten Frauen zu zielen, die nach „Ableistung ihres Betpensum" umhergingen.

Die fünf „jungen Gelehrten" blieben ein paar Tage in Graz und schrieben Briefe nach Hause. In einem kurzen Brief an Hansteen berichtete Abel vom gemütlichen Zusammensein mit Littrows und schloss:

Nach Paris werden ich und Møller ungefähr in sechs Wochen kommen. Dort würde ich mich sehr über ein paar Worte von Ihnen oder Ihrer Frau freuen, denn bisher hatte ich leider nicht dieses Glück. Es würde für mich eine große Aufmunterung bedeuten und ich kann gar nicht sagen, wie teuer mir dies wäre. Wenn ich nach Paris komme, schreibe ich Ihnen ein paar Zeilen, wie ich dort aufgenommen wurde, samt einer anderen wichtigen Sache, mit der ich Sie noch nicht zu belästigen wage.
Mes complimen(t)*s les respectueux à votre épouse et à Charité.*

Ihr Abel

Ich bitte Sie, B. Holmboe zu grüßen und meine Schwester, wenn Sie sie sehen.

Die fünf Norweger wollten rasch weiter nach Triest, sie sehnten sich nach dem Meer, aber vor ihrer Abreise wollten sie jedoch noch gerne in Graz das Theater besuchen, da sie nun „Abschied nehmen müssen vom deutschen Theater", wie Abel es ausdrückte. Eine deutsche Eigenart auf der Bühne war eine deutliche und klare Aussprache, die korrekte Sprache. Abel meinte ja selbst, er habe im Theater Deutsch sprechen gelernt. Nicht die Illusion auf der Bühne war das Entscheidende, das Theater sollte nicht einen unbewachten Ausschnitt des Lebens wiedergeben. Die Zuschauer sollten nicht vergessen, dass sie im Theater waren, vielmehr sollten sie Teil der auf der Bühne vorgeführten Kunst sein, denn die sprachliche Ausdrucksweise der Personen auf der Bühne zielte ständig auf das Publikum. Vor der Natürlichkeit sollte die Bühnenkunst lieber illustrativ, schön und harmonisch sein, sollte auf eine wahre und idealisierte

Menschlichkeit deuten. Zwar meinten kritische Stimmen, dass die Betonung des Deklamatorischen auf den meisten deutschen Bühnen leicht übertrieben und schwülstig wirke, wie eine Art musikalischer Vortrag, der keinen Spielraum lasse für individuelle Prägung und Einfühlung. Doch für Abel war es lehrreich und unterhaltend zugleich, und als Ausländer war er entschieden mehr Zuschauer als Teilnehmer, auch im volkstümlichsten Theater von Wien.

Am 29. Mai verließen sie Graz mit einem gemieteten Lohnkutscher, der sie für 44 Florentiner oder ungefähr 21 Speziestaler in viereinhalb Tagen nach Triest bringen sollte. Die Reise von Graz nach Triest schildert Abel in einem Brief an Holmboe:

Wir machten eine sehr angenehme Reise. Die Gegend ist ausnehmend schön. Fruchtbare Felder, breite Flüsse (Mur, Sau, Drau) und hohe Berge machen einen guten Effect. Die Nächte verbrachten wir dagegen nicht so angenehm, denn die Wirtshäuser sind schlecht. Alles ist so schweinisch, wenn auch sehr billig. Das Seltsamste, das wir unterwegs sahen, war der berühmte unterirdische Gang bei Adelsberg einige Meilen von Triest entfernt. Diese Höhle geht mehrere Meilen in den Berg hinein und man braucht 24 Stunden, um so weit zu kommen, wie es bisher möglich ist. Die Höhle geht dort zwar noch weiter, ist aber von einem tiefen, breiten Loch unterbrochen. Wir waren nur ein Stück drin. Durch eben diesen Berg läuft ein Fluss, der auf einer Strecke von drei Meilen für das Auge unsichtbar ist. Wir sahen ihn nur verschwinden und wieder hervorkommen. Am 5. Tag erreichten wir Italien und aßen in Sessana, der ersten italienischen Stadt, zu Mittag. Die Leute waren deutsch, aber das Essen italienische Makkaroni etc. Weil es an einem Freitag war, mussten wir uns mit einer Fastenspeise begnügen. Rotwein wird hier schwarzer Wein genannt, und diesen Namen verdient er auch. Er sah toll aus, schmeckte aber nicht besonders. Wir waren nun nicht mehr weit vom Meer entfernt und bald gelangten wir an einen Ort, von wo man es sehen kann. Wir stiegen aus dem Wagen, um den Blick besser genießen zu können. Unvermittelt lag die Adria vor uns. Tief unter uns Triest. In der Bucht viele Schiffe, auf der einen Seite sahen wir die Küste von Istrien, auf der anderen hinüber zur Küste von Venedig. Die Aussicht war unbestreitbar herrlich, lässt sich aber bei weitem nicht vergleichen mit der von Egeberg.[12] Doch auf uns, die wir so lange das Meer entbehren mussten, machte das natürlich einen schönen Eindruck, dies umso mehr, da es die Adria war, die wir sahen.

---

[12] Egeberg oder heute Ekeberg, Aussichtspunkt Oslos mit weitem Blick über den Fjord, die Inseln und die Stadt.

In Hochstimmung rollten sie die Berge hinunter und hinein in das lebhafte Triest, wo sie am Contrado del Corsa ausstiegen und sich im „Albergo all'Aquila nero" einquartierten. Voller Eifer wollten sie rasch alles Notwendige erledigen, um dann das Ereignis mit einem Bad in den Fluten zu feiern. Doch alles ging langsamer als gedacht. Sie hatten erhebliche Sprachprobleme, konnten fast kein Italienisch, kaum einer der Einwohner verstand Französisch oder Deutsch. Nach einigem Hin und Her hatten sie endlich ihr Quartier, doch weitere Hindernisse stellten sich ihnen in den Weg, als sie weiter draußen ein Boot leihen wollten, um aufs Meer hinauszufahren. Schließlich trafen sie auf einen englischen Matrosen und Møller erklärte ihr Anliegen. „Møller spricht Englisch", kommentiert Abel, scheint also nicht selbst imstande gewesen zu sein, sich auf Englisch einigermaßen verständlich zu machen. Tank, der in England gelebt hatte, kann bei diesem Bootsausflug nicht dabei gewesen sein.

In Triest verweilten sie 5 Tage, bewunderten die schöne Stadt und staunten über den lebhaften Handel und die vielen Nationalitäten, die sich hier unter die etwa 40.000 Einwohner mischten. Abel begnügte sich mit der Feststellung, dass alle europäischen Nationalitäten vertreten waren, dazu Türken, Griechen, Araber und Ägypter. Keilhau versuchte die Menschen dieser Stadt zu charakterisieren, die Napoleon eingenommen hatte, die dann an Österreich zurückgegangen war und um die nun die Italiener kämpften. Keilhau sah sich von fleißigen, bedächtigen Deutschen, von lebendigen, dramatischen Italienern, von ernsten Türken, pfiffigen Griechen, braunen, gurgelnden Arabern, dreisten, freien Dalmatinern und von breitwangigen, witzigen Kroaten umgeben. Im Hafen lagen vier norwegische Schiffe mit Fisch, zwei aus Bergen und zwei aus Trondheim. Abel und seine Freunde begaben sich an Bord von dreien dieser Schiffe und sie luden einen Mann aus Bergen sowie den Kapitän, Lars Jacobsen Larssøn aus Arendal zum Essen ein, „wo wir bestens tafelten mit klassischem Wein."

Abel zufolge war Larssøn aus Arendal in dänischen Diensten am Konsulat von Genua gewesen und hatte sich dann endgültig in Italien niedergelassen, sicher auch wegen der Union seines Heimatlandes mit Schweden. Später wurde er Makler und dänischer Vizekonsul in Venedig. Dem Kapitän aus Bergen gab Abel ein Paket Bücher mit für den Universitätslektor Christian Fredrik Gottfred Bohr in Bergen. Zu den Büchern legte Abel einen Zettel mit der Bitte, Bohr möge die Bücher weiterleiten an B. Holmboe in Christiania, und in einem späteren Brief an Holmboe bat Abel darum, die Bücher bis zu seiner Heimkehr aufzubewahren. Dabei dürfte es sich um Bücher gehandelt haben, die Abel von Littrow in Wien erhalten und mit geringen Auslagen nach Hause schicken wollte. C.F.G. Bohr war Ende der 1780-er Jahre zusammen mit Abels Vater Schüler an der Lateinschule in Helsingør gewesen, 1797 dann als Organist und Musiklehrer nach Bergen gekommen und hatte auf eigene Faust

Mathematik, Physik und Astronomie studiert. In diesen Fächern wurde er Lehrer an der Realschule von Bergen, die er 1806 zusammen mit Lyder Sagen gründete. Bohr war ein angesehener Naturforscher und auch ein begeisterter Bergwanderer, hatte als einer der ersten eine Wanderung auf dem Jostedalsbreen geschildert. Dies war *nach* dem Bericht von Boeck und Keilhau über ihre Entdeckung von Jotunheimen geschehen und nach ihrem Versuch, den Lodalskåpa zu besteigen. Lektor Bohr hatte da im *Morgenbladet* vom September desselben Jahres 1820 behauptet, dass er gemeinsam mit einem Leutnant Daa aus Luster sowie zwei ortskundigen Führern aus Jostedalen einen der Berggipfel des Lodalsbreen bestiegen und eine Höhe von 6.548 norwegischen Fuß oder 2.055 französischen Metern über dem Meer ausgerechnet habe. Dies hatte zu einem öffentlichen Disput zwischen Keilhau und Bohr geführt, welcher Gipfel denn nun bestiegen worden sei. Schließlich erklärten sowohl der Leutnant wie die Ortskundigen, dass Bohr den eigentlichen Lodalskåpa nicht bestiegen habe. Abel kannte Bohr nicht persönlich, war ihm höchstwahrscheinlich nie begegnet. Doch genügte es Abel offenbar zu wissen, dass Bohr in Bergen war, um fest darauf zu vertrauen, dass sich der Lektor um die Bücher kümmerte, die er schickte. Und Bohr, inzwischen Oberlehrer an der Kathedralschule, kannte sicher den berühmten Sohn seines alten Klassenkameraden.

Auch Triest konnten die fünf Norweger nicht verlassen, ohne im Theater gewesen zu sein, und hier arbeitete man mit größerem Aufwand, als sie es gewohnt waren. „In Triest sah ich die erste italienische Comödie, 'Il dottore e la morte'. Vor dem Theater standen einige der merkwürdigsten Szenen aufgemalt und der Titel in ellengroßen Buchstaben. Am 7. Juni um 12 Uhr nachts verließen wir alle fünf mit dem Dampfschiff Triest, um nach Venedig zu fahren."

40.

Nach Venedig, über Verona nach Bozen

Um 8 Uhr erblickten wir die Türme und kurz darauf lagen wir in der sonderbaren Stadt vor Anker. Ich konnte es gar nicht glauben, in Venedig zu sein. Wir lagen in der Nähe des berühmten Markusplatzes. Sogleich waren wir umringt von einer Vielzahl von Gondeln, die alle etwas verdienen wollten. Diese Gondeln sind lang und schmal und haben eine Art Häuschen in der Mitte, in dem man sitzt, fortbewegt werden sie mit einem Ruder. Wir nahmen eine, doch erst, nachdem wir den Preis akkordiert hatten, denn sonst wird man betrogen; in Venedig geht alles mit Prellerey. Es gibt eine Unzahl an Tagedieben, Bettlern und Schurken, so dass man sich ständig in Acht nehmen muss. Wir stiegen im Hotel *Europa* ab, das uns als eines der besten empfohlen worden war, doch es war eher schlecht und ziemlich teuer.

Die fünf jungen Norweger nahmen sich später einen Fremdenführer, um sich die Stadt zeigen zu lassen, in der Gondel die Kanälen entlang, zu Fuß durch die engen Gassen. 80.000 Einwohner lebten in dieser „sonderbaren Stadt", obwohl die Hälfte der Stadt unbewohnt war, wie es hieß. Abel war die Geschichte der Stadt nicht unbekannt, er kannte wohl auch die Schilderungen anderer und verbindet sie nun mit seinen eigenen Eindrücken, wenn er in seinem Brief an Holmboe schreibt:

Es ist ein melancholischer Anblick, durch Venedig zu gehen. Überall sieht man die Zeichen alter Pracht und gegenwärtigen Elends. Prächtige Paläste, völlig verlassen und viele ziemlich verfallen. Abscheuliche, hässliche Häuser, in denen höchstens ein oder zwei Zimmer bewohnbar sind. Ruinen von abgerissenen Gebäuden, die einmal schön waren. Alles zeugt von Verfall.

Am bemerkenswertesten fand Abel den Markusplatz, den Napoleon den schönsten Salon Europas genannt hatte.

Das ist ein außerordentlich schöner Platz, umgeben von den schönsten Gebäuden mit endlosen Colonnaden. Dieser Platz ist vor allem abends bis weit in die Nacht belebt. Dann suchen die Leute die zahllosen Cafés auf, die sich unter den Colonnaden befinden. Auf der einen Seite zählte ich 25, einige davon recht groß.

Abel und seine Freunde waren oben auf dem Markusturm und hatten eine großartige Aussicht über die Stadt, überall Wasser und in weiter Ferne Land. Sie besuchten die Markuskirche und waren beeindruckt von all dem Marmor, den Mosaiken und den Ausschmückungen überall. Sicher waren sie auch im Dogenpalast, auch wenn Abel nur das Gefängnis erwähnt. Die Bleikammern von Venedig waren die berüchtigtsten in der christlichen Welt, da sie in der prallen Sonne eine fürchterlich Hitze entwickelten. Abel wusste um dieses Gefängnis aus Casanovas Lebensgeschichte. Die ersten von Casanovas Erinnerungen waren 1820 in Deutschland erschienen und die Flucht aus den Bleikammern während der Nacht vom 1. November 1755, am selben Tag, da ein gewaltiges Erdbeben Lissabon erschütterte und 30.000 Menschen ums Leben kamen, zählt zu den Höhepunkten der spannenden und ereignisreichen Geschichte. Möglicherweise hatte Abel bereits einige von Casanovas Memoiren gelesen, vielleicht wusste er, dass sich der große Abenteurer auch als Mathematiker versucht hatte. Er hatte sich mit der Verdoppelung des Würfels beschäftigt, wenn auch ohne überzeugendes Resultat. Jedenfalls war er mit heiler Haut den Bleikammern Venedigs entronnen, aber „die sind ja nun von den Franzosen zerstört worden", stellte Abel fest und erinnerte damit an Napoleons Eroberung der Stadt auf den hundert Inseln im adriatischen Meer. Bereits seit den Tumulten um die Lösung der Gleichungen des dritten und vierten Grades war die Stadt mit dem stolzen Löwen im Wappen von Verwitterung und Zerfall gekennzeichnet. Hier in Venedig war es, wo der Mathematiker Niccolo Tartaglia mit seinem verdrossenen und zornigen Gesicht umherlief, dreihundert Jahre vor Napoleon von französischen Soldaten verunstaltet. In den Augen der Nachwelt war Tartaglia größenwahnsinnig in seinem mittelalterlichen Anspruch, seine Entdeckungen für sich zu behalten. Cardano, sein Gegenspieler in der damaligen Kontroverse, war vielleicht zu weit gegangen in seinem Glauben, alles, was er schreibe und denke, müsse veröffentlicht werden. Cardano, der berühmteste Wissenschaftler seiner Zeit, konnte unter den besten Angeboten in Europa wählen und aussondern. Wo immer er auch unterwegs war, begegnete man ihm mit Ehrerbietung und Bewunderung. Er gab 131 Bücher heraus, verbrannte angeblich 170 Manuskripte und hinterließ trotzdem noch 111 Buchmanuskripte, die 1663 in Lyon in zehn großen Bänden erschienen sind. Cardano hatte Allergien behandelt, war der erste gewesen, der eine klinische Beschreibung des Typhus lieferte sowie eine

Behandlung der Syphilis, er hatte Infektionsprozesse beschrieben und sich vehement gegen das ständige Zur-Ader-lassen gewandt. Seine populärwissenschaftlichen Bücher über medizinische Praxis, über die Kunst des Heilens, über verschiedene Kuren, über Gifte, über Wasser und Luft, über Ernährung und Diäten sowie persönliche Hygiene, über das Vorbeugen von Krankheiten, über Pest, Urin, Zähne, Musik und das Pokern beim Karten- und Würfelspiel, womit sich der große Cardano fast täglich die Zeit vertrieb, wurden in großen Auflagen verkauft, nachdem sich die Druckerkunst durchgesetzt hatte. Die Bücher wurden auch unerlaubt vervielfältigt, aus dem Latein in verschiedene Nationalsprachen übersetzt und mit großem Gewinn verkauft. Doch privat war Cardano kein Glück beschieden. Seine Frau Lucia starb 1546 mit 31 Jahren und er blieb mit zwei Söhnen und einer Tochter im Alter von drei bis zwölf Jahren allein. Cardano schrieb sogleich ein Buch über gute Kindererziehung, doch mit seinen eigenen Kindern kam es schlimm. Der ältere Sohn wurde Arzt und heiratete eine Frau von zweifelhaftem Ruf. Nachdem sie drei Kinder hatten, erklärte sie öffentlich, dass ihr Ehemann nicht der Vater all ihrer Kinder sei. Da vergiftete der junge Cardano seine Frau mit Arsen in einem Stück Kuchen, wurde verhaftet, gestand und musste verspottet und gefoltert auf das Schafott, obwohl ihm sein Vater die besten Anwälte besorgt hatte. Über den Verlust seines Lieblingssohnes kam Cardano wohl nie hinweg. Zwar hatte er einen Lehrstuhl in Bologna angenommen und war Ehrenbürger der Stadt geworden, doch alles, was er schrieb, waren nur Trauergedichte. Seine Tochter soll eine gewöhnliche Ehe geführt und dem Vater weder Freud noch Leid beschert haben. Der jüngere Sohn wohnte lange zu Hause, doch mit seinen Freunden und bei vielen Eskapaden verschwendete und verspielte er große Geldsummen und wurde nach und nach immer mehr zum Verbrecher, er stahl und plünderte, ging in den Gefängnissen verschiedener Städte ein und aus und verübte sogar einen Einbruch im Haus seines Vaters. Mit 70 Jahren wurde Cardano selbst ins Gefängnis gesteckt, angeklagt wegen Ketzerei. Damals war die ärztliche Kunst in den Augen vieler nur eine Haaresbreite von der Magie entfernt und so beschuldigte man Cardano der Zauberei. Papst Pius V. drängte es in jener Zeit der Gegenreformation, ein Exempel zu statuieren und in Cardanos zahlreichen Schriften konnte man ohne weiteres zweifelhafte Stellen entdecken. Unter anderem hatte sich Cardano mit dem Gedanken getragen, das Horoskop von Jesus anzufertigen und er hatte Kaiser Nero gepriesen, den Despoten der Christen. Nie jedoch hatte Cardano die Kirche kritisiert, sich selbst sah er als einen gewöhnlichen Gläubigen im Geiste der Tradition und seine Studenten sagten zu seinen Gunsten aus. So erhielt Cardano ein verhältnismäßig mildes Urteil, nur einige Monate Gefängnis ohne Folter, und durfte dann unter Bewachung in seinem eigenen Haus wohnen. Doch es war ihm verboten, zu publizieren und zu unterrichten. Seine letzte

Freude erlebte er, als man ihn ehrenvoll aufnahm in den Kreis der römischen Ärzte, kurz vor seinem Tod im Alter von 76 Jahren. Ferrari, Cardanos Schüler, der die Gleichung vierten Grades gelöst hatte, war bereits mit 43 Jahren gestorben. Es gab Gerüchte, wonach er von seiner Schwester und ihrem Geliebten vergiftet worden sei, weil sie sich von seinem Tod einen Vorteil erhofften.

„Alles zeugt von Verfall", schrieb Abel nun im Juni 1826. Er sah die Überreste eines Imperiums um sich. Vielleicht bekam er auch, nachdem er den sich wiegenden Gondeln mit ihren Violinhälsen zugesehen und die Kolonnaden am ehrwürdigen Markusplatz in den nächtlichen Gassen gezählt hatte, die geheimen *Carbonari* zu Gesicht, die Nationalliberalen, die in Neapel einen Aufstand angezettelt hatten und in Bologna Aktionen planten.

Am 10. Juni verließen Abel, Boeck, Keilhau, Møller und Tank Venedig. In zwei Gondeln ließen sie sich nach Fussina bringen, wo sie ein so genanntes *Veturin* bestellt hatten, einen großen, geräumigen Wagen, der sie nach Padua brachte.

> Wir fuhren am Fluss Brenta entlang durch das fruchtbarste und kultivierteste Land, das man sich denken kann. Das ganze Land war so flach wie ein See und ganz wie ein Garten. Weinäcker und Obstbäume auf jedem Fleck. Nach einer Fahrt von etwa 6 Stunden waren wir in Padua, eine furchtbar hässliche Stadt, die hässlichste, die ich gesehen habe.

„Fair Padua, nursery of Arts", wie Shakespeare sagte, schien längst vorbei zu sein. Abel und seine Freunde besuchten einige Kirchen und das Haus, in dem der römische Historiker Livius gewohnt hatte und das „bis jetzt erhalten geblieben ist", wie Abel in einer Fußnote schrieb und dabei an seinen einstigen Lateinunterricht dachte. Die Nacht verbrachten sie in einem Wirtshaus, das schlecht und teuer war. Die Geschichte von Paduas altehrwürdiger Universität, an der Dante und Galilei unterrichtet hatten, schien ihnen keine Bemerkung wert gewesen zu sein. Am nächsten Tag erreichten sie „durch eine ganz zauberhafte Gegend" um die Mittagszeit Vincenza. Sie aßen zu Mittag und kamen am Abend nach Verona. Abel war beeindruckt von den römischen Denkmälern: dem gewaltigen Tor und der Brücke, „von Vitruvius über die Etsch gebaut" und vor allem von dem ungeheuer großen „Amphitheater aus der Antike, das 2.300 Menschen Platz bot."

Am 12. Juni verließen sie Verona und fuhren an der Etsch entlang nach Tirol. Am 14. Juni waren sie in Bozen. Hier sollten einige Tage für eine Erkundung des Fassatals und des Fiemmetals und der umliegenden Berge genutzt werden. Keilhau wollte eine Bestätigung finden für seine geologischen

Theorien. Für Abel war es nun höchste Zeit, auf kürzestem Weg nach Paris zu reisen.

41.

Hinein in die Dolomiten,
über Innsbruck zum Mont Rigi

Abel fuhr mit in die Dolomiten. Durch die großartige Landschaft in Hochstimmung geraten, schrieben sich die „jungen Gelehrten" im Wirtshaus „Goldenes Schiff" in Predazzo mit den Berufen ein, die sie einmal zu erreichen hofften: „Keilhau, professore della mineralogia, Boeck, professore dell'arte veterinaria, Abel, professore della geometria." Der Wirt vom „Goldenen Schiff" notierte nur fünf „studenti da Norvegia." Die Stadt Predazzo war ein unter Geologen bekannter Ort und Abel und seine Freunde blieben drei Tage. Für Keilhau war es wichtig, neben den Gebirgsformationen das Bergwerk Agardo in Augenschein zu nehmen.

Die Rückreise der fünf nach Bozen erfolgte gemeinsam und es schien ihnen schwer gefallen zu sein, sich endlich zu trennen. Für Abel stand nun unerbittlich Paris auf dem Reiseplan. Tank wollte ihn begleiten, während Møller sich entschloss, bei Keilhau und Boeck zu bleiben, die in den kommenden Wochen ihre Gebirgsstudien fortsetzen und zu Fuß ein Stück nordwärts wandern wollten. Schaffhausen, ganz im Norden der Schweiz gelegen, war die Stadt, die alle früher oder später passieren wollten. Für Abel lag Schaffhausen auf dem direkten Weg nach Paris, und in Schaffhausen wollten sich Boeck und Keilhau trennen. Für Keilhau hieß das Ziel dann Paris, während Boeck für ein Studium der Veterinärmedizin nach München weiterfahren musste. Damit die unverdrossenen Bergwanderer nicht allzu viel Gepäck zu schleppen hatten, nahm Abel einen Teil davon in einem Koffer mit, den er in Schaffhausen deponieren wollte. Am 27. Juni winkte er Boeck, Keilhau und Møller zum Abschied und fuhr gemeinsam mit Tank über Innsbruck in Richtung Bodensee. „Als wir aber nach Bodensack kamen, hielten wir es für interessanter, die Route über Zürich zu nehmen, um etwas mehr von der Schweiz zu sehen ...", schrieb Abel in einem kurzen Brief, den er am 5. Juli in Zürich abschickte, adressiert an Keilhau, „poste restante Schaffhausen." Abel musste ihn benachrichtigen, dass der Koffer jetzt statt in Schaffhausen in Zürich deponiert worden war. Als sie Zürich verlassen wollten, schilderte er in aller Eile und mit undeutlicher Schrift kurz die Reise: „Über Insbrück haben wir eine vortreffliche Tour gemacht und die Spinnerei war im Einsatz. Wir fanden die Tyroler Mädchen sehr nett, hatten eine davon ein Stück im Wagen dabei. Auch die Straße von Bodensack nach Zürich ist schön, jedoch voll von Abfall und Mist."

„Spinnerei" war aller Wahrscheinlichkeit nach ein Jargonausdruck der fünf Freunde und meinte wohl den magnetischen Schwingungsapparat von Hansteen, den zu benutzen sie sich immer noch verpflichtet fühlten.

Der weitere Weg, den sich Abel und Tank nun vorgenommen hatten, ging durch die Stadt Zug und am Zuger See entlang zum Mont Rigi, wo sie eine prachtvolle Aussicht auf die Alpen, über den Vierwaldstädter See und bis nach Luzern erwarten sollte. Rigi gehörte zu den berühmtesten Berggegenden in der Schweiz und viele kamen zum Mont Rigi, der „Königin unter den Bergen", um sich von der großartigen Landschaft beeindrucken zu lassen. Das Interesse am Rigi hatte mit Pilgerfahrten zu den Heilquellen dieser Gegend begonnen. Später hatte sich herausgestellt, dass das Gebiet auch geologisch und botanisch interessant war. Abel und Tank wurden vor allem von der Aussicht in alle Himmelsrichtungen angezogen. Auf dem Kulm, dem höchsten Punkt von Rigi, wurde bereits 1816 ein Hotel errichtet und 1871 entstand dort die erste Bergbahn Europas, die den Zugang zum Gipfel erleichtern sollte.

Abel und Tank waren als *Touristen* auf dem Mont Rigi. „Tourismus" war ein Begriff und eine Aktivität, die man zu Lebzeiten Abels eigentlich noch nicht kannte. Das Wort „Tourist" fand erst um 1840 Eingang in den norwegischen Sprachgebrauch und die erste Touristenwelle, es waren vorwiegend Engländer, kam in den 1850-er Jahren nach Norwegen. Vom Zweck her war Abels Auslandsreise ja eigentlich eine Studienreise mit traditionellen Vorbildern, aber in Italien und in der Schweiz war er Teil des Tourismus, der mehr und mehr feste Formen anzunehmen begann. Dem Vorbild der altchristlichen Pilgerreisen und der Bildungsreisen der europäischen Oberschicht eiferten Ende des 18. Jahrhunderts die wohlhabenden Bürger nach. Die Reiseziele blieben die gleichen: Italien und das Mittelmeergebiet, die Wiege der Zivilisation, die Landschaften der Bibel und der klassischen Kultur. Der Sinn der Romantik für die gewaltige Natur der Schweizer Alpen und der französischen Alpen hatte ein nahezu religiöses Interesse an wilden und unberührten Landschaften geweckt. Die Tempel, Kathedralen und Altäre der Natur wurden jetzt zu einem ebenso begehrten Reiseziel wie Rom und Jerusalem.

Als Abel vier oder fünf Wochen später in einem Brief an Hansteen die Reise resümierte, schrieb er: „In Innsbruck war ich, am Bodensee auch und dass ich ein bisschen von der Schweiz sah, wollen Sie mir das verdenken? Es kostete mich zwei Tage und ein paar Schillinge mehr, als es der direkte Weg getan hätte. [...] Ich bereue den kleinen Umweg wahrlich nicht."

Abel und Tank hatten auf dem Dach Europas gestanden, auf dem Mont Rigi, und waren sich einig in ihrem Jubel über die Landschaft und die Natur, glücklich und nicht ahnend, dass ihre Lebenswege sich gleichen würden wie

Tag und Nacht. Zwanzig Jahre später sollte Tank, inzwischen ein schwerreicher Mann in Amerika, ein, wie er glaubte, neues Jerusalem bauen. Er nannte den Ort Ephraim, „den sehr fruchtbaren", in einem Amerika, das in den Augen der Kritiker des alten Europas als „Land der Freiheit" und als „gelobtes Land" jenseits des Ozeans galt. Nur wenige Tage nach ihrem Erlebnis auf dem Mont Rigi trennten sich Abel und Tank und sahen sich vermutlich nie wieder.

Von Rigi ging die Reise nach Luzern und sogleich weiter nach Basel. Dort ereilte Tank die Nachricht von der Katastrophe, die sich in seiner Heimatstadt ereignet hatte: Große Teile von Fredrikshald waren in Flammen aufgegangen. Der junge Tank befürchtete, dass auch ein Teil der Besitzungen von Tank & Co. betroffen sein könnten und begab sich augenblicklich auf den Heimweg. Als er 15 Tage später ankam, stellte er fest, dass der größte Teil des Familienbesitzes und der Werte das Unglück überraschend gut überstanden hatten, doch die meisten Einwohner der Stadt waren obdachlos geworden und es wohnten über tausend Menschen in den verschonten Besitztümern der Familie Tank auf Roed.

Nach Tanks Abreise aus Basel fuhr Abel allein in drei Tagen und vier Nächten „direkt nach Paris."

42.

Paris:
Vom 10. Juli bis zum 29. Dezember 1826

„Endlich bin ich im Focus all meiner mathematischen Wünsche angelangt, in Paris. Ich bin schon seit dem 10. Juli hier." So schrieb Abel am 12. August in seinem ersten Brief aus Paris an Professor Hansteen. Abel befürchtete, Hansteen könnte es für eine Dummheit von ihm halten, den langen Umweg über Triest, Venedig und die Schweiz gemacht zu haben, und er schrieb weiter: „Es tut mir außerordentlich leid, etwas getan zu haben, was nicht Ihren Beifall findet, doch da es nun mal geschehen ist, muss ich meine Zuflucht zu Ihrer Güte nehmen." Zu seiner Entschuldigung hatte Abel nichts anderes vorzubringen als seine Lust, sich in der Welt etwas umzusehen. „Und reist man denn bloß, um das streng Wissenschaftliche zu studieren? Nach dieser Tour arbeite ich umso eifriger."

Nach einem Monat in Paris hatte Abel als Erstes herausgefunden, dass es, um in Paris ernst genommen zu werden, von entscheidender Bedeutung war, die französische Sprache zu beherrschen. Um besser Französisch zu lernen, hatte sich Abel bei einer Familie einlogiert, bei Monsieur und Madame Cotte. Für 120 Francs im Monat bekam er zusätzlich zwei Mahlzeiten am Tag und seine Wäsche wurde gewaschen. Abel war plötzlich eingefallen, dass ja Johan Gørbitz in Paris lebte, und dieser hatte ihm geholfen, das Zimmer in der rue Ste. Marguerite No. 41 im Faubourg St. Germain zu finden, in unmittelbarer Nähe von St. Germain-des-Prés. Abel bezeichnete das Zimmer als „sehr schlicht" und wurde von den zwei Mahlzeiten keineswegs satt. Warum Abel bei der Familie Cotte gelandet war, hing vielleicht damit zusammen, dass Gørbitz gehört haben wollte, Monsieur Cotte interessiere sich für Mathematik. Abel beschrieb ihn jedenfalls als einen „halbgebildeten Räuber in der Mathematik", und es war Monsieur Cotte, der Abel mit Legendre bekannt machte. Nachdem er ein paar Monate bei den Cottes gewohnt hatte, beschrieb Abel die Umstände so:

Der Mann ist ein wenig Mathematiker, aber sehr dumm, und die Frau ein Wildfang von 35 Jahren oder mehr. Man spricht bei Tisch immer in Zweideutigkeiten, über *les secrets du ménage* etc. Das ging kürzlich so weit, dass eine Dame sagte, eine Gans, die am Morgen auf dem Tisch war, habe sich in ein *étronc* verwandelt. Über Nachttöpfe etc. zu reden, ist noch fast anständig. Ich trinke immer Caffe aus *mon petit pot de nuit*. Ansonsten esse ich recht gut, aber nur zwei Gänge. Vormittags *un déjeuner à la fourchette* und nachmittags um 5 1/2 Uhr ein langes Diner. 1 bis 1 1/2 Flaschen Wein jeden Tag.

Es war Ferienzeit, als Abel im Juli in Paris eintraf, die Menschen waren verreist und die Bibliotheken geschlossen. Doch Abel und Johan Gørbitz trafen sich mehrmals sowohl in der Stadt wie bei Gørbitz zu Hause in der rue de l'Université. Seit 1809 hatte Gørbitz mehr oder weniger ständig in Paris gelebt, er arbeitete in dem renommierten Atelier von Jean-Antoine Gros. J.-A. Gros hatte es zu Ruhm und Ehren gebracht, indem er einige Bilder von Napoleon malte, unter anderem das berühmte „Napoleon in der Schlacht bei Arcole." Nach der napoleonischen Zeit war Gros in Paris immer noch hoch geachtet, doch gab es kritische Stimmen, weshalb er sich von der Historienmalerei abwandte und sich auf die reinen, klassischen Formansprüche verlegte. Gørbitz malte Interieurs, Landschaften und Portraits in Öl und Pastell, er spezialisierte sich auf Miniaturen und stellte unter anderem im Salon aus. Im Laufe dieses Herbstes 1826 fertigte er ein Portrait seines Landsmannes an, das einzige von Abel, das gefunden wurde. So wie J.C. Dahl in Dresden sehnte sich auch Gørbitz nach Hause und den norwegischen Motiven und sprach davon, im nächsten Sommer nach Norwegen zurückzukehren.

Einige Wochen nach Abel kam sein Reisegefährte Møller in Paris an. Er war reisemüde und wollte nach Hause, „und ich kann nichts anderes sagen, als dass auch ich anfange, mich mehr und mehr zurückzusehnen und Paris wird sicher nicht der angenehmste Aufenthaltsort, da es so schwierig ist, richtig Bekanntschaft zu machen mit Leuten. Das ist nicht so wie in Deutschland ...", schrieb Abel an Hansteen nach einem Monat in der Stadt. Doch wie auch immer, nach mehr als drei Monaten des Reisens ohne größere Möglichkeiten zu arbeiten, muss es Abel trotzdem gedrängt haben, Gedanken niederzuschreiben, die ihm unterwegs gekommen waren, und seine mathematischen Ideen auszuarbeiten. „Schreibe den ganzen Tag und mache nur ab und zu einen kleinen Spaziergang zum Jardin du Luxembourg oder au Palais royal. Stellen Sie sich vor, ich war noch nicht in der Comédie. Talma[13] war todkrank, ist aber jetzt außer Gefahr."

---

[13] François-Joseph Talma (1763–1826), seit 1787 Schauspieler an der Comédie Française, Freund von Napoleon, versuchte als Tragöde den 'hohen Stil' nach den Grundsätzen der inneren und äußeren Wahrheit zu erneuern.

Trotz Sommer, Ferienzeit und eigener Arbeit hatte Abel im ersten Monat den Direktor des Observatoriums, Alexis Bouvard, besucht sowie den alternden Mathematiker Legendre und den Zeitschriftenherausgeber Baron Ferrusac.

Zu Bouvard ging Abel mit dem Empfehlungsschreiben von Littrow in Wien. Bouvard empfing Abel wohlwollend, zeigte ihm das gut ausgestattete Observatorium und sagte, er werde Abel bei den besten Mathematikern der Stadt einführen, sobald er ins Institut komme. Gemeint war das Institut de France, das aus der Académie des Sciences und drei anderen Akademien bestand, die man 1793 zusammengeschlossen hatte. Direktor Bouvard war natürlich eine wichtige Persönlichkeit im naturwissenschaftlichen Paris. Der Nachwelt ist er speziell bekannt, weil er der Erste war, der die Auffassung vertrat, die Unregelmäßigkeiten in der Bahn des Uranus könnten davon herrühren, dass es weiter draußen noch einen Planeten gebe. Neptun wurde erst 1846 entdeckt.

Doch mit einem Besuch bei Bouvard im Institut zögerte Abel, er wollte lieber, wie er es ausdrückte, „zuerst ein bisschen Französisch sprechen" können. Vielleicht war es am wichtigsten, seine Abhandlung über die transzendenten Funktionen abzuschließen. Er glaubte und hoffte, sie würde gut genug sein, um von der Akademie in Paris gedruckt zu werden und, sollte dies nicht der Fall sein, wollte er selbst versuchen, sie drucken zu lassen, sie eventuell an Gergonnes Zeitschrift *Annales de mathématiques pures et appliquées* nach Montpellier schicken.

Den ehrwürdigen, inzwischen 74 Jahre alten Legendre, besuchte Abel, wie gesagt, zum ersten Mal zusammen mit seinem Zimmerwirt, Monsieur Cotte. Doch als sie am Tor zu Adrien-Marie Legendres Haus standen, war dieser gerade im Begriff wegzufahren, weshalb nur einige Worte in der Einfahrt gewechselt wurden. Abel erfuhr, dass es einmal die Woche bei Legendre eine *soirée* gab, zu der er willkommen sei.

Auch Baron Ferrusac war nicht zu Hause, als Abel hinkam, doch muss er andere Personen aus den Kreisen um Ferrusacs Zeitschrift getroffen und erfahren haben, dass auch dort jede Woche eine *soirée* veranstaltet wurde, und dass er jederzeit Ferrusacs Bibliothek benutzen könne, um Zeitschriften und neu erschienene Bücher zu lesen. Den mathematischen Teil von Ferrusacs Zeitschrift *Bulletin universel des sciences et de l'industrie* beabsichtigte Abel zu kaufen. Außerdem erwarb er einige mathematische Bücher, besonders Abhandlungen, die man nicht bekam, „außer man ist am Ort", wie er es ausdrückte. Das war Literatur, von der er meinte, sie müsse in Christiania verfügbar sein und er rechnete damit, dass Holmboe einverstanden wäre und bezahlte.

In den Pariser Straßen hatte Abel sonst noch den Mathematiker Poisson beobachtet und „er kam mir sehr von sich eingenommen vor. Doch wird das nicht so sein", bemerkte Abel, der nun nach einem Monat in Paris auf weitere Bekanntschaften hoffte. „Ich habe nun meine französische Zunge etwas in Bewegung gebracht. Mir scheint, dass die Franzosen sehr schwer zu verstehen sind."

In seinem Brief an Hansteen schrieb Abel, dass er in diesem ersten Monat in Paris eine Reihe von Abhandlungen fast abgeschlossen habe und plane, einiges davon in *Gergonnes Annalen*, einiges in *Crelles Journal*, einiges in Littrows *Annalen der Wiener-Sternwarte* zu veröffentlichen, seine umfangreiche Arbeit über das große Integraltheorem habe er für die vornehmste aller wissenschaftlichen Publikationen vorgesehen, für die *Mémoires des savants étrangers* des Pariser Instituts. Sicher wollte Abel mit dieser imponierenden Aufzählung Eindruck auf Hansteen machen, wollte ihm zeigen, dass er so intensiv arbeitete, wie er es versprochen hatte. Doch nach diesem Plan wurden die Abhandlungen nie gedruckt.

Am 20. August kam Keilhau nach Paris und mietete sich ebenfalls bei der Familie Cotte in St. Germain-des-Prés ein. Keilhau hatte einen Brief von Hansteen mitgebracht, den er in Schaffhausen vorgefunden hatte. Der Brief enthielt gute Nachrichten bezüglich der Berufung Keilhaus an die Universität in Christiania, die in Ordnung gehen werde, ihm sei sogar ein Vorschuss von 100 Speziestalern zugesagt worden, die man nach Paris schicken werde. Für Abel gab es keine derartigen Versprechungen, da stand nur: „Nun zum Schluss, mein guter Abel, möchte ich Ihnen für Ihre freundlichen Briefe danken. Ich bin einigermaßen mit Geschäften überlastet und selten arbeitsfähig. Das müssen Sie als Ursache hinnehmen, weshalb ich Sie so lange auf eine Antwort habe warten lassen. Seien Sie versichert, dass ich und meine Familie völlig all das erkennen, was gut und liebenswert an Ihnen ist, ungeachtet dessen, dass wir auch klar einige kleine Schwächen sehen."

Gemeinsam verlebten die Freunde Abel und Keilhau eine glückliche Zeit in Paris. Die enge Freundschaft, die schließlich dazu führte, dass Abel seine Verlobte vor seinem Tod an Keilhau sozusagen 'vererbte', ging vielleicht auf diese sieben Wochen zurück, die sie in Paris zusammen wohnten. Keilhau trat am 16. Oktober nach einem ereignisreichen und sehr befriedigenden Aufenthalt die Heimreise an. Vorher erhielt er sicher die Nachricht aus Christiania, dass er zum Universitätslektor für Bergwesen berufen worden war „mit der Verpflichtung, wissenschaftliche Reisen in die weniger erforschten Gegenden Norwegens zu unternehmen, solange dies als nützlich und notwendig erachtet werden sollte", wie es in der königlichen Berufung vom 11. August hieß. Kurz darauf kam eine Nachricht von der Dänischen Wissenschaftlichen Gesellschaft, dass Keilhau für eine geologische Abhandlung, die er vor einiger Zeit als Antwort zu einer Preisaufgabe abgeliefert hatte, ein Preis von zweihundert Reichstaler in Silber zuerkannt werde. So war Keilhau der Erste der „jungen Gelehrten", der eine feste Stelle erhielt, was die beiden Freunde gehörig feierten. Und mit derart vielversprechenden Zukunftsaussichten scheint Keilhau mit gutem Gewissen seine Arbeit und die Studien für eine Weile zurückgestellt zu haben. Zwar führte Keilhau noch zusammen mit Abel im Jardin du Luxembourg magnetische Messungen durch, doch viel öfter gingen sie ins Theater und sie stimmten darin überein, dass das am Théâtre Français Gebotene alles übertraf, was sie in Deutschland gesehen hatten. Ansonsten spielten die beiden Freunde Billard, und zwar Keilhau zufolge *täglich*, der außerdem berichtete, dass „Madame Cotte über den vielen Wein brummelt, den wir ihr wegtrinken." So schrieb Keilhau in einem Brief an Boeck in München und er fügte hinzu, noch nie so gefaulenzt zu haben wie jetzt in Paris.

Billard spielen war eine Beschäftigung, mit der sie gut vertraut waren, besonders von ihren Zusammenkünften in der Studentengesellschaft in Christiania.. Zum ersten Inventar, das sich die Studenten angeschaffte hatten, gehörte ein Billardtisch nebst Zubehör: Billardregeln, sechs Queues, fünf kleine und fünf große Kugeln, eine Billardtafel und eine Billarddecke aus Sacktuch. Aus der Inventarliste der Studentengesellschaft geht außerdem hervor, dass man drei rot gestrichene Schachtische hatte, mit Schubladen und Figuren. Man könnte sich vorstellen, dass es für Abel, der es liebte, den Verlauf des Kartenspiels zu berechnen, verlockend gewesen sein müsste, Schach zu spielen, dieses bis zur äußersten Konsequenz kalkulierende Spiel. In Paris gab es Leute, die sich als professionelle Billard-, Whist- und Schachspieler durchschlugen und im Schach waren die Franzosen lange Zeit absolut führend. In den Jahren vor der Revolution hatte F.A. Danican Philidor dem Schachspiel ganz neue Impulse gegeben, indem er die scheinbar schwachen *Bauern* zur „Seele" des Schachspiels aufwertete. Mit seinen neuen Theorien und Analysen feierte er in ganz Europa und in England große Triumphe und besiegte alle mit seinem praktischen Spiel. In seinem Buch *L'Analyse des Échecs* hatte Philidor nachgewiesen, dass ein Angriff der Offiziere nicht erfolgreich sein konnte ohne die Unterstützung der Bauern. Während der Revolution flüchtete Philidor nach England und starb 1795 in London. Napoleon, der ebenfalls ein passionierter Schachspieler in den Cafés von Paris war, hatte Philidors Bauernstrategie weiterentwickelt, als er auf dem Schlachtfeld seine Soldaten anfeuerte, indem er sie daran erinnerte, dass jeder von ihnen den Marschallstab im Tornister trage! Seitdem hatten Spieler wie Deschapelles und Labourdonnais französisches Schach auf höchstem internationalem Niveau gehalten, und im Café de la Régence in Paris konnte man zu jeder Zeit Spieler antreffen, versunken über kleine Marmortische gebeugt.

Doch in diesem Herbst in Paris war es ein *Norweger*, der bei riskanten Wetten große Geldsummen gewann. Es war der phantastische Läufer, der sich Mensen Ernst nannte, bekannt und berühmt in norwegischen wie in ausländischen Zeitungen. In vielen europäischen Ländern hatte er im Straßen- und Geländelauf große Summen gewonnen, die Strecke von London nach Portsmouth in zehn Stunden zurückgelegt, von London nach Liverpool in 32 Stunden. In Südjütland war er mit einem Reiter um die Wette gelaufen und in Kopenhagen hatte ihn der König in diesem Jahr mit 1.600 Reichstalern belohnt für seine Vorführungen in der Frederiksbergallee und auf dem achteckigen Schlossplatz, wo er 13 Runden à 900 Schritte in 21 Minuten lief. Mensen Ernst war in Deutschland, Italien und Spanien gelaufen und mit erklecklichen Einnahmen aus Läufen in Marseille und Toulon kam Mensen Ernst am 24. September 1826 nach Paris. Bereits nach fünf Tagen erhielt er die Erlaubnis, seine Fertigkeiten vor einem großen Publikum auf dem Champs de Mars zu zeigen. Allein an diesem Tag verdiente das norwegische Laufwunder 1.500 Francs, fast 300 Silberspezies. Etwa drei Wochen lang lebte Mensen Ernst in Paris in der rue de Montmatre wie ein Fürst, um dann mit seinem typischen, federgeschmückten Barett zu neuen Wettläufen aufzubrechen. Eine seiner Maximen war übrigens, nie zweimal denselben Weg zu reisen. Kam er von Süden in eine Stadt, verließ er sie wieder in einer anderen Himmelsrichtung. Der Mann, der Mensen Ernst half, die Genehmigung für das Laufen zu erhalten und die Abgaben in Paris zu bezahlen, war der schwedisch-norwegische Botschafter Graf Gustav Carl Fredrik Löwenhielm. Löwenhielm war eine bekannte Persönlichkeit in Paris, er interessierte sich für Kunst und Wissenschaft und liebte Feste und Wetten. Sechs Jahre später, also 1832, war es Löwenhielm, der den berühmtesten Lauf von Mensen Ernst unterstützte . Mit sicherem Instinkt für Publicity riet er Mensen Ernst, die Strecke Paris-Moskau zu laufen, und nachdem man die Karten gelesen und die Strecke berechnet hatte, ging Mensen Ernst die Wette ein, in 15 Tagen nach Moskau zu laufen! Ganz Paris stand Kopf. Paris-Moskau! Dies bedeutete nicht weniger, als in Napoleons Fußspuren zu laufen, etwas zu tun, was dieser und Tausende von Franzosen 1812 nicht geschafft hatten: nämlich Moskau einzunehmen. In Paris wurden 100.000 Francs dafür und dagegen gewettet, davon sollte Mensen Ernst 4.000 Francs bekommen, was er für das Minimum hielt. Nach großen Anstrengungen und einem gefahrvollen Lauf, während dem sich zeitweise Räuber, Wölfe und Gefängniswärter an seine Fersen hefteten, wurde er 14 Tage, fünf Stunden und 50 Minuten nach seinem Start am Place Vendôme vom Kommandanten im Kreml empfangen.

Wie viel Graf Löwenhielm auf das Laufwunder Mensen Ernst im Sommer 1832 setzte und gewann, ist nicht bekannt. Gewiss ist jedoch, dass der schwedisch-norwegische Botschafter in jenen Jahren auch an *Abels* Ruf und

Nachruhm arbeitete. Löwenhielm hatte alles in Bewegung gesetzt, um die in
irgendeinem Büro in Paris abhanden gekommene Abel-Abhandlung aufzu-
spüren, die von französischen Wissenschaftlern verzweifelt gesucht wurde,
um in Abels gesammelte Werke aufgenommen werden zu können.

Doch sechs Jahre zuvor, im September-Oktober 1826, war Abel zu Gast bei
Graf Löwenhielm in Paris. In einem Brief an Holmboe vom 24. Oktober
schrieb er:

> Kürzlich nahm ich eine diplomatische Mahlzeit (ein Diner) bei Seiner
> Exzellenz Graf Löwenhielm ein, wo ich mir gemeinsam mit Keilhau einen
> kleinen Schwips einhandelte, allerdings einen sehr schönen. Er ist mit einer
> Französin verheiratet. Er erzählte, wie er jedes Jahr am 24. Dezember alle
> seine Landsleute unter den Tisch trinkt.

Ob Abel in diesem Herbst noch in Verbindung mit Graf Löwenhielm stand,
darüber ist nichts bekannt, doch *war* Abel am 24. Dezember in Paris. Vielleicht
erwähnte der schwedisch-norwegische Botschafter auch *seine* für den kommenden Sommer geplante Reise nach Norwegen, bei der er auch nach Risør und
Arendal kommen wollte, Abels Heimat.

Doch auch in Paris standen nicht Geselligkeit, Spektakel oder Billard oben
auf der Liste von Abels Freizeitbeschäftigungen. Nach wie vor ging er am
liebsten ins Theater. Und an der Theaterfront gab es in diesem Herbst in Paris
ein einschneidendes Ereignis. Bereits kurz nach seiner Ankunft hatte Abel den
Zeitungsberichten entnommen, dass der berühmte Schauspieler François Talma schwer erkrankt war, doch nun war zu vernehmen, er sei auf dem Wege
der Besserung. Nach und nach wurde klar, dass er im Sterben lag. Man
erzählte, dass elf Ärzte ihn behandelten, kaum einer von ihnen glaubte an
seine Genesung. Die kleinste Bewegung führte zu heftigem Erbrechen. Immerhin gelang es den Ärzten, ihn schmerzfrei zu halten. Man redete sowohl über
seine Ehefrau vor dem Gesetz, die jetzt wieder bei ihm war, wie über seine
vielen bekannten Geliebten, besonders über eine Madame Bazire, mit der er
14 Jahre zusammengelebt hatte und mit der er drei Kinder hatte. Mehr als 30
Jahre lang zählte Talma unter den Theaterbegeisterten in ganz Europa zu den
glänzendsten Namen, auch in Norwegen. Im Wochenblatt *Hermoder* hieß es
1822 unter der Überschrift „Aus Talmas früherem Künstlerleben", dass Talmas hervorragende Schauspielerbegabung bereits im September 1790 in Paris
zu einem Theaterkrieg und zu politischen Unruhen geführt habe: Die traditionellen Schauspieler am Théâtre Français, vorwiegend anmaßende Aristo-
kraten, die durch die Revolution ihre Privilegien und ihren Einfluss verloren
hatten, wollten nicht zusammen mit dem jungen, gut aussehenden Talma
auftreten, der beim Volk Jubel erntete für sein natürliches Spiel und seine
schlichten Kostüme. Talma hatte sich sein ganzes Theaterleben hindurch

maßgeblich für Reformen auf der Bühne im Einklang mit den Idealen der Revolution eingesetzt. Er bekämpfte alles Unnatürliche und Affektierte. Talma lebte in seinen Rollen, ob er nun Titus oder Hamlet spielte, auf eine Weise, wie dies bis dahin keiner getan hatte, er elektrisierte die Zuschauer und riss sie hinein in Trauer, Irrsinn, Freude und Machtgier. Talma und Napoleon kannten einander seit frühester Jugend und Talma stand immer in der ersten Reihe, wenn Napoleon Schauspieler aus Paris holte, um sie in dem Quartier, in dem er gerade lag, auftreten zu lassen. Zu den Vorstellungen kamen dann die Offiziere des Heeres und freundlich gesinnte Fürsten aus der Umgebung. Napoleons Interesse für das Theater, in welchem er auch eine Werbung für die Nation sah, verschaffte der französischen Theaterwelt neuen Wohlstand und Glanz, aber gleichzeitig ein Mehr an Ordnung und Reglementierung, als es sich Talma gewünscht hätte.

Am Abend des 19. Oktober 1826 starb Talma, zwei Tage später versammelte sich eine riesige Volksmenge, um den großen Schauspieler von seinem fürstlichen Haus in der rue de la Tour-des-Dames zur letzten Ruhestätte auf dem Friedhof Père-Lachaise zu begleiten. Talmas Herz wurde bei der Obduktion entfernt, seitdem wird es in einem Mahagoni-Schrein der Comédie-Française aufbewahrt. In seinem Brief vom 24. Oktober an Holmboe schrieb Abel:

> Talma, der berühmte große Tragöde, ist vor einigen Tagen gestorben. Das Theater francais blieb deswegen 2 Abende geschlossen und alle anderen Theater ebenfalls. Eine ungeheure Menge Menschen folgten seinem Sarg, der sofort zum Friedhof gebracht wurde, ohne wie üblich zuerst in die Kirche zu kommen. Als Schauspieler ist er de la communion des fidelles ausgeschlossen. Lächerlich, aber gleichgültig. Er hat seine Kinder, die alle unehelich sind, in der protestantischen Religion erziehen lassen. Er hatte drei Fehler in seinem Leben. Er war abhängig vom Glücksspiel und vom Weibervolk, und er war bausüchtig, und all dies in hohem Maße. Die Schauspieler am Theater francais ließen ihm ein Denkmal setzen für 12.000 Frs.

Den großen Talma sollte Abel also in Paris nicht sehen, dafür aber Talmas weibliche Gegenspielerin auf der Bühne, die vergötterte Mlle Mars. Zusammen mit Talma war sie immer der Hauptstar gewesen, wenn Napoleon zum Theater einlud, doch während Talma tragische Helden spielte, neigte Mlle Mars mehr zur Komödie. Es hieß, ihre Stärke liege in der geistreichen und entzückenden Pikanterie. Jedenfalls sah man in ihr die Verkörperung der idealen Frau, auf der Bühne war sie schön und verführerisch. Keilhau und Abel scheinen in diesem Frauenideal übereingestimmt zu haben. Keilhau charakterisierte Mlle Mars als „mehr als menschlich." Abel schrieb an Holmboe: „Ich kenne kein größeres Vergnügen, als ein Stück von Molière zu sehen, in dem

Mlle Mars spielt. Ich bin wirklich ganz hingerissen. Sie ist 40 Jahre alt, spielt aber trotzdem sehr junge Rollen."

Am 16. Oktober reiste Keilhau Hals über Kopf aus Paris ab nach Le Havre. Er hatte erfahren, dass er als Passagier auf einem Schiff mitkommen konnte, das nach Arendal fuhr. Für Abel war der Abschied traurig, aber Keilhau sehnte sich nach Hause, wollte die wissenschaftlichen Exkursionen planen, die er nun auf seiner neuen Stelle in Norwegen durchführen sollte. Den Anfang sollte eine geologische Expedition in die Finnmark machen. Das Geld, das man Keilhau versprochen hatte, war nicht gekommen und Abel musste ihm für die Heimreise Geld vorstrecken. In Christiania sollte Keilhau diesen Betrag dann Holmboe geben, der es Abel zurücksenden würde. Außerdem musste Keilhau einen großen, roten, an Holmboe adressierten Koffer mitnehmen. Abel hatte ihm einen großen Teil der Bücher und Schriften, die er gekauft und gesammelt hatte, eingepackt. Darunter war auch ein Geschenk an Hansteen, der kürzlich erschienene fünfte und letzte Band der *Mécanique celeste*. Abel wusste, dass Hansteen die ersten vier Bände dieses großen Werkes von Laplace, dem Newton Frankreichs, besaß, und in dem Brief an Holmboe meint Abel dazu: „Die Mecanique ist also fertig. Wer ein solches Buch geschrieben hat, kann zufrieden auf sein wissenschaftliches Leben zurückblicken." Das Werk, an dem Laplace 26 Jahre arbeitete und in dem er unter anderem bewiesen zu haben meinte, dass das Sonnensystem ein gigantisches *perpetuum mobile* sei, ein stabiles System mit Planeten, die ewig ihre komplizierten Bahnen ziehen, dieses Werk gilt als eines der gewaltigsten wissenschaftlichen Monumente jener Zeit.

Abel gab Keilhau noch ein weiteres Geschenk mit, an seine Schwester Elisabeth, die nach wie vor im Hause des Ministers Treschow auf Tøyen arbeitete. Es handelte sich um einige Armreifen, eine Gürtelschnalle und einen Ring. Und Abel schrieb einen Brief, die einzige schriftliche Äußerung zwischen den beiden Geschwistern, die erhaltengeblieben ist:

Ich denke sehr oft an Dich, liebe Schwester, und wünsche Dir immer Glück. Du lebst doch gut bei diesen vortrefflichen Menschen, bei denen Du bist; aber wie geht es meiner Mutter, meinen Brüdern. Nichts weiß ich von ihnen. Es ist lange her, seit ich meiner Mutter schrieb. Der Brief ist angekommen, das weiß ich, aber ich habe nichts von ihr gehört. Wo ist Peder, lebt er und wie. Ich mache mir große Sorgen um ihn. Als ich abreiste, hat es nicht gut ausgesehen mit ihm. Weiß Gott, wie oft ich wegen ihm Kummer hatte. Er hat für mich sicher nicht viel übrig und das schmerzt mich sehr, denn mit Willen habe ich nie etwas gegen ihn getan. Hör zu, Elisabeth, schreib mir doch endlich ausführlich über ihn und meine Mutter und die übrigen Geschwister. Hier in Paris lebe ich ganz vergnüglich. Ich studiere fleißig und besehe manchmal die Besonderheiten der Stadt und nehme teil an den Vergnügungen, die mir behagen. Trotzdem sehne ich mich sehr danach, heimzukommen und ich würde, wenn es möglich wäre, noch heute fahren, doch ich muss noch eine ziemlich lange Zeit ausharren. Im Frühling komme ich heim. Zwar sollte ich bis nächsten August im Ausland bleiben, aber ich merke, dass ich keinen sonderlichen Nutzen davon habe, länger im Ausland zu bleiben. Ich nehme dann den Seeweg oder möglicherweise den Landweg über Berlin, wo ich gerne hin möchte, bevor ich heimkomme. Ich weiß aber nicht, ob das Geld reicht. Von meiner Braut, die jetzt in Aalborg bei ihrer Schwester ist, habe ich ziemlich lange nichts gehört. Ich fange bereits an, mir Sorgen zu machen, doch hoffe ich, dass es ihr gut geht. Sie hat wohl geschrieben, aber der Brief wird verloren gegangen sein. Wie geht es Frau Hansteen? Ihr geht es sicher gut. Und schließlich, vergiss nicht, sie auf das Verbindlichste zu grüßen. Ebenso Professor Hansteen. Ich habe ihm vor einiger Zeit geschrieben. Du kommst wohl manchmal dorthin. Dem Minister und der Frau Minister musst Du meinen ehrerbietigsten Respect vermelden. Keilhau war so freundlich, für Dich ein kleines Geschenk mitzunehmen. Ich hätte gewünscht, ein größeres für Dich zu haben, aber dazu hatte ich keine Gelegenheit. Es besteht aus einigen Armreifen und einer Spange, die an einem Band um die Taille befestigt wird, dazu ein kleiner Ring. Verschmähe es nicht und denke manchmal an Deinen

Dir ergebenen Bruder N.H. Abel

Abel gab seine Adresse an, schrieb ihr, dass ein Brief nach Paris sie nicht mehr als zwei Schillinge koste und ganz am Ende stand: „Leb wohl, meine geliebte Schwester und schreibe endlich gleich, wenn Du diesen Brief bekommst." Ob sie geantwortet hat, ist nicht bekannt.

Abel fühlte sich fremd und verlassen in der großen Stadt und wartete sehnsüchtig auf Briefe aus Norwegen, „als Trost und zur Aufmunterung in meiner Einsamkeit", wie er an Holmboe etwa eine Woche nach Keilhaus Abreise schrieb. „Denn wenn ich auch in der lautesten Stadt des Kontinents bin, so ist es doch, als wäre ich in der Wüste. Ich kenne fast niemanden."

In Wirklichkeit wohnte Gørbitz nicht weit entfernt. Und Abel kannte noch einen anderen Landsmann in der „lauten Stadt", einen Hans Hågensen Skramstad, der sich hier im Fach Musik fortbildete. Über diesen Skramstad, der in Christiania jedenfalls vor seinem Aufenthalt in Paris als virtuoser Klavierspieler galt, schrieb Abel: „Er wohnt mit drei Schweden am Rande der Stadt. Läuft herum wie einer aus der Hedemark, mit blauen Wollhosen und gesäumter Weste. Ich habe ihn nicht selbst gesehen, nur beschrieben bekommen. Er spricht Schwedisch." Noch ein dritter Norweger wird in Abels Briefen

Abb. 31. „Blick vom Kreuzberg auf Berlin". Ölgemälde von Heinrich Hintze, 1829. Von den 20 Monaten, die Abel 1825-27 im Ausland verbrachte, hielt er sich acht Monate in Berlin auf, und hier fühlte er sich wohl. Er wurde inspiriert für seine mathematischen Arbeiten und verkehrte gern in gesellschaftlichen Kreisen. „Es ist schon seltsam, unter Fremden zu sein", schrieb er. In seinem letzten Lebensjahr stellte sich Abel vor, sich mit seiner Verlobten in Berlin zu etablieren, als der „Herr Professor mit seiner Gemahlin." Als er die sichere Zusage für einen Lehrstuhl erhielt, war er bereits tot. [Original im Schloss Charlottenburg, Berlin. Bildarchiv Preußischer Kulturbesitz].

erwähnt, Brede Müller Grønvold aus Holmestrand, der sich in Paris im Handelswesen ausbildete und zu ihm Abel muss in Verbindung gestanden haben, jedenfalls gab er diesen Grønvold an als jemanden, der Boeck helfen könne, wenn er nach Paris komme.

Abel war enttäuscht darüber, dass er nach drei Monaten in Paris so wenige französische Wissenschaftler kennen gelernt hatte. Am 24. Oktober schrieb er:

Bis jetzt habe ich nur die Bekanntschaft von Legendre, Cauchy und Hachette gemacht, sowie von einigen weniger bedeutenden Mathematikern wie dem tüchtigen Monsieur Saigey, Redakteur des Bulletin des sciences etc. und Herrn Le-jeune Dirichlet, einem Preußen, der kürzlich zu mir kam,

Abb. 32. Rigi-Känzeli/Kaltbad, 1830. Abel hatte ein schlechtes Gewissen, weil er Anfang Juli 1826 – zusammen mit seinem Freund Nils Otto Tank – einen Abstecher hierher zum Rigi, der „Königin der Berge", machte. Und er schrieb entschuldigend nach Hause: „Meine Lust, mich etwas in der Welt umzusehen, war groß, und reist man etwa bloß, um das streng Wissenschaftliche zu studieren?" [Abteilung für Drucke und Zeichnungen. Zentralbibliothek, Zürich].

weil er mich für einen Landsmann hielt. Er ist ein sehr scharfsinniger Mathematiker. Zusammen mit Legendre hat er die Unmöglichkeit bewiesen, die Gleichung $x^5 + y^5 = z^5$ in ganzen Zahlen zu lösen, sowie andere nette Dinge.

Das war ein Teil der großen Aufgabe, nämlich Fermats Hypothese, die Abel im Sommer 1823 in Kopenhagen zu lösen versucht hatte. Für die Exponenten 3 und 4 lagen bereits Beweise vor.

Zu Legendre entwickelte Abel nicht den wissenschaftlichen Kontakt, der für sie beide hätte fruchtbar werden können. Erst in seinem letzten Lebensjahr sollte Abel ein inspirierender Briefwechsel mit diesem Mathematiker gelingen, den er jetzt in Paris als einen „überaus zuvorkommenden, aber unglücklicherweise steinalten Mann" charakterisierte. Sicher ging Abel zu den Treffen bei Legendre, doch war diesem Gelehrten zwei Jahre zuvor die Pension aberkannt worden, weil er nicht für den Kandidaten der Regierung für einen Platz im

Abb. 33. Karte Europas von 1829. Abels Reiseroute von September 1825 bis Mai 1827 war: 1 Christiania, 2 Kopenhagen, 3 Lübeck, 4 Hamburg/Altona, 5 Berlin, 6 Leipzig, 7 Freiberg, 8 Dresden, 9 Prag, 10 Wien, 11 Graz, 12 Triest, 13 Venedig, 14 Verona, 15 Bozen, 16 Innsbruck, 17 Zürich, 18 Mont Rigi, 19 Luzern, 20 Basel, 21 Paris, 22 Brüssel, 23 Liège, 24 Köln, 25 Kassel, Berlin, Kopenhagen, Christiania. [Kartensammlung Nr.9, Nationalbibliothek, Oslo].

Institut gestimmt hatte, und so dürfte er nicht in bester Laune gewesen sein. Sein großes Werk über die elliptischen Integrale, *Traité des fonctions ellip-tiques et des intégrales euleriennes*, war gerade in zwei Bänden der Wissen-schaftsakademie vorgelegt worden, kam aber leider erst nach Abels Abreise in den Buchhandel.

Der große Mathematiker in Paris war Cauchy. Er hielt Vorlesungen in Analysis an der École polytechnique, er war Professor an der Sorbonne und auf vielen

Abb. 34. Aussicht auf Paris. Gemälde von Seyfert, 1818. (Musée de la Ville de Paris. Musée Carnavalet, Giraudon/NPS). In Paris hielt sich Abel vom Juli 1826 bis zum Ende des Jahres auf. Hier lernte er viele Wissenschaftler kennen, doch seine große Pariser Abhandlung blieb unbeachtet und er fühlte sich nicht wohl in dieser Stadt. Er schrieb: „Der Franzose ist Fremden gegenüber ungeheuer zurückhaltend. Es ist sehr schwierig, eine *nähere* Bekanntschaft mit ihm zu machen. Und ich wage nicht, auf eine solche zu rechnen. Jeder arbeitet für sich, ohne sich um andere zu kümmern. Alle wollen belehren und keiner will lernen."

mathematischen Gebieten außerordentlich produktiv. Die stringente Beweisführung durchzieht seine Arbeiten wie ein Leitfaden, eine Beweisführung, mit der speziell Cauchy, Gauß und Abel das definitiv Neue in der Geschichte der Mathematik vertraten. Abel war auch von Cauchys Schriften über Integrationswege in der komplexen Zahlenebene als Grundlage für eine Theorie elliptischer Funktionen inspiriert worden und er schätzte besonders Cauchys Buch *Cours d'Analyse*. Cauchy wurde im Revolutionsjahr 1789 geboren und infolge des Terrorregimes zogen seine sehr religiösen Eltern weg von Paris nach Arcueil. Hier wuchs Cauchy unterernährt und mit einer engstirnigen religiösen Erziehung auf. Sein ganzes Leben musste er genau auf seine Gesundheit achten und seine stets strenge religiöse Haltung wurde von vielen kommentiert. Doch in Arcueil lebten auch der große Laplace und der Chemiker Claude Louis Berthollet, der seinen Kopf vor der Guillotine rettete, weil er alles über Schießpulver wusste. Den beiden Wissenschaftlern in Arcueil war die ungewöhnliche mathematische Begabung des schwächlichen Knaben aufgefallen. Später wurde bei der Ausbildung des jungen Cauchy auch Lagrange hinzugezogen. Mit 16 Jahren wurde er Schüler an der École polytechnique. Hier verspottete man ihn wegen seiner Religiosität und er wechselte auf die Zivilingenieurschule Ponts et Chaussées. Dann wurde Napoleon auf ihn aufmerksam und schickte ihn nach Cherbourg, um die Häfen zu sichern und eine Flotte aufzubauen, die stark genug sein würde, um eine Invasion in England durchzuführen. Doch nach dem Scheitern Napoleons vor Moskau 1812 und bei Leipzig im Jahr darauf wurden die Flottenpläne aufgegeben. Cauchy kehrte nach Paris zurück und entwickelte sich allmählich zum führenden Mathematiker der Stadt, im übrigen Europa war Cauchy bekannter als Gauß in Göttingen. Aber Cauchy galt als ichbezogen, selbstgefällig und scheinheilig. Abel, der ihn im September oder Oktober wahrscheinlich auf einer der vielen Soirees oder im Institut kennen gelernt hatte, schrieb:

> Cauchy ist *fou* und es ist kein Auskommen mit ihm, obwohl er der Mathematiker ist, der derzeitig weiß, wie die Mathematik behandelt werden muss. Seine Sachen sind vortrefflich, aber er schreibt sehr undeutlich. Anfangs verstand ich kein bisschen von seinen Arbeiten, jetzt geht es besser. Er lässt jetzt eine Reihe von Abhandlungen unter dem Titel *Exercises des Mathématiques* drucken. Ich kaufe und lese sie fleißig. 9 Hefte sind seit Anfang dieses Jahres erschienen. Cauchy ist überaus katholisch und bigott. Für einen Mathematiker etwas sehr Verwunderliches. Ansonsten ist er der einzige, der in der reinen Mathematik arbeitet.

Mit den von Abel erwähnten mathematischen Heften ist eine Zeitschrift gemeint, die Cauchy in jenem Jahr ins Leben gerufen hatte, um auf diese Weise seine vielen Rezensionen und Arbeiten über reine und angewandte Mathematik veröffentlichen zu können. Die *Exercises des Mathématiques* erschienen bis 1830, dann folgte eine neue Serie.

Direktor Bouvard hatte also Wort gehalten und Abel den Mitgliedern des Instituts vorgestellt, später scheint Professor Hachette diese Rolle übernommen zu haben. Abel waren die Verdienste des Geometers Hachette als Herausgeber der Serie *Correspondance sur l'École polytechnique* wohl bekannt, er hatte sich seinerzeit diese Schriften in der Universitätsbibliothek Christiania ausgeliehen. Abel wurde nun einer Reihe von Wissenschaftlern vorgestellt, bedauerte aber, dass sich, abgesehen von Cauchy, die meisten „ausschließlich mit Magnetismus und anderen physischen Sachen beschäftigen." Abel lernte die Physiker Ampère und Poisson kennen und wurde den Mathematikern Fourier und Lacroix vorgestellt. Alle waren sie um die 60 Jahre alt und trugen die höchsten Auszeichnungen für wissenschaftliche Leistungen. Den uralten Laplace sah Abel des Öfteren im Institut.

Er sieht flink und klein aus, hat aber den gleichen Fehler wie ihn der Teufel dem Zambullo vorwirft, nämlich la mauvaise habitude de couper la langue aux gens. Poisson ist ein untersetztes Männchen mit einem schönen kleinen Bauch. Er trägt seinen Körper mit Würde. Ebenso Fourier. Lacroix ist fürchterlich kahlköpfig und auffällig alt.

Dass Abel, Laplace erwähnend, auf einen der bekanntesten Romane seiner Zeit anspielt, *Le diable boiteux* von René Lesage, könnte ein Indiz dafür sein, dass er seine Lektüre nicht auf die Mathematik beschränkte. Auch gab es von Laplace den Ausdruck der „überlegenen Intelligenz", die in der Lage wäre, den Zustand der Welt zu jedem späteren oder früheren Zeitpunkt zu berechnen, vorausgesetzt, die gegenwärtigen Positionen und Bewegungen aller Körper sind gegeben. Diese „überlegene Intelligenz" wurde später unter dem Namen *Laplacescher Dämon* bekannt.

Der Franzose, mit dem Abel in Paris am meisten Kontakt hatte, scheint Jacques Frédéric Saigey gewesen zu sein. Saigey war nur fünf Jahre älter als Abel, er war vielseitig interessiert und arbeitete als Redakteur in der mathematisch-physischen Sektion von Baron de Ferrusacs Zeitschrift. Es war Saigey, der Abel veranlasste, für *Ferrusacs Bulletin* zu schreiben: Referate und die Darstellung von Artikeln aus anderen wissenschaftlichen Zeitschriften. Zwar war dies nicht gerade Abels Lieblingsbeschäftigung, doch er meinte, es dennoch tun zu müssen, unter anderem, um *Crelles Journal* in Frankreich bekannt zu machen. Gleichzeitig konnte er Ferrusacs hervorragend ausgestattete Bibliothek benutzen. Das Erste, was Abel für Saigey schrieb, war eine Darstellung seines eigenen Beweises von der Unmöglichkeit, die Gleichung fünften Grades zu lösen. Und hier hat er auch angemerkt, dass der einige Jahre zuvor vorgestellte Beweis von Ruffini unvollständig war. In *Ferrusacs Bulletin* referierte und korrigierte Abel auch seinen missglückten Artikel über die Wirkung des Mondes auf ein Pendel aus dem *Magazin for Naturvidenskaberne* und stellte damit auch die norwegische Zeitschrift in Paris vor. In dem jungen Kreis um Saigey und in Ferrusacs Bibliothek scheint sich Abel am wohlsten gefühlt zu haben. In diesem Kreis verkehrte auch der Preuße Dirichlet, der Abel für seinen Landmann hielt, sowie der Autodidakt François-Vincent Raspail. Raspail war acht Jahre älter als Abel, Dirichlet drei Jahre jünger. Raspail hatte in Avignon Philosophie und Theologie unterrichtet, jedoch wegen seiner ketzerischen Ideen aufhören müssen. In Paris hatte er in der Zeit nach dem Sturz Napoleons mit großer Eloquenz republikanische Ideen verfochten, an geheimen Organisationen teilgenommen und auf eigene Faust Botanik, Biologie und Medizin studiert, nebenbei hatte er Privatunterricht gegeben, um Frau und Kinder zu ernähren. 1824 erregte er Aufsehen mit einer Abhandlung über verschiedene Arten von Gräsern und deren Klassifizierung. Er legte chemische Analysen unters Mikroskop und machte nach 1830 einige Entdeckungen in der organischen Chemie. Er trug dazu bei, die Grundlage zu schaffen für die Einsicht, dass der Mensch und die Pflanzen aus *Zellen* bestehen. Raspail erkannte, dass von diesen Zellen Krankheiten ausgehen und er besaß ein breites Wissen über Parasiten im Körper und in der Gesellschaft. Seine jährlichen Handbücher über Gesundheit wurden sehr populär und sein Leben lang war er ein radikaler Politiker, der Ungerechtigkeiten in der Gesellschaft bekämpfte und die Korruption und Unfähigkeit der Regierenden anprangerte. Dafür wurde er mehrmals ins Gefängnis gesteckt oder musste ins Exil, doch Raspail kehrte zurück und wurde zum noch größeren Volkshelden. Indem er wissenschaftliche und politische Arbeit miteinander verknüpfte, wurde Raspail weltberühmt und zu einer führenden Persönlichkeit des französischen Kulturlebens. Viele Jahre später, als er ein berühmter Abgeordneter in der französischen Deputiertenkammer war, sollte Raspail seinen norwegischen Jugendfreund Abel als Beispiel dafür anführen, wie die Akademie alte Wissenschaftler favorisierte, die einen Haufen Geld verdienten, während die Jungen ausgeschlossen wurden: Für die Selbstgefälligkeit der Alten mussten die Jungen leiden. Dies war gewissermaßen auch Abels Schicksal in Paris. Bei seiner mathematischen Arbeit erhielt er keinerlei Ermunterung, ganz im Gegenteil.

Seit seiner Ankunft in Paris arbeitete er an dem, was einmal seine große Pariser Abhandlung werden sollte. Am 24. Oktober schrieb er an Holmboe:

> Eine große Abhandlung über eine gewisse Classe transzendenter Functionen habe ich ausgearbeitet, um sie dem Institut zu präsentieren. Ich tue dies am Montag. Cauchy habe ich sie gezeigt, aber er wollte kaum einen Blick darauf werfen. Und ich wage ohne Übertreibung zu sagen, dass sie gut ist. Ich bin neugierig, das Urteil des Instituts zu hören. Du wirst rechtzeitig davon erfahren.

Am Montag, den 30. Oktober, erschien Abel zur Versammlung des Instituts. Fourier, der Sekretär der Akademie, las die Einleitung der Arbeit vor, die zur Veröffentlichung vorgesehen war. *Mémoire sur une propriété générale d'une classe très étendue des fonctions transcendantes.* Die Abhandlung war unterzeichnet mit „N.H. Abel. Norvégien."

Für Abel wurde der restliche Aufenthalt in Paris zur Wartezeit, er hoffte, dass die von ihm eingereichte Arbeit ein Echo finden und ihm Mut für die Zukunft machen würde. Was hätte es nicht alles bedeutet, wenn er heim nach Norwegen gekommen wäre mit seiner *Mémoire*, die in Paris Anerkennung gefunden hätte? Doch Abel erhielt keinerlei Resonanz auf seine Arbeit, solange er lebte.

Die französische Akademie der Wissenschaften, eine Abteilung des Institut de France, bestellte die beiden führenden Mathematiker Cauchy und Legendre zu einem Komitee, das Abels Arbeit begutachten sollte, Cauchy sollte die Empfehlung des Komitees schreiben und vorlegen.

Abels Abhandlung war umfangreicher als alles, was er bisher geschrieben hatte und nimmt in seinen Gesammelten Werken 67 große Seiten ein. Die Ideen waren neu und generell und dürften Cauchy und Legendre gänzlich fremd erschienen sein. Dazu kam Abels Handschrift, die nicht immer leicht zu entziffern war. Legendre las also die Abhandlung zu diesem Zeitpunkt gar nicht, obwohl Abel in der Einleitung seiner Bewunderung für Legendres Arbeit über die elliptischen Integrale Ausdruck verliehen hatte. Somit landete Abels Manuskript bei Cauchy, der den Kopf und den Schreibtisch voll hatte mit eigenen, epochemachenden Projekten und es beiseite legte. Dazu kam, dass Cauchy trotz seiner souveränen Position in der Mathematik starke Gegner unter den anderen Mitgliedern des Instituts hatte und daher auf der Hut war. Cauchy soll fast manisch damit beschäftigt gewesen sein, die errungene Stellung zu halten und es gab Stimmen, die meinten, Cauchy leide an mathematischer Diarrhöe.

Abel, der von einer positiven Entscheidung des Instituts überzeugt war, wartete und war optimistisch, in einigen Wochen Bescheid zu bekommen. Am Ende seines Manuskripts stand seine Adresse: rue Ste. Marguerite no 41 faubourg St. Germain.

Kaum eine mathematische Abhandlung hat man später mit so vielen lobenden Worten und Superlativen bedacht wie diese Pariser Abhandlung von Abel. Das Additionstheorem, das er hier bewies und das später *das Abelsche Theorem* genannt wurde, stellt in vieler Hinsicht den Höhepunkt seiner mathematischen Entdeckungen dar. Die Erkenntnis und die Konsequenzen des Abelschen Theorems zu erklären, sind heute die wenigsten Mathematiker bereit, aber eines kann man sagen: Genau so wie das verschwundene Manuskript in Christiania von der Integration und von Differentialformen handelte, ging es auch in der Pariser Abhandlung um Integration. Schon früh in der Geschichte der Integralrechnung war man sich darüber im Klaren, dass viele *elementare* Funktionen nicht integriert werden konnten, das heißt, es war unmöglich, sie als Ableitungen von elementaren Funktionen darzustellen. Die elliptischen Integrale waren das wichtigste Beispiel dafür. Legendre hatte gezeigt, dass diese Integrale bei entsprechendem Wechsel der Variablen in eine Normalform gebracht werden konnten. Leonard Euler hatte herausgefunden, dass die Summe von zwei elliptischen Integralen derselben Form durch nur *ein* Integral ausgedrückt werden konnte, wobei sich die Grenze dieses einen Integrals aus den Grenzen der zwei ersten Integrale berechnen ließ. Abel verallgemeinerte Eulers Additionstheorem: Anstatt von einem elliptischen Integral auszugehen, also von einem Polynom dritten oder vierten Grades, ließ er den Ausgangspunkt so unermesslich allgemein werden, dass die von ihm erarbeiteten Ergebnisse ein kolossales Licht sowohl auf die Funktionen wie auf die Integralgrenzen warfen und tiefgehende Zusammenhänge und Perspektiven in der mathematischen Welt herstellten.

Doch jene Zusammenhänge und Verknüpfungen, die ihm vielleicht ein besseres *Leben* hätten sichern können, die sah er nicht. Nachdem er diese Arbeit über die Integralrechnung abgeliefert hatte, fiel es ihm zunehmend schwerer, sich auf größere Arbeiten zu konzentrieren. Und es sollte noch schlimmer kommen. Neben den Integrationsproblemen hatte sich Abel auch mit algebraischen Gleichungen beschäftigt, und es war nicht nur die Unlösbarkeit der Gleichung fünften Grades, die ihn interessierte. Im Brief an Holmboe vom 24. Oktober schrieb er:

Ich arbeite jetzt an der Gleichungstheorie, meinem Lieblingsthema, und bin endlich so weit gekommen, dass ich einen Ausweg sehe, um folgendes allgem. Problem zu lösen. Déterminer la forme de toutes les équation(s) algébriques qui peuvent être résolues algébriquement. Ich habe eine unendliche Menge des 5., 6., 7. etc. Grades gefunden, die man bis jetzt noch nicht aufgespürt hat. Zugleich habe ich die direkteste Auflösung von Gleichungen der 4 ersten Grade mit klarer Erkenntnis dessen, warum sich gerade diese lösen lassen und andere nicht.

Abel hatte sich die allgemeine Frage gestellt: Was qualifiziert zu einer Lösung? Und bei dem Versuch, genauso allgemein zu antworten, kommt Abel ganz nahe an die Ergebnisse heran, mit denen der junge französische Mathematiker Évariste Galois einige Jahre später die Gleichungstheorie revolutionieren sollte. Im Brief an Holmboe fährt Abel fort:

Weiterhin befasse ich mich mit den imaginären Größen, wo es viel zu tun gibt; die Integralrechnung und insbesondere die Theorie der unendlichen Reihen stehen auf äußerst wackeligen Beinen. Etwas Ordentliches rauszukriegen kann ich erst erwarten, wenn ich meine Auslandsreise beendet habe und zu Hause zur Ruhe komme, wenn dies möglich ist. Ich bereue es, das Stipendium für zwei Jahre beantragt zu haben, eineinhalb hätten ohne weiteres genügt.

Schon bevor Abel am 30. Oktober die Pariser Abhandlung ablieferte, hatte er also seinen Auslandsaufenthalt gründlich satt und meinte überdies, sich über alles „Wichtige und Unwichtige, das in der reinen Mathematik existiert" informiert zu haben. Er sehnte sich nach Hause und er sehnte sich danach, in Ruhe und Frieden seine Ideen weiterentwickeln zu können. Aber kaum hatte er so weit vorausgedacht, überkam ihn die Sorge, dass er ja keine feste Stelle hatte, wenn er heimkam. Wenn er doch nur in „Keilhaus Haut im Hinblick auf das Lektorat stecken würde", so schrieb er. Abel hatte wohl das Gefühl, dass in Paris alle Möglichkeiten ausgeschöpft waren und es für ihn dort nichts mehr zu tun gab. Doch warum besuchte er nicht beispielsweise Cauchys Vorlesungen, um dort für sich und seine Arbeit Interesse zu wecken? Warum hatte er nicht die „nötige Portion Unverschämtheit, sich zu produzieren", was ihm in Deutschland und Österreich nicht schwer gefallen war? Dazu schrieb Abel an Holmboe:

Ansonsten liegt mir der Franzose nicht so wie der Deutsche. Der Franzose ist gegenüber Fremden ungeheuer zurückhaltend. Es ist sehr schwierig, eine nähere Bekanntschaft mit ihm zu machen. Und ich wage nicht, auf eine solche zu rechnen. Jeder arbeitet für sich, ohne sich um die andern zu kümmern. Alle wollen belehren, keiner will lernen. Überall herrscht der krasseste Egoismus. Das Einzige, was der Franzose bei dem Fremden sucht, ist das Practische. Nichts kann gedacht werden ohne ihn. Er ist der Einzige, der etwas Theoretisches hervorbringen kann. So sind seine Gedanken und Du wirst leicht verstehen können, dass es schwierig ist, Aufmerksamkeit zu bekommen, besonders als Anfänger.

Abel meinte auch, dass sich die Mathematik in Frankreich rückläufig entwickle und vermutete als Grund die verbissenen Auseinandersetzungen zwischen Kirche und Staat. Eine besondere Schuld trügen die Jesuiten, die Abel ein „Satanspack" nannte und in dieser Sichtweise mit dem norwegischen Grundgesetz übereinstimmte.

Immerhin blieb Abel der Preuße Dirichlet, der ihm sicher von seinem Beschützer und Helfer erzählt hatte, dem deutschen Naturforscher und Entdeckungsreisenden Alexander von Humboldt. Dieser hatte Dirichlet bereits eine Stelle zu Hause in Preußen zugesagt, denn sein Bruder Wilhelm von Humboldt bekleidete sowohl an der Berliner Universität wie im Ministerium wichtige Posten. Als Initiator und Vermittler wissenschaftlicher Zusammenarbeit spielte Alexander von Humboldt damals eine immer wichtigere Rolle.

Ein Wort von Humboldt hätte auch Abels Schicksal verändern können. Doch Abel traf ihn nie in Paris und das lag an seiner Unschlüssigkeit wie auch an unglücklichen äußeren Umständen. Als Abel in Berlin war, wurde über Humboldt geredet, der in Paris wohnte. Von Professor Dirksen war Abel sogar ein Empfehlungsschreiben an Humboldt versprochen worden. Doch weil Dirksen zufällig nicht in der Stadt war, als Abel Berlin verließ, erhielt dieser jenes Schreiben nie und ohne ein solches wagte er es nicht, Humboldt gleich nach seiner Ankunft in Paris aufzusuchen. Als Abel dann endlich über Dirichlet Humboldt hätte kennen lernen können, war dieser gerade aus Paris abgereist. Er verließ Paris im September und auf seinem nach Berlin sah er auch bei Gauß in Göttingen vorbei. Auch ein Wink von Gauß hätte bewirken können, dass die Welt ihre Augen auf Abel richtete. In Berlin bemühte sich Crelle stetig darum, die finanziellen Voraussetzungen zu schaffen, damit Abel die Redaktion des *Journals* übernehmen konnte. Auch ihm war klar, wie wichtig es für Abel wäre, Humboldt kennen zu lernen, und er schrieb am 24. November an Abel, er habe jetzt in Berlin mit Humboldt gesprochen und dabei auch Abels Namen deutlich genannt. Crelle schlug Abel vor, Humboldt sogleich aufzusuchen, wenn dieser irgendwann vor Weihnachten wieder in Paris sei. Sollte ein Empfehlungsschreiben erforderlich sein, würde er, Crelle, ein solches beschaffen. Der Grund, weshalb Crelle seinem Brief nicht gleich ein solches Empfehlungsschreiben beilegte, lag sicher darin, dass er Humboldt noch nicht so gut kannte, denn dieser hatte sich in den vergangenen 18 Jahren in Paris aufgehalten, um seine große Reisebeschreibung über den amerikanischen Kontinent auszuarbeiten. Erst im Jahr darauf, also 1827, wurden Crelle und Humboldt Freunde und arbeiteten zusammen beim Aufbau einer Hochschule in Berlin und dabei kamen sie auch darin überein, dass Abel dort Mathematikprofessor werden sollte.

Abel hat nie um ein Empfehlungsschreiben gebeten, und als Humboldt am 21. Dezember 1826 nach Paris zurückkehrte, schien Abel jeden Glauben daran verloren zu haben, es könne ihm in „der lautesten Stadt auf dem Kontinent" etwas Gutes widerfahren.

„Der Franzose ist gegenüber Fremden ungeheuer zurückhaltend", so hatte Abel geschrieben, und diese Haltung muss auf ihn abgefärbt haben. Einer der jungen französischen Mathematiker, die Abel in diesem Herbst in Paris traf, meinte viele Jahre später, eines der größten Unglücke in seinem Leben sei gewesen, Abel zwar getroffen, nicht jedoch seine Bekanntschaft gemacht zu haben. Es war Joseph Liouville. 1826 war Liouville erst 17 Jahre alt, zehn Jahre später gründete er das *Journal des mathématiques*, die einzige mathematische Zeitschrift, die fachlich mit *Crelles Journal* in Berlin konkurrieren konnte. Einer seiner großen Beweise war, dass die elliptischen Integrale, die Legendre in dem Bestreben, geeignete Stammfunktionen für sie zu finden, in eine

Normalform gebracht hatte, unmöglich durch elementare Funktionen ausgedrückt werden *konnten*.

Am meisten jedoch wird man bedauern müssen, dass Abel in jenem Herbst in Paris nicht die Bekanntschaft des jungen Évariste Galois gemacht hatte. Galois wurde im Herbst 1826 fünfzehn Jahre alt, er litt sehr unter einer streng religiösen Schulleitung und soll die Mathematikbücher von Lagrange und Legendre verschlungen haben wie seine Klassenkameraden Romane. Er hatte die algebraische Analyse für sich entdeckt, studierte auf eigene Faust Gleichungstheorie und glaubte, genau wie Abel einige Jahre davor, die Gleichung fünften Grades gelöst zu haben. Was hätte Abel ihm nicht alles zeigen können, wenn sie sich getroffen hätten! Galois sollte nur noch sechs Jahre leben. Die Schule war ihm einfach gleichgültig, seine Mutter meinte, ihr Sohn verändere seinen Charakter und aus dem ernsthaften, offenen und herzlichen Jungen werde ein verschlossener Sonderling. Die Schulleitung warf ihm vor, er spiele sich künstlich auf als originell und ambitiös, man hielt ihn für exzentrisch und suspekt, er verspotte seine Mitschüler und sei in jeder Hinsicht ein Außenseiter. Doch leider gab es für den jungen Galois nur die Schule oder die Straße. Er hatte noch keinen Kontakte zu den wissenschaftlichen Soirees in der Stadt und Galois und Abel begegneten einander nicht, weder in einem gleichermaßen elenden Leben noch in glänzenden mathematischen Zukunftsperspektiven. Das Schicksal von Galois war in vielerlei Hinsicht noch tragischer als das von Abel. Als Galois 1827 zum ersten Mal versuchte, an der École polytechnique aufgenommen zu werden, der großen Heimat der Mathematik, wurde er wegen lückenhaftem Allgemeinwissen abgewiesen. Ein Jahr später endete die Aufnahmeprüfung angeblich damit, dass Galois dem Prüfer den Tafellappen ins Gesicht warf, vermutlich nach einer Diskussion, bei der Galois Recht hatte. Der Überlieferung zufolge, weigerte sich Galois, auf elementare Fragen über Logarithmen zu antworten, weil ihm dies lächerlich vorkam, auch soll es ihm schwer gefallen sein, sich mündlich und an der Tafel auszudrücken, da er es gewohnt war, fast ausschließlich im Kopf zu arbeiten. Inzwischen hatte Galois seine erste Abhandlung in den *Annales de Gergonne* veröffentlicht und bei Cauchy eine Abhandlung über algebraische Gleichungen abgeliefert, welcher versprach, sie im Institut vorzulegen. Doch Cauchy legte sie nur beiseite und als Galois ihn aufsuchte, um sein Manuskript zurückzubekommen, war es verschwunden. Galois fühlte sich missverstanden und verfolgt, alles wurde nur noch schlimmer, als sein Vater, Bürgermeister in Bourg-la-Reine vor Paris, boshaften und verlogenen Gerüchten ausgesetzt war, die der Pfarrer des Ortes in Umlauf gebracht hatte. Vater Galois wurde von Verfolgungswahn ergriffen und erstickte sich mit Kohlenoxyd. Als man seinen Vater auf dem Friedhof ins Grab senkte, musste der junge Galois mit ansehen, wie es zu den wildesten Tumulten kam und die Bevölkerung in Bourg-la-Reine

die Partei ihres verstorbenen Bürgermeisters ergriff und den Pfarrer mit
Steinen bewarf. Der junge Galois schrieb eine neue Abhandlung über Gleichungstheorie und gab sie Fourier, der, in seiner Eigenschaft als Sekretär der
Akademie, versprach, sie zu lesen. Dies war im Januar 1830 und im Mai
desselben Jahres starb Fourier und wieder verschwand Galois Manuskript.
Dann kam die Juli-Revolution und Galois, der ein glühender Republikaner
war, wäre gerne auf die Barrikaden gegangen, unternahm aber nichts, bis
Louis-Philippe zum König gewählt wurde. Poisson riet nun Galois, die verschwundene Abhandlung noch einmal zu schreiben, was Galois denn auch tat.
Vier Monate später erhielt er den Bescheid, dass die Arbeit weitgehend unverständlich sei. Auf einem großen Fest im Mai 1831 wurde die Freilassung
von 19 republikanischen Offizieren gefeiert. Die Revolution des Vorjahres
wurde ausgepfiffen und unter stürmischem Applaus brachte man Toasts aus
auf die Revolutionen von 1789 und 1793, auf Robespierre und die anderen
Helden der Revolution. Und am Ende des Tisches stand auch Galois auf, hob
sein Glas und sagte nur: „Auf Louis-Philippe!" Zuerst wurde gepfiffen, doch
dann entdeckten immer mehr Anwesende, dass Galois nicht nur das Glas
hochhielt, sondern auch ein kleines Messer, das er elegant an dessen Rand
legte. Da wurde noch lauter gebrüllt und gejubelt, einige jedoch, unter ihnen
der Schriftsteller Alexandre Dumas, sprangen aus dem Fenster, um sich nicht
zu kompromittieren. Der Toast von Galois wurde angezeigt, man sah darin
einen Aufruf zu einem Attentat auf den König. Galois wurde verhaftet, wegen
seiner Jugend aber wieder freigelassen. Nach erneuten Demonstrationen gegen den König landete er dann doch im Gefängnis von St. Pélague, wo er unter
anderem Raspail traf, der 15 Monate verbüßte, weil er sich geweigert hatte, in
der Nationalgarde Dienst zu tun, und wegen Gewalt gegen das Recht. Zum
Jahreswechsel 1831–32 kam die skandalöse Behandlung Abels durch das Institut ans Licht der Öffentlichkeit und die Suche nach seiner Pariser Abhandlung
setzte ein. Aus dem Gefängnis meldete sich auch Galois zu Wort und schrieb:
„Aber ich muss erzählen, wie die Manuskripte so oft in den Schubladen der
Mitglieder des Instituts auf Abwege kommen, obwohl es in Wahrheit unverständlich ist, dass so etwas immer noch geschieht unter Männern, die bereits
Abels Tod auf dem Gewissen haben. Es ist nicht meine Absicht, mich mit dem
berühmten Mathematiker zu vergleichen, daher genügt es zu erzählen, dass
meine Abhandlung über algebraische Gleichungen in ihrer endgültigen Form
im Februar 1830 bei der Académie des Sciences eingereicht wurde, ein Auszug
davon war 1829 geschickt worden, und dass es mir unmöglich gewesen ist, das
Manuskript zurückzubekommen." Galois wurde zu sechs Monaten Haft verurteilt, Mitte März jedoch, als man im Gefängnis den Ausbruch der Cholera
befürchtete, in ein Genesungsheim geschickt. Dort verliebte er sich, vermutlich zum ersten Mal, in eine Frau, die er selbst einen Monat später als

„misérable cocotte" bezeichnete, derentwegen er sich aber dennoch zum Duell fordern ließ, und zwar von einem jener Offiziere, deren Freilassung er im Vorjahr gefeiert hatte. Galois wusste, dass er bei diesem Duell unterliegen würde. In einem hinterlassenen Brief „an alle Republikaner" bedauerte er, dass er nicht auf andere Weise „für sein Vaterland" sterben werde, und er schrieb: „Warum muss ich wegen einer solchen Bagatelle sterben, wegen so etwas Verächtlichem!" Galois wurde in dem Duell tödlich verwundet und starb am folgenden Tag, dem 31. Mai 1832. Doch am Tag und in der Nacht vor dem Duell hatte er ein wissenschaftliches Testament verfasst. Das Erste war die Gleichungstheorie, die Fourier nicht verstanden hatte, das Zweite war über elliptische Funktionen, womit er Abels Arbeit fortsetzte, und das Dritte war über jene Integrale, die später *die Abelschen Integrale* genannt wurden. Die gesamte Produktion von Galois umfasste weniger Seiten als Abels Pariser Abhandlung. Galois hatte das Problem gelöst, das jahrhundertelang die Mathematiker geplagt hatte: Unter welchen Voraussetzungen ist eine Gleichung auflösbar? Abel hatte seinen Beitrag geleistet mit dem Beweis zur Gleichung fünften Grades und mit anderen gleichungstheoretischen Arbeiten, die Galois studiert hatte. Galois lieferte eine vollständige Lösung des Problems, indem er eine Gruppentheorie entwickelte, die für die Entwicklung der Mathematik grundlegende Bedeutung erlangen sollte.

In dem Nachruf, den Saigey in der von ihm und Raspail neu gegründeten Zeitschrift veröffentlichte, nachdem im Mai 1829 die Nachricht von Abels Tod Paris erreicht hatte, erzählte Saigey unter anderem eine Episode aus Abels Leben. Als einmal jemand Abel die Verletzungen zeigte, die ihm bei einem Raubüberfall zugefügt worden waren und Abel aufforderte, gut auf sich und sein Eigentum zu achten, soll dieser lächelnd geantwortet haben: „Ich habe nichts von Räubern zu befürchten!"

Gewiss streifte Abel im November und Dezember 1826 viel allein durch die Straßen von Paris, auch *er* wurde in dieser großen Stadt von Frauen in Versuchung geführt, ob nun Kokotten oder nicht. Schon bevor die unglückliche Wartezeit begann, schrieb er:

Palais Royal, von den Parisern un lieu de perdition genannt, besuche ich auch manchmal. Des femmes de bonne volonté sieht man in großer Zahl. Sie sind überhaupt nicht aufdringlich. Das Einzige, was man hört, ist: Voulez vous monter avec moi mon petit ami; petit méchant. Ich natürlich als verlobt etc. höre nicht auf sie und verlasse Palais Royal sans la moindre tentation. Viele von ihnen sind sehr hübsch.

Ob die Versuchung größer wurde, als die herbstliche Kühle einsetzte, ist nicht bekannt. Seine Lust, still am Schreibtisch zu sitzen und zu arbeiten, war jedenfalls nicht überwältigend. Sicher dürfte Abel zu einigen Soirees gegangen sein und sich gefreut haben über jede Abhandlung, die bei Crelle in Berlin gedruckt wurde. Das vierte Heft von *Crelles Journal*, das unter anderem seinen „strengen Beweis für die Binominalformel in allen möglichen Fällen" enthielt, sollte im Dezember in Druck gehen. Doch was ihn am meisten beschäftigte, war zweifellos seine Einsamkeit. Die Melancholie, in die er so oft versank, wenn er allein war und die er in einem früheren Brief an Frau Hansteen angedeutet hatte, muss ihn in diesen zwei letzten Monaten in Paris gänzlich überwältigt haben.

Und er fühlte sich in schlechter Verfassung, hustete viel. Vielleicht traf er auf den wissenschaftlichen Soirees auf einen Mediziner, der ihn untersuchte, es scheint jedenfalls so zu sein, dass er an dem einen oder anderen Ort in Paris die Diagnose Tuberkulose zu hören bekam. Aber warum sollte er dem Glauben schenken? Wahrscheinlich wurde von Blutegeln geredet als einer praktischen Behandlung, Blutegel hatten zur Zeit Napoleons an Bedeutung gewonnen und die Methode fand immer noch ihre Anhänger. Raspail und andere junge Bekannte hätten womöglich andere Vorschläge zur Behandlung gemacht, wurden aber wahrscheinlich nicht gefragt. Denn Abel wollte nichts davon wissen, ernsthaft krank zu sein, er hustete und war erkältet, das war alles. Aber dass er arm war, darauf musste er Rücksicht nehmen: Die geringen Geldmittel, die ihm zur Verfügung standen, gingen nun nutzlos in Paris zur Neige, er wollte nach Deutschland und zurück zu seinen Freunden in Berlin. Boeck in München schuldete ihm eine kleine Summe und Holmboe hatte geschrieben, dass er ihm zusätzlich zu dem Geld, das er im Namen Keilhaus schicken werde, etwas leihen wolle. Abel glaubte, er könne mit diesen kleinen Summen bis zum Frühling durchhalten, jedoch sicher nicht bis zum Ende der Stipendienzeit im September 1827. Anfang Dezember schrieb Abel an Holmboe, dass er sicher noch finanzielle Hilfe benötigen werde, wenn er nach Berlin komme:

> Ich verlasse nämlich in kurzer Zeit Paris, wo für mich nichts mehr zu holen ist und fahre als Erstes nach Göttingen, um Gauß zu bloquieren, wenn er sich nicht allzu sehr hinter seiner Arroganz verschanzt. Und ich will mich jetzt lieber in Deutschland aufhalten, um etwas mehr Deutsch zu lernen, was für mich in Zukunft von größter Wichtigkeit sein wird. Auf Französisch kann ich mich so weit durchbringen, wie ich es brauche, um ein Memoire zu schreiben, aber das würde ich auch gerne auf Deutsch können.

Der Grund, warum Abel trotz seiner Zweifel, ob etwas in Göttingen zu holen war, noch an seinem Plan festhielt, Gauß zu besuchen, lag möglicherweise darin, dass das mathematische Problem, mit dem er sich gerade beschäftigte, etwas mit einer Entdeckung von Gauß zu tun hatte, die er in dessen legendären *Disquisitiones Arithmeticae* von 1801 fand. Es wurde erzählt, dass Dirichlet, Abels Freund in Paris, ständig ein Exemplar dieses großen Werkes bei sich hatte und es sich sogar unters Kopfkissen legte in der Hoffnung, im Laufe der Nacht aufzuwachen mit einem neuen Verständnis eines dunkeln oder schwierigen Punktes. Mit diesem Werk hatte Gauß die Zahlentheorie neben der Algebra, der Analysis und der Geometrie in den Rang einer mathematischen Disziplin erhoben, vieles war so kurz und bündig ausgedrückt, dass es nicht immer leicht zu verstehen war. Dirichlet sollte es später gelingen, die *Disquisitiones Arithmeticae* zugänglicher zu machen. Dirichlet wurde sogar der Freund von Gauß und beendete sein Leben als Professor in Göttingen. Gauß hatte das uralte Problem von der Teilung des Kreises in gleich große Teile gelöst, das heißt, er hatte eine verlässliche Antwort darauf gegeben, welche gleichseitigen Vielecke mit Hilfe von Zirkel und Lineal konstruierbar waren. In diesem Zusammenhang hatte Gauß auch eine versteckte Andeutung gemacht, dass sich etwas Ähnliches auch für die klassische Kurve, die man Lemniskate nennt, beweisen ließe. Die Lemniskate ist eine Kurve vierten Grades in Form einer Acht und wird in der analytischen Geometrie benutzt. Und sein Dezemberbrief an Holmboe war voller Enthusiasmus, als Abel schreiben konnte, was er entdeckt hatte über „die Teilung der Lemniskatenbogen" und über das „Mysterium" von Gauß:

> Du wirst sehen, wie schön es ist. Ich habe herausgefunden, dass man die Lemniskate mit Zirkel und Lineal in $2^n + 1$ Teile teilen kann, wenn diese Zahl eine Primzahl ist. Die Teilung hängt von einer Gleichung ab, deren Grad $(2^n + 1)^2 - 1$ ist.
>
> Aber ich habe deren vollständige Lösung mittels Quadratwurzel gefunden. Ich bin bei dieser Gelegenheit auf das Geheimnis gestoßen, das hinter Gauß' Theorie der Teilung des Kreises steckt. Ich sehe sonnenklar, wie er darauf gekommen ist. – Was ich hier über die Lemniskate sage, ist eine der Früchte aus meinen Bemühungen für die Theorie der Gleichungen. Du kannst Dir nicht vorstellen, wie viele herrliche Sätze ich darin gefunden habe ...

Abel tröstete sich mit den „herrlichen Sätzen." Kein Wort mehr über die Mädels am Palais Royal, auch suchte er nicht den großen Humboldt auf, als dieser nach dem 21. Dezember wieder in Paris weilte, obwohl Crelle geschrieben hatte: „Er (Humboldt) kann Ihnen nützlicher sein als vielleicht irgend ein Anderer." Möglicherweise verbrachte Abel den Weihnachtsabend bei Graf Löwenhielm, sicher aber wartete er auf eine Reaktion von Cauchy und Legendre bezüglich seiner am Institut abgelieferten Arbeit. „Aber diese langsamen

Herren werden nie fertig.... und dann kam die Berliner Reise über mich wie der Weihnachtsabend über das Weib."

Am 28. Dezember erhielt Abel einen langen Brief von Keilhau, der schrieb, dass er sich in Christiania nicht zurechtgefunden habe und sich wieder ins Ausland sehne. „Sonderbar genug", war Abels Kommentar, der Keilhaus Beteuerungen, dass es ihm, Abel, sehr viel besser gehen werde, sobald er nach Hause komme, nicht so recht glauben wollte. Am 29. Dezember 1826 nahm Abel Abschied von der Stadt, die der „Focus aller meiner mathematischen Wünsche" hätte sein sollen.

43.

Die Heimreise über Berlin und Kopenhagen.

Mit der Diligence reiste ich von Paris über Valenciennes nach Brüssel. Ich war auf diesem Wege allein mit einer Tänzerin, nicht von der großen Oper, sondern von einem der kleineren Theater. Eine gefährliche Nachbarschaft in der Nacht. Sie schlief in meinen Armen, versteht sich, aber das war alles. Ansonsten führte ich sehr erbauliche Gespräche mit ihr über die vergänglichen Dinge der Welt.

Dies schrieb Abel an seinen Freund Boeck in München, und er fuhr fort:

In Brüssel, welches ein sehr schöner Ort ist, verweilte ich eine Nacht und einen Tag und lief die ganze Zeit in der Stadt umher. Darauf fuhr ich dann wie vorher mit der Diligence über Lüttich nach Aachen. Hatte die Gesellschaft eines aufgeputzten Kerls aus Francfurt am Main. Bis Lüttich spricht die ganze Welt Französisch.

Er kam nach Aachen und fühlte sich unter den Deutschsprechenden sofort heimischer, und als er nach Köln kam, ging er ins Theater, fand aber nicht, dass man besonders gut spielte. Ansonsten schrieb er über Köln:

Cöln am Rhein; eine ungeheuer alte und hässliche Stadt mit vielen Huren. Blieb dort einen Tag und zwei Nächte und fuhr dann mit der Post über Elberfeld und Arnsberg nach Cassel. Diese Gegend soll außerordentlich hübsch sein, doch die Nacht und der Winter verhinderten, dass ich es bemerkte. Zwischen Elberfeld und Arnsberg hatten wir das Unglück, dass unser Wagen einen Jungen von 7 oder 8 Jahren überfuhr. Er war auf der Stelle tot. Der Wagen war ihm über den Bauch gerollt. Man setzte die Fahrt ohne anzuhalten fort.

Warum anhalten, warum jammern über ein Unglück, das unwiderruflich geschehen ist? Dies ist wie ein Echo seiner eigenen traurigen Erfahrungen in der letzten Zeit, Hoffnung und Erwartungen waren zunichte und trotzdem musste alles weitergehen.

Abel fuhr im Wagen weiter, er kam nach Kassel, doch näher an Göttingen sollte er nie herankommen. Einen Besuch bei Gauß scheint er nicht mehr erwogen zu haben. Später äußerte er sich dahingehend, dass ihm für einen Abstecher nach Göttingen das Geld nicht mehr gereicht habe, dass er sich an den direkten Weg halten musste und dass er nur noch über 14 *Taler* verfügte (1 preussischer Taler = 1 Berliner Taler = 2/3 Speziestaler). Im Brief an Boeck schrieb er nur:

In Cassel, welches eine sehr schöne Stadt ist, blieb ich über Nacht und war in der Comödie. Das Theater ist sehr schön und sie spielten gut. Auch in Cöln war ich im Theater, aber es war schlecht. Von Cassel nahm ich die Extrapost nach Magdeburg, gemeinsam mit einem Kaufmann, der nach Berlin und Königsberg wollte. Wir kamen über den Hartz. Dort muss es sehr schön sein im Sommer. Von Qvedlinburg nach Magdeburg war die schändlichste Straße, die ich je gefahren bin. Wir waren zu zweit im Wagen und obwohl wir vier Pferde hatten vorspannen lassen, kamen wir nur mit Müh und Not vorwärts. In Magdeburg blieb ich über Nacht, um dann mit einem Lohnkutscher nach Berlin zu fahren. Die Straße ist vortrefflich, aber die Gesellschaft war abscheulich, ein Schuster, ein Handschuhmacher und ein ausgedienter Soldat. Unablässig tranken sie Branntwein. Ich langweilte mich und niemand war glücklicher, als ich nach einer Fahrt von zwei Tagen durch das Potsdamer Thor nach Berlin hineinfuhr. [...] Eine Viertelstunde nach meiner Ankunft in der Stadt saß ich im Königstädter und freute mich, bekannte Gesichter zu sehen und bekannte Stimmen zu hören.

So schrieb Abel am 15. Januar 1827, fünf Tage nachdem er offenbar freude-strahlend in Berlin angekommen war. Er wohnte in der Französischen Straße Nr. 39, „dicht am Gens d'armen Markt" und Maschmann, der nach wie vor in der Stadt Pharmazie studierte und inzwischen bestens Deutsch sprach, machte Abel mit den neuen norwegischen Freunden in der preußischen Hauptstadt bekannt. Da war zuerst ein Kaufmann, Hans Backer aus Holmestrand, der von seinem Überschuss Abel 50 *Taler* lieh. Dann gab es einen Apotheker aus Bergen, Georg Herman Monrad, der sich mit seiner Frau und seiner Mutter in Berlin aufhielt, weil die Mutter hoffte, hier ihre Augenkrankheit heilen zu können. Monrad war neun Jahre älter als Abel, er war an Naturwissenschaften interessiert und kannte sicher Abels Ruf als Mathematiker. Abel und Maschmann verbrachten nun viel Zeit mit den Monrads und spielten wahr-scheinlich an mehreren Abenden in der Woche zusammen Karten. Abel gewann meistens und kassierte dann die kleinen Gewinne ein. Dazu meinte er: „Ich bemogle sie, was ich auch nötig habe und was nur billig ist."

Ansonsten war Abel schon in den ersten Tagen in Berlin im Schauspielhaus und natürlich bei Crelle. Dort traf man sich wie üblich jeden Montag. Crelle arbeitete nach wie vor darauf hin, dem *Journal* eine bessere ökonomische Grundlage zu geben, unter anderem, indem er das Unterrichts- und das Kriegsministerium dazu brachte, Exemplare für höhere Schulen und Bibliotheken zu abonnieren. Und er ließ nichts unversucht, um Abel dazu zu bewegen, in Berlin zu bleiben. In seinem Brief an Boeck schrieb Abel, indem er sich auf den Brief von Keilhau bezog, den er an seinem letzten Tag in Paris erhalten hatte:

Ich glaube doch, dass das Ausland am besten ist. Wenn wir heimkommen, ergeht es uns sicher so wie Keilhau. Er prophezeit Dir viel Ärger, wenn Du heimkommst. Meine Stellung würde bestens, sagt er, öffentlich vielleicht, aber unter uns gesagt, privat sehe ich vielen Abscheulichkeiten entgegen. Mir graut wirklich vor der Zukunft. Ich hätte gute Lust, für immer hier in Deutschland zu bleiben, was mir ohne Schwierigkeiten möglich wäre. Crelle hat mich schrecklich bombardiert, doch hier zu bleiben. Er ist ein bisschen vor den Kopf gestoßen, weil ich nein sage. Er versteht nicht, was ich in Norwegen will, das ihm wie ein zweites Sibirien erscheint.

Keilhaus Prophezeihungen sollten sich als völlig falsch erweisen: Boeck wurde im nächsten Frühjahr zum Dozenten an der geplanten Veterinärschule in Christiania ernannt, Abel ging leer aus. Crelles Bemühungen, Abel eine feste Stelle in Berlin zu verschaffen, kamen Schritt für Schritt voran.

Seinen Brief vom 15. Januar 1827 an Boeck schloss Abel mit der Hoffnung auf eine baldige Antwort und vor allem auf das *Geld*, das er so dringend brauchte. Ansonsten scheint Abel in diesen ersten Wochen in Berlin versucht zu haben, alle seine alten Kontakte zu pflegen. Er wollte an seine Braut in Aalborg schreiben, außerdem an Hansteen, an Keilhau, an Møller und an Holmboe, vielleicht auch an Skjelderup und an seine eigene Familie in Gjerstad. In dem Brief an Holmboe vom 20. Januar bat er diesen inständig darum, ihm das versprochene Geld zu schicken. „Weil ich verdammt in der Klemme sitze, wünsche ich mir natürlich so viel, als Dir möglich ist und so bald wie möglich. ... Sei nicht böse, weil ich Dich so sehr belästige, aber war soll ich armer Teufel tun?"

Doch erst am 25. Februar traf das Geld aus Christiania ein, 293 Mark, Hamburger-Banco (= Silberwert der Speziestaler). Am Tag darauf schrieb Abel wieder an Boeck und bat ihn, „das wenige Geld, das ich von Dir noch bekomme", zu schicken. Auch seinem Freund in München berichtete er, dass er einen sechs Seiten langen Brief von Frau Hansteen und dem Professor erhalten habe. Der Brief war am 25. Januar in Christiania abgegangen, an Abels Adresse in Paris, „aber da stand nicht viel Neues. Das meiste war zwischen der Frau und mir." Abel erzählte dann doch, dass Frau Hansteen einen Sohn bekommen hatte, Viggo, dass Hansteen Mitglied in zwei gelehrten Gesellschaften geworden war, in Kopenhagen und in Edinburgh, dass im *Magazinet* ein heftiger Streit zwischen Sommerfeldt und Rathke ausgetragen wurde und dass Hansteen hoffte, Rathke würde „mit gestutzten Ohren" daraus hervorgehen. Ansonsten war Hansteen in Christiania gänzlich mit der Planung seiner Sibirienreise beschäftigt und er war enttäuscht über die norwegische Regierung, die das Geld für die Reise nicht gleich bereitgestellt hatte. Deshalb habe er an den Staatssekretär des Königs schreiben müssen sowie an Berzelius an der Wissenschaftsakademie von Stockholm, um eine königliche Resolution auf Bewilligung zu erwirken.

Aus Berlin konnte Abel noch melden, dass es fürchterlich kalt sei und viel Schnee liege, dass er krank gewesen sei und einige Tag im Bett gelegen, sich aber wieder erholt habe. „Jetzt bin ich wieder der Alte", Berlin, 26. Februar 1827. „Im Mai reise ich also der Not gehorchend und ohne Widerwillen hier ab. Hansteen meint, ich werde bei meiner Heimkehr eine Anstellung an der Universität bekommen. Es war jedoch auch die Rede davon, mich ein Jahr lang an einer Schule grausam zu foltern. Verlangt man Letzteres, werde ich mich auf die Hinterbeine stellen."

Doch was war mit Frau Levy und ihrem gastfreundlichen Haus in Berlin? Sicher führte sie nach wie vor ihren Salon in der Cantianstraße und wahrscheinlich wird Abel diesen aufgesucht haben, auch wenn er sich hierzu nicht äußert. Es wäre nicht gut gewesen, wenn sich das Gerücht verbreitet hätte, er habe Zuflucht gesucht bei wohlhabenden Juden in Berlin. Abel war abgebrannt und bettelarm. Als er sich am 4. Mai bei Holmboe für das Geld bedankte, schrieb er:

Sei vielmals bedankt für Deine Freundlichkeit. Du hast mir damit eine bedeutende Wohltat erwiesen, denn ich bin ärmer als eine Kirchenmaus. Nun werde ich davon hier so lange leben, wie ich kann, bevor ich dann weggehe und nach Norden reise. Ein Weile bleibe ich in Kopenhagen, wohin auch meine Braut kommt, und dann nach Hause, wo ich so blank sein werde, dass mir nichts anderes übrig bleibt, als mich mit der Bettelschale an die Kirchentür zu setzen. Aber ich lasse mich nicht unterkriegen, denn ich bin Elend und Jammer nun wahrlich gewohnt. Das wird schon gut gehen.

Er hoffte, dass Holmboe seine Abhandlungen im *Journal* gesehen hatte, und die klare Zielsetzung bei seiner Arbeit formulierte er so: „Ich habe versucht, so streng zu sein, dass keine grundlegenden Einwände möglich sind."

Während seiner Zeit in Berlin erledigte Abel kleine Arbeiten für Saigey und dessen Sektion in *Ferrusacs Bulletin* in Paris, Holmboe gegenüber erwähnte er auch seine Beschäftigung mit der Lemniskate und „bei der Theorie der Gleichungen habe ich mir vorgenommen, das folgende Problem, das alle anderen enthält, zu lösen: Alle möglichen Gleichungen von einem bestimmten Grad finden, die sich algebraisch auflösen lassen: Bei dieser Gelegenheit bin ich auf viele wunderbare Sätze gekommen."

Vor allem aber hatte er einen Teil jener Abhandlung abgeschlossen, die seine größte werden sollte, *Recherches sur les fonctions elliptiques*, mehr als 120 Seiten, die aufs Neue „Maghellanstraßen" in einen großen Ozean der Funktionen erschlossen. Es war unter anderem diese Arbeit, für die er einen Verleger zu finden gehofft hatte. Doch nun machte er daraus einige längere Abhandlungen, die im September 1827 und im Mai 1828 in zwei Heften von *Crelles Journal* erschienen. Im März 1827 schrieb Abel aus Berlin:

> Aber das Allerschönste habe (ich) in der *Théorie des fonctions transcendantes en général et celle des fonctions elliptiques en particulier.* Aber das muss ich aufheben, bis ich nach Hause komme, dann führe ich es Dir vor. Im Ganzen habe ich eine erkleckliche Menge an Entdeckungen gemacht. Wenn ich sie bloß schon geordnet und zusammengeschrieben hätte, denn die meisten sind nicht weiter als bis in den Kopf gekommen. Doch daran ist nicht zu denken, bevor ich wieder anständig zu Hause bin. Dann werde ich mich ins Zeug legen wie ein Kutschpferd, aber natürlich voller Vergnügen.

Über seinen Alltag und die Zeit, die kommen würde, äußerte er folgendes: „Ich führe ein ziemlich langweiliges Leben, denn es gibt darin keine Abwechslung. Studieren, essen und schlafen, und sonst nichts Großes."

> Ich sehne mich danach, heimzukommen, weil es mir nicht mehr viel nützt, hier zu sein. Wenn man daheim ist, macht man sich verdammt andere Begriffe über das Ausland, als man sollte. Sie sind nicht von der besten Art. Im Großen und Ganzen ist die Welt recht flau, aber ziemlich aufrichtig und ehrlich. Nirgends kommt man leichter vorwärts als in Deutschland und Frankreich, bei uns ist es 10 Mal schwerer.

Anfang März schrieb Abel auch einen Brief an Frau Hansteen, dessen erster Teil verloren gegangen ist, aber vermutlich nicht viel mehr enthalten haben

dürfte als die üblichen Dankesbezeugungen für den lang ersehnten Brief, den
sie über Paris geschickt hatte. Abel freute sich unverhohlen, sie wiederzusehen
und

> habe das sichere Gefühl, dass ich Sie oft besuchen werde. Das wird wahrhaft
> einer meiner höchsten Genüsse sein. Guter Gott, so viele Male wollte ich
> Sie besuchen und habe mich nicht getraut. So viele Male habe ich an Ihrer
> Tür gestanden und bin wieder umgekehrt aus Furcht, Ihnen lästig zu fallen.
> Das nämlich erschien mir das Schlimmste, das mir widerfahren könnte,
> dass ich Sie allzu sehr langweilen würde. Wohl denn, dass ich mir gewiss
> sein kann, dass dem nicht so ist. Ich bin jetzt hier in Berlin und froh
> darüber, denn der Franzose behagt mir nicht. Es sind eher kalte, prosaische
> Menschen. Alle möglichen Dinge behandeln sie auf dieselbe Weise. Mit der
> gleichen Wichtigkeit oder Unwichtigkeit reden sie über die ernstesten wie
> über die nebensächlichsten Gegenstände. Keine Vertraulichkeit unter ih-
> nen. Ein Franzose ist mit allen Menschen fast gleich gut bekannt. Unge-
> heure Egoisten. Wenn sie hören, dass das Ausland etwas besitzt, was sie
> haben oder nicht haben, dann wundern sie sich und sagen Diable und so
> wundern sie sich über alles. Und nun zum geliebten weiblichen Geschlecht.
> Sie sind so nett, so einschmeichelnd und kleiden sich so schön, aber Voila
> tout. Von der Bescheidenheit und Schüchternheit, was die Männer so gerne
> am Frauenzimmer sehen, fehlt ihnen wahrlich eine Menge. Die Franzosen
> sagen es selbst. Sie sagen: Les étrangères sont plus modestes que les
> françaises. Dagegen sind die Deutschen sicherlich vorzuziehen.

Abel dachte an die beiden Schwestern von Frau Hansteen, Frau Frederichsen
und Charité, und er schrieb:

> Sie müssen wissen, dass ich beiden so herzlich zugetan bin. Ich freue mich
> innig auf das Vergnügen, sie wieder zu sehen, wenn ich nach Kopenhagen
> komme, was wohl nicht mehr so schrecklich lange dauern wird. Meine
> Braut, die jetzt in Aalborg ist, kommt auch dorthin. In Kopenhagen habe
> ich stets am angenehmsten gelebt.

Er bat Frau Hansteen, seine Schwester Elisabeth „auf das Herzlichste" zu
grüßen und nach dem Satz „Ich denke immer an sie", sind einige Wörter
durchgestrichen und unleserlich gemacht. Abel schloss diesen letzten Brief
von seiner Auslandsreise: „Nun adieu, meine allerliebste mütterliche Ermah-
nerin und bewahren Sie ein winzig kleines Plätzchen im Herzen für Ihren
Abel."

Ende April oder Anfang Mai verließ Abel Berlin und nahm den schnellsten und billigsten Weg nach Kopenhagen. Ob der Aufenthalt in Kopenhagen tatsächlich „am angenehmsten" war, darüber gibt es keine gesicherten Aussagen. In der Familie der Hansteens erzählte man sich, dass Abel augenscheinlich eine größere Freude am Wiedersehen mit Charité empfunden habe als mit seiner Braut Christine, und dass es fast zu einem Bruch der Verlobung gekommen wäre. Sicher ist, dass Abel das Portrait, das Gørbitz in Paris von ihm gemalt hatte, in der Obhut von Charité und Frau Frederichsen ließ, doch dies könnte seinen Grund auch darin haben, dass das Portrait das Einzige war, womit er ihnen seine Dankbarkeit für die erwiesene Gastfreundschaft erweisen konnte. Die Bande zwischen Abel und Christine scheinen sich jedenfalls nach den Wochen in Kopenhagen wieder gefestigt zu haben, obwohl eine Eheschließung weiterhin in ferner Zukunft lag.

Wie bei früheren Aufenthalten in Kopenhagen wohnte Abel bei Tante und Onkel Tuxen auf Dokken in Christianshavn. Christine wohnte vermutlich bei ihrer Mutter in der Prinsengade in Christianshavn. Und nun stellte sich heraus, dass Onkel Peder Mandrup Tuxen über seinen Bruder Ole Tuxen, der die Löwenapotheke in Arendal führte, den Besitzer der Eisenhütte Froland kannte, einen Sivert Smith, welcher angeblich nach einer Gouvernante suchte. Der Plan, Christine Kemp diese Anstellung zu verschaffen, wurde ganz sicher in diesen Wochen in Kopenhagen geschmiedet. Und somit konnte Abel mit einer gewissen inneren Ausgeglichenheit die letzte Etappe seiner Heimreise antreten.

Auch die Familie Tuxen wollte bald nach Norwegen, Onkel Tuxen war vom 20. Mai an für sechs Wochen beurlaubt worden, vielleicht erwog man, zusammen mit Abel zu reisen. Die Fahrt nach Norwegen war ja nun viel einfacher geworden, seit man am 1. April das Dampfschiff „Prinds Carl" als regelmäßiges Verkehrsmittel zwischen Kopenhagen und Christiania eingesetzt hatte. Als Anschlussverbindung verkehrte vom Kriegshafen Fredriksvern das Dampfschiff „Constitutionen" an der Küste entlang nach Christiansand. Diese Schiffe hatte Finanzminister Jonas Collett, Boecks Onkel und künftiger Schwiegervater, unter Vertrag genommen, noch bevor man sie getauft hatte und ohne die Zustimmung des Storting. Nun bereitete das Parlament eine verfassungsgerichtliche Klage gegen Collett vor, während das ganze Volk jubelte und sich über das wunderbare neue Fortbewegungsmittel freute. Auch Abel fühlte sich erleichtert und froh, als er am 18. Mai Kopenhagen verließ, zweifellos war er vom Fortschritt begeistert, als er an Bord der „Prinds Carl" an Göteborg und Marstrand vorbeifuhr, wo er 20 Monate zuvor in Trepkas Schaluppe beinahe Schiffbruch erlitten hätte.

Am Sonntag, den 20. Mai 1827 kam Abel in Christiania an, vielleicht etwas besser gekleidet als bei seiner Abreise und begierig darauf, zu erzählen, begierig darauf, die nötige Ruhe für seine Arbeit zu finden.

TEIL VII

Die letzten Jahre in Norwegen

Abb. 35. Arendal. Lithographie von C. Müller nach einer Zeichnung aus dem Buch: Darstellung Norwegens in Zeichnungen, von Chr. Tønsberg, Christiania 1848.

44.

Wieder daheim

Am 20. Mai standen Frau Hansteen zusammen mit ihrem Mann und ihrer ältesten Tochter am Hafen und sahen zu, wie das Dampfschiff an der Kaimauer anlegte. Aus Frau Hansteens Tagebuch geht auch hervor, dass Abel später am selben Tag zusammen mit Holmboe zu Hause bei Hansteens in der Pilestredet war. Von Charité in Kopenhagen hatte Abel Geschenke mitgebracht, einen Hut für Frau Hansteen und Spielzeug für die Kinder. Unter diese Aufzeichnungen schrieb Frau Hansteen: „Betrübt über Hansteens Geschimpfe." Doch die schlechte Laune ihres Mannes dürfte sich kaum auf Abel bezogen haben, ganz im Gegenteil, Hansteen scheint vielmehr den Eindruck gewonnen zu haben, dass Abel erwachsener geworden war und sich besser benahm als vor seiner Auslandsreise. Reisegefährte Møller schrieb an Boeck in München, er habe Hansteen dieser Tage getroffen, der „auf das Angenehmste" und „mit viel Wohlwollen über Euch alle" gesprochen habe. „Es freute ihn, dass Abel ein wenig Umgangsformen angenommen hat. Ich erklärte dies zu Deinem Verdienst." N.B. Møller war der Einzige aus der Reisegruppe der „jungen Gelehrten", der bei Abels Ankunft in Christiania war. Møller hatte einen Posten als Verwalter des Kobaltwerks von Snarum angenommen und war eine Partnerschaft eingegangen, um das Blaufärbewerk in Modum zu übernehmen. Keilhau war bereits unterwegs auf seiner Tour in die Finnmark in Nordnorwegen, Tank hatte die Konsequenzen aus seinen religiösen Anschauungen gezogen und war zum Stammort der Brüdergemeine, nach Herrnhut gereist, eine Tagesreise östlich von Dresden.

Am 28. Mai war Abel in der Universitätsbibliothek und lieh sich eines von Littrows Bücher über Astronomie aus: Fast wie eine kleine Danksagung an den hilfsbereiten Professor in Wien, oder um an den guten Reiserinnerungen festzuhalten. Abel hatte jedenfalls das Buch bei sich und erst nach seinem Tod wurde Littrows Buch wieder an die Universitätsbibliothek zurückgegeben.

Aller Wahrscheinlichkeit nach wohnte Abel in der ersten Zeit nach seiner Rückkehr bei Holmboe. Sein Bruder Peder, der bei Niels Henriks Abreise ein Zimmer bei Frau Tode in der Voldgate hatte, war nicht mehr dort. Seine Schwester Elisabeth hatte noch ihre Stelle bei Treschows in Tøyen und hatte sicher einiges zu erzählen über die wilden Umtriebe von Peder. Dieser hatte die Hauptstadt wahrscheinlich mit unbeglichenen Rechnungen verlassen.

Aus Höflichkeit war Abel verpflichtet, dem ehrwürdigen Treschow einen Besuch abzustatten. Viele sahen in Treschow inzwischen einen abgedankten Greis, reif für das Grab, doch sollte er mit seinen Schriften über Christentum und Erkenntnis noch Aufsehen erregen. Und vielleicht hatte Abel Freude an dem Besuch bei Treschow, der noch Vizekanzler der Universität war. Jedenfalls erzählte man, dass Abel während einer Partie Whist bei Treschow, als sein Gastgeber entgegen Abels Berechnung noch einen Buben in der Hand hielt, plötzlich ausgerufen habe: „Hat doch dieses Schwein noch einen Kreuz-Buben!" Abel soll sofort hinzugefügt haben: „Entschuldigung, ich dachte, ich wäre im Regentsen!"

Man begegnete Abel überall, wo er sich zeigte, mit Wohlwollen und freundlichen Worten. Man hielt ihn für einen netten, gutmütigen, etwas seltsamen Burschen, dazu noch ein Genie, so sagten jedenfalls die Professoren, ohne jedoch zu wissen, was sie mit diesem Genie anfangen sollten. Es gab keinerlei konkrete Pläne, ihm Arbeit und etwas zu verschaffen, wovon er leben konnte. Wahrscheinlich wurde ihm geraten, seine Rückkehr dem Senat der Universität zu melden, damit dort seine Angelegenheit wieder aufgegriffen werde. In einem versiegelten Schreiben mit den Initialen B.M., womit zweifellos Bernt Michael Holmboe gemeint war, teilte Abel am 2. Juni mit,

dass ich nun zurückgekehrt bin, nachdem ich nach bestem Vermögen versucht habe, das mit der Reise angestrebte Ziel zu erreichen. Indem ich aufs Ehrerbietigste meinen Dank für die Mitwirkung des Collegiums bei der Erreichung dieses Ziels ausspreche, empfehle ich mich weiterhin der günstigen Gewogenheit des Collegiums.

In den 20 Monaten, die Abel im Ausland zugebracht hatte, waren von ihm eine Reihe epochemachender Abhandlungen erschienen, doch er hatte keine Empfehlungen ausländischer Autoritätspersonen vorzulegen und es entgegen der vorgesehenen Reiseplanung unterlassen, Gauß in Göttingen aufzusuchen. Die Niederlage in Paris schien er vergessen zu wollen. Und das, was er publiziert *hatte*, war ja vorwiegend in dieser neuen Zeitschrift in Berlin erschienen, in *Crelles Journal*, das in den Universitätskreisen Christianias noch wenig Prestige genoss.

Die Senatsmitglieder wussten sehr wohl um Abels schwierige finanzielle Situation und bereits drei Tage, nachdem Abel seine Rückkehr gemeldet hatte, befasste man sich mit seiner Angelegenheit. Es wurde eine Erklärung abgefasst, die Universität verfüge nicht über die Mittel, Abel etwas anzubieten und man unterstrich, wie wichtig es doch sei, alles zu tun, um ihn „für sein

Vaterland und in specie für die Universität" zu erhalten. Der Senat schickte nun ein dringendes Ersuchen an Vizekanzler Treschow mit dem Vorschlag, Abel eine „vorläufige Unterstützung von staatlicher Seite" zu gewähren und verwies auf die Unterstützung, die Abel *vor* seiner Auslandsreise erhalten hatte. Sogleich gab Treschow der zuständigen Behörde die Empfehlung, Abel zu unterstützen, bis sich eine passende Stelle finde, damit „die Früchte sowohl seines außerordentlichen Talents für die höhere Mathematik wie die dafür bereits aufgebrachten Kosten für das Vaterland nicht verloren sind." Treschow leitete die Sache weiter an das Kirchenministerium, das formell das Finanzministerium um „wohlwollende Behandlung" bat. Chef des Kirchenministeriums war Minister Diriks. Am 20. Juni kam die kurze, nur vier Zeilen umfassende Mitteilung des Finanzministeriums: „Dass von der Staatskasse zu besagtem Zwecke nichts bewilligt werden könne." Es war Minister Collett, der hier keine Gnade walten ließ, zu einer Zeit, da er selbst vor das Reichsgericht sollte, weil er fast hunderttausend Speziestaler für die zwei Dampfschiffe ausgegeben hatte.

Gleichzeitig mit der Behandlung von Abels Gesuch wurde im Senat eine Grundsatzdiskussion darüber geführt, ob die vornehmste Pflicht eines Universitätslehrers in *wissenschaftlichen Studien* oder in *Vorlesungen* bestehen sollte. Der Anlass zu dieser Diskussion war die Unzufriedenheit von Professor Fougner Lundh, der in seinem Fach „Politische Ökonomie mit ländlicher Haushaltslehre und Technologie" über zu wenig Studenten klagte. Der Senat musste nun dazu Stellung nehmen, ob man Lundh nahe legen solle, die Universität zu verlassen und eine Stelle als Zahlmeister beim Militär anzunehmen. Professor Hansteen leistete einen interessanten Beitrag in dieser Sache. Er meinte nämlich, man müsse Lundhs wissenschaftliche *Forschung* und *Studien* unterstützen, nicht zuletzt deshalb, weil der Senat den Wunsch geäußerte habe, später einmal *Abel* an der Universität anzustellen, „obwohl man doch nicht im Geringsten erwarten könne, dass er (Abel) je in der Lage sein werde, Vorlesungen zu halten, zumindest solche, die jemand verstehen kann." Diese Zweifel an Abels Fähigkeit, verständliche Vorlesungen zu halten, wurde von anderen Senatsmitgliedern geteilt, die auf diese Weise natürlich die rein wissenschaftlichen Aufgaben der Universität hervorhoben. Für Hansteen dürfte nahe liegend gewesen sein, an seine bevorstehende Sibirienreise zu denken, die ja in höchstem Maße wissenschaftliche *Forschung* war.

Vieles deutet darauf hin, dass Abel bis zur Beendigung dieser ersten Runde zur Sicherung seines Unterhalts in Christiania blieb. Aus Frau Hansteens Tagebuch geht hervor, dass Abel im ersten Monat nach seiner Rückkehr sechsmal bei ihr zu Besuch war und dass sie seinetwegen ständig in Sorge war. Sie schreibt, dass sie mit ihrem Mann über Abels Zukunft gesprochen habe. Am 18. Juni teilt sie in ihrer typischen stichwortartigen Form mit: „Überdies traurig und matt und Kopfschmerzen. Abel heute Abend hier, verabschiedete sich, fährt nach Sandeherregaard. Sprach spät abends mit Hansteen, was mich überaus tröstete, so dass ich leichten Herzens einschlief."

Abels Eifer und Erwartung, sich wieder seiner mathematischen Arbeit widmen zu können, scheint sich in diesen ersten Wochen nach seiner Heimkehr nicht besonders erfüllt zu haben. Ohne eigene Unterkunft und ohne gesichertes Einkommen zog es Abel nach knapp einem Monat in der Hauptstadt aufs Land: Über Drammen nach Sande und weiter der Hauptroute folgend nach Gjerstad. Diese Art zu reisen erwies sich als billiger als eine Fahrt mit dem neuen Dampfschiff.

Abel erreichte Gjerstad, vermutlich um Johannis, und höchstwahrscheinlich wurde er auch diesmal von Pastor Aas freundlich empfangen. Obwohl er nun definitiv ein berühmter Wissenschaftler geworden war, blieb er für die Leute hier nach wie vor Niels Henrik, der Sohn des Pastors und ein Student ohne Amt und Würden. Und der Überlieferung zufolge, lief Niels Henrik wie gewohnt zwischen den Höfen umher, plauderte mit den Leuten und sagte das morgige Wetter voraus. Bei seiner Mutter zu Hause auf Lunde konnte er auch diesmal nicht viel ausrichten. Finanziell gesehen war er genauso mittellos wie seine Mutter. Ein Rest des jährlichen Beitrags von einem halben Fass Getreide, das Vater Abel seinerzeit zur Unterstützung der Universität zugesagt hatte, belastete den Hof Lunde immer noch. Es war eine gepfändete Hypothek, welche die Behörden jederzeit auf gesetzlichem Wege über eine Zwangsversteigerung eintreiben konnten. Der rückständige Getreidebeitrag, der sich seit 1813 angesammelt hatte, belief sich nun auf fast 26 Speziestaler. Mutter Abel hatte mit Hilfe von Pastor Aas 1821, ein Jahr nach dem Tode ihres Mannes, ein Gesuch an die Universität gerichtet, um von dieser Verpflichtung entbunden zu werden. Doch ihr Gesuch kam zurück mit dem Bescheid, dass die Bezahlung nicht ausgesetzt werden könne, bevor ein ordentlicher Verkauf von Pastor Abels hinterlassener Büchersammlung durchgeführt worden sei. Und dies war immer noch der Stand der Dinge, obwohl Frau Abel die Bücher wie auch den größten Teil des Nachlasses verkauft hatte. Vieles davon erwarb Pastor Aas für den eigenen Gebrauch im Pfarrhof: Stühle, Bettgestelle, Federbetten, Gardinen und Brotkörbe, einen gekachelten Ofen, einen Tafelaufsatz aus Steingut, eine Uhr, eine Feuerzange, eine Feuerschaufel und einen Bratspieß. Aus den Papieren des Pfarreiarchivs geht außerdem hervor, dass Pastor Aas für 7 Spezies Luthers Bibel kaufte und dass sich die erworbenen Gegenstände auf insgesamt etwa 70 Speziestaler beliefen. Frau Abel erhielt von Aas Getreide und Kartoffeln, mehr als 25 Spezies waren im Sommer 1824 dazu verwendet, Sohn Thomas mit Kleidung, Hut, Stiefeln und Reisegeld auszustatten. Damals hatte er mit Tuxens Hilfe sein Glück in Kopenhagen versuchen

Abb. 36. Christiania, von Ekeberg aus gesehen mit Blick auf die Festung Akershus. Gemalt 1835 von P.F. Wergmann. Die Aussicht von Ekeberg wurde bewundert, gemalt und von vielen geschildert. Als Abel und seine Freunde im Juni 1826 oberhalb von Triest auf die Adria blickten, schrieb Abel in einem Brief an Holmboe: „Die Aussicht war unbestreitbar herrlich, lässt sich aber nicht vergleichen mit der von Egeberg. Doch auf uns, die wir so lange das Meer entbehren mussten, machte das natürlich einen angenehmen Eindruck, dies umso mehr, da es die Adria war, die wir sahen.“ (Stadtmuseum Oslo)

wollen, kehrte aber schon nach kurzer Zeit reumütig zurück. Thomas war einfach nicht imstande, weder die Arbeit noch die Freizeit zu meistern. Jetzt, im Sommer 1827, wohnte Thomas vermutlich wieder bei seiner Mutter auf Lunde, zusammen mit dem vertrottelten ältesten Bruder Hans Mathias und dem jüngsten, Thor Henrik. Vielleicht hielt sich auch Peder in diesem Sommer dort auf, während er sich um eine Hauslehrerstelle bewarb. Man kann sich vorstellen, dass dies nicht gerade angenehme Verhältnisse für den Heimkeh-rer Niels Henrik waren. Viele Jahre später, als seine Mutter und alle Brüder längst gestorben waren, schrieb Thor Henrik, der jüngste Bruder, ein Gedicht über seinen Geburtsort:

Du Ort meiner Geburt,
So reich an bitterem Gedenken.

Abb. 37. Christine Kemp, Abels Verlobte, 1835 gemalt von Johan Gørbitz (Archiv des Gyldendal Forlag)

In sel'gem Frieden furt
ich zog dereinst von dir.
Zurückgekehrt, ach! Sorg und Trauer lenken
den Jüngling hin zu deinem Schoß allhier.

Sicher war Niels Henrik erleichtert, als er seine Reise nach Froland fortsetzte, um dort für Christine eine Arbeit und einen Aufenthalt in Norwegen zu finden. Vielleicht reiste er zusammen mit seiner Tante und seinem Onkel. Am Sonntag, dem 8. Juli waren die Tuxens mit dem Dampfschiff aus Kopenhagen in Christiania angekommen und kurz darauf an der Küste entlang südwärts weitergefahren. Doch Frau Tuxen verspürte nicht die geringste Lust, ihre verwahrloste Schwester zu sehen, vielleicht machten sie nur Halt in Risør und reisten weiter nach Arendal, wo Apotheker Tuxen lebte, um dann landeinwärts zu Fabrikbesitzer Smith in Froland zu fahren.

Niels Henrik war jedenfalls in Froland und richtete die Dinge mit oder ohne Tuxens Hilfe so ein, dass er schon bald Christine in Kopenhagen mitteilen konnte, Smiths Kinder auf Froland würden sie erwarten und sie möge sich bei nächster Gelegenheit auf der „Prinds Carl" nach Christiania einschiffen. Als dies getan war, wollte Abel offenbar gleich zurück nach Christiania, um dort zum einen Christine abzuholen und zum anderen mit seiner mathematischen

Abb. 38. Das Portrait, das Gørbitz 1826 von Abel malte. Alle späteren Abbildungen von Abel, die zu seinen Lebzeiten gemacht wurden, haben ihren Ursprung in diesem, das als Einziges noch zu seinen Lebzeiten entstand. In der Familie Hansteen wird erzählt, dass Abel das Bild bei sich hatte, als er im Mai 1827 auf der Heimreise war, und dass er es bei den Schwestern von Frau Hansteen in Kopenhagen deponierte. Irgendwann muss es dann nach Christiania und in Abels Wohnung gelangt sein, jedenfalls nahm Christine Kemp das Bild mit, als sie im Juni 1829 – nach Abels Tod – in Christiania war, um seine Habseligkeiten zu holen. Das Bild blieb dann bei Christine Kemp, verheiratete Keilhau, bis zu ihrem Tod und gelangte dann an Thekla Lange, die Tochter von Niels Henriks Schwester Elisabeth. Diese gab das Bild weiter an ihre Tochter, Elisabeth Lange, die in die USA auswanderte und 1890 einen norwegischen Ingenieur heiratete. Ihre Tochter wiederum brachte das Bild mit, als sie 1912 nach Norwegen zurückkehrte und dort heiratete. Als sie 1966 Witwe wurde, verkaufte sie das Porträt für kr. 10.000 an Norske Liv, wo Fredrik Lange-Nilsen Direktor war. Dieser vermachte das Bild der Universität Oslo und dort wurde es verwahrt bis 1992, um dann in der mathematischen Bibliothek, *Abels hus*, in Blindern aufgehängt zu werden. (Foto: O.Væring)

Arbeit in Gang zu kommen. Diesmal nahm er von Arendal aus das Dampfschiff „Constitutionen", das seinen stolzen Namen nun auf den Radkästen prangen hatte. Doch bevor er Smith und Froland, Tuxen und Arendal verließ, war ihm ganz sicher die neueste Klatschgeschichte über Graf Löwenhielm zu Ohren gekommen, dem Botschafter aus Paris, der damit geprahlt hatte, Weihnachten für Weihnachten sämtliche norwegischen und schwedischen Gäste unter den Tisch zu trinken. Auf seiner Norwegenreise in diesem Sommer kam Graf Löwenhielm auch nach Arendal und erlitt auf einer Gesellschaft des

Abb. 39. Das Hüttenwerk Froland, gemalt 1831 von Lars Berg. Das Anwesen von Sivert Smith gehörte zu den wohlhabendsten der Zeit, 1763 hatte das Hüttenwerk Froland seine Privilegien erhalten und war seit 1786 im Besitz der Familie Smith. Zuerst unter dem Amtsrichter Hans Smith, der 1791 das stattliche Hauptgebäude errichten ließ, dann unter seiner Frau Magdalene Marie – die von dänischen und schwedischen Gärtnern eine prächtige Parkanlage im Barockstil mit einem Lusthaus auf dem Hügel anlegen ließ – und von 1820 an im Besitz des Sohnes Sivert Smith. Veraltete Produktionsmethoden und unzureichendes technisches Wissen auf dem Gebiet der Erzaufbereitung erzeugten zusätzliche Schwierigkeiten unter den großen Umwälzungen, die nach 1814 im Geschäfts- und Finanzleben einsetzten. Die goldenen Zeiten kehrten nicht zurück. Zwar versuchte man, sich durch Umstellung von Gusseisen auf Stabeisen den neuen Markterfordernissen anzupassen, doch die wirtschaftliche Situation wurde zunehmend schwieriger und 1835 übernahmen die Gläubiger in Kopenhagen das Werk. (Original im Aust-Agder-Museum, Arendal).

reichen Kaufmanns Anders Dedekam in der Sommerresidenz Sophienlund auf der Insel Tromøy dasselbe Los, das er in Paris so vielen seiner Landsleuten bereitet hatte. Auf diesen Gesellschaften in Sophienlund wurde immer viel getrunken und ein Grund dafür war ein Silberpokal von Dedekam, an dem dieser ein Windrad befestigt hatte. Es kam darauf an, in ein Rohr zu blasen und so das Windrad in Bewegung zu setzen und, während das Rädchen surrte, den Pokal zu leeren. Doch bis ein Gast dieses Manöver gelernt hatte, musste der Pokal mehrmals gefüllt werden. Als nun Graf Löwenhielm in Sophienlund zu Besuch war, wohnte dort gerade ein Amerikaner, A. Dedekam war nämlich gleichzeitig nordamerikanischer und holländischer Konsul. Bei Tisch war nun viel die Rede über die Unzufriedenheit der Norweger mit König Karl Johan und seinen ständigen Versuchen, das Grundgesetz zu ändern. Der Amerikaner, der nicht ganz verstand, worum es ging, hatte immerhin begriffen, dass man leidenschaftlich über das Grundgesetzt debattierte und erhob daraufhin sein Glas, brachte einen Toast aus und sprach: „May that hand wither and that heart die, that will alter a single letter in the Constitution of Norway!" Daraufhin leerten alle jubelnd ihre Gläser, nur Löwenhielm nicht, der den Toast als ein „Tötet den König!" auffasste. Löwenhielm schob also sein Glas von sich und erklärte mit lauter Stimme: „Nein, darauf trink' ich, verdammt noch mal, nicht!" Der Amerikaner, ein ungewöhnlich großer und kräftiger Mann, sah hierin eine Beleidigung und brachte mit flammendem Blick zum Ausdruck, dass er den schmächtigen Grafen durchs Fenster zu werfen gedenke. Die anderen Gäste warfen sich zwischen die Streithähne und nach und nach stellte sich heraus, dass der Amerikaner nichts Ungefälliges über den *König* hatte sagen wollen und er bot an, zur Versöhnung mit Löwenhielm anzustoßen. Dazu wurde nun dieser besondere Pokal benutzt, und das Ergebnis war, dass man spät in der Nacht, als die Gesellschaft in die Stadt zurückwollte, Löwenhielm zum Schiff tragen musste.

Am Freitag Nachmittag dampfte die „Constitutionen" mit Abel an Bord an Sophienlund und Tromøy vorbei. Gewöhnlich blieb das Schiff nachts in Risør und erreichte erst am nächsten Tag Fredriksvern. Am Sonntag Morgen kam dann die „Prinds Carl" aus Kopenhagen nach Fredriksvern und legte am Sonntag Abend an der Brücke unterhalb der Festung Akershus an.

45.

Christiania im Herbst 1827

Am Montag, den 16. Juli stattete Abel Frau Hansteen einen kurzen Besuch in der Pilestredet ab, ganz sicher mit Neuigkeiten über Christines Ankunft. Professor Hansteen war Anfang des Monats nach Kopenhagen gefahren, um seine Sibirien-Expedition vorzubereiten.

Abel war an einem Punkt angelangt, wo ihm nichts anderes übrig blieb, als sich von Freunden Geld zu leihen. Er besorgte sich eine kleine Unterkunft und beschloss, erneut einen Vorstoß zu wagen, um eine staatliche Unterstützung zu erhalten. In seinem Brief, den er am 23. Juli an den Senat schickte, fällt der offene und leicht verzweifelte Ton auf, nicht allein wegen seiner eigenen Lage, sondern auch wegen der Sorge um das Versiegen seiner Ideen:

Schon seit längerer Zeit ist es mein Gedanke, mich gänzlich dem mathematischen Studium zu widmen, um mich würdig zu erweisen, einmal als academischer Lehrer angestellt zu werden. Ich darf mir vielleicht zugute halten, dass ich nach meiner Auslandsreise über ein Wissen verfüge, das zu diesem Zweck als ausreichend angesehen werden kann und dass ich deshalb, wenn es die Umstände denn erlauben, eine Anstellung an der Universität erhalten möchte. Doch bis zu diesem Zeitpunkt, wenn mir eine solche Anstellung überhaupt zuteil werden sollte, bin ich vollkommen ohne die Mittel, mir auch nur das Nötigste zu verschaffen und bin dies seit meiner Rückkehr gewesen. Um leben zu können, würde ich mich genötigt sehen, mein Studium ganz beiseite zu legen, was mich jetzt außerordentlich schmerzen würde, da ich voller Hoffnung bin, einige angefangene größere und kleinere mathematische Arbeiten fertig stellen zu können. Es würde mir umso mehr zum Schaden gereichen, als ich dann auch eine im Ausland begonnene literarische Laufbahn abbrechen müsste, da ich nämlich Mitarbeiter des in Berlin erscheinenden „Journal der reinen und angewandten Mathematik von Crelle" gewesen bin, wovon ich mir erlaube, einige bereits erschienene Hefte beizulegen. Ich wage es deshalb, das hohe Collegium um eine Unterstützung zu ersuchen, deren Bedingungen sich nach dem Gutdünken des Collegiums richten mögen.

Nie hat Abel eine eindringlichere Bitte um Hilfe formuliert und nie hat er sich deutlicher zu seiner eigenen Qualifikation geäußert. Der Brief tat denn auch seine Wirkung. Der Senat unternahm den ungewöhnlichen Schritt, trotz des kategorischen Nein durch das Finanzministerium einen Monat zuvor das Gesuch um finanzielle Unterstützung für Abel erneut zu stellen. In seiner Anfrage beim Kirchenministerium vom 31. Juli betonte der Senat ausdrücklich, „dass Herr Abel schon seit langem eine so kräftige Unterstützung von staatlicher Seite empfangen hat, um auf dem von ihm eingeschlagenen Wege fortzuschreiten und er sich dadurch den Anspruch auf weitere Versorgung erworben hat, wie er sich ebenso gewiss in Gegenleistung verpflichtet sieht, seinen Fleiß und sein Talent in den Dienst des Vaterlandes zu stellen." Der Senat wies außerdem darauf hin, dass eine Unterstützung durch die Staatskasse wahrscheinlich nur kurzfristig nötig sein werde, weil „bereits jetzt anlässlich der bevorstehenden Reise von Professor Hansteen nach Sibirien die Aussicht besteht, dass Herrn Abels Dienste an der Universität gefordert sein werden", und der Senat schlug in aller Bescheidenheit vor, Abel denselben Betrag wie vor seiner Auslandsreise zu bewilligen, also 200 Speziestaler jährlich, gerechnet vom Datum seiner Rückkunft an.

Aus Kopenhagen traf nun die Nachricht von Christine ein, dass sie auf dem Schiff sein werde, welches am Sonntag, den 29. Juli abends in Christiania ankommen sollte. Doch das Schiff hatte Verspätung, legte erst spät in der Nacht an und Christine war nicht an Bord. Sie war bei ihren Freunden in Son an Land gegangen, wo sie früher gearbeitet hatte. Am nächsten Tag begab Abel sich zu Frau Hansteen. In ihrem Tagebuch steht zu lesen: „Keine Jungfer Kæmp. Dummer Streich. Abel bekam mein letztes Geld, um zu ihr nach Soon fahren zu können." Dass Christine vorzeitig an Land ging, scheint Abels knappes Budget völlig überfordert zu haben und war vielleicht eine Vorwarnung für künftige Schwierigkeiten in ihrer Beziehung. Abel fuhr nach Son und kehrte am 5. August zusammen mit Christine in die Hauptstadt zurück. Am selben Abend waren sie bei Frau Hansteen. Es wurde ein stiller Besuch.

Christine blieb etwa eine Woche in der Stadt, bevor sie das Schiff nach Arendal nahm und von dort mit Pferd und Wagen weiter nach Froland fuhr. Über diese Woche, die die beiden Verlobten zusammen in Christiania verbrachten, wissen wir nur, dass sie am 10. August bei Professor Skjelderup zu Besuch waren, und für den 11. steht in Frau Hansteens Tagebuch: „Im Garten mit Nähzeug und Jgf. K. und Abel. Habe von Jgf. K. gelernt, Wollblumen zu nähen." Und am Dienstag, den 14. August verließ Christine die Hauptstadt. Abel begleitete sie zum Schiff. Trotz Abels Geld- und Wohnmisere scheinen sich die Bande zwischen den Verlobten in jener Woche gefestigt zu haben. Abel erwartete jedenfalls schon mit dem ersten Schiff am kommenden Sonntag einen Brief von Christine und schien es kaum erwarten zu können, diesen Brief sogleich zu lesen. Als das Dampfschiff mit Post und Passagieren am neunzehnten am Abend in Christiania erwartet wurde, war Abel zusammen mit anderen Freunden bei Holmboe eingeladen, konnte also nicht selbst am Kai stehen, um den Brief entgegenzunehmen. Er wusste aber, dass auch Frau Hansteen an diesem Tag einen Brief von Hansteen erwartete, der zu ihrer Enttäuschung weitergefahren war nach Altona, statt heimzukommen. Daher schrieb Abel eine Nachricht an Frau Hansteen und bat darum, ihr Dienstmädchen möge auch *seinen* Brief holen. Abels Bitte an Frau Hansteen war auf Französisch abgefasst, vermutlich, damit kein Unbefugter sie lesen könne. Er entschuldigte sich, wolle ihr im Hinblick auf seine unbedeutende Person nicht auf die Nerven fallen, meinte jedoch, sie würde verstehen, wie sehr ihm daran gelegen sei, Neues von der zu hören, die er am meisten liebe: „Avec toute la force de mon âme d'avoir des nouvelles de ce(lle) que j'aime le plus" so lauteten Abels Worte. Einerseits schien es Abel also wichtig gewesen zu sein, den Auftrag geheim zu halten, andererseits bat er darum, das Dienstmädchen möge ihm den Brief sofort zu Holmboe bringen, in die zweite Etage direkt gegenüber dem Theater.

Ob nun an jenem Abend ein Brief von seiner Liebsten eintraf oder nicht, bleibt ungewiss.

Das erneute Gesuch des Senats, Abel möge ein Stipendium gewährt werden in derselben Höhe wie vor seiner Auslandsreise, nämlich 200 Speziestaler jährlich, wurde im Kirchenministerium abgelehnt. Minister Diriks verwies auf den bereits ergangenen Bescheid und darauf, dass die Staatskasse für eine derartige Ausgabe nicht eingerichtet sei, er deutete jedoch einen Ausweg an. Die Universität *selbst* könne das Geld als *Vorschuss* an Abel ausbezahlen und dann die ausbezahlte Summe von dem Gehalt abziehen, das Abel als Hansteens Vertreter während dessen Sibirienreise erwarten könne.

Der Senat nahm den Vorschlag bereitwillig an und wandte sich an die philosophische Fakultät, um deren Meinung zu hören. Von diesem Tag, nämlich dem 27. August, existiert außerdem ein Schreiben des Universitätskassierers, Abel habe sich an ihn gewandt und ihm das mündliche Versprechen gegeben, er werde, sobald er die zu erwartende Anstellung an der Universität erhalten habe, die etwa 26 Taler zurückzahlen, die noch von den Schulden seines Vater in Form eines Getreidebeitrag stammten. Abel wollte auf diese Weise retten, was noch an Familienbesitz in Gjerstad übrig war und er wollte vermutlich einen positiven Eindruck in Bezug auf seine finanziellen Planungen hinerlassen.

Die philosophische Fakultät äußerte sich in dieser Sache dahingehend, „dass Herr Abel nicht bloß im Vaterland, sondern auch im Ausland als vorzügliches mathematisches Genie bekannt ist, von dem man, wenn er die entsprechende Stellung erhält, mit größter Sicherheit hoffen kann, dass er sehr zum Nutzen und Frommen der Wissenschaft beitragen wird. Zudem ist er den meisten Mitgliedern der Facultät als ein junger Mann bekannt, der über seine sonstigen Eigenschaften hinaus einen Forscherdrang besitzt, der ihn würdig erscheinen lässt für die Unterstützung, die der Senat ihm zu gewähren imstande sein möge." Dieses Schreiben wurde am 30. August unterzeichnet. Fünf Tage später bewilligte der Senat die 200 Speziestaler aus dem Stipendienfond der Universität. Auf den Vorbehalt, dass der Betrag im Falle einer eventuellen Anstellung zurückgezahlt werden müsse, wurde verzichtet. Das Stipendium wurde jedoch nicht vom Zeitpunkt der Rückkunft Abels an bewilligt, sondern ab dem 1. Juli. 100 Taler wurden sofort als Vorschuss ausbezahlt, der Rest in monatlichen Raten von 8 Talern und 40 Schillingen.

So hatte Abel im September 116 Taler und 80 Schillinge zur Verfügung, ein Betrag, gerade genug, um all die kleinen Schulden und Kredite, die er beim Schuster, beim Schneider, beim Wirt und bei seiner Vermieterin hatte, zu begleichen. Am 21. September war er bei Frau Hansteen und zahlte die von ihr geliehene Summe zurück.

Zur gleichen Zeit im September unterrichtete das Kirchenministerium den Senat, dass 4.500 Speziestaler für Hansteens Studienreise nach Sibirien im Budget vorgesehen waren. Hansteen war zu Beginn der Vorlesungen am 9. September aus Altona und Kopenhagen zurück und konnte einen Monat später dem Senat und dem Ministerium mitteilen, dass die Sibirienreise für den März des kommenden Jahres geplant sei und dass sie eineinhalb Jahre dauern würde. Es sei deshalb mit Jahresbeginn 1828 erforderlich, einen außerordentlichen Professor für die Zeit seiner Abwesenheit zu berufen und Hansteen gab bekannt, dass sich der Student Abel bereit erklärt habe, die Vorlesungen in theoretischer Astronomie für das *examen philosophicum* zu übernehmen und, sollten sich Studenten des Bergfachs melden, auch in den wichtigsten Grundsätzen der Mechanik. Den Almanach für die kommenden drei Jahre hatte Hansteen bereits erstellt, um das Honorar ausbezahlt zu bekommen und um seinem Vertreter die Arbeit zu erleichtern. In früheren Schreiben des Ministeriums war angedeutet worden, dass Hansteen seinen Stellvertreter vielleicht selbst bezahlen könne, doch Hansteen fand, dass das Gehalt für den angestellten außerordentlichen Professor der Staat zu übernehmen habe. Hierin wurde er von Senat und Fakultät unterstützt.

In der weiteren Behandlung der Angelegenheit durch Ministerium, Senat und philosophische Fakultät war für die Lehrstuhlvertretung nie von einer anderen Person die Rede als von dem Studenten Abel, in Frage standen lediglich die Arbeitsaufgaben und das Gehalt. In der endgültigen Erklärung des Senats vom 10. Dezember hieß es, dass der Student N.H. Abel durchaus für diese Aufgabe geeignet sei, und das „umso leichter", da Hansteen den Almanach bereits fertig gestellt habe. Die Verantwortung für die astronomischen Instrumente wurde jedoch dem Universitätsdozenten Holmboe übertragen. Und seit Hansteens Sibirienreise als ein Anliegen des Staates angesehen wurde, war der Senat der Auffassung, dass keine Ausgaben in Verbindung mit dieser Reise zu Lasten der Universität gehen dürften und somit auch nicht das Gehalt für den Lehrstuhlvertreter. Es wurde „ein Honorarium von 400 Spdlr jährlich als angemessene Vergütung für Herrn Abel" vorgeschlagen. Das übliche Gehalt eines außerordentlichen Professors belief sich auf 600 Speciestaler. Der Vorschlag wurde sogleich von Vizekanzler Treschow gebilligt.

Mitte Dezember 1827 konnte Abel also aufatmen, eine mittelfristige Verbesserung seiner finanziellen Situation war absehbar. Er hatte versucht, sich mit Privatunterricht zusätzlich Geld zu verdienen: Am 11. und 12. Oktober stand folgende Anzeige in der Zeitung *Morgenbladet*:

Wo man in den Nachmittagsstunden Informationen in Arithmetik, Geometrie, Stereometrie, ebener und sphärischer Trigonometrie, Algebra, samt der Anfangsgründe in Astronomie und Mechanik erhalten kann, darüber erteilt das Büro der Zeitung Auskunft. Die Höhe der Bezahlung richtet sich nach der Zahl der Teilnehmer.

Abel hoffte sicher, damit sowohl jene anzusprechen, denen *das examen artium* bevorstand wie jene, die sich auf das *examen philosophicum* vorbereiten mussten. In Abels Notizbüchern findet sich eine Aufstellung der gehaltenen Stunden und seines Guthabens. Wilhelm Koren Borchsenius und Niels Wolff Christie werden genannt, beide legten im Frühjahr 1828 als Privatschüler das *Artium* ab. Doch waren sie sicher nicht die Einzigen, der Student Hans Christian Hammer, der das Nachrufgedicht „Anlässlich des Todes von Dozent Abel" verfasst hatte, gehörte sicher dazu und einige von ihnen, so wird überliefert, fanden Abel einen guten Lehrer, klar und gut verständlich in der Darstellung. Eine Anzeige im *Norske Intelligenz-Seddeler* vom 20. Oktober stammte vermutlich von Abel: „Unterweisung in Französisch und Deutsch mitsamt der allgemeinen Schulwissenschaften werden hiermit von einem Studenten zu sehr günstigen Bedingungen angeboten. Die darauf Reflectierenden mögen freundlichst ein Billett in der Avis-Expedition mit der Aufschrift A abgeben." Doch es werden nicht viele gewesen sein, die sich meldeten und ein lohnender Nebenerwerb wurde nicht daraus. Im Oktober sah sich Abel gezwungen, einen ordentlichen Kredit aufzunehmen und so ging er zu seinem früheren Gönner Søren Rasmussen, inzwischen Chef der Bank von Norwegen. Rasmussen unterschrieb wohlwollend eine Darlehensbewilligung über 200 Speziestaler. Professor Hansteen, Universitätsdozent B.M. Holmboe und Professor C.A. Holmboe übernahmen die Bürgschaft.

Über Abels mathematische Arbeit in diesem Herbst ist Folgendes zu berichten: Eine Abhandlung, die er vor seiner Auslandsreise im *Magazinet* zur Veröffentlichung abgeliefert hatte, war von Hansteen im Frühjahr 1826 kurzerhand an die Wissenschaftsgesellschaft in Trondheim geschickt worden, vermutlich, um die Spalten im *Magazinet* von diesem schwierigen mathematischen Stoff zu entlasten. Im September 1827 wurde diese Abhandlung nun in *Det Kongelige Norske Videnskabers Selskabs Skrifter* abgedruckt und Abel erhielt die Mitgliedschaft in der einzigen wissenschaftlichen Gesellschaft des Landes, zeitgleich mit unter anderen Lektor Keilhau und Professor Steenbuch. Offenbar registrierte Abel die besondere Ehre einer solch exklusiven Mitgliedschaft nicht, jedenfalls scheint er keinen Dankesbrief geschickt zu haben, wie es in solchen Fällen üblich war. Verglichen mit dem, womit er sich nun beschäftigte, war diese Abhandlung „Ein kleiner Beitrag zur Lehre verschiedener transcendenter Functionen" von keiner großen fachlichen Bedeutung.

Am 20. September erschien ein neues Heft von *Crelles Journal*, das die ersten 80 Seiten seiner „Recherches" enthielt. Abel lag nun sehr daran, den zweiten Teil abzuliefern. Vermutlich merkte er nichts von dem Aufsehen, das dieser erste Teil der „Recherches" draußen in Europa erregte, und wahrscheinlich ahnte er nichts von der Spannung, mit der viele Mathematiker nun den zweiten Teil erwarteten. Abel hatte sich endgültig unter die führenden Mathematiker der Welt eingereiht. Der zweite Teil der „Recherches" sollte Studien über die Teilung der Lemniskate enthalten, sowie jenen Teil der Lehre von den elliptischen Funktionen, die Transformationstheorie genannt wurde. Hier war es, wo Abel ernsthaft seine Idee von der großen „Umkehrung" ausarbeitete; er kehrte das Problem von den elliptischen Integralen, wie sie Legendre studiert hatte, um zu den elliptischen Funktionen, und mit dieser Betrachtungsweise ermöglichte er ein neues Verständnis der Funktionentheorie, ein Verständnis, das seinerseits eine große Bedeutung für die mathematische Entwicklung in Algebra, Zahlentheorie, Gruppentheorie und analytischer Geometrie erlangte. Durch das Problem der Lemniskatenteilung angestoßen, sollte Abel auch die Klasse von Gleichungen erschließen, die später die Bezeichnung „Abelsche Gleichungen" erhielten. Auch eine Behandlung der so genannten komplexen Multiplikation nahm Abel in dieser fundamentalen Publikation der „Recherches sur les fonctions elliptiques" vor.

Zur gleichen Zeit beschäftigte er sich mit unendlichen Reihen und Konvergenzkriterien. In der ersten Ausgabe von *Crelles Journal* von 1828 erschien Abels elegante Abhandlung über Reihen, eine Antwort auf die Arbeit des Mathematikers L. Olivier zur Konvergenz unendlicher Reihen. Auf drei Seiten bewies Abel, dass sich Olivier geirrt hatte mit seiner Vorlage eines allgemeinen Kriteriums zur Trennung von konvergenten und divergenten Reihen.

Der Briefwechsel mit Crelle schien in diesem Herbst eher sparsam ausgefallen zu sein. Abel wusste aber, dass Crelle seine Pläne für die Gründung eines polytechnischen Instituts in Berlin weiterverfolgte und ihn dort als Lehrer haben wollte. In Christiania dürfte es zu diesem Zeitpunkt kaum jemanden gegeben haben, der in diese Pläne eingeweiht war, und als ein halbes Jahr später ein möglicher Lehrstuhl für Abel in Berlin ernsthaft zur Debatte stand, bereitete ihm dies einige Unannehmlichkeiten.

In Christiania jedoch war es seine bedrückende finanzielle Lage, über die gesprochen wurde. Kurz vor Weihnachten teilte Hansteen der militärischen Hochschule mit, dass er ab Februar seine Vorlesungen über angewandte Mathematik nicht mehr halten könne, worauf, nach einem Gespräch mit dem Leiter der Schule, Generalmajor Aubert, diese Lehrveranstaltung aufgeteilt wurde zwischen Abel und einem Ingenieurkapitän Theodor Broch. Letzterer sollte sich um den Gebrauch der Instrumente kümmern, während Abel für theoretische Astronomie und Mechanik verantwortlich war, und dies zwei Stunden in der Woche. Für Abel bedeutete dies eine zusätzliche Einnahme von 11 Talern und 13 Schillingen im Monat.

In diesem Herbst entbrannte an der Theaterfront ein heftiger Streit. Die Aufführungen der *Dramatiske Selskab* in Grænsehaven waren nicht mehr die Einzigen in der Stadt. Zu Beginn des Jahres 1827 hatte Christiania ein öffentliches Theater bekommen. Am 30. Januar 1827 hatte der Schwede Johan Peter Strömberg in den neuen Räumen auf dem Grundstück von Assessor Motzfeldt, später Teatergaten 1, als erste Vorstellung H.A. Bjerregaards Singspiel *Fjeldeventyret* (Bergabenteuer) gegeben. Obwohl kritisiert wurde, dass ein Schwede ein norwegisches Nationaltheater ins Leben rief, fanden die im ersten Halbjahr gespielten Stücke große Resonanz. Strömberg verfügte über eine norwegische Schauspielertruppe, sieben Männer und drei Frauen, außerdem über ein Ballett aus eigenen Schülern sowie ein von Waldemar Thrane geleitetes kleines Orchester. Es entstand nun eine Konkurrenz zur *Dramatiske Selskab* und viele Schauspieler wechselten zu Strömberg. Thrane, früher Dirigent der *Dramatiske Selskab*, wurde durch den 17-jährigen Ole Bull ersetzt.

Vielfach war man der Meinung, dass das Theaterleben der Hauptstadt zu wenig Beachtung in der Presse finde, nur das *Morgenbladet* zolle dem Theater die nötige Aufmerksamkeit. Um dem abzuhelfen, wurde nun Christianias *Aftenbladet* gegründet, Redakteure waren der Dichter und Anwalt am Höchsten Gericht, H.A. Bjerregaard und der Übersetzer und Ministerialrat H.L. Bernhoft. Die erste Nummer erschien am 3. Oktober mit dem ausdrücklichen Wunsch, dass „Kenner und Bewunderer der Kunst in unserem Blatt eine gediegene Anschauung vom Wesen der Kunst finden mögen." Ganz sicher las Abel die Theaterbesprechungen im *Aftenbladet* und lernte wahrscheinlich in den Theaterkreisen der Hauptstadt auch Redakteur Bernhoft kennen. Vielleicht stellten sie bei dieser Gelegenheit fest, dass sie am selben Ort zur Welt gekommen waren, nämlich auf dem Pfarrhof auf der Insel Finnøy, Bernhoft neun Jahre früher als Abel. Dass Bernhoft eine Gedichtsammlung herausgegeben und Goethe, Madame de Staël wie auch Novalis übersetzt hatte und nun dabei war, Novellen von Steffens zu übersetzen, war allgemein bekannt. In der öffentlichen Theaterdebatte und in den Artikeln des *Aftenbladet* stand die auf der Bühne gebrauchte Sprache im Mittelpunkt. Während die *Dramatiske Selskab* sich in ihrer Diktion möglichst eng ans Dänische hielt, hieß es, dass Strömberg Leute bevorzuge, die „nicht über den Tellerrand geschaut hatten" und man hörte eine sehr „plumpe" und „ungeschliffene" Ausdruckweise. In Holbergs *Jeppe paa Bjerget* (Jeppe vom Berge) etwa wurde die „Pöbelsprache von Aggerhus" gesprochen. Strömberg erlitt seine erste große Niederlage, als er am 4. November, dem Tag der Union mit Schweden, sein eigenes Stück *Fredsfesten* (Das Friedensfest) oder *Foreningen* (Die Vereinigung) aufführte. Das Stück löste ein wütendes Pfeifkonzert aus, hinzu kam die Kritik in der Presse. Strömberg sah sich gezwungen, zwei dänische Schauspieler zu engagieren. Es waren Jens Lang Bøcher und Jungfer Christiane Hansen, die kurz darauf Madame Bøcher wurde. Nach eineinhalb Jahren musste Strömberg aus verschiedenen Gründen aufhören, Bøcher übernahm nun die Leitung und die dänische Diktion bestimmte wieder das norwegische Theater.

Die meisten Aufführungen der *Dramatiske Selskab* waren in diesem Herbst bereits früher gespielte Stücke. Als Uraufführungen gab es ein Stück von F. von Holbein mit dem Titel *Alpenrosen*, sowie ein Stück von J.W. Lembert, *Reisen til Bryllupet* (Die Fahrt zur Hochzeit). Bei Abel dürften diese Titel Erinnerungen und Erwartungen geweckt haben.

Denn was auch immer sich Abel erhofft hatte in der Beziehung zu seiner Verlobten, die Dinge liefen nicht wie gewünscht. Er wusste nicht, was er tun sollte. Im Herbst hatte Abel recht häufig Frau Hansteen besucht, ein grundlegendes Thema ihrer Gespräche scheinen die Umstände gewesen zu sein, unter denen Liebe und Solidarität zu bestehen haben. Einen strahlenden Tag im September resümierte Frau Hansteen, zusammen mit guten Freunden im Garten und „einem interessanten Gespräch mit Abel", wie folgt: „Ein herrlicher Tag. Ein Compendium aus dem, was ich mir für mein Leben wünsche, nämlich eine Gemeinschaft in geistiger Verwandtschaft, das Ganze umgeben von einer anmutigen Natur und erhellt von der rechten geistigen Sonne, immer zunehmend wie eine ansteigende Climax." Am 17. November notierte Frau Hansteen in ihrem Tagebuch: „Gegen Abend kam Abel. Sprach mit mir bezüglich Jgf. K. Ich wurde dadurch sehr traurig, denn ich kam in Ideenassoziationen zu meinen eigenen Labyrinthen." Am nächsten Tag die Stichworte: „Gleichermaßen sehr melancholisch. Kam schließlich am Abend mit Hilfe meines lieben Mannes auf die Beine – tröstlicher und froher Abschluss des Tages." Und am 19. November: „Habe am Samstag auf Abels Bitte hin an Jgf. K. geschrieben. Es gelang recht gut."

Weihnachten 1827 kündigte sich an. Abel wollte das Fest zusammen mit Christine feiern und einer Einladung ins Hüttenwerk Froland schien nichts im Wege zu stehen. Allem Anschein nach fuhr Abel wieder auf der Hauptstraße südwärts und feierte sein erstes Weihnachten auf Froland.

Doch am 31. Dezember war er wieder in Christiania und quittierte den Empfang seiner monatlichen Stipendienauszahlung.

46.

Von Januar bis Juli 1828

Als am 12. Januar der Unterricht an der militärischen Hochschule begann, scheint Abel nicht anwesend gewesen zu ein, offenbar wegen einer Erkrankung. Kurz darauf war er jedoch an seinem Platz und ganz bei der Arbeit.

Obwohl Abel erst im März den offiziellen Bescheid des Senats über seine Einstellung als Dozent mit einem jährlichen Gehalt von 400 Talern für die Zeit von Hansteens Abwesenheit erhielt, war der Beginn seiner Unterrichtsverpflichtungen und die Auszahlung seines Gehalts durch die Universität bereits am 16. Februar. Mit diesen zwei Unterrichtsvertretungen hatte Abel nun ein Jahreseinkommen von 533 Talern.

Am Neujahrstag des Jahres 1828 wurde in Christiania die physiographische Vereinigung gegründet. Diese war in vielerlei Hinsicht eine direkte Weiterführung der privaten Gesellschaft, die sich acht oder neun Jahre zuvor um Keilhau und Boeck und ihre Kartierung von Jotunheimen und die „kleinen wissenschaftlichen Arbeiten" gebildet hatte. Boeck und Keilhau standen im Mittelpunkt dieser formellen Gründung, außer ihnen waren auch Hansteen, Fougner Lundh, Apotheker Maschmann und ein paar andere beteiligt. Abel wurde bereits am 4. Februar als Mitglied aufgenommen und er besuchte treuherzig alle Mitgliederversammlungen, die jeweils am ersten Montag des Monats um fünf Uhr stattfanden. Bei diesen Treffen mit Vorträgen von naturwissenschaftlichem Charakter und anschließender Diskussion und Abendessen wechselten die Mitglieder einander als Gastgeber ab. Für Abel scheint dies ein willkommener Treffpunkt gewesen zu sein, obwohl er selbst offenbar keinen Beitrag aus seiner eigenen wissenschaftlichen Arbeit beisteuerte und auch bei keinem der Treffen, die man fast als Soirees ansehen konnte, als Gastgeber fungierte. In den 1850-er Jahren wurde die Vereinigung umbenannt in *Videnskabs-Selskabet i Christiania* und später in *Det Norske Videnskaps-Akademi*.

Anfangs bestand die wichtigste Aufgabe der Vereinigung in der Herausgabe des *Magazinet* und während der Abwesenheit von Hansteen musste ein neuer Chefredakteur bestimmt werden. Der erst kürzlich aus dem Ausland heimgekehrte Boeck wurde, in einer Art Wettbewerb mit Professor Keyser gewählt, der aus dem *Magazinet* eine eher populäre Monatsschrift auf Kosten des rein wissenschaftlichen Inhalts machen wollte.

Der Unterricht erforderte natürlich viel Zeit, die Vorbereitung jedoch dürfte Abel kaum belastet haben. Keine seiner Vorlesungsaufzeichnungen ist erhalten, seine Konzentration und sein Arbeitseifer galten entschieden der eigenen Arbeit. Am 12. Februar war er mit dem zweiten Teil der „Recherches" fertig, die dann am 26. Mai in *Crelles Journal* erschienen. Die „Recherches" enthielten in vieler Hinsicht Gedanken, die Abel lange in sich hatte reifen lassen, bereits im Sommer 1823 hatte er in einem Brief aus Kopenhagen die revolutionierende „Umkehrung" des Problems erwähnt: Anstatt den Wert des elliptischen Integrals als eine Funktion der oberen Grenze zu betrachten, behandelte Abel die obere Grenze als Funktion des Integralwertes. In der Folge ließ sich Abel viel Zeit für die Ausarbeitung seiner Ideen in der Gewissheit, kein anderer würde die Integrale und Funktionen auf diese Weise behandeln. Doch schon bald sollte sich auf eine aufregende Weise zeigen, dass er sich irrte. Die elliptischen Funktionen wurden nämlich der Grund für einen verbissenen Wettstreit zwischen Abel und dem deutschen Mathematiker Jacob Jacobi darüber, wer als Erster was entdeckt hatte. Dieser Wettstreit bildet eine dramatische und oft erzählte Episode in der Geschichte der Mathematik. Im Nachhinein überwiegt die Meinung, Abel sei der Erste und entschieden Gründlichere gewesen. Dies nachzuweisen war sehr wichtig, nicht zuletzt deshalb, weil Jacobi unmittelbar nach Abels Tod ein großes Lehrbuch zu diesem Thema herausbrachte, die *Fundamenta nova theoriae functionum ellipticarum*, damals das am meisten benutzte Lehrbuch über elliptische Funktionen an den Universitäten Europas, und in diesem Werk wurden Abels Verdienste nicht gewürdigt.

Abel verbrachte viel Zeit mit dem Studium der elliptischen Funktionen und zu diesem Thema sollte er noch sieben größere und kleinere Abhandlungen schreiben. Sechs davon erschienen vor seinem Tod, die unvollendete siebte, „Précis d'une théorie des fonctions elliptiques" umfasst hundert große Seiten.

Carl Gustav Jacob Jacobi war zwei Jahre jünger als Abel und stammte aus einem wohlhabenden jüdischen Elternhaus in Potsdam. Kurz nachdem Abel 1826 Berlin verlassen hatte, wurde Jacobi zu einem wichtigen Autor in *Crelles Journal* und erhielt im selben Jahr eine feste Anstellung an der Universität Königsberg. Jacobi hielt glänzende Vorlesungen über viele mathematische Themen, seine zahlentheoretischen Entdeckungen teilte er Gauß mit. Und Gauß, der in der Zahlentheorie sein Lieblingsgebiet sah, lobte den jungen Jacobi. Dieser hatte sich auch mit Legendres Werken über elliptische Integrale beschäftigt und schickte im Sommer 1827 einige Aufzeichnungen an Schumacher in Altona und dessen *Astronomische Nachrichten,* datiert auf den 13. Juni und den 2. August. Ohne Beweis stellte Jacobi hier spezielle und allgemeine Transformationen elliptischer Integrale vor. Und da der Beweis fehlte, war Schumacher im Zweifel, ob er Jacobis Arbeiten drucken sollte und schickte sie weiter an Gauß, von dem er wusste, dass er sich bereits früher mit elliptischen Funktionen beschäftigt hatte. Gauß antwortete, Jacobis Ergebnisse seien richtig und leicht aus seinen eigenen Arbeiten zu folgern, sie bildeten jedoch nur Bruchstücke eines größeren Werkes, das er selbst herauszugeben hoffe, sobald es ihm die Zeit erlaube. So druckte Schumacher die Formeln Jacobis in den *Astronomischen Nachrichten* vom September 1827, also ungefähr zeitgleich mit dem Erscheinen des ersten Teils von Abels „Recherches" in *Crelles Journal.* Diese beiden Arbeiten ließen bei vielen den Gedanken aufkommen, dass sich auf dem Gebiet der Funktionenlehre etwas Neues ereignete. Legendre studierte Jacobis Transformationsformel, er war sehr beeindruckt und hielt im November 1827 auf einer Zusammenkunft der Wissenschaftsakademie in Paris begeistert ein Referat darüber. Jacobis Formeln wurden in Zeitschriften und einer Reihe deutscher Zeitungen veröffentlicht und wurde die Grundlage seines Ruhmes. Doch Legendre bezweifelte, ob Jacobi für seine Formeln Beweise hatte und er leitete einen Briefwechsel ein, in dem er Jacobi inständig darum bat, seine Methode bekannt zu machen. Schumacher war derselben Meinung, auch er schrieb an Jacobi und bat ihn um einen Beweis. Jacobi war nun gezwungen, eine befriedigende Deduktion zu liefern, seine wissenschaftliche Ehre stand auf dem Spiel. Es war an diesem Punkt, da später viele meinten, Jacobi habe sich seine rettende Idee aus Abels erstem Teil der „Recherches" geholt. *Crelles Journal* mit Abels Abhandlung gelangte nachweislich Anfang Oktober 1827 nach Königsberg und dieses Heft, das größtenteils aus Abels Abhandlung bestand, enthielt auch eine von Jacobis Arbeiten.

Jacobi arbeitete eifrig daran, einen Beweis für die von ihm aufgestellte Formel zu finden, was ihm schließlich Ende November auch gelang, indem er von Abels Idee der „Umkehrung" Gebrauch machte. Einen Monat später wurde Jacobis Beweis gedruckt und er wurde, knapp 23 Jahre alt, zum Professor in Königsberg berufen.

Zu Beginn des Jahres 1828 machte Poisson in Paris Legendre auf Abels Arbeit aufmerksam und sowohl Abel wie Jacobi wurden nun für die mathematische Sektion der Akademie in Paris als Mitglieder vorgeschlagen. Keiner von beiden wurde hinein gewählt, Jacobi erhielt drei Stimmen, Abel keine.

Ende Januar 1828 bekam Abel schließlich Jacobis Aufzeichnungen in der Septembernummer der *Astronomischen Nachrichten* zu Gesicht. In diesem Zusammenhang soll er lediglich darauf hingewiesen haben, dass sich Jacobis Transformationsformel leicht aus seinen eigenen Formeln ableiten lasse. Als ihm aber Hansteen im März die neue Nummer der *Astronomischen Nachrichten* mit Jacobis Beweis der Formel zeigte, erkannte Abel, dass es einen Konkurrenten gab, der offensichtlich seine Ideen benutzte, ohne ihn auch nur mit einem Wort zu erwähnen. Abel war schockiert. Hansteen zufolge wurde er „ganz blass" und so unruhig, dass er zum Konditor laufen und einen Magenbitter trinken musste, „um die Alteration zu verwinden."

Ohne Zweifel war Abel empört und hatte sicher das Gefühl, eine weitere große Arbeit einzubüßen. Die Pariser Abhandlung sah er als endgültig verloren an. In dieser Situation arbeitete Abel härter als je zuvor, er meinte die Lösungen von weit mehr allgemeinen Transformationsproblemen zu haben, als sie Jacobi vorgelegt hatte. Nicht Jacobi wollte er angreifen, sondern die *Problemstellung*, und das auf eine so umfassende Weise, dass damit Jacobis Vorgehen in den Schatten gestellt würde.

Zur gleichen Zeit war Abel damit beschäftigt, eine große Arbeit über Gleichungstheorie abzuschließen. Am 29. März schickte er seine Abhandlung „Mémoire sur une classe particulière d'équations résolubles algébriquement" ab, die jedoch über ein Jahr bei Crelle liegen blieb und erst kurz vor Abels Tod zur Veröffentlichung gelangte.

Am 27. Mai hatte Abel die Arbeit beendet, die eine Antwort auf Jacobis Abhandlung sein sollte, und er nannte sie scherzhaft „Zernichtung Jacobis". Der gedruckte Titel lautete „Solution d'un problème général concernant la transformation des fonctions elliptiques" und es war nur zu natürlich, dass er an Schumacher und die *Astronomischen Nachrichten* geschickt wurde, die Jacobis Arbeiten auf diesem Gebiet herausgebracht hatten. Dieser Sendung lag ein Empfehlungsschreiben Hansteens an Schumacher bei. Hansteen war gerade zu seiner Sibirien-Expedition aufgebrochen und diesen Brief zu schreiben, war das Letzte, was er für Abel tat. In dem Brief bat Hansteen darum, die Abhandlung so rasch wie möglich zu drucken, er wies darauf hin, dass die Transformationstheorie in ihrer allgemeinen Form seit Jahren Abel gehöre und er berichtete dann von Abels „Alteration" und dem Magenbitter in der Konditorei, nachdem er Jacobis Arbeit zu Gesicht bekommen hatte. Schumacher seinerseits schickte die Abhandlung am 6. Juni mit dem folgenden spöttischen Kommentar weiter an Gauß: „Wenn Sie einmal Ihre Untersuchungen bekannt machen, wird ihn das vermutlich noch mehr Schnaps kosten."

Schumacher, Crelle und andere hätten es gerne gesehen, wenn Gauß endlich *seine* Arbeiten auf diesem Gebiet herausgeben würde. Doch nachdem er den ersten Teil von Abels „Recherches" gelesen hatte, musste der große Gauß zugeben, dass Abel ihm zuvorgekommen und zum selben Ergebnis gelangt war wie er selbst im Jahre 1798. Und Gauß hatte hinzugefügt: „Da er (Abel) nun auch in Rücksicht auf die Darstellung so viel Feinheit, Tiefe und Eleganz an den Tag gelegt hat, halte ich es aus diesem Grund für überflüssig, meine eigenen Untersuchungen zu redigieren." Von dieser Anerkennung durch Gauß erfuhr Abel sicher etwa zur gleichen Zeit über Crelle, da er seine „Solution" abschloss.

Wie für Abel die Zeit von Januar bis zum Sommer mit Unterrichten, mit Studenten und Freunden und fieberhaftem Arbeiten eigentlich war, darüber wissen wir wenig. Ende Februar half er dem jungen Mathematiker Otto Aubert einen Artikel in *Crelles Journal* zu veröffentlichen. Es handelte sich um eine zehnseitige Abhandlung, eine Antwort auf einige geometrische Aufgaben, gestellt in einem früheren Heft des *Journals*. Otto Aubert war 19 Jahre alt und hatte in den letzten Jahren nach dem *examen philosophicum* Geschichte und Geographie an der Kathedralschule in Christiania unterrichtet. Abel kannte ihn sicher über seinen Bruder Johan Aubert, der seit 1817 Lehrer an der Kathedralschule gewesen war, sowie über andere, die zum Kreis um die Brüder Aubert in deren Haus in Akershus gehörten. An Crelle in Berlin schrieb Abel, dass eine Veröffentlichung des Artikels für Otto Aubert eine große Bestätigung sein würde, der zwar noch jung, aber zweifellos auch begabt sei. Auberts Artikel wurde dann auch gedruckt, jedoch erst im Jahr nach Abels Tod, und als Aubert einige Jahre später nach Berlin kam, wurde er von Crelle sehr freundlich empfangen und auf seine wöchentlichen Spaziergänge mitgenommen, zusammen mit Steiner, Dirichlet und Möbius. Bei dieser Gelegenheit wurde Aubert gebeten, sechs Portraits von Abel zu besorgen.

In den letzten Jahren hatten in Christiania und in einigen anderen Orten des Landes großartige Feiern zum 17. Mai stattgefunden, zu jenem Tag, an dem Norwegens Grundgesetz verabschiedet worden war. 1826 wurde überall in Christiania Bjerregaards „Sønner af Norge" (Söhne Norwegens) gesungen und am Abend leuchtete dann in flammender Schrift über einem Schiff im Hafen „Eidsvold 17. Mai". Doch als das Storting im Jahr darauf den Tag mit einem großen Festessen beging, erregte dies den Zorn Karl Johans in einem Maße, dass er nun, Anfang Mai 1828, ein Manifest verschickte, wonach das Feiern jenes Tages untersagt war. Dieses Manifest wurde mit Kurieren in alle Richtungen verteilt und überall im Reich bekannt gemacht. Doch niemand wusste, ob sich das Volk auch nach dem Willen des Königs richten würde. In der norwegischen Hauptstadt war Karl Johan persönlich anwesend, bereits früh am Morgen und in voller Uniform. Man erzählte, während er sich das Schwert umband, habe er die Worte ausgesprochen: „Gebe Gott, dass ich heute nicht gezwungen werde, es aus der Scheide zu ziehen." Natürlich hatte das Storting alle öffentlichen Veranstaltungen für diesen Tag abgesagt, und zum ersten Mal, seit man 1824 damit begonnen hatte, diesen Tag zu feiern, versammelten sich auch keine Studenten zum Fest. Die wenigen, die sich privat versammelten und lautstark patriotische Lieder sangen, wurden angezeigt und in den Polizeiakten vermerkt. Einige Schüler der Kathedralschule, die durch das Fenster vorbeigehende schwedische Diener des Königs mit „Vivat 17. Mai" begrüßten, wurden zum Verhör geholt, bei dem der Kirchenminister, der Bischof, der Stiftsamtmann und der Kommandant von Akershus zugegen waren. Ansonsten verlief der Tag der Verfassung in Christiania ruhig. Erst im Jahr darauf kam es während der so genannten „Schlacht auf dem Marktplatz" zu dramatischen Unruhen.

Am 19. Mai fuhr Hansteen endlich nach Schweden, um seine Sibirienreise anzutreten. Lange hatte er gehofft, Boeck und Keilhau als Begleiter zu haben, doch Boeck war im Begriff zu heiraten und die Fakultät befand, dass Keilhau an der Universität nicht für eine so lange Zeit entbehrt werden könne und lehnte sein Gesuch auf Beurlaubung ab. Die Zeitung *Rigstidende* berichtete über Hansteen: „Er wird vom Oberleutnant der Marine Due begleitet und trifft in St. Petersburg Dr. Ermann aus Berlin, der gleichfalls die Reise antreten wird, und zwar als Naturkundler und Astronom." Während der ganzen Reise wurde das norwegische Volk durch Briefe und Kommentare auf dem Laufenden gehalten, und als Hansteen nach zwei Jahren zurückkehrte, wurde er als Volksheld empfangen.

Am 25. Mai 1828, während Abel sich mitten im Endspurt an seiner Arbeit „Solution" befand, kam sein Bruder Thomas nach Christiania, um noch einmal einen Versuch zu wagen, seinen Lebensunterhalt zu verdienen. Nach kurzer Zeit musste er mit unbeglichenen Logisrechnungen die Hauptstadt verlassen in der Erwartung, dass Niels Henrik sich der Sache annehmen werde.

Anfang Juni erwartete Abel den Besuch von Christine. Sie wollte mit dem Dampfschiff kommen, begleitet von ihrem Arbeitgeber, dem Werksbesitzer Smith, der unterwegs war nach Kopenhagen. Abel hatte vereinbart, dass sie auch diesmal bei Frau Hansteen wohnen konnte, die in ihrem Tagebuch am 1. Juni schrieb: „Viel Näharbeit und überhaupt muss alles für Jgfr. Kemps Kommen vorbereitet werden." Zusammen mit seiner Schwester Elisabeth fuhr Niels Henrik nach Drøbak am Oslofjord, um Christine dort abzuholen. Am 8. Juni kamen sie in Christiania an und Christine, auch Crelly genannt, blieb drei Wochen lang. Vieles hatte sich inzwischen so gefügt, dass das junge Paar einer glücklicheren Zeit entgegensehen konnte: Abel durfte sich Zeit nehmen für ruhige Gespräche bei Frau Hansteen und für Spaziergänge mit seiner Verlobten durch die Straßen und entlang der außen liegenden Anwesen in der sicheren Gewissheit, dass die „Recherches" gedruckt waren und dass „Solution" ganz sicher in der nächsten Nummer der *Astronomischen Nachrichten* erscheinen werde. Und von Crelle in Berlin hatte ihn die Nachricht von Gauß' anerkennenden Worten erreicht. Ob Abel von all dem Lob erfuhr, das auch sonst in Berlin über ihn gesagt wurde, ist nicht so sicher. Crelle, der unermüdlich für die Zukunft seines *Journals* arbeitete, hatte in einem Brief vom 14. Mai an die preußische Regierung die Bedeutung der Zeitschrift für die Mathematiker hervorgehoben und dabei ausdrücklich seinen jungen Mitarbeiter Abel und dessen Arbeit an der Gleichung fünften Grades und den elliptischen Funktionen erwähnt. Crelle schrieb, dass Herr Abel „ein junger Norweger ist und vielleicht eine der hervorragendsten Begabungen für die höhere Mathematik, die es derzeit gibt, aber leider in seinem Vaterland fast gänzlich übersehen wird und gegen ungünstige Umstände kämpfen muss." Dies machte auf die Regierung in Berlin einen solch starken Eindruck, dass Crelle bereits am 7. Juni die Antwort erhielt, das Ministerium wolle „versuchen, diesen jungen Gelehrten hier in den Staatsdienst zu bringen." Weil aber gerade keine bestimmte Stelle frei war, wurde Crelle gebeten herauszufinden, „inwieweit er (Abel) geneigt wäre, die Tätigkeit eines Privatdozenten an der hiesigen Universität gegen eine angemessene jährliche Vergütung anzutreten." Crelle schrieb sogleich an Abel und bat um eine Antwort, ohne ihm jedoch Näheres darüber mitzuteilen, woher die Anfrage stammte. Abel erhielt die frohe Botschaft gerade zu der Zeit, da er täglich seine Braut im Haus und im Garten von Frau Hansteen in der Pilestredet traf. Die Gespräche über die glückliche Zukunft des „Herrn Professor und Frau Gemahlin" muss allen Freude bereitet haben. Doch die Aussicht, sein Land und die norwegische Universität verlassen zu müssen, beunruhigte Abel. Es war, als warte er auf ein deutliches Zeichen, ob es richtig sei, aus Norwegen wegzugehen: Er versuchte, eine Reaktion hervorzurufen, zu der er sich verhalten konnte. Am 21. Juni schrieb er an den Senat der Universität:

Da sich mir in diesem Augenblick die Aussicht auf eine Anstellung im Ausland eröffnet, nämlich an der Universität in Berlin, nehme ich mir die Freiheit, mich diesbezüglich an das hohe Collegium zu wenden, um dadurch zu erfahren, ob ich hier eine feste Anstellung erhalten kann. Gewiss ist es mein innigster Wunsch, mein Leben in meinem Vaterland zu verbringen, wenn sich das auf eine Weise bewerkstelligen lässt, die mir dienlich ist; aber ohne das glaube ich nicht, dass ich ein Mittel zurückweisen darf, meine Zukunft zu sichern, die mir hier sehr prekär erscheint. Sollte mir eine feste Anstellung jetzt nicht zuteil werden können, erlaube ich mir anzunehmen, dass meine Constitution an der Universität kein Hindernis darstellen sollte für meinen Versuch, eine Anstellung in Berlin zu erhalten. Sollte sich später einmal hier für mich ein sicherer Lebenserwerb eröffnen, würde von meiner Seite nichts dagegen sprechen, dass ich zurückkehre, falls ich diese Hoffnung hegen darf. Da mir inständigst auferlegt wurde, meine Antwort umgehend abzugeben, möchte ich mir von dem hohen Collegium ausbitten, diese Sache so bald wie möglich zu behandeln. Es ist für mich eine Sache meines künftigen Wohlergehens.

Noch am selben Tag, dem 21. Juni, bedauerte der Senat in einem Schreiben an den Vizekanzler der Universität, „dass derzeit diesem begabten jungen Mann keine feste Anstellung angeboten werden kann, mit der er der Universität und dem Vaterland erhalten bleiben könnte." Dennoch fühlte sich der Senat verpflichtet zu untersuchen, ob von Staats wegen eine Möglichkeit bestehen könnte, Abel eine Stellung anzubieten „im Verhältnis zu seinen in der Welt der Gelehrten bereits anerkannten Verdiensten und zu den Aussichten, die er an einer fremden Universität geboten bekommt, wo er wahrscheinlich nach einer kurzen Anstellung als so genannter Privatdozent einen Lehrstuhl erlangen wird." Abschließend bemerkte der Senat, dass Abels derzeitige Stellung als Dozent auf Zeit kein Hindernis darstelle, eine Anstellung in Berlin anzunehmen, dies um so weniger, da Holmboe sich bereit erklärt hatte, alle Unterrichtsvertretungen Abels in Christiania zu übernehmen. Ende März war Treschow als Vizekanzler der Universität zurückgetreten und sein Nachfolger war der mit allen Wassern gewaschene Politiker Graf Wedel Jarlsberg. Und Graf Jarlsberg hatte nichts dagegen, sich dem Wunsch, es möge eine Stelle für „diesen begabten jungen Mann" gefunden werden, anzuschließen, aber „da ich dazu im Augenblick keine Möglichkeit sehe, wage ich diesbezüglich keine Stellungnahme und muss mich deshalb mit der Hoffnung trösten, dass die Zukunft Gelegenheit geben möge, Herrn Abel zurückzubekommen." Dies war eine deutliche Aussage von Graf Wedel Jarlsberg, als er am 24. Juni die Sache weiterleitete an Minister Diriks im Kirchenministerium. Abel muss erfahren haben, wie die Sache stand und wandte sich am 30. Juni mit der kurzen Bitte an das Kirchenministerium, die ganze Angelegenheit „bis auf weiteres einzustellen." Am selben Tag stand im Journal des Kirchenministeriums: „Bewilligt und eingestellt."

Abel hatte sich also entschlossen, er wollte Crelle schreiben und ihm mitteilen, dass er jederzeit bereit sei, das Amt eines Privatdozenten in Berlin zu übernehmen. Alles sah wirklich hoffnungsfroh aus, oder etwa nicht? War die Unruhe, sein Heimatland verlassen zu müssen, nun verschwunden? War die Bindung ans Vaterland Ausdruck von Pflichtgefühl, und war es eine Befreiung, dass andere als er selbst seine Abreise erzwangen? Und was war mit den „Umständen der Liebe"? Hatte Abel konkrete Pläne im Hinblick auf eine Heirat mit Christine, oder wünschte er vielleicht in seinem tiefsten Inneren, dass auch in dieser Frage Kräfte von außen eingreifen und ihm die Entscheidung abnehmen würden? Über all dies wissen wir so gut wie nichts, die Tagebucheintragungen von Frau Hansteen sind unvollständig und geben keinen Hinweis auf Gespräche über Zukunftspläne. Doch ein starker Wunsch zu heiraten wäre vielleicht auf andere Weise zum Ausdruck gekommen als durch das charmante Gerede vom „Herrn Professor und Frau Gemahlin"?

Abel war jedenfalls für den Sommer zusammen mit Crelly nach Froland eingeladen, dort sollten sie eineinhalb Monate verbringen. Am Dienstag, den 1. Juli verließen sie Christiania mit dem Dampfschiff „Constitutionen". Einer von Abels Freunden aus dem Studentenwohnheim, Morten Kjerulf, der ebenfalls an Bord war, erzählte später, Abel habe sich eine Brille zugelegt und sehe nun auch standesgemäßer aus.

47.

Der letzte Sommer

Wo immer das Dampfschiff „Constitutionen" anlegte, weckte es große Begeisterung, das Volk strömte in Scharen zum Kai, mit Liedern und Gedichten wurde es gepriesen:

Schwimm sicher auf des Nordmeers Wogen
Du schönes künstlich Werke,
das in sich hat verborgen
'nen Troll von Riesenstärke,
der spielet unerschrocken treu
mit des Meeres prallen Brüsten
und lächelt dabei ohne Scheu
was Njord[14] und Ægir[14] arg verdrießte.

Nies Henrik und Christine gingen in Risør an Land und kamen auf ihrer Weiterreise vermutlich auch nach Gjerstad. Sicher hätte Niels Henrik seiner Verlobte gern sein Heimatdorf gezeigt und sie seiner Familie vorgestellt. Zweifellos auch wollte er seiner Mutter und den Geschwistern die guten Neuigkeiten überbringen: Die Schulden des Vaters waren endgültig getilgt, keine Zwangsversteigerung konnte sie mehr zwingen, Haus und Hof zu verlassen. Der letzte Rest des Stipendiums der Universität war verwendet worden, um die offen stehenden Getreidebeiträge zu begleichen.

Wenige Tage später trafen Christine und Abel in Froland ein. Nach einem Jahr im Dienst schien Christine als Gouvernante sehr beliebt zu sein und die guten Aussichten für Kandidat Abel dürften sein Ansehen erhöht haben. An einem der ersten Tage in Froland wurde Abel krank und bettlägerig, war aber schnell wieder auf den Beinen. Er hatte sein eigenes Zimmer im Hause der Familie Smith, wo er seine mathematischen Arbeiten fortsetzen konnte, besonders an den elliptischen Funktionen. Manchmal scheint Kandidat Abel

---

[14] Götter der nordischen Mythologie

auch als Spielonkel für die Kinder tätig gewesen zu sein. Er hatte Geschichten zu erzählen vom großen Ausland und wenn dies nicht genügte, konnte er ihnen seine Schwimmkünste vorführen; das Wasser war verlockend nah. Die Kinder mochten Abel sehr und schenkten ihm unter anderen Dingen Strümpfe und Taschentücher. In ihrer freien Zeit spazierten Niels Henrik und Christine durch den schönen Park neben der Eisenhütte und man erzählte, dass sie dann oft in dem weißen Lusthäuschen oben auf dem Hügel saßen mit der Aussicht über das Wasser und man stellte sich vor, wie sie dort über Heirat und Zukunft sprachen.

Die großartige Gartenanlage im Barockstil mit dem erhöht stehenden Lusthaus hatte die Mutter von Sivert Smith um die Jahrhundertwende anlegen lassen. Zu dieser Zeit arbeiteten 162 Leute in der Eisenhütte, dazu kamen die vom Werk abhängigen Lieferanten von Holzkohle, Eisenerz und Bauholz. Da wurden Öfen gegossen, die eine, zwei und drei Etagen hoch waren, Kessel wurden hergestellt und Eisenplatten zum Brotbacken, hinzu kamen Ballasteisen, Nägel und Schiffsnägel. Den Großteil der jährlichen Produktion bildeten die über 30.000 Kanonenkugeln unterschiedlicher Größe. Das war in den goldenen Zeiten vor den Kriegsjahren 1807–1814. Doch auch jetzt noch herrschte reger Betrieb, eine ähnlich große Anzahl von Menschen war beschäftigt, ein doppelter Schmiedehammer und sechs Nagelhämmer waren im Einsatz. Mit drei wassergetriebenen Gattersägen besaß die Fabrik außerdem eines der größten Sägewerke des Distrikts.

In diesem Sommer 1828 war das Wetter in diesem Gebiet ziemlich wechselhaft, Sonne, Regen und genug Wärme führten zu einer guten Ernte, alles in allem sprach man am Ende von einem guten Sommer. Doch anderswo sammelten sich dunkle Wolken und es war, als wolle jemand Abel wieder zurückwerfen in Depression und Unsicherheit.

Es begann in Christiania. Abels kurzer Bescheid an das Kirchenministerium, man möge seine Anfrage bezüglich einer eventuellen festen Anstellung in Norwegen als erledigt betrachten, erinnerte den Minister an eine andere Angelegenheit. Minister Diriks stellte nämlich fest, dass man Abel in Wirklichkeit viel zu großzügig behandelt hatte. Diriks Vorschlag vom vergangenen Jahr, Abel das Geld von der Universitätskasse auszahlen zu lassen, hatte zur ausdrücklichen Bedingung, das Geld von Abels künftigem Gehalt aus einer Anstellung an der Universität abzuziehen. Nun stellte das Ministerium fest, dass Abel seit Februar eine Dozentenstelle innehatte, ohne dass auch nur das Geringste zurückgezahlt worden sei. Das Ministerium fand heraus, dass der Senat das Geld als Stipendium und nicht als Vorschuss gewährt habe und Diriks machte deshalb den Senat in einem Schreiben darauf aufmerksam, dass entgegen der Empfehlung des Ministeriums gehandelt worden sei. Diriks forderte nun den Senat auf, „dafür zu sorgen, dass besagter Vorschuss als entsprechender Abzug von dem Gehalt des Herrn Abel der Universität wieder zugute komme." Dies ging dem Senat zu weit und in seiner Antwort vom 14. Juli hieß es, der Senat erachte es nicht für gerechtfertigt, eine Rückzahlung zu fordern, und zwar „mit Rücksicht auf die ferneren Aussichten, die Herr Abel hat, eine feste Anstellung zu erlangen." Überdies wies der Senat darauf hin, dass Abels derzeitige Stellung nur mittelfristig sei und es ihm zweifellos *äußerst schwer* fallen würde, das Geld zurückzuzahlen.

Dieser Vorgang wurde nun zum Anlass einer zwei Monate dauernden Fehde zwischen Staat und Universität, einer Fehde, durch die der Senat die Unabhängigkeit der ganzen Universität in inneren Angelegenheiten bedroht sah. Diriks im Kirchenministerium wollte sich nicht ohne weiteres damit abfinden, dass der Senat befugt war, ohne die Zustimmung einer höheren Instanz über die Mittel der Universität zu verfügen, und er verlangte vom Vizekanzler der Universität eine Entscheidung, ob eine Unterstützung wie Abels Stipendium von der Universitätskasse behandelt werden dürfe und solle. Der Senat verwies auf die Satzung der Universität und erklärte, dass er berechtigt sei, über einen etatmäßig festgelegten Posten von 1.200 Speziestaler uneingeschränkt zu verfügen. Der Senat vertrat also die Auffassung, keineswegs seine Kompetenzen überschritten zu haben und ließ sich nicht von seiner Entscheidung abbringen. Als der Fall dann beim Vizekanzler behandelt werden sollte, war Graf Wedel Jarlsberg verreist und die Erklärung einer vollen Billigung der Senatsentscheidung wurde an seiner Stelle von Professor Rathke unterschrieben. Daraufhin wurde die Sache vom Kirchenministerium in aller Stille ad acta gelegt. Es hieß lediglich, Abels Stipendium werde bei der Revision des Rechenschaftsberichts der Universität nicht behandelt.

Dieser Minister Diriks hatte überhaupt einen schlechten Ruf bei Studenten und Lehrern. Man hielt ihn für arbeitsscheu und selbstherrlich, und er verstand es, seine Arbeit durch andere verrichten zu lassen. Da er nur ein Auge hatte, nannte man ihn „Polyphem", nach Homers grausamem Kyklopen, und in intellektuellen Kreisen war man der Meinung, Diriks einziges Verdienst als Minister bestünde darin, dass er alle Freiexemplare norwegischer Druckerzeugnisse, die seinem Ministerium per Gesetz zustanden, zur Aufbewahrung an die Deichmannsche Bibliothek weiterleiten ließ.

Am 7. Juli erschien in der Hauptstadt eine neue Zeitung, „Das Neueste aus Christiania und Stockholm", mit dem Buchhändler Jørgen Schiwe als Redakteur und Herausgeber, und in der ersten Nummer wurden die Gerüchte über Abels Aussichten in Berlin aufgegriffen. „Unser junger Gelehrter Abel, Lehrer für Mathematik an der Universität, der vor etwa einem halben Jahr von seiner wissenschaftlichen Auslandsreise zurückgekehrt ist, hat sich in Berlin eine derartige Achtung erworben, dass ihm dieser Tage vom dortigen wissenschaftlichen Gremium eine Anstellung angeboten worden ist, die ihm und unserem

Lande zu großer Ehre gereicht. Man bedauert, dass zum gegenwärtigen Zeitpunkt an der hiesigen Universität kein anderer ihm würdiger Platz, als er ihn bereits bekleidet, zur Verfügung steht und wir müssen erfreut sein, dass er nicht zögert, jenes ehrenvolle Angebot anzunehmen, und wir hegen nur die Hoffnung, er möge einst mit einem berühmten Name in das geliebte Land seiner Geburt zurückkehren."

Über diesen Artikel war Abel äußerst verärgert: Von Berlin war Crelle mit Mitteilungen über Abels künftige Stellung sehr vorsichtig umgegangen und es war der Sache keineswegs dienlich, Abel nun als finanziell abgesichert hinzustellen.

Etwa gleichzeitig mit dem Artikel in Christiania gab es einen Rückschlag in Berlin, der für Abel alle Hoffnungen auf eine Verbesserung seiner Lage brutal zunichte machen sollte. Am 20. Juli erhielt Abel die Nachricht von Crelle, dass ein „vom Himmel gefallener" Konkurrent die angekündigte Stelle in Berlin erhalten solle. Plötzlich sah alles dunkler aus als je zuvor. Am Tag darauf schrieb Abel von Froland aus an Frau Hansteen in Christiania:

„Leider" – mit diesem unheilvollen Wort beginnt ein Brief, den ich, datiert vom 11. Juli, gestern von Crelle erhalten habe und leider muss ich zugeben, dass mich der Brief sehr niedergeschlagen hat. Es wird nichts daraus. Ein anderer ist gekommen, wie vom Himmel gefallen, hat seine Ansprüche geltend gemacht und muss unbedingt versorgt werden, bevor man an mich denken kann. Wer dieser andere ist, darüber schreibt Crelle nichts, und ich kenne keinen von diesem Caliber. Er sagt, dass er im Augenblick nicht um meinetwegen insistieren möchte, weil mir das mehr schaden als nützen würde, weiß Gott aus welchem Grund. Außerdem sei der ‘Minister des Unterrichts’ verreist und werde erst in acht Wochen zurück erwartet. Er meint deshalb, er könne mir nicht vor Oktober dieses Jahres eine endgültige Antwort geben. Doch sein Brief ist so entmutigend, dass ich alle Hoffnung aufgegeben habe. Ich bin also wieder so weit wie vorher, ja noch schlimmer, denn ich wurde hier prostituiert und das kann mir auch im Ausland passieren (siehe den erbaulichen Artikel in dem von Buchhändler Schiwe herausgegebenen Blatt, dem „Neuesten aus Christiania und Stockholm" Nr. 1 Seite 6). Ich wollte nicht widersprechen, um die Sache nicht noch schlimmer zu machen. Jetzt kann es als Zeitungsente angesehen werden, et enfin le temps tue tout. Mag es gehen, wie es will. In Christiania fällt es mir schwer, nach etwas anderem zu suchen. Lieber werde ich mich schinden mit dem, was ich habe, so lange ich kann. Ich habe gelernt, den Mund zu halten; das ist etwas Gutes.

Frau Hansteen wurde darum gebeten, nichts auszuplaudern, außer dass er „nie ein Angebot erhalten hat." Und sollte sein Bruder Peder bei ihr auftauchen, dürfe dieser auf keinen Fall irgendetwas erfahren, was ihn davon abhalten könnte, sich für eine Stelle als Hauslehrer zu bewerben. Abel fuhr fort: „Es schmerzt mich vor allem wegen meiner Verlobten. Sie ist allzu gut."

Er bat Frau Hansteen noch, sein Gehalt vom Juli bei der „Zahlcasse" abzuholen und ihm davon einen Zehnspezies-Schein, in dickes Papier gefaltet in einem „versiegelten Kuvert" zu schicken und er schloss:

Damit der Bursche, der den Brief von Arendal hierher bringt, nicht stiehlt, ist es am besten, das Geld überhaupt nicht zu erwähnen. Seien Sie nicht zornig auf mich, wenn ich Ihnen Unannehmlichkeiten bereite. Ich ärgere mich eben doch. [...] Crely grüßt ganz besonders. Sie schrieb am letzten Posttag. Ich benehme mich einigermaßen männlich.
Auf das Herzlichste verbleibe ich Frau Hansteens erbärmlichste Kreatur
N.H. Abel

Eine Woche später, am darauf folgenden Montag und Posttag in Froland, schickte Abel einen Brief an B.M. Holmboe. Es ging um die gleiche Sache.

... Die Tour nach Berlin. Ist zum Teufel und ich beinahe auch. Crelle hat mir am Sonntag vor acht Tagen geschrieben, dass einer wie vom Himmel gefallen daher kam, seine Forderungen geltend gemacht hat und versorgt werden musste. Weiß Gott wer das ist, spielt auch keine Rolle, mich hat er jedenfalls ausgestochen, dieses Schwein. Er schreibt ansonsten, ich solle, so misslich es aussieht, trotzdem nicht alle Hoffnung aufgeben, weil später etwas möglich sein wird. Im Oktober werde ich bestimmt Antwort erhalten. Aber Du sagst nichts darüber. Nur was die Wahrheit ist, dass ich nie nach Berlin sollte oder soll. Crelle hat es gar nicht gutgeheißen, dass ich darüber geredet habe.

Für Abel war es wichtig, dass niemand meinte, er solle nach Berlin. In Christiania war davon die Rede, dass vielleicht ein Lehrer für Astronomie an der Kriegsschule gebraucht werde, Abel interessierte sich nun für diese Stelle und bat Holmboe zu vermitteln: „Ich muss alle Möglichkeiten wahrnehmen", schrieb er. Dazu erwähnte er, einen Brief von Schumacher erhalten zu haben mit der Mitteilung, dass „meine Zernichtung Jacobis" gedruckt sei und er bat Holmboe, Johan Aubert zu seiner Ernennung zum Konrektor der Kathedralschule zu gratulieren und schrieb, dass er am Freitag in 14 Tagen Froland verlassen werde. Und um sich ein Dach überm Kopf zu sichern, schloss er: „Du nimmst es mir hoffentlich nicht übel, wenn ich bei meiner Ankunft für ein paar Tage bei Dir unterschlüpfe, bis ich ein Logis finde, und dass ich den Brief nicht bezahle und Dich bitte, das Beigelegte zu besorgen." Das Beigelegte war ein Brief an Frau Hansteen, in dem er sie bat, ihr Dienstmädchen zum Kaufmann Lars Møller Ibsen zu schicken und ihm zu sagen, dass er, falls sein Bruder Thomas die Stadt mit unbezahlten Rechnungen verlassen haben sollte, diese nach seiner Ankunft in der Hauptstadt begleichen werde. Es existiert noch eine andere kleine Notiz, die Abel in Froland schrieb, wahrscheinlich auch an Frau Hansteen:

Ich bin arm wie eine Kirchenmaus und besitze nicht mehr als 1 Sp. 60 Sk., die ich als Trinkgeld geben muss.

Ihr Vernichteter

Abel verließ Froland wahrscheinlich am Morgen des 15. August, einem Freitag. Jedenfalls begab er sich am Nachmittag desselben Tages am Kai von Arendal an Bord des Dampfschiffes. Und am Sonntagabend war er in Christiania.

48

Letzte Runde. Der Herbst 1828.

Rechtzeitig zum Beginn der Vorlesungen war Abel wieder in Christiania. Er zog bei Holmboe ein und suchte nach einer eigenen Unterkunft. Frau Hansteen traf Vorbereitungen, um mit ihren sechs Kindern nach Kopenhagen zu reisen. Einer der Gründe war, während des Sibirienaufenthaltes ihres Mannes Ausgaben zu sparen, also wollte sie bei ihrer Familie in Kopenhagen wohnen. Ihr Tagebuch gibt Auskunft über die Zeit vor der Abreise, erwähnt jedoch nicht, ob Abel sie besuchte. Am 28. August heißt es: „Bei Tschechows gespeist. Ørsteds dort." Und Anfang September notierte sie: „Einer dieser Morgen, an dem ein herrlicher Regenbogen so nah und deutlich war, dass das eine Bein auf Brochmanns Dach stand."

Abel fand eine neue Unterkunft und setzte seine mathematische Arbeit fort. Aber kurz darauf erkrankte er wieder und musste das Bett hüten. Ein Arzt sah nach ihm, möglicherweise Skjelderup, und erklärte ihm ausdrücklich, dass große Anstrengungen sehr schädlich seien. Als Frau Hansteen am Abend des 15. September an Bord des Dampfschiffs nach Kopenhagen stieg, war Abel so krank, dass er nicht Adieu sagen konnte. Und ohne Frau Hansteen war Abels Leben um eine Stütze, einen Trost und eine Klagemauer ärmer. Eine Woche später, am 22. September, schrieb er ihr nach Kopenhagen:

Sie haben sich gewiss etwas gewundert (um keinen stärkeren Ausdruck zu benutzen), beste Frau Hansteen, mich vor Ihrer Abreise nicht mehr zu sehen, aber in jedem Fall war Ihre Verwunderung nicht größer als mein Gram darüber, nicht ans Schiff kommen zu können. Ich war krank und bettlägerig bereits seit dem Abend, da Sie bei Treschow waren, und das bis vor wenigen Tagen. Jetzt fühle ich mich Gott sei Dank wieder recht gut. Es ist so seltsam, aber mir geht nicht in den Kopf, dass Sie abgereist sind und ich bin so manches Mal drauf und dran, zu Ihnen zu gehen. Ich bin jetzt doch ziemlich einsam. Ich beteure Ihnen, dass ich im eigentlichen Sinne mit keinem Menschen Umgang habe. Ich werde jedoch vorerst keine Entbehrung spüren, da ich so grausam viel für das *Journal* zu tun habe. [...] Erst gestern erhielt ich einen Brief von Crelle, in dem er mitteilt, dass nach wie vor Hoffnung besteht, dass ich nach Berlin kommen kann und dass es sich bald entscheiden wird, ob etwas daraus wird oder nicht. Von der lieben Crelly soll ich Sie besonders grüßen. Sie schickt Ihnen hiermit ein Häubchen, selbst gestrickt, und bittet Sie, es so zu nehmen, wie es ist. Dass es nicht ganz fertig ist, kommt daher, dass es vor acht Tagen hierher geschickt werden musste, um vor Ihrer Abreise da zu sein. Unglücklicherweise bekam ich es erst am Dienstag und also zu spät. Ich hätte noch das eine oder andere zu schreiben, aber die Vorlesungen zwingen mich, aufzuhören. Mein herzlichster Gruß an die liebe Frau Friderichsen samt allen Engeln. Mit den besten Wünschen für Ihr Wohlbefinden

N.H. Abel

Crelly schätzt Sie fast genauso sehr wie ich.

Sicher hoffte Abel auf eine Berufung nach Berlin noch im Laufe des Herbstes, dann hätte er natürlich Frau Hansteen und „alle Engel" in Kopenhagen wiedersehen können.

Von Berlin aus versuchte Crelle mit allen Mitteln, Abel Mut zuzusprechen und ihn in seinen Erwartungen zu bestärken. Im letzten Brief hatte er eine Reihe positiver Äußerungen über Abels Arbeiten von Legendre, Jacobi und anderen Mathematikern aufgelistet, mit denen er in Kontakt war. Was in Berlin geschehen war und wer der „vom Himmel gefallene" Konkurrent eigentlich war, ist nicht mit Sicherheit festzustellen. Vieles deutet darauf hin, dass es sich um Abels Freund aus Paris, den Preußen Dirichlet, gehandelt haben könnte, der damals wahrscheinlich völlig ahnungslos Abels Hoffnung auf ein Anstellung zunichte machte. Dirichlet war seit April 1827 an der Universität in Breslau gewesen und hatte nun eine Stelle als Professor. Eine Woche bevor Crelle am 11. Juli 1828 diesen Brief an Abel schrieb, dass „leider" ein anderer gekommen sei mit einem Anspruch, der vor dem von Abel eingelöst werden müsse, hatte Kulturminister von Altenstein, mit dem Crelle als mathematischer Berater korrespondierte, einen Brief vom Direktor der Kriegsschule in Berlin erhalten, einem Generalmajor von Lilienstern, mit der Bitte, Dirichlet von seiner Stelle in Breslau zu beurlauben, um eine neue Kriegsschule in Erfurt aufbauen zu helfen, was sich jedoch schnell als undurchführbar erwies. Doch bereits wenige Wochen später, am 27. Juli, bewilligte das Ministerium in Berlin Dirichlet eine ungewöhnlich lange Beurlaubung, was sicher dem Einfluss von keinem Geringeren als Alexander von Humboldt zu verdanken war, dem langjährigen Gönner und Wohltäter Dirichlets. Für diese Zeit der Freistellung, also von Anfang Oktober 1828 bis Ende Juli 1829, hatte sich Dirichlet bereit erklärt, jeweils an der Kriegsschule und an der Universität in Berlin einige Stunden zu unterrichten.

Wenn Abel schrieb, dass er „im eigentlichen Sinne" in Christiania zu dieser Zeit mit keinem einzigen Menschen Umgang pflegte, muss er damit den privaten Umgang außerhalb seiner Vorlesungen gemeint haben. Die Zusammenkünfte in der Physiographischen Vereinigung waren noch kaum in Gang gekommen, die Theatersaison hatte noch nicht begonnen, Keilhau war im Sommer auf einer Forschungsreise im Nordland im Nordnorwegen gewesen und war sehr mit seinen Vorträgen beschäftigt, Boeck stand kurz vor seiner Vermählung. Am 6. Oktober sollte die Hochzeit mit der Tochter von Minister Collett in großem Stil gefeiert werden. Ob Abel dabei war, ist nicht bekannt. Auch von Abels Vorlesungen über Astronomie gibt es keine Aufzeichnungen.

Abel hatte „grausam viel für das *Journal* zu tun." Die Abhandlung, die er vor allem in Froland ausgearbeitet hatte, „Addition au mémoire précédant", datierte er auf den 25. September und schickte sie nun an Schumacher und dessen *Astronomische Nachrichten*, da es sich dabei um eine Weiterführung der „Solution" oder der „Zernichtung" handelte, die dort abgedruckt worden war. Abel schloss diese Arbeit mit folgenden Worten, übersetzt aus dem Französischen: „Es gibt noch viel zu sagen über die Transformation der elliptischen Funktionen. Man wird weitere Entwicklungen zu diesem Thema und zu der Theorie der elliptischen Funktionen im Allgemeinen in einer Abhandlung finden, die im Journal des Herrn Crelle herauskommen wird." Und Abel produzierte nun, in einem offenbar euphorischen Zustand, Abhandlungen am laufenden Band und verschickte sie mit der Bitte um rasches Erscheinen. Crelle tat, was er konnte, um seinen jungen Freund zufrieden zu stellen, der inzwischen zu den am meisten genannten Mathematikern Europas zählte.

Zur selben Zeit, da seine Berühmtheit wuchs, wurde auch bekannt, dass das junge Genie im fernen Christiania in einer unsicheren Position und mit einem spärlichen Gehalt lebte. In Paris studierte Legendre mit zunehmender Bewunderung Abels Arbeiten und beschäftigte sich immer intensiver mit dem norwegischen Studenten, konnte sich aber nicht erinnern, ihn in Paris getroffen zu haben. Lange neigte Legendre dazu, die Abelsche Umkehrung als einen unnötigen Umweg zu betrachten, die elliptischen Funktionen fesselten ihn nicht und er hielt fest an seinem Ausgangspunkt, den elliptischen Integralen. Legendre war sicher enttäuscht, als er sah, dass sich auch Jacobi der Umkehrung bediente, nämlich in jener Abhandlung, die Abel derart empört hatte, dass er einen Magenbitter brauchte. Und Legendre wollte Jacobis Beweis nicht anerkennen, bevor dieser vollständig mit den Mitteln seiner eigenen Theorien durchgeführt war, was ihm schließlich im Alter von fast 80 Jahren gelang. Es war Legendre, der als erster die Arbeiten Abels und Jacobis wie Runden in einem Zweikampf sah, er benutzte den Ausdruck „junge Athleten". Jacobi hatte in seiner Korrespondenz mit Legendre eingeräumt, dass Abels „Solution" seine eigenen Arbeiten übertreffe und dass er die Transformationstheorie Abel verdanke. Legendre gefielen in zunehmendem Maße Abels breit angelegte, ergebnisorientierte Darstellungen, in denen die zugrunde liegenden Methoden erklärt wurden, mehr als Jacobis oft eher skizzenhafte Beschreibungen seiner Entdeckungen. Doch Jacobi arbeitete an seinem großen Werk *Fundamenta nova theoriae functionum ellipticarum*, Abel dagegen hatte keine Mittel, seine Arbeiten gesammelt drucken zu lassen. Crelle bezahlte für Abels Artikel im *Journal* aus eigener Tasche, einen Dukaten per Druckbogen.

Vom ehrwürdigen Institut de France in Paris wurde am 15. September eine Anfrage an Karl Johan geschickt, König von Schweden und Norwegen, dazu französischer Abstammung. Der König wurde als ein großmütiger Fürst gepriesen, bekannt für sein Bestreben, die Wissenschaft in hellem Glanz erstrahlen zu lassen und der „die Verdienste der Bescheidenen (erkennt) und denen hilft, denen das Glück nicht hold ist." Dann wurde der König daran erinnert, dass er in seinem Land „einen jungen Mathematiker hat, Monsieur Abel, dessen Arbeiten eine geistige Kraft von höchstem Range zeigen und der dessen ungeachtet in Christiania in einer Stellung darbt, die seiner seltenen und so früh entwickelten Begabung kaum würdig ist." Die Anfrage war unterschrieben von Legendre, Poisson, Lacroix und Maurice, sie endete mit einer Bitte an den König, „das Schicksal eines so hervorragenden Mannes" zu verbessern und Abel wenigstens in die renommierte Akademie in Stockholm aufzunehmen. Dieser Brief des französischen Instituts wurde Graf Löwenhielm in Paris überreicht und von diesem weitergeleitet. Nichts deutet darauf hin, dass Abel jemals von diesem Ersuchen erfahren hat. Graf Löwenhielm musste mehrmals feststellen, dass keine Antwort an die französischen Akademiemitglieder ergangen war. Der Grund scheint gewesen zu sein, dass Karl Johan die Angelegenheit Kronprinz Oscar übergab, der wiederum weitere Auskünfte über Abel vom Statthalter Graf von Platen anforderte. Dieser war seinerseits jedoch eher damit beschäftigt, seine Pläne über den Bau eines Kanals von Christiania nach Eidsvoll zu diskutieren. Von Platen kam das Verdienst zu, dass der Götakanal in Schweden gebaut worden war.

In seinem Brief an Crelle vom 25. September dankte Abel für all die freundlichen Worte, von denen er ihm berichtet hatte, und er bedankte sich für Crelles Bemühungen, ihm eine sichere Anstellung zu besorgen. Er bat Crelle inständig um eine sofortige Benachrichtigung, wenn sich etwas entscheiden sollte, „sei es nun erfreulich oder nicht." Für den Fall, dass es nicht wie gewünscht ausgehen sollte, müsse er „darauf vorbereitet sein", seine Verhältnisse hier in Christiania „zu verbessern." Abel bat Crelle, Jacobi dazu zu bewegen, seine Methoden vorzulegen, „denn es ist klar, dass er im Besitz von vortrefflichen Sachen ist."

Was Abels eigene mathematische Arbeit betraf, war der Stand folgender: Nachdem er mit einer Fortsetzung von „Recherches II" begonnen hatte, war er allmählich zu einer neuen Auffassung von der gesamten Theorie der elliptischen Funktionen gelangt und dies sollte die Grundlage werden für ein neues, größeres Werk: „Précis d'une théorie des fonctions elliptiques." Es war nicht daran zu denken, für ein solches Buch einen Verleger zu finden, die Arbeit musste in Teilen im *Journal* erscheinen. Doch Crelle hatte noch die Abhandlung über die Abelschen Gleichungen ungedruckt vorliegen, er wartete auf die Fortsetzung und hätte es gern gesehen, wenn Abel zuerst seine Arbeit über die Auflösung von Gleichungen mit Wurzelzeichen vollendete. In diesem Brief vom 25. September gab Abel Crelle gegenüber zu, dass die gleichungstheoretische Arbeit derzeit seine physischen Kräfte übersteige, er berichtete vom Rat des Arztes und Abel dürfte auch selbst verstanden haben, dass es hier um die Frage ging, wie lange seine Gesundheit noch standhielt. Er schrieb: „Dass Sie mein 'Précis' reinnehmen wollen, freut mich sehr. Ich werde mich bemühen, die Abhandlung so deutlich und gut zu machen, wie mir überhaupt möglich ist und ich hoffe, dass es mir gelingt. Aber glauben Sie nicht, dass es am besten wäre, mit dieser Abhandlung zu beginnen, statt mit der über die Gleichungen? Das ist eine sehr eindringliche Frage an Sie. Ich glaube nämlich erstens, dass die elliptischen Funktionen von größerem Interesse sein werden, und zweitens wird mir meine Gesundheit kaum erlauben, mich für einige Zeit mit Gleichungen zu beschäftigen." Die Gleichungen würden ihn unverhältnismäßig viel mehr Arbeit kosten als die elliptischen Funktionen, er betonte jedoch ausdrücklich, Crelle könnte die Abhandlung über die Gleichungen zuerst bekommen, wenn er absolut darauf bestünde. „Im Übrigen werden die Gleichungen bald folgen, und wenn Sie nichts dagegen haben, denke ich, die Abhandlungen so kurz zu machen, dass in jedem Heft (des *Journal*) etwas über elliptische Funktionen und etwas über Gleichungen enthalten sein kann." Für das kommende Heft aber wollte Abel jedenfalls nur elliptische Funktionen schicken.

Crelle hatte dagegen nichts einzuwenden und Abel benutzte den größten Teil des Herbstes dazu, sein „Précis" zu redigieren, schaffte es aber nie, ganz damit fertig zu werden. In seinen Gesammelten Werken umfasst sein „Précis" hundert große Seiten, in *Crelles Journal* erschien die Abhandlung im zweiten Halbjahr des Jahrgangs 1829 in den Heften drei und vier, nach Abels Tod.

Dank der lobenden Äußerungen in Crelles Brief fasste Abel wieder Mut und schrieb am 3. Oktober an den berühmten Legendre, den Mann, den er in einem Brief aus Paris als „außerordentlich zuvorkommend ... aber unglücklicherweise steinalt" charakterisiert hatte. Der Brief ist verloren gegangen, doch aus Legendres begeisterter Antwort geht hervor, dass Abel ihm seine letzten

Studien über die elliptischen Funktionen vorgestellt und schließlich auch seine Abhandlung „Remarques sur quelques propriétés générales d'une certaine sorte de fonctions transcendantes" erwähnt haben muss, die er an Crelle geschickt hatte und in der Abel die Lehre von den elliptischen Integralen erweiterte zu den später so genannten hyperelliptischen. Es war eine Idee aus der Pariser Abhandlung, von der er hier in einem ganz speziellen Fall Gebrauch machte, worauf Abel auch in einer Fußnote hinwies, eine Fußnote, auf die man später besonders achtete bei der Suche nach der großen Arbeit, die er in Paris abgeliefert hatte. Legendre reagierte auf Abels Brief mit großer Freude und in seiner Antwort vom 25. Oktober gratulierte er Abel zu den „bereits schönen Abhandlungen" in Crelles und Schumachers Zeitschriften und „die neuen Details, die Sie so liebenswürdig waren, mir über ihre weiteren Studien mitzuteilen, haben womöglich in noch höherem Maße die Verdienste vergrößert, durch die Sie sich die Hochachtung der Wissenschaftler und insbesondere meine eigene erworben haben." Legendre brachte auch seinen Stolz darüber zum Ausdruck, mit Abels Werk gewissermaßen verwoben zu sein, da es zum großen Teil seine eigenen Arbeiten waren, durch die Abel und Jacobi Gelegenheit hatten, ihre außergewöhnlichen Begabungen zu entfalten. Legendre hätte nun gern Abel seinen *Traité des fonctions elliptiques* zugeschickt, der in zwei Bänden kurz nach Abels Abreise aus Paris erschienen war. Doch da bestand einerseits die Schwierigkeit, für das Werk eine verlässliche Art des Versands zu finden, andererseits gab es auch einen Vorbehalt: „Sie werden von diesem Werk nichts lernen können, im Gegenteil, ich bin es, der sich darauf verlassen muss, dass Ihr (Abel und Jacobi) es in hohem Maße mit wertvollen Entdeckungen vergrößern werdet, zu denen ich mit meinen eigenen Bemühungen nie habe gelangen können, denn ich habe das Alter erreicht, in dem die Arbeit schwierig oder geradezu unmöglich ist." Und Legendre fuhr fort: „Der Schluss Ihres Briefes macht mich ganz verwirrt wegen der Allgemeingültigkeit, die Sie Ihren Untersuchungen über die elliptischen Funktionen zu geben verstanden haben, und das sogar mit noch komplizierteren Funktionen. Ich bin sehr gespannt, die Methoden zu sehen, die Sie zu so schönen Resultaten geführt haben. Ich weiß nicht, ob ich sie verstehen werde, doch sicher ist jedenfalls, dass ich keine Idee habe, welche Mittel Sie imstande waren zu finden, um Schwierigkeiten wie diese zu überwinden. Was muss der junge Norweger bloß für ein heller Kopf sein!"

In seinem Briefwechsel mit Legendre erwähnte Abel nie die Pariser Abhandlung, auch hatte Legendre vergessen, dass er einmal in einen Ausschuss gewählt worden war, der Abels Arbeit beurteilen sollte. In Paris rutschte Abels Manuskript immer tiefer unter Cauchys Papierstöße. Vermutlich befürchtete Abel, dass das ganze Manuskript verloren gegangen war und es sieht so aus, als wollte er die Abhandlung überflüssig machen, indem er ähnliche Arbeiten bei Crelle veröffentlichte. Die elliptischen Funktionen waren nur ein Teil der weitergehenden analytischen Theorien, welche die Pariser Abhandlung enthielt.

Am 18. Oktober schrieb Abel wieder an Crelle. Es war die Antwort auf einen Brief, den er gerade erhalten hatte, er bedankte sich für die Anteilnahme und die Besorgnis um sein Wohlergehen, schrieb aber, er sei nun gesund und es gehe ihm so „ungewöhnlich gut", dass er ohne Schaden so viel arbeiten könne wie er wolle, und das tue er auch! Er bedauerte, dass in Berlin noch immer keine Entscheidung gefallen sei, versicherte aber, geduldig sein zu wollen, er hoffte auf ein baldiges Wiedersehen in Berlin und schickte Grüße an Crelles Gattin, an Dirksen, an Steiner und an Dirichlet. Über seine derzeitige Situation in Christiania schrieb er auf Deutsch: „Hier bin ich so weit von Allen entfernt und habe deshalb keinen mathematischen Umgang." Wäre er in Berlin gewesen, hätte er vielleicht einen Verleger gefunden und dann hätte sich vielleicht alles auf bestem Weg lösen lassen, schrieb er und erzählte, dass er in einer „Periode der Erfindung" sei und dass ihm die Arbeit große Freude bereite, „es geht mir so ziemlich von der Hand." Er war glücklich, dass die „Remarques" im vierten Heft des *Journal* erscheinen sollten und erinnerte an zwei andere Artikel, die er bereits nach Berlin geschickt hatte: „Note sur quelques formules elliptiques" und „einen anderen, ich weiß nicht mehr, wie ich den genannt habe."

Diese Abhandlung, an deren Titel er sich nicht mehr erinnert, wollte er, wie er schrieb, zuerst gedruckt haben. Dies war bereits geschehen, die Abhandlung „Sur le nombre des transformations différentes qu'on peut faire subir à une fonction elliptique par la substitution d'une fonction rationnelle dont le degré est un nombre premier donné" war im dritten Heft des *Journal* erschienen, das noch nicht in Christiania eingetroffen war. Aber auch die andere Abhandlung wollte Abel sofort gedruckt haben, betonte aber, dass Crelle sicher am besten wisse, wofür Platz wäre. „Note sur quelques formules elliptiques" kam im ersten Heft von 1829 heraus. Eine andere Abhandlung, „Théorèmes sur les fonctions elliptiques", ebenfalls ein Kommentar zu Jacobi, hatte Abel Ende August an Crelle geschickt und erklärte nun im Oktober, dass das Wichtigste an dieser Arbeit in die Abhandlung „Précis" aufgenommen werde, die, wie er hoffte, im ersten Heft des kommenden Jahrgangs gedruckt werden könne.

„Théorèmes" erschien im zweiten Heft von 1829, „Précis" demnach erst in den beiden nächsten Heften.

Wieder erwähnte Abel Crelle gegenüber seine gleichungstheoretischen Arbeiten, die bald erscheinen sollten, er zeigte sich besorgt über die Post von und nach Berlin, wünschte, etwas ausführlicher über Reihen zu schreiben und schlug unverbindlich vor, vielleicht einige der Arbeiten weiterzuschicken an Gergonnes Zeitschrift. Doch davon wollte Crelle in Berlin nichts hören. Gergonne in Montpellier würde für keine der Arbeiten gut sein, erklärte Crelle.

„Ich bin jetzt doch ziemlich einsam. Ich beteure Ihnen, dass ich im eigentlichen Sinne mit keinem Menschen Umgang habe. Ich werde jedoch vorerst keine Entbehrung spüren, da ich so grausam viel für das *Journal* zu tun habe." So hatte Abel Frau Hansteen im September seinen Alltag geschildert. Als er im November wieder an sie schrieb, einen Brief beantwortend, den er in der Zwischenzeit erhalten hatte, scheint sich an seinen äußeren Verhältnissen in Christiania nichts geändert zu haben. Er kümmerte sich um seine Vorlesungen und arbeitete intensiv an der endgültigen Fassung seiner mathematischen Theorien. Er berichtete von seiner Korrespondenz mit dem Ausland und zitierte lange Abschnitte aus den lobenden Erwähnungen von Crelle und Legendre. Vor die Zitate schrieb er: „Ich bin nämlich in letzter Zeit sehr hochmütig geworden anlässlich einiger Briefe, die ich aus dem Ausland bekommen habe. Ich möchte für Sie ein paar Stellen anführen, Sie wissen ja, dass ich dies nicht tue, um eitel zu erscheinen." Und nachdem er die sehr schmeichelhaften Stellen zitiert hatte, kommentierte er:

> Um die reine Wahrheit zu sagen, so habe ich Obiges angeführt, teils um ein bisschen aus mir zu machen, teils weil ich glaube, dass es Sie freuen würde, beste Frau Hansteen, den Erfolg zu sehen, den ich habe, da Sie so sehr Anteil nehmen an meinem Wohl und Wehe. Sie dürfen es also nicht für Prahlerei ansehen.

Abel wollte auch über die Beziehung zu seiner Verlobten berichten. Fast genau ein Jahr davor hatte er Frau Hansteen gebeten, Unstimmigkeiten zwischen ihm und Christine aus dem Weg zu räumen. Im November nun schrieb er Folgendes an seine „Seelsorgerin" in Kopenhagen:

> Ich war vielleicht nicht ganz so zu ihr, wie ich (sollte), aber nun stimmen wir sehr überein und kommen miteinander ins Reine. Ich habe mich bedeutend gebessert und will hoffen, dass wir einmal glücklich zusammenleben werden. Aber wann der glückliche Zeitpunkt kommt, das weiß ich nicht. Dass er bloß nicht zu weit weg sein möge. Ich fühle mich schlecht, da meine Crelly gezwungen ist, sich so zu schinden.

Abel versuchte sich gegenüber seiner „zweiten Mutter" in Kopenhagen sogar als Tröster:

Dass Sie dort unten nicht besserer Stimmung sind, schmerzt mich. Ich verstehe, dass viele Dinge auf Ihre Gefühle einströmen und was Sie jetzt besonders ängstigt, ist Hansteens Abwesenheit. Das ist ganz natürlich, aber stellen Sie sich vor, wie glücklich Sie in gar nicht so langer Zeit sein werden. Man glaubt doch so gerne das, was man sich wünscht und Sie, liebe Frau Hansteen, haben ja alle Wahrscheinlichkeit auf Ihrer Seite.

Weiter noch berichtete Abel von seiner wirtschaftlichen Situation, seinem Verdienst und seinen Schulden:

Ich stehe immer noch auf 400 und bin bis über beide Ohren verschuldet, habe aber doch etwas abgearbeitet. Meine frühere Wirtin, die Königin, hat noch keinen Schilling bekommen und ihr schulde ich 82 Spd. Bei der Bank habe ich mich auf 160 herunter gearbeitet und beim Kleiderhändler von 45 auf 20. Außerdem habe ich Schulden beim Schuster, beim Schneider und beim Garkoch, borge aber sonst nichts. Doch deswegen brauchen Sie mich nicht zu bedauern. Ich komme schon damit zurecht.

Was den Klatsch und sonstige Begebenheiten in Christiania betraf, oder die „Räuber-Geschichten", wie Abel es nannte, hatte er nichts zu berichten.

In das Reich der Wahrheit gehört dagegen, dass ein Sohn des Ratsherrn Saxild wegen Diebstahls arretiert wurde und, was schlimmer ist, wegen eines Einbruchs bei Prof. Bugge. Er nahm das Silber und schlug eine Scheibe ein, um hineinzugelangen. In das Reich des Lächerlichen gehört, dass ein Pfarrer in vollem Ornat und mit seiner Liebsten auf dem Schoß sich hat malen lassen.

In diesen Zusammenhang gehört vielleicht, dass Ratsherr Saxild und Professor Bugge beide in der Brüdergemeinde der Stadt aktiv waren.

Am Theater kam es in diesem Herbst zu großen Veränderungen. Das öffentliche Theater Christianias, wie es jetzt hieß, geleitet von dem Dänen Jens Lang Bøcher, hatte einen Vorstand mit zum Teil öffentlich ernannten Vertretern erhalten. Das Theatergebäude war außen wie innen renoviert und verschönert worden, das Repertoire und das Ensemble waren vielversprechend. Dem Publikum wurde bereits ein Abonnement für 30 Vorstellungen an Dienstagen und Freitagen angeboten, nun kamen noch Sonntagsvorstellungen dazu. Doch Abel dürfte sich nicht die Zeit genommen haben, im Theatersalon zu sitzen. Früher schrieb er gerne über seine Theatererlebnisse, nun kommentierte er nicht einmal, dass die schauspielerische Leistung von Madame Bøcher verglichen wurde mit der von Mlle Mars in Paris! Dieses Urteil stammte von dem Rezensenten der Abendzeitung Christianias und war gezeichnet mit „R", dem Kürzel des wohl bekannten Schauspielers Ole Rein Holm, der auch in Paris gewesen war und dort die berühmte Mlle Mars in der gleichen Rolle gesehen hatte, die Madame Bøcher jetzt in Christiania spielte, nämlich die Betty in *Die Jugend Heinrichs V.* von Alexandre Duval, einem Stück, das in Grænsehaven mehrmals aufgeführt worden war. Außerdem sollte Madame Bøcher die Thora in der stark gefühlsbetonten Schluss-Szene von Oehlenschlägers *Hakon Jarl* spielen.

Am 25. November schrieb Abel wieder einen langen Brief an Legendre, in dem er sich Seite um Seite über elliptische Funktionen und allgemeine Ergebnisse in der Integration ausließ und er bedauerte, dass ein fertig geschriebenes, großes Werk nicht gedruckt werden könne. „Bedauerlicherweise ist es mir absolut unmöglich, dieses Werk im Druck herauszubringen, denn hier kann ich keinen Verleger finden, der dies auf seine Kosten tun würde und selbst verfüge ich über keine Mittel. Im Gegenteil, es ist sogar schwierig für mich, das Notwendige zum Lebensunterhalt zu besorgen." Dieser letzte Satz schien Abel doch zu hart gewesen zu sein, man findet ihn nur in einer Rohfassung des Briefes. Doch sein Mitteilungsbedürfnis und die Freude, mit Legendre in Verbindung zu stehen, waren groß. Abel schrieb, es sei „einer der glücklichsten Augenblicke" in seinem Leben gewesen, als er merkte, dass Legendre, „einer der größten Mathematiker in unserem Jahrhundert", seiner Arbeit Beachtung schenkte, und er fuhr fort: „Das hat in höchstem Maße meinen Eifer bei meinen Studien verstärkt. Ich werde beharrlich weiterarbeiten, doch wenn ich so glücklich sein sollte, einige Entdeckungen zu machen, so können diese nicht mir zugeschrieben werden, denn ohne von Ihrem Licht geleitet gewesen zu sein, würde ich, daran besteht kein Zweifel, nichts ausgerichtet haben."

Abel bedankte sich für die Bücher, die Legendre schicken wolle und schrieb, das Paket könne an die Buchhändler „Messel und Keyser & Co." in Christiania adressiert werden. Es war nicht ungewöhnlich, private Sendungen dorthin zu adressieren, doch lässt sich dies auch als eine Anspielung lesen darauf, dass Abels Wohnsituation nach wie vor ungeklärt war und dass er, um Geld zu sparen, lieber sein Zimmer aufgab für die zwei, drei Wochen, die er in Froland Weihnachten feierte. Abel schloss seinen langen Brief an Legendre in der Hoffnung, ihm mit der Darstellung seiner Funde nicht missfallen zu haben und gab an, er wolle Legendre später gerne „eine große Anzahl anderer Ergebnisse mitteilen über elliptische Funktionen und noch allgemeinere Funktionen, die die Theorie für die algebraischen Gleichungen betreffen." Als Legendre eineinhalb Monate später antwortete, war Abel zu krank, um die Korrespondenz fortzusetzen.

In Berlin war man im Herbst kaum vorangekommen mit den Plänen, Abel eine Anstellung zu besorgen. Crelle hatte versucht, Abels Hoffnungen lebendig zu halten, konnte aber nichts Konkretes vorweisen. Die Vermutung, dass Dirichlet und seine ungewöhnlich lange Freistellung der Grund war, warum Abels sichere Aussichten vom Juli auf ungewisse Zeit verschoben werden mussten, bestätigt eine Aussage von Alexander von Humboldt in einem Brief an den Astronomen und Mathematiker F.W. Bessel im Dezember 1828. Hier wurden Abel und Dirichlet im selben Atemzug genannt und festgestellt, dass Dirichlet bereits an der Kriegsschule in Berlin unterrichte und dass Abel hoffentlich auch bald dorthin berufen werde.

Das Institut, für dessen Einrichtung Crelle so unermüdlich arbeitete und an dem Abel eine Stelle bekommen sollte, war in Berlin noch nicht gegründet worden. Das Tauziehen, wem die Stelle des Institutsleiters zukommen solle, verzögerte auch die Planung. Der einzigartige Gauß war ohne Zweifel der Mathematiker, der dem Institut in allen Ländern zu Prestige verholfen hätte. Doch viele waren wie Crelle der Meinung, dass junge, aktive Lehrer gebraucht würden, welche die Studenten in Scharen anziehen und begeistern könnten. Das wiederum war nicht die starke Seite von Gauß, und außerdem hatte er wenig Interesse für administrative Arbeiten gezeigt, was von einem Direktor im neuen polytechnischen Institut in höchstem Maße gefordert war.

Die jungen Mathematiker, an die Crelle dachte, waren Dirichlet, Abel, Jacobi und Steiner. Mit Ausnahme von Abel standen sie alle in preußischen Diensten. Von Humboldt hatte Legendre in Paris gebeten, Arbeit und Leistung von Abel und Jacobi zu beurteilen, augenscheinlich im Hinblick auf eine Anstellung. In seiner Antwort im November lobte Legendre die beiden jungen Mathematiker, die auf so geniale Weise sein eigenes, vierzigjähriges Lebenswerk weitergeführt hätten. Legendre zählte Abels und Jacobis einfallsreiche Arbeiten in den Journalen von Schumacher und Crelle auf und erklärte, beide verdienten Humboldts wohlwollende Unterstützung. Hatte sich Jacobi vielleicht als Erster einen Namen gemacht, so legte Abel in seinen Untersuchungen eine tiefere Einsicht und eine größere Allgemeinheit an den Tag. Und Legendre wurde nicht müde, Abels bemerkenswerten Scharfsinn und seine Klugheit hervorzuheben, weswegen Jacobi ja auch zugegeben habe, Abels Arbeiten seien den seinen überlegen und lägen ihnen zu Grunde.

Erst Ende Dezember, am 28. Dezember 1828, machte Crelle einen erneuten Vorstoß beim Unterrichtsministerium: Er erinnerte an den Briefwechsel vom Mai und Juni über Abels Stelle und an das Urteil anderer Mathematiker über dessen Arbeiten und Leistungen, was ja das hervorragende mathematische Wissen des jungen Norwegers belegte. Crelle meinte, es sei nun nötig, rasch zu handeln, bevor andere Abels ungewöhnliche Begabung entdeckten und ihm eine Stelle anböten. In diesem Zusammenhang sei, so Crelle, Kopenhagen im Gespräch. Abel sei darüber hinaus sehr bescheiden in seinen Forderungen, so schrieb Crelle und er erklärte, Abel habe ihm im Vertrauen mitgeteilt, er hoffe, da er über keine Mittel verfüge, sich durch seine Studien verschuldet habe und obendrein noch seine Geschwister teilweise versorgen müsse, für den Anfang ein Jahresgehalt von fünf- bis sechshundert *Talern* und etwas Reisegeld zu erhalten, „vielleicht so viel wie ein Dreimonatsgehalt." In Klammern fügte Crelle hinzu, Abel sei „der Sohn eines mittellosen evangelischen Pastors." (1 Taler entspricht 2/3 Silberspezies.)

Bevor Abel in Christiania seine Unterrichtsverpflichtungen beendete, stellte er ein Gesuch auf Gehaltserhöhung. Er musste versuchen, „seine Verhältnisse zu verbessern", bevor er sich auf den Weg machte, um zusammen mit seiner Verlobten und seinen Freunden im Hüttenwerk Froland Weihachten zu feiern. Am 6. Dezember 1828 schickte er einen in sorgfältig gewählten Worten geschriebenen Brief direkt an den König:

Durch gnädigste Resolution vom 16. Februar dieses Jahres wurde ich bevollmächtigt, während der Abwesenheit von Professor Hansteen auf einer wissenschaftlichen Exkursion nach Sibirien als Dozent an der Universität die Geschäfte des genannten Professors für ein Gehalt von 400 Sp.Taler zu übernehmen. Ungeachtet der Tatsache, dass diese Vergütung unter dem liegt, was den anderen an der Universität angestellten Dozenten zugestanden wird, musste ich es doch im Verhältnis angesichts meiner mäßigen finanziellen Verfassung als ein Glück ansehen, jedwede mit meinem Studium vereinbare Stelle zu erhalten, die mir ein notdürftiges Auskommen versprach. Zudem hielt ich es in jedem Fall für wenig passend, bevor ich in meiner dona docendi geprüft worden bin, eine Erhöhung des gnädigst bewilligten Gehalts zu beantragen. In der Zeit, in der ich jetzt Astronomie an der Universität gelehrt und somit die Professor Hansteen als Universitätslehrer obliegenden Pflichten übernommen habe, ist es mir zum einen möglich zu beurteilen, inwieweit meine zu diesem Zweck angewandte Zeit als ausreichend entlohnt angesehen werden kann, zum anderen haben meine Vorgesetzten an der Universität Gelegenheit gehabt zu erfahren, inwieweit ich der mir übertragenen Aufgabe gewachsen war. Ich wage deshalb untertänigst zu hoffen, meine Bitte möge nicht als unangebracht und unbescheiden angesehen werden, wenn ich hiermit untertänigst beantrage, vom ersten Januar nächsten Jahres an mit den übrigen Dozenten auf gleiche Stufe gestellt zu werden und mir somit gnädigst ein jährliches Gehalt von 600 Sp.Talern bewilligt werden möge.

Untertänigst *Niels Henrik Abel*

Obwohl Abel direkt an den König geschrieben hatte, musste das Gesuch den üblichen Dienstweg gehen: Der Senat bestätigte Abels Einsatz als Universitätslehrer und empfahl eine Gehaltserhöhung, am 16. Dezember gelangte das Gesuch auf den Schreibtisch des Vizekanzlers, wo Bischof Christian Sørenssen, Vater Abels alter Kollege, in Abwesenheit von Graf Wedel Jarlsberg unterzeichnete. Diriks im Kirchenministerium wollte, da das Geld aus der Staatskasse bezahlt werden musste, in dieser Sache die Meinung des Finanzministeriums einholen. Und Minister Jonas Collett hatte keine Einwände, „solange er während der Abwesenheit von Professor Hansteen dessen Geschäfte an der Universität besorgt", so der Bescheid vom 31. Dezember 1828.

Bevor Abel Mitte Dezember Christiania verließ, packte er offenbar alle seine Sachen in eine Kiste und stellte sie unter, vielleicht bei seiner Schwester bei Treschow in Tøyen, wo er dieser Tage vorbeikam, um Adieu zu sagen. Frau Treschow sagte damals, Abel sei nicht gesund gewesen, später erzählte sie, er habe erschöpft gewirkt und Schmerzen in den Füßen gehabt. Doch weder sie noch Elisabeth hätten ihn überreden können, auf die anstrengende und kalte Reise durch das verschneite Land zu verzichten. Das Bedürfnis, mit seiner Verlobten und den Freunden im Hüttenwerk Froland zusammen zu sein, war größer als die Befürchtung, an einer Erkältung oder Grippe oder was nun in seinem Körper virulent war, zu erkranken.

Am 19. Dezember kam er im Schlitten auf den Hof von Froland gefahren, eingemummt in einen großen schwarzen Mantel, eine Redingote mit weiten Ärmeln. Weil er keine Handschuhe besaß, hatte er die Hände in ein Paar Strümpfe gesteckt.

TEIL VIII

Abb. 40. Rose auf der Tapete des „Geißbock-Zimmers", in dem Abel die letzten zwölf Wochen seines Lebens verbrachte. Foto: Dannevig, Arendal

49.

Das Krankenlager

In Froland wurde Abel von seiner Verlobten und der Familie Smith herzlich empfangen, sogar die Hauskatze erkannte ihn wieder. Tagsüber tollte Kandidat Abel mit den Kindern im Schnee, plauderte mit den Arbeitern des Werkes und scherzte mit den Damen des Hauses. Am Abend saß er gerne am Kartentisch, hin und wieder zog er sich zurück, um zu arbeiten. Nach Froland zu kommen, muss für ihn, verglichen mit dem Leben, das er diesen Herbst in Christiania geführt hatte, wie ein nie endendes Fest gewesen sein, er muss dort das Gefühl bekommen haben, dass es mit ihm aufwärts ging und vielleicht wagte er einmal daran zu glauben, dass sich endlich alles zum Guten wenden werde.

Ein Lieblingsausdruck Abels, wenn es ihm in der Gesellschaft anderer Menschen gefiel, lautete, er fühle sich „zwischen allen Engeln." So war es in der Gesellschaft von Frau Hansteen und so war es auch in Froland. Hanna Smith, eine der Töchter des Hauses, war damals 20 Jahre alt. Ihre Erinnerungen, mehr als 50 Jahre später in einem Brief niedergeschrieben, bilden die Quelle für viele der Informationen, die wir über die Zeit von Abel in Froland haben. Obwohl ihre Schilderungen von der Absicht geprägt sein mögen, in allem das Positive zu sehen, muss es Abels Humor gewesen sein, der sich hier immer wieder zeigte. Wenn sich Abel nicht zurückhielt, wenn er ungezwungen seinen Einfällen nachgehen konnte und wusste, dass alles mit Wohlwollen und Sympathie aufgenommen wurde, dann war er lebensfroh und ausgelassen. Wer ihn nicht kannte, konnte ihn dann für einen beinahe leichtsinnigen Charakter halten, wie Boeck in seinem Nachruf bemerkte. Im Wohnzimmer der Familie Smith in Froland, saß er oft zwischen den Damen des Hauses, arbeitete und schrieb, schrieb auf das dünnste Papier, um Porto zu sparen, so wurde erzählt. Und wenn er sich von der Arbeit erhob, kannte er kein größeres Vergnügen als einer der Damen unbemerkt aus ihrer Tasche ein Tüchlein zu stibitzen oder in einem der Nähkästchen herumzustöbern. Seinem charmanten „Du", mit dem er alle anredete, die ihm nicht allzu fern standen, konnte niemand widerstehen. Es sei unmöglich gewesen, ihm etwas abzuschlagen oder ihm böse zu sein, was immer er auch anstellte, so erzählte man. Mit

seinem schnellen Wechsel zwischen Ausgelassenheit und Traurigkeit war er
für sie wie ein Kind und sie lächelten nachsichtig, wenn er einen Streich
ausgeheckt hatte und niedergeschlagen wie ein kleiner Sünder dastand. Wenn
er zum Beispiel das Nadelkissen öffnete, das voll war mit Eisenspänen und
dann beim Versuch, die gröbsten Späne zu entfernen, alle auf dem Boden
verstreute. Oder wenn er beim Essen zum Entsetzen aller der Hausfrau die
Suppenschüssel wegschnappte und die Rosinen heraus fischte, die auf dem
Boden der Schüssel lagen. Niemand konnte ihm etwas abschlagen, niemand
war gekränkt, sein Charme und seine Herzensgüte ersetzten im Übermaß, was
ihm vielleicht an gutem Benehmen fehlte. In seinem Beisein verwandelten sich
Ernst und Entrüstung in Gelächter. War das die erregte Phase, bevor die
Krankheit ihn niederwarf?

Wenn der Abend hereinbrach, wartete er aufgeregt darauf, dass die Lichter
angezündet wurden, damit man sich um den Kartentisch versammeln konnte.
Dort freute er sich sichtlich über das Spiel, war er doch sicher, einige Schillinge
zu gewinnen. Und den anderen blieb nichts weiter übrig, als sich über sein
ständiges *Glück*, wie sie es nannten, zu wundern.

Später berichtete man, Abels angeschlagene Gesundheit sei nach den Weih-
nachtsbällen mit Tanzen und Scherzen allen aufgefallen. Erhitzt und schwit-
zend vom Tanzen sei er ins Freie gegangen, um sich abzukühlen, und draußen
in der Kälte habe er hässlich zu husten begonnen. Am nächsten Tag musste
er das Bett hüten. Es war eine Lungenentzündung und der Beginn eines
zwölfwöchigen Krankenlagers.

Zwischendurch hatte er ein paar gute Tage, fühlte sich besser und glaubte,
bald wieder gesund zu sein, objektiv gesehen war das Krankenlager jedoch ein
kontinuierlicher Prozess, der zum Tode führte.

Der 6. Januar 1829 war ein Datum, das sich den Damen des Hauses ein-
prägte, da war Abel auffällig still und verließ ständig sein Zimmer, um es
alsbald wieder zu betreten. Es war der Tag, an dem er aufs Neue die Einlei-
tungsgedanken zu jener Arbeit formulierte, von der er befürchtete, dass sie in
Paris verloren gegangen war. Es wurden ein paar Seiten, er nannte es ein
Theorem, ohne Einleitung, keine überflüssigen Bemerkungen, keine Anwendung, nur der nackte Hauptsatz, überschrieben mit „Démonstration d'une
propriété générale d'une certaine classe de fonctions transcendantes." Später
merkte er, dass er sich überanstrengt hatte. Dennoch veranlasste er, die Schrift
nach Berlin zu schicken, wo sie im zweiten Heft von *Crelles Journal* im selben
Jahr erschien. „Démonstration" sollte die letzte Arbeit sein, die er vollendete.

Am 8. Januar wollte er eigentlich die Rückreise nach Christiania antreten,
um dort seinen Unterrichtsverpflichtungen nachzukommen. Aber er war
erkältet, spürte Stiche in der Brust und klagte über Kälte im Rücken.

Am nächsten Morgen hatten alle im Haus Angst um ihn, als sie sahen, wie er schon bei einem leichten Husten Blut spuckte. Sie schickten nach einem Arzt, Distriktarzt Møller aus Arendal hielt seinen Zustand für bedenklich, riet zu größter Vorsicht und verordnete strenge Bettruhe.

Die Stiche in der Brust hielten noch einige Tage an. Doch er fühlte, dass Møllers Medizin half, und nach zwei oder drei Tagen glaubte der Arzt, eine solche Besserung zu erkennen, dass er ihn für rekonvaleszent hielt. Und weil sich Abel nichts sehnlicher wünschte, als seine Arbeit wieder aufzunehmen, erlaubte ihm Møller, jeden Tag für eine Weile auf zu sein. Die nächsten Tage stand er um die Mittagszeit auf und schrieb eifrig. Nach einigen Tagen der Besserung nahmen der Husten und die Erschöpfung jedoch zu und er musste wieder das Bett hüten. Von da an war er nur noch auf, wenn das Bett frisch gemacht wurde.

Distriktarzt Møller, Alexander Christian Møller, war 66 Jahre alt. In seiner frühen Jugend verkehrte er wie ein Sohn im Hause des Apothekers J.H. Maschmann in Christiania, dem Großvater von Niels Henriks Freund C.G. Maschmann. Seit über 30 Jahren war Møller nun ein bei Arm und Reich sehr geachteter und beliebter Arzt für den Amtsbezirk Nedenes. Møller hatte auch Niels Henriks Vater gut gekannt aus ihrer Zeit in der Gesellschaft für das Wohl Norwegens, im Herbst 1814 waren sie beide im ersten, außerordentlichen Storting Abgeordnete und mussten den politischen Realitäten ins Augen sehen, die Norwegen unweigerlich in eine Union mit Schweden hineinführten. Ansonsten war Møller bestens vertraut mit der medizinischen Wissenschaft seiner Zeit und Mitglied der norwegischen Wissenschaftsgesellschaft in Trondheim. Man erzählte, dass Møller es verstehe, seinen Patienten neuen Lebensmut einzuflößen. Was er allerdings Abel gegen die Schmerzen gab, ist nicht bekannt. War es Morphin, Brom, Chloralhydrat, Chinin oder Salizyl?

Zu Abels Zeit vertraten die Ärzte die Auffassung, dass es so etwas wie eine angeborene „Brustschwäche" gebe. Solche Patienten litten häufiger an Schwindsucht als andere, eine solche Schwäche konnte in der Familie liegen und erblich sein. Eine brauchbare Behandlung aber hatte die ärztliche Kunst nicht zu bieten. Abel wusste, was von der medizinischen Wissenschaft zu halten war.

Als schwindsüchtig bezeichnet zu werden, also die Diagnose Tuberkulose gestellt zu bekommen, war gleichbedeutend mit einem Todesurteil. Daher verwendete man lieber andere Bezeichnungen wie Brustschwäche, Brust-krankheit, Lungenentzündung, hektisches Fieber, Seuche oder weiße Pest. Es war wissenschaftlich nicht geklärt, warum jemand erkrankte, Vererbung und schlechte Luft taugten kaum zu einer befriedigenden Erklärung.

Von seinem Krankenlager aus verfluchte Abel die medizinische Wissenschaft seiner Zeit, die in ihrer Forschung noch nicht so weit fortgeschritten war, um eine Krankheit wie die Tuberkulose beherrschen zu können. Früher hatten viele an Pocken gelitten, doch inzwischen gab es überall die Pockenimpfung. Niels Henriks Vater war auf diesem Gebiet ein Pionier gewesen. Vater Abel hatte sowohl seine eigenen Kinder wie die seiner Gemeinde gegen Pocken impfen lassen. Aber warum hatte noch niemand das Rätsel der Tuberkulose gelöst?

Niels Henrik lag in der stattlichen Wohnung des Werkbesitzers Smith in Froland. Er lag im so genannten „Geißbock-Zimmer", das so hieß, weil auf der Tapete ein Ziegenbock abgebildet war, der aus einem Zuber trinkt, ein Motiv, das sich immer wiederkehrte, wobei es sich mit dem einer Blume abwechselte und von einer Borte begrenzt wurde. Die Borten, die Ziegenböcke und die Blumen waren Blau in Blau, die Lieblingsfarbe der Zeit. Das Zimmer befand sich auf der Schattenseite des Hauses, abgeschieden vom Leben und Treiben des Werks. Am Kamin des Zimmers stand ein Eisenofen, der ständig geheizt wurde. Kandidat Abel vertrage keinen Temperaturwechsel, hatte Distriktarzt Møller gesagt. Vom Bett aus konnte Abel durchs Fenster auf einen niedrigen, mit Bäumen bewachsenen Hügel sehen, auf dem das Tageslicht über dem Schnee spielte, nachts konnte er die eiskalten Mondschatten sehen und später die Sonne, wie sie durch kahle Laubbäume schien.

Ende Januar und Anfang Februar gab es, äußerlich gesehen, einen Hoffnungsschimmer. Abel wusste von Crelles letztem Vorstoß, ihn nach Berlin zu holen, und nun kam ein Brief von Legendre nach Froland, mit dem Datum: Paris, 16. Januar 1829, der die Aussichten besser erscheinen ließ. Abels Abhandlung „Remarques sur quelques propriétés générales d'une certaine sorte de fonctions transcendantes" waren in *Crelles Journal*, 4. Heft 1828 erschienen. In dieser elf-seitigen Abhandlung hatte sich Abel den Spezialfall dessen vorgenommen, was er in der verschwundenen Pariser Abhandlung gezeigt hatte, und in einer Fußnote in seiner „Remarques" deutete Abel an, welche Ergebnisse er in seiner Abhandlung, im Herbst 1826 der Akademie in Paris vorgelegt, erarbeitet hatte. Legendre drückte nun in seinem Brief seine Begeisterung für die „Remarques" aus, die Fußnote jedoch scheint der ehrwürdige alte Mathematiker in Paris übersehen zu haben. Legendre schrieb: „Ihre Abhandlung 'Remarques sur quelques propriétés générales etc.' scheint mir alles zu übertreffen, was Sie bisher herausgebracht haben, sowohl wegen der Tiefe der sie beherrschenden Analyse wie auch wegen der Reichweite, der Allgemeinheit und der Schönheit der Ergebnisse. Die Arbeit nimmt nicht viel Platz ein, enthält jedoch viele Dinge, sie ist prägnant redigiert mit großer Eleganz und Einsicht in fast allen Teilen. Wäre Gelegenheit gewesen, sie weiter zu entwickeln, dann hätte ich es vorgezogen, wenn Sie den umgekehrten Weg genommen und die allgemeinsten Fälle ans Ende gestellt hätten. Aber wie auch immer, ich kann Sie nur beglückwünschen, dass Sie imstande waren, solche Schwierigkeiten auf so vorbildliche Weise zu überwinden, denn wenn es auch die Kräfte eines fast achtzigjährigen Greises übersteigt, alle Ihre Ergebnisse zu verifizieren, so habe ich sie doch genügend geprüft, um von ihrer gänzlichen Exaktheit überzeugt zu sein."

Legendre verglich nun einige Punkte in Abels letztem Brief vom 25. November mit Ergebnissen, die Jacobi ihm mitgeteilt hatte und er beendete sein Schreiben mit der Aufforderung, nicht zu zögern, die Ergebnisse, die Abel in seinem Brief erwähnt hatte und die es ermöglichen sollten zu entscheiden, wann eine gegebene Gleichung mit Wurzelzeichen gelöst werden konnte, zu veröffentlichen. Eine solche Theorie würde sehr verdienstvoll sein und als die größte Entdeckung betrachtet werden, die noch in der Analysis zu machen sei, erklärte Legendre und er schloss: „Leben Sie wohl, mein Herr, Sie müssen glücklich sein über Ihren Erfolg, über den Inhalt Ihrer Arbeiten. Ich hoffe außerdem, dass Sie einmal die Stelle in der Gesellschaft bekommen mögen, die Sie in die Lage versetzt, sich gänzlich Ihrer genialen Inspiration zu widmen."

Als PS ließ Legendre noch folgen, dass er vor kurzem einen Brief von Alexander von Humboldt erhalten habe, der die Mitteilung enthielt, der Unterrichtsminister in Berlin sei vom König ermächtigt worden, ein Seminar für höhere Mathematik und Physik einzurichten und Abel und Jacobi seien als Professoren vorgesehen.

Abel hatte nicht die Kraft, den Brief zu beantworten, und trotz all der lobenden Worte konnte er Legendres Kommentar nicht anders deuten, als dass die Pariser Abhandlung auf immer und ewig verschwunden war.

Doch die Aussichten in Berlin waren besser geworden und offenbar brachte Abel vom Krankenbett aus zum Ausdruck, dass er diese Stelle bereits als konkret und entschieden ansah: Er *würde* nach Berlin gehen. Er hatte die Bedenken überwunden, sein Land verlassen zu müssen, und er freute sich, freute sich auch, etwas Gutes für seine Verlobte zu tun, die in Treue so lange ausgeharrt hatte. „Da wirst du nicht Madame oder meine Frau heißen, es wird heißen: der Herr Professor mit seiner Gemahlin", sagte er immer wieder zu ihr. Aber glaubte er wirklich daran, dass alles gut werden würde? Hanna Smith erinnert sich: „Von dem Tag an, an dem wir hörten, dass er zum Professor in Berlin berufen werden sollte, sahen wir ihn merkwürdig verändert und sein sonst so lebhafter Humor verschwand völlig."

Kein *endgültiger* Bescheid über eine feste Stelle in Berlin erreichte Froland, solange Abel am Leben war. Er muss sich gewünscht haben, gesund zu werden und in der Lage nach Berlin zu fahren, sobald alles entschieden war. Der Ruhm und die Anerkennung, die sein Leben hätten leichter machen können, waren zwar nun von vielen Seiten unterwegs. Aber er schien nicht gewusst zu haben, dass französische Wissenschaftler einen Brief an Karl Johan geschrieben hatten mit der Bitte, der König möge seine Verhältnisse verbessern. Wahrscheinlich wusste er ebenso wenig, dass auch in Kopenhagen davon gesprochen wurde, ihm einen Lehrstuhl einzurichten. Und die Fußnote in den „Remarques" hatte dazu geführt, dass Bessel am 2. Januar 1829 in einem Brief an Gauß meinte: „Über Abels Satz, der es ermöglicht, Eigenschaften von Integralen zu entdecken, bevor sie ausgeführt sind, bin ich sehr erstaunt. Ich glaube, eine gänzlich neue Seite der Integralrechnung hat sich da aufgetan. Ich würde mir nur wünschen, dass Abel viele Arten der Anwendung folgen lässt. Es kommt mir unbegreiflich vor, dass ein solcher Satz der Pariser Akademie vorgelegen hat und trotzdem unbekannt geblieben ist."

Auch aus Christiania kam Anfang Februar eine erfreuliche Nachricht. Abel werde das übliche Gehalt eines Dozenten von 600 Speziestalern jährlich erhalten. Das Gesuch für die zusätzlichen 200 Taler, das Abel unmittelbar vor der Fahrt nach Froland gestellt hatte, war durch königliche Resolution am 9. Februar 1829 bewilligt worden. Abel wäre gerne zurückgereist, er brauchte das Geld, der Kredit bei der Norges Bank musste alle drei Monate neu beantragt werden, und da waren noch 160 Speziestaler zurückzuzahlen.

Aber Distriktarzt Møller machte ihm keinerlei Hoffnung, seine Arbeit bald wieder aufnehmen zu können. An den Senat der Universität Christiania schrieb Møller am 21. Februar: „Auf Herrn Dozent Abels Ersuchen und als sein Arzt wollte Unterzeichnender nicht versäumen, in dessen Name – da er nicht selbst zu schreiben vermag – dem hohen Collegium Academicum zu berichten, dass er kurz nach seiner Ankunft im Hüttenwerk Froland von einer starken Lungenentzündung und bedeutendem Blutspucken befallen wurde, das sich zwar nach kurzer Zeit gab, das ihn aber doch vermittels eines anhaltenden chronischen Hustens und einer großen Schwächung bisher daran gehindert hat, das Bett zu verlassen, das er nach wie vor hüten muss; ebenso erträgt er es nicht, der geringsten Temperaturschwankung ausgesetzt zu werden. Das Bedenklichste daran ist dies, dass der trockene chronische Husten mit dem Stechen in der Brust mit großer Wahrscheinlichkeit vermuten lässt, dass er an versteckten Lungen- und Luftröhrentuberkeln leidet, die leicht eine nachfolgende Schwindsucht zur Folge haben können, was überdies in der Beschaffenheit seiner Constitution begründet scheint. Bei diesem misslichen Gesundheitszustand des Herrn Dozenten Abel ist mit größter Wahrscheinlichkeit damit zu rechnen, dass er nicht vor dem Frühjahr nach Christiania wird zurückkehren und die ihm auferlegten Amtspflichten erfüllen können, wenn doch der Ausgang seiner Krankheit das Wünschenswerteste sein sollte."

Ab und zu beschlichen sogar Abel Zweifel an seiner Heilung, doch der Distriktarzt Møller machte ihm in jedem ihrer Gespräche Hoffnung und Abel sprach zu seiner Zerstreuung mit Freude vom Ausland und vom Umzug nach Berlin. Noch war die Diagnose 'Tuberkulose' nicht gestellt worden, doch die Formulierung „verborgene Tuberkel, die leicht eine nachkommende Brust-Schwindsucht zur Folge haben können", kam dem gefährlich nahe.

Neben Abels Verlobter waren es die beiden ältesten Töchter von Hüttenbesitzer Sivert Smith, Hanne und Marie, die sich tagsüber um ihn kümmerten und ihm Gesellschaft leisteten. Als der Husten jedoch stärker wurde und er dadurch nicht schlafen konnte und Angst vor dem Alleinsein hatte, hielt eines der im Hause dienenden jungen Mädchen während der Nacht im „Geißbock-zimmer" Wache. Der kranke Abel brachte mehrmals zum Ausdruck, dass er außerordentlich zufrieden sei mit dieser jungen „Nachtschwester", die er sicher schon vorher gekannt hatte. Seine Verlobte habe es nicht ertragen, in ihrem Kummer mit ihm allein zu sein, wurde berichtet, auch musste sie ja ihre Gouvernantenpflichten für die Jüngsten im Hause wahrnehmen, für die vier Töchter im Alter von sieben bis vierzehn Jahren. Die Jüngste, Mette Hedvig, erzählte später, dass Abel vom Krankenbett aus versucht habe, ihnen die Mathematik zu erklären, und dass er ungeduldig wurde, wenn sie nichts verstanden. „Könnt ihr denn diese Dinge nicht verstehen, das ist doch so klar und einfach", soll er ausgerufen haben. Von Christine wurde erzählt, dass sie in dieser Zeit kurz davor war, alles aufzugeben, und dass sie manchmal sogar sagte, sie könnten „ihren Sarg gleich mit dem für Abel bestellen."

Auf seinem Krankenbett soll Abel gefragt haben: „Es ist doch nicht wahr, was sie in Paris erzählt haben, – ich habe doch keine Schwindsucht?"

Was war in Paris geschehen?

Nichts deutet darauf hin, dass Abel im Herbst 1826 in Paris so krank war, dass er einen Arzt konsultierte. Zwar hatte er sich erkältet, hatte zwischendurch sicher gehustet und gefiebert, war traurig und niedergeschlagen gewesen, selbst sprach er von „melancholisch", und hatte mit Sorge auf eine Reaktion gewartet, nachdem er seine große Abhandlung abgeliefert hatte. Aber wie und von wem war ihm gesagt worden, er habe Schwindsucht?

In dem Kreis junger Wissenschaftler um die Zeitschrift *Ferrusacs Bulletin*, in den man Abel als Experten für Mathematik und als Korrespondent so herzlich aufgenommen hatte, wie man es sich als Ausländer nur wünschen mag, verkehrten sicher auch Mediziner, welche die Symptome der weißen Pest kannten. Und es gab Methoden, mit denen diese Krankheit festgestellt werden konnte, die nun überall auftauchte. Die so genannte Perkussionsmethode war über 50 Jahre alt. Durch ein leichtes Klopfen mit dem Finger auf einen anderen Finger, den man auf den Brustkasten legte, konnte man krankhafte Veränderungen in der Lunge hören. Wegen der Schwierigkeit, bei Frauen durch die vielen Kleiderschichten durchzudringen, entwickelte der französische Arzt René Laennec den Vorläufer des Stethoskops, ein 33 cm langes Hörrohr aus Walnussholz. Laennec starb in dem Jahr, da Abel in Paris war. Unter denen, die Abel in Ferrusacs Bibliothek traf, befanden sich ohne Zweifel einige, die mit den neuen Errungenschaften in der Medizin vertraut waren und solche einfachen Tests durchführen konnten. Vielleicht hatte Abels Husten Neugierde geweckt? Vielleicht hatte sich Abel in geselliger Runde zu einer Untersuchung überreden lassen? Und auf diese Weise die Diagnose erhalten, der er damals natürlich weiter keine Bedeutung beigemessen haben dürfte, nur ein Gesellschaftsspiel eben ... Er war erkältet, hatte ab und zu Fieber, mehr nicht. Und wenn es wirklich so schlimm gewesen wäre, was hätte er schon tun können? Selbst wenn er damals in Paris der Diagnose geglaubt hätte, so hatte er weder die Absicht, noch die Lust, noch die Mittel, um einen Arzt aufzusuchen. Hilfe hätte es ohnehin nicht gegeben. Das Beste war also, dem Beispiel des englischen Schriftstellers Laurence Sterne zu folgen, der im Wettlauf mit der Tuberkulose vor seinem letzten Buch *A Sentimental Journey through France and Italy*, geschrieben hatte: „Als der Tod an die Tür klopfte, bat ich ihn in einem so heiteren und gleichgültigen Ton, er möge später wiederkommen, dass er an seinem Vorhaben zweifeln musste."

Dies wird Abel wohl auch getan haben. In den 20 Monaten, die ihm nach seiner Heimkehr im Mai 1827 zum Arbeiten blieben, bevor er die Feder aus der Hand legen musste, hatte er 13 Abhandlungen abgeliefert, die längste davon mit einem Umfang von 126 großen Druckseiten, die kürzeste war die Arbeit von zwei Seiten, die er am 6. Januar 1829 auf den Weg brachte.

Durch das Fenster des „Geißbockzimmers" drang nie ein Sonnenstrahl, das Zimmer war dunkel und trist; er war schwach, hatte ständig Fieber. Hanna Smith und die anderen im Haus meinten, er sei tapfer und gebe nicht auf. Nachts war dies eine andere Sache. Warum half dieser Gottvater nicht, von dem sein Vater gesprochen hatte, an den sich sein Großvater und ein ganzer Stammbaum von Pastoren zum Trost und Zeitvertreib gehängt hatten? Niels Henrik hatte selbst bewiesen, dass viele eingefleischte Vorstellungen und Traditionen auf trügerischen Prämissen beruhten. War denn Gott in Wirklichkeit nichts weiter als gedankliche Konstruktionen, von Theologen wie unendliche Potenzreihen summiert? Er wollte seine Anklagen hinausschleudern, niemand konnte ihn daran hindern, kein Engel Gottes tadelte ihn, als er im Namen der heißesten Hölle fluchte und den Bösen mit all seinen Titeln anrief. Die junge Frau, die Nachtwache bei ihm hielt, sorgte für Flüssigkeit, um seine Lippen zu befeuchten, voller Entsetzen wird sie seine Beschwörungen mit angehört haben, ohne ihm helfen zu können. Bald sollte ihm alles

genommen werden und er verfluchte die Zeit, die er auf dieser Welt zugebracht hatte.

Dann wurde es wieder Tag und Christine kam ans Krankenbett. „Du bist
ein wundervoller Mensch", soll er zu ihr gesagt haben. Und vielleicht erzählte
er ihr nun auch, dass er durch die Familie Smith seinen Freund Keilhau
gebeten habe, sie zu heiraten, wenn er für immer gegangen war.

Abel wollte im Bett liegend arbeiten, war aber nicht fähig, zu schreiben, und
während er still dalag, fing er in düsterer Stimmung wieder an zu reden,
machte all jenen bittere Vorwürfe, die ihn so ungerecht abgewiesen hatten.
Immer öfter kam er auf die Armut zu sprechen, unter der er gelitten hatte,
der einzige Mensch, über den er sich positiv äußerte, schien Frau Hansteen
gewesen zu sein und all das, was sie für ihn getan hatte. Doch nun war er nicht
einmal mehr in der Lage, ihr zu schreiben.

Die junge Frau, die nachts bei Abel wachte, war in seinem Alter. Später
wollte sie nicht darüber reden, was sie an Abels Bett erlebt hatte, wenn man
sie fragte, geriet sie in heftige Erregung. Ihr ganzes Leben blieben die heftigen
Eindrücke dieses Sterbens in ihr lebendig. Erst als alte Frau erzählte sie ihrer
Tochter davon, die es weitererzählte an ihren Sohn, und aus dessen Mund
erfuhr man lediglich, dass Abel auf seinem Krankenlager nie den Mut verloren
hatte, dass er nie aufgab, dass er sehr gerne am Leben geblieben wäre und bis
zum letzten Atemzug kämpfte, ohne über seine physischen Leiden zu klagen.
Dagegen verfluchte er lauthals die ärztliche Kunst, die nicht genügend ge-
forscht und keinen Ausweg aus der Sackgasse der Krankheit gefunden habe.
Soviel also wusste der Enkel der Nachtschwester über Abels Sterbebett zu
erzählen, an sich kaum ausreichend, um den Seelenfrieden eines anderen
Menschen zu stören. Die Flüche, die eine so beunruhigende Wirkung auf die
„Nachtschwester" hatten, müssen anderen Autoritäten gegolten haben.

Alle, die tagsüber mit Abel zu tun hatten, erzählten, er sei vernünftig und
geduldig bis zum Letzten gewesen, aber seine gute Laune habe allmählich zu
schwinden begonnen. Der Verlobte von Hanna Smith fuhr zur See, und Abel
redete davon, dass er diesen Mann gerne kennen lernen würde, um ihm eine
mathematische Entdeckung mitzuteilen, die das Leben der Seeleute auf dem
Meer revolutionieren könnte. Und als er dann anfing zu erklären, was es für
eine Entdeckung sei und welche Mathematik ihr zu Grunde liege, geriet er
sogleich in Erregung, weil die Anwesenden ihm nicht folgen konnten. „Versteht ihr denn nicht? Es ist doch so einfach!", soll er ständig wiederholt haben.
Worum ging es? Eine aufgewühlte See und „an ancient mariner" mit Erfahrung und einem festen Kompass, der auf einen sicheren Hafen zeigte? Endlich
Rettung für den „Fliegenden Holländer", der auf ewig dazu verdammt war,
auf den Meeren umherzuirren, ohne je Ruhe zu finden? Waren dies die an

seine Wissenschaft gestellten Erwartungen, etwas Nützliches und Anwendbares zustande zu bringen, lag darin seine Rettung? Nachts war er jedenfalls von solchen Gedanken besessen, am Tage war alles einfacher.

Allen, die um ihn waren, fiel auf, dass Abel oft über einen Jacob Jacobi sprach als den Mann, der am besten verstand, worüber er arbeitete. Doch da Abel sehr undeutlich redete, heiser war und leicht zu husten begann, stellte ihm niemand Fragen und es wurden alle Themen vermieden, die sein mühsam erkämpftes Gleichgewicht hätten stören können.

Nachts jedoch, wenn alles still war und verlassen, wenn die Dunkelheit die unbestrittene Autorität war, dann ließ er seiner Verzweiflung, seiner Wut freien Lauf, dann war er imstande, die ganze Welt zu verleumden und zu verfluchen. Welchen Glauben an das Leben hatte ihm sein Vater beigebracht? Dass die Gerechtigkeit, die auf Erden nicht vorkomme, im Jenseits zuteil werde? Dass die Seele ein einfaches, unteilbares Wesen sei, das weiterlebe, wenn der Körper sterbe und verwese, dass man ein ewiges und glückseliges Leben erlangen könne, wenn man hier in diesem Leben seine Pflichten treu erfülle? Und wie hatte sein Vater sein Leben gelebt! Trank sich bewusst und aus freiem Willen zu Tode, mit nur 48 Jahren! Oder war sein Tod vorherbestimmt? Hätte er die Schule in Christiania einfach verlassen und nach Gjerstad eilen sollen, ans Sterbebett des Vaters, in jenem Frühling vor neun Jahren? Wie auch immer, danach wurden die familiären Pflichten ihm, Niels Henrik, einfach aufgebürdet. Und was hatten die Geschwister von jenem Frühling erzählt ... Stimmte es wirklich, dass sich die Mutter beim Begräbnis betrunken hatte und dann im Beisein aller ... Und jetzt lebte sein ältester Bruder Hans Mathias als Halbtrottel im erbärmlichen Haushalt der Mutter. Wie viel Kraft hatte er, Niels Henrik, dafür aufgebracht, seinen Bruder Peder auf dem rechten Weg zu halten und ihn bis zur Hochschulreife zu bringen ... und jetzt hatte Peder in Gjerstad bereits ein uneheliches Kind. Aber vielleicht stimmte ja, was erzählt wurde, dass man Peder eine Hauslehrerstelle beim Pastor in Våler zugesagt hatte? Mit seiner Schwester Elisabeth würde es wohl gut gehen, sie war zu anständigen Leuten gekommen, sie hatte sich im Haus des alten Treschow unentbehrlich gemacht. Aber genügte es, anständig zu sein, wenn man glücklich werden wollte? Es war kein Wunder, dass die junge Frau, die bei ihm Wache hielt, nie mehr Frieden fand, nach allem, was sie mitanhören musste. In solcher Dunkelheit das Licht nicht verlöschen zu lassen, das Leben zu verteidigen und den Lebensmut zu wecken bei einem, der gerade dabei war, auf eine solche Weise zu Grunde zu gehen, dies hat sicher mehr abverlangt als irgendeine Nachtschwester an Glauben, Hoffnung und Geduld aufzubringen imstande war.

Zuweilen beklagte er auch tagsüber in deutlichen Worten die Armut, in der er immer gelebt hatte, beklagte alle seine traurigen Tage wie auch das Unrecht und die Missachtung, die er erlitten hatte. Doch wenn jemand auch nur eine Andeutung über sein müdes und krankes Aussehen machte, tat er sofort so, als sei sein Klagen nur im Spaß gemeint.

Auf dem Krankenbett wurde seine Rede für die Anwesenden immer unverständlicher, sie versuchten, ihn zu beruhigen, ihn zu trösten und seine Gedanken in Bahnen zu lenken, denen sie folgen konnten. Sie meinten, es sei nicht gut für ihn, daran erinnert zu werden, dass sie die Zusammenhänge nicht verstanden, die ihm einleuchtender als alles auf der Welt erschienen.

Nur wenige Tage vor seinem Tod, während er dalag und seine abgemagerten Finger gegeneinander drückte, soll er einmal mehr ausgerufen haben: „Da könnt ihr es sehen, es ist nicht wahr, was sie in Paris erzählten – ich habe doch keine Schwindsucht."

Er wollte nicht glauben, dass er so krank war. Warum sollte er sterben, er, der kaum gelebt hatte? Es gab so vieles, was er nicht beendet hatte, es konnte einfach nicht sein, dass bald alles vorbei sein sollte. Warum sollten jene, die ihn sonst immer falsch eingeschätzt hatten, plötzlich genau über die Krankheit in seinem Körper Bescheid wissen? Wenn er nur wieder gesund werden könnte, wenn er nur die Chance bekäme zu erzählen, wo sich die letzten, leuchtenden mathematischen Ideen befanden.

Bald war April und er zwang sich zu der Hoffnung, dass die Natur mit Sonne und Wärme bald Wunderwerke vollbringen werde, auch an ihm. Es trat nicht ein. Und dann diese Phrasen, die der Vater ihm eingetrichtert hatte, der Tod sei das Eintreten in ein neues Leben, in eine himmlische Glückseligkeit, die Gerechtigkeit, die es auf Erden nicht gab, werde im Jenseits zu finden sein... all dies muss in Niels Henriks Ohren wie blanker Hohn nachgeklungen haben, wie Trost der übelsten Art für die Armen.

Am allerschlimmsten war die Nacht zum 6. April. Erst gegen Morgen wurde er endlich etwas ruhiger. Christine und eine der Schwestern Smith saßen den ganzen Tag bei ihm, und sie waren bei ihm, als er starb.

Eisenhüttenbesitzer Smith kümmerte sich um das Begräbnis, verschickte Todesanzeigen an *Den Norske Rigstidende* und an *Morgenbladet*. Christine, die nun doch ihren Sarg nicht zur gleichen Zeit erhielt wie ihr Verlobter, schrieb am 11. April an Frau Hansteens Schwester in Kopenhagen und bat sie, Frau Hansteen mitzuteilen, „dass sie einen sanften und geduldigen Sohn verloren hat, der sie so unendlich liebte. Mein Abel ist tot! Er starb am 6. April um 4 Uhr des Nachmittags. Ich habe alles auf Erden verloren! Nichts, nichts ist mir geblieben!" Eine Haarlocke, die sie von Abels Haupt abgeschnitten hatte, legte sie in den Brief und unterschrieb mit „Die unglückliche C. Kemp."

In Froland meldete sich der Winter mit einem fürchterlichen Schneefall zurück, einem Schneefall, wie man ihn so spät im Jahr noch nicht erlebt hatte.

Nun heizten sie den Ofen im „Geißbockzimmer" nicht mehr, am Fenster bildeten sich zarte Eisblumen und die Wände mit der blauen Tapete wurden kalt, auf der Geißbock um Geißbock kam, um zu trinken, jedoch nie einen Tropfen erreichte in den hölzernen Zubern zwischen den einförmigen Blumen und Borten, in endlos sich wiederholender Illusion.

Abels Fußnote in den „Remarques": „J'ai présenté une mémoire sur ces fonctions à l'académie royale des sciences de Paris vers la fin de l'année 1826", abgedruckt in *Crelles Journal*, Heft 4, 1828, war es, was seine Pariser Abhandlung schließlich wieder zutage fördern sollte. Am 9. Februar 1829 schrieb Legendre an Jacobi, dass Abel "in schöner Ordnung Abhandlungen, die reine Meisterwerke sind", publiziert habe. Jacobi seinerseits hatte ebenfalls Abels „Remarques" gelesen und erkannt, was diese Fußnote eigentlich bedeutete. Am 14. März schrieb er ziemlich aufgebracht an Legendre und fragte, wie in aller Welt die Akademie in Paris eine solche Abhandlung übersehen haben konnte, „vielleicht die bedeutendste, die in der Mathematik in diesem Jahrhundert entstanden ist."

Legendre muss dies unangenehm berührt haben, er ging nun der Sache nach und bestätigte in seinem Brief vom 8. April an Jacobi, dass Abel tatsächlich im Herbst 1826 eine Abhandlung abgeliefert hatte, Cauchy habe sie behalten und er habe nun Cauchy gebeten, sie sehen zu dürfen.

Der 8. April, das war zwei Tage nach Abels Tod. Und in Berlin schickte Crelle ebenfalls an diesem 8. April den endgültigen Bescheid, dass Abel definitiv einen Ruf nach Berlin erhalten werde.

Natürlich hatte Crelle die ganze Zeit von Abels Zustand in Froland gewusst und schließlich die Krankheit sogar dazu benutzt, um Fortschritte in der Angelegenheit von Abels Berufung zu erzielen. Am 2. April hatte Crelle an das Ministerium in Berlin geschrieben und, nachdem er erneut Abels ungewöhnliche mathematische Kenntnisse hervorgehoben hatte, die nun überall Anerkennung fänden, erklärte Crelle, dass es noch einen weiteren Grund gebe, sich zu beeilen. Abel sei nämlich schon seit einiger Zeit krank, der letzten Meldung vom 8. März zufolge sei er so krank, dass er nicht mehr in der Lage sei, selbst zu schreiben. Crelle teilte dem Ministerium mit, dass Abel schon länger über ein Brustleiden klage und sich nun auch noch auf dem Lande befinde, weit weg von Christiania, und dass er Blut huste. Auch aus diesem Grund sei eine baldige Aussicht auf eine Zukunft in einem besseren Klima erforderlich: „Denn erstens ist es vielleicht nur jetzt, dass dieser Mann für das Amt hier gewonnen werden kann, zum Zweiten kann er vielleicht überhaupt nur auf diese Weise der Wissenschaft erhalten bleiben und möglicherweise wird er bald ganz für sie verloren sein, wenn er an dem Ort bleiben muss (wo er jetzt ist) oder überhaupt an seiner derzeitigen Stelle." Um seinen Worten mehr Nachdruck zu verleihen, legte Crelle den lobenden Brief Legendres an Humboldt vom vergangenen November bei und er verwies auf den Vorschlag des Institut de France an Karl Johan, betonte aber gleichzeitig, Legendre sei der Meinung, dass es besser wäre, wenn Abel nach Berlin käme.

Und diesmal erhielt Crelle eine rasche und positive Antwort. Bereits an diesem 8. April, zwei Tage vor dem Begräbnis auf dem Friedhof von Froland, konnte er voller Begeisterung an Abel schreiben: „Nun, mein lieber theurer Freund, kann ich Ihnen gute Neuigkeit geben. Das Ministerium des Unterrichts hat beschlossen, Sie nach Berlin zu berufen und hier anzustellen. Ich hörte es in diesem Augenblick von jenem Herrn im Ministerium, in dessen Händen Ihre Sache ist. Es ist also daran kein Zweifel. [...] Über Ihre Zukunft können Sie jetzt ganz beruhigt sein. Sie sind der Unsrige und sind in Sicherheit. Ich habe mich erfreut, als wenn mir das Erwünschte selbst geschehen wäre. Das hat nicht wenig Mühe gekostet, aber ist, Gottlob, gelungen. [...] Sie können sich nur immer zur Reise vorbereiten, damit Sie sogleich abreisen, wenn Sie die officielle Aufforderung bekommen. Bis dahin aber, ich bitte wiederum sehr eindringlich, sagen Sie niemandem etwas von der gegenwärtigen Nachricht, bevor dies nicht geschehen ist. Die officielle Nachricht muss in Kürze, in nur wenigen Wochen, folgen. Vor allem machen Sie nun, dass Sie gesund werden und der Himmel gebe, dass dieser Brief Sie auf der Besserung antreffe. [...] Seien Sie guten Muths und beruhigen Sie sich völlig. Sie kommen in ein gutes Land, in ein besseres Clima, der Wissenschaft näher und zu aufrichtigen Freunden, die Sie schätzen und lieben."

Anhang

Abb. 41. Abels Büste von Brynjulf Bergslien. Foto: Teigens Fotoatelier A/S

1.

Zeittafel

1785

Hans Mathias Abel, Niels Henriks Großvater, wird Gemeindepastor in Gjerstad – nachdem dieser Zweig der Familie Abel sich je nach Wirtschaftslage in verschiedenen Landesteilen niedergelassen hatte. Stammvater Mathias Abel kam in den 1640er Jahren aus Abild in Schleswig nach Trøndelag, das sich im Aufschwung befand, die beiden nächsten Generationen wohnten in Vestlandet, bevor Holzhandel, Eisenhütten und Schifffahrt in Süd- und Ostnorwegen einen wirklichen Wohlstand und Reichtum brachten.

1786–1792

Søren Georg Abel, Niels Henriks Vater, ist Schüler an der Lateinschule in Helsingør, macht 1788 ein exzellentes Abitur und schließt sein Studium der Theologie in Kopenhagen mit dem Staatsexamen ab. Die Ideale der Aufklärung, die sich überall bemerkbar machen, und die Ideen der Französischen Revolution sollten sein späteres Wirken prägen.

1792–1800

Søren Georg Abel arbeitet als Pfarrhelfer unter seinem Vater in Gjerstad, heiratet 1800 Anne Marie Simonsen, die Tochter des reichsten Mannes von Risør, des Reeders und Handelsherrn Niels Henrik Saxild Simonsen, dessen Vater wahrscheinlich aus Saxild bei Århus stammte und in den 1720-er Jahren, in den Zeiten des Aufschwungs, nach Risør kam.

1800

Søren Georg Abel wird Gemeindepastor auf der Insel Finnøy, die Pfarrersleute bekommen ihren Erstgeborenen, Hans Mathias.

1802

Am 5. August wird in Nedstrand, Pfarramt Finnøy, *Niels Henrik Abel* geboren.

1804

Niels Henriks Vater folgt seinem Vater als Gemeindepastor von Gjerstad nach.

1804–1815

Kindheit in Gjerstad, zusammen mit fünf Geschwistern. Der Krieg von 1807–1814 mit Blockade und Hungerzeiten prägt das Land. Vater Abel ist aktiv in der Lesegesellschaft, der Vereinigung der Pfarrbezirke usw. Im Herbst 1814 wird er Abgeordneter im außerordentlichen Storting (Parlament).

1815–1821

Niels Henrik ist Schüler an der Kathedralschule in Christiania. 1818 wird ein besonderes Jahr: Niels Henrik bekommt B.M. Holmboe als Mathematiklehrer und fällt sogleich als ein „ein mathematisches Genie" auf. Vater Abel wird als Theologe heftig kritisiert, als Politiker für tot erklärt und als Mensch verhöhnt. Er stirbt im Mai 1820.

1821

Niels Henrik legt das *examen artium* ab und erhält im Studentenheim Regentsen einen Freiplatz. Hier wohnt er vier Jahre. Von einigen Lehrern an der Universität wird er finanziell unterstützt.

1822

Niels Henrik legt das *examen philosophicum* ab und hat sich inzwischen wahrscheinlich mehr Mathematik angeeignet als Søren Rasmussen, der Professor für reine Mathematik. Es gibt für Naturwissenschaften keinen mit einer Staatsprüfung verbundenen Studiengang – Niels Henrik studiert Mathematik auf eigene Faust.

1823

Abels erster Artikel wird im *Magazin for Naturvidenskaberne* in Christiania gedruckt. Professor Rasmussen gibt ihm 100 Speziestaler für eine Reise nach Kopenhagen – und hier wohnt er ein paar Monate bei Tante und Onkel Tuxen, lernt dänische Mathematiker kennen, Frau Hansteens Familie und seine künftige Verlobte, Christine Kemp.

1824

Nach einem Gesuch mit den besten Empfehlungen von Universitätslehrern erhält Abel ein staatliches Stipendium, ein Auslandsstipendium wird ihm versprochen. Von amtlicher Seite ist man allerdings der Meinung, er solle noch ein paar Jahre im Lande bleiben und „sich an der Universität in Sprachen und anderen Nebenfächern ausbilden, die er in seinem jungen Alter noch nicht in dem Maße beherrschen dürfte, wie es wünschenswert wäre, damit er mit vollem Nutzen für sein Hauptfach den beabsichtigten Aufenthalt an fremden Universitäten wird nutzen können."

Im April erhält Abel den Bescheid, dass ihm 200 Speziestaler für einen Zeitraum von zwei Jahren gewährt werden. Zu diesem Zeitpunkt hat er beschlossen, seine Arbeit über die Unmöglichkeit, die allgemeine Gleichung fünften Grades mit Wurzelzeichen zu lösen, auf eigene Kosten drucken zu lassen. Er hofft, diese Abhandlung als „Eintrittskarte" in die wissenschaftlichen Kreise Europas benutzen zu können.

In den Weihnachtsferien verlobt er sich mit Christine Kemp, die in Son eine Stelle als Gouvernante bekommen hat.

1825

Abel setzt alles daran, ins Ausland zu kommen und schreibt am 1. Juli – mit den besten Empfehlungen der Professoren Søren Rasmussen und Christopher Hansteen – an den König und bittet darum, das Auslandsstipendium ausbezahlt zu bekommen. Mit 600 Speziestalern jährlich für einen Zeitraum von zwei Jahren verlässt er Anfang September Christiania. Geplant ist eine Reise nach Paris, der Metropole der Mathematik, und auf dem Weg dorthin ein Abstecher nach Göttingen, wo Gauß lehrte, der führende Wissenschaftler Europas. Doch in Kopenhagen beschließt Abel, lieber nach Berlin zu fahren – in Begleitung seiner Freunde P.B. Boeck, N.B. Møller und N.O. Tank. – und C.G. Maschmann und B.M. Keilhau zu treffen, die bereits in Deutschland sind. Ende Oktober ist Abel in Berlin, wo er vier Monate wohnt. Hier lernt er A.L. Crelle kennen, der zum großen Helfer in seinem Leben wird.

1826

Die erste Nummer des *Journal für reine und angewandte Mathematik* (= Crelles Journal) erscheint – in dieser Zeitschrift wird der größte Teil von Abels Arbeiten publiziert. Zusammen mit seinen Freunden setzt Abel seine Reise über Leipzig, Freiberg, Dresden, Prag, Wien, Graz, Triest, Venedig, Verona, Bozen, Innsbruck, Luzern und Basel fort und trifft am 10. Juli endlich in Paris ein. Abels Entschuldigung für diesen großen Umweg lautet: „Meine Lust, mich etwas umzusehen, war groß und reist man etwa bloß, um das streng Wissenschaftliche zu studieren?" Abel stellt eine große Abhandlung fertig – später die Pariser Abhandlung genannt – und liefert sie am 30. Oktober beim Institut de France ab, wo sie ungelesen beiseite gelegt wird. Abel bleibt noch bis zum Ende des Jahres in Paris.

1827

In den ersten Januartagen kehrt er müde und mittellos nach Berlin zurück, bleibt dort bis Ende April und begibt sich dann auf den Heimweg. Ende Mai trifft er nach einem angenehmen Aufenthalt bei Freunden in Kopenhagen mit dem Dampfschiff wieder in Christiania ein.

Er besorgt seiner Verlobten eine Stelle als Gouvernante im Hüttenwerk Froland, er hat große Schwierigkeiten, das Stipendium, das er vor seiner Auslandsreise hatte, zu erneuern, er gibt Privatunterricht, muss aber trotzdem einen Kredit bei der Norges Bank aufnehmen.

1828

Die finanzielle Situation verbessert sich, Abel bekommt an der Universität eine befristete Stelle als Dozent aufgrund von Professor Hansteens wissenschaftlicher Exkursion nach Sibirien. In großem Tempo und am laufenden Band schickt Abel seine mathematischen Arbeiten zu Crelle nach Berlin. Den Sommer verbringt er zusammen mit seiner Verlobten in Froland – im Herbst ist er einige Wochen krank und bettlägerig, will aber trotzdem in den Weihnachtsferien nach Froland.

1829

Zwölf Wochen lang liegt er fast ununterbrochen im „Geißbockzimmer" in Froland. Von den Hausbewohnern wird er aufopfernd gepflegt und vom besten Arzt des Distrikts, A.C. Møller aus Arendal, behandelt. Abel hat Tuberkulose, er hustet Blut und stirbt am 6. April.

Zwei Tage später schreibt Crelle aus Berlin, dass Abel eine feste Stelle in dieser Stadt erhalten werde. In Paris wird seine vergessene Abhandlung hervorgeholt und mit großer Bewunderung gelesen.

2

Kommentare
und ergänzende Bemerkungen

Zu Teil I:

Die Nachricht von Abels Tod schickte Sivert Smith am 7. April an den Universitätsdozenten B.M. Holmboe in Christiania – und vermutlich war es Holmboe, der dafür sorgte, dass sie im *Morgenbladet* und in *Den Norske Rigstidende* eingerückt wurde. In der 32. Ausgabe der *Norske Rigstidende* von 1829 veröffentlichte der Dichter Conrad Nicolai Schwach ein Gedicht, in dessen letzter Strophe ganz im Stil der Zeit die Göttin Urania beschworen wird, das Angedenken Abels zu bewahren und ihn, wenn die „Wunden des Verlustes" nicht mehr „bluten", „an der stillen Küste der Ewigkeit" mütterlich zu empfangen. Hans Christian Hammers Gedicht wurde in der 25. Ausgabe von *Den Norske Huusven* von 1829 veröffentlicht. Er war vermutlich einer von den Studenten, die bei Abel Privatunterricht erhielten. Sein Gedicht verwendet Metaphern von Nymphen und von dem Baum, der zu früh vom Sturm geknickt wird.

Weitere Reaktionen auf Abels Tod

Bereits am 12. Mai 1829 schrieb Schumacher (in Altona) an Gauß (in Göttingen): „Von Abels Tod haben Sie sicher aus den Zeitungen erfahren. Legendre hat ein zweites Supplement herausgegeben, wo er in der Einleitung so von Abel spricht, dass es den Anschein hat, er setze ihn nach Jacobi. Ich weiß von Ihnen, dass grade das Umgekehrte der Fall ist." Und am 19. Mai antwortete Gauß: „Abels Tod, den ich in keiner Zeitung angezeigt gesehen habe, ist ein sehr großer Verlust für die Wissenschaft. Sollte vielleicht irgendwo etwas, die Lebensumstände dieses höchst ausgezeichneten Kopfes betreffend, gedruckt sein oder werden und Ihnen zu Händen kommen, bitte ich sehr darum, mir dies mitzutheilen. Gerne hätte ich auch sein Portrait, wenn es irgendwo zu haben wäre. Humboldt, mit dem ich über ihn gesprochen, hatte den bestimmten Wunsch, alles zu thun, um ihn nach Berlin zu holen."

Am 6. Mai 1829 schrieb Statthalter von Platen an Karl Johan: „Un jeune mathématicien, Abel, très renommé, vient de décéder à 27 ans et sa mort est une perte réelle pour les Sciences."

Crelles Nachruf – auf Französisch verfasst und datiert mit Berlin, 20. Juni 1829 – veröffentlicht im *Journal für die reine und angewandte Mathematik*, 4. Heft 1829 – wurde am 7. November 1829 im norwegischen *Morgenbladet* abgedruckt – ein großer Teil davon erschien auch in Holmboes Nachruf von 21 Seiten im *Magazin for Naturvidenskaberne*. Nach einem biographischen Überblick über Abels Leben und Arbeit schreibt Crelle abschließend:

„Mais ce ne sont pas les grands talents seuls de Mr. Abel qui le rendoient si respectable et qui feront toujours regretter sa perte. Il étoit également distingué par la pureté et la noblesse de son caractère, et par une rare modestie qui le rendoit aussi aimable, que son génie étoit extraordinaire. La jalousie du mérite d'autrui lui étoit tout à fait étrangère.Il étoit bien éloigné de cette avidité d'argent ou de titres, ou même de renommée, qui porte souvent à abuser de la science en en faisant un moyen de parvenir. Il apprécioit trop bien la valeur des vérités sublimes qu'il cherchoit, pour les mettre à un prix si bas. Il trouvoit la récompense de ses efforts dans leur résultat même. Il se réjouissoit presque également d'une nouvelle découverte, soit qu'elle eût été faite par lui ou par un autre. Les moyens de se faire valoir lui étoient inconnus: il ne faisoit rien pour lui-même, mais tout pour sa science chérie. Tout ce qui a été fait pour lui, provient uniquement de ses amis, sans la moindre coopération de sa part. Peut-être une telle insouciance est-elle un peu déplacée dans le monde. Il a sacrifié sa vie pour la science, sans songer à sa propre conservation. Mais personne ne dira qu'un tel sacrifice soit moins digne et moins généreux que celui qu'on fait pour tout autre grand et noble objet, et auquel on n'hésite pas d'accorder les plus grands honneurs. Gloire donc à la mémoire de cet homme également distingué par les talents les plus extraordinaires et par la pureté de son caractère, d'un de ces êtres rares, que la nature produit à peine une fois dans un siècle!" Berlin, le 20 Juin 1829.

Im Laufe der Zeit wurde in Zeitungen, Magazinen und Lexika vieler Länder Europas eine Menge Unrichtigkeiten über Abel geschrieben. Auch in Crelles Nachruf gibt es Ungenauigkeiten – wie Abels Geburt am 25. August auf Frindoë, sein Durchbruch 1820 und so weiter. In der englischen Zeitschrift *The Atheneum* liest man (ca. 1830) von dem „gefeierten jungen schwedischen Philosophen, Abel." Abel sei so arm gewesen, dass er zu Fuß nach Paris und von dort wieder zurück nach Norwegen wandern musste, behaupteten französische und griechische Lexika. Der Grund für diese Wandergeschichte ist wahrscheinlich in einem Artikel zu suchen, den Guglielmo Libri in *Biographie universelle* (Paris, 1834) schrieb. (Siehe auch den Kommentar zur chronologischen Biographie.)

Abb. 42. a Ausschnitt aus Gustav Vigelands Abel-Monument im Schlosspark – Abelhaugen – in Oslo. Dieses Monument wurde nach einigen Schwierigkeiten am 17. Oktober 1908 enthüllt. Die Figur ist vier Meter hoch und steht auf einem acht Meter hohen Granitsockel. Aschehoug Verlagsarchiv (Foto: Anders Beer Wilse). **b** Abel, gemalt von Nils Gude. (Das Original befindet sich im Besitz des Autors dieses Buches und ist ein Geschenk von Kerstin Voss. Foto: Teigens Fotoatelier A/S). Im Laufe der Jahre wurden viele Abbildungen von Abel angefertigt und alle basierten auf Gørbitz' Abel-Portrait. Henchel in Kopenhagen schuf in den 1830-er Jahren eine Lithographie, Winther in Christiania stellte später Steindrucke her und Chr. Tønsberg ließ Lithographien drucken, ausgeführt von V. Fassel. J. Jæger schuf das Abel-Portrait für die *Acta Mathemathica*, Gustav Holter für die Jubiläumsnummer des *Morgenbladet* 1902. Marcelius Førland hat Abel gezeichnet (Førland Museum), Henrik Lund hat ein Gemälde angefertigt (Mathematische Bibliothek Blindern, Universität Oslo), Axel Revolds Fresko in der Bibliothek Deichmann zeigt Abel im Gespräch mit Sophus Lie u.s.w. Auf dem große Ölgemälde von Knud Larsen Bergslien – entstanden um die Jahrhundertwende im Auftrag des Senats der Universität – ist Abel braunäugig und mit dunkler Hautfarbe zu sehen. Sonst hieß es immer, Abel habe blaue Augen gehabt und in seinem Reisepass von 1825 lautet die Beschreibung: Mittelgroß, blaue Augen und durchschnittlicher Körperbau. Doch im Reisepass von 1823 steht: Ziemlich groß, braune Augen, zarter Körperbau.

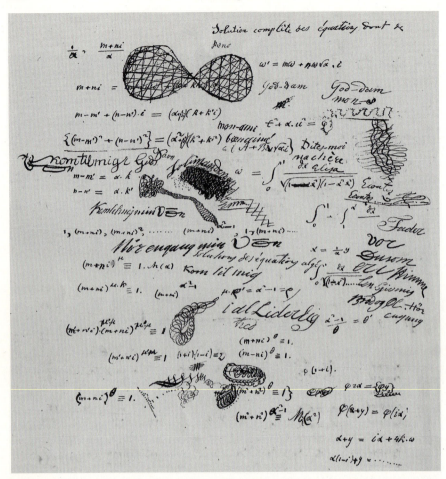

Abb. 43. Eine Seite aus Abels Pariser Notizbuch. Der Leser wird feststellen, dass Abels mathematische Überlegungen mit geometrischen Kritzeleien und kurzen Bemerkungen gesprenkelt sind, die uns einen Einblick geben in die Spannung und Erregung dieses jugendlichen Schaffensprozesses. Unter den Bemerkungen auf dieser Seite sind „Solution complète des équations dont de ... Goddam ... God-Dam, mon (Unendlichkeitszeichen) Fader vor du er i Himmelen, Giv mig bröd og øl. Hör engang. (Vater unser, der du bist im Himmel, gib mir Brot und Bier. Hör mal zu.). ..: KOM TIL MIG I GUDS NAVN (Komm zu mir in Gottes Namen) ... MON-AMI ... BIEN-AIMÉ ... Dites-moi, ma chère, Elisa...écoutes...écoutes ... Soliman den Anden (Sultan Soliman II.) KomtilminVôn (komm zu meinem Vôn /Freund?/ ...nå engang min (Jetzt einmal ich) solutions des équations algé ... KOM TIL MIG... I AL LIDERLIG HED (Komm zu mir in all deiner Liederlichkeit) (Handschriftensammlung, Nationalbibliothek, Oslo.)

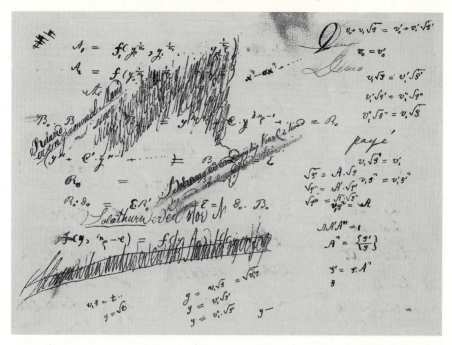

Abb. 44. Teil einer anderen Seite in Abels Notizbüchern aus der Zeit in Paris. Die obskure Schrift heißt u.a.: Boland ist ein alter Mann ... Niels Henrik Abel ... Niels Henrik Abel ... Bolzano ist ein schlauer Bursche, von dem ich gelernt habe ... Soliman der Zweite ist ein ... (Handschriftensammlung, Nationalbibliothek, Oslo)

Über das Abel-Jubiläum 1902

Anfang September brachte das *Morgenbladet* jeden Tag Reportagen und Stoff unter der Überschrift „Das Abeljubiläum". Fridtjof Nansen, der Vorsitzende des Festkomitees, legte großen Wert darauf, dass die Gedenkfeier Norwegen als Kulturnation darstellen sollte. Es war Nansen, der dann Bjørnstjerne Bjørnson darum bat, die Festkantate zu schreiben, und in einem Brief an Bjørnson schrieb Nansen: „Ich halte es für unsere Pflicht, möglichst viel aus Ereignissen in unserer Nation zu machen wie der Geburt eines Abel; indem wir dies vor aller Welt hervorheben, heben wir hervor, dass wir ein Recht haben, als eigener Kulturstaat zu existieren; aber leider haben wir nur einen Abel und diese Gelegenheit wird in 100 Jahren nicht wiederkommen."

Bjørnstjerne Bjørnsons Gedicht zum Abel-Fest 1902 wurde zuerst am 5. September 1902 in *Norske Intelligenz-Seddeler* veröffentlicht. Es war ein lyrisches Gedicht mit norwegischen, nationalen Obertönen, was Nansen zu die-

Abb. 45. Das Dock von Christanshavn, wo Abel im Sommer 1823 bei Tante und Onkel Tuxen wohnte. (aus: *Peder Mandrup Tuxen og hans efterkommere*, Kopenhagen 1883.)

sem Anlass angemessen zu halten schien. Das Gedicht „Niels Henrik Abel" wurde von dem Komponisten Christian Sinding vertont.

Am 7. September 1902, dem Tag der Festveranstaltung am Nationaltheater

An diesem Tag waren auch ausländische Mathematiker anwesend (Bäckland, Forsyth, Hilbert, Mittag-Leffler, Newcomb, Picard, Schwartz, Volterra, Weber und Zeuthen). Fridtjof Nansen hielt seine Rede auf Englisch. Die drei ersten Akte von Ibsens „Peer Gynt" wurden aufgeführt und danach las Johanne Dybwad, Norwegens führende Schauspielerin, einen von dem Mathematiker und Kinderbuchautor Elling Holst verfassten Epilog auf Abel vor, der am nächsten Tag im *Morgenbladet* zu lesen war.

In Froland

Im August 1902 wurde an Abels Grab ein Kranz niedergelegt, Professor C.A. Bjerknes hielt eine Gedenkrede und regte an, ein Denkmal zu errichten. Dieses Denkmal mit der Totenmaske Abels aus Bronze wurde von dem Bildhauer Gustav Vigeland geschaffen und im August 1905 enthüllt.

a   b

c

Abb. 46. a Aus Abels Arbeitsbuch – sein charakteristisches Zeichen, mit dem er seine Arbeiten abschloss. Man findet es am Ende der Manuskripte vieler seiner Artikel und am Ende von Abschnitten in seinen Notizbüchern. **b** Der Kopf der Athene – Abels Lacksiegel, das er sich vermutlich in Paris zulegte, jedenfalls wurde es zum ersten Mal auf den Briefen aus Paris verwendet, später auf Briefen von Froland nach Christiania. **c** Vielleicht die einzige deutliche Spur aus Abels Kindheit? Die Initialen NHA und die Jahreszahl 1810 wurden jedenfalls eingraviert in eine Glasscheibe auf dem Pfarrhof Gjerstad gefunden – angeblich in einem Nebengebäude, das etwa 1904 abgerissen wurde. (Diese Glasscheibe ist heute im Besitz von Arne Kveim, Gjerstad. Foto: Dannevig, Arendal.)

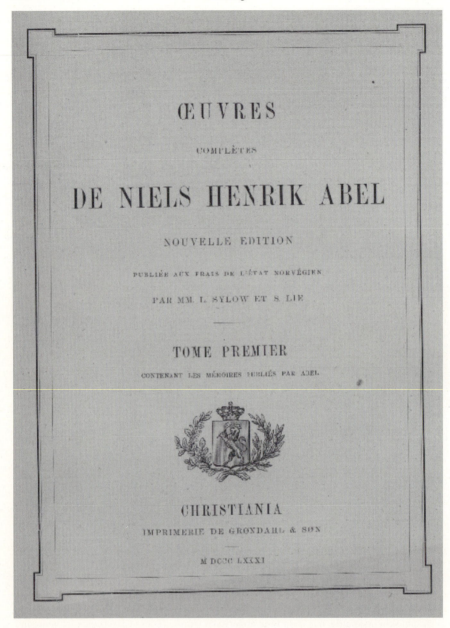

Abb. 47. Der erste Band der Gesammelten Werke Abels – im ganzen 621 Seiten, Quartformat – beinhaltet alles, was Abel fertig stellte. Der zweite Band enthält Arbeiten aus dem Nachlass.

Abb. 48. a Abels Grabstein auf dem Friedhof von Froland wurde vom Hüttenwerk Froland angefertigt, von den Freunden B.M. Keilhau, C.P. Boeck, B.M. Holmboe, N. Treschow, S. Rasmussen, M. Skjelderup, J.H. Hjort und Frau Hansteen finanziert und ungefähr 1830/31 aufgestellt. Als Vorbild dürfte der Grabstein des jungen deutschen Freiheitshelden Theodor Körner gedient haben – Körner hatte Bergwesen in Freiberg studiert, war Theaterdirektor in Wien gewesen und hatte, bevor er 1813 mit 22 Jahren auf dem Schlachtfeld fiel, flammende Freiheitsgedichte verfasst. **b** Postkarte mit dem Denkmal, das 1905 beim Hüttenwerk Froland aufgestellt wurde. (Archiv Aust-Agder)

Abb. 49 a–c.

a Ein von Svein Magnus Håvarstein hergestelltes Relief auf dem Gedenkstein, der 1979 am Pfarrhof Finnøy aufgestellt wurde. Foto: A. Stubhaug

b Entwurf einer Skulptur Abels von Ingebrigt Vik, mit dem sie 1902 in einer Ausschreibung den ersten Preis errang. Erst 1966–1969 wurden von Viks Gipsentwurf zwei Bronzeabgüsse gefertigt – der eine befindet sich nun im Vik-Museum, der andere steht vor 'Abels Hus', dem Mathematikgebäude der Universität Oslo in Blindern. (Vik stellte auch eine Büste und ein Relief von Abel her, beides ist im Vik-Museum/Øystese zu finden.) Foto: Teigens Fotoatelier A/S

c Denkmal vor dem Pfarrhof Gjerstad, 1958 aufgestellt auf Anregung von Øystein Ore. Die Büste stammt von Brynjulf Bergslien – ein Abguss davon befindet sich in der Mathematischen Bibliothek in Blindern.

Abb. 50. a Von 1948 bis 1991 hat Norges Bank zu Ehren Abels sein Portrait auf die 500 Kronen-Scheine gedruckt, und zwar in zwei Versionen. Einmal der große grüne Schein von 1976 mit einem Industriebild von Reidar Aulie auf der Rückseite, und dann der kleinere in hellerem Grün und auf der Rückseite mit einer Zeichnung Joachim Frichs von Studenterlunden mit der Universität im Hintergrund. **b** Anlässlich des hundertjährigen Jubiläums von Abels Tod im Jahre 1929 wurde er mit einer Briefmarke zum üblichen Porto von 10, 15, 20 und 30 øre in Grün, Braun, Rot und Blau geehrt. Bis dahin waren auf norwegischen Briefmarken nur Könige und Henrik Ibsen (1928) abgebildet. (1932 kamen Bjørnstjerne Bjørnson und 1934 Ludvig Holberg dazu – aber während die anderen oben auf den Marken ihre Unterschrift haben, ist Niels Henrik Abels Name in Blockbuchstaben geschrieben. 1983 prangte auf der norwegischen Europamarke Vigelands Abelmonument, blau/grün zu 3,50 kr. in der Serie mit Edvard Grieg, rot, 2,50 kr. **c** *Rue Abel* in Paris, seit 1901. Auch in Bergen und Trondheim gibt es eine Abel-Straße, in Oslo gibt es einen Niels Henrik Abel Weg, in Stavanger eine Abeltreppe und eine Niels Abel-Straße. *Abels Hus* (Abels Haus) ist eines der großen Gebäude der Universität Oslo in Blindern. Ein *Abels Hus* gibt es außerdem in Kristiansand an der Hochschule von Agder. Der Forschungsrat hat seinen größten Versammlungsraum *Abel auditorium* genannt. (Foto: A. Stubhaug)

In Gjerstad

In Gjerstad wurde ebenfalls die Hundertjahrfeier von Abels Geburtstag begangen. Die Erinnerungen und Geschichten der Familie Abel wurden einer neuen
Generation nahe gebracht und Niels Henrik als der berühmte Sohn des Ortes
gefeiert. Der Jugendverein von Gjerstad beschloss, auf Vater Abels Grab einen
Gedenkstein aufzustellen. Das Grab des unglückseligen Søren Georg Abel
hatte brachgelegen und man hatte es mehr oder minder vergessen. Aber 1905
errichtete man den Gedenkstein neben den soliden Eisentafeln über den
Gräbern der ersten Generation der Abels im Ort, Hans Mathias und Elisabeth
Abel. Gedenksteine zu errichten war um die Jahrhundertwende sehr beliebt
bei den norwegischen Jugendvereinen. Das Grab von Niels Henriks alkohol-
abhängiger Mutter blieb unbeachtet.

Abelhaugen im Schlosspark

Im Zusammenhang mit dem hundertjährigen Jubiläum wurde ein Wettbewerb für ein Abel-Denkmal ausgeschrieben. Man wollte eine Statue des so
jung verstorbenen Genies, die ihn in sitzender Haltung vor dem Hauptgebäude der alten Universität darstellt. Vigeland erklärte sofort, dass er Abel nicht
als einen solchen „Mann im Frack" akzeptieren könne und entwickelte einen
eigenen Entwurf. Die Jury musste 19 Entwürfe beurteilen und Gewinner wurde
Ingebrigt Vik. Dennoch wurde dann Vigelands Abel-Monument aufgestellt.

Pfarrhof Gjerstad

Eine Büste von Abel, geschaffen von Brynjulf Bergslien, wurde am 10. August
1958 von Øystein Ore enthüllt. Ein Abguss dieser Büste befindet sich in der
Mathematischen Bibliothek der Universität Oslo in Blindern. Doch die Lemniskate – die Figur, die Abel oft für seine Beispiele benutzte – ist nur im Sockel
unter der Büste in Gjerstad eingraviert.

Anmerkungen zu Teil II:
Familie

Über den Namen Abel

Abel ist auch in Deutschland und England als Familienname gebräuchlich, aber ohne nachweisbare Verbindung zu Abild in Schleswig (früher ein Teil von Dänemark). Doch in diesem Fall hatte ein gewisser Oluf Madssen, der 1647 als Gemeindepfarrer von Jydstrup starb, einen Sohn, der sich Jacob Abild nannte, ebenfalls Pfarrer wurde und angab, aus Abild zu stammen.

Ein bisschen mehr über die Geschäfte des Kaufmanns Simonsen

Simonsen engagierte sich also dafür, in Risør eine feste Schule zu bekommen – beschlossen wurde dies 1801, 1805 war das neue Schulhaus dann fertig. Er war dabei, als man den ersten Lehrer der Schule, Jens Schanche, begrüßte, der neben seiner Tätigkeit als Lehrer in der Kirche die Predigt übernahm, wenn der Gemeindepastor in Søndeled predigte. Als man 1808 das Amt des Katecheten einführte, übernahm Schanche diesen Posten und als 1813 der Gemeindepastor Støren starb, wurde er dessen Nachfolger. Als Gemeindepastor hatte Schanche bei verschiedenen Anlässen Verbindung zu Søren Georg Abel in Gjerstad. Die beiden Pastoren vertraten sich gegenseitig, doch Schanche machte Abels Pläne zunichte, Søndeled der Pfarrei Gjerstad anzugliedern.

Während des Krieges und der Blockade von 1807 besaß Simonsen 40.000 Reichstaler – 1811 gab er seine Einnahmen mit 40.000 Reichstalern an und war somit der reichste Mann von Risør, gefolgt von Henrik Carstensen mit 30.000 Talern. Zum Vergleich: Der Richter wurde mit 3.000 Talern geführt und der Gemeindepastor mit 1.000 Talern.

Gegen Ende des Krieges setzte eine Inflation ein, wie man sie noch nicht erlebt hatte. Um die Ausgaben des Staates zu decken, ließen die Verantwortlichen in Kopenhagen verschiedene Arten von Geldscheinen gelten: Kurantgeld, Spezies-Scheine, Pfandscheine, Geldanweisungen und Geldanweisungserklärungen – 1813 betrug die in Umlauf befindliche Menge an Scheinen 142 Millionen Reichstaler und der Kurs für den Reichstaler fiel dramatisch. Die Preise stiegen und die Beamten, die ihr Einkommen als Bargeld erhielten, mussten erhebliche Einbußen hinnehmen. Alle, die sich Geld geliehen hatten, verdienten gut. Ein Jungknecht, der sich zu Beginn des Krieges 1.000 Reichstaler geliehen hatte (z.B. von seinem Arbeitgeber), um den Hof des Vaters zurückzukaufen, konnte wenige Jahre später auf dem Markt ein Fohlen für 1.200 Reichstaler verkaufen.

Wer sein Geld als Hypothek angelegt hatte, kam einigermaßen zurecht, während andere zusehen mussten, wie ihnen ihr Vermögen unter den Fingern zerrann. Simonsen gehörte zu denen, die große Außenstände hatten, doch die Schuldverpflichtungen waren nicht eingetragen und das Geld, das er bekam, war wertlos. 1813 stiegen die Preise für die üblichen Konsumgüter um 800 Prozent. Der Taler war nur noch einen Schilling und weniger wert.

Die Nationalversammlung in Eidsvoll wollte 1814 die Inflation stoppen, indem sie garantierte, die im Umlauf befindlichen Scheine von Reichstalern günstig als Speziestaler in Silber einzulösen. Doch diese Garantie wurde bald aufgehoben, die Kräfte des Marktes und die Kurse führten zu einer gründlicheren Sanierung des Geldsystems. Dies war allgemein spürbar, zeigte sich aber besonders krass in der gewerblichen Wirtschaft und in den vielen Handelshäusern entlang der Küste. Am härtesten traf es Leute wie Simonsen, dessen Reichtum auf Warentausch mit Hilfe des Geldes basierte, wozu in der Krise die Kreditmöglichkeiten fehlten.

In den Zeiten der wirtschaftlichen Depression versuchte Simonsen, so lange wie möglich seinen sozialen Status zu erhalten, doch konnte er mit seinem Geld wenig oder nichts mehr ausrichten. Von Buvika, der Villa am Meer, trennte er sich als Letztes. 1818 verkaufte er das Anwesen an Henrik Carstensen, einer der wenigen, der die Krise überstand und sein Vermögen und seine Macht wieder aufbauen konnte.

Im März 1820 starb Simonsen in Risør – zwei Monate, bevor Søren Georg Abel in Gjerstad starb. Wahrscheinlich war zu diesem Zeitpunkt von Simonsens Geld und Eigentum wenig oder nichts mehr übrig – jedenfalls war an Neujahr 1822, als sein Enkel Niels Henrik Abel ein Laken benötigte, keines aufzutreiben.

Simonsens Frau, Christine Kraft, die beim Tod ihres Mannes 60 Jahre alt war, musste einen gesellschaftlichen Abstieg hinnehmen, der sicher schwer zu ertragen war. Nur ihr Stiefsohn, der Amtmann Daniel Barth Simonsen aus Namdalen, schickte ihr Geld. Er starb 1829 und aus den alten Protokollen ist zu entnehmen, dass 1831 die Armenkasse die inzwischen geistig verwirrte Witwe von Kaufmann Simonsen wöchentlich mit fast zwei Speziestalern unterstützte, was ein ungewöhnlich hoher Betrag war. In der Regel wurde weniger als ein halber Taler ausbezahlt. Ganz sollte der einstige Glanz also nicht vergehen.

Einige andere Familienverhältnisse

Niels Henrik Saxild Simonsen hatte einen Sohn aus erster Ehe mit Marichen Elisabeth Barth. Dieser Daniel Barth Simonsen wurde Amtmann in Namdalen und starb 1829. Seine Tochter, Marie Elisabeth Simonsen, heiratete Gottfried Jørgen Stenersen Birch, den Zolloberinspektor von Risør. Ihre gemeinsame Tochter Anna Sophie Birch wiederum heiratete 1874 Sophus Lie, nach Abel der berühmteste Mathematiker Norwegens.

Jens Kraft, der Vetter von Jens Evensen Kraft und damit der Vater von Niels Henrik Abels Großmutter mütterlicherseits, wurde 1720 in Halden geboren. Er war an der Akademie Sorø, Dänemark, Professor für Mathematik und Philosophie. Sein Hauptwerk *Forelæsninger over Mekanik* (1763) (Vorlesungen über Mechanik) wurde ins Lateinische und ins Deutsche übersetzt und galt als ein hervorragendes Werk, welches das gesamte mathematische und physikalische Wissen seiner Zeit enthielt. Jens Kraft verfasste außerdem einige Lehrbücher und Schriften über Newton und Descartes, in denen er u.a. Newtons astronomische und physikalische Anschauungen gegen Descartes verteidigte, dessen Denken damals in Dänemark vorherrschte und das auch Holberg für richtig hielt. In der Schrift *Om Træernes Natur* (Über die Natur der Bäume) schildert er, wie der Saft in den Pflanzen steigt und in *Om Sielens Udødelighed* (1754) (Über die Unsterblichkeit der Seele) vergleicht Kraft die Entwicklung des bewussten Lebens mit den Variationen der mathematischen Funktionen.

Anmerkungen zu Teil III:
Kindheit in Gjerstad

Über Niels Henrik Abels Geburt und den Pfarrhof auf der Insel Finnøy

Vielleicht wurde Niels Henrik früher geboren als berechnet? Der Eintragung zufolge kam sein älterer Bruder Hans Mathias nur knapp acht Monate nach der Hochzeit in Risør zur Welt, vielleicht kam auch Niels Henrik zu früh?

Dass Niels Henrik in Nedstrand geboren wurde – im Haus des dortigen Amtsrichters und nicht auf der Insel Finnøy –- ist aus drei Gründen wahrscheinlich: Erstens zeigt das Kirchenbuch für Finnøy, dass in diesem Zeitraum keine kirchlichen Zeremonien stattfanden – was darauf hinweisen könnte, dass der Pastor verreist war. Zweitens wurde von den Leuten in Nedstrand erzählt, dass eines der Kinder von Pastor Abel dort geboren worden sei. Dies hat jedenfalls Morten Kjerulf gehört, als er 1829–1834 Pastor in Nedstrand war. (Als Student in Christiania hatte Morten Kjerulf zur gleichen Zeit wie Niels Henrik Abel im Regentsen gewohnt.) Und drittens wird Madame A.B. Marstrand, die Frau von Amtmann Marstrand in Nedstrand, bei Niels Henriks Taufe am 6. September 1802 in der Reihe der Paten an erster Stelle erwähnt.

Als Søren Georg Abel am 26. Mai 1804 Finnøy verließ, schrieb er in das Pfarrbuch: „Ob ich auf Findøe etwas Gutes ausgerichtet habe, müssen meine Nachfolger beurteilen, aber dass ich das Gute wollte, das wissen Gott und mein Gewissen."

Mehr über die Lesegesellschaft

Die Episode vom entsetzten alten Hans Mathias Abel, der unter den Büchern der Lesegesellschaft einpe von Voltaires Schriften fand, hat vermutlich den Hintergrund, dass die Bezeichnung „Voltaireaner" in Skandinavien fast gleichbedeutend war mit „Freidenker". Hans Mathias Abel war in Kopenhagen Student gewesen, als das schreckliche Erdbeben in Lissabon am 1. November 1755 die ganze Welt entsetzte. Die Katastrophe – mindestens 30.000 Menschen kamen ums Leben – wurde allgemein als die Rache des Herrn am Mammon gedeutet. Lissabon hatte jahrelang aus den überseeischen Kolonien ungeheure Reichtümer angehäuft. In Kopenhagen erschien ein langes Gedicht darüber, dass die „Verdammten in den Höllenschlund müssen" – in Norwegen schrieb C.B. Tullin, dass „mit jeder Ladung Gold tausend Laster heimkamen", und er vertrat die Auffassung, der Name des Mannes, der den Kompass erfunden hatte, mit dessen Hilfe es möglich sei, hinaus aufs Meer zu fahren

und Dinge zu holen, die man nicht brauchte, solle für immer vergessen
werden. Doch in Paris hatte Voltaire in seinem „Poème sur le Désastre de
Lisbonne" ganz anders über die Katastrophe geschrieben und in seinem
Roman „Candide" kommt die Titelfigur zusammen mit ihrem Philosophie-
lehrer in dem Moment nach Lissabon, als das Erdbeben die Stadt heimsucht
– der Philosoph wird schließlich aufgehängt, weil er der Auffassung der
Religion widersprochen hatte, derzufolge wir in der besten aller möglichen
Welten leben, und Candide wurde ausgepeitscht, weil er seinem Lehrer mit
beifälliger Miene zugehört hatte. Als H.M. Abel in Skafså/Telemark Pastor
war, schrieb er ein Gedicht zum Angedenken an den „gepriesenen Tullin", der
mit verklärter Seele und mit seiner Feder die Atheisten mit Blitz und Donner
niedergeschlagen und die „reine Lehre der Natur" von einem allherrschenden
und gütigen Gott verkündet hatte. H.M. Abel schrieb übrigens mehrere Gedichte, sowohl zu Ehren seiner Frau wie der Gemeinde Skafså. Er wetterte
jedoch gegen den allgemeinen Gebrauch des großen Mittelalter-Gedichts
„Draumkvedet" (Traumlied). (M.B. Landstad bedauert in *Norske Folkeviser*
(Norwegische Volkslieder, 1853), dass H.M. Abels Haltung diesem Gedicht
gegenüber „das Vergessen desselben bewirkte. Ebenso ist es wohl an anderen
Orten geschehen.")

Bischof Peder Hansen zufolge gab es 1802 in der Diözese Christiansand 20
Lesegesellschaften, doch keine war so aktiv wie die in Gjerstad. Als S.G. Abel
1804 zurückkehrte, gewann er auch Vegårdshei für die Gesellschaft, und er
spendete aus seiner eigenen Bibliothek für eine Bücherei in diesem Teil der
Pfarrei. Die Mitgliederzahl wuchs und S.G. Abel fand in der weiteren Umgebung zahlungskräftige Mitglieder, so genannte „außerordentliche Mitglieder".

Bischof Christian Sørensen war 1812 und 1817 in Gjerstad zur Visitation und
äußerte beide Male seine Freude über die Aktivität der Lesegesellschaft. 1812
verfügte die Gesellschaft über einen Bücherfundus von 163 Titeln. Aber in S.G.
Abels letztem Lebensjahr ließ die Aktivität nach und nach seinem Tod 1820
hörte man wenig oder nichts von der Lesegesellschaft bis zum Frühling 1840,
als John Aas, S.G. Abels Nachfolger im Amt des Gemeindepastors, sich dieser
Aufgabe wieder voll und ganz widmete. Auch wenn natürlich die Bücher
ausgewechselt wurden, besteht diese Einrichtung bis heute und man kann die
Bibliothek von Gjerstad als eine der ältesten des Landes ansehen.

Über das nächtliche Freien oder Fensterln

Dies kann als ein Ausdruck dafür gesehen werden, wie die jungen Leute ihren
Partner für die Ehe sehr gezielt und in romantischer Atmosphäre aussuchten.
Eilert Sundt schrieb viel über dieses „Fensterln" und historisch-demographi-

sche Untersuchungen belegen, dass etwa die Hälfte aller Bräute Norwegens damals am Tage ihrer Hochzeit schwanger waren.

In Gjerstad wurde später darüber spekuliert, ob nicht der Pastor Søren Georg Abel selbst eines der Dorfmädchen in andere Umstände gebracht hatte. Ein gewisser Bjørn Rønningen unterschied sich nämlich auffallend von seinen Brüdern, die alle sehr geschickte und tüchtige Schmiede ohne jedes Interesse an Büchern waren. Bjørn dagegen soll ein ausgesprochen kluger Kopf gewesen sein, der von frühester Jugend an las und schrieb und ein sehr fähiger Lehrer in dieser Gegend wurde. Allerdings trank er gerne und überwarf sich mit Gemeindepastor John Aas, der ihn auf die Lehrertätigkeit vorbereitet hatte. Bjørn R. beendete seine Tage in einem Graben neben der Dorfstraße.

Über die Geschwister von Niels Henrik

Hans Mathias, geboren am 13.11.1800, wurde 1820 von der Kathedralschule Christiania relegiert und starb 1842 unverheiratet bei seiner Mutter in Gjerstad.

Thomas Hammond, geboren am 14.8.1804, starb zwei Wochen nach seiner Geburt.

Thomas Hammond, geboren am 16.11.1806, zeigte nicht die Begabung und Charakterstärke der beiden Ältesten. Der Vater bezahlte dafür, dass er bei Houen in Arendal Aufnahme fand, und er bat Propst Krog, mit dafür zu sorgen, dass der Junge entweder Seemann wurde oder ein Handwerk lernte. Eine Weile war dieser auch im Hause Herlofsen in Arendal. Im Kirchenbuch von Gjerstad ist der Hof Lunde als sein Wohnort angegeben, d.h. er lebte zu Hause bei seiner Mutter, als er am 19.9.1840 mit Anne Halvorsdatter ein Kind bekam. Wann er starb, ist nicht bekannt, aber wahrscheinlich vor der Mutter, die 1846 starb.

Peder Mandrup Tuxen, geboren am 12.11.1807, war jener Bruder, um den sich Niels Henrik in Christiania so sehr kümmerte. Erst nach Niels Henriks Tod bekam Peder sein Leben einigermaßen in den Griff. 1836 heiratete er Wilhelmine Magdalena Fleischer aus Botne und war Hilfsgeistlicher bei seinem Schwiegervater. Zehn Jahre später wurde er Gemeindepastor in Etne, wo er auch Bürgermeister war. In Gjerstad, wo er zwei uneheliche Kinder hatte, Ole, geboren am 19.4.1828, und Karen Kristine, geboren am 11.12.1832, wurde er nur „Peder Prestepikk" (Peder Pfarrerschwanz) genannt. Die Mutter der Kinder war Kirsti Olsdatter (aus Salvesbu, ihr Vater Ole Haavorsen Mostad war Häusler und Schmied. Kirstis Bruder war Regimentsschmied, das Schmiedehandwerk vererbte sich in der Familie. Der zwölfte Schmied in Salvesbu starb vor einigen Jahren). Die Tochter Karen Kristine heiratete später den Kleinbauern Knut Ulvmyra, dieser wanderte zu Fuß über das Gebirge nach Etne, um am dortigen Pfarrhof eine Art Kindergeld zu verlangen, dürfte aber wenig oder nichts bekommen haben (Gesetze und Verordnungen für einen „Erziehungsbeitrag" von 1805 oder einen „Unterhaltsbeitrag" von 1821 sollten den Müttern unehelicher Kinder die Alimente des Vaters sichern, doch der Anspruch verfiel, sobald die Alimente vom Vater mit Zwangsmaßnahmen eingetrieben werden konnten. Karen Pedersdatter starb jung, Knut heiratete wieder und nannte, wie es der Brauch war, die Tochter, die er mit seiner zweiten Frau bekam, nach der ersten.) Fünf eheliche Kinder hatten die Pfarrersleute Abel am Pfarrhof Etne.

Elisabeth Magdalene, geboren am 16.3.1810 sie war es, die von Niels Henrik im Herbst 1825 zu Frau Hansteen in Christiania gebracht wurde, von dort kam sie ins Haus von Niels Treschow. Als Treschows Tochter den Gemeindepastor von Modum heiratete, kam Elisabeth (ca. 1832) mit auf den Pfarrhof und lernte dort den jungen, dynamischen Direktor des Blaufärbewerke, Carl Friederich Böbert kennen. Ein Jahr später waren sie verheiratet. Böbert stammte aus Sachsen und hatte u.a. eine Ausbildung am Bergseminar in Freiberg hinter sich, könnte also im Februar/März 1826, als Abel und seine Freunde in Freiberg waren, dort gewesen sein (vergl. 36. Kap.). Böbert erhielt später den Posten als Direktor des Silberwerks Kongsberg, er war Abgeordneter im Storting, schrieb Artikel, Novellen und anderes und begeisterte sich wie Elisabeth für Musik. Sie hatten drei Kinder, doch die beiden Söhne ertranken. Die Tochter Thekla heiratete den Minister Jacob Otto Lange und diese Thekla Lange war es, die seinerzeit das Abel Portrait von Gørbitz erhielt. Elisabeth starb 1873, vier Jahre nach ihrem Mann.

Thor Henrik Carstensen, geboren auf dem Pfarrhof Gjerstad am 20.12.1814, vermutlich nach den Brüdern Thor und Henrik Carstensen in Risør genannt, wurde privat auf das *examen artium* vorbereitet, das er 1840 bestand. Er war Hauslehrer bei seinem Bruder in Etne und an anderen Orten im Distrikt. Er galt als geschickter Flötenspieler und starb 1870 unverheiratet in Etne.

Über den Verzehr von Pferdefleisch

In ihrem Tagebuch vom 26.12.1809 erwähnt Christiane Koren den Verzehr von Pferdefleisch, in Trondheim wurde Professor Erik Viborgs Schrift mit den Empfehlungen eines Arztes herausgegeben. Henrik Wergeland schrieb in einem Brief an seinen Vater, dass er zeitweise von Pferdefleisch gelebt habe.

Doch Pferdefleisch wurde niemals zu einem allgemein üblichen Teil der Ernährung, es wurde allerdings an Schweine verfüttert und zur Herstellung von Wurst verwendet. 1896 findet Pferdefleisch zum ersten Mal in einem Kochbuch Erwähnung. In Henriette Schønberg Erkens *Kogebog for sparsommelige husmødre i by og bygd* (Kochbuch für sparsame Hausfrauen in Stadt und Land) von 1905 wurde die Verwendung von Pferdefleisch beschrieben, jedoch auch auf die vielen Vorurteile hingewiesen, die einer normalen Nutzung dieses nahrhaften und billigen Fleisches hinderlich waren.

Mehr über Søren Georg Abels Tätigkeit in Gjerstad

Sein Gebets- und Andachtsbuch *De sædvanlige Morgen- og Aftenandagter, samt nogle flere Bønner, omarbeidede* (Die üblichen Morgen-und Abendandachten sowie einige Gebete, überarbeitet) – 1807 in Kopenhagen auf eigene Kosten herausgegeben – enthält auf 32 Seiten bekannte Gebete wie das Vaterunser, Beicht- und Kommunionsgebete, umgeschrieben „nach ihrem Inhalt und Sinn." Dieses Buch widmete er den einfachen Leuten von Gjerstad und Vegårdshei es war eine Fortsetzung seiner Erklärung des Katechismus (*Religions-Spørgsmaal med Svar* – Religiöse Fragen und Antworten) vom Vorjahr. Im Vorwort schreibt er: „Dasselbe Wohlwollen, das Ihr, verehrte Freunde, meinen Religionsfragen erwiesen habt, mögt ihr, wie ich hoffe, auch der Herausgabe dieser kleinen Sammlung entgegenbringen. Ihr legt Wert auf die häusliche Andacht und wie innig ist mein Wunsch, Euch diese noch würdiger zu machen, indem deren Einwirkung auf Eure Gesinnung und Euer Tun begünstigt wird, in deren Veredlung doch jede wahre Anbetung Gottes besteht. Wenigstens geht meine Absicht dorthin. Ich versichere Euch hier öffentlich und stelle Euch öffentlich das Zeugnis aus: Ihr habt stets mit frohen Herzen das Bessere angenommen. Dank sei der Vorsehung, die mir das Glück vergönnte, Euer Lehrer und Freund zu werden!"

Abels Version des „Vaterunser" (nach Inhalt und Sinn umgeschrieben) lautet: „Guter Vater, der Du überall bist und hoch über uns stehst. Mögen wir Dich ehren, wie Du es verdienst. Gebe, dass sich die Lehre Deines Sohnes mehr und mehr ausbreitet; Dein Wille geschehe hier in der Welt, ebenso wie alle Seligen im Himmel Dir gehorchen. Gib uns jeden Tag, was wir zum nötigen Auskommen brauchen und schenke uns einen genügsamen Sinn. Vergib uns unsere Vergehen; wir versprechen dafür, unseren Brüdern und Schwestern zu vergeben. Bewahre uns vor jeder Verführung und lasse uns nicht vom Bösen hinreißen. Du alleine bestimmst über unsere Glückseligkeit und vermagst sie zu fördern, deshalb wollen wir Dich stets ehren. Es geschehe!"

Um das angespannte Verhältnis zur Gemeinde Vegårdshei zu verbessern, erklärte sich S.G. Abel bereit, dort 1809–1810 eine neue Kirche zu errichten.

Beide Gemeinden, Vegårdshei und Gjerstad, hatten 1725 nach dem großen nordischen Krieg, als der König zur Aufbesserung der Staatskasse Kirchen verkaufte, je eine Kirche für 200 bzw. 300 Reichstaler erworben. Seitdem war die Kirche von Vegårdshei immer wieder ausgebessert und repariert worden, dennoch befand sie sich in einem sehr schlechten Zustand, außerdem war sie zu klein geworden. Die Ausgaben für den Bau einer neuen Kirche basierten auf freiwilligen Beiträgen der Gemeinde und zu dieser Zeit war es für die Waldbesitzer leicht, große Summen durch Forstnutzung zu erwirtschaften. Obwohl der Baumeister unerfahren war, entstand eine solide gebaute Kirche, und obwohl der Kostenvoranschlag um 800 Reichstaler überschritten wurde, fand am 19. August 1810 das große Einweihungsfest statt. Bei dieser Einweihung – unter dem Vorsitz von Propst Krog aus Arendal – hielt Gemeindepastor Abel eine so gute Predigt, dass ihm empfohlen wurde, sie drucken zu lassen, was auch geschah: *Tale, holden ved Vegaardsheiens Kirkes Indvielse 19. August 1810* (Christiania, 1810, 8 Seiten).

Aber ohne dass die Pfarrgemeinde etwas davon gewusst hätte, wurde Vegårdshei 1812 der Pfarrei Holt zugeteilt. Angeblich bedauerte Bischof Christian Sørensen diese Trennung, doch als Pastor von Risør war er ein alter Kollege von Hans Mathias Abel gewesen und wird nun die Klagen Søren Georg Abels über den langen und beschwerlichen Weg von Gjerstad nach Vegårdshei verstanden und wahrscheinlich die Stimme seines alten Kollegen vernommen haben: „Die Reise nach Vegårdshei bringt mich noch um!"

Søren Georg Abels Plan, anstelle von Vegårdshei die Gemeinde Søndeled als Teil der Pfarrei von Gjerstad zu erhalten, war von Beginn an zum Scheitern verurteilt. Später bereute S.G. Abel diese Abtrennung und schrieb an Propst Krog: „Wäre es nicht möglich, Vegårdshei wieder zu bekommen? Ließe sich nicht darüber reden?"

Søren Georg Abel blieb bis zu seinem Tod in Gjerstad, unternahm aber mehrere Versuche, eine andere Stelle zu bekommen. Bereits im Dezember 1809 schrieb er an den Bischof und bat um seine Versetzung: „Meine Umstände und die wachsende Kinderschar, die eine Erziehung heischen, nötigen mich, wenn sich eine passende Gelegenheit bietet, um meine Versetzung zu ersuchen." Damals bewarb er sich um Skien, „mit gerefften Segeln, als ich von den vielen Mitbewerbern hörte: Hr. Dreyer bewirbt sich und auch Hr. Schanche aus Risør, der viele Verdienste vorzuweisen hat." (In einem Brief an Propst Krog, den S.G. Abel hier als seinen „einzigen geistlichen Freund" bezeichnet). Weihnachten 1815 bewarb er sich um Vaaler in Smålenene, zog sein Gesuch jedoch einige Monate später zurück und bewarb sich stattdessen um Thunøe ohne große Hoffnung, es zu bekommen – Nicolai Wergeland gehörte zu den Bewerbern. Im August 1816 bewarb sich Abel schließlich um die freie Pfarrei Eidsvoll, die dann Wergeland bekam, und er hatte Pläne mit zwei anderen Pfarreien. John Aas erzählte, dass sich Abel in den Jahren der Abtrennung von Vegårdshei um acht verschiedene Stellen bewarb und schließlich eine zugesprochen bekam, aber da lag er bereits im Sterben.

Als Antwort auf eine Anfrage von Gustaf Hjerta – Adjudant beim Statthalter – lieferte Søren Georg Abel im Herbst 1816 eine detaillierte Beschreibung der Pfarrgemeinde Gjerstad: Einwohnerzahl, Klima, Getreideanbau und Ackerbau, Zahl der Pferde, Kühe, Schafe, Ziegen, Schweine, Informationen über den Wald, das Sägewerk, den Fisch und die generellen „Stufen der Bildung" des Volkes. (Diese Informationen sollten für ein Kartenwerk des vereinten Skandinaviens verwendet werden und ein entsprechender Brief wurde wahrscheinlich an alle Pfarreien im Land verschickt, ohne dass die Karten jemals zustande kamen und niemand weiß, ob Gustaf Hjertas Material erhalten geblieben ist.)

Die Überreste von Søren Georg Abels Teerofen – den er aus den übrigen Steinen des geplanten Ziegelwerkes gebaut hatte, wurden 1930 wieder gefunden, als die Sørlandsbahn gebaut wurde, 85 cm lang, innen 1 Meter breit, schön in den Fels gebaut, daneben einige sonnengetrocknete Lehmziegel. Wenige Tage, bevor die Eisenbahnschienen gelegt wurden, erhielten die Anwohner Gelegenheit, den Ofen zu sehen.

Anmerkungen zu Teil IV:
Als Schüler in Christiania

Die Kathedralschule

Die Kathedralschule lag an der Ecke Dronningens gate und Tollbodgate, wo sich heute die Hauptpost von Oslo befindet.

Die höheren Schulen in Norwegen, und besonders die Kathedralschule in Christiania, hatten in der Zeit von 1799 bis 1809 eine tiefgreifende Veränderung erfahren. Dafür gab es mehrere Gründe und viele Personen waren involviert. Niels Treschow war der Rektor in Christiania, als die Reformarbeit begann, und er sorgte dafür, dass die Kathedralschule in Christiania zum Vorbild wurde. Auf dem Papier sehen die hauptsächlichen Änderungen so aus: Die Leitung der Schule wurde von der Kirche getrennt, der Bischof der Diözese sollte keinen entscheidenden Einfluss mehr haben. Das alte Klassenlehrersystem, bei dem Oberlehrer, Konrektor und Rektor jeder in seiner Klasse in allen Fächern unterrichtet hatten, wurde durch das Fachlehrersystem ersetzt. Der Rektor und vier Oberlehrer bildeten den Schulrat, die Verwaltung, die bisher allein Sache des Rektors gewesen war, lag nun in den Händen dieses Schulrates oder Schulsenats, wie er auch genannt wurde. Von nun an war für die Anstellung und Anweisung der Adjunkten der Schulrat zuständig, mit einem der Lehrer als Sekretär. Der Schulrat bestimmte, welchen Klassen die Schüler zugeteilt wurden, er verteilte Freiplätze, sah nach der Buchhaltung und kümmerte sich um Beschwerden. Der Schulrat war auch verantwortlich für den Kontakt mit den Eltern wie für die Beziehungen zur Schulleitung, dem Ephorat, in dem der Stiftsamtmann und der Bischof einen festen Platz hatten. Oberste Instanz des Schulsystems war das Kirchenministerium, das Niels Treschow von 1814–1825 als Minister leitete. (In den Jahren nach 1814 nahm in allen Kathedralschulen der vier Bischofsstädte Norwegens die Zahl der Schüler zu – in Christiania wurde die höchste Zahl von 120 Jungen erreicht – und in diesen Jahren wurden auch weitere höhere Schulen gegründet, 1816 in Drammen, 1823 in Fredrikshald und Skien. 1815 hatte Norwegen 885.431 Einwohner.)

Bei der Einführung des Fachlehrersystems hatte man versäumt, eine entsprechende Ausbildung der Lehrer in den verschiedenen Fächern einzurichten. In den klassischen Sprachen und in Theologie war es nicht schwer, qualifizierte Kandidaten zu finden, doch der Mathematikunterricht beispielsweise wurde von Personen mit einer zufälligen und mangelhaften Ausbildung gehalten. Die Qualifikation der Lehrer für Mathematik und Naturkunde bestand häufig in einem Examen der Navigation und praktischer Erfahrung als

Seemann oder Landvermesser, aus Kenntnissen, die von medizinischen Vorlesungen in Kopenhagen stammten oder von eigenen Studien. Das Pensum an Mathematik, Physik und Astronomie, das man für das *examen philosophicum* zu bewältigen hatte, war im Großen und Ganzen die Ausbildung, die solche Lehrer erhalten konnten. (Professor Georg Sverdrup richtete 1818 das philologische Seminar ein und unterrichte klassische Philologie, im Fach Norwegisch wurde erst 1829 ein Universitätslehrer eingestellt, Rudolf Keyser wurde Dozent für Geschichte und musste außerdem Altnordisch unterrichten – wer jedoch moderne Sprachen oder Naturkunde und Mathematik studieren wollte, musste sich noch viele Jahre als Autodidakt durchschlagen.)

Zwar wurde 1800 in Kopenhagen ein pädagogisches Seminar eingerichtet (geführt von Moldenhawer und mit Professor Sander als Lehrer für Pädagogik und Methodik. Sander war vorher bei Basedow in Dessau angestellt gewesen, Moldenhawer und Sander waren, neben dem Herzog von Augustenborg, die eifrigsten Fürsprecher der neuen Schulreform). Das Seminar hatte 25 Schüler und neben Pädagogik wurde in Sprachen, Religion, Anthropologie, Geographie, Geschichte, Mathematik und Naturkunde unterrichtet. Doch nach zehn Jahren stellte dieses Seminar seine Tätigkeit ein und wurde im Nachhinein als ein missglücktes Experiment angesehen. Stoud Platou war Schüler an diesem Seminar gewesen wie auch Niels Henriks Religionslehrer Christian Døderlein.

1803 war Jacob Rosted Rektor geworden – als Treschow Professor für Philosophie in Kopenhagen wurde – und diesen Posten bekleidete Rosted fast 30 Jahre lang.

Der Sinn des muttersprachlichen Unterrichts – seit 1820 in den Protokollen und Prüfungsausschreibungen der Kathedralschule von Christiania *Norwegisch* genannt – sollte Rektor Rosted zufolge darin bestehen, „die Veredelung des Geistes und des guten Geschmacks" zu fördern. Die Schüler waren für Lebensstellungen bestimmt, in denen sie mit den Mitteln der Sprache Einfluss auf ihre Mitmenschen nehmen würden, dabei mussten sie in ihrer Ausdrucksweise das Edle vom Unedlen unterscheiden können, das Starke vom Kraftlosen, das Geschmackvolle vom Peinlichen, das Hohe vom Niedrigen. Moralisches Empfinden und Sinn für das Schöne in der Natur und in den Werken der Kunst hatten Rektor Rosted zufolge denselben Ursprung, und das wichtigste Mittel, diese Gefühle zu entwickeln, war das Lesen anspruchsvoll geschriebener und geschmackvoller geistiger Werke, anrührende Schilderungen edler Empfindung sowie tugendhafter Charaktere und Handlungen.

Viele von Rosteds Schülern verfassten bereits in ihrer Schulzeit Gedichte und Erzählungen. Einer seiner ersten Schüler, Frederik Schmidt, der Sohn des Bischofs, veröffentlichte Gedichte, noch bevor er Student wurde. Und die drei, die in den 1820-er Jahren in Norwegen das poetische Kleeblatt genannt wurden und zu den größten Schriftstellern des Landes zählten: Henrik Anker

Bjerregaard, Maurits Hansen und Conrad Nicolai Schwach – sie alle waren
Schüler von Rosted gewesen und hatten in ihrem Rektor einen Helfer und
Gönner gefunden. Bjerregaard hatte bereits zwei Gedichtsammlungen als
Manuskript fertig, als er 1809 nach Kopenhagen ging, um zu studieren. Maurits Hansen empfand es als eine große Ehre und als Anregung, als ihn der
Rektor lobte und aus seinen Schilderungen vorlas. Und Schwach erinnert sich
an die anerkennenden Worte des Rektors: „Du schreibst wahrlich für Gott wie
ein Mann!" (1816 war Niels Henrik mit dabei, als die Schüler, um ihren Rektor
zu ehren, einen der bekanntesten Maler der Zeit, Kapitän Jacob Munch,
beauftragten, ein Portrait von Rosted anzufertigen – das Portrait wurde später
in der Schule aufgehängt. 1827 feierte das versammelte Parlament das 50-jährige Jubiläum seiner Lehrertätigkeit an der Schule. Die Schüler überreichten
ihm einen Silberpokal mit lateinischer Inschrift. Ehemalige Schüler hatten
Geld gesammelt für ein „Rosted-Stipendium". Damals gab es keine Altersgrenze für Beamte und man erzählte, dass die prächtige Feier auch als deutlicher Wink gedacht war, der alte Rektor möge sich nun freiwillig zurückziehen. Doch Rosted deutete die Ehrung als Aufforderung, weiterzumachen und
ließ sich erst 1832, ein Jahr vor seinem Tod, pensionieren.)

Die Schulzeugnisse des Schülers N.H. Abel

Sie befinden sich in den Censurprotokollen, in denen jeder Lehrer jedes Jahr
sein Urteil abgab in den fünf Spalten *Natürliche Begabung, Schulfleiß, Handwerkliche Fähigkeiten, Fortschritte* und *Benehmen*. Bei Niels Henrik finden
sich gewöhnlich in den Spalten Standardbemerkungen und die Noten „gut"
und „sehr gut", einige Male „außerordentlich gut", und unter *Benehmen*:
„sehr gut, ordentlich und gewissenhaft." Eine Abweichung ist unter *Natürliche
Begabung* zu erwähnen. Im September 1818 schrieb Holmboe: „Ein ausgezeichnetes mathematisches Genie", und etwa aus dieser Zeit stammt der
Eintrag eines anderen Lehrers: „Sehr gut, hat sich aber bei mir nicht angestrengt. " Und dann gibt es da Holmboes Bemerkung von 1820, quer über alle
Spalten geschrieben: „Mit seinem außergewöhnlichen Genie vereinigt er einen
unstillbaren Eifer und das Interesse für die Mathematik, so dass er, wenn er
weiterlebt, sicher ein großer Mathematiker werden wird."

Neben den Zeugnisprotokollen finden sich die Prüfungsprotokolle mit den
Noten für die einzelnen Fächer.

Abels Noten bei den Jahresprüfungen an der Kathedralschule:

	1816	1817	1818	1819	1820	821	Artium
Religion	2	2	2	3	2	3	3
Arithmetik	1	2	1	1	1	1	1
Geometrie	1	1	1	1	1	1	1
Geschichte	1	3	4	3	3	3	4
Geographie	1	4	4	3	3	3	2
Naturgeschichte	2	3		2			
Anthropologie		3		2			
Kalligraphie	4	3	4	4			
Zeichnen	3	2	2				
Latein (mündlich)	2	3	3	2	3	3	3
Latein (Aufsatz)		4	4	2		2	3
Griechisch		1	2	2	2	3	3
Muttersprache (mündlich)	2	3	2	2	2	3	
Muttersprache (Aufsatz)		3	4	3	3	1	3
Französisch (mündlich)	4	4	4	3	3	3	2
Französisch (Aufsatz)					3	3	
Deutsch (mündlich)			3	2	2	3	
Deutsch (Aufsatz)				1	4		
Englisch				3	2		

Außerdem gibt es Angaben über einige andere Prüfungen an Weihnachten und Ostern.

Abels Mitschüler

Genannt werden hier die Schüler, die 1821 zusammen mit Niels Henrik die Kathedralschule von Christiania verließen und in den letzten Jahren mit ihm in dieselbe Klasse gingen.

Niels Berg Nielsen: Sohn des reichen Handlungsreisenden Jacob Nielsen, eine von 22 Personen der „höheren Rangklasse", die König Christian Frederik im Februar 1814 nach Eidsvoll zur verfassungsgebenden Versammlung berief, Vetter des Dichters C.N. Schwach – später Landwirt in Vinger.

Jacob Worm Skjelderup: Sohn von Professor M. Skjelderup, legte das philologische und das juristische Staatsexamen ab, wurde Staatssekretär.

Gustav Adolph Lammers: später ein bekannter Theologe und Führer der Separatistenbewegung, der Lammersbewegung. (Von einigen vermutlich fälschlich als Vorbild für die Figur des Brand in Henrik Ibsens gleichnamigem Drama angesehen.)

Hans Steenbuch: Gemeindepastor in Rollag und Enebakk (Neffe von Professor Steenbuch?).

Jørgen Olaus Hersleb Walnum: wohnte während seiner Schulzeit in Christiania bei seinem Verwandten, Professor Hersleb, wurde Gemeindepastor in Herø.

Hans Plathe Nilsen: Amtsrichter in Mellom-Jarlsberg.

Frederik William Rode: Gemeindepastor in Rennesø.

Carl Theodor Dahl: Jurist und Rechnungsprüfer in Fredrikstad.

Rasmus Rafn Borchsenius: wurde staatlicher Zahlmeister (verwandt mit Amtmann Borchsenius? siehe 20. Kap.).

Jacob Andreas Falch: Justitiar am Berufungsgericht in Bergen.

Christian Bull Stoltenberg: Bruder von Henrik Stoltenberg (siehe 21. Kap.). Ein anderer Bruder war Mathias Stoltenberg, der taube, herumstreifende Portraitmaler, der erst 1910–1920 „entdeckt" wurde.

Außerdem legte *Carl Gustav Maschmann* als Privatschüler in diesem Jahr das *examen artium* ab. Er war der Sohn von Professor Hans Henrik Maschmann, dem Besitzer der Elephantapotheke, der in der Tollbodgaten Nr.12 ein großes Haus besaß, in dem auch Niels Henrik mit dem jungen C.G. Maschmann verkehrte, der 1822–1825 in der Apotheke seines Vaters arbeitete, bevor er nach Berlin reiste an Schröders pharmazeutisches Institut, Neue Kroningsstraße 42, wo er im Herbst 1826 auch Niels Henrik und seine Freunde empfing (siehe 34. Kap.).

Die Besetzung der Räume der Kathedralschule durch das Storting

Dass das Storting für seine Sitzungen die besten Räume benötigte, war jedem einleuchtend. Doch niemand dachte an die schädlichen Auswirkungen für die Kathedralschule. Ursprünglich plante man, nur jedes dritte Jahr für einige Monate Parlamentssitzungen abzuhalten. Dann sollten Gesetze verabschiedet und Gelder bewilligt werden, was man als nicht sehr zeitaufwendig ansah. Und weil es für die Volksvertreter, die über das ganze Land verteilt waren, leichter war, auf den winterlichen Straßen vorwärts zu kommen als im Herbst, war im Grundgesetz festgelegt worden, dass die Sitzungen des Storting jedes dritte Jahr im Februar in der Hauptstadt eröffnet werden sollten, wenn nicht der König wegen eines Krieges oder der Pest einen anderen Ort im Reich bestimmte. Der Plan war, dass die Abgeordneten nach Hause zurückkehren konnten, bevor der Frühling und die Schneeschmelze die Straßen unpassierbar machten.

1823 nahm das Storting die gesamte Kathedralschule in Beschlag – und hielt dort seine Sitzungen ab bis 1854.

Etwas über die Stadt

Zu Beginn des 19. Jahrhunderts strömten die Landbevölkerung in Scharen nach Christiania. Die Misthaufen der Bürger auf Ruseløkkbakken wurden entfernt und es entstanden Straßen, Algier oder Tunis genannt, wo es von kleinen Hütten wimmelte, wie man aus den Berichten Eilert Sundts erfahren kann. Diese ärmlichen Hütten waren ein Stein des Anstoßes und 1813 bezeichnete die Vereinigung für das Wohl der Stadt in Christiania die Bebauung als „besonders irregulär und verunstaltend." Es gab Häuser von 12 m², die meisten waren zwischen 24 und 36 m² groß. Es wurden nun Grundstücke bei der Akers Kirche angeboten und das führte 1815 zu einer Vorstadtbebauung am Telthusbakken entlang. Gleichzeitig wurden von Jørgen Young Grundstücke in Enerhaugen parzelliert und 1822 unternahm General Haxthausen dasselbe mit Briskeby. Ein Grundstück kostete gewöhnlich 12 Arbeitstage pro Jahr.

Über die Kathedralschule

Holmboes Mathematikunterricht kennen wir aus seiner *Indbydelsesskrift* (Einführungsschrift) von 1822 und aus seinen Lehrbüchern von 1825 und 1827. In einem Brief, den er am 13. September 1849 an den Studenten C.A. Bjerknes schrieb als Antwort auf dessen Frage, wie man am besten auf eigene Faust Mathematik studieren könne, betonte Holmboe, dass die beste Anleitung, die er kenne, die Regeln und Bemerkungen von *J.-L. Lagrange* zum Studium der Mathematik seien. Holmboe schrieb, er sei auf diese Ideen vor ungefähr 30 Jahren gestoßen – also etwa 1819 – und habe sie für aus der *Zeitschrift für Astronomie und verwandte Wissenschaften* abgeschrieben (die Zeitschrift wurde 1816–1818 in Tübingen von B. von Lindenau und J.G.F. Bohnenberger herausgegeben, im ganzen sechs Bände, die neben den Artikeln der Verfasser Beiträge von Gauß, Littrow, Laplace, Bessel und Möbius enthielten. In einer

123 Seiten langen Einleitung wurde über das Leben von Lagrange berichtet, später brachte die Zeitschrift eine Übersicht über seine Arbeiten).

Lagrange entstammte einer alten Familie aus der Touraine, die nah verwandt war mit Descartes. Lagranges Großvater väterlicherseits war französischer Artilleriehauptmann, der ein Amt am Hof des Königs von Sardinien erhalten und in der Hauptstadt Turin eine Tochter der berühmten römischen Familie Conti geheiratet hatte. Lagranges Vater, Militärschatzmeister für Sardinien, heiratete die Tochter eines reichen Arztes, sie bekamen elf Kinder, von denen nur der Jüngste, Joseph-Louis, das Erwachsenenalter erreichte. (In Turin steht ein Denkmal von J.-L. Lagrange). (Und apropos Lagranges astronomische Arbeiten: Man kannte damals nur die vier Jupitermonde, die Galilei 1610 entdeckt hatte. 1892 wurde ein fünfter Mond entdeckt und heute sind uns alle zwölf Jupitermonde bekannt, der letzte wurde 1951 entdeckt). Eines seiner Meisterwerke, *Mécanique analytique* (1788, auf das er richtig stolz war, da kein einziges Diagramm darin vorkommt), wollte Lagrange am liebsten in Paris drucken lassen, weil er meinte, die Formeln könnten hier mit größerer Genauigkeit und Sorgfalt wiedergegeben werden. Und zur Kontrolle des Druckes im Jahre 1788 in Paris wurde der junge, energische Legendre bestellt, dem Abel fast 40 Jahre später begegnen und mit dem er auch in Briefwechsel treten sollte. Lagranges *Sur la solution des équations numériques* und seine *Réflexions sur la résolution algébrique des équations* (Berlin 1771) gaben den Anstoß zu der allgemeinen Frage, wann es möglich sein würde, Gleichungen mit algebraischen Operationen zu lösen, d.h. mit den rationalen Rechenoperationen von Addition, Substraktion, Multiplikation, Division und Wurzelziehen – das Problem, zu dessen Lösung Abel einen wichtigen Beitrag liefern sollte.

Lagranges Beisetzung fand im Panthéon statt und Laplace hielt die Gedächtnisrede. Pierre Simon Laplace, der die „Nebeltheorie" oder „Nebelhypothese" entwickelte, in der es keinen Platz für einen persönlichen, lenkenden Gott gibt, vertrat die Ansicht, dass diese Welt und die Nachbarplaneten aus ihrem Ursprung, der Sonne, herausgeschleudert worden seien und später vom Zustand eines ausgedehnten und überhitzten Gases eingeschrumpft seien zu kleinen und festen Körpern. Aber war dieses Sonnensystem *stabil* oder *labil*? Diese Frage war das große Projekt von Laplace, an dem er mit Hilfe von mathematischen Analysen ein Leben lang arbeitete. Es war dieses Hauptwerk von Laplace, *Mécanique céleste,* in fünf Bänden, das Abel in Paris kommentierte: „Wer ein solches Buch geschrieben hat, kann mit Vergnügen auf sein wissenschaftliches Leben zurückblicken." (siehe 42. Kap.) Laplace wollte beweisen, dass das Sonnensystem ein riesiges Perpetuum mobile sei. (Dass das Sonnensystem tatsächlich stabil ist und seine komplexen Bahnen ewig wiederholt, gilt keineswegs als endgültig bewiesen.)

Es war Laplace, der 1785 Napoleon bei der Abschlussprüfung der Kriegs-schule examinierte, und es war Napoleon, der dann Laplace in die Politik brachte. Später erwarb sich Laplace den Ruf, ein Politiker zu sein, der sich stets anzupassen wusste – er unterzeichnete sogar das Dekret zur Verbannung seines einstigen Gönners Napoleon auf St. Helena.

Über das metrische System

In Norwegen waren die Standardmaße und -gewichte noch Ellen, norwegische und dänische Meilen, Fässer, Pots und so weiter Standard. 1815–1816 hatte das Storting die Regierung aufgefordert – über das Polizeiministerium – einheit-liche Maß- und Gewichtseinheiten für das ganze Reich festzulegen. Der Antrag wurde auf das Storting von 1818 vertagt. In Holmboes *Lærebog i Mathemati-ken* von 1825 steht über die Längenmaße: „Die Haupteinheit des Längenmaßes ist eine gerade Linie, die etwa die Länge eines menschlichen Fußes hat und deshalb ein Fuß genannt wird." Andere Längeneinheiten waren eine Elle = 2 Fuß, ein Faden = 3 Ellen, eine norwegische Meile = 18.000 Ellen oder 36.000 Fuß, eine dänische Meile = 2/3 der norwegischen Meile.

Eine Rechenaufgabe konnte also so lauten: Wie viele französische Meter sind in 5 norwegischen Meilen enthalten, wenn eine norwegische Meile 18.000 Ellen misst und 1.595 Ellen = 1.000 französische Meter sind?

(Also: 1 Meter = 1,595 Ellen, d.h. 1 Elle = 0,627 Meter = 2 Fuß, d.h. ein Fuß = 31,35 cm).

Anmerkungen zu Teil V:
Studentenleben

Das Mariboe-Anwesen

Die Universitätseinrichtung Regentsen, auch Studentenheim genannt, wurde im Mariboe-Anwesen untergebracht, zunächst für zwölf, später für 20 bedürftige Studenten. Dem Dozenten für Technologie, Gregers Fougner Lundh, wurde dort eine Wohnung zugewiesen, damit er die Aufsicht über diese Studenten ausüben konnte. Im *Nationalbladet* vom 26. Oktober 1820 wurde kritisiert, dass er für sich und seine Familie *acht* Zimmer beanspruchte.

Zur gleichen Zeit wie Abel erhielten unter anderen Rudolf Keyser und Jacob Lerche Zimmer im Regentsen. 1821 bewohnte Abel das Zimmer Nr. 6, 1822 dann ein Mansardenzimmer zusammen mit Jens Schmidt (und seinem Bruder Peder „dem Schwein", von Februar an). Später teilte er sich das Zimmer mit Halvor Rasch, dem künftigen Professor für Zoologie, und Arnt Johan Bruun, dem künftigen Gemeindepastor in Lenvik. Ab Herbst 1823 erhielt Abel das Zimmer Nr.3 - das Einzelzimmer im Regentsen. Abels eifrigster Mitspieler am Kartentisch dürften außer seinem Zimmergenossen A.J. Bruun und seinem Klassenkameraden J.W. Skjelderup der spätere Gemeindepastor Johan Lyder Brun gewesen sein sowie Johan Fredrik Holst, der ebenfalls einmal Gemeindepastor werden sollte, und zwar in den Pfarreien Vadsø, Finnås und Eidsberg. Morten Kjerulf zufolge, der auch im Regentsen wohnte, verbrachte Abel die meiste Zeit mit J.F. Holst.

Die Sommerferien der Universität dauerten vom 15. Juni bis zum 1. August, die Weihnachtsferien vom 15. Dezember bis zum 15. Januar, frei war außerdem der 11. November, der Gründungstag der Universität.

In den Archiven finden sich auch zwei Bescheinigungen für Abel aus dem Jahr, als er sich auf das *examen philosophicum* vorbereitete. Die erste stammt von Dozent Søren Bruun Bugge (mit Unterschrift vom 30. März 1822) und bestätigt, dass Abel an seinen Vorlesungen über Horaz und Tacitus teilgenommen hatte. Und am 31. März desselben Jahres bescheinigt Professor Georg Sverdrup, dass Abel seine Vorlesungen besucht habe.

Ansonsten gibt es einen Antrag der Studenten im Regentsen, um 6 Uhr früh vom Portier heißes Wasser zu bekommen, da sie gerne so früh aufstehen und mit dem Lernen beginnen würden.

Die wissenschaftlichen Sammlungen und besonders die Naturaliensammlung benötigten allmählich immer mehr Platz, was dazu führte, dass das Regentsen über weniger Räume verfügte. Der Platzmangel in der Universität wurde prekär, als die Sammlung nordischer Altertümer und die Münzensammlung untergebracht werden mussten. Die Hörsäle wurden zu klein, der Kassierer musste sein Büro außerhalb des Gebäudes einrichten und eine Toilette für Lehrer gab es nicht. Die Zimmer der Studenten in der Universität erhöhten außerdem die Brandgefahr und man begann zu zweifeln, ob dieses Leben im Studentenheim dem Fleiß und der Sittlichkeit der Studenten förderlich sei.

Am 11. August 1832 beschloss der Senat, nachdem er eine Erklärung der Fakultät eingeholt hatte, die Stiftung Regentsen aufzuheben und die frei werdenden Zimmer nicht wieder zu vergeben.

Die Universität

In den Vorschlägen, die 1812 der Universität vorlagen, waren 25 feste Lehrer, Professoren und Dozenten vorgesehen, verteilt auf acht Fakultäten. In der neuen, 1824 angenommenen Satzung der Universität verringerte sich die Zahl der Fakultäten jedoch auf vier: die theologische, die juristische, die medizinische und die philosophische – zu letzterer gehörten neben Philosophie noch klassische und neuere Sprachen, Geschichte des Bergwesens, Naturkunde, Mathematik und Ökonomie. Erst 1860 wurde die Naturwissenschaft ausgegliedert und eine mathematisch-naturwissenschaftliche Fakultät eingerichtet. Übrig blieb die historisch-philosophische Fakultät.

Anmerkungen zu Teil VI:
Europa-Reise

Der Reisegefährte Nils Otto Tank
und sein abenteuerliches Leben

Nach seiner Heimreise von Basel im Juli 1826: Der Wiederaufbau von
Fredrikshald und den Festungen Fredriksten kam rasch voran. Bald konnte
sich der junge Tank auf das konzentrieren, was er am meisten liebte: „Meine
Bücher und ein freies Leben in der großartigen norwegischen Natur." Tank
suchte die Anwesenheit des Geistes in Gottes Natur, und dieses religiöse
Bedürfnis wurde so stark in ihm, dass er noch im selben Herbst – 1826 – zum
Stammort der Brüdergemeine nach Herrnhut fuhr, eine Tagesreise östlich von
Dresden. Das große väterliche Erbe zerfiel allmählich, 1829 musste das Handelshaus Tank & Co Konkurs anmelden. Doch Nils Otto Tank, der mehr und
mehr von der Lebensauffassung und dem Missionseifer der Brüdergemeine
erfüllt war, sammelte Geld für Bibeln, machte kleine Geschäfte und tat sich
bald als ökonomisches Genie hervor. Der bekannte Leiter der Brüdergemeine
in Christiania, Niels Johannes Holm, schrieb 1833: „Bruder Tank scheint in
besonderem Grade die Eigenschaft des Judas Ischariot zu besitzen ... das Geld
vermehrt sich in seinen Händen. Sollte er für uns der berufene Ökonom sein?"
Und Tank *wurde* dann auch in der Kolonie der Brüdergemeine in Christians-
feld in Südjütland/Dänemark für die Finanzen zuständig. Unter seiner Leitung
verdoppelte sich das Personal und in den Werkstätten wurden die Handwerker, die auch Religionsunterricht erhielten, mit Aufträgen überhäuft. Auf
einen Vorschlag des Ältestenrates der Gemeine hin heiratete Tank eine gewisse Mariane Frühof, Tochter eines holländischen Herrnhuter Pfarrers und
Schulleiters. Das junge Paar zog nach Herrnhut, wo Tank zum Missionspfarrer
geweiht wurde. Zusammen mit Mariane reiste er nun nach Südamerika zur
Missionsstation Paramaribo in der holländischen Kolonie Surinam. Mariane
wurde schwanger, gebar eine Tochter, starb aber selbst am Tropenfieber. Tank
blieb fünf Jahre in Surinam und unter seiner Leitung wuchs die Mission von
zwei auf 29 Missionare an. Über hundert weitere Personen waren mit dem Bau
von Schulen und industriellen Unternehmen beschäftigt, Bäckerei und Le-
bensmittelladen der Station arbeiteten mit großem Überschuss. Auf dem
Seeweg erhielt Tank Waren aus Europa und er beschaffte 40.000 Dekar (1
Dekar = 1.000 m²) Dschungelland und plante den Aufbau eines forstwirt-
schaftlichen Betriebes. Mit seinem Engagement gewann er das Wohlwollen
und die Freundschaft der Indianer. Bei seinen Reisen in die Umgebung aß und
wohnte er bei ihnen, und er lobte den lebhaften und untraditionellen Gemein-

degesang der eingeborenen Schwarzen. Bei all seinen Geschäften und seiner
Profitwirtschaft setzte sich Tank unermüdlich für die Ausbildung und Freilassung der schwarzen Sklaven ein. Sein rückhaltloses Eintreten für die Auf-
hebung der Sklaverei – nachzulesen in den Missionszeitungen und in Berichten – machten ihn bei den Plantagenbesitzern unbeliebt, nach und nach dann
auch beim Gouverneur, den Ministern und dem König. Als Tank nach einer
Inspektionsreise in Westindien und in New York 1848 zurück nach Europa
und Amsterdam kam, stellte sich heraus, dass seine Rückkehr nach Surinam
nicht erwünscht war.

In Amsterdam heiratete Tank ein zweites Mal, Karoline van der Meulen,
eine Jugendfreundin seiner verstorbenen Frau. Diese Karoline erbte kurz
darauf gewaltige Reichtümer, väterlicherseits eine Sammlung von Kunstge-
genständen, Gemälden, Möbeln, alten Büchern und Manuskripten – mütterlicherseits erbte Frau Tank die Besitztümer eines Generals von Botzelaar, der
seinerzeit dabei gewesen war, als Napoleon zurückgeschlagen wurde. Nils Otto
Tank war Millionär. Es ging aber auch das Gerücht, Tank habe mit Hilfe seines
geologischen Wissens in Surinam die ersten Goldvorkommen ausfindig gemacht, sein ungeheurer Reichtum stamme also aus großen Goldfunden in
Guyana. Wie auch immer, Tank war nun in der Lage, seinen großen Plan zu
verwirklichen, die Gründung eines neuen Jerusalem, eines wahren Reichs
Jesu, in dem alle freie Brüder und Schwestern sein sollten. Auf seiner Hoch-
zeitsreise nach Norwegen im Jahre 1849 wurde Tank gebeten, in Hamar die
Grundtvigsche Idee einer Volkshochschule zu unterstützen, doch Tank war
davon überzeugt, dass das neue Reich Gottes im Land der neuen Freiheit
aufgebaut werden müsse, also in Amerika. Außerdem taten ihm all die norwegischen Frauen und Männer leid, die ohne landwirtschaftliche und ge-
schäftliche Kenntnisse nach Amerika kamen. Und als Tank erfuhr, dass die
Hälfte der Brüdergemeine aus Stavanger an einen Ort namens Milwaukee in
Wisconsin ausgewandert war, schienen seine konkreten Pläne Form anzunehmen. Tank begab sich mit Frau und Tochter nach Wisconsin, erwarb 40.000
Dekar Land und bot es der Brüdergemeine in Milwaukee gratis an. 42 Erwachsene mit ihren Kindern sagten begeistert zu. Schulen wurden gebaut, neue
Unternehmungen gegründet, jede Farm wurde mit Haus und Gerätschaften
unterstützt. Doch nicht allen gefiel Tanks Gedanke von einem Kollektiv. Die
meisten Norweger waren in das neue Land gekommen, um sich privates
Eigentum zu erwerben, über das sie frei verfügen konnten, und man fragte
sich, was der steinreiche Tank eigentlich in diesem verlassenen wilden Land
von ihnen wollte. Ging es um gigantische Spekulationen, oder um noch
Schlimmeres? Und als der norwegische Geistliche der Gemeinde darauf hinwies, dass Tank diese Menschen, indem er ihnen die schriftliche Bestätigung
ihres Grund und Bodens verweigerte, wieder zu besitzlosen *Häuslern* machte,

gingen alle Visionen Tanks von der Errichtung eines neuen Jerusalem in erregten Tumulten unter. Die meisten brachen ihre Zelte ab und zogen nordwärts, wo sie eine Stadt gründeten, die bis zum heutigen Tag immer noch Ephraim heißt. (Als der Musiker Ole Bull zwei Jahre später nach Amerika kam und große Ländereien in Pennsylvanien erwarb, um dort eine norwegische Kolonie zu gründen, ein „neues Norwegen, "geweiht der Freiheit und der Selbständigkeit", verfügte er über weit geringere Ressourcen als Tank. Ole Bulls Oleana bestand zwei Jahre.)

Nach dieser bitteren Niederlage wurde Tank zu einem der größten Investoren bei der Planung des Fox-Wisconsin-Kanals, der den Mississippi mit den großen Seen im Innern Amerikas verbinden sollte. (Als der Erie-Kanal, der New York und den Hudson mit den großen Seen verband, 1825 gebaut wurde, war dies die Basis für Handel und Schifffahrt und verhalf einigen Familien in New York zu einem fantastischen Reichtum – wie man u.a. in Edith Whartons *Zeit der Unschuld* [1921] nachlesen kann.) Doch bevor der Mississippi-Kanal Wirklichkeit wurde, hatte man das Eisenbahnnetz zum vorherrschenden Verkehrs- und Handelsweg ausgebaut. Mit enormen Verlusten für Tank und die anderen Investoren wurde das Kanalprojekt begraben. Bald darauf erkrankte Tank und starb 1864. Seine Frau lebte noch fast 30 Jahre lang und als sie starb, waren im Nachlass 100.000 Dollar für ein Waisenhaus und dazu große Summen für verschiedene Missionsaktivitäten vorgesehen.

Weitere Geschichten aus Paris

Über Abels Aufenthalt bei Familie Cotte in der rue Ste. Marguerite, 41 im Faubourg St. Germain, heute rue Gozlin, gibt es noch eine amüsante Geschichte in einem undatierten Brief aus dem Jahre 1852 von Vilhelmine Ullmann an ihre Mutter Conradine Dunker, der Schwester von Christopher Hansteen. Eines Abends im Observatorium soll Hansteen von Abels Wohnsituation bei Cotte erzählt haben, der offensichtlich bei seiner Frau unterm Pantoffel stand. Hansteen zufolge scherzte Abel oft mit Madame Cotte, die sich das gern gefallen ließ. Eines Tages, als Monsieur Cotte sich erlaubte, sich in einer etwas lauteren und festeren Tonlage als gewöhnlich zu äußern, soll Madame ausgerufen haben: „Monsieur Cotte, si vous prenez le haut ton, moi je prendrais le bâ-ton" (bas ton).

Dass Abel in einem Brief an Holmboe schreibt – und das *nach* den vergnüglichen Wochen, die er mit Keilhau verbracht hatte – er habe „1 bis 1 ½ Flaschen Wein täglich" getrunken, ist bemerkenswert. Zwar waren die Flaschen etwas kleiner, 60–70 cl, doch der Alkoholgehalt betrug sicher um die 11%.

Johan Gørbitz, der Abel die erste Zeit in Paris behilflich war und das einzige Portrait von ihm anfertigte, kehrte erst 1836 nach Norwegen zurück. (Im Jahr zuvor hatte sich sein „Lehrmeister" und Eigentümer des Ateliers Antoine Jean Gros in einem Anfall von Schwermut in die Seine gestürzt – angeblich hat ihn der akademische Klassizismus so schwermütig und melancholisch gemacht.) Gørbitz ließ sich in Christiania nieder, lebte ein stilles und zurückgezogenes Leben und wurde bald der gesuchteste Portraitmaler Norwegens. Er portraitierte u.a. Christine Kemp, B. Keilhau, Camilla Collett, A.M. Schweigaard, P.A. Heiberg, Lyder Sagen, Bischof J. Neuman, Professor M. Skjelderup, Präsident W.F.K. Christie, Gräfin Karen Wedel Jarlsberg u.v.a.

Über die Wissenschaftsakademien in Paris

Nach der Revolution: 1793 wurden alle vier Akademien, die es in Frankreich gab, aufgelöst und 1795 im Institut de France zusammengefasst. In dem Institut arbeiteten die verschiedenen Akademien bis zu einem gewissen Grade selbstständig und den größten Einfluss auf die Wissenschaftsgeschichte hatte zweifellos *L'Académie des Sciences*, gegründet 1666 von dem Humanisten Melchisedec Thévenot und seinen Freunden. Diese Akademie arbeitete auf allen Gebieten der Mathematik, der Naturwissenschaft und der Medizin und mit ihr hatte Abel Kontakt.

Die andere der „alten" Akademien war *L'Académie Française*, gegründet 1635. Hier arbeiteten die 40 größten Dichter und Stilisten des Landes u.a. an der Erstellung des offiziellen französischen Wörterbuchs, dessen erste Ausgabe 1694 erschien. *L'Académie royale des beaux-arts*, gegründet 1648 im Namen des jungen Ludwig XIV., bestand aus einer bestimmten Anzahl von Malern, Bildhauern, Architekten, Kupferstechern und Musikern. Die Akademie hatte eine Unterabteilung in Rom, wohin man die größten Talente mit einem großzügigen Stipendium schickte, um dort die schönen Wissenschaften zu pflegen, die der Veredelung von Herz und Verstand dienten. In enger Verbindung zur *Académie Française* wurde 1663 *L'Académie des Inscriptions et Belles-Lettres* gegründet, deren wichtigste Aufgabe darin bestand, Ludwig XIV. zu verherrlichen.

Mehr über Humboldt und Galois, die Abel in Paris nicht kennen lernte

Alexander von Humboldt war 1797 zusammen mit dem Botaniker Bonpland ins nördliche Südamerika gefahren und war nach ausgedehnten Reisen die Flüsse hinunter und die Anden hinauf über Mexiko und Nordamerika mit großen naturhistorischen und ethnographischen Sammlungen nach Europa zurückgekehrt. Von 1808 bis 1827 hielt er sich in Paris auf, um seine große Reisebeschreibung in 30 Bänden und mit 1.425 Kupferstichen zu verfassen. Danach ließ er sich in Berlin nieder und stellte mit seinen vielseitigen Interessen und Kenntnissen eine zentrale Figur in wissenschaftlichen Kreisen dar. (Sein Bruder Karl Wilhelm von Humboldt war einige Zeit preußischer Kulturminister, gründete 1810 die Berliner Universität und war ein bedeutender Forscher auf dem Gebiet der Sprachtheorie.) Das *Morgenbladet* Nr. 4 von 1822 brachte einen Bericht von Humboldts Reisen „über die Menschenfresserei". „Einer der Indianerhäuptlinge hatte ein *Harem*, in das er eine große Zahl von Frauen sperrte und sich damit vergnügte, die schönsten und dicksten nach und nach aufzuessen." Mit diesem Artikel wollte das *Morgenbladet* zeigen, dass diese Wilden, „deren Tugend und Glückseligkeit unsere Romanschreiber oft sehr übertreiben", nicht besonders glücklich waren. Daneben war die Geschichte jenes Missionars abgedruckt, einem „großen Fürsprecher der Wilden", der, konfrontiert mit dieser Geschichte, geantwortet haben soll: „Das ist eine schlimme Angewohnheit dieser sonst so gutmütigen und freundlichen Leute."

Évariste Galois wuchs in Bourg-la-Reine direkt vor Paris auf, wo sein Vater (ein Lehrer, der gut dichten konnte und Komödien aufführte) während der hundert Tage nach Napoleons Flucht von Elba Bürgermeister war. An ihn erinnert heute eine Gedenktafel an der Wand des Rathauses. Vater Galois blieb auch nach Waterloo Bürgermeister. Mit spirituellen Versen im alten Stil glänzte er im gesellschaftlichen Leben, er half den Bürgern gegen den Pfarrer und war der Geistlichkeit der Gegend ein Dorn im Auge. Von der Mutter wurde gesagt, dass sie zwar religiös sei, aber mit Vernunft. 1823 kam der junge Galois nach Paris in die Schule. In den ersten zwei Jahren ging es gut, er erhielt Auszeichnungen und Belobigungen, im dritten Jahr jedoch hatte er die Schule satt und ihm wurde das Aufrücken in die oberste Klasse „la Rhétorique" verwehrt. Galois begann Mathematik zu studieren, wollte auf die *École polytechnique*, wurde aber nicht zugelassen. 1829 nahm sich sein Vater das Leben, dann kam die Julirevolution und so weiter (siehe 42. Kapitel).

Anmerkungen zu Teil VII:
Die letzten Jahre in Norwegen

Der Wettlauf mit Jacobi

Der Wettlauf mit Jacobi oder die Frage, wer der Erste war und wem die größere Ehre gebührt bezüglich der Theorie der elliptischen Funktionen, wer also in der Geschichte der Mathematik mehr Erwähnung fand. Zu diesem Thema schrieb der deutsche Mathematiker Leo Königsberger 1879 ein Buch und erwähnte die Angelegenheit auch in seiner Jacobi-Biographie aus dem Jahre 1904. C.A. Bjerknes war es in seiner Abel-Biographie von 1880 ein Hauptanliegen, den tatsächlichen Handlungsverlauf korrekt wiederzugeben. Bei genauer Durchsicht der chronologischen Reihenfolge der verschiedenen Abhandlungen stellt er fest, dass Abel der Erste war und er erklärt, dass Jacobi in seinem Buch über die Theorie der elliptischen Funktionen, *Fundamente nova* von 1829, Abel nicht den ihm gebührenden Rang einräumt und er deutet an, dass diese Unterlassung wahrscheinlich wider besseres Wissen erfolgte. Seit der Arbeit von Bjerknes scheint jedenfalls bezüglich der Priorität und der Ehre Einigkeit zu bestehen. Abel hatte die Lösung von viel allgemeineren Transformationsproblemen, als sie Jacobi 1827 in seinen Arbeiten in den *Astronomischen Nachrichten* aufgestellt hatte. Im Vorwort zu seiner Abhandlung „Solution d'un problème général concernant la transformation des fonctions elliptiques", die Abel „Zernichtung Jacobis " nannte und am 27. Mai 1828 von Christiania aus an Schumacher schickte, erklärt Abel, dass Jacobis eleganter Satz über die Transformation elliptischer Funktionen nur ein Spezialfall eines wesentlich allgemeineren Satzes sei, wie er ihn in seinen „Recherches" vorgenommen habe (im Oktober 1827 im *Journal* erschienen). Abel fuhr fort: „Aber man kann diese Theorie unter einem sehr allgemeinen Gesichtspunkt betrachten, indem man es als ein Problem der unbestimmten Analyse hinstellt, alle möglichen Transformationen einer elliptischen Funktion zu finden, die auf eine bestimmte Weise (d'une certaine manière) ausgeführt werden kann. Es ist mir gelungen, eine große Anzahl von Problemen dieser Art zu lösen. Darunter das folgende, das in der Theorie der elliptischen Funktionen von größter Bedeutung ist ..."

Der Kredit bei der Bank von Norwegen (Norges Bank)

Der Kredit bei der Bank von Norwegen (Norges Bank) betrug 200 Taler, wurde am 19. Oktober 1827 bewilligt und am 29. Oktober ausbezahlt. Es war eine Schuldverschreibung für drei Monate, der Zins betrug 6 Prozent. Der Kredit musste also alle drei Monate verlängert werden, was Abel dann auch tat: Am 31. Januar 1827 mit 20 Speziestaler Rückzahlung, am 29. Mai 1828 wurde der Kredit verlängert, ohne dass eine Rückzahlung erfolgte. Am 22. Januar 1829, während Abel krank in Froland lag, wurden wahrscheinlich von B.M. Holmboe in Christiania fünf Speziestaler abbezahlt. Übrig blieben 155 Speziestaler, für die mussten die Bürgen, Hansteen und die Brüder Holmboe, schließlich aufkommen.

Anmerkungen zu Teil VIII:
Das Krankenlager

Über Abels Aufenthalt in Froland

Als sich C.A. Bjerknes in Verbindung mit seiner Abel-Biographie an Hanna Smith wandte (geboren 1808 und verheiratet mit einem entfernten Cousin N.J.C.M. Smith, Schiffer und Leuchtturmwärter auf Utsira), um etwas über N.H. Abel und seinen Aufenthalt in Froland zu erfahren, antwortete Hanna Smith in zwei Briefen vom 9.11.1883 und vom 28.1.1884. Diese Briefe befinden sich jetzt in der Handschriftensammlung der Universitätsbibliothek Oslo. Vom ersten Brief fehlt mindestens eine Seite. Hanna Smith schreibt: „Meine älteste Schwester Marie und ich waren während seiner Krankheit abwechselnd bei Abel, weil seine arme Braut es nicht ertrug, mit ihm in seinen Sorgen allein zu sein, und dabei hatten wir Gelegenheit, den Verlauf der Krankheit und seinen Gemütszustand zu beobachten." In ihren Erinnerungen an Abel geht H. Smith sehr detailliert vor. Auch eine der jüngeren Töchter in Froland, Mette Hedvig (geboren 1822, später verheiratet mit Konsul Andreas Beer von Flekkefjord) erzählte als alte Dame (über Propst Irgens, Arendal), dass Abel auf dem Krankenbett versucht habe, allen, die ihn pflegten, Mathematik zu erklären, und dass er ungeduldig wurde, wenn sie nicht folgen konnten: ‚Könnt ihr denn diese Dinge nicht verstehen, das ist doch so klar und einfach', soll er gesagt haben. Auch Abels Klage, immer übergangen worden zu sein in diesem Zusammenhang nannte er mehrere Personen, sind deutliche Erinnerungen. Einer der Söhne der Eisenhütte, Hans Smith (geboren 1810, später Konsul in Riga), schrieb 1902 in einem Brief anlässlich des hundertsten Geburtstages an Minister Jørgen Løvland, dass Abel in der Familie Smith immer sehr beliebt gewesen sei. An seinen Neffen, den Grossisten N.S. Beer, schickte Konsul H. Smith 1902 ein Telegramm, das im *Morgenbladet* veröffentlicht wurde: „Als vermutlich einzig noch lebender Jugendfreund des Jubilars Niels Henrik Abel bitte ich Dich anlässlich des feierlichen Tages, dem Abel-Komitee meine verehrten Grüße und meinen Dank für all die Arbeit bei der Ausrichtung der Gedenkfeier zu überbringen. Mit Wehmut erinnere ich mich noch an seine Leidenszeit bei uns und an das Begräbnis auf dem Friedhof meiner Eltern in Froland."

Ein paar Worte über Abels Verlobte Christine Kemp und über Frau Hansteen

Vieles deutet darauf hin, dass Christine während Abels Krankheit in Froland hoffte und tatsächlich plante, mit ihm zusammen zurück nach Christiania zu fahren, sobald es seine Gesundheit zulassen werde. Jedenfalls versuchte sie durch eine Annonce in *Den Norske Rigstidende*, eingerückt am 9. April, drei Tage nach Abels Tod, „irgendwo in Norwegen" Arbeit zu bekommen, aber wahrscheinlich am liebsten in Christiania oder in der nahen Umgebung. Ihre Annonce lautete: „Ein Kopenhagener Frauenzimmer von sanftem morali- schen Charakter, das in Französisch, Deutsch und Zeichnen, in den allgemein- sten Schulwissenschaften sowie in allen möglichen Handarbeiten unterrichtet, wünscht sich, irgendwo in Norwegen als Lehrerin untergebracht zu werden. Die vollständige Unterrichtung kann man erhalten, indem man sich mit frankiertem Brief an Jungfer Kemp in der Eisenhütte Froland bei Arendal wendet."

Diese Pläne wurden nun aufgegeben, jedenfalls blieb sie noch einige Zeit in Froland – das jüngste Kind der Familie Smith war erst sieben Jahre alt. Im Juni 1829 fuhr sie nach Christiania, um alle Papiere von Abel, die sie hatte, an B.M. Holmboe zu übergeben. (Ein Kasten, benutzbar als kleiner Reiseschreib- tisch, der angeblich Abel gehörte, blieb in Froland und steht heute im „Geiß- bockzimmer" der Eisenhütte Froland. Weitere Habseligkeiten von Abel wa- ren: ein Tintenfass mit Sandbüchse und ein Behälter für Rasiermesser, Pfeife und Uhr – das meiste wird bei Stein Abel in Moss aufbewahrt. Auch die Seidenweste, die Abel 1825 auf dem Weihnachtsball bei Crelle trug, dürfte sich dort befinden.)

Am 26. Januar 1830 schrieb Christine an Frau Hansteen: „Ihnen zu schrei- ben, geliebte Frau Hansteen, ist aus verschiedenen Gründen lange nichts geworden, aber heute möchte ich nicht unterlassen, Ihnen mit ein paar Zeilen mitzuteilen, was Sie vielleicht ebenso sehr befürchtet wie gewünscht haben, nämlich meine Verlobung mit Keilhau. Verdammen Sie mich nicht, sondern schenken Sie mir Ihre Liebe, wenn Sie können, weil ich einen Schritt getan habe, von dem Sie gewiss meinen, er hätte einer längeren und sorgfältigeren Erwägung bedurft, und doch vermag meine Feder nichts niederzuschreiben, was mich rechtfertigen könnte. Wie Sie wissen, bat mich Keilhau, ob ich ihm zugestehen würde, sich hier einige Zeit in der Nähe aufzuhalten, was ich ihm aus mehreren Gründen glaubte gewähren zu müssen, da ich völlig überzeugt war, dass es das beste Mittel sei, ihn aus den täuschenden Träumereien der Phantasie zu wecken. Nach dem ersten Besuch, den er hier abstattete, wurde er von Smith eingeladen, einige Zeit zu bleiben, was er sofort annahm da er von Holmboe erfuhr, dass ich ihm kein Hindernis in den Weg legen würde, und er ist also 8 Tage hier gewesen, aber da diese Zeit keine andere Wirkung tat, als dass sie ihn fester machte in seinem gefassten Entschluss, sah ich mich wegen meiner schwachen Gesundheit genötigt, so rasch wie möglich zu einer Entscheidung zu gelangen, da ich mich zu schwach fühlte, den inneren Kampf länger auszuhalten. Verbinden Sie Ihre Gebete, liebste Frau Hansteen, mit den meinen an unseren gemeinsamen Vater, dass ich imstande sein möge, seinen kommenden Tagen Glück und Segen zu schenken." Und nach „Ihre Ihnen ergebene C. Kemp" stand als PS: „Gestern auf meinem 26. Geburtstag erfolgte unsere Verlobung."

Am 6. April 1830 schrieb Frau Hansteen in ihr Tagebuch: „Immer muss mir etwas Unangenehmes passieren – ich sprach mit Heftigkeit über Professor K – mein Ärger ist unermesslich, hat mir den Schlaf und jeden Frieden vertrieben. Allzu wahr sind die harten Worte, die Treschow einmal zu mir sagte: „Du ärgerst dich zwar, aber du verbesserst dich nicht." (Professor K = J.J. Keyser?)

Frau Hansteen kam nach der Rückkehr ihres Mannes aus Sibirien wieder nach Christiania, fühlte sich jedoch in Norwegen nie mehr richtig wohl. Sie starb 1840 im Alter von 53 Jahren.

Es wurde erzählt, dass Frau Hansteen ihrem Mann beim Justieren von Maßen und Gewichten geholfen hatte – was in ihrer Küche durchgeführt wurde – und als sie einmal in zu großem Eifer zu viel von den Lotstücken abgefeilt hatte, bearbeitete sie kurzerhand das Kontroll-Lot mit der Feile. Als man zum Kilo überging, wog das norwegische Pfund 499 Gramm, das dänische 501 Gramm. Es ist jedoch auch möglich, dass diese Anekdote auf die Frau von Stadtrat Saxild zutrifft. (Wie angesehen Professor Hansteen war, zeigt die Tatsache, dass das erste Bauwerk, das im Jahre 1833 für die neue Universität gebaut wurde, das astronomische Observatorium war – das Errichten der Gebäude an der *Karl Johan gate* begann 1840.)

Über Charité Borch, die Schwester von Frau Hansteen

1838 heiratete Charité Borch den Dichter Frederik Paludan-Müller, nachdem sie ihn während einer schweren Krankheit gepflegt hatte, und war ihm sein Leben lang eine gute Gefährtin. Es heißt, es sei eine glückliche Ehe gewesen, aber kinderlos. Ansonsten erscheint sie in den späteren Jahren in einem eher traurigen Licht. Georg Brandes, der Paludan-Müller des öfteren besuchte, schrieb 1877 in der Zeitschrift *Danske Digtere* (Dänische Dichter), dass „sie keineswegs unbegabt war, aber eine merkwürdig vertrocknete Natur, die Philosophie studierte, ohne viel davon zu begreifen und ständig über theologische, insbesondere dogmatische Fragen grübelte." (Eine der Schriften von Paludan-Müller trägt den Titel „Abels Tod" (1854) und obwohl es ein Epos über den biblischen Abel ist, über den ersten Tod, die erste Trauer und den ersten Trost, den Glauben an die Unsterblichkeit, könnte es doch sein, dass Charité erinnert wurde an ihren Jugendfreund Abel? Paludan-Müller lernte Frau Andrea Hansteen kennen, als sie während der Sibirienreise ihres Mannes in Kopenhagen lebte, später erinnert er sich an diese Zeit: „Du liebe Andrea … Jeden Morgen, wenn ich auf dem Weg zu meinem Amte durch die Vestergade gehe, blicke ich hinauf zu deinen Fenstern. Aber du bist nicht dort und doch schwebt dein Geist da oben, dein Bild in meiner Seele winkt mir zu … deine Freundlichkeit zu mir, so lebendig, so belehrend und doch so behaglich – das ganze Haus erhält für mich eine süße Bedeutung, wird mir so lieb und heilig, und immer muss ich an Goethes Worte denken: Die Stelle, die ein guter Mensch betrat, ist eingeweiht.“).

Ein paar Worte über Frau Abel, die Mutter von Niels Henrik

Mutter Abel auf dem Hof Lunde erhielt nicht ohne weiteres die 1.500 Francs, den großen Preis der *Académie Française*, die der Bestimmung zufolge an „die Familie des Herrn Abel, dem gelehrten Mathematiker aus Christiania" gehen sollte. Die französischen Behörden, in letzter Instanz das Finanzministerium, verlangten eine juristisch eindeutige Erklärung, wer Abels rechtmäßige Erben seien. Niels Henrik hatte keinerlei Testament gemacht und nicht alle von Niels Henriks Geschwistern waren sofort bereit, zu unterschreiben, dass das Geld der Mutter zustehe. Frau Abel wandte sich an Holmboe und Hansteen und schickte auch eine Erklärung an Graf Löwenhielm nach Paris, dass sie die Erbin des Sohnes sei, und Löwenhielm wandte sich an F.D. Arago, den Sekretär der Akademie. Schließlich wurde in Paris entschieden, dass das Geld nicht Herrn Abels Erben zufallen solle, sondern seiner Mutter, der Witwe Abel persönlich.

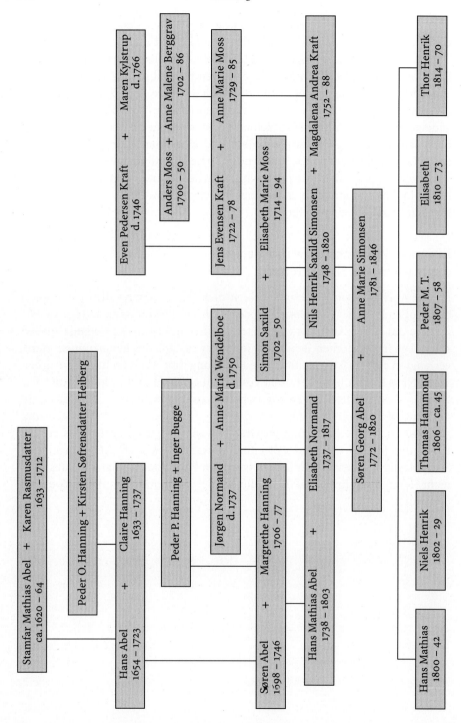

Chronologische Bibliographie der Veröffentlichungen Abel's

Almindelig Methode til at finde Funktioner af een variabel Størrelse, naar en Egenskab af disse Funktioner er udtrykt ved en Ligning mellom to Variable, *Magazin for Naturvidenskaberne*, 1823, vol. 1, S.216-29.

Opløsning af et Par Opgaver ved Hjælp af bestemte Integraler, *Magazin for Naturvidenskaberne*, 1823, Bd. 2, S. 55–68, 205–15.

Om Maanens Indflydelse paa Pendelens Bevægelse, *Magazin for Naturvidenskaberne*, 1824, Bd. 1, S. 219–26. Berigtelse, *Magazin for Naturvidenskaberne*, 1824, Bd. 2, S. 143-44.

Mémoire sur les équations algébriques, où on démontre l'impossibilité de la résolution de l'equation générale du cinquième degré. Selbstveröffentlicht, Christiania, 1824.

(Eine revidierte Fassung dieser Arbeit über die Gleichung fünften Grades wurde in *Crelle's Journal*, 1826, Heft 1 veröffentlicht. Siehe zweiter Eintrag unter *Crelle's Journal*, siehe unten.)

Det endelige Integral Σ^n φx udtrykt ved et enkelt bestemt Integral, *Magazin for Naturvidenskaberne*, 1825, Bd. 2, S. 182-89.

Et lidet Bidrag til Læren om adskillige transcendente Functioner, *Det kongelige norske Videnskabers Selskabs Skrifter i det 19 Aarhundre*, Bd. II, 1824-27, S. 177–207 .

Solution d'un problème général concernant la transformation des Fonctions elliptiques, *Astronomische Nachrichtungen* 138, 1828, S. 365-88. Altona.
Dies war „die Zernichtung Jacobis", und seine Ergänzungen mit dem Titel „Addition au mémoire précédant" – die in der gleichen Zeitschrift, No.147, 1829, S. 33–44. Altona erschienen.)

Recherche de la quantité qui satisfait à la fois à deux équations algébriques données, *Annales Gergonnes de Mathematique*, 1826–27, Bd. 204–13.

Die folgenden Arbeiten wurden in Crelle's Journal *(Journal für die reine und angewandte Mathematik)* in Berlin veröffentlicht:

Untersuchung der Functionen zweier unabhängig veränderlichen Grössen x und y, wie f(x,y) welche die Eigenschaft haben, dass f (z,f(x,y)) eine symmetrische Function von z, x und y ist. 1826, Heft 1.

Beweis der Unmöglichkeit, algebraische Gleichungen von höheren Graden, als dem vierten, allgemein aufzulösen. 1826, Heft 1.

Beweis eines Ausdrucks, von welchem die Binominal-Formel ein einzelner Fall ist. 1826, Heft 2.

Bemerkungen über die Abhandlung no.4, Seite 37 im ersten Heft dieses Journals. 1826, Heft 2. (Eine zweiseitige Beobachtung zu einem Artikel, die in *Crelle's Journal* veröffentlicht wurden – Untersuchung der Wirkung einer Kraft auf drei Puncte - by Ban-Conducteur Kossack in 1826, Heft 1.)

Auflösung einer mechanischen Aufgabe. 1826, Heft 2.

Über die Integration der Differential-Formel $\frac{\delta dx}{\sqrt{R}}$ wenn R und δ ganze Functionen sind. 1826, Heft 3.

Untersuchungen über die Reihe $1+\frac{m}{1}\,x+\frac{m\,(m-1)}{1\cdot 2}\,x^2+\frac{m\,(m-1)\,(m-2)}{1\cdot 2\cdot 3}\,x^3+\,...$ u.s.w. 1826, Heft 4.

Über einige bestimmte Integrale. 1827, Heft 1.

Recherches sur les fonctions elliptiques. 1827, Heft 2.

Aufgaben und Lehrsätze.
(Unter diesem Titel reichte Abel den Lesern der Zeitschrift (1827, Heft 3 und 1828, Heft2) drei kleinere Arbeiten und ein Paar von Lehrsätzen ein – unter anderem über Konvergnez und Teilbarkeit. Abels Abhandlungen und Sätze erschienen Seite an Seite mit denen vieler anderer.)

Über die Functionen, welche der Gleichung φx + φy = ψ (xfy + yfx) genugthun. 1827, Heft 4.

Note sur le mémoire de *M. L. Olivier*, ayant pour 'Remarques sur les séries infinies et leur convergence'. 1828, Heft 1.

Recherches sur les fonctions elliptiques. 1828, Heft 2. (Fortsetzung von 1827, Heft 2).

Sur quelques formules elliptiques. 1828, Heft 3.

Remarques sur quelque propriétés générales d'une certaine sorte de fonctions elliptiques. 1828, Heft 4.

Sur le nombre des transformations différentes qu'on peut faire subir à une fonction elliptique par la substitution d'une fonction rationelle dont le degré est un nombre premier donné. 1828, Heft 4.

Théorème général sur la transformation des fonctions elliptiques de la seconde et la troisième espèce. 1828, Heft 4.

Note sur quelques formules elliptiques. 1829, Heft 1.

Mémoire sur une classe particulière d'équations résolubles algébriquement. 1829, Heft 2. (Unmittelbar vor Abels's Tod am 6. April 1829 veröffentlicht.)

Théorèmes sur les fonctions elliptiques. 1829, Heft 2.

Démonstration d'une propriété générale d'une certaine classe de fonctions transcendentes. 1829, Heft 2. (Abel schrieb dieses aus Froland am 6. Januar 1829.)

Precis d'une théorie des fonctions elliptiques. 1829, Heft. 3 - mit Fortsetzung in 1829, Heft 4. (Zusammen 100 große Seiten. Die Ausgabe 1829, Heft 3, enthielt ebenfalls Crelles Nachruf auf Abel.)

Beiträge aus den Jahrgängen 1830 and 1831 in Crelle's *Journal*:
Mathematische Bruchstücke aus Herrn N. H. Abels Briefen.
und:
Fernere mathematische Bruchstücke aus Herrn N. H. Abels Briefen. 1830.

Analyse du mémoire précedant. *Bulletin des sciences mathematique, astrono-mie, physique et chimie. Publié par le Baron de Ferussac*, Bd. 6, p. 347. Paris. 1826. (Dieses war ergänzend zu dem Beweis der Gleichung fünften Grades, s. S. 409–410, oben.)

Mémoire sur une propriété générale d'une classe très-étendue des Fonctions transcendentes, *Memoires présentés par divers savants étrangers*. Paris. 1841. (Hierbei handelt es sich um die Paris Abhandlung, die schließlich gefunden und veröffentlicht wurde.)

Ebenfalls gibt es zwei Veröffentlichungen seiner „Gesammelte Werke":

Oeuvres complètes, avec des notes et développements, rédigées par ordre du roi par B. Holmboe. Bd. 1-2. Christiania. 1839.

Oeuvres completes de Niels Henrik Abel, nouvelle edition publiée aux frais de l'etat Norwégien par M. M. L. Sylow et S. Lie. Bd. 1 (621 S.) and Bd.2 (341 S.). Christiania. 1881.

Anmerkung

Die meisten von Abels Arbeiten wurden zuerst im *Journal für die reine und angewandte Mathematik, Crelles Journal*, in Berlin veröffentlicht. Abels Ab-handlungen der Jahrgänge 1826 und 1827 hat Crelle ins Deutsche übersetzt, manchmal kam es zu kleinen Änderungen von Abels französischem Original. Eine Ausnahme bildet das 2. Heft von 1827. Die *Recherches sur les fonctions elliptiques* wurden auf Französisch verfasst und gedruckt.

Der Anstoß zur Herausgabe von Abels Gesammelten Werken kam von französischen Wissenschaftlern. Die Petition an Karl Johan war unterschrie-ben von Legendre, Poisson, Lacroix und Maurice, die sie am 15. September 1828 dem schwedischen Botschafter in Paris, Graf Löwenhielm, übergaben, vermutlich ohne Abels Wissen.

Als in Paris bekannt wurde, dass Abel gestorben war, machte Baron Mau-rice, stellvertretend für die Académie Française, einen offiziellen Kondolenz-besuch bei Graf Löwenhielm. Dabei betonte Maurice, von welch großer wis-senschaftlicher Bedeutung es sein würde, wenn Abels Arbeiten in einer Ge-samtausgabe erscheinen könnten, und er deutete an, dass seine Königliche Hoheit Kronprinz Oscar sicher interessiert sein dürfte, ein solches Projekt zu unterstützen.

Am 17. Juli 1831 wiederholte Baron Maurice im Namen der vier Mitglieder der Akademie sein Ersuchen und wies erneut darauf hin, wie wichtig es sein würde, Abels Abhandlungen und Manuskripte allgemein zugänglich zu machen. Diese Aufforderung schickte Löwenhielm jetzt an seinen Freund Jöns Jacob Berzelius, dem weltbekannten Chemiker und seit 1818 auch Sekretär der Königlich Schwedischen Wissenschaftsakademie. Löwenhielm schrieb aus Paris: „... wäre es nicht schade für die Wissenschaft und ein Verlust für die Ehre und Berühmtheit der Gelehrsamkeit Skandinaviens, wenn die Schriften, die in diesem Maße die Aufmerksamkeit des Instituts geweckt haben und dass ein unbekannter Adjunkt an einer fernen Universität einen solchen Ruf erworben hat – wenn, sage ich, diese Schriften unbekannt als Manuskripte liegen bleiben und schließlich aus dem menschlichen Wissen verschwinden sollten."

Berzelius seinerseits hielt die Universität in Christiania für die richtige Institution, sich dieser Sache anzunehmen und schrieb am 27. September 1831 an Professor Hansteen. In diesem Brief wird deutlich, dass Berzelius, der von seinen Voraussetzungen her keineswegs in der Lage war, Abels Leistung einzuschätzen, dem Projekt etwas skeptisch gegenüberstand. Berzelius war „an französische Wichtigtuerei so sehr gewohnt", dass er dazu neigte, das Ganze nur als ein „übertriebenes Getöse" aus Paris anzusehen.

In Christiania unterbreitete Hansteen diesen Vorschlag dem Senat der Universität und kurz darauf wurde beschlossen, Abels Werke auf Staatskosten und mit B.M. Holmboe als Redakteur herauszugeben.

Jene Arbeiten von Abel, die bereits gedruckt auf Deutsch oder Norwegisch vorlagen, übersetzte Holmboe nun ins Französische, dazu einen Teil des unveröffentlichten Materials, das er aus Abels Notizbüchern und nachgelassenen Papieren hatte. Doch die wichtige Pariser Abhandlung war nicht zu beschaffen. Im Sommer 1829, am 29. Juni, hatte Abels Manuskript der Académie Française vorgelegen und sicher auch im Jahr darauf, als beschlossen wurde, dass Abel für die Abhandlung einen Preis erhalten sollte. Doch das Manuskript war erneut spurlos verschwunden und wurde trotz wiederholter Nachforschungen nicht gefunden. 1838, als Holmboe das Ministerium darauf aufmerksam machte, dass ihm diese Abhandlung fehle, nahm man Kontakt zur Akademie in Paris auf und bat um eine Abschrift, erhielt aber nicht einmal eine Antwort. Deshalb konnte Abels Pariser Abhandlung nicht in Holmboes zweibändige Ausgabe von 1839 aufgenommen werden. Das Werk umfasst 800 Seiten, ist auf Französisch geschrieben und wurde vom Kirchenministerium finanziert (2.360 Speziestaler). Es enthält neben Abels Arbeiten eine kurze Lebensgeschichte, basierend auf Holmboes Nachruf, einige Briefe von Legendre, den größten Teil von Crelles Nachruf und den von Arago unterzeichneten Brief des *Institut de France, Académie Royale des sciences* vom 24. Juli 1830 über den großen Preis der Akademie, der Abel gemeinsam mit Professor

Jacobi zuerkannt worden und mit 1.500 Francs für die nächsten Angehörigen verbunden war. Am Ende des 2. Bandes hat Holmboe außerdem alle Briefe Abels, die mathematische Themen behandeln, aufgenommen, vier Briefe an Crelle, einen an Legendre und vier an Holmboe. (Abel schrieb an Holmboe aus dem Ausland insgesamt zehn Briefe.)

Die Abel-Ausgabe von Holmboe wurde weit über die Mathematikerkreise hinaus mit Begeisterung aufgenommen. Henrik Wergeland schrieb am 2. Juli 1837 im *Statsborgeren*: „Aus dem Fond des Aufklärungswesens wurden zur Bestreitung der Unkosten des Verlages bei der Herausgabe von Abels nach-gelassenen mathematischen Schriften als Gesamtwerk in französischer Spra-che 1.650 Speziestaler zugestanden. (Bravo! Es lebe die Nation!)" Für Oscar I. wurde der II. Band etwa 1840 vom besten und bekanntesten Buchbinder Christianias, J.C. Hoppe, in roten Saffian gebunden, mit breiter Borte und Golddruck sowie Vergoldung des Rückens (heute in der Universitätsbiblio-thek Oslo).

In Paris kam Abels Abhandlung wieder ans Tageslicht und wurde 1841 in *Mémoires présentées par divers savants étrangers*, dem Publikationsorgan, für das Abel diese Arbeit von Anfang an „aufgespart" hatte, gedruckt. Aber kurze Zeit nach dieser Veröffentlichung verschwand Abels Manuskript erneut und wurde erst im Herbst 1952 von Professor Viggo Brun in Florenz wieder gefunden. Über die spannende Suche nach der Pariser Abhandlung hat Brun 1953 in der *Norsk Matematisk Tidsskrift* und in zwei Chroniken im *Aftenposten* vom 11.2.1953 und vom 30.5.1953 geschrieben. In Kurzform:

Als man im Sommer 1829 Abels Manuskript fand, beschloss die Akademie, die Abhandlung drucken zu lassen, obwohl dies 90 Druckseiten ergeben hätte, wie es hieß. Doch dann starb Fourier, der Sekretär der Akademie, und die Drucklegung wurde verschoben. Dann kam die Julirevolution von 1830 und Cauchy musste ins Exil, weil er dem neuen König Louis Philippe nicht den Treueeid schwören wollte. Als Cauchy acht Jahre später zurückkehrte, war der Italiener Libri der neue Mann. Guglielmo Libri war 1832 in Paris Professor der Mathematik geworden und hatte u.a. die Verantwortung für die Drucklegung von Abels Abhandlung. Libri begann sich für Abels Lebensgeschichte zu interessieren und er schrieb eine Biographie über ihn, die in dem großen biographischen Nachschlagewerk *Biographie universelle, ancienne et moderne* erschien (Tome, 56. Supplément, 1834. S. 22–29). Bei der Bewertung von Abels Arbeit und Leistung äußerte sich Libri sehr kritisch zu der Behandlung, die Abel in Paris und in Norwegen erfahren hatte, aber biographisch unterliefen ihm eine Menge Fehler. So geht beispielsweise die Geschichte, Abel sei so arm gewesen, dass er zu Fuß von Christiania nach Paris laufen musste, auf Libri zurück. Libri war Spezialist für antiquarische Bücher und Schriften und be-schäftigte sich damit, seltene Handschriften aus französischen Provinzbibliotheken in Schlössern, Kirchen und Lehranstalten zu registrieren: Doch Libri betrieb auch seine eigenen Geschäfte, er war ein großer Manuskripte- und Büchersammler, er kaufte und verkaufte in ganz Europa, war in Kontakt mit Museen und Wissenschaftlern, und mit der Zeit wurde mehrfach bekannt, dass er selbst vor Fälschungen und Diebstahl nicht zurückschreckte. Nach der Februar-Revolution von 1848 wurden die Anklagen gegen ihn genauer untersucht. Libri setzte sich nach London ab und es wurde behauptet, dass er alles mitnahm, was er transportieren konnte. In Paris wurden lange Listen angeschlagen über Dokumente und Manuskripte, die verschwunden waren, u.a. aus dem Archiv der Wissenschaftsakademie. Nach geltendem Recht konnte Libri nicht von England ausgeliefert werden und so wurde er 1850 – in contumaciam – zu zehn Jahren Gefängnis verurteilt, der Höchststrafe. In London veranstaltete Libri Buchversteigerungen und betrieb weiter seine Geschäfte, handelte auch mit Manuskripten aus dem 13. Jahrhundert und danach. Unter den neueren befanden sich die zwei letzten Abhandlungen Abels, die Libri von Crelle aus Berlin erhalten haben musste. Als in London allmählich bekannt wurde, dass Libri nicht alles, was er da verkaufte, rechtmäßig erworben hatte, verschwand er aus England und verbrachte seine letzten Lebensjahre in der Nähe seiner Heimatstadt Florenz. Dies war der Grund, weshalb Viggo Brun 1952 beschloss, dort nach Abels Manuskript zu suchen.

Natürlich ist die Pariser Abhandlung in der zweiten und größeren Ausgabe von Abels Gesammelten Werken enthalten, die 1881 in zwei Bänden, finanziert vom norwegischen Staat, in Christiania erschien. Die Redaktion der *Oeuvres complètes de Niels Henrik Abel* besorgten Ludvig Sylow und Sophus Lie. Die Initiative zur Herausgabe kam 1873 von der norwegischen Wissenschaftsakademie, und zwar auf Anregung von Professor Marcus Jacob Monrad, der von Sophus Lie erfahren hatte, dass Holmboes Ausgabe von 1839 sehr gefragt, aber vergriffen und zudem unvollständig war. Die Wissenschaftsakademie stellte nun einen Antrag auf Finanzierung bei Regierung und Parlament, der nach einem Plan der Professoren Ole Jacob Broch, Carl Anton Bjerknes und Sophus Lie eine Summe von 1.300 Speziestaler für drei Jahre vorsah. Das Geld wurde sogleich bewilligt und die Neuausgabe mit Sophus Lie und Peter Ludvig Mejdell Sylow als Herausgeber begonnen. Sylow war zu dieser Zeit Oberlehrer in Fredrikshald. Als das fertige Werk am 9. Dezember 1881 vorlag, erklärte Professor Lie, dass das Ergebnis vor allem Sylows Verdienst sei und er gab gleichzeitig seiner Hoffnung Ausdruck, Sylow möge bald eine Stelle erhalten, die „seinem umfassenden Wissen, seiner scharfen Urteilsfähigkeit und seinen herausragenden mathematischen Arbeiten" würdig sei. (Lies Bemühungen, Oberlehrer Sylow von der Schule in Fredrikshald wegzuholen und ihm einen Lehrstuhl an der Universität zu verschaffen, dürfte auch dem Zeitungsartikel zu Grunde liegen, den er am 25. November 1896 mit der Schlagzeile „Über Abel, Évariste Galois und Ludvig Sylow" im *Aftenposten* schrieb. Sylow bekam die Anstellung an der Universität, wenn auch anfangs nicht mit vollem Gehalt. Sylows Arbeit an Abels Gesammelten Werken und seinen Anmerkungen dazu waren fast Abhandlungen auf einem neuen mathematischen Gebiet, und der „Sylowsche Satz" ist ein Begriff in der Gruppentheorie.)

Bei seiner Arbeit hatte Sylow in C.A. Bjerknes einen interessierten Gesprächspartner, der seinerseits an der Abel-Biographie arbeitete, die 1880 erschien. Bjerknes wollte, dass so viel wie möglich von Abels Jugendarbeiten berücksichtigt wurden und nicht nur seine großen Arbeiten mit der mustergültigen Stringenz – und vielleicht gab es noch mehr Stoff von Abel, den Holmboe bei seiner Ausgabe von 1839 nicht berücksichtigt hatte? Ein großer Teil von Holmboes Büchern und Papieren wurde am 8. September 1849 beim Brand seines Hauses vernichtet, auch das, was er von Abels nachgelassenen Papieren besaß. Aber 1883 fand man zwischen Holmboes erhaltenen Büchern das letzte von Abels sechs handgeschriebenen Notizbüchern (heute in der Handschriftensammlung der Universitätsbibliothek Oslo). Der II. Band der Sylow-Lie-Ausgabe beinhaltet Abels nachgelassene Arbeiten und davon war vermutlich besonders die Abhandlung „Sur la résolution algébrique des équations" von Interesse für den Leser. Es handelt sich um einen Entwurf für eine größere Arbeit über algebraische Gleichungen, die durch Wurzelziehen gelöst werden können, und die später „die metazyklischen Gleichungen" genannt wurden. Hier führt Abel einen willkürlichen Rationalitätsbereich ein, der sich als erster Ansatz zum Begriff des Zahlenkörpers usw. deuten lässt, und hier formuliert er in der Einleitung fast wie eine Programmerklärung und Methode: On doit donner au problème une forme telle qu'il soit toujours possible de le résoudre, ce qu'on peut toujours faire d'un problème quelconque. Au lieu de demander une relation dont on ne sait pas si elle existe ou non, il faut demander si une telle relation est en effet possible. (Das, was man untersuchen will, muss die Form eines Problems bekommen, das zu lösen möglich ist, so wie jedes Problem gelöst werden kann. Statt nach einem Zusammenhang zu suchen, der vielleicht nicht existiert, muss man fragen, ob ein solcher Zusammenhang überhaupt möglich ist.)

Literaturverzeichnis

A. Biographisches über Abel

Bjerknes, C.A.: *Niels Henrik Abel. En skildring af hans liv og videnskabelige virksomhed.* Stockholm, 1880.

Dies ist die erste große Abel-Biographie. Davor gab es die biographischen Angaben über Abel in den Nachrufen von Crelle, Saigey und Holmboe sowie in Artikeln ausländischer Lexika und norwegischer Zeitschriften. Bjerknes hatte 1857 im *Skilling-Magazin* und 1875 im *Morgenbladet* über Abel geschrieben, 1873 über ihn in *Studentersamfundet* einen Vortrag gehalten, 1878 und 1879 große Teile seines Abel-Buches in der *Nordisk Tids*skrift (Letterstedtska Föreningen) veröffentlicht. Professor Bjerknes beschäftigte sich ausführlich mit einer genauen Darstellung der Auseinandersetzung zwischen Abel und Jacobi und wies Abels Überlegenheit nach. Das Buch erschien auch in einer erweiterten französischen Ausgabe (Paris 1885), übersetzt von dem französischen Mathematiker G.J. Houël, einem guten Freund von Bjerknes, der ihm auch bei der Abel-Biographie behilflich war. (Houël wurde 1891–1892 Mitglied der norwegischen Wissenschaftsakademie.)

Eine neu überarbeitete und verkürzte Ausgabe der Biographie von C.A. Bjerknes besorgte sein Sohn, Professor Vilhelm Bjerknes, anlässlich des hundersten Todestages von Abel: *Niels Henrik Abel. En skildring av hans liv og arbe*ide. Oslo, 1929.

Finne-Grønn, S.H.: *Abel, den store mathematikers slegt.* Christiania, 1899.

Im Auftrag des Brauereibesitzers Carl Abel aus Fredrikshald schrieb der Ahnenforscher und Museumsdirektor Stian Herlofsen Finne-Grønn dieses Buch über die Familie Abel ab ca. 1640, als der norwegische Stammvater Mathias Abel aus Abild in Schleswig nach Trondheim kam. Die Auskünfte über Niels Henrik Abel umfassen 17 der ungefähr 200 Seiten.

Holmboe, B.M.: *Kort Fremstilling af Niels Henrik Abels liv og videnskabelige Virksomhed.* Christiania, 1829. Abgedruckt auch im *Magazin for Naturvidenskaberne* (1829) und leicht gekürzt in *Patrouillen* vom 21.11.1829.

Holst, Elling, Carl Størmer und Ludvig Sylow (Hrsg.): *Festskrift ved hundreaarsjubilæet for Niels Henrik Abels fødsel.* Kristiania, 1902. (Eine französische Ausgabe erschien im gleichen Jahr in Paris.)
  Holst verfasste eine biographische Einleitung von 108 Seiten, Sylow steuerte Abels Studien und Entdeckungen bei (53 Seiten) und Størmer hatte die Verantwortung für den Briefwechsel Abels und die Abel betreffenden Dokumente und Erklärungen dazu, insgesamt 185 Seiten.

Mittag-Leffler, Gösta: *Niels Henrik Abel.* 65 Seiten in *Ord och Bild.* Stockholm, 1903. (Eine französische Ausgabe folgte 1907)
  1902 beim Abel-Jubiläum in Kristiania erhielt Mittag-Leffler die Ehrendoktorwürde der Universität. Als er 1882 seine Zeitschrift *Acta Mathematica* startete, zierte die erste Ausgabe Abels Portrait. Es wurde berichtet, dass er damals nach einem jungen Mathematiker Ausschau gehalten habe, der seine Zeitschrift auf die gleiche Weise bekannt machen könne wie Abel *Crelles Journal* zu einem Erfolg hatte werden lassen. Mittag-Lefflers Wahl fiel schließlich auf Henri Poincaré.

Ore, Øystein: *Niels Henrik Abel. Et geni og hans samtid.* Oslo, 1954.
  Dies ist mit 317 Seiten die größte, ausführlichste und gründlichste Biographie. Øystein Ore war Mathematikprofessor in Yale.

de Pesloüan, Ch. Lucas: *N.H. Abel. Sa vie et son oeuvre.* Paris, 1906.
  Neben Abels mathematischer Leistung wird hier Frau Hansteen als Abels bester und wichtigster Freundin viel Platz eingeräumt.

B. Einige Artikel über Abel und seine Mathematik

Acta Mathematica, Bd. 27,28,29 (1902–1904): Niels Henrik Abel in memoriam
  (50 Artikel, die von Abels mathematischer Arbeit ausgehen – in Verbindung mit dem Jubiläum zum 100. Geburtstag.)

Aubert, Karl Egil. 1979a. Niels Henrik Abel. *Normat,* 4/1979, S. 129-40. 1979b. Abels addisjonsteorem. *Normat,* 4/1979:149-58.

Biermann, Kurt R. 1959. Crelles Verhältnis zu Gotthold Eisenstein. *Monatsberichte der Deutschen Akademie der Wissenschaften zu Berlin.*

1960. Urteile A. L. Crelles über seine Autoren. Berlin.

1963. Abel und Alexander von Humboldt. *Nordisk Matematisk Tidsskrift* 1963, S. 59-63.

1967. Ein unbekanntes Schreiben von N.H.Abel an A. L. Crelle. *Nordisk Matematisk Tidsskrift.* 1967, S. 25-32.

Biermann, Kurt-R. and Viggo Brun. 1958. Eine Notiz N.H.Abels für A.L.Crelle auf einem Manuskript Otto Auberts. *Nordisk Matematisk Tidsskrift.*1958, S. 84-86.

Brun, Viggo. 1952. Niels Henrik Abel. *Den Kongelige Norske Videnskabers Selskab* Bd. xxv, pp. 25-43.

1953. Det gjenfundne manuskript til Abels Pariseravhandling. *Nordisk Matematisk Tidsskrift.* (Ebenfalls abgedruckt in *Aftenposten:* 11.02.53 und 30.05.53.

1956. Niels Henrik Abel. In *De var fra Norge*, Lorentz Eckhoff, ed., S. 20-28. Oslo.

Brun, Viggo and Børge Jessen. 1958. Et ungdomsbrev fra Niels Henrik Abel. *Nordisk Matematisk Tidsskrift.* 1958, S. 21-24.

Baas, Nils Andreas. 1964. Sørlendingen og geniet. *Fedrelandsvennen,* 27.08.1964.

Gårding, Lars. 1992. Abel och lösbara ekvationer av primtalsgrad. *Normat,* 1/1992, S. 1-13.

Gårding, Lars and Christian Skau. 1994. Niels Henrik Abel and Solvable Equations. *Archive for History of Exact Sciences* 48(1), S. 81-103.

Heegaard, Poul. 1935. Et brev fra Abel til Degen. *Norsk Matematisk Tidsskrift,* 1935, S. 33-38.

Killingbergtrø, Hans Georg. 1994. Den 24. juli 1823, klokken 19.05.00. *Normat* 3/1994, S. 129-133.

Kragemo, Helge Bergh. 1929. Tre brever fra Niels Henrik Abel og hans bror til Pastor John Aas. *Norsk Matematisk Tidsskrift,* 1929, S. 49-52.

Kronen, Torleiv. 1985. Ut over grensene. Norske vitenskapsmenn i Frankrike. Oslo.

Lassen, Kristofer. 1902. Fra Niels Henrik Abels Skoledage. Træk af Kristiania Katedralskoles Historie. *Morgenbladet (1902,* Nr. 515 und 516).

Lange-Nielsen, Fr. 1927. Zur Geschichte des Abelschen Theorems. Das Schicksal der Pariserabhandlung. *Norsk matematisk tidsskrift,* 1927, S. 55-73.

Lange-Nielsen, Fr. 1929a. Abel og Academie des Sciences i Paris. *Norsk Matematisk Tidsskrift,* 1929, S. 13-17.
1929b. On Abel in the following journals: *Hjemmet* 12/1929, *Forsikringstidende* 7/1929, *American-Scandinavian Review* 5/1929.
1929c. Nogen opplysninger om Abels forhold i 1827 og 1828. *Norsk Matematisk Tidsskrift.* 1929, S. 53-55.
1953. Niels Henrik Abel. *Nordisk Matematisk Tidsskrift,* 1953, S. 65-90.

Lorey, Wilhelm. 1929a. Abels Berufung nach Berlin. *Norsk Matematisk Tidsskrift,*1929:2-13.
1929b. August Leopold Crelle zum Gedächtnis. *Crelles Journal,* 1929, S. 3-11.

Skau, Christian. 1990. Gjensyn med Abels og Ruffinis bevis for umuligheten av å løse den   generelle ntegradsligningen algebraisk når n = 5. *Normat,* 2/1990, S. 53-84.

Storesletten, Leiv. 1979. Geniet Niels Henrik Abel. Syn og Segn, 7/1979, S. 415-425.

Størmer, Carl. 1903. Ein Brief von Niels Henrik Abel an Edmund Külp. In *Oslo Vitenskapsselskaps skrifter,* Mat. nat. klasse, no. 5,1903.
1929a. Abels opdagelser. Fire forelesninger for de realstuderende i anledning av 100- årsdagen for Abels død. *Norsk matematisk tidsskrift.* (Sonderdruck von 25 Seiten).
1929b. En del nye oplysninger om Abel hentet fra gamle brever. *Norsk Matematisk Tidsskrift,* 1929, S. 1-4.

Sylow, Ludvig. 1915. Om Abels arbeider og planer i hans siste tid, Belyst med dokumenter, som er fremkomne efter den store udgave af hans verker. Christiania.

Tambs-Lyche, R. 1929. Niels Henrik Abel. *Det Kongelige Norske Videnskabers Selskab, Forhandlinger* Bd. II, S. 28-31. Trondheim.
Darüber hinaus gibt es in diversen norwegischen Publikationen ab 1830 kleinere biographische Artikel über Abel, und natürlich auch in norwegischen und ausländischen Lexika.

C. Nicht veröffentlichte Quellen

Universitätsbibliothek Oslo, Handschriftensammlung:
Abels Briefe von seiner Auslandsreise (abgedruckt in der Festschrift von 1902)
Abels Notizbücher, sechs an der Zahl. Das Lehrbuch seines Vaters. Das
Gedicht seines Großvaters. Frau Hansteens Tagebücher. Der Briefwechsel mit
Hansteen. Der Briefwechsel mit Keilhau. Morten Kjerulfs Briefe an C.A. Bjer-
knes, datiert: Valle, 25. Februar und 22. März 1880. Hanna Smiths Briefe an
C.A.Bjerknes mit Datum vom 9. November 1883 und vom 28. Januar 1884.
Georg Brochmanns Theaterstück *Vårfrost*. Øystein Ores Nachlass, Viggo
Bruns Nachlass. Ausleihnachweise.

Staatsarchiv in Kristiansand:
Bistumsarchiv: S.G. Abels Brief an Bischof Sørensen. Pfarrarchiv Gjerstad:
Korrespondenz 1772–1830, u.a. mit der Universitätskasse, den Verkaufslisten
über das Inventar des Pfarrhofes, dem Vermerk des Gemeindepastors Aas
über Vegårshei, S.G. Abels Briefe an Propst Krog (in denen sich viele Informationen über Niels Henriks Geschwister befinden).

Gemeindearchiv Gjerstad:
Amtsbücher über die Pfarrei Gjerstad. Bücherliste der Lesegesellschaft.

Archiv der Kathedralschule Oslo:
Unterlagen über die Zeugnisnoten, die Examensnoten, die Zensurprotokolle
und die Ausleihnachweise.

Archiv des Storting:
Über Søren Georg Abels Engagement im Parlament 1818 und in der Hjorth-
Affäre.

Staatsarchiv:
Søren Georg Abels 33 Briefe an Propst Krog sowie andere Dokumente. Eine
Anzahl von Papieren aus den Pfarreiakten von Gjerstad, weiterhin Akte des
Polizeipräsidiums von Christiania aus den Jahren 1824–1829.

Berg-Kragerø Museum:
S.G. Abels Briefe an Kaufmann J.A. Moss mit Datum vom 10.12.1809.

Aust-Agder-Archiv, Arendal:
Die Akte mit den Papieren des Archivars O.A. Aalholm. Jens Vevstads Sammlungen. Bücherliste der Lesegesellschaft Gjerstad. Bericht von Anders

Løvland. Briefwechsel Gisle Nilsen/Lars Thorsen. Andreas Vevstad: Weihnachtslesung 1988.

Universitätsbibliothek Trondheim:
C.N. Schwachs unveröffentliche Gedichte.

Königliche Bibliothek Kopenhagen, Handschriftenabteilung:
Abels Brief an F.C. Olsen. Abels Brief an F. Degen. Briefwechsel zwischen P.M. Tuxen und seiner Frau Elisabeth Simonsen (Niels Henriks Tante), im Ganzen etwa 250 Briefe, datiert mit Gjerstad, Risør, Kopenhagen (einige davon befinden sich auch in der Universitätsbibliothek Oslo). H.G. v. Schmidtens Briefe, Manuskripte.

Landesarchiv Seeland/Dänemark
Kirchenbuch für die Gemeinde Helligånds. Erbregister usw.

Staatsarchiv Stavanger:
Kirchenbuch für das Amt des Gemeindepastors auf der Insel Finnøy.

Deichmanske Bibliotek:
Ausleihnachweise

Mündliche Informanten:
Torstein Skaali, Gjerstad; Kåre Dalane, Gjerstad.

D. Mathematikgeschichte

(die bei der Arbeit von Nutzen war)

Andersen, Kirsti og Thøger Bang. 1983. *Københavns Universitet 1479-1979.* Bd. XII. Kopenhagen.
Arvesen, Ole Peder. 1940. *Mennesker og matematikere.* Oslo.
    1950. *Gi meg et fast punkt.* Oslo.
    1973. *Fra åndens verksteder.* Oslo.
Aubert, Otto. 1836. Indbydelsesskrift til den offentlige Examen ved Christiania Cathedralskole. Christiania.
Bekken, Otto. 1984. Themes from the history of algebra. Kristiansand/Agderdistrikt Høgskole.
    1988. Four Lectures. Kristiansand/Agderdistrikt Høgskole.
Belhoste, Bruno. 1991. *Augustin-Louis Cauchy: A Biography.* New York.

Bell, E. T. 1937. *Men of Mathematics*. New York.

1940. *The Development of Mathematics*. New York.

Biermann, Kurt-R. 1960. *Urteile A. L. Crelle über seine Autoren*. Berlin.

Birkeland, Bent. 1993. *Norske matematikere*. Oslo.

Boyer, Carl B. 1968. *A History of Mathematics*. New York.

Brodén, Torsten, Niels Bjerrum and Elis Strömgren. 1925. *Matematiken og de eksakte Naturvidenskaber i deet nittende Aarhundrede*. Kopenhagen.

Brun, Viggo. 1964. *Alt er tall*. Oslo.

Christensen, S. A. 1895. *Matematiken Udvikling i Danmark og Norge i det XVIII Aarhundrede*. Odense.

Dieudonné, Jean. 1962. *Algebraic Geometry*. Cambridge, MA.

Eccarius, Wolfgang. 1974. *Der Techniker und Mathematiker August Leopold Crelle (1780-1855) und sein Beitrag zur Förderung und Entwicklung der Mathematik im Deutschland des 19. Jahrhunderts*. Eisennach.

Hag, Per and Ben Johnsen (eds). 1993. *Fra matematikkens spennende verden*. Trondheim.

Holmboe, B. M. 1822. *Forsøg paa en Fremstilling af Mathematikens Principer, samt denne Videnskabs Forhold til Philosophie. Et Inbydelsesskrift til den offentlige Examen ved Christiania Lærde Skole i Juli 1822*. Christiania.

1825/27. *Lærebog i Mathematiken* (Teil I, 1825; Teil II, 1827). Christiania.

Klein, Felix. 1926-7. *Vorlesungen über die Entwicklung der Mathematik im 19. Jahrhundert*. Berlin.

Kline, Morris. 1972. *Mathematical Thought from Ancient to Modern Times*. Oxford.

Koeningsberger, Leo. 1879. *Zur Geschichte der Theorie der Elliptischen Trancendenten in den Jahren 1826-29*. Leipzig.

Nielsen, Niels. 1910. *Matematiken i Danmark 1801-1908*. Kopenhagen.

1927. *Franske matematikere under revolusjonen*. (Festschrift der Universität Kopenhagen.)

Onstad, Torgeir. 1994. *Fra Babel til Abel. Ligningenes historie*. Oslo.

Ore, Øystein. 1953. *Cardano: The gambling scholar*. New York.

Pedersen, Kirsti Møller. 1979. Caspar Wessel og de komplekse tals repræsentation. *Normat*, 1979.

Piene, Kay. 1937. Matematikkens stilling i den høiere skole i Norge efter 1800. *Norsk matematisk tidsskrift*, 2/1937, S. 52-68.

Rasmussen, Søren. 1812. *Indbydelses-Skrift*. Christiania.

Schmidten, H. G. von. 1827. *Kort Fremstilling af Mathematikens Væsen og Forhold til andre Videnskaber*. Kopenhagen.

Sylow, Ludvig. 1920. Évariste Galois. *Norsk matematisk tidsskrift*, 1920.

Tambs-Lyche, R. 1935. Matematikkens stilling i Norge omrkring 1780- årene, belyst ved D. C. Festers virksomhet i Trondheim. *D.K.N.V.S. Forhandlinger Bd VII.* Trondheim.

Thomsen, Klaus og Asger Spangsberg. 1988. *Differentialregningen* i *historisk perspektiv.* Aarhus.

Weil, André. 1971. *Courbes algébriques et variétés abéliennes.* Paris.

Øhrstrøm, Peter. 1985. F. C. H. Arentz matematiske argumenter mod verdens uendelighed i tid og rum. *Normat 4/1985.*

E. Allgemeine Literatur

(die bei der Arbeit von Nutzen war)

Nachschlagewerke:

Halvorsen, J. B. 1885-1908. *Norsk Forfatter-Lexikon 1814-1860.* 6 vol. Kristiania.
Salmonsen. 1915-28. *Konversations leksikon.* 25 Bde. Kopenhagen.
Dictionary of Scientific Biography. 1970-76. New York. 14 Bde.
Norsk biografisk leksikon. 1923-69. Oslo. 16 Bde.
Norsk kunstnerleksikon. 1982-6. Oslo. Bd. 1-4.

Zeitungen und Zeitschriften:

Budstikken 1810-18; *Det Norske Nationalblad* 1815-21; *Den norske Rigstidende* 1818, 1824, 1829; *Morgenbladet* 1829, 1830, 1902; *Magazin for Naturvidenskaberne* 1823-29; Hermoder 1821–27; *Den norske Turistforenings Årbok,* 1872, 1874; *Illustreret Nyhedsblad* 1862. Nachrichten vom Herbst, 1826, Bibliothéque Nationale, Paris: *Moniteur Officiel, Gazette de France, Journal de Paris, Quotidienne, Journal des débats.*

Bücher und Artikel:

Alsvik, Henning. 1940. *Johannes Flintoe.* Oslo.
Andersen, Einar. 1975. *Heinrich Christian Schumacher.* Kopenhagen.
Andersen, Per Sveaas. 1960. *Rudolf Keyser.* Oslo/Bergen.
Andersen, Vilh. 1909. *Tider og typer.* Bd. II. Kopenhagen.
Angell, H. 1914. *Syv-aarskrigen for 17.mai 1807-14.* Ill.by A .Bloch. Christiania.
Ansteinsson, Eli. 1956. *Trønderen Michael Rosing.* Oslo.
Aubert, L. M. B. 1883. *Anton Martin Schweigaards barndom og ungdom.* Christiania.
Aubert, Andreas. 1893. *Professor Dahl.* Christiania.
Bang, A. Chr. 1910. *H. N. Hauge og hans samtid.* Christiania.

Berg, Bjørn Ivar (ed.). 1991. *500 års norsk bergverksdrift.* Kongsberg.

Berggreen, Brit. 1989. *Da Kulturen kom til Norge.* Oslo.

Bergsgård, Arne. 1945. *Året 1814.* Oslo.

Beyer, Edvard and Morten Moi. 1990. *Norsk litteraturkritikkshistorie 1770-1940,* Vol.1. Oslo.

Birkeland, M. 1919-25. *Historiske skrifter,* I-III. Christiania.

Bjarnhof, Karl. 1972. *Støv skal du blive. På spor af Niels Steensen.* Kopenhagen.

Bjerknes, Vilhelm. 1925. *C. A. Bjerknes, hans liv og arbeide.* Oslo.

Blanc, T. 1899. *Christiania Theaters historie 1827-1877.* Christiania.

Blom, C. P. 1849. *Fordum og Nu.* Christiania.

Blom, Grethe Authén. 1957. *Fra bergseminar til teknisk høyskole.* Oslo.

Brandes, Georg. 1877. *Danske digtere-portrætter.* (Wieder veröffentlicht von Uglebog, Kopenhagen. 1966).

Breen, Else. 1990. *Jens Zetlitz. Et tohundreårsminne.* Oslo.

Brenna, Arne. 1995. Rapport fra unionstiden. *St. Halvard* 4/95, S. 5-30.

Bull, Francis. 1916. Christen Pram og Norge. *Edda,* 418-439.

1932. *Norges Litteratur* Bd. II. Oslo.

Christophersen, H. O. 1959. *Marcus Jacob Monrad.* Oslo.

1976. *Over stokk og stein.* Oslo.

1977. *Niels Treschow 1751-1833.* Oslo.

Collett, Alf. 1893. *Gamle Christiania Billeder.* Christiania.

Collins, H. F. 1964. *Talma, A biography of an actor.* London.

Daae, Ludvig. 1857. Albert Peter Lassen. *Illustreret Nyhedsblad* 1857, Nr. 49.

1871. *Det gamle Christiania 1624-1814.* Christiania.

1887. Stemninger i Danmark og Norge i Anledning af og nærmest efter Adskillelsen. *Vidar* 1887.

1894. Aalls brev til Gustav Blom. *Personalhistorisk Tidsskrift* 3. Reihe, Bd. III.

1898. Om den Abelske slektsbok. *Personalhistorisk Tidsskrift* 4. Reihe, Bd. I.

Daae, Ludvig (ed.). 1876. *Breve fra Danske og Norske, især* i *Tiden nærmest efter Adskillelsen.* Kopenhagen.

Dahl, F. C. B. 1905. Breve fra Docent F. P. J. Dahl fra Christiania 1815–17. *Personalhistorisk Tidsskrift,* 5. Reihe, Bd. II.

Dunker, Conradine. 1909. *Gamle Dage.* Christiania.

Dyrvik, Ståle. 1978. Den lange fredstiden 1720-84. *Norges historie* Bd. 8. Knut Mykland, ed. Oslo.

Eriksen, Trond Berg. 1987. *Budbringerens overtak.* Oslo.

Euler, Leonard. 1792-93. *Breve til en Prindsesse* i *Tyskland over adskillige Gjenstander af Physiken og Philosophien.* Kopenhagen.

Faye, Andreas. 1859. *Bidrag til Holts Præsters og Præstegjælds Historie.* Arendal.

1861. *Bidrag til Øiestads Præsters* o *Præstegjelds Historie.* Arendal.

1867. *Christiansands Stifts Bispe- og Stiftshistorie*. Christiania.

Fet, Jostein. 1987. *Almugens diktar*. Oslo.

Finne-Grønn, S. H. 1897. *Arendals Geistlighed*. Christiania.

Finstad, Håkon. 1989. Da bygdefolket begynte å spise hestekjøtt. *Årsskrift for Kragerø og* Skåtøy *Historielag*.

Flood, J. W. 1889. *Norges Apotekere i 300 År*. Christiania.

Flor, M. R. 1813. *Bidrag til Kundskab om Naturvidenskabens Fremskridt* i *Norge. Et Inbydelsesskrift*. Christiania.

Gedde, V. 1902. *Barndomserindringer.Ung i 30-årene*. Hamar.

Gran, Gerhard. 1899. *Norges Demring*. Bergen.

Grønningsæter, Tore. 1982. Christopher Hansteen og framveksten av norsk astronomi i begynnelsen av det 19. århundre. Universität Oslo, „hovedfag" thesis, unveröffentlicht.

Hansen, Maurits. 1819. *Othar af Bretagne*. Christiania. (Neue Ausgabe, Oslo, 1994.)

1907. Breve til Schwach. Meddelt ved Ludvig Daae. *Historiske Samlinger*. Bd. 2. Christiania.

Hansteen, Christopher. 1859. *Bemærkninger og Iagttagelser paa en Reise fra Christiania til* Bergen *og tilbage i Sommeren 1821*. Christiania. (früher in Folgen erschienen im *Budstikken* 1821-1822, Nr. 51-102.)

Haugstøl, Henrik. 1944. *I diligencens glade tid*. Oslo.

Haugstøl, Henrik (Hrsg.). 1968. *Vår egen by*. Oslo.

Heggelund, Kjell. 1975. Unionstiden med Danmark. In *Norges litteraturhistorie*, Edvard Beyer, Hrsg. Bd. 1, S. 343-623. Oslo.

1980. Den lærde litteraturen - og den folkelige. In *Norges kulturhistorie*. Bd. III, S. 253-270. Oslo.

Heggtveit.H. G. 1905. *Den norske kirke i det 18.årh*. Christiania.

Helland, Amund. 1904. *Topografisk-statistisk Beskrivelse over Nedenes Amt*, I und II. Christiania.

Hellerdal, Kirsten. 1977. Det Sønneløvske Læse Sælskab. *Søndeleds Historisk lagets årsskrift*.

1987. „...at dem ej bliver tillagt for lidet, ej heller for meget". Om fattigvesenet i Risør og Søndeled. In *Risør og Søndeled 1837-1987. Glimt fra kommunenes historie gjennom 150 år*. Risør Commune.

Heur, Ludvig. *Udsigt over Helsingør Latinskoles Historie*. Kopenhagen.

Hoel, Jacob. 1927. *Fra den gamle bonde-oppposisjon*. Halvdan Koht, ed. Oslo.

Hohlenberg, Johannes. 1995. 1995. *Kulturens forvandling*. Oslo.

Holdt, Jens. 1927. *Niels Johannes Holm*. Kopenhagen.

Holmboe, C. A. 1834-5. *Norske Universitets- og Skole-Annaler*. 1. Band.

Holst, P. C. 1876. *Efterladte Optegnelser*. Christiania.

Huitfeldt, H. J. 1876. *Christianias Theaterhistorie*. Kopenhagen.

Hultberg, Helge. 1973. Den unge Henrich Steffens. *Festskrift udgivet af Københavns Universitet*, S. 7-115. Kopenhagen.

Hundrup, F. E. 1860. *Lærerstanden ved Helsingørs lærde Skole*. Roeskilde.

Høigård, Einar. 1934. *H. A. Bjerregaard*. Oslo.

1942. *Oslo Katedralskoles historie*. Oslo.

Høverstad,Torstein. 1930. *Norsk Skulesoga 1739-1827*. Oslo.

Irgens, Johannes B. 1978. *Omkring Vestlandske Hovedveg*. Historielaget for Dypvåg, Holt og Tvedestrand. Tvedestrand.

Jæger, Henrik, ed. 1896. *Videnskabernes Literatur i det nittende Aarhundre. Illustreret norsk Literaturhistorie*, Bd. II$_2$. Kristiania.

Karlsen, Jan and Dag Skogheim. 1990. *Tæring. Historia om ein folkesjukdom*. Oslo.

Keihau, B. M. 1857. *Biographie von ihm selbst*. Christiania.

Kiær, F.C. 1888. *Norges Læger*. Christiania.

Krag, Hans. 1968. Prost John Aas arkeologiske notiser. *Agder Historielag Årskrift*.

Krarup, N. B. 1957. *Mellem klassiske filologer*. Kopenhagen.

Kveim, Thorleif. 1952. Ei reise for 100 år sia. *Agder Historielag Årskrift*.

Laache, Rolv. 1927. *Henrik Wergeland og hans strid med prokurator Praëm*. Oslo.1941. *Nordmenn og Svensker efter 1814*. Oslo.

Lange, Alexander. 1905. *Optegnelser om sit Liv og sin Samtid*. Christiania.

Langslet, Lars Roar and Hilde Sejersted (Hrsg.). 1994. *Det milde islett. Om dansk-norsk kulturelt samliv*. Oslo.

Lassen, Albert. 1823. Foesøk paa en Fremstilling af Historiens Formaal, samt denne Videnskabs Stof. Et Inbydelsessskrift. Christiania.

Lassen, Hartvig. 1877. *Afhandlinger til Litteraturhistorien*. Christiania.

Lein, Bente Nilsen, Nina Karin Monsen, Janet E. Rasmussen, Anne Wichstrøm und Elisabeth Aasen. 1984. *Furier er også kvinner. Aasta Hansteen 1824-1908*. Oslo.

Lindbæk, Sofie Aubert. 1910. *Landflyktige*. Christiania.

1913. *Fra det Norske Selskabs Kreds*. Christiania.

1914. Om Irgens-Bergh. *Historisk tidsskrift*.

1939. *Hjemmet på Akershus*. Oslo.

Lindstøl, Tallak. 1923. *Risør gjennem 200 Aar*. Risør.

Lunden, Kåre. 1992. *Norsk grålysing*. Oslo.

Lyche, Lise. 1991. *Norges teaterhistorie*. Asker.

Lærum, Ole Didrik. 1995. Helse og Kurbadkultur. In Din Grieg. *Legekunst og apotek fra 1595 og framover. In Extractum: 400 år med apotek*. Bergen.

Løvold, O. A. *Præstehistorier og Sagn fra Ryfylle*. p.38.

Masdalen, Kjell-Olav and Kirsten Hellerdal. 1981. Yrkes- og bosetningsmønsteret i Risør omrking år 1800. *Søndeled Historielag Årsskrift*.

Molland, Einar. 1979. *Norges kirkehistorie i det 19.århundre.* Vol. I. Oslo.

Munch, Andreas. 1874. *Barndoms- og Ungdoms-Minder.* Christiania.

Munch, Emerentze. 1907. *Optegnelser.* Christiania.

Munthe, Preben. 1992. *Norske økonomer.* Oslo.

Mykland, Knut (ed.). 1978. *Norges historie,* Bde. 8-10. Oslo.

Müller, Carl Arnoldus. 1883. *Katalog over Christiania Katedralskoles Bibliotek.* Christiania.

Møller, Ingeborg. 1948. *Henrik Steffens.* Oslo.

Møller, Nicolai. 1969. *Fra Leibniz til Hegel.* Published at A. H. Winsnes/Thorleif Dahl's Kulturbibliotek. Oslo.

Nielsen, Yngvar. 1888. *Grev Herman Wedel Jarlsberg og hans samtid.* 1. Teil. Christiania.

Nissen, Bernt A. 1945. *Året 1814.* Oslo.

Norborg, Sverre. 1970. *Hans Nielsen Hauge, 1804-1824.* Oslo.

Noreng, Harald. 1951. *Christian Braunmann Tullin.* Oslo.

Norman, Victor D. 1993. Risør og skutene. *Risør Magasin.*

Notaker, Henry. 1992. *Hans Allum-husmannsønn, dikter og rabulist.* Oslo.

Nygaard, Knut. 1947. *Jonas Rein.* Oslo.

1960. *Nordmenns syn på Danmark og danskene i 1814 og de første selvstendighetsår.* Oslo.

1966. *Henrik Ankder Bjerregaard.* Oslo.

Næss, Harald. 1993. Nils Otto Tank. *Det norsk-amerikanske historielaget,* avd.Norge NAHA-Norway.

Paasche, Fredrik. 1932. *Norges Littertur* vol. III. Oslo.

Paludan, Julius. 1885. *Det høiere Skolevæsen i Danmark, Norge, Sverige.* Copenhagen.

Pavels, Claus. 1899. *Dagbøger for Aarene 1812-13, og 1817-22.* Hrsg. für die Norwegische Historiker-Vereinigung, von Dr. L. Daae. Christiania.

Petersen, Richard. 1881. *Henrik Steffens.* Kopenhagen.

Platou, Ludvig Stoud. 1819. *Handbog i Geographien.* Teil I (3. Ausgabe). Christiania.

1841. Hvorledes fikk Norge et Universitet. *Morgenbladet,* 1841, Nr. 259, Supplement.

Pram, Christen. 1964. *Kopibøker fra reiser i Norge 1804-06.* Lillehammer.

Puranen, Bi and Tore Zetterholm. 1987. *Förälskad i Livet.* Wiken.

Pålsson, Erik Kennet. 1988. *Den helige Niels Stensen.* Vejbystrand.

Reich, Ebbe Kløvedal. 1972. *Frederik. En folkebog om N. F. S. Grundtvigs tid og liv.* Kopenhagen.

Reiersen, Elsa and Dagfinn Sletten (Hrsg.). 1986. *Mentalitetshistorie. Muligheter og problemer.* Trondheim.

Ringdal, Nils Johan. 1985. *By, bok og borger*. Deichmanske *bibliotek gjennom 200 år*. Oslo.

Rogan, Bjarne. 1968. *Det gamle skysstellet*. Oslo.

Rosted, Jacob. 1810. *Forsøg til en Rhetorik*. Christiania.

Ross, Immanuel: Litterær underholdning i Norge i 1820-aarene (Edda 1918)

Rød, Ole Thordsen. 1948. Lensmann Ole Thordsen Røds opptegnelser. *Aust-Agder Blad*, No.118-22.

Sars, J. E. 1911-12. *Samlede Værker* 1 - 4. Christiania/Copenhagen.

Schmidt, Fredrik. 1866. *Dagbøker* I-II. O. Jacobsen and J. Brandt-Nielsen, eds. Copenhagen.

Schnitler, Carl W. 1914. *Slegten fra 1814*. Oslo.

Schwach, Conrad Nicolai. 1992. *Erindringer af mit Liv*. Arild Stubhaug, ed. Arendal.

Seip, Jens Arup. 1971. *Ole Jakob Broch og hans samtid*. Oslo.

1974. *Utsikt over Norges Historie*,1st pt. Oslo.

Sejersted, Francis. 1978. Den vanskelige frihet. 1814-51. *Norges historie*, Bd. 10, Knut Mykland, ed. Oslo.

Skaare, Kolbjørn. 1995. *Norges Mynthistorie* I-II. Oslo.

Skjelderup, Arthur. Barndoms- og Ungdomserindringer af Jens Skjelderup. *Personalhistorisk Tidsskrift*, 7 Reihen, Bd. I, S. 157-216.

Sigmund, Einar. 1916. *Filantropismens indflydelse paa den lærde skole i Norge omkring aar* 1800. Christiania.

Sirevåg, Tønnes. 1986. *Niels Treschow. Skolemann med reformprogram*. Oslo.

Stamsøe, Halvor Olsen. 1948. Stortingsmann Halvor Olsen Stamsøes opptegnelser. *Aust-Agder Blad* 1948, No. 123-39.

Steen, Sverre. 1953. *Det frie Norge. På falittens rand*. Oslo.

Steffens, Henrich. 1803. *Indledning til philosophiske Forelæsninger*. Kopenhagen.

1967. *Forelæsninger og fragmenter*. Emil Boysen, ed. Thorleif Dahl's Kultur-bibliotek. Oslo.

Stiansen, Olav. 1980a. Det Gjerestadske og Sønneløvske Sogneselskab. *Søndeled Historisk lag årsskrift*.

1980b. Et barnedrap, dom og straff ved Egelands Jernværk 1809-10. *Søndeled Historisk lag årsskrift*.

Stortingets forhandlinger. 1818. Stortings-Efterretninger. 1814-32.

Swift, Jonathan. 1795. *Capitain Lemuel Gullivers Reiser*. Stockholm. Dänische Übersetzung, Kopenhagen, 1768.

Søndeled II. 1990. Søndeled og Risør Historielag. Risør.

Sørensen, Knud. 1984. *St. St. Blicher*. Kopenhagen.

Thrap, Daniel. 1884. *Bidrag til Den norske Kirkes Historie i det nittende Aarhundrede. Biografiske Skildringer*. Christiania.

Tidemand, Nicolaj. 1881. *Optegnelser om sit Liv og sin Samtid i Norge og Danmark 1766-1828*. Published by C. J. Anker. Christiania.

Torgersen, Johan. 1960. *Naturforskning og Katedral.*. Oslo.

Treschow, Niels. 1966. „*Philosophiske Forsøg*" *og andre skrifter*. A. H.Winsnes, ed. Thorleif Dahl's Kulturbibliotek. Oslo.

Try, Hans (ed.). 1986. *Jernverk på Agder*. Kristiansand.

Tuxen, N. E. 1883. *P. M. Tuxen og hans efterkommer*. Copenhagen.

Tysdahl, Bjørn. 1988. *Maurits Hansens fortellerkunst*. Oslo.

Universitetsbibliotekets festskrift. 1911. Kristiania.

Universitetets jubileumsskrift. 1911. Det Kongelige Fredriks Universitet 1811-1911, Bd. I-II. Christiania.

Ullmann, Vilhelmine. 1903. *Fra Tyveaarene og lidt mere*. Christiania.

Vedel, Valdemar. 1967. *Guldalderen i dansk Diktning*. Kopenhagen.

Vevstad, Andreas. 1984. *Gjerstad og banken*. Gjerstad.

Vevstad, Jens. nd. *Avisartikler gjennom 40 år*. Arendal.

Vibæk, Jens. 1978.. *Danmarks historie*, vol. 10., J. Danstrup and H. Koch (Hrsg.).. Kopenhagen.

Vogt, Johanne. 1903. *Statsraad Colletts Hus og hans Samtid*. Oslo.

Voltaire. 1930. *Candide*. (ins Norwegische übersetzt von Charles Kent). Oslo.

Wahl, Aage. 1928. *Slægten Kemp*. Kopenhagen.

Wallem, Fredrik B. 1916. *Det norske Studentersamfund gjennom hundrede aar*. Oslo.

Winsnes, A. H. 1919. *Johan Nordahl Brun*. Christiania/Kopenhagen.

Wollstonecraft, Mary. 1796. *Letters written during a short residence in Sweden, Norway, and Denmark*. London. (Norwegische Ausgabe: 1976/1995. Per A. Hartun (trans.). *Min nordiske reise. Beretninger fra et opphold i Sverige, Norge og Danmark 1795*. Oslo.

Wergeland, Nicolai. 1816. *En sandfærdig Beretning.Om Danmarks politiske Forbrydelser imod Kongeriget Norge*. Norway.

Worm-Muller, Jacob. 1922. *Christiania og krisen efter Napoleonskrigene*. Christiania.

Økland, Fridthjof. 1955. *Michael Sars*. Oslo.

Øksnevad, Reidar. 1913. Othar af Bretagne. In *Festskrift til William Nygaard*. Christiania.

Østby, Leif. 1957. *Johan Christian Dahl*. Oslo.

Aall, Jacob. 1859. *Erindringer som Bidrag til Norges Historie fra 1800-15*. Zweite Ausgabe in einem Band. Christiania.

Aarnes, Sigurd Aa. (ed.). 1994. *Laserne*. Oslo.

Aarseth, Asbjørn 1985. *Romantikken som konstruksjon*. Oslo.

Aas, John. 1869. *Gjerestads Præstegjeld og Præster*. Risør.

1955. *Fortegnelse over Ord af Almuesproget i Gjerestad og Wigardsheien*. Oslo.

Aasen, Elisabeth. 1993. *Driftige damer.* Oslo.

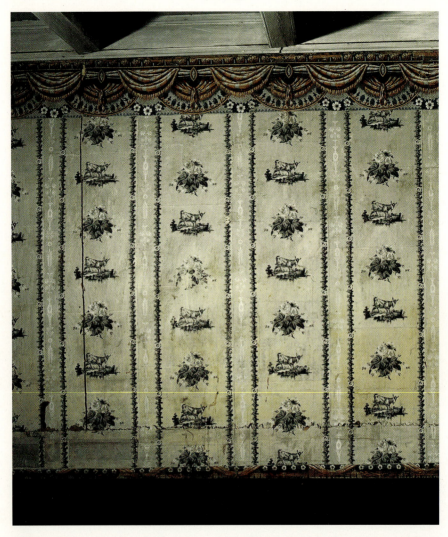

Abb. 52. Tapete aus Abels Sterbezimmer auf Froland (Foto von Dannevig, Arendal): Es handelt sich um eine französische Grisaille-Tapete, manuell hergestellt und bemalt, sie stammt höchstwahrscheinlich aus den Jahren 1820–1825. Die Farbe des Hintergrundes ist hellgrau, für die Figuren wurden fünf verschiedene Grau- und Blautöne verwendet.

Namensverzeichnis

Niels Henrik und sein Vater, Søren Georg Abel (1772–1820),
sind in diesem Verzeichnis nicht aufgeführt.

Druck (Computer to Plate): Saladruck Berlin
Verarbeitung: Stürtz AG, Würzburg